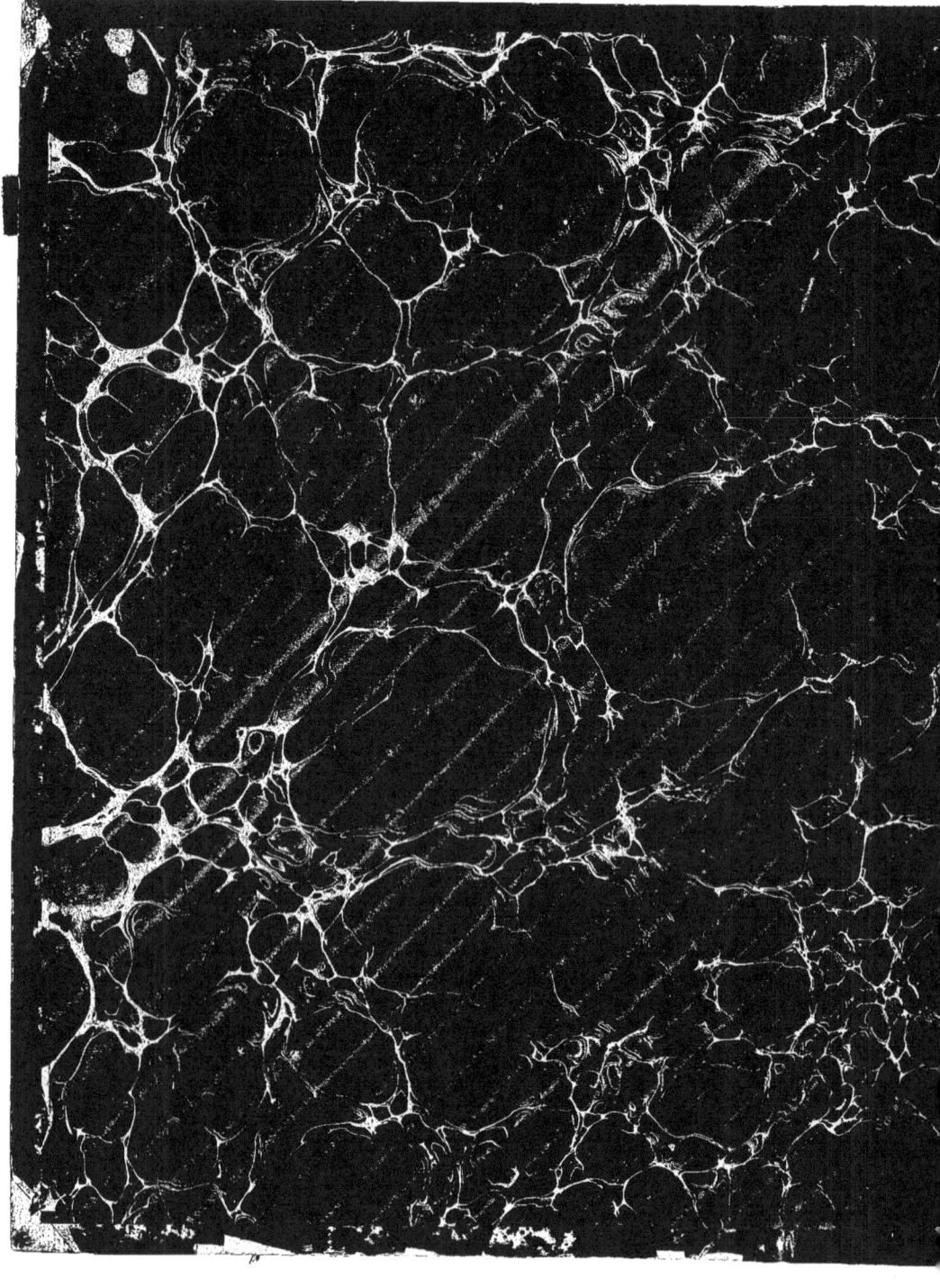

TRAITÉ
DE L'ART
DE LA CHARPENTERIE

PARIS. — IMPRIMERIE DE E. MARTINET, RUE MIGNON, 2

TRAITÉ

DE L'ART

DE LA CHARPENTERIE

Par A. R. ÉMY

COLONEL DU GÉNIE EN RETRAITE
OFFICIER DE L'ORDRE ROYAL DE LA LÉGION D'HONNEUR
PROFESSEUR DE FORTIFICATION A L'ÉCOLE ROYALE MILITAIRE DE SAINT-CYR
MEMBRE DE L'ACADÉMIE ROYALE DES BELLES-LETTRES, SCIENCES ET ARTS DE LA ROCHELLE
DE LA SOCIÉTÉ ROYALE D'AGRICULTURE ET DES ARTS DU DÉPARTEMENT DE SEINE-ET-OISE
DE L'INSTITUT HISTORIQUE, ETC.

NOUVELLE ÉDITION, REVUE AVEC SOIN

SUIVIE

D'ÉLÉMENTS DE CHARPENTERIE MÉTALLIQUE

ET PRÉCÉDÉE D'UNE

NOTICE SUR L'EXPOSITION UNIVERSELLE DE 1867 (SECTION DES BOIS)

PAR

L. A. BARRÉ

Ingénieur civil, ancien élève de l'École impériale et centrale des arts et manufactures
Professeur à l'Association polytechnique

TOME PREMIER

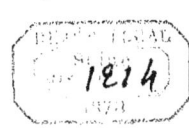

PARIS
DUNOD, ÉDITEUR
SUCCESSEUR DE VICTOR DALMONT
Précédemment Carillan-Gœury et Victor Dalmont
Libraire des corps impériaux des Ponts et Chaussées et des Mines
QUAI DES GRANDS-AUGUSTINS, 49

Droits de traduction et de reproduction réservés

Avis sur la nouvelle édition.

Le premier volume de la Charpenterie du colonel Emy a paru en 1837, et le second en 1841. La première édition est épuisée depuis plusieurs années, et c'est pour répondre au désir maintes fois exprimé par les constructeurs que la réimpression de cet excellent et unique ouvrage a été entreprise. Nous disons unique, parce qu'il est, en effet, le seul où l'on puisse étudier méthodiquement les progrès de l'art de la charpenterie et qui renferme des spécimens des applications du bois à tous les genres de construction. Aussi cet ouvrage a-t-il conservé toute sa valeur intrinsèque.

En surveillant la réimpression de la nouvelle édition, nous n'avons eu qu'à transformer dans la première les anciennes mesures en mesures métriques et à compléter les chapitres relatifs aux couvertures en tuiles, en ardoises et métalliques. Mais notre addition la plus importante consiste dans un complément sur la charpenterie en fer, dont nous avons fait suivre l'ouvrage.

Depuis la publication de la Charpenterie d'Emy, l'ossature des constructions s'est bien modifiée en France; actuellement, le métal y joue un très-grand rôle ; à Paris le fer a remplacé exclusivement le bois dans les charpentes, et bientôt, grâce aux progrès de la métallurgie, l'acier fera concurrence au fer dans les constructions. Presque partout les colonnes en fonte ou même en fer remplacent avantageusement les pilastres en pierre comme supports intermédiaires en agrandissant les espaces disponibles. Les fers laminés en forme de double T et les poutres en tôle assemblées avec cornières ont pris la place des massives poutres en bois, en permettant des portées dans œuvre considérables; les combles et les couvertures des bâtiments sont souvent en métal, et enfin dans les ouvrages à grande portée, tels que ponts, marchés, halles couvertes pour chemins de fer, etc., l'emploi du métal a permis des solutions nouvelles. Il était donc nécessaire que, dans un ouvrage de l'importance de la Charpenterie d'Emy, où il y a déjà quelques aperçus de l'emploi du fer dans les charpentes, on trouvât au moins ce que l'on peut entendre par *éléments de charpenterie métallique* ou mise en œuvre du métal dans les constructions, en restreignant toutefois les applications du métal aux supports ou colonnes, aux planchers et combles, et en réservant les grands ouvrages métalliques, tels que ponts, viaducs, dont le développement dépasserait le cadre que nous nous sommes donné.

Aujourd'hui le constructeur et l'architecte ne peuvent ignorer l'emploi du métal, et de plus, il est indispensable qu'ils le possèdent au point de vue le plus rationnel, c'est-à-dire le plus économique, parce que le métal est encore plus cher que les autres matériaux de construction, et qu'il ne peut remplacer ces derniers avec avantage qu'à la stricte condition d'être employé avec un minimum de poids répondant à un effet donné de résistance. Il fallait donc, pour venir en aide aux praticiens, condenser des données précises et économiques sur l'emploi du métal (fonte, fer et tôle), présenter des spécimens des divers assemblages des ouvrages métalliques avec les dernières indications de la science et surtout de l'expérience. C'est d'après ces considérations que nous avons fait suivre la Charpenterie d'Emy, d'*éléments de charpenterie métallique,* dans lesquels nous donnons d'abord, comme *introduction* et sous forme de *tableaux graphiques,* la résistance de tous les supports, poteaux et solives en bois, colonnes en fonte et en fer pleines ou creuses, fers laminés à simple et à double *T*, poutres en tôle, puis une étude nouvelle de la répartition des efforts sur les solives, les poteaux, colonnes ou pilastres; ensuite, nous traitons des assemblages métalliques et de leurs combinaisons dans les planchers et combles.

D'après ce qui précède, on pourrait être porté à conclure que les études sur le travail du bois ont vieilli, et qu'elles sont abandonnées ou près de l'être. Ce serait une grande erreur; car, dans les pays du Nord, les bois, vu leur abondance, trouvent un emploi naturel dans la construction et sont préférés aux autres matériaux, et dans beaucoup de localités ils entrent exclusivement dans la construction des bâtiments de toutes sortes; et, même en France, un grand nombre de halles pour gares de chemins de fer à grande portée ont été construites récemment en bois, sauf les moyens de consolidation, tels que bielles, tirants, poinçons, qui ont été faits en métal.

Les renseignements statistiques montrent d'ailleurs que la consommation du bois va toujours en augmentant en Europe (1), surtout depuis le développement des chemins de fer.

Pour peu que l'on veuille se rendre compte de la corrélation qui existe entre les divers matériaux de construction, on reconnaît que le bois pourrait bien jouer dans l'avenir industriel un rôle économique considérable, parce que, dans un temps plus ou moins rapproché, il est probable que les bois étrangers des Guyanes, du Brésil et même d'Australie feront apparition dans les contrées de l'Europe. Si les moyens de transport entre les divers continents s'améliorent, il est certain que les qualités bien supérieures des bois d'Amérique et d'Australie sur ceux d'Europe, et surtout leur très-grande abondance, leur assigneront une place importante dans l'industrie future.

Nous avons pensé être utile en faisant connaître l'état actuel des ressources forestières du globe. Les Expositions de 1856, 1862, et surtout celle de 1867, ont révélé des faits qui viennent confirmer les assertions qui précèdent sur l'avenir des bois et sur les immenses ressources que les bois étrangers peuvent offrir à la France et à l'Europe entière.

---

(1) M. Michel Chevalier dit dans sa remarquable introduction aux rapports du jury international en parlant de l'exportation colossale des bois de la Suède et de la Norwége : « Vainement le fer, dont le prix diminue sans cesse et que de plus en plus on excelle à travailler à peu de frais, fait au bois une rude concurrence pour une multitude d'usages. Le commerce des bois grandit toujours, parce que les peuples, de plus en plus industrieux et de plus en plus dans l'aisance, ont des genres de besoins toujours croissants. »

Notice sur l'Exposition universelle de 1867.

(SECTION DES BOIS.)

SOMMAIRE. — Quelques mots sur les épuisements simultanés du bois, du fer et de la houille. — Exposition des bois de l'Europe. — Richesses forestières comparées des contrées de l'Europe. — Pénurie des bois en Europe. — BOIS NON EUROPÉENS. — Exposition de l'Afrique et ressources que présente l'Algérie pour l'acclimatation des bois de l'Australie. — Les bois des Indes. — Les bois de l'Amérique septentrionale représentés par l'exposition du Canada. — Les bois de l'Amérique méridionale représentés par les expositions des Guyanes, du Brésil et d'autres contrées. — Les bois de l'Australie. — Conclusion ayant pour objet de mettre en relief les ressources que l'Europe peut tirer des autres parties du monde pour combler le vide de ses forêts, pour les reboiser et même pour ménager la houille et le fer, dont la consommation, toujours croissante, peut devenir un écueil pour l'industrie.

L'intérêt que présentait l'exposition des bois, où l'on voyait réunis des spécimens des richesses forestières du monde entier, grandit encore par l'étude de tout ce qui s'y rattache, notamment lorsqu'on essaye de rétablir à leurs véritables dimensions les arbres, les forêts qui ont donné ces magnifiques échantillons, parcelles détachées de tant de richesses séculaires qui se présentent sur place avec des proportions si prodigieuses. L'idée que de si grandes choses peuvent s'amoindrir et même disparaître par la négligence et la dévastation, vient difficilement à l'esprit, bien que ce désastre soit déjà un fait accompli dans une notable partie de l'Europe, et qu'il tende à gagner d'autres continents. On est entraîné à étudier les moyens de conserver ces belles prodigalités du sol.

A considérer l'universalité des services rendus par le bois, on reconnaît que les forêts sont la seule force *vivante* et *vivace* de l'industrie humaine, parce qu'elles ont pour principe la vie, ou la propriété de se renouveler et même de s'accroître par les soins des hommes. Le bois diffère donc essentiellement du fer et de la houille, qui, dans l'état actuel des progrès de l'industrie, sont bien certainement les matières premières les plus utiles, et auxquelles le XIXe siècle doit sa toute-puissance industrielle; mais leur apparition sur le globe étant le résultat de révolutions et d'accidents géologiques, par cela même leur quantité est limitée et épuisable. Que deviendra l'industrie si les mines de houille et de fer s'épuisent? et elles s'épuiseront sans aucun doute (1), bien que de nouveaux gisements se trouvent toujours sous les pieds des mineurs; parce que l'industrie et la consommation de ces matières prennent des développements prodigieux et que le fer et l'acier font invasion partout, dans les machines et aussi dans les constructions. Si l'épuisement du bois s'ajoutait à ceux de la houille et du fer, l'industrie décroîtrait et serait bientôt ruinée. Nous ne pouvons rien par rapport à la houille et au fer, tout au plus pouvons-nous les ménager; et à ce sujet, des calculs montrent que la houille pourrait être beaucoup mieux utilisée qu'elle ne l'est actuellement; mais, par rapport au bois et aux forêts, l'homme peut les ménager et les accroître, et se réserver ainsi de précieuses richesses pour l'avenir.

Les questions concernant les bois ont tellement d'opportunité et sont si universellement étudiées, que, sans aucune entente préalable, l'Exposition universelle de 1867 semblait être une heureuse concurrence des efforts des savants et des praticiens de tous les pays qui s'intéressent aux développements des bois et produits ligneux si précieux dans une foule d'industries. Nous donnons ci-après sous forme de tableaux le dénombrement des divers échantillons de bois que nous avons relevés nous-même à l'Exposition universelle; mais nous avertissons le lecteur que la production des divers pays et leurs ressources forestières ne sont pas toujours en rapport avec les quantités et qualités des produits exposés. Ces tableaux seuls induiraient donc en erreur, si nous les faisions suivre d'une étude complémentaire indispensable. Les tableaux ci-après contiennent donc seulement, par rapport à la section des bois, ce qui était visible pour tout le monde à l'Exposition universelle, nous le publions à titre de renseignements numériques; mais si on le veut on pourra se reporter immédiatement à l'analyse condensée des bois de l'Exposition et des renseignements de diverses natures qui s'y rapportent, d'après laquelle on pourra se faire une idée des richesses comparées des bois de l'Europe, de leur pénurie et de leur insuffisance, enfin des ressources que l'Europe peut tirer des autres continents pour combler son déficit et pour repeupler ses propres forêts.

---

(1) M. Michel Chevalier dit dans son introduction aux rapports du jury international (1867) : « Dans beaucoup de cas, il est fort opportun que la question de savoir si la houille peut manquer soit posée : les gisements de France, par exemple, qui sont peu nombreux en comparaison de ceux de l'Angleterre, de la Belgique et des États-Unis, ne semblent pas devoir aller très-loin. Les bassins de Saint-Étienne et de Rive-de-Gier paraissent devoir d'ici à un siècle approcher de leur terme. » D'après sir William Armstrong, l'Angleterre aurait de la houille au plus pour deux siècles.

EXPOSITION UNIVERSELLE DE 1867.

(GROUPE V, CLASSE 41.)

TABLEAU DES BOIS

EXPOSÉS PAR LES DIVERS PAYS DU GLOBE

EUROPE.

EXPOSANTS ET PROVENANCE.	QUANTITÉ, DIMENSIONS ET FORMES DES ÉCHANTILLONS DE BOIS.	NATURE, CARACTÈRE ET UTILITÉ DES PRODUITS LIGNEUX.
France. *École impériale et forestière de Nancy.*	200 troncs cylindriques de $0^m,15$ d'épaisseur; diam. $0^m,60$, 1 m. et $1^m,50$.	Chênes : occidental, zéen, tauzin, rouvre, pubescent, yeuse, liége.
	100 échantillons de $0^m,30$, sur $0^m,20$ et $0^m,08$ d'épaisseur (bois résineux).	Pin : Cembro, sylvestre, pinier, d'Alep, maritime.
	50 échantillons de chêne liége. 180 » de chênes divers. 180 » genre pin. Un chêne pédonculé de 142 ans, 5 mètres de tour et un autre de 7 m. Grand nombre d'outils employés dans les forêts. Un rouleau pour sortir les arbres, sans nuire au repeuplement dans les coupes secondaires et définitives.	Espèces diverses : mélèze d'Europe, sapin pectiné, châtaignier, lierre, hêtre des bois. — Pommiers : acerbe, alisier terminal, charme commun; orme diffus, orme de montagne, tilleul des bois, bouleau blanc, aune.
M. *Matthieu,* professeur d'histoire naturelle.	» » »	Une grande carte forestière inachevée et combinée avec la carte géologique de MM. Dufrénoy et Élie de Beaumont.

I. — B

EXPOSANTS ET PROVENANCE.	QUANTITÉ, DIMENSIONS ET FORMES DES ÉCHANTILLONS DE BOIS.	NATURE, CARACTÈRE ET UTILITÉ DES PRODUITS LIGNEUX.
M. Gayffier.	» » »	Herbier forestier de la France, contenant 200 photographies représentant les feuilles, les fleurs, les fruits des espèces d'arbres qui peuplent les forêts de la France.
M. le comte des Cars.	200 échantillons de troncs d'arbres présentant les divers vices des bois, dont certains avaient subi divers traitements.	Cette exposition, d'un très-grand intérêt, mérite d'être signalée tout particulièrement pour rendre hommage à son auteur, qui s'est livré à une des études les plus laborieuses sur le sujet.
Société d'agriculture de Châteauroux.	18 beaux échantillons de grandes dimensions.	Noyer, chêne merrain, merisier.
Ile de Corse.	Des chênes liéges.	Bouchons.
Prusse.	50 rondelles de bois; exposition insignifiante et peu en harmonie avec les richesses forestières de ce pays.	Pin, aune, tremble, sapin blanc, bouleau, sapin rouge, hêtre, chêne.
Allemagne.	Rien; bien que la richesse forestière soit très-grande.	» »
Autriche. La plus colossale exposition des pays de l'Europe.	4 gros échantillons de chêne, ronds (domaine de Tetschen), de $0^m,70$ à 1 m. de diam., et $0^m,10$ d'épaisseur; le plus gros était destiné à l'Ecole forestière de Nancy. 80 échantillons sous forme de *livres reliés*, formant boîtes; dans l'intérieur, des feuilles, des graines et des fruits correspondants, le dos du livre formé avec l'écorce. 56 douves de chêne de $5^m,16$ de long., $0^m,28$ de larg. sur $0^m,16$ d'épaisseur et accessoires, formant en tout 83 madriers fendus à la hache (en 1863) dans des bois de 400 ans, devant servir à la fabrication d'un tonneau de la contenance de 100 000 litres (100 m. c.). Une centaine d'arbres entiers de $0^m,60$ à 1 m. de diamètre, un arbre de $1^m,60$ de diamètre. Une série d'échantillons exceptionnels :	Feuilles minces pour placage; bois à table d'harmonie, ondulés. — Bois très-blancs à dessins ondulés de 2^m de long, sur $0^m,40$ de large. Parquets à dessins de couleur. — Spécimens de charbons de bois. Les principaux bois exploités sont : Le chêne blanc. id. noir. Le sapin. L'épicéa. Le mélèze. Le pin d'Autriche. Le pin sylvestre. Le hêtre. Le frêne.

ESSENCES.	DIAMÈTRES.	LONGUEURS.
Frênes (fraxinus excelsior).........	0 m. 80	23 m. 60
Chêne (quercus pedonculata)........	1 m. 00	20 m. 45
Epicéa (abies excelsa)	0 m. 58	26 m. 00
Sapin (abies pectinata)..........	0 m. 56	38 m. 85
Id...............	0 m. 70	39 m. 00

EXPOSANTS ET PROVENANCE.	QUANTITÉ, DIMENSIONS ET FORMES DES ÉCHANTILLONS DE BOIS.	NATURE, CARACTÈRE ET UTILITÉ DES PRODUITS LIGNEUX.
Roumanie. (Turquie d'Europe.)	Chêne des forêts des monts Carpathes. Un chêne de 1m,40 de diamètre. 50 rondelles de frêne à veines ondulées, pouvant recevoir un beau poli; teinte jaune clair.	*Essences* : Chêne, charme et pin. La collection a été faite pendant l'hiver (1866-1867) au moment où les neiges couvraient le sol et empêchaient le transport.
Hongrie.	(*Les forêts occupent le 1/6 du territoire;* point d'échantillon de bois.)	Plaques minces pour tables d'harmonie.
La Hesse.	Point d'échantillon.	Parquets très-ornés.
La Bavière.	Idem.	Lames minces et parquets.
Espagne. *Diverses écoles et Instituts royaux.*	Très-belle exposition bien classée, 600 petits échantillons de bois de toutes essences.	Les principales espèces de bois de l'Europe.
Portugal. *Exposition faite par l'Administration du royaume.*	10 beaux échantillons, ronds de 0m,80 à 1 m. de diamètre, sur 0m,25 d'épaisseur. 90 échantillons de 0m,30 sur 0m,12. Le pin pignon et le pin maritime sont cultivés au sud et au centre du Portugal. Le chêne liège y forme une culture importante.	Les principales espèces de bois de l'Europe. — Olivier, figuier. — Belle exposition de liéges et bouchons.
Italie. Exposants : *Institut de Florence et deux Sociétés agraires. École d'agriculture de Pesaro. École des ingénieurs de Naples.*	*Exposition scientifique importante.* 300 échantillons, dont 80 rondins divisés sur la longueur en deux parties réunies par charnières; une moitié vernie, et l'autre brute. Dimensions, 0m,40 de long sur 0m,10 à 0m,20 de diamètre. Une série d'échantillons de 0m,15 de long, sur 0m,15 à 0m,10 de diamètre. 300 spécimens sous forme de rondins et plaques.	Les principales essences de l'Europe. — Bois décoratifs. — Chiendents, chanvres, ficelles.
Russie. *Exposition du Jardin botanique impérial de Saint-Pétersbourg.*	Très-belle collection bien classée : 160 petits échantillons de forme cylindrique de 0m,10 de diamètre, 0m,25 à 0m,30 de long. Une belle série d'échantillons rondins présentant chacun un creux ou boîte cylindrique de 45 millim. de diam., fermée par une vitre et contenant de la graine, des feuilles et des fleurs des essences correspondantes.	*Essences* : Pins, chênes, cèdre. — Planches de chêne, débitées, de 8 m. de long, 0m,25 de large sur 0m,08 d'épaisseur. — Des spécimens de construction à un étage, tout en bois (grandeur naturelle). — Des goudrons, des résines. — Bouchons de Riga. — Beaucoup d'objets de matières ligneuses : sacs en cordages de tille. — Pots en bois, coffrets grossiers, pilons. Ces objets étaient exposés par le ministère russe des domaines. — Objets de boissellerie.

EXPOSANTS ET PROVENANCE.	QUANTITÉ, DIMENSIONS ET FORMES DES ÉCHANTILLONS DE BOIS.	NATURE, CARACTÈRE ET UTILITÉ DES PRODUITS LIGNEUX.
Grand-duché de Finlande. *Exposition faite par l'Institut d'Evois.*	Une série de 50 rondins de 0^m,60 à 0^m,20 de diam., sur 0^m,10 d'épaisseur. 100 échantillons, rondins de 0^m,25 à 0^m,60 de diam. sur 0^m,10 d'épaisseur se rapportant au pin sylvestre, au pin épicéa, au bouleau et au peuplier.	Essences des bois de la Russie : au nord : Pin sapin. Epicéa, mélèze. au nord-est : Pin sylvestre. à l'ouest : Chêne. Tilleul. à l'est : Hêtre, orme, érable. au sud : Essences de l'Europe.
Pologne.	50 coupes circulaires de 0^m,20 à 0^m,60 de diamètre, sur 0^m,10 d'épaisseur. Une série de 50 spécimens sous forme de livres reliés, l'écorce faisant le dos du livre. A l'intérieur, des feuilles, des fleurs, des graines et un échantillon de charbon de l'essence correspondante.	Essences : Mélèze, épicéa, bois d'if, aune blanc et aune commun, peuplier, mûrier, pin, poirier sauvage, saule blanc.
Suède.	30 rondelles de bois ; exposition insignifiante, bien que la richesse forestière de cette contrée soit considérable. (*Les forêts occupent le tiers du territoire.*)	Goudrons et résines.
Norwége.	Point d'échantillon de bois.	Bois de construction débités, filets de doucine, planches travaillées sur les bords du Gloomen. Spécimen de chalets norwégiens.
Hollande.	Point d'échantillon de bois.	Une métairie modèle, entièrement en bois, couverte en paille, parfaitement agencée.
Angleterre. *Série d'expériences du capitaine Fowke.*	Rien comme échantillons de bois provenant de l'Angleterre même. Très-remarquable exposition déjà faite à Londres en 1862, d'une collection de 3 000 échantillons de bois de toutes essences sur lesquelles des expériences ont été faites jusqu'à la rupture par le capitaine Fowke, au musée de South-Kensington. Chaque échantillon étiqueté et donnant des renseignements sur son essence, sa provenance et l'effort sous lequel il s'est rompu. Ces échantillons, de 0^m,40 de long sur 0^m,05 d'équarrissage chacun, étaient rangés autour d'un axe vertical et rendus mobile comme les feuillets d'un livre de 2 m. de hauteur.	Le territoire est encore très-boisé. — Les études et la pratique du reboisement s'y font avec activité. — *Essences* : Chèvre-feuille, arbre à thé de côte, bois de fer de la Jamaïque. Le bois de jaquier des Indes, le cerisier rouge, l'ébène et le cornouiller de la Jamaïque, des échantillons de Queen's Land, de la Trinité, des cèdres de Libéra, et des cerisiers. Les bois des Indes orientales, etc., etc. Voir une brochure publiée à Londres et relatant les expériences du capitaine Fowke.

NOTICE SUR L'EXPOSITION UNIVERSELLE DE 1867.

EXPOSANTS ET PROVENANCE.	QUANTITÉ, DIMENSIONS ET FORMES DES ÉCHANTILLONS DE BOIS.	NATURE, CARACTÈRE ET UTILITÉ DES PRODUITS LIGNEUX.

AFRIQUE.

Algérie.	150 échantillons de bois de toutes couleurs et de toutes essences. Diam. $0^m,15$ à $0^m,30$, long. $0^m,30$. Deux échantillons de l'Eucalyptus globulus, de l'Australie, acclimaté en Algérie, et sujet du jardin d'acclimatation d'Alger (8 ans), dirigé par M. Hardy. L'un de ces arbres avait $1^m,60$ de tour, l'autre $1^m,20$ de tour et $10^m,55$ de hauteur.	Tons très-clairs, un seul presque noir dénommé *Diatauban*, aubier jaune très-dur. Écorce mince. Une surface annulaire en liége de $0^m,60$ de diamètre et $0^m,120$ d'épaisseur. Liége de l'Édough, près Bone.
Province de Constantine.	Des cèdres de la forêt de Belezma.	» »
Sénégal.	Une série de 40 beaux échantillons.	Quelques essences inconnues en Amérique et aux Antilles.
Province d'Oran. (*Exposition française.*)	Plusieurs centaines d'échantillons de $0^m,30$ sur $0^m,25$ de diamètre. Une vingtaine de planches de 4 m. de long sur $0^m,50$ de large et 7 à 8 cent. d'épaisseur.	Mûrier noir, chêne, orneau, azédarach, acacia blanc. Pistachier de l'Atlas, chêne vert ou chêne yeuse, chêne à feuilles de châtaignier et thuya.
Cazamance, *Colonie française*.	50 échantillons demi-cylindriques; 60 bambous de l'Inde de 15 m. de hauteur et $0^m,15$ de diamètre (acclimatés). Un rond de cèdre de la forêt de Téniet-el-Haad, de $0^m,20$ d'épaisseur, diam. $1^m,90$, âgé de 485 ans.	Tons très-clairs, acacias, palmiers.
Le pays des Sérères	20 échantillons divers.	» » »
Colonie française de la Réunion.	60 échantillons de $\frac{0^m,30}{0^m,20}$ à $\frac{0^m,30}{0^m,40}$. Les essences les plus estimées sont : le petit-natte, le grand-natte, le bois puant, le tamarin des hauts, le cœur-bleu, le lilas du pays, le noir de l'Inde, le bassin.	Toutes couleurs, teinte jaune paille jusqu'au sombre rappelant le noyer. Teck, lilas blanc, cocotier citronnier, ébène, bois de fer.
Sainte-Marie de Madagascar, *Colonie française.*	109 échantillons de $0^m,30$ sur $0^m,30$. Les forêts de Madagascar et de Nossi-Bé fournissent l'ébène, le santal ou sandal et le palissandre.	Tons très-tendres, quelques rares espèces foncées. Le bois violet dont l'aubier est très-dur; on en fait des traverses pour chemins de fer.
Colonie Natal, *exploitées par les Anglais.*	50 échantillons de bois en plaque de $0^m,50$ à $0^m,22$ sur $0^m,07$ d'épaisseur (parallélipipède). Une roue de voiture de $0^m,80$ de diamètre en diverses sortes de bois de couleurs variées pour les rayons et la jante.	Bois durs, propres à l'ébénisterie.

EXPOSANTS ET PROVENANCE.	QUANTITÉ, DIMENSIONS ET FORMES DES ÉCHANTILLONS DE BOIS.	NATURE, CARACTÈRE ET UTILITÉ DES PRODUITS LIGNEUX.
	ASIE.	
Indes orientales anglaises. *Nova-Scotia.*	Une série de 39 pièces sous formes de madriers de 2 m., 3 m. et 4 m. de long, largeur de $0^m,50$ à $0^m,70$ sur $0^m,10$, $0^m,15$ d'épaisseur.	*Essences :* Bois très-foncés et très-denses. Bois de santal dont le parfum est recherché des Chinois et des Indiens du Pacifique. Il se vend de 50 à 75 fr. les 100 kilog.
Trinidad, *Colonie anglaise.*	100 beaux échantillons en plaque de $\frac{0^m,80}{0^m,50}$, $\frac{0^m,80}{0^m,40}$, $\frac{0^m,80}{0^m,30}$ sur 7 à 10 centimètres d'épaisseur. Quelques échantillons de $2^m,50$ de long. Une collection de plusieurs centaines d'échantillons en plaquettes et parallélipipèdes, dimensions $0^m,80$, $0^m,50$ de longueur.	*Essences :* Teck et sâl propres aux constructions navales. — *L'acacia catechu* qui donne le cachou; l'ébène. Cordages, chanvres, paniers et fauteuils en jonc, lignes à pêche, bambous.
Cochinchine. (M. Petit, exposant.) *Exposition française.*	Une centaine d'échantillons, dimensions depuis $0^m,10$ jusqu'à $0^m,30$ sur $0^m,30$. Collection sans catalogue.	Couleurs variées éclatantes, tons acajou. Teck et sâl, diverses espèces propres à l'ébénisterie et construction.
Colonies des Indes françaises.	130 petits échantillons de $0^m,30$ sur $0^m,15$. 60 gros échantillons de $\frac{0^m,900}{0^m,900}$, $\frac{0^m,800}{0^m,600}$, $\frac{0^m,800}{0^m,400}$ sur $0^m,10$ d'épaisseur. 120 échantillons de $\frac{0^m,50}{0^m,15}$, $\frac{0^m,60}{0^m,05}$, $\frac{0^m,25}{0^m,07}$.	Le bois de teck, employé dans les constructions navales. Teintes claires, grain serré, nuance rouge, très-veiné, nuance acajou. Panier, tapis, vases, gourdes, chapeaux de paille et de jonc.
Chine.	Quelques échantillons.	*Essences :* Bois de corail, de santal et de camphre.
Japon.	Une quinzaine d'échantillons, parmi lesquels : le pin, le sapin, le châtaignier, le bois de camphre, le mûrier, le prunier, le cerisier. Des tiges et des bambous de $0^m,18$ de diamètre sur $0^m,012$ d'épaisseur de bois.	Tapis en paille de couleur rouge et jaune, de forme carrée, 4 mètres de côté. Une belle collection de planches de bois très-légers.
Colonies néerlandaises. (Exposition faite par M. Sturler.) *Java, Palembang, Moluques ou Célèbes, Benkœlen et Bornéo.*	*Très-belle collection* de 460 échantillons de bois réunissant les variétés des Indes orientales. M. Sturler a fait une étude spéciale des essences résistant aux intempéries des saisons et aux ravages des tarets, essences formant le groupe connu sur le nom de *flore des Indes orientales.*	*Essences :* ébène, le bois de fer aussi dense que l'ébène. Le teck, propre aux constructions navales; d'autres essences utilisables dans la marine et inattaquables par les tarets et les acides. Des bois durs propres à l'ébénisterie.

EXPOSANTS ET PROVENANCE.	QUANTITÉ, DIMENSIONS ET FORMES DES ÉCHANTILLONS DE BOIS.	NATURE, CARACTÈRE ET UTILITÉ DES PRODUITS LIGNEUX.

AMÉRIQUE SEPTENTRIONALE.

Canada. *Exposition dirigée par M. Taché, Commissaire du Canada.*	Un pin jaune cubant 8^m,950, et autres blocs de pins. 50 rondelles d'arbres de 0^m,50 à 1^m,40 de diamètre sur 0^m,25 à 0^m,50 d'épaisseur. 30 planches débitées de 4 m. de long, 0^m,50 à 0^m,80 de large sur 0^m,08 d'épaisseur. Une magnifique collection de 100 échantillons, de grandes plaquettes vernies, dimensions $\frac{0^m,80}{0^m,60} \cdot \frac{0^m,60}{0^m,40}$ sur 25 millimètres d'épaisseur. Cette collection et celle indiquée ci-après, faite par l'abbé Brunet, ont été achetées par le ministre de Prusse.	Cèdre rouge, orme blanc, noyer dur, hêtre, mélèze; tilleul, pin blanc, jaune et rouge, tulipier. Chênes : blanc, piqué et ondulé. Noyers : tendre, noir et ondulé. Érable piqué formant dessins en larmes d'or d'un très-grand effet. Merisier rouge, frêne moiré à reflets d'or. La plaine blanche (utile pour gravure) et pour l'ébénisterie en placage. Frêne gras pour charronnage et cercles de tonneaux. Quelques ouvrages légers : paniers, corbeilles, vases en bois exécutés avec goût.
	Une collection de : 50 rondins de 0^m,20 de diamètre et 0^m,25 de long.	Essences : Épinette rouge et grise, merisier rouge, cormier, bouleau blanc, pommetier jaune, orme blanc, cerisier noir, frêne, érable, tremble, chêne rouge, saule gris.
M. l'abbé Brunet. (Exposant.)	Un herbier photographié représentant des massifs et des arbres isolés.	» »

Densités de quelques essences de bois du Canada.

Tulipier 0,5	Orme blanc ... 0,65	Peuplier 0,5
Bois blanc 0,45	— gros 0,6	Pin rouge 0,65
Érable dur.... 0,75	Noyer tendre.. 0,55	Pin jaune 0,5
— tendre . 0,6	— noir 0,6	Sapin 0,4
Cerisier noir... 0,6	— dur..... 0,9	Pruche 0,5
Frêne blanc ... 0,6	Hêtre......... 0,65	Épinette rouge. 0,6
— noir.... 0,65	Merisier rouge. 0,7	— blanche 0,45
Chêne blanc... 0,8	Cèdre blanc... 0,35	— noire .. 0,5

EXPOSANTS ET PROVENANCE.	QUANTITÉ, DIMENSIONS ET FORMES DES ÉCHANTILLONS DE BOIS.	NATURE, CARACTÈRE ET UTILITÉ DES PRODUITS LIGNEUX.

AMÉRIQUE MÉRIDIONALE.

Pénitencier de la Guyane française. *M. Dumonteil.* (Exposition hors concours.)

130 échantillons de $\frac{0^m,30}{0^m,20}$, $\frac{0^m,30}{0^m,10}$ en plaque de $0^m,10$ d'épaisseur.
Une série de madriers magnifiques, longueur 6 à 7 m.; largeur $0^m,15$, $0^m,20$, $0^m,25$ et $0^m,40$ sur $0^m,12$ d'épaisseur, dont voici les noms, les résistances et les usages. Le chêne est pris comme unité.

Tons très-variés.

ESSENCES DES BOIS.	RÉSISTANCES PROPORTIONNELLES		
	à la flexion.	à la compression.	
Chêne de forêt......	1000	1000	*Ici pour terme de comparaison.*
Couaïe............	»	1420	Mâture très-liante.
Baluta............	3325	3150	Chevilles pour marines, traverses.
Coupi.............	1760	1660	Constructions navales, planches.
Mahot noir........	1820	2325	Constructions.
Wacapou..........	2000	2000	Constructions navales, ébénisterie.
Sassafras..........	2000	2000	Constructions navales.
Angélique.........	2250	1830	— traverses.
Carapa rouge......	»	»	Planches, voitures.
Cœur dehors huileux.	»	»	Parquet, moyeux, corps de pompe, traverses pour chemin de fer.
Wapa	»	2240	Palissades, traverses.
Schawari..........	»	2110	Jante de roues, bardeaux.
Bois violet	2250	2650	Ébénisterie, meubles, traverses.
Courbaril	4000	2825	Bois de dimensions considérables, courbes de navires, meubles.
Lemoine	»	1710	Charpente, charronnage.
Lettre rouge.......	»	3170	Marqueterie, arcs employés par les Indiens.
Teck (qualité supér.).	2000	1920	Traverses.
Teck tendre........	1000	1330	» » »
Taoub............	2008	2000	» » »
Saint-Martin.......	2000	2325	» » »
Hêtre injecté	1420	1100	*Ici comme termes de comparaison.*
Peuplier..........	665	830	

EXPOSANTS ET PROVENANCE.	QUANTITÉ, DIMENSIONS ET FORMES DES ÉCHANTILLONS DE BOIS.	NATURE, CARACTÈRE ET UTILITÉ DES PRODUITS DU BOIS.
Martinique et Guadeloupe. *Exposition faite par M. Lallement.* (Colonies françaises.)	Belle collection de 135 pièces de bois représentées chacune par 3 échantillons; dimensions : $0^m,10$ sur $0^m,04$ et $0^m,12$ sur $0^m,06$, longueur $0^m,15$. 120 échantillons de $\frac{0^m,30}{0^m,20}$, $\frac{0^m,30}{0^m,15}$.	Brochure donnant la densité, la résistance à l'élasticité et à la compression. Gayac foncé, gayac officinal, clair et veiné de noir.
Colonies espagnoles et portugaises. (*Société de Santa-Cruz de la Palma.*)	Une cinquantaine de petits échantillons mal classés. 2 beaux échantillons de bois de Sandal provenant de Nara, l'un de $4^m,50$ de long sur $2^m,10$ de large et $0^m,10$ d'épaisseur, l'autre $3^m,60$ de long, $1^m,95$ de large sur $0^m,10$ d'épaisseur.	Ces contrées ont été très-riches, mais ont été dévastées.
Cuba.	Une bonne classification de bois très-variés d'une grande valeur commerciale.	Beaucoup de cèdres.
Brésil, Para et Amazone. *M. Pimento-Bueno, exposant.* (*La plus riche exposition de l'Amérique méridionale.*)	*Exposition très-riche et très-considérable.* 250 espèces de bois représentées par 2 000 échantillons sous toutes les formes, débités en planches, en blocs de grandes dimensions, les uns bruts et présentant quelques faces travaillées, d'autres sous la forme de parallélipipèdes équarris de 1 m. à $0^m,80$ de long et $0^m,10$, $0^m,15$, $0^m,25$ de côté bruts et travaillés. La plupart de ces bois ont une grande densité s'élevant jusqu'à 1,358. Une série de lithographies représentant les feuilles, fleurs et fruits des essences de bois classés par familles.	Tous ces spécimens étiquetés. Renseignements sur la résistance, la densité et l'utilité. Catalogue très-étendu, publié par le gouvernement du Brésil. La plupart de ces bois sont inconnus en Europe, et sont très-propres aux constructions navales. D'autres essences peuvent rendre des services considérables à la pharmacie, à la teinture, à l'acclimatation.
Venezuela.	80 petits échantillons de bois très-foncés.	» » »
Victoria.	Cette exposition n'est pas en rapport avec la richesse du pays.	Pipes en bois de Myall.
République de l'Équateur.	180 échantillons de bois de $\frac{0^m,15}{0^m,06}$ et $\frac{0^m,40}{0^m,25}$.	Bois très-durs, foncés.
Confédération argentine.	120 échantillons de $\frac{0^m,90}{0^m,25}$, $\frac{0^m,90}{0^m,00}$ formant une collection très-complète. On remarque : le caoutchouc, le cibel (usage pour la tannerie), le cédral, analogue à l'acajou; des bois pour exploitations des mines.	*Essences* : frêne, quelques espèces rouges, très-denses. Engins pour débiter les bois et les manœuvrer.
Chili.	Même collection de bois que l'exposition de la Confédération argentine.	» » »
Pérou.	Point d'échantillon de bois.	Grands hamacs de couleurs tranchées. Tapis carrés en matière ligneuse, de couleur sombre, dessin en quinconce de 5 m. de côté. Chanvres, chapeaux de paille, matière ligneuse pour balais.

I. — C

EXPOSANTS ET PROVENANCE.	QUANTITÉ, DIMENSIONS ET FORMES DES ÉCHANTILLONS DE BOIS.	NATURE, CARACTÈRE ET UTILITÉ DES PRODUITS DU BOIS.
Républiques de Costa-Rica, Nicaragua, San-Savador, Uruguay, Paraguay.	Ces diverses localités ont été représentées par des échantillons sous forme de petits carrés, sans aucune indication ou désignés par des noms du pays. Il en résulte qu'il est impossible de les apprécier.	Toutes ces essences paraissent remarquables, et seront sans doute un jour appréciées à leurs véritables valeurs. Voir l'ouvrage de M. Tenré, consul de la République du Paraguay.

OCÉANIE.

Nouvelle-Galles du Sud. Exposant, M. Ch. Moore, Directeur du Jardin botanique de Sydney, et la Commission de l'Exposition.	*Exposition très-remarquable.* 150 échantillons en plaques de $\frac{0^m,80}{0^m,60}$, $\frac{0^m,80}{0^m,40}$, $\frac{0^m,80}{0^m,25}$ avec $0^m,10$ d'épaisseur. 180 échantillons de riches couleurs, dimensions $\frac{0^m,800}{0^m,600}$, $\frac{0^m,800}{0^m,900}$ sur $0^m,10$ d'épaisseur. Une partie de cette exposition est faite par M. Ch. Moore et provient des districts septentrionaux; elle contient des espèces qui atteignent des dimensions extraordinaires. L'Eucalyptus, dont la naturalisation est étudiée en Algérie, aux Açores et en Espagne, bois très-précieux pour les constructions hydrauliques. Les districts méridionaux ont exposé, par les soins de la Commission de l'Exposition, 180 échantillons.	Un dessus de table de $1^m,20$ de diamètre assemblé par secteurs circulaires. Paniers, tapis, coupes en bois sculpté. Essences se rapprochant du hêtre et du frêne, d'autres du noyer. Le gommier rouge, le gommier bleu, l'écorce de fer, tous ces bois sont très-propres aux constructions.
Queen's Land Australie. M. Hill, exposant, Directeur du Jardin botanique de Brisbane. Exposition du Jardin botanique de Kew.	300 échantillons, dont 20 demi-rondins de 1 m. de long, et $0^m,25$ de diam.; 30 spécimens en plaquettes de 1 m. de long, $0^m,20$ à $0^m,40$ de large sur 5 à 6 centimètres d'épaisseur; 250 échantillons demi-rondins, de $0^m,40$ de long, diamètre de $0^m,20$ à $0^m,50$.	Tous très-foncés, bois très-durs, pouvant recevoir un très-beau poli.
	Deux beaux échantillons du bois de Myall, très-odorants (odeur de violette).	On en fait des pipes recherchées.
Australie du Sud.	50 échantillons en plaques de $\frac{0^m,80}{0^m,60}$ à $\frac{0^m,60}{0^m,20}$ avec $0^m,10$ d'épaisseur. Une série très-considérable d'échantillons variés de couleur. Deux troncs de Grasstree, arbre très-riche en résine et propriétés utiles à la médecine.	Bois très-durs; espèces se reportant à l'Eucalyptus. Arbre propre à la médecine, à la teinture et à la fabrication du gaz d'éclairage.
Océanie.	L'exportation la plus importante est le Sandal, qui devient de plus en plus rare.	» » »
Nouvelle-Calédonie.	120 petits échantillons, dont 40 ont reçu de la sculpture sous forme d'ornements divers, feuilles, fleurs et fruits.	Le pays est très-boisé, mais les communications sont difficiles. On y trouve le Sandal.

Etude des bois de l'Exposition universelle de 1867.

RICHESSES COMPARÉES DES RESSOURCES FORESTIÈRES DES DIVERS CONTINENTS.

Nous diviserons notre étude en deux parties :
1° L'étude des *bois de l'Europe*, dont le trait caractéristique est la *pénurie* toujours croissante, en même temps que la consommation et les besoins augmentent à mesure des progrès de l'industrie et du développement des chemins de fer;
2° L'étude des *bois non européens* caractérisés par leur abondance et des qualités bien supérieures à celles des bois de l'Europe, et destinés à combler le vide qui s'y fait sentir et même à permettre la régénération et le repeuplement de nos forêts.

Bois de l'Europe.

Nous commencerons par la France, en y rapportant les expositions des autres contrées de l'Europe, qui étaient toutes représentées au concours universel pour la section des bois, à l'exception de la Prusse et de l'Allemagne.

La France, qui s'était abstenue à l'Exposition de 1855 à Paris et à celle de Londres en 1862, s'est distinguée en 1867 par l'exposition de l'École forestière de Nancy, montrant dans un ordre méthodique toutes les essences de bois de France représentées chacune par plusieurs échantillons provenant de diverses latitudes, de manière que l'on pût apprécier l'influence du climat et du sol sur sa qualité.

Il faut noter la carte forestière de France exposée par cette École et dressée sous la direction de M. Matthieu, donnant les rapports de la distribution des forêts avec la nature géologique du sol (1).

« On peut reconnaître que les forêts sont d'autant plus productives et mieux cultivées que les pays sont plus riches et plus peuplés; d'autant plus dévastées que les contrées sont plus pauvres et plus misérables. Le bassin de Paris et celui de Bordeaux, les Vosges, le Jura, les Ardennes, sont couverts de magnifiques forêts, tandis que la Bretagne, les Alpes, les Cévennes, les montagnes de l'Auvergne, une grande partie des Pyrénées, en sont à peu près dépourvues, comme elles sont dépourvues d'ailleurs de culture et d'industrie.

» L'examen des échantillons de l'École de Nancy apprend aussi que la production d'une forêt dépend en grande partie de la manière dont celle-ci est traitée

---

(1) Appréciation de cette carte par M. Clavé, voir le *Temps*, 5 septembre 1867.

et qu'elle augmente considérablement par l'application du régime de la futaie et l'emploi de la méthode du réensemencement naturel et des éclaircies. »

Nous citons l'exposition unique de M. le comte des Cars, qui comptait au moins deux cents spécimens de coupes et de troncs d'arbres présentant les divers vices des bois sur pied, parmi lesquels un grand nombre avaient subi divers traitements de guérison (1).

Ce qui précède n'apprend rien sur la richesse forestière de la France; mais les statistiques apprennent qu'avant 1789, les forêts occupaient sur le sol de la France 12 millions d'hectares; aujourd'hui l'étendue forestière est réduite à 8 ou 9 millions; il n'est donc pas étonnant qu'on se plaigne de la pénurie du bois et que la France soit tributaire des pays étrangers.

Nous donnons ci-après des chiffres comparatifs sur les richesses forestières des principales contrées de l'Europe :

---

(1) Voir *l'Élagage des arbres*, par le comte des Cars, Rothschild, éditeur; ouvrage honoré d'une médaille d'or par la Société impériale et centrale d'agriculture.

Richesses forestières et exportation des contrées principales de l'Europe.

PAYS.	ÉTENDUE TERRITORIALE.	ÉTENDUE FORESTIÈRE	ÉTENDUE FORESTIÈRE PROPORTIONNELLE	PRODUCTION ANNUELLE.	VALEUR de L'EXPORTATION.	NATURE ET MOUVEMENT de L'EXPORTATION. OBSERVATIONS.
Europe...	948 millions d'hect.	240 millions d'hectares.	1/4 du territoire	»	»	»
France...	53 millions.	8 à 9 millions.	1/6 id.	36 à 42 millions de stères de bois ou les 2/3 de la consommation qui est de 55 à 59 millions de stères.	»	L'Italie, la Suède, la Norwége, la Russie, l'Allemagne, les États-Unis comblent le déficit.
Autriche..	67 id.	34 id.	1/2 id.	»	18 990 000 mètres cubes valeur 75 millions de francs.	Sapin, hêtre, épicéa. Exportation florissante qui pourrait être augmentée dans de grandes proportions.
Roumanie.	48 id.	8 id.	1/6 id.	»	Un million et demi.	Exportation croissante.
Italie	28 id.	3 800 000 hectares.	1/7 id.	100 millions (francs). 150 000 mètres cubes de bois fournis par la forêt de Montana. 80 à 110 mille pieds cubes fournis par la Toscane.	2 à 3 millions de kilog. de gros bois.	Usage pour la marine. L'exportation diminue. Les forêts sont en mauvais état.
Espagne..	48 id......	....	1/12 environ.	15 millions (francs).	»	L'exportation diminue. Les forêts sont en mauvais état.
Russie ...	438 id.	169 millions dont 80 entre la mer Baltique et la mer Blanche, 10 millions dans le duché de Finlande.	1/3 id.	»	En 1850: 10 millions de pieds cubes. En 1865: 20 millions de pieds cubes, valeur 20 millions de francs.	Les forêts sont très-négligées. L'exportation augmente.
Suède et Norwége.	85 400 000 id.	35 660 000 hectares.	7/17 id.	57 millions (francs).	3 millions de stères, valeur 42 millions. 26 millions de stères, valeur 45 millions.	Bois ouvré, planches, madriers, mâts, verges. Exportation en Australie de planches travaillées et débitées pour être mises en place.
Angleterre	30 millions.	»	1/24 id.	La production diminue.	»	Forêts négligées. Le reboisement s'y poursuit activement.
Allemagne	»	très-riche.	1/3 au 1/4	»	»	»
Prusse	»	id.	1/3 au 1/5	Exploitation régulière.	»	»

D'après ces quelques chiffres, on voit que la France doit payer un tribut onéreux pour combler le déficit considérable entre sa production et sa consommation. On voit aussi que la pénurie sur les bois n'est pas exclusive pour la France, qui en souffre le plus des pays de l'Europe, qu'elle tend à frapper entièrement, si l'on n'y remédie par le reboisement et par de sages mesures d'exploitation.

Revenons à l'Exposition, pour y étudier en détail la nature des ressources de chaque pays.

Autriche. — Cette contrée, ainsi que le montrait son exposition colossale, massive, est encore fort riche en bois. Son exportation, déjà très-importante, est appelée à un grand développement. Les provinces de la Galicie et de la Bukovine donnent des arbres excellents pour la mâture. Les *épicéas géants* s'y rencontrent avec des hauteurs de 66 mètres et 1 mètre de diamètre. Le sapin est moins élevé, mais plus gros. Les sapins de 1^m,25 de diamètre avec 47 mètres de hauteur ne sont pas rares (1). La Transylvanie, le Banat contiennent d'immenses forêts, mais les routes manquent; on commence à ouvrir des voies de communication.

Dans un grand nombre de contrées de l'Autriche, le bois se vend à peine quelques francs le mètre cube, faute de moyens de transport.

Roumanie. — Cette contrée, limitrophe de l'Autriche, a donné de beaux spécimens de bois des monts Carpathes. La richesse forestière de ce pays est très-grande; les forêts occupent le 1/6 de son étendue et comprennent 8 millions d'hectares. La consommation annuelle du bois est de 100 millions dans le pays. En 1863, l'exportation a été d'un million et demi. Au sommet des monts Carpathes, les essences de bois sont le mélèze, le sapin, le pin, le genévrier et le bouleau; plus bas, le frêne, le chêne rouvre, l'érable, le hêtre, le noyer, le sorbier, et dans les plaines, le chêne yeuse, le frêne, l'orme, le charme, le tilleul, l'acacia. Plus de 600 scieries préparent les bois de construction. La Roumanie a exposé de beaux objets de boissellerie. Ce pays offrira de grandes ressources lorsque des communications seront établies.

Russie. — L'étendue des forêts est environ les 7/10 de l'étendue forestière de l'Europe; elles ont été négligées et dévastées; mais, depuis 1859, le gouvernement s'en occupe activement.

La Russie s'est distinguée à l'Exposition par une collection scientifique de ses bois et par des goudrons et produits ligneux propres à diverses applications.

Le grand-duché de Finlande est en grande partie couvert de bois.

L'administration forestière, instituée en 1859, s'occupe de protéger ces vastes forêts qui représentent un capital immense. En 1867, il existait plus de 11 millions d'arbres propres à être abattus. L'espèce d'arbre la plus importante est le pin, qui forme la plus grande partie des bois de l'exportation.

---

(1) Voir une brochure : *les Richesses forestières de l'Autriche et leur exploitation*, de Josef Wessely, ancien inspecteur général des domaines en Autriche.

La végétation se ralentit vers le nord, mais la qualité du bois augmente. Nous empruntons à une brochure, qui accompagnait l'exposition des bois du duché de Finlande, les documents suivants :

On trouve la hauteur moyenne des arbres, les jeunes troncs y compris, indiquée dans ce tableau :

De 66° à 67° lat. nord . . . 20 mètres.
62° à 63°   —   . . . 25 mètres.
61° à 62°   —   . . . 27 à 30 mètres.

La même brochure ajoute :

Quant à l'âge que les arbres doivent avoir pour devenir propres aux usages divers sous différentes latitudes, le tableau qui suit peut donner quelques indications générales :

	Pin de marine.	Pin de sciage.	Pin à bâtir.
66° à 67° . . .	295 ans.	236 ans.	141 ans.
62° à 63° . . .	268 —	205 —	125 —
61° à 62° . . .	246 —	195 —	115 —

Suède et Norwége. — Ces contrées n'ont point exposé de collections de bois; mais on sait que la Suède est une des contrées les plus boisées après la Russie (1).

« La Norwége, qui n'a exposé que des chalets, est très-productive en forêts. La Norwége, encore plus que la Suède, fait un prodigieux commerce de bois. Les navires de ces deux royaumes apportent à toutes les nations de l'Europe des bois de charpente et de construction. »

En Norwége, 3 300 scies, fonctionnant par des moteurs hydrauliques, occupent 8 000 ouvriers.

Espagne et Portugal. — Les forêts espagnoles ont été dévastées comme la plupart des forêts de l'Europe; mais il y a déjà une amélioration due à la direction du corps des ingénieurs des forêts, élèves d'une bonne école, fondée par le gouvernement il y a une vingtaine d'années. L'exposition espagnole était très-méthodique; elle a présenté des ouvrages scientifiques très-intéressants. Le Portugal soutient toujours sa réputation pour son liége, dont il fait une exportation importante.

Italie. — Les richesses forestières diminuent rapidement, bien que son exposition ait été très-belle. Près de Ravenne se trouve une très-belle forêt de pins pignons d'une étendue de 5 000 hectares.

La *Toscane* contient encore de belles forêts de chênes.

La *Sardaigne* n'a rien exposé, bien qu'elle possède de belles forêts et de beaux chênes renommés pour la marine.

La *Prusse* et l'*Allemagne* n'ont rien exposé; cependant cette dernière est un des pays les plus boisés de l'Europe; le 1/3 du territoire est couvert de bois.

L'*Angleterre* n'a point exposé ses bois; mais elle était scientifiquement repré-

---

(1) Michel Chevalier, dans son Introduction aux rapports du jury international.

sentée par une belle collection des bois de ses colonies. Le reboisement est à l'ordre du jour en Angleterre et est dû à l'initiative des particuliers.

La *Turquie* et la *Grèce* n'ont rien exposé.

Les bois non européens.

Afrique.

Algérie. — Pendant longtemps encore l'Afrique ne donnera rien par ses forêts, qui sont inexploitables. L'Algérie seule représentait l'Afrique pour ce qui concerne les bois; son exposition était riche et fait naître de grandes espérances pour les études que l'on y fait de l'acclimatation de l'*Eucalyptus globulus* ou gommier bleu de l'Australie, et qui ont déjà un excellent résultat, à en juger par deux beaux échantillons présentés par le Jardin d'acclimatation d'Alger. Pour faire comprendre toute l'utilité de cette acclimatation, il suffit de rappeler que, dans les colonies méridionales de l'Australie, les Eucalyptus, qui forment des variétés très-nombreuses, sont des arbres dont le bois durcit lorsqu'il est exposé quelque temps à l'air; la résine dont il est imprégné se coagule et lui fait acquérir une très-grande *durée*, même sous l'eau; cette propriété le rend propre aux travaux hydrauliques; de plus, cet arbre donne des gommes, des huiles et des résines de qualité supérieure.

L'exposition algérienne montrait une magnifique exposition de bois et de produits forestiers comprenant des résines et des gommes de toutes essences. La plupart de ces matières viennent du *Sénégal* et du *Gabon*. Le produit le plus important des forêts de l'Algérie est le chêne-liége. Sur un million d'hectares possédés par l'État, on compte plus de 300 000 hectares plantés de chênes-liéges purs, ou mélangés d'autres essences. Cet arbre, qui appartient à la région méditerranéenne, est très-abondant en Espagne, en Italie, dans le midi de la France, et surtout en Algérie, où il forme à lui seul des forêts considérables. Le liége est enlevé à peu près tous les 10 ans, de manière que chaque arbre peut, jusqu'à l'âge de 150 ans, donner 12 à 14 récoltes.

On trouve aussi le cèdre, le chêne zéen, le caroubier, le pin d'Alep, dont les bois sont propres aux constructions et à l'ébénisterie. Jusqu'à présent, l'exploitation n'a pu être régulière, par suite des difficultés de transport et de la dévastation des Arabes. On trouve aussi en Algérie le chêne yeuse sur une étendue de 100 000 hectares, qui est très-bon pour l'ébénisterie et les parquets. On y étudie l'acclimatation du pin des Canaries.

Asie.

Cochinchine et colonies des Indes françaises. Colonies des Indes anglaises (1). — Bien que la Cochinchine et les possessions françaises de l'Inde aient été représentées dans les collections exposées par l'Administration des Colonies, les bois de l'Inde anglaise sont les seuls du continent asiatique qui soient l'objet d'un commerce de quelque importance. Dans l'Inde et en Birmanie, les forêts occupent de vastes étendues, et les Anglais y trouvent des ressources pour l'approvisionnement de leurs arsenaux. De toutes les essences, la plus précieuse est le *teak*, qui est originaire de Malabar et du royaume de Siam. Il se rencontre dans les forêts de l'Inde méridionale; son bois est très-dur, facile à travailler, peu sensible aux variations de température et très-bon pour les constructions navales. Les pièces de charpente sont amenées par des éléphants des forêts de l'intérieur de l'Inde jusqu'au cours d'eau le plus voisin, d'où elles sont flottées jusqu'à la mer et expédiées à Moulmins et Rangoo, les deux principaux entrepôts de ces bois. On trouve aussi d'autres bois très-durs et propres à l'ébénisterie : au nord de l'Himalaya, le cèdre *déodora*, qui forme des forêts immenses d'un aspect grandiose. L'Inde fournit aussi l'acacia catechu (qui donne le cachou), le bois de sandal, dont le parfum est très-apprécié des Chinois, qui s'en servent comme encens dans les temples de Bouddha.

Les Indiens du Pacifique en font usage pour parfumer l'huile de coco dont ils s'enduisent le corps et les cheveux. On l'exporte en bûches de 1 à 2 mètres de long et 10 à 15 centimètres d'équarrissage, et il se vend de 50 à 75 francs les 100 kilogrammes.

Ces colonies ne peuvent encore alimenter une grande exportation, parce que l'ébénisterie et la marqueterie peuvent seules supporter les frais de transport. Les richesses des forêts de l'Inde sont immenses; mais le vide s'y fait sentir par suite des dévastations faites par les natifs. Les Anglais y organisent une administration des forêts et ont envoyé à cet effet en France et en Allemagne des jeunes gens destinés à y acquérir les connaissances nécessaires pour être à la tête de cette administration.

Dans l'Inde et à Java, on acclimate avec succès le chinchona (riche en quinine), originaire du Pérou. Les colonies des Indes anglaises étaient représentées par les expositions de Nova-Scotia et Trinidad, qui comprenaient plusieurs centaines de spécimens de grandes dimensions.

La Chine a envoyé très-peu d'échantillons de bois : bois de corail, de santal et de camphre.

La collection du Japon se composait d'une quinzaine d'échantillons et de tiges

---

(1) Ces renseignements sont extraits d'un article de M. Clavé, publié dans le *Temps* en septembre 1867.

de bambous. Parmi les bois, on trouve des essences européennes : cyprès, pin, sapin, châtaignier, mûrier, prunier, cerisier et quelques nouvelles essences.

Amérique.

Amérique septentrionale. Canada. — En 1855 et 1862, les expositions du Canada ont révélé des richesses inconnues. L'exposition de 1867 a été très-remarquable, sans dépasser celle de Londres de 1862. Les richesses forestières du Canada sont considérables. Sur 40 000 lieues carrées de territoire, un dixième est à peine livré à la culture, les neuf autres dixièmes sont boisés. Le transport des bois se fait par le fleuve immense le Saint-Laurent, qui reçoit de nombreuses rivières qui permettent le transport des bois jusqu'à Québec, d'où ils sont exportés dans le monde entier. L'exportation annuelle dépasse 60 millions de francs, la production un million et demi de stères de bois exportés et un million consommé dans le pays. L'exploitation des forêts occupe 3000 entrepreneurs et 20 000 ouvriers bûcherons et flotteurs. Les essences de bois exportés sont le chêne, moins nerveux que celui d'Europe ; le *tamarac*, très-dur et très-bon pour les constructions navales et hydrauliques ; le *pin rouge*, le *pin jaune*, le *noyer noir*, bon pour l'ébénisterie, et l'*érable*.

Le Nouveau-Brunswick, près du Canada, fait également le commerce des bois et la construction des navires. Le port de Saint-John ne tardera pas à rivaliser d'importance avec celui de Québec. Les États-Unis ont envoyé une collection insignifiante de bois, bien que l'on sache très-grandes leurs richesses forestières ; suivant Michaux, ils ne posséderaient pas moins de 130 espèces d'arbres atteignant des hauteurs de 25 à 30 mètres. Les États-Unis fournissent à l'Europe beaucoup de bois de construction et des navires. L'exportation peut être mesurée par le chiffre énorme de l'impôt sur les bois, qui s'est élevé en 1865 à près de 56 millions de dollars (302 400 000 fr.).

Amérique méridionale. — L'île de Cuba a exposé des échantillons bien classés. Elle fournit des cèdres à l'Angleterre. La Guyane française a fait l'admiration des visiteurs par sa collection de grands et magnifiques échantillons de 4 et 5 mètres de long, tous propres aux travaux de constructions hydrauliques et aux traverses de chemins de fer. La supériorité de ces essences sur celles de l'Europe, dont la plupart ont des résistances doubles et même quadruples de nos bois, et leur durée quintuple leur assignent dans l'avenir industriel une des premières places. Depuis longtemps, on connaît la supériorité de l'essence angélique sur le chêne dans les constructions navales ; mais une exploitation régulière dans la Guyane n'est pas chose facile ; les transports sont chers ; il en résulte que toutes les réserves forestières lointaines n'offrent pas à beaucoup près de grandes ressources pour l'Europe. Les bois non européens sur les marchés français sont d'un prix très-élevé qui en retarde l'emploi.

Nous renvoyons à l'ouvrage de M. Aubry-Lecomte, qui donne des renseignements très-détaillés sur les bois de la Guyane française.

Les gouvernements anglais et français s'occupent de mettre en valeur les forêts de la Guyane, dont les bois, excellents pour la marine, ont la réputation d'être inattaquables par les insectes et les tarets (mollusques marins). Bon nombre d'essences des bois de la Guyane se retrouvent dans le Brésil.

Un grand nombre de pays éloignés ont pris part à l'Exposition; la multiplicité et la variété des échantillons, ainsi que leurs qualités précieuses ont été un événement pour les Européens. Dans les Expositions précédentes, le Brésil n'avait point marqué sa place; en 1867, il occupait le premier rang et était l'événement dominant de la section des bois. Parmi les nombreuses collections, la plus considérable numériquement était celle du Brésil. Quelle profusion, quelles richesses! 2000 échantillons, formant au moins 250 essences de bois, presque tous inconnus aux Européens. L'exposition était organisée avec beaucoup de soin, étiquettes, renseignements de toute nature, brochures très-développées, donnant les noms des pays des diverses espèces et leurs qualités, emplois, densités. Depuis longtemps, c'est du Brésil que nous viennent les bois d'ébénisterie et de teinture, tels que l'acajou, le palissandre, le campêche; il est regrettable que les forêts y soient d'un accès difficile, et il faudra encore quelques années pour que l'Europe puise facilement dans ces richesses immenses.

Le Brésil présente les arbres les plus extraordinaires; le rapport de M. Fournié peint avec des couleurs poétiques les proportions surprenantes de certaines essences dans les termes suivants : « La *Victoria-Régia* couvre les eaux de ses feuilles de 7 mètres de circonférence et de ses fleurs de 1^m,50. Au bord des rivières, le *cacao*, le caoutchouc forment des masses imposantes; plus loin, le *copaïer*, le bois de rose et autres essences recherchées s'étendent en vastes forêts. » La plupart de tous ces bois sont propres aux travaux de construction navale et civile; ils offrent à l'industrie de l'ébénisterie les plus belles variétés; d'autres essences peuvent être utilisées dans la teinture, pour la médecine; enfin, bon nombre donnent des produits alimentaires. D'après le catalogue publié par le gouvernement brésilien, un grand nombre d'arbres du Brésil atteignent des hauteurs de 18 et 20 mètres, avec des diamètres de 1, 2 et 3 mètres. Le Brésil a exporté en 1865 pour une valeur de près de 3 millions de francs de palissandre. Parmi les nombreuses espèces intéressantes, citons le *palmier carnauba*, dont le fruit et le noyau servent d'aliment et donnent une bonne boisson. Les feuilles servent à couvrir les maisons, à faire des cordages, des filets, des chapeaux et du papier. Le bois est très-dur, élastique et sert à l'ébénisterie; on en fait des tasses, des coupes et aussi des pilots inaltérables à l'eau de mer. Les feuilles se recouvrent d'une matière pulvérulente dont on fait de la cire à bougie.

D'autres parties de l'Amérique centrale et méridionale ont exposé des bois très-remarquables. Telles sont la Confédération Argentine, la Bolivie, le Vénézuéla, l'Équateur, les républiques de Costa-Rica, Nicaragua, San-Salvador, Uruguay, Paraguay, le Chili, Victoria, Trinidad et la Martinique.

Océanie.

Australie. La *Nouvelle-Galles du Sud* a donné l'exposition la plus remarquable de l'Australie. 350 spécimens de magnifiques bois formaient cette exposition. 150, qui provenaient des districts septentrionaux, ont été présentés par M. Ch. Moore, directeur du Jardin botanique de Sidney. Les autres provenaient des districts méridionaux. Les arbres de l'Australie sont peut-être les plus extraordinaires du globe pour leurs dimensions gigantesques. Dans la partie septentrionale, on trouve la *fougère* arborescente, l'*hortie géante*, qui atteignent jusqu'à 12 mètres de tour et 70 mètres de hauteur; le *figuier géant*, qui n'a pas moins de 30 mètres de tour; le cèdre rouge à tronc droit, couvert d'une écorce brune écailleuse dont le bois est dur et d'une grande beauté; l'*araucaria*, arbre de 80 mètres de hauteur sur 3 mètres de tour. Il faut mentionner une essence intéressante qui était représentée à l'Exposition par deux troncs, le *grasstree*, dont on fait du gaz d'éclairage et sur lequel on expérimente dans une des villes de l'Australie. Dans la partie méridionale, certains arbres se rapprochent de ceux de nos climats, le hêtre et le frêne; mais les bois les plus précieux sont l'*acacia mélanogloss*, dont le bois noir est d'une grande beauté et a quelque analogie avec le noyer; les *eucalyptus*, dont les nombreuses variétés ont souvent été prises pour des espèces différentes, tels sont le gommier rouge, le gommier bleu, l'écorce de fer et beaucoup d'autres, tous très-bons pour les constructions (1). On tire de ces arbres des gommes, des résines et des huiles qu'on emploie pour l'éclairage et pour la fabrication des vernis. C'est l'essence eucalyptus d'Australie, qui fait l'objet d'études d'acclimatation en Algérie, en Espagne et aux Açores (possession portugaise).

L'exposition de l'Australie se répartissait entre les pays : Australie du Sud, Queens' Land, la Nouvelle-Galles du Sud. Enfin, la colonie néerlandaise mérite d'être signalée pour son exposition de bois des Indes Orientales faite par M. Sturler. La collection présentait 460 échantillons, parmi lesquels on trouvait le bois d'ébène, de fer et de teak.

La *Nouvelle-Calédonie* a envoyé quelques échantillons; les rapports officiels apprennent que le pays est très-boisé et que les essences sont très-nombreuses.

Conclusion.

Il ressort visiblement des études faites à propos de l'exposition des bois, que la France, en particulier, et l'Europe entière ont beaucoup à gagner des autres continents. Déjà l'Europe ne se suffit plus à elle-même, la pénurie et l'incurie

---

(1) Le *Génie civil* dit que les eucalyptus globulus peuvent atteindre 105 mètres avec 9 mètres de diamètre, et fournissent des madriers de 60 mètres de longueur, sans défaut, d'un prix modique dans le pays, tant les forêts de cette colonie sont riches en cette espèce.

qu'elle présente sont de vieille date. M. Michel Chevalier dit à ce sujet (1) : « Il faut reconnaître que, dans les pays même où le bois était le plus abondant et où naguère on considérait les forêts comme une superfluité embarrassante, les déboisements ont marché si vite, qu'il y a lieu désormais d'y moins prodiguer le combustible végétal et le bois sous toutes les formes. Une partie des États-Unis est dans ce cas, et dans l'empire de Russie, même parmi les provinces du nord, à Moscou, par exemple, le bois de chauffage est aussi cher qu'à Paris. Ce ne sont pas seulement le défrichement et la dévastation qui font disparaître les forêts, quoiqu'ils y contribuent pour une grande part. Dans les localités qui sont à une médiocre distance des fleuves navigables, et à plus forte raison de la mer, on exploite, si la vente est facile, jusqu'à épuisement, pour avoir des bois de charpente et de menuiserie. L'industrie se répand partout aujourd'hui, et lorsqu'elle trouve des mines métalliques à portée des forêts, elle dévore les bois avec une telle avidité, qu'il devient indispensable, même dans les territoires surabondamment pourvus, de donner des soins attentifs aux forêts pour lesquelles jusqu'ici l'on n'avait aucuns soucis. »

Ainsi, d'un côté, l'Europe présente une grande pénurie, tandis que d'autres parties du globe, l'Amérique et l'Australie, offrent des richesses forestières séculaires. A ce sujet, M. Michel Chevalier dit : « Qu'il est hors de doute que les forêts sans limites de la vallée des Amazones fourniront à notre ébénisterie des matières fort avantageuses et en quantité inépuisable; il est même possible qu'on en tire, à l'usage des chemins de fer, des traverses qui se recommanderaient par leur grande durée, à ce point que, malgré les frais de transport, il y ait intérêt à s'en servir de préférence à toutes les essences de nos forêts. La question est maintenant à l'essai, sur notre propre territoire, au moyen d'un certain nombre d'échantillons envoyés par le gouvernement brésilien. »

Nous extrayons du *Génie civil* les considérations suivantes, d'après lesquelles le bois a encore une importance extrême dans la marine :

« Il ne faut pas croire que, par suite de la substitution incessante du fer au bois dans la construction navale, la production de ce dernier deviendra sans objet un jour pour cette application. Les documents qui ont été publiés et les discussions qui se sont produites tendent à prouver le contraire.

» A dimensions égales, les navires en fer pèsent plus et coûtent plus cher que les navires en bois, et ils fatiguent plus à la mer; sous les tropiques, ils se détériorent davantage. Il est notoire que les navires même en fer ne peuvent résister aux moyens de défense qui augmentent encore plus rapidement que le perfectionnement des blindages. »

Partout on sent la double nécessité de parer à l'*éventualité* de chauffage qui résulte de l'épuisement de la houille et, malgré le fer, à la *régénération* incessante des constructions navales par le bois.

Il faut reconnaître que, depuis les Expositions de 1855 et 1862, de grands progrès se sont accomplis; d'abord par rapport à l'Europe, la question du

---

(1) Introduction aux rapports du jury international.

reboisement est à l'ordre du jour dans chaque contrée, et par rapport à tous les pays du globe, les bois et les forêts ont été l'objet d'expériences de toute nature. Tous ces progrès sont heureusement esquissés par M. Fournié (1) :

« L'Europe, en complétant l'exposition de ses bois, y a joint des travaux scientifiques remarquables. L'Afrique et l'Océanie sont représentées dignement par des collections spéciales. L'Asie montre, à côté des essences connues, quelques nouveaux produits du Japon et de la Cochinchine. L'Amérique confirme l'étendue de ses ressources si habilement exploitées au nord. Les richesses du centre et du sud attirent l'attention et étalent toute leur splendeur dans les expositions de la Guyane et du Brésil. »

A ce tableau de faits expressifs, on peut ajouter les espérances que font naître la révélation des richesses forestières de l'Australie, l'acclimatation en Afrique des essences précieuses de cette contrée et la communication rendue facile de l'Europe avec l'Australie par le prodigieux canal de Suez. L'emploi des bois du Brésil et de l'Australie en Europe, si elle se réalise, pourrait produire, dans une certaine mesure, l'économie de la houille et du fer ; cette économie résulterait de ce que les bois non européens ayant des qualités de *résistance* et de *durée* double et même quadruple de nos meilleurs bois d'Europe, le bois pourrait reconquérir une des premières places dans les constructions et être employé concurremment avec le fer et la fonte, en réservant ces derniers pour les cas spéciaux des travaux d'art à grande portée, tels que ponts, viaducs, etc.

Mais l'industrie ne pourra profiter des richesses vivantes et si largement étalées de l'autre côté de l'Atlantique qu'à la condition de les ménager et d'en réserver le fonds social, en procédant autrement que par des déboisements inconsidérés comme ceux faits en Europe. A cet égard, on fera bien de méditer ces paroles de M. Michel Chevalier : « Un système de culture peut régénérer les forêts et en faire pour l'espèce humaine un réservoir inépuisable de calorique et de force motrice. »

La consommation de la houille et celle des minerais de fer prend un développement tellement considérable que, d'ici peu de siècles, toutes ces ressources seront bien diminuées, si elles ne sont pas entièrement absorbées, et pour prévenir une crise qui serait le recul de l'industrie, il ne faut pas moins de tous les efforts de tous les pays, c'est-à-dire poursuivre simultanément le reboisement et l'exploitation régulière, l'acclimatation des espèces précieuses de l'Australie, et surtout la *facilité du transport* dans tous les continents, et enfin une foule d'études sur les bois non européens, sur la conservation de nos propres bois par divers procédés, soit d'injection, soit de carbonisation, et enfin essayer à donner au bois une nouvelle propriété, l'incombustibilité.

L'Exposition universelle de 1867 a donné de nombreux renseignements sur les bois non européens, parmi lesquels un très-grand nombre peuvent fournir des ressources à la charpente, à la marine et aux chemins de fer. On trouvera, dans les tableaux ci-après, les données pratiques les plus importantes.

---

(1) Rapport du jury international (1867).

NOTICE SUR L'EXPOSITION UNIVERSELLE DE 1867.

Extrait du catalogue de M. Aubry-Lecomte, qui accompagnait la collection des bois exposés par les colonies françaises de la Guyane.

DÉSIGNATION des bois.	DENSITÉ DU BOIS		RÉSISTANCES PROPORTIONNELLES	USAGE, PROPRIÉTÉ. OBSERVATIONS.
	sec.	vert.	k.	
Bagasse............	0.745	1.13	214	Arbre de grande dimension, très-droit; excellent pour parquets.
Cèdre jaune........	0.489	0.606	145	Bon pour planches.
Bois de rose mâle...	1.108	1.226	361	Bois dur, compacte, traverses pour chemins de fer, inattaquable aux tarets.
Bois cannelle.......	0.8	1.07	184	Arbre de grande dimension, odeur de cannelle, inattaquable aux tarets; traverses de chemins de fer, constructions navales.
Cèdre noir (*marécage*).	0.648	0.818	159	Grande dimension; incorruptible, bordages extérieurs de navire, traverses.
id. (*montagne*).	0.530	0.670	130	
Palétuvier blanc.....	0.768	1.104	146	Bois haut et droit; petites mâtures, excellent pour constructions dans la vase salée.
Palétuvier rouge.....	1.017	1.218	297	
Ébène verte........	1.210	1.220	481	Grain fin et serré; très-bons pour les constructions. A la Guyane trois variétés : la verte, la grise, la noire.
Balata blanc........	0.972	1.208	247	Bois de charpente, léger, élastique, servant à construire les avirons.
Balata rouge ou *saignant*	1.109	1.232	353	Très-grand arbre dont le bois est bon pour chevilles de marine et bois comprimés. La séve donne une sorte de gutta-percha très-bonne pour la garniture des câbles électriques sous-marins.
Balata *singe rouge*....	1.043	1.117	280	Bois de charpente pour traverses.
Bois rouge ou bois encens............	0.662	0.856	186	Grand arbre, d'un bon emploi pour les constructions à couvert et pour les *courbes* de constructions navales.
Carapa rouge.......	0.659	0.882	»	Planches, lattes, caisses de voitures.
Carapa blanc........	0.659	0.830	171	L'écorce sert au tannage.
Schawari...........	0.820	1.187	211	Pirogues, bardeaux, jantes de voitures, constructions navales, ailes de moulins.
Hévé (caoutchouc) ou lettre rouge.......	1.038	1.175	317	Bois blanc peu compacte, fournissant le caoutchouc. Les Indiens s'en servent pour faire des arcs.
Cèdre blanc ou cèdre bagasse..........	0.842	1.036	226	Excellent pour constructions, meubles, pirogues, donnant une résine bonne pour l'éclairage.
Simaruba officinalis..	0.403	0.548	96	Analogue au pin, facile à travailler et bon pour les intérieurs de maison; inattaquable par les insectes.
Couaïe............	»	»	142	Bois commun très-liant, excellent pour mâtures.
Grignon franc.......	0.714	0.936	172	Arbre de grande hauteur et donnant des planches de 0m,30 à 0m,90 de large. Construction de bateaux.
Grignon fou........	0.577	1.039	146	Léger, mêmes usages que le sapin.

DÉSIGNATION des BOIS	DENSITÉ DU BOIS		RÉSISTANCES PROPORTIONNELLE.	USAGE, PROPRIÉTÉ. OBSERVATIONS.
	sec.	vert.	k	
Mahot *couratari*......	1.054	1.208	318	Constructions.
Coupi............	0.819	1.063	179	Traverses de chemins de fer et constructions navales. Employé à Surinam à la confection des maisons, malgré son odeur désagréable.
Bois gaulette........	1.196	1.254	303	Facile à fendre, employé pour clayonnage et jantes de roues.
Gaïac de Cayenne ou Févier de Tonka...	1.153	1.213	385	Arbre de grande dimension, bois dur, solide, très-durable, pouvant subir une grande pression, employé pour arbres et roues de moulins.
Courbaril..........	0.904	1.191	333	Arbre dont le tronc s'élève sans ramification jusqu'à 24 m. de haut., diam. 2 à 3 m., couleur acajou; employé aux constructions navales. Les Indiens en font des canots.
Angélique, très-commun à la Guyane..	0.746	0.851	215	Bois de première qualité et de grande dimension, fort estimé pour constructions navales, inattaquable par les insectes et les tarets. Employé pour quilles, grosses pièces et menuiserie, et donnant des madriers de 15 à 20 m. de long, sur 0^m,30 et 0^m,50 d'équarrissage.
Bois violet ou amarante	0.771	0.967	231	Arbre de grande dimension, propre à toute espèce de construction. Bois pourpre, brun ou noir, dur, très-élastique, employé dans les colonies anglaises pour les plates-formes et crapaudines de mortiers.
Cœur dehors........	0.991	1.224	283	Parquets, moyeux, corps de pompe, flasques d'affûts de canons et traverses de chemins de fer.
Wapa huileux.......	0.930	1.224	224	Constructions, palissades, bardeaux, traverses de grande durée en terre.
Wacapou ou épi de blé.	0.900	1.113	304	Bois incorruptible, bon pour constructions navales, traverses de railways et ébénisterie.
Bois pagayes........	0.800	1.025	239	Charpente et charronnage.
Panococo (Iron Wood).	1.181	1.231	400	Arbre de 15 m. de haut et 2^m,40 de diam., bois noir à aubier blanc, très-compacte, incorruptible, bon pour palissades et ébénisterie.
Bois crapand (peu commun)............	1.120	1.235	340	Arbre de grande dimension, peu employé.
Saint-Martin, abondant à la Guyane.......	0.912	1.102	229	Bois de charpente et de menuiserie pour l'intérieur des bâtiments; solide et durable, s'il n'est pas exposé aux intempéries de l'atmosphère. Il donne des billes de 0^m,33 à 0^m,65 de large sur 9 à 12 m. de long.
Préfontaine.........	0.827	1.166	207	Grand et bel arbre, commun, employé pour constructions et marquetage.
Bois de coco, ou cœur brun-noir........	1.208	1.234	402	Bois de grande dimension, à aubier jaune clair, très-dur, employé pour le pouliage.

DÉSIGNATION des bois.	DENSITÉ DU BOIS		RÉSISTANCES PROPORTIONNELLES	USAGE, PROPRIÉTÉ, OBSERVATIONS.
	sec.	vert.	k.	
Bois amer............	0.769	1.142	170	Planches, traverses pour railways, longrines, quilles et carlingues.
Panapi..............	0.835	1.008	268	Bon bois de charpente donnant une couleur amarante.
Maria Congo.........	1.049	1.164	339	Bois de grandes dimensions. Traverses pour chemins de fer, longrines, constructions navales.
Mincouin ou Mincouart.	0.952	1.135	347	Bois dur, compacte, incorruptible, bon pour traverses de railways.

Bois du Brésil, *communs à la Guyane française. Densités et résistances déterminées par M. Dumonteil.*

NOMS BOTANIQUES DES BOIS.	DENSITÉ du BOIS SEC.	RÉSISTANCES PROPORTIONNELLES.
Dicypellium curyaphyllatum........	0.618	181
Aniba Guyanensis.................	0.484	145
Avicennia nitida..................	0.768	146
Tecoma leucoxilon................	1.211	481
Humirium floribundum............	0.496	102
Marouabea coccinea...............	0.714	174
Carapa Guyanensis................	0.659	»
Guarea Aubletii...................	0.365	95
Icica altissima....................	0.842	226
Simaruba officinalis...............	0.403	96
Rhizophora mangle................	1.017	297
Couratari Guyanensis..............	1.054	318
Lecythis grandiflora...............	1.003	229
Centrolobium robustum............	0.875	255
Dipterix odorata..................	1.153	385
Hymenæa Courbaril...............	0.904	333
Dicoronia Paraensis...............	0.746	215
Eperua falcata....................	0.930	224
Andira Aubletii...................	0.900	304
Copaifera bracteata................	0.771	331

Nous donnons ci-après un tableau dans lequel nous avons condensé quelques indications sur quelques-unes des nombreuses essences des bois du Brésil. Nous renvoyons pour plus de détails à la notice qui accompagne leur exposition (1).

(1) Breve noticia sobre a collecçao das madeiras do Brasil. (1867), Rio de Janeiro.

Aperçu des bois du Brésil.

NOMS DES BOIS et LIEUX DE PROVENANCE.	HAUTEUR des ARBRES.	DIAMETRE des ARBRES.	USAGE, PROPRIÉTÉS, OBSERVATIONS.
Abiu-rana des provinces de l'Amazones et du Para...	11 à 13 m	1 m.	Constructions civiles et navales.
Almecega, Icica (Rio de Janeiro).................	10 m.	1 m.	Bois résineux; résine recherchée dans la médecine et les arts.
Amoreira, Maclaura (Rio de Janeiro et Bahia)......	5 m.	0 m,50	Menuiserie.
Carapa Guyanensis (nord du Brésil)................	16 m.	2 m.	Constructions civiles. L'écorce et les graines utiles à la médecine et dans l'industrie.
Angelim, Andira (nord et centre du Brésil).......	11 à 22 m	2 m.	Arbre tortueux, propre aux constructions civiles et navales.
Bacupary ou Bacury (Para et Amazones)...........	20 m.	2 m.	Arbre tortueux, propre aux constructions civiles et navales. Les fruits de ce bel arbre sont grands et comestibles; on en fait des confitures.
Carnauba...............	»	»	Palmier très-renommé par ses nombreuses propriétés.
Cedro. Au nord de Rio de Janeiro et Amazones...	»	3 m.	Bel arbre dont on tire de larges planches, bon pour des travaux de tour.
Brosimum conduru.......	13 à 15 m	1 m.	Constructions civiles, menuiserie et marqueterie.
Gumara................	9 à 11 m	1 m.	Constructions civiles, menuiserie et marqueterie.
Cupaby ou Copahiba (Amazones)................	18 à 20 m	1 m,50	Constructions civiles, travaux internes, souterrains et externes. Huile utile en médecine et dans les arts.
Jacaranda ou palissandre (nord de Rio de Janeiro..	»	»	Arbre élevé, bois de teinte rouge noirâtre, dur et compacte, bon pour la construction, la menuiserie, la marqueterie et les travaux de tour. On en connaît plusieurs espèces.
Jacariuba, Calophyllum Brasiliense (nord du Brésil)................	»	3 m.	Arbre d'une très-grande hauteur. Constructions civiles et navales. Bois donnant un baume jaunâtre d'odeur aromatique.
Jaqueira. (nord du Brésil).	grande.	1 m.	Bois dur, belle teinte jaunâtre, bon pour la charpente des navires. Son fruit atteint 0 m,50 de long et contient des graines farineuses dont la pulpe est très-parfumée.
Jutaby (dans tout le Brésil).	16 à 25 m	2 m.	Bois dur et compacte, inattaquable par les vers. Bon pour constructions civiles et navales; il fournit la résine copale.
Massaranduba (nord de Rio de Janeiro)...........	22 à 25 m	3 m.	Un des arbres les plus précieux. Bois pour constructions civiles. Il fournit un suc laiteux, savoureux et substantiel, que l'on mélange avec du thé ou du café. Au bout de 24 heures il se coagule en une masse élastique, blanche, analogue à la gutta-percha; l'écorce est riche en tanin et est employée en teinturerie.

NOMS DES BOIS et LIEUX DE PROVENANCE	HAUTEUR des ARBRES.	DIAMÈTRE des ARBRES.	USAGE, PROPRIÉTÉS, OBSERVATIONS.
Pao d'arco, Tecoma speciosa (*nord du Brésil*)..	20 à 30^m	3 m.	Bois très-dur, compacte et élastique. Constructions civiles et navales.
Pao preto...............	»	1 m.	Arbre élevé, bon pour constructions civiles et navales.
Pao roxo (*tout le Brésil*)..	»	1 m.	Arbre élevé, bon pour constructions civiles et navales.
Pao santo (*nord*)........	»	»	Bois noir, dense, l'un des meilleurs du Brésil pour les constructions hydrauliques.
Pao setim (*nord*)........	10 à 18^m	1 m.	Menuiserie et constructions.
Seringueiro, Syphonia elastica (*vallée de l'Amazone*)	10 à 18^m	2 m.	Le bois a peu d'usage. Il fournit par l'incision du tronc de la gomme-résine, qui, en se congulant, devient le caoutchouc.
Taury ou Tauary (*vallée de l'Amazone*)............	8 à 22^m	1 m.	Constructions civiles.
Umiry (*Amazone*)........	»	»	Arbre élevé, dont le bois est bon pour constructions civiles et navales, fournissant le baume du Pérou.
Vinhatico...............	»	2 m.	Arbre élevé, bois employé pour l'ébénisterie au Brésil et constructions.

FIN DE LA NOTICE SUR L'EXPOSITION UNIVERSELLE DE 1867.

PRÉFACE DE LA PREMIÈRE ÉDITION

La remarque faite par Fraizier, au sujet de la coupe des pierres, est applicable à la coupe des bois. La *charpenterie* n'est pas seulement ce qui se présente d'abord à l'esprit comme le travail manuel de l'artisan taillant le bois pour assembler des pièces les unes au-dessus des autres, c'est principalement l'art qui impose des règles de construction, qui calcule les combinaisons et la force des corps d'arbres équarris pour composer des édifices en bois, qui dessine préalablement les formes de ces édifices, qui enseigne les procédés d'exécution et le tracé du travail que l'outil doit faire, conduit par les mains d'un compagnon exercé.

La connaissance de cet art ne doit pas rester le partage du seul charpentier. A l'exception de l'habileté des mains pour le maniement des outils, l'architecte et l'ingénieur doivent en posséder jusqu'aux moindres détails. Il ne faut pas qu'ils soient réduits à appeler à leur aide un maître d'œuvres en bois pour achever la conception d'une bâtisse et en assurer la construction, qui n'est possible qu'autant que toutes les difficultés de son exécution sont prévues. Il faut même qu'ils puissent, au besoin, diriger et tracer le travail, s'ils manquent d'un contre-maître pour conduire le chantier.

Le vrai charpentier doit trouver aussi en lui-même tous les moyens de créer un édifice du ressort de son art.

Les anciens ponts les plus hardis, les flèches les plus élégantes des vieilles églises, les anciens combles les plus beaux, sont dus à des charpentiers, hommes de génie dans leur état, et qui en avaient deviné les secrets.

Les architectes qui ont écrit sur l'art de bâtir, tels que *d'Aviler, Bullet, Briseux, Blondel*, etc., ont consacré quelques pages à la charpenterie; mais ils ne se sont occupés que de celles des maisons, qui font le sujet principal de leurs ouvrages. *Gautier, Bélidor, Peronnet, Gauthey, Cessart,* ont traité de la charpenterie des ponts et des constructions hydrauliques; ce qu'ils en ont dit se trouve mêlé aux descriptions des grands travaux, objets de leurs écrits. *Rondelet* et *Douliot* ont compris dans leurs *Traités sur l'Art de bâtir* des applications à divers genres de constructions en bois pour les services civils. *Bouguer, Duranti de Lironcourt, Duhamel-Dumonceau, Goimpy, Romme,* ont donné des traités sur la charpenterie navale. *Mathurin Jousse* et *Nicolas Fourneau* ont composé chacun un traité spécial sur la coupe des bois (1). Le premier a fait la description des combles en usage de son temps; *Fourneau*, comme habile maître charpentier, s'est uniquement occupé de ce que les ouvriers appellent *l'art du trait*, consistant dans la description graphique des pièces assemblées et du tracé de leurs assemblages; son ouvrage, purement de pratique, est écrit et distribué de telle sorte que l'étude en est très-difficile et peu profitable à ceux pour lesquels il a été fait (2).

Dans la vue de fournir aux ouvriers charpentiers des ouvrages à bon marché, on a publié des traités fort abrégés, tels que celui de M. Protot, de Reims, et le Manuel de MM. Hanus et Biston, dans l'immense collection du libraire Roret (3); mais ils sont loin de suffire aux besoins des charpentiers, et même aucun des ouvrages plus considérables, que nous avons cités, ne présente la charpenterie ou les parties qui s'y trouvent traitées, sous le point de vue et avec les développements que leur importance et la multiplicité de leurs détails comportent; aucun n'expose les conditions que les combinaisons des bois et leurs assemblages ont à remplir; ils décrivent ce qui est pratiqué sans en faire connaître les motifs, aucun n'enseigne les procédés qui constituent l'art dans l'exécution de ces divers genres de construction.

L'Académie des sciences avait chargé Hassenfratz de composer, conjointement avec Monge, un traité de l'art du charpentier pour faire suite aux arts et métiers qu'elle avait publiés. C'eût été sans doute un traité complet. Le premier volume, qui a reçu l'approbation de l'Institut, est le seul qui ait paru. La mort a privé les charpentiers de la suite de cet ouvrage. Ainsi, malgré le nombre de livres où l'on traite de la charpenterie, elle ne se trouve pas représentée dans le monument élevé à l'industrie par le corps le plus savant.

Faute d'un traité de ce genre, les bons systèmes de construction, les

---

(1) Krafft cite un traité, du Père François *Derand*, sur la coupe des bois; cet ouvrage n'existe pas. Le *P. Derand* n'a fait qu'un Traité sur la coupe des pierres.

(2) Nous ne rangeons point au nombre des Traités sur l'art de la charpenterie, les deux Recueils publiés par Krafft, vu qu'ils n'ont pas pour objet la description méthodique des procédés de l'art. Ces deux ouvrages, aussi curieux qu'utiles, sont très-bons à consulter. Nous ne citons point non plus les descriptions isolées de diverses constructions en charpente, ni même l'ouvrage de Philibert Delorme, vu qu'il traite d'un système particulier.

(3) Les deux Encyclopédies contiennent aussi des traités fort abrégés de charpenterie.

opérations rigoureuses de l'*art du trait*, les meilleurs procédés d'exécution, ne sont point connus partout.

C'est pour répandre les progrès de l'art et les méthodes que la science graphique a perfectionnées, depuis les traités de *Jousse* et de *Fourneau*, que nous offrons le nôtre aux constructeurs et aux ouvriers. Nous avons cherché à y rassembler tout ce qui peut intéresser ou être utile aux uns et aux autres, et à le mettre à la portée de tous. En réunissant dans notre ouvrage les différentes branches de l'art, nous avons eu pour but de faire connaître des procédés qui leur sont particuliers et qui peuvent être utilement étendus de l'une à l'autre.

Les premiers charpentiers ont dû employer des descriptions graphiques pour figurer les corps et les formes de leurs compositions et pour tracer les détails de leurs assemblages. Ainsi la stéréotomie s'est trouvée inventée en même temps que les premières charpentes. Cette science s'est composée d'une foule de méthodes, presque sans liaisons, inventées pour autant de cas particuliers au moment du besoin, transmises sans démonstrations, toutes pratiques enfin, et d'un usage laborieux et compliqué.

De ces routines, dont les seuls maîtres pouvaient pénétrer les mystères, l'illustre Monge a fait surgir une science nouvelle indépendante de la spécialité d'aucun art. Il a créé la *géométrie descriptive* (1), qui a rendu les opérations graphiques de la stéréotomie aussi exactes que simples et faciles à comprendre. Cette science était enseignée à l'École du génie militaire de Mézières dès 1770 par son célèbre inventeur; elle est devenue une partie essentielle de l'instruction publique, en 1794, par ses belles leçons à l'École polytechnique et à l'École normale.

L'enseignement de la stéréotomie a été la cause occasionnelle de l'invention de la géométrie descriptive, à laquelle la charpenterie et la coupe des pierres doivent maintenant les moyens de solution de leurs plus importants problèmes; cette science a fixé le seul système de dessin qui puisse être employé par le charpentier, parce qu'il est d'accord avec les procédés d'exécution, qu'il est le seul exact et qui mette en évidence les véritables formes des corps et leurs dimensions précises.

Nous nous sommes fait une loi de ne donner dans nos planches aucune figure en perspective : les projections orthogonales que la géométrie

---

(1) Il est juste de conserver à Fraizier, ingénieur du roi en chef à Landau, la part qu'il a dans la science. En 1738, il avait démontré les propositions de la stéréotomie, et employé la méthode des projections horizontales et verticales, dans son Traité de la coupe des pierres, qui eut alors un grand succès.

descriptive emploie sont les seules que nous avons employées aussi ; elles sont toujours suffisantes pour rendre les descriptions complètes et ne rien laisser à désirer sous le rapport de l'exactitude des formes représentées.

Nous nous sommes affranchi de l'ancien usage de faire précéder le traité d'un art relatif aux constructions, d'un autre traité élémentaire de géométrie, jadis regardé comme strictement nécessaire; nous nous sommes également abstenu d'aucun des préliminaires de la géométrie descriptive, qui auraient pu, il y a quelques années, être utiles à l'intelligence de nos planches et de notre texte; mais dans l'état où le bienfait des enseignements industriels a porté l'instruction des ouvriers de toutes les professions, nous avons pensé qu'il n'y avait pas maintenant un compagnon charpentier qui ne connût les principes de géométrie descriptive dont nous avons fait usage. Nous conseillons à ceux auxquels ces connaissances élémentaires manqueraient, de les acquérir avant de nous lire; ils seront dédommagés du travail auquel ils se seront livrés, par la facilité avec laquelle ils comprendront notre ouvrage, et par le fruit qu'ils en tireront. Nous nous applaudirions du parti que nous avons pris à cet égard, s'il pouvait les déterminer à suivre les cours élémentaires fondés dans la plupart des villes, et qui sont au rang des plus utiles institutions de notre époque.

A l'égard des opérations graphiques plus compliquées que celles qui dépendent de la théorie des plans et qui se rencontrent dans les épures des combles et dans d'autres constructions à surfaces courbes, dans celles des escaliers et dans la charpenterie des machines, nous les expliquerons au fur et à mesure qu'elles se présenteront en décrivant les formes des pièces de bois qui entrent dans la composition de ces constructions. Néanmoins, nous devons avertir les ouvriers qui se seraient occupés d'avance de l'étude des surfaces courbes, de leurs intersections, de leurs plans tangents, et des développements de celles qui en sont susceptibles, qu'ils auront acquis beaucoup plus de facilité pour l'étude de nos figures. Nous conseillons aussi aux jeunes charpentiers l'étude des éléments de mécanique comme un des objets qui peut leur être de la plus grande utilité.

Dans la plupart des arts, les outils manuels sont les principaux moyens d'exécution; la connaissance de leurs formes et de leur usage est toujours indispensable. Des outils de charpentier sont figurés dans Félibien et dans les deux Encylopédies; mais ils sont si incomplétement représentés dans des figures en perspective, qu'il serait impossible de les faire exécuter et de s'en servir, sans plusieurs essais pour parvenir aux proportions qui conviennent au travail que chacun d'eux doit produire. Afin de porter la connaissance de plusieurs outils dans les lieux où l'on ne s'en sert point encore, malgré leur utilité, et faciliter la fabrication de ceux que le commerce ne fournit pas, nous avons consacré plusieurs planches et notre premier chapitre à leur description exacte.

La majeure partie des outils de charpenterie servent à couper le bois (1), et l'on n'en obtient un bon service qu'autant qu'on sait les faire couper. Nous avons donné à ce sujet quelques indications propres à influer sur la propreté et la célérité du travail.

Après les outils, ce qu'il importe le plus de connaître, c'est la matière du travail et les préparations qu'on lui fait subir. La description de l'art que nous nous sommes proposé de traiter, est en conséquence précédée de notions indispensables aux charpentiers; savoir : la connaissance des bois, le choix de ceux propres aux charpentes, leur abattage, leur débit, leur courbure, leur transport et leur conservation. Nous avons réduit notre texte, sur ces matières, au strict nécessaire, en mettant cependant le lecteur sur la voie pour acquérir une instruction plus étendue, s'il avait à se livrer à quelques grandes entreprises d'exploitation. Nous sommes entré, à l'égard de l'art, dans de plus grands développements, que les personnes déjà instruites en charpenterie trouveront peut-être trop multipliés et trop minutieux; mais il faut se rappeler qu'on décrit un art pour ceux qui apprennent, et qu'ils ne trouvent jamais qu'on leur présente trop de renseignements et trop de points d'appui dans leurs études.

Nous avons figuré sur une suite de planches, et décrit dans le chapitre VIII tous les assemblages qui sont utiles dans l'art de la charpenterie, afin de ne plus nous occuper de ces détails qui reviendraient à tout moment lorsque nous traiterions des combinaisons des pièces de bois pour composer les charpentes. Nous avons donné quelques assemblages nouveaux, comme bons à être employés ou propres à exercer l'adresse des ouvriers, et nous avons signalé les assemblages vicieux pour prévenir

---

(1) C'est de cette destination spéciale des outils qu'est venu le nom de l'art et de l'artisan qui le pratique. Du nom grec *carpos* (*poignet*), les Latins ont fait *carpere* (*couper*), parce que c'est par l'action du poignet qu'on coupe avec un outil tranchant; par suite, ils ont donné, à l'ouvrage et à l'ouvrier qui coupe le bois, les noms de *carpentum* et de *carpentarius*, qu'on a traduits, dans notre langue, par ceux de *charpente* ou *charpenterie* et de *charpentier*. (Voy. le Dict. de Noël.)

contre les fausses idées de perfectionnement qui pourraient porter à les employer. Nous avons consacré un chapitre à la description des procédés particuliers à l'art, pour le tracé et l'exécution des assemblages, matière qui n'avait pas encore été traitée.

Les pans de bois, les planchers et les combles sont décrits dans tous les détails qui nous ont paru de quelque intérêt, soit sous le rapport de l'enseignement, soit sous celui de l'état de l'art.

La charpenterie des combles, ayant pour objet de porter les toits des édifices et de nos habitations, il est nécessaire que le charpentier connaisse la nature des couvertures auxquelles il doit donner de solides soutiens. Dans maintes contrées, d'ailleurs, il est en même temps couvreur. Nous avons, en conséquence, fait précéder la construction des combles d'une description des différents modes de couvertures en usage aujourd'hui, afin que les charpentiers puissent donner à leurs ouvrages les formes qui doivent s'accorder avec l'ordonnance des bâtiments, les règles de leur art, et celles de l'art du couvreur, dont nous n'avons pas prétendu traiter, à beaucoup près, toutes les parties, mais seulement les plus essentielles à leur faire connaître.

Huit des planches de notre tome I sont consacrées aux épures, qui constituent l'étude de l'*art du trait de la coupe du bois*, pour les combles à surfaces planes. Nous sommes entré dans autant de détails que cette partie importante de l'art nous a paru comporter. D'autres épures font partie du tome II.

Des épures de ce genre étaient faites jadis par les élèves de l'École du génie militaire à Mézières; elles leur étaient expliquées par Monge : elles sont passées, avec cet illustre professeur, de Mézières à l'École polytechnique, lors de sa création; les élèves de cette école en font plusieurs comme application de la géométrie descriptive. Pour les construire avec fruit, comme étude de charpenterie, il est indispensable de les faire précéder de la lecture des chapitres que nous avons placés avant celui où elles sont traitées.

Notre tome I est terminé par la description des procédés d'exécution des charpentes des combles, pour l'établissement des bois sur les *étalons* et à la *herse*.

Le second volume de notre Traité contient la description de la construction des combles à surfaces courbes et de leurs combinaisons; la description des systèmes de charpente des combles de différentes époques; les dômes, les clochers et les beffrois; l'emploi du fer dans les assemblages

PRÉFACE. XLIII

et dans la composition des charpentes en bois; diverses constructions accessoires en charpente; la description et l'usage des nœuds de cordages, des engins et des machines employées dans les travaux en charpente; le levage des charpentes, les étais, les échafaudages, les reprises et réparations sous œuvres; la construction des escaliers; les ponts et les cintres pour la construction des voûtes; la charpenterie des travaux hydrauliques, des digues, des écluses et des fondations; les procédés particuliers de la charpenterie navale; la charpenterie des machines; les expériences et les calculs relatifs à la force des bois; le mesurage et l'estimation des travaux en charpente.

Toutes les figures de nos planches qui ont pu être construites dans des rapports déterminés avec les objets réels qu'elles représentent, sont accompagnées d'échelles, *jauges* indispensables pour juger la grandeur des objets représentés. Nous avons rendu nos échelles d'un usage plus commode que celles dont on accompagne ordinairement les dessins (1).

(1) Autant que l'espace le permet, une échelle doit être assez longue pour qu'on puisse d'une seule ouverture de compas mesurer la plus grande dimension *utile* de la charpente ou de l'objet auquel elle se rapporte. Chacune de nos échelles est composée de deux parties tracées bout à bout. Le corps de l'échelle, qui est distingué par un double trait, est divisé d'un bout à l'autre en parties égales, chacune de la grandeur du premier multiple de la plus petite quantité qu'on est dans le cas d'apprécier; une partie auxiliaire, destinée à apprécier le nombre de ces plus petites parties, est sur le prolongement du trait le plus fin : elle est égale aux divisions du corps de l'échelle, et elle est entièrement sous-divisée, suivant les mêmes parties, les plus petites qu'on ait à apprécier. C'est ainsi que sur la planche 1re, la plus grande dimension de la plupart des outils qui y sont figurés, n'excédant pas 1 mètre de longueur et la plus petite dimension n'étant pas moindre que 5 millimètres, le corps de l'échelle métrique est la représentation des dix décimètres d'un mètre, et la partie auxiliaire est la représentation d'un décimètre divisé en 20 parties, chacune de 5 millimètres, de sorte que si l'on doit apprécier cinq, dix ou quinze millimètres, on prendra une, deux ou trois parties de la division auxiliaire; et, si l'on doit prendre, par exemple, une longueur de 0^m,765, on posera la pointe d'un compas sur le point du corps de l'échelle coté 7, et l'autre pointe sur le treizième point de la division de la partie auxiliaire en comptant des deux côtés à partir du point zéro qui est commun aux deux parties de l'échelle. Si l'on a à apprécier une ouverture de compas, résultant d'une dimension prise sur l'une des figures, on présente le compas ainsi ouvert sur l'échelle, de façon que l'une de ses pointes se trouvant sur l'étendue de la partie auxiliaire, l'autre pointe réponde exactement sur une des divisions du corps de l'échelle. Supposant que cette partie réponde à la division cotée 8 du corps de l'échelle, si l'autre répond à la neuvième division de la partie auxiliaire, toujours en comptant à partir du zéro commun, l'ouverture du compas représentera 0^m,845. La division de l'échelle auxiliaire peut n'être que de 5 ou de 10 parties. Les échelles en anciennes mesures sont construites suivant le même système.

Soit qu'on divise les échelles par tâtonnement, par des diagonales, ou par des triangles

Nous engageons les charpentiers, comme les dessinateurs, à adopter la forme que nous leur avons donnée, parce que la facilité qu'on trouve à prendre une dimension sans hésitation ni reprise ni calcul mental, d'une seule ouverture de compas, sur une échelle exactement construite, contribue à la célérité et à la justesse des opérations sur les épures et les dessins.

Les figures de nos planches qui ne sont point accompagnées d'échelles se rapportent à des objets qui peuvent être de toutes sortes de grandeurs.

Toutes nos figures sont accompagnées de nombres entre parenthèses, qui indiquent les pages du texte auxquelles elles ont rapport. Les parenthèses simples appartiennent à la pagination du tome I; celles accompagnées du signe *prime*, appartiennent à la pagination du tome II.

---

semblables, moyens qui ne dispensent pas de vérifier la justesse des divisions obtenues, l'opération est longue et difficile, si l'on veut de la précision. Une méthode plus exacte et plus prompte consiste, après avoir tracé la ligne qui doit recevoir le corps de l'échelle et sa partie auxiliaire, dans l'usage d'une règle de métal ou d'ivoire divisée, suivant le cas, en millimètres ou en demi-lignes, à la machine par les ingénieurs en instruments de mathématiques; on l'établit au bout de l'échelle, sur son alignement, et l'on transporte les points de division dont on a besoin, de la règle sur l'échelle, avec un compas qu'on tient ouvert d'une quantité constante pendant tout le temps qu'on lui fait parcourir de point en point les divisions qu'on veut marquer.

TRAITÉ

DE L'ART

DE LA CHARPENTERIE

INTRODUCTION

DE LA PREMIÈRE ÉDITION.

La naissance de l'art du charpentier remonte à celle des sociétés, comme la plupart des autres arts d'utilité première. On ne peut douter que les plus anciens travaux ont eu pour objet de remplacer les ombrages des forêts et les antres des rochers, dès que les races humaines n'ont plus trouvé sous ces toits naturels d'abris assez sûrs ou assez nombreux appropriés à leurs besoins.

La grande abondance des arbres, la forme que la nature leur a donnée, la facilité avec laquelle on put les abattre et les mettre en œuvre, ont dû les faire préférer à la pierre pour bâtir les premières cabanes qui ne devaient remplir que peu de conditions, leurs constructeurs n'ayant alors aucune idée de ce bien-être et des commodités de la vie, que la civilisation et ses arts nous ont fait connaître.

Dans ces temps si reculés, un simple toit assez solide pour

résister à la violence des vents et des animaux, à peu près imperméable à la pluie et aux ardeurs du soleil aussi bien qu'à l'âpreté du froid, suffisait à une famille. Un seul trou dut servir en même temps au passage des habitants, à l'accès du jour, et à l'issue de la fumée. On ne connaît cependant pas exactement quelle fut la forme des premières habitations; mais on peut présumer que celles des peuplades chez lesquelles nos mœurs et notre luxe n'ont pas pénétré, sont les types des essais les plus anciens dans l'art de bâtir. Au milieu des nations civilisées, dans les contrées où l'influence des grandes populations ne s'est pas encore fait sentir complétement, on trouve des cabanes en bois qui ne satisfont qu'aux plus urgents besoins, et dont la grossière structure doit retracer assez fidèlement l'origine de la charpenterie. Dans nos forêts, le bûcheron et le charbonnier construisent des abris de ce genre, où l'on voit qu'ils se sont bornés, comme ont dû faire les premiers habitants de la terre, au strict nécessaire pour l'espace comme pour le travail.

En général, des corps d'arbres implantés dans le sol, forment la charpente de la cabane d'une famille sauvage; si les bois sont flexibles, ils sont courbés en demi-cercle, leurs extrémités sont fixées en terre, ils composent un berceau sphérique ou cylindrique, suivant que l'enceinte est ronde ou quadrangulaire; ce berceau soutient l'enveloppe qui garantit l'intérieur de l'habitation des injures du temps. D'autres fois, les bois sont fichés, par un bout seulement, dans le sol; leurs extrémités supérieures, courbées ou simplement rapprochées, sont réunies pour former le sommet du toit. Pour des habitations d'une plus grande étendue, des troncs d'arbres tenus verticaux, ou même en surplomb par dehors, sont liés par des traverses; des pièces horizontales supportent les pentes d'un toit qui forme le couronnement et montrent les premières tentatives de l'art.

Dans les pays chauds, les écorces et les grandes feuilles de diverses espèces d'arbres, des tissus de joncs, suffisent pour revêtir et couvrir les cabanes; mais le froid des pays septentrionaux a forcé de recourir à des peaux de bêtes, à des chaumes épais et à des gazons pour envelopper les habitations; dans les climats les plus rigoureux, elles ont été comme enfouies dans le sol; les terres déblayées sont soutenues au-dessus des excavations par des bois horizontaux; elles s'élèvent en monticules pour éloigner les eaux et maintenir la chaleur intérieure. Dans les contrées humides ou sujettes aux inondations, les cabanes sont placées sur des arbres, les branches forment leur principale charpente, ou bien elles sont établies sur des pieux qui en exhaussent suffisamment le plancher au-dessus des eaux.

Hassenfratz a fait graver dans son ouvrage trente-trois vues d'habitations de différentes nations, extraites de divers voyageurs (1); seize ou dix-huit seulement représentent des cases de peuples sauvages. Krafft a donné sous le titre d'*Ajustements primitifs de charpenterie* (2) plusieurs représentations de constructions rustiques, qui paraissent être des compositions plutôt que

---

(1) Traité de charpenterie, 1804, 1re Partie.
(2) Plans, coupes et élévations de diverses productions de l'art de la charpente (1805).

des représentations fidèles des plus anciennes cabanes. Je n'ai reproduit aucune de ces figures, parce qu'elles sont inutiles à l'exposition de l'état actuel de l'art qui fait l'objet de cet ouvrage, et que la courte description qui précède m'a paru suffisante pour faire sentir l'immense différence de ces premières cabanes avec les édifices élevés aujourd'hui avec tant d'élégance, de solidité et de hardiesse.

Les quinze ou seize figures qui complètent la collection donnée par Hassenfratz, représentent des constructions en usage chez les nations civilisées; telles sont celles des Chinois, des Indiens, des Russes et des Helvétiens; on y reconnaît sans doute de très-grands pas faits dans l'art de bâtir en charpente; rien n'indique cependant les progrès intermédiaires qui ont conduit du mode de bâtisse des premières cabanes à celui des habitations que ces figures représentent; on voit néanmoins, dans ces différentes constructions, l'influence des progrès de la civilisation et des lieux où les hommes ont été forcés de fixer leurs demeures, sur la plus ancienne industrie. Nous aurons occasion de faire connaître ces différents modes de construction, parmi lesquels ceux des Russes et des Suisses sont les plus remarquables, autant à cause de leur grande différence avec la charpenterie des autres nations, que par leurs ressemblances entre eux, quoique les contrées où ils sont en usage soient extrêmement éloignées l'une de l'autre.

Un fait remarquable, c'est que, dans aucune des cabanes bâties par les peuples sauvages et par les nègres de nos colonies qui ont importé le mode de construction de leur pays, les bois ne sont point assemblés par ce que nous appelons tenons et mortaises; il est même rare qu'il s'y trouve de véritables entailles, et cependant toutes les pièces sont combinées les unes aux autres d'une manière à peu près invariable; des ligatures faites avec des harts, des cordes ou des lanières de bois ou de cuir suffisent pour les fixer, et rarement des chevilles concourent à la solidité des joints. Ces ligatures sont ordinairement enduites de quelque mastic pour les serrer, les durcir et les conserver; elles sont d'une roideur et d'une solidité extraordinaires, et les cabanes ainsi construites ont une stabilité qui étonne, à moins que la prévoyance des constructeurs ait été jusqu'à n'y employer que des bois assez flexibles pour obéir sans se rompre à la violence des vents dans les contrées sujettes aux ouragans.

La solidité des premières cabanes résultait de ce que les corps d'arbres employés à leur construction, étant enfoncés sur une partie de leur longueur dans le sol, comprimé et battu autour d'eux, ils ne pouvaient point vaciller; mais les portions de ces bois qui se trouvaient ainsi enterrées et exposées à l'action de l'humidité de la terre, pourrissaient, et l'édifice devait menacer assez promptement de se renverser; on en était quitte alors pour l'abandonner ou le démolir, et en reconstruire un autre dont la durée était encore subordonnée à la rapidité de ce mode de destruction. On sentit la nécessité d'obtenir la stabilité des habitations, sans exposer leur charpente à une prompte pourriture; il fallut dès lors trouver un autre moyen de maintenir les pièces de bois verticales. Une petite fondation, formée d'éclats de rochers, préserva de l'humidité, et quelques arcs-boutants donnèrent la solution du problème de la stabilité verticale. Les premières notions d'une géométrie pour ainsi dire instinctive, durent bientôt apprendre que les combinaisons triangulaires donnaient une figure invariable, la seule qui pût rendre les constructions en bois inébranlables. Dès lors, soit que la réunion des pièces dût résulter de ligatures ou de quelques autres modes de jonction, le principe de l'invariabilité de forme des constructions en bois fut reconnu, et il préside encore aujourd'hui à la composition des plus belles charpentes et du toit de la plus simple chaumière.

Mais de grandes difficultés restaient à vaincre; les pièces de bois, réunies par des ligatures, donnaient en se croisant de grandes épaisseurs, elles formaient des inégalités dans les parois des cabanes, et les pièces transversales dépassaient les bois principaux auxquels elles étaient attachées; il fallut donc trouver encore le moyen de débarrasser les bâtisses de ces épaisseurs gênantes, et de donner aux assemblages des formes plus commodes et en même temps plus solides. On conçoit que la marche de la charpenterie, malgré les occasions fréquentes de se perfectionner, a été d'abord assez lente, à cause de l'exiguïté des besoins des premiers hommes, et surtout parce qu'il fallut que ses progrès fussent devancés par ceux de plusieurs autres arts. On peut à peine se figurer quel temps aura été nécessaire pour faire naître l'idée d'équarrir les arbres, de pratiquer des entailles aux points où les pièces devaient se croiser, et notamment pour assurer l'immobilité des assemblages par des tenons et des mortaises, puisque tous ces perfectionnements dans le travail du bois ont dû être subordonnés à ceux de l'art de traiter les métaux et d'en fabriquer des outils qu'on pût substituer aux haches grossièrement formées d'éclats de pierres, qui furent les premiers ustensiles dont s'arma la main de l'homme.

La scie, cet instrument si utile dans nos arts, est encore ignorée sur divers points du globe; dans le nord de notre continent, les ouvriers en bois n'en sont pas encore généralement pourvus, quoiqu'on y trouve quelques scieries à planches établies sur des cours d'eau, qui auraient dû donner l'idée de la scie légère et maniable, d'un usage si répandu et si varié ailleurs. En Russie, où l'on n'a pas encore besoin de l'économie du bois ni de celle du travail de l'homme, la même cognée qui abat un arbre en tire à force de copeaux une seule planche, et tous les bois sont équarris, dressés, polis, coupés, assemblés par entailles, sans employer d'autres outils que la hache, l'erminette et la tarière.

Le plus souvent, l'insouciance, la routine, la privation de moyens d'exécution, et la crainte de ne pas retirer un avantage proportionné à la peine, ont retardé l'emploi de plusieurs instruments utiles. Ce n'est qu'à l'urgence du besoin que plusieurs professions ont dû jadis leurs outils et leurs progrès, ce qui est si bien exprimé par cet ancien proverbe : *la nécessité est mère de l'industrie.*

Depuis nombre de siècles, plusieurs nations construisaient en pierre leurs grands édifices et leurs maisons, tandis que les peuples du Nord et du centre de l'Europe couverte de forêts, ne bâtissaient qu'en bois.

Le palais de Julien, qui a conservé le nom de palais des Thermes, était construit en maçonnerie, suivant les procédés de l'architecture romaine, tandis que les habitations de Paris, à cette époque, n'étaient encore que de chétives cabanes de terre et de bois. Cette ville avait acquis beaucoup d'importance sous Clovis, et cependant plusieurs de ses églises étaient en bois. Les murs de la cathédrale de Strasbourg, que ce roi fit bâtir, étaient formés de très-grands troncs d'arbres sciés par le milieu, enfoncés en terre de manière que le côté brut restât en dehors; les intervalles étaient remplis de terre et de mortier, le toit était en chaume; ce système de construction subsista jusqu'au viii° siècle (1).

La substitution de la maçonnerie au bois devint une nécessité dans nos climats, lorsque la diminution des forêts, causée par une grande consommation et par l'extension de l'agriculture, rendit la distance des lieux habités aux points d'exploitation beaucoup trop grande, et les trajets trop dispendieux. Les inconvénients inhérents au bois, tels que la pourriture, la multiplication des insectes, et surtout de fréquents et désastreux incendies, ont dû hâter cette substitution; ce n'est cependant

---

(1) M. Steph. Niquet. Mém. de l'Inst. hist., 2° liv.

que très-lentement encore, et par parties qu'elle s'est faite. On a d'abord donné aux bâtisses des espèces de socles ou soubassements, en exhaussant hors du sol les fondations en maçonnerie devenues souvent indispensables dans des terrains peu résistants; ces soubassements ont quelquefois été élevés jusqu'au premier étage, et pour mieux séparer les maisons qui se touchaient et adosser les souches des cheminées, on construisit des murs mitoyens montés de fond en comble, quoiqu'on conservât pendant très-longtemps l'usage des pans de bois pour les façades et pour les divisions intérieures de chaque habitation. C'est ainsi que les précautions de solidité et de sûreté, et les besoins causés par l'accroissement des populations, ont conduit aux formes des maisons en bois à plusieurs étages. La profession de charpentier constituait déjà dans le moyen âge un art complet; elle a produit plusieurs combles qui font aujourd'hui l'admiration de nos constructeurs, et des édifices de cette époque, construits entièrement en bois sur toutes leurs façades, ont duré plusieurs siècles. Quoique quelques-unes de ces bâtisses, qui subsistent encore, aient perdu dans quelques parties leur aplomb, ou qu'elles se soient affaissées ou tordues sur quelques points, on ne peut rapporter leurs dégradations à de mauvaises combinaisons des pièces qui entrent dans leur composition, mais à des vices du sol ou des fondations, ou à ce que les assemblages, détériorés par les causes qui altèrent le bois, ont dû céder à la propre pesanteur des charpentes et à de mauvaises répartitions ou des abus de charge dans l'occupation des étages.

I. — 2

Plusieurs belles villes d'Allemagne sont entièrement bâties en bois, tandis qu'on ne voit en Italie et en Espagne, même dans les villages, que des maisons en maçonnerie. De grandes villes de France, notamment Rouen, Caen, et même Paris, nous montrent encore un assez grand nombre d'anciennes constructions en bois, parmi lesquelles plusieurs se font remarquer par l'élégance et le luxe du travail.

Lorsque les maisons en maçonnerie ont remplacé celles en charpente, elles ont conservé les planchers; cependant des voûtes en maçonnerie ont été substituées à ces planchers dans quelques grands édifices, de façon que la charpenterie n'était plus chargée que du soutien de leurs couvertures. Dans le siècle dernier, la mode des combles en maçonnerie légère s'était propagée en France, et bientôt après, le succès de l'emploi du fer pour la construction des ponts a mis son application à la construction de ces mêmes combles et des planchers en une telle vogue, qu'on pût être tenté de croire que le bois qui avait donné aux hommes ses premiers abris était à la veille d'être banni de ses habitations; nous verrons plus loin jusqu'à quel point cette substitution du fer au bois est avantageuse, et combien elle doit peu influer sur l'importance de l'art du charpentier.

A l'époque déjà bien ancienne où l'on a construit les murailles des églises en maçonnerie, on ne les couvrait que par des combles en bois qu'on s'abstenait de supporter par des soutiens intérieurs qui auraient obstrué les sanctuaires; et lorsqu'on a voûté les plus larges nefs, leurs combles n'empruntèrent point l'appui des arcs en pierre. L'art était donc déjà parvenu à leur donner de très-grandes portées entre les murs; mais alors la construction d'une grande charpente absorbait tout à coup le produit d'une forêt que des siècles avaient vu croître.

L'art naval, qui a fait de si prodigieux progrès depuis qu'un canot creusé dans un tronc d'arbre porta le premier navigateur, accrut considérablement cette grande consommation de bois. Une autre branche de la charpenterie, dont l'origine peut être due au hasard de la chute d'un arbre en travers d'un ruisseau profond, employait aussi dans la construction d'un grand nombre de ponts en bois, une quantité considérable des plus belles pièces, de sorte que tous les travaux semblaient concourir à l'épuisement de nos forêts. L'inconvénient de cette dévastation, si longtemps continuée, fut sentie principalement en France; on se crut menacé de manquer de bois de construction, et l'on imposa des règles aux exploitations pour ménager des ressources à la charpenterie navale, qui ne pouvait remplacer les bois par aucune autre matière. La marine obtint donc, à cause de son importance, le droit de choisir et de requérir tous les arbres à sa convenance. Les autres branches de la charpenterie, notamment celle qui avait pour objet les bâtiments civils, furent alors forcées d'économiser les bois, et de suppléer leurs grandes dimensions par des combinaisons nouvelles, par le secours de divers assemblages et par la réduction des équarrissages. On avait jusqu'alors employé dans la composition des charpentes, des pièces ou trop fortes ou trop multipliées, peut-être dans l'espoir d'assurer aux combles des édifices une très-longue durée. L'économie imposée à l'art lui fit faire de nouveaux progrès et procura d'autres avantages. La réduction des bois dans les grandes charpentes en produisit une dans la dépense de la main-d'œuvre et dans celle des murailles, dont il devint possible de diminuer les épaisseurs, puisqu'elles ne devaient plus avoir de si grands poids à supporter.

La consommation du bois était devenue si alarmante en France, il y a environ trois siècles, que Philibert de Lorme, célèbre architecte, avait signalé dans ses ouvrages, comme extrêmement urgente, la nécessité de la réduire; et ce fut à cette occasion qu'il publia sa belle invention des hémicycles en planches pour bâtir *à petit frais et économie de bois;* il sera question de cette invention lorsqu'il s'agira d'exposer les différents systèmes de construction qui ont été successivement inventés.

La construction des ponts en maçonnerie, qu'on faisait jadis en bois, l'usage du fer pour ce même genre d'édifices (1),

---

(1) C'est en Angleterre que le premier essai de pont en fer a été fait, il est cependant juste de conserver à la France l'honneur de cette invention; elle est due au sieur Garin, Lyonnais, qui proposa, en 1619, d'établir un pont de fer sur le Rhône. Le D. Desaguillier, né à la Rochelle, et passé en Angleterre lors de la révocation de l'édit de Nantes, proposa l'exécution de ce pont sur la Tamise. Enfin M. de Montpetit, peintre habile, connu par des procédés relatifs à son art, présenta à Louis XVI le projet d'un pont en fer d'une seule arche pour l'emplacement occupé maintenant par celui de la Concorde; ce projet a été publié en 1783, et son modèle en relief est déposé dans l'un de nos musées. Environ dix ans après, les Anglais se sont emparés de cette idée et l'ont appliquée au pont de Wearmouth.

l'extension de l'emploi de ce métal, de sages règlements, et l'usage plus répandu du charbon de terre pour le chauffage, ont rendu moins alarmante la diminution de nos forêts; mais il ne faut pas moins continuer à faire des vœux pour leur conservation, et des efforts pour l'économie des bois dans les constructions, afin de prévenir le retour du danger dont la France avait été menacée.

Le système de Philibert de Lorme, dont nous venons de parler, n'eut cependant point de partisans, jusqu'à l'heureuse application que Le Grand et Molinos en firent en 1783, à la coupole de la halle au blé de Paris; et c'est seulement lors de l'impulsion donnée au commencement de ce siècle, aux sciences et aux arts, que l'on commença à en rechercher les dessins et à en faire des applications.

Dans le même temps qu'on essayait de multiplier les charpentes à la Philibert de Lorme, on sentit combien il était peu raisonnable de s'interdire l'usage de longs bois, lorsqu'on pouvait s'en procurer aisément, et de s'astreindre à les débiter en petites planches pour la construction des hémicycles. On essaya donc, en laissant aux grands bois leur longueur et leur largeur, de diminuer leur épaisseur pour les employer de champ. Les essais faits en ce genre furent si satisfaisants, qu'on poussa presque à l'excès la réduction de l'épaisseur du bois dans les nouvelles constructions, qu'on désigna sous le nom de *charpentes en bois plats;* quelques-unes même furent exécutées avec les longues planches à bateaux dites bordages, sans qu'on fît la part de la perte de force que devait amener la vétusté. On s'attachait alors à satisfaire à une grande apparence d'économie et de légèreté, plutôt qu'à la probabilité d'une longue durée.

On continua néanmoins à varier les applications du système de Philibert, à le combiner avec celui des bois plats; quelques constructeurs apportèrent dans les détails d'exécution des changements qu'on peut regarder comme des perfectionnements à cause des circonstances qui les avaient motivés, et le charpentier Lacase a composé un autre système qui présente, comme celui de Philibert de Lorme, un moyen *de bâtir à petits frais et économie de bois*, en n'employant que de petites pièces, sans qu'il soit besoin de les débiter en planches, ce qui peut être utile dans quelques circonstances.

La charpenterie navale avait créé l'art de courber les bois au moyen de la chaleur; cet art a trouvé son application dans la construction des édifices. Mais on peut aussi employer des bois en les courbant par l'effet de leur seule flexibilité, lorsque leurs dimensions n'y mettent point d'obstacle. J'ai construit de grandes charpentes dans lesquelles des bois très-longs et minces sont courbés sur leur plat sans le secours du feu, et forment de grands arcs. C'est un système de charpente essentiellement différent de tous ceux précédemment en usage, et qui présente plus d'économie, plus de légèreté et plus de force que celui de Philibert de Lorme. Ce système de construction, éprouvé par un plein succès sur de grands édifices de l'État, a été appliqué avec avantage à plusieurs constructions particulières à Paris et dans les départements.

Les progrès des arts ont depuis longtemps amené dans

celui de la charpenterie, l'usage des bandes en fer, des étriers, et des boulons, seulement pour consolider la réunion des pièces et quelques assemblages. Mais le fer est aujourd'hui appelé à jouer un rôle plus important dans les charpentes en bois; on l'emploie pour remplacer avec avantage diverses pièces Cette combinaison du fer et du bois, qui tient le milieu entre les systèmes de charpente uniquement en bois, et ceux des combles entièrement en fer, est susceptible de donner un grand essor à l'art du charpentier en bois, en lui fournissant les moyens d'exécuter des constructions plus légères et en même temps moins dispendieuses, résultat fort remarquable du secours que les arts peuvent se prêter.

A l'égard des charpentes entièrement en fer, elles ne s'appliquent encore qu'à des édifices publics ou à des bâtiments d'une haute importance (1), notamment lorsque des chances d'incendie sont à redouter, et l'emploi de ce genre de construction est toujours subordonné au rapport qui doit exister entre la dépense et le but qu'on se propose. M. le chef de bataillon du génie Belmas, dans un excellent Mémoire sur les combles des casernes (2) a fait remarquer avec raison qu'en comparant les prix des combles construites en bois avec ceux des combles construits en fer, on voit que les premiers sont quatre, cinq et six fois moins coûteux pour une même étendue d'espace

---

(1) Emy écrivait cette introduction en 1837; depuis, l'emploi du métal dans les constructions a pris une grande extension et est même exclusif à Paris.
(2) Numéro 11 du Mémorial de l'Officier du génie.

couvert, et que, comme la supériorité des combles en fer sur ceux en bois, relativement à la durée, ne se fait sentir qu'après un laps de temps si considérable, qu'elle devient inappréciable. Il en résulte que les charpentes en fer n'ont, sur celles en bois, d'autre avantage que d'être incombustibles; et que, faisant abstraction de cette considération qui est cependant d'une haute importance dans plusieurs cas, ce n'est que dans les contrées où le bois est excessivement cher que l'emploi du fer pour les combles et les planchers, peut être plus économique que celui du bois. On doit remarquer encore, avec M. Belmas, que l'espèce de couverture dont la dépense de premier établissement se trouve être la plus considérable, est encore, au bout d'une longue période d'années, la plus chère par suite de l'accroissement rapide des intérêts que le capital aurait produit, en supposant même que les frais d'entretien qu'elle exige soient à peu près nuls. Il y a par conséquent lieu de présumer que, dans un grand nombre de cas, les charpentes en bois seront préférées à celles en fer, même pour beaucoup de grandes constructions.

La décoration des maisons en bois du moyen âge appartenant à des personnes riches, consistait en compartiments plus ou moins compliqués, formés par les bois des façades, sans déroger aux principes de stabilité résultant des combinaisons triangulaires; tous ces bois étaient dressés pour la justesse des assemblages et la régularité de leurs faces apparentes chargées de moulures et de sculptures représentant des ornements et des figures. Quelquefois les bois étaient peints de brillantes couleurs, ainsi que les enduits qui couvraient les hourdis de remplissage; quelquefois aussi des panneaux sculptés remplissaient les compartiments et cachaient les hourdis. Dans l'intérieur, les pièces des planchers formant plafond en dessous, et même celles des combles habitables qu'on laissait apparentes, étaient également travaillées; le charpentier appelait alors à son aide le sculpteur, le peintre, et même le doreur pour orner ses ouvrages.

Pour les façades des habitations les plus communes, chaque pièce grossièrement équarrie se trouvait couverte par des bardeaux ou des ardoises; souvent même toute la façade, ou au moins les étages supérieurs, étaient garnis de voliges revêtues d'ardoises comme les pans des combles; quelques compartiments, résultant de la distribution de ces ardoises, formaient l'unique décoration de ces tristes façades, dans lesquelles des fenêtres, souvent très-étroites, réservées entre les poteaux de la charpente, semblaient ne laisser pénétrer le jour qu'à regret.

Les maisons en maçonnerie s'étant multipliées pour les personnes qui voulurent des hôtels plus solides, mieux clos, et qui se distinguassent des habitations du peuple, on chercha à donner aux maisons en bois l'apparence des constructions en pierre, comme on le fait fréquemment encore maintenant. On étendit les crépis des hourdis de remplissage sur les bois dont on laissa toutes les faces raboteuses : d'une part, pour que le mortier et le plâtre pussent s'y attacher plus fortement, et, en second lieu, parce qu'il devenait superflu de façonner des bois qui devaient être cachés; ce qui dispensa d'employer les charpentiers les plus habiles, et conduisit à ne plus mettre en œuvre que des pièces grossièrement équarries, jusque dans les combles qui n'étaient point revêtus par des lambris; cet usage prévalait encore dans les derniers temps, où l'on affectait de regarder comme une perfection de l'art et une habileté chez le maître charpentier, de savoir *observer la poulaine* pour tracer et ajuster les assemblages, malgré les défectuosités des pièces et les imperfections de l'équarrissement. Il y a sans doute quelque talent à remédier aux défauts qui se présentent accidentellement quand on trace des assemblages; mais il faut convenir qu'il vaut beaucoup mieux prévenir ces défauts en les corrigeant dans leur principe, surtout lorsqu'un léger travail peut en même temps procurer d'autres avantages; aussi les sages réflexions des gens pénétrés des vrais principes des arts, ont fait reconnaître que l'équarrissement propre et exact des bois de charpente est indispensable toutes les fois qu'il s'agit d'une construction qui doit réunir tous les genres de perfection dont elle peut être susceptible, parmi lesquels la justesse des assemblages doit être au premier rang.

Ce qui a le plus contribué à faire revivre cette pratique utile, c'est que la plupart des grandes constructions modernes exécutées en bois ne sont plus reléguées dans d'obscurs greniers à peine fréquentés; elles sont exposées à la vue, elles forment, par la hardiesse de leurs portées et la combinaison des pièces qui les composent, une sorte de décoration intérieure des bâtiments qu'elles couvrent. C'est, au surplus, revenir à une pratique très-antique; car on voit, par les édifices les plus anciens, que les charpentiers qui les ont construits avaient apporté beaucoup de soin et d'exactitude à équarrir, unir, et, pour ainsi dire, polir leurs bois; c'est sans doute à ce soin bien entendu autant qu'à la perfection des assemblages et au bon choix des bois, qu'est due la belle conservation de leurs travaux. L'abandon de cette perfection était certainement une décadence de l'art et l'effet d'une négligence que certains ouvriers crurent déguiser en faisant regarder l'équarrissement exact comme un luxe superflu et même dispendieux, quoiqu'il eût des avantages incontestables, bien capables de dédommager du petit surcroît de peine qu'il occasionnait.

Plus une charpente a de portée, plus elle a de pesanteur, plus ses joints sont multipliés, plus la longueur de chaque pièce est grande et plus le levier avec lequel elle agit sur ses assemblages a de force. Le plus petit vice toléré dans les joints, ou même quelques inexactitudes inappréciables dans les longueurs de quelques pièces, peuvent en se multipliant et en se combinant avec la flexibilité des bois, laisser dans une charpente un jeu d'autant plus nuisible que cette charpente aurait une plus grande étendue.

L'action des vents, la pesanteur accidentelle des neiges, les percussions qui résultent du travail des ouvriers ou des machines qui fonctionnent dans un édifice, les secousses occasionnées par l'habitation même d'un petit nombre de personnes, le mouvement d'une grande population qui agit à l'extérieur sur le sol, sont autant de causes, si petites qu'elles paraissent, qui produisent isolément ou réunies un ébranlement dans le système, et qui font à la longue prendre du jeu aux assemblages, parce que des chocs même très-minimes, continuellement réitérés, altèrent de plus en plus les surfaces en contact; sans compter que les variations continuelles des dimensions produites par l'alternative de l'humidité et de la sécheresse, et par les changements de température occasionnent aussi des oscillations qui concourent, quoique lentes, au dépérissement des assemblages. Il est donc du plus grand intérêt que ces assemblages soient tracés et coupés avec la plus rigoureuse justesse et qu'ils soient tenus très-serrés, afin de ne renfermer aucun vide ni aucun autre principe d'altération. Or cette perfection ne peut être obtenue si on laisse dans l'équarrissement des défauts qu'on ne peut apprécier exactement et dont la correction est abandonnée à l'adresse de la main. Les compensations inexactes qui peuvent être faites ne manquent pas d'altérer la justesse des joints, en changeant ou l'étendue, ou la situation des plans suivant lesquels les pièces doivent se rencontrer. On conçoit enfin que des bois difformes et des assemblages déviés de leurs positions régulières, ne peuvent ni recevoir ni transmettre convenablement les efforts qui se combinent dans les charpentes, et que le véritable remède à de si graves inconvénients est dans l'équarrissement parfait, avant d'assembler et de mettre les bois en œuvre. La bonne façon des bois, c'est-à-dire la netteté avec laquelle leurs faces sont dressées et planées, contribue considérablement aussi à la conservation des charpentes, en laissant moins de prise que les inégalités, à l'action des variations hygrométriques de l'atmosphère, au logement des insectes et à l'attaque de la pourriture. Il est encore utile d'abattre les vives arêtes par de petits pans réguliers, ou par des arrondissements cylindriques faits avec soin partout où les pièces de bois ne forment point d'assemblages, afin de soustraire ces arêtes aux mêmes causes de détérioration qui agissent sur elles avec plus de rapidité que sur les faces, aussi bien que pour prévenir leurs dégradations par l'effet des chocs qu'elles pourraient éprouver. C'est ce que l'on pratique avec succès dans les charpentes des machines, et qui ne peut être qu'avantageusement appliqué à celles des constructions de toutes les espèces.

Le perfectionnement des surfaces des bois donne enfin plus de facilité pour leur appliquer une peinture à l'huile, qui est un grand moyen de conservation pour des constructions dispendieuses et dont on veut assurer la longue durée.

Si l'on considère combien les progrès de l'art de façonner le bois ont été utiles au bien-être des hommes, on demeure convaincu que l'art du charpentier a été un des premiers à se perfectionner, et qu'il a dû stimuler les progrès de plusieurs autres professions pour en obtenir les outils et les machines dont ses inventions lui ont fait sentir le besoin. Son orgueil n'est pas déplacé, lorsqu'il se prétend le père de l'architecture parvenue aujourd'hui au noble rang des beaux-arts, car c'est à l'heureuse imitation des premières constructions en bois qu'est dû le charme des formes que l'on retrouve dans les plus beaux édifices en pierre. A la vérité, l'architecture à son tour, en empruntant aux sciences leur secours, a découvert au charpentier les immenses ressources de son art pour produire les combinaisons les plus élégantes et les plus hardies; mais dans les constructions où la charpenterie ne façonne pas la matière principale de la bâtisse ou de quelques-unes de ses parties, où elle n'assure pas les fondations en consolidant le sol, où elle ne divise pas la hauteur de l'édifice en étages pour multiplier l'espace, où elle ne le couvre pas d'un toit protecteur, c'est elle qui pourvoit à tous les moyens de distribution et d'élévation des matériaux, et au soutien des ouvriers de toute espèce; ou bien elle prête le secours de ses cintres pour maçonner les voûtes. Dans tous les transports et l'érection des grands monuments, c'est elle encore qui donne à la mécanique ses principaux moyens matériels pour appliquer la puissance au mouvement des masses les plus gigantesques. Ce sont enfin ses étais que d'antiques édifices appellent pour prolonger leur durée.

La charpenterie ne joue pas un rôle moins important dans l'architecture navale, puisqu'elle constitue sa principale partie. Et c'est à elle, enfin, que l'art des grandes constructions en fer doit son origine et ses modèles, ses moyens de levage et jusqu'à ses procédés d'épure, d'étude ou d'exécution. La connaissance de l'art du charpentier n'est donc pas moins nécessaire aujourd'hui au constructeur en fer qu'au constructeur en bois.

Nous voyons les charpentiers se faire remarquer dans toutes les grandes constructions de quelque nature qu'elles soient; l'habitude de se représenter par la pensée les objets dans l'espace avant qu'ils y soient édifiés, l'usage continuel d'une foule d'outils, de cordages et de machines aussi puissantes que simples, l'espèce de gymnastique dans laquelle la pratique de l'art les entretient constamment, en font, comme des marins, les hommes les plus propres aux travaux dans lesquels le jugement sûr et rapide, et la promptitude de l'exécution doivent se joindre à la force et à l'adresse.

La profession de charpentier est enfin une des plus belles de l'art de bâtir; les connaissances qu'elle exige pour la pratiquer en maître, l'intelligence qu'elle nécessite dans le simple compagnon, ne le cèdent à aucun autre, et la placent aux premiers rangs d'utilité dans l'exécution des édifices, aussi bien que dans leur composition.

CHAPITRE I.

OUTILS SERVANT AU TRAVAIL DU BOIS.

Les outils strictement nécessaires aux charpentiers sont en très-petit nombre. Une jauge, un plomb, un cordeau, un compas, une hache, une besaiguë, une scie et une tarière peuvent suffire pour l'exécution de tous les ouvrages, même les plus compliqués. Cependant l'économie du bois, la commodité du travail, sa célérité et sa justesse, ont multiplié les outils en les variant de formes et de dimensions suivant les divers besoins des constructions.

Dans la description que nous allons donner des principaux outils et des plus usités dans l'art de la charpenterie, nous les classerons, autant que possible, selon leurs espèces et leurs usages, dans l'ordre suivant :

1° Outils et instruments servant à piquer les bois et à tracer;

2° Outils et instruments servant à déterminer les positions des lignes et des plans;

3° Outils tranchants par percussion;

4° Outils tranchants, à corroyer et planer le bois;

5° Outils à percer;

6° Outils à scier;

7° Outils à frapper.

Quoique ces outils ne soient point rangés dans nos dessins, exactement suivant cet ordre, ils sont cependant distribués de façon que tous ceux de même espèce se trouvent sur la même planche.

Nous nous sommes contenté d'une seule projection toutes les fois qu'elle nous a paru suffisante pour une description complète; mais lorsque la complication des formes l'a nécessité, nous avons donné deux et même trois projections d'un même outil. Et dans ce cas, ces projections, qui sont toujours faites sur des plans perpendiculaires les uns aux autres, sont rapprochées le plus possible; elles sont réunies par des lignes ponctuées, et comprises sous un même numéro de figure.

1° Outils servant à piquer et à tracer.

Pl. 1, fig. 1. *Jauge.* Règle en bois dur, ordinairement de noyer, de 27 à 34 millimètres de largeur sur 3 millimètres d'épaisseur, longue d'un tiers de mètre. Cette jauge sert aux opérations de détail pour le tracé des pièces de bois et de leurs assemblages. Les ouvriers charpentiers la placent pendant le travail le long de la cuisse droite, dans la poche du pantalon, de façon qu'elle en sorte au moins du tiers de sa longueur, pour l'avoir à chaque instant à la portée de la main.

Fig. 2. *Traceret*. Outil qui sert à tracer sur le bois les détails des assemblages. Une de ses extrémités est aciérée et affilée en pointe, l'autre est terminée en anneau pour qu'on puisse le suspendre à un clou.

Fig. 3. *Cordeau* ou *ligne*. C'est une ficelle qui sert à battre ou à marquer les lignes d'une grande étendue sur les épures en grand ou *ételons*, et sur les pièces de bois. Le cordeau *a* est ordinairement en laine, pour les lignes qui servent à l'équarrissement grossier qui se fait à la forêt, et en coton d'environ 2 millimètres de diamètre pour le sciage de long et l'exécution des travaux. Il est habituellement roulé sur une bobine *b*, qui tourne sur un axe dans lequel elle est enfilée. Cet axe est terminé par un bouton *c*, qui empêche la bobine de sortir; il est fixé dans un manche *d*. La bobine, son axe et son manche sont ordinairement en bois dur, et souvent en os.

Fig. 4. *Plomb de charpentier*. C'est un disque épais et tant soit peu conique, ouvert dans son milieu, où se trouve une croix à trois branches, en cuivre ou en fer. Le centre de cette croix, répondant à celui du disque, est percé d'un petit trou pour passer une ligne en ficelle et mieux en fouet, terminée par un nœud qui la retient. Le disque est ordinairement en plomb; on le préfère de ce métal plutôt qu'en bronze, parce qu'il est moins cher et qu'on l'obtient aisément, bien formé, et en tel nombre qu'on veut, en le coulant dans un moule de bronze. La croix à trois branches, qui peut être découpée dans du cuivre, ou faite de trois bouts de fil de fer tordus deux à deux, se place d'avance dans le moule, et ses trois extrémités sont prisonnières dans le métal coulé.

Fig. 5. Autre *plomb* de la même espèce dont le tour est cannelé, pour que le frottement dans l'air ralentisse plus promptement son mouvement de rotation.

On préfère la forme de ces *plombs* pour l'usage de la charpenterie à toute autre parce que le point de suspension se trouvant plus près du sol sur lequel les lignes des épures sont tracées, l'on juge mieux de sa coïncidence avec ces lignes, qu'on aperçoit au travers du jour ménagé autour du centre, et parce qu'en laissant poser le plomb un instant très-court sur le sol, il est immédiatement tranquillisé, avantage que ne présente aucune autre forme. Les charpentiers portent ce plomb dans la poche de la veste de travail.

Fig. 6. *Compas de charpentier.* Il est en fer, ses pointes sont en acier et trempées. Lorsqu'elles s'émoussent, on les affile sur le grès. C'est ce compas qui sert à piquer les bois, et aux divers tracés qu'on exécute sur les pièces pour les détails des assemblages ; chaque compagnon doit en être pourvu ; il se place dans la poche de droite du pantalon, le long de la cuisse à côté de la jauge, les pointes en bas, l'une des branches en dehors de la poche.

Fig. 7. *Compas à épures,* ou *d'appareil.* L'une de ses branches *a* est composée de deux lames, depuis la tête *c* jusqu'à la base *b* de sa pointe. La seconde branche *e* ne consiste qu'en une seule lame, depuis la tête *c* jusqu'à la base *d* de l'autre pointe ; elle se loge entre les deux lames jumelles de la première branche lorsque le compas est fermé. Les pointes sont pleines depuis leurs bases *b* et *d;* elles sont de la même forme, aciérées par leurs bouts, et elles s'appliquent à plat l'une contre l'autre. La tête du compas est formée de deux rosettes en cuivre qui réunissent les lames des branches au moyen d'un clou cylindrique rivé des deux côtés et qui sert d'axe.

On fait usage de ce compas lorsque l'on a de grandes dimensions à prendre et à transporter sur les épures ou sur les pièces de bois. La disposition de ses branches fait qu'on peut s'en servir aussi comme de la fausse équerre, fig. 4, pl. II, que nous décrirons plus loin.

Quelquefois ce compas est insuffisant pour les dimensions très-étendues qui exigent de la précision dans leur transport, ou pour tracer de très-grands arcs de cercle. Dans quelques provinces, les charpentiers se servent alors de *tilles;* ce sont de très-longues lanières d'écorce d'arbre, notamment du tilleul, qui jouissent de la propriété de ne point s'allonger lorsqu'on les tend ; mais, comme il n'est pas toujours facile de s'en procurer, on leur a substitué l'instrument suivant.

Pl. II, fig. 28. *Mesure en ruban.* Cette mesure est formée d'un long ruban *a* de tissu de fil, dont un bout seulement paraît dans la figure. Ce ruban est enduit d'une substance qui le préserve de l'humidité et qui lui donne la propriété de ne pouvoir s'allonger que par une tension beaucoup plus forte que celle nécessaire pour son usage. Ce ruban est divisé de mètre en mètre, et chaque mètre est divisé en centimètres ; toutes les divisions sont cotées à partir du bout *a* garni d'un anneau *b*. Tout le ruban, qui peut avoir dix, ou quinze, ou vingt mètres de longueur, s'enroule sur un petit cylindre renfermé dans une boîte ronde en cuir *c*, qui n'a sur le côté qu'une étroite ouverture pour son passage. En tirant le ruban par son anneau, on le fait sortir de la longueur dont on a besoin; pour le faire rentrer dans la boîte et le rouler sur le cylindre intérieur, il suffit de mouvoir la manivelle *d*. Afin que le ruban s'use moins rapidement, l'ouverture de la boîte est garnie intérieurement de deux petits rouleaux en cuivre qui lui sont parallèles et qui ne laissent entre eux que l'espace nécessaire pour le passage du tissu.

Quelque commode que soit cet instrument, on lui préfère quelquefois l'usage de longues règles exactement étalonnées et que l'on pose bout à bout, ou en faisant coïncider des repères marqués sur leurs faces. Pour les opérations qui requièrent plus de justesse, et pour tracer des arcs de cercle, on se sert d'un grand compas à verge.

Pl. III, fig. 19. *Compas à verge en bois.* *a*, Longue règle en bois léger et raide; le sapin exempt de nœud est le plus convenable. Cette règle peut avoir quatre, cinq et même six mètres de longueur. *b b*, Poupées en bois de chêne ou de noyer, qui sont percées chacune d'une mortaise dans laquelle passe la règle ou verge *a*. Les cales *c c*, sont passées en même temps que la règle dans les mortaises des poupées, et les remplissent exactement, en laissant un jeu suffisant pour que ces poupées puissent glisser le long de la règle. *d d*, Coins en bois qui traversent les poupées *b*, perpendiculairement à la règle *a*, en passant dans les entailles des cales *c*, pour les retenir à leurs places. Ces coins, frappés au maillet, servent à fixer les poupées sur la règle aux places qui conviennent. *e e*, Pointes en acier vissées dans la partie inférieure de chaque poupée.

Pour faire usage de ce compas, on fixe l'une des poupées, celle à gauche, par exemple, et l'on place sa pointe sur le point qui marque une extrémité de la dimension qu'on veut prendre; on desserre le coin de la seconde poupée, puis on fait glisser cette poupée jusqu'à ce que sa pointe réponde au point qui marque l'autre extrémité de la dimension dont il s'agit. On serre alors le coin, et l'on peut transporter cette dimension où l'on en a besoin.

On parvient à ajuster très-exactement le compas, soit en agissant légèrement avec la main sur une des poupées, soit en la frappant à petits coups d'un côté ou de l'autre avec un petit maillet pour amener sa pointe en coïncidence avec le point extrême de la dimension qu'on veut prendre, et l'on serre peu à peu le coin à mesure qu'on approche de la précision qu'on se propose.

Lorsque la verge du compas est très-longue, pour empêcher qu'elle fléchisse on peut la soutenir vers le milieu par une roulette qu'une troisième poupée porte en dessous.

Fig. 20. *Compas à verge métallique.* Lorsque le compas à verge de la figure précédente n'est pas assez grand pour prendre une longueur donnée en son entier, on la prend en plusieurs parties; mais il peut arriver que l'on ne puisse ainsi diviser l'opération, comme lorsqu'on a besoin de tracer avec exactitude des arcs de cercle d'un très-grand rayon, cas pour lequel j'ai fait construire le compas représenté fig. 20.

a, Tube de fer-blanc composé d'une suite de feuilles mandrinées sur le même cylindre; chaque joint, suivant la longueur, est soudé bord à bord sur une bandelette intérieure également en fer-blanc. Les tubes partiels sont soudés bout à bout au moyen de viroles intérieures en fer-blanc *b*. Chaque virole porte intérieurement une sorte de diaphragme *c*, découpé avec beaucoup de précision et soudé perpendiculairement pour conserver la forme cylindrique du tube et s'opposer à sa flexion. Tous les diaphragmes sont percés chacun d'un petit trou au centre, pour la circulation de l'air, lorsque la température varie.

dd, Poupées percées, chacune d'un trou cylindrique du diamètre du tube servant de verge, et traversées librement par lui. *ee*, Coussinets cintrés et entaillés, logés dans les poupées avant qu'on y enfile le tube; ces coussinets servent à transmettre sur le tube la pression des vis.

f, Vis de pression pour fixer les poupées. Une lame d'acier est interposée entre les bouts des vis et les coussinets en bois *e*, afin qu'ils ne soient point déchirés; deux vis de pression à chaque poupée sont préférables à une seule, pour agir plus également sur la longueur du coussinet *e*, sans risquer d'écraser le tube. *gg*, Pointes fixées à vis aux poupées; on a soin de les maintenir dans le même plan lorsqu'on prend une dimension.

Un tube de fer-blanc de 55 millimètres de diamètre peut avoir jusqu'à quinze mètres de longueur, sans que la courbure résultant de son poids soit sensible, lorsqu'on le tient par ses extrémités. On fait usage de ce compas comme du précédent.

Fig. 21. *Compas fixe.* Ce compas est en fer, ses pointes, qui sont fixes, à une distance exacte de 2/3 de mètre, sont en acier. Le dos de ce compas porte des divisions du mètre; il sert uniquement à mesurer la longueur des bois en grume et des bois de charpente équarris. Pour se servir de ce compas, on le tient par le milieu de sa longueur d'une seule main; on se place à l'un des bouts de la pièce à mesurer, l'ayant à sa droite, si c'est, suivant l'usage le plus commun, de la main droite qu'on agit; on pose l'une des pointes au point d'où l'on veut commencer à compter, l'autre pointe s'appuie sur la pièce dans la direction de sa longueur; alors on soulève la première pointe, et en faisant tourner la main en dedans on transporte cette pointe sur le bois, toujours dans la direction de sa longueur, et l'ayant appuyée, on soulève à son tour l'autre pointe qu'on porte en avant en ramenant la main à sa première position; l'on parcourt ainsi la longueur de la pièce en comptant autant de fois 2/3 de mètre que la portée du compas a pu y être placée. La fraction qui se trouve au bout de la pièce est appréciée au moyen des divisions tracées près du dos du compas. Avec un peu d'habitude, cette opération se fait avec une grande promptitude et une exactitude suffisante pour l'évaluation du volume des bois bruts.

Si l'on veut que ce compas donne des mesures plus directes, la distance entre ses pointes peut être fixée à un mètre, mais son usage est alors moins commode.

Pl. III, fig. 18. *Trusquin*. Outil qui sert à tracer sur le bois des lignes parallèles à des arêtes droites; il est représenté par deux projections.

a, *Tige* ou *verge*. C'est un prisme à base carrée; *b*, platine, ses faces sont parallèles et rectangulaires; elle est percée d'une mortaise carrée pour recevoir la tige qui la traverse à angle droit, et qui doit glisser à frottement doux.

c, Coin qui traverse la platine dans sa largeur et parallèlement à deux de ses côtés, sa mortaise croise celle de la tige à angle droit, et la pénètre un peu, afin qu'en serrant le coin, il opère sur la tige une pression qui la fixe invariablement; *d*, pointe de fer affilée qui sert de traceret.

Pour se servir du trusquin, on tient la platine à peu près à plat dans la paume de la main droite, la queue de la tige passant entre l'index et le médium, le pouce étendu sur l'épaisseur de la platine, les autres doigts appuyés sur ses bords, sans les dépasser, pour qu'ils ne rencontrent pas la pièce de bois sur laquelle on veut tracer.

On place la pointe *d* à la distance où l'on veut qu'elle soit de la platine selon l'écartement de la ligne à tracer, en frappant à petits coups de l'un ou de l'autre bout de la tige sur un corps immobile. Le coin doit être assez serré pour que la tige soit maintenue à sa place, sans cependant l'empêcher de glisser lorsqu'on la frappe pour l'ajuster. Quand on veut que la tige reste fixée invariablement, on serre le coin par un coup de marteau appliqué sur sa tête; on le desserre par un coup appliqué en sens contraire au bout de sa queue.

Pour tracer une ligne, on applique la platine contre l'arête à laquelle cette ligne doit être parallèle; le bout de la tige portant le traceret étendu sur la face où la ligne doit être tracée, on fait alors glisser la platine le long de l'arête en faisant mordre le traceret, la platine restant constamment appliquée au bois, afin que la ligne tracée soit droite et parallèle à l'arête. Si la pièce sur laquelle on trace est légère, on la tient de la main gauche en la présentant convenablement au trusquin.

Cet outil sert dans les petits ouvrages à régler l'épaisseur des planches dont une face est planée, à tracer les tenons et les joues des mortaises.

2° *Outils et instruments servant à déterminer les positions des lignes et des plans.*

Pl. II, fig. 2. *Équerre à épaulement.* Le nom d'*équerre* est appliqué à tous les instruments propres à donner l'angle d'une figure *équarrie*. Celle représentée, fig. 2, par deux projections est particulièrement désignée par le nom d'*équerre à épaulement*, parce que son corps $a\,b$ est plus épais que sa branche ou lame $a\,c$; elle sert à tracer sur les faces des pièces de bois des lignes perpendiculaires à leurs arêtes. Pour cela, on pose la branche $a\,c$ contre la face sur laquelle on veut tracer, et l'on applique le côté intérieur du corps $a\,b$ contre l'arête à laquelle la ligne à tracer doit être perpendiculaire. Le tenon d, dont les deux joues sont dans les mêmes plans que les faces de la branche $a\,c$, sert à supporter le corps de l'équerre lorsqu'il est appliqué contre la pièce de bois et dispense de le soutenir avec la main. Une languette le long du corps de l'équerre remplirait le même but, mais elle aurait l'inconvénient de cacher quelquefois des fragments de bois qui fausseraient la position de la ligne qu'on veut tracer.

On vérifie l'exactitude de cette équerre sur une face de pièce de bois bien dégauchie, dont une arête est également bien dressée. On place l'équerre de façon que son épaulement, ou corps $a\,b$, soit appuyé contre l'arête, et l'on trace une ligne le long de la branche $a\,c$. On retourne l'équerre sens dessus dessous pour vérifier la coïncidence de la même branche $a\,c$ avec la ligne tracée; on corrige l'instrument, jusqu'à ce que la coïncidence soit parfaite, en ôtant du bois en dehors de la branche $a\,c$ où l'on reconnaît qu'il y en a trop. C'est pour faciliter cette correction que le dos de la branche *a c* a de la saillie sur le bout du corps *a b*, et laisse du bois à la disposition du rabot.

Fig. 3. *Équerre* pour tracer des angles droits sur le papier. On s'en sert aussi quelquefois pour tracer des détails d'assemblages compliqués; l'épaisseur de cette équerre, qui n'est représentée que par une seule projection, varie de 2 à 12 millimètres; on la préfère mince pour tracer sur le papier. Lorsqu'elle doit servir au tracé sur les bois, on lui donne au moins 8 millim. d'épaisseur, afin qu'elle soit plus solide. Le fil du bois doit être parallèle à l'hypoténuse *m n*. Celle représentée, fig. 3, est isocèle, pour qu'elle donne en même temps l'angle droit en *o*, et des angles de quarante-cinq degrés en *m* et en *n*. On fait aussi des équerres scalènes; dans ce cas, le plus grand des deux côtés adjacents à l'angle droit suit le fil du bois.

On vérifie cette équerre au moyen d'une règle bien dressée, posée sur une surface plane; on applique l'un des côtés *o m* de l'angle qui doit être droit contre la règle, on trace une ligne le long de l'autre côté *o n* du même angle. La règle restant fixe, on fait tourner l'équerre à plat pour appliquer à son tour le côté *o n* contre la règle, puis on fait glisser l'équerre jusqu'à ce que le côté *o m* coïncide avec la ligne tracée. Si la coïncidence est parfaite d'un bout à l'autre, du côté *o m*, l'équerre est exacte dans son angle droit; autrement le défaut de coïncidence marque le double de l'épaisseur du bois qu'il faut enlever. On fait autant de corrections et de vérifications qu'il en faut pour arriver à une coïncidence parfaite.

On vérifie par un moyen semblable la justesse des angles de 45 degrés, *m* et *n*. L'équerre étant appliquée par l'un des côtés de l'angle droit contre la règle fixe, on trace une ligne le long de l'hypoténuse, puis on retourne l'équerre sens dessus dessous, et l'on vérifie si l'hypoténuse coïncide encore avec la ligne tracée. Si la coïncidence n'est pas parfaite, on enlève du bois sur l'hypoténuse, dans le sens indiqué par le défaut de coïncidence.

On peut encore vérifier la justesse d'une équerre au moyen de deux lignes perpendiculaires l'une à l'autre, construites avec le compas, et l'on procède comme il suit : on fait coïncider l'hypoténuse avec l'une des deux lignes, on applique une règle contre l'un des côtés de l'équerre, puis l'on fait tourner l'équerre d'un quart de tour, de façon que son second côté vienne à son tour s'appliquer contre la règle; dans cette nouvelle position, si l'équerre est juste, on peut, en la faisant glisser contre la règle, faire coïncider son hypoténuse avec l'autre ligne. Ce même procédé sert à tracer une ligne perpendiculaire à une ligne donnée, quand on est certain de l'exactitude de l'équerre dont on fait usage.

Fig. 4. *Sauterelle* ou *Fausse-Equerre*, représentée par deux projections; elle est composée de trois règles b, a, b, jointes d'un bout par un clou e rivé sur deux rosettes en cuivre noyées dans le bois; la règle du milieu a peut tourner librement autour de ce clou comme axe, les deux autres b, b, sont réunies et maintenues parallèles au moyen d'une cale c, de la même épaisseur que la règle a; cette cale est collée et consolidée par une ou deux rivures; les deux règles b et la cale constituent le corps de l'équerre, que l'on fait quelquefois d'un seul morceau évidé. La règle a peut s'écarter suivant l'ouverture des angles dont on a besoin, et lorsque l'équerre est fermée, elle se loge complétement entre les deux autres, en appliquant sa coupe inclinée $x\,y$ contre celle également inclinée de la cale intérieure c. Un tenon d, qui peut tourner autour d'un clou rivé et se renfermer aussi entre les règles $b\,b$, sert d'appui lorsqu'il est ouvert comme celui désigné par la même lettre dans la fig. 2.

Quelquefois la règle de bois a est remplacée par une lame de métal, qui résiste mieux pour appuyer le traceret. L'exactitude de cet outil résulte de la rectitude des règles et du parfait parallélisme de celles $b\,b$.

Fig. 5. *Equerre à onglets*. Elle est représentée par deux projections, l'une est faite sur un plan parallèle à ses faces, l'autre la fait voir par un bout. Le corps $b\,d\,f\,g$ est plus épais que les ailerons $d\,e\,z\,y$, $b\,a\,x\,y$, et forme épaulements des deux côtés, afin qu'on puisse appliquer l'équerre par l'une ou l'autre face, en serrant un des épaulements contre l'arête de la pièce de bois sur laquelle on trace. Les deux ailerons sont disposés de telle sorte qu'ils donnent deux angles droits $a\,b\,d$, $x\,y\,z$, et un angle $b\,d\,e$ de cent trente-cinq degrés, supplément de l'angle de quarante-cinq degrés. Le premier, $a\,b\,d$, sert à tracer sur une face d'une pièce de bois une perpendiculaire à l'arête contre laquelle on appuie l'épaulement; on fait glisser l'équerre le long de cette arête, jusqu'à ce que le côté $a\,b$ coïncide avec le point par lequel doit passer cette perpendiculaire. Ce même angle, ou plutôt son égal $a\,g\,f$, sert à vérifier intérieurement si l'angle que font deux plans est droit. L'angle droit $x\,y\,z$ sert à vérifier aussi si deux plans ou deux faces d'une pièce de bois qui forment une arête saillante sont perpendiculaires l'un à l'autre.

Enfin l'angle $b\,d\,e$ a pour objet de donner sur une pièce de bois une ligne qui fasse un angle de quarante-cinq degrés avec l'arête contre laquelle on appuie l'épaulement, en le faisant glisser jusqu'au point qui détermine la place de la ligne qu'il s'agit de tracer. Par la position donnée à l'angle $x\ y\ z$, formé par des ailerons, on se procure encore un angle $x\ y\ b$ de soixante degrés, et un angle $z\ y\ d$ de trente degrés.

Cet outil, emprunté à l'art du menuisier, ne sert au charpentier que lorsqu'il doit tracer des assemblages sur de très-petites pièces.

On règle et vérifie les angles droits de cet instrument par les moyens que nous avons indiqués pour les équerres des fig. 2 et 3. A l'égard de l'angle de cent trente-cinq degrés, on trace sur la face d'une pièce de bois bien dressée deux perpendiculaires à une de ses arêtes, et l'on achève le carré par une ligne parallèle à cette arête; les deux diagonales de ce carré font avec ses côtés, et par conséquent avec l'arête de la pièce des angles de 135 ou de 45 degrés, qui servent à vérifier celui $b\ d\ e$ de l'équerre. Les angles $x\ y\ b, z\ y\ d$ se vérifient au moyen d'un triangle équilatéral au lieu d'un carré.

Les charpentiers se servent aussi d'équerres en fer, fig. 29, qui ont 2 ou 3 millimètres d'épaisseur.

Fig. 6. *Niveau de maçon*. Il est formé de deux règles assemblées en z, à angle droit et réunies par une traverse $o\ p$, le sommet de ce niveau doit former un angle droit, afin qu'il puisse au besoin servir d'équerre. Le plomb a est suspendu par une ficelle passée dans un petit trou z, où elle est retenue par un nœud ou par une petite cheville. Elle doit coïncider exactement avec le trait vertical $x\ y$, marqué sur la traverse, lorsque les deux pieds m et n posent sur deux points exactement de niveau.

Pour placer le trait $x\ y$ sur la traverse, on couche l'instrument sur une surface horizontale, on approche une règle assez longue contre les deux pieds $m\ n$, on couche sur le niveau l'équerre, fig. 2, en appliquant son corps contre la règle, puis on la fait glisser jusqu'à ce que sa branche coïncide avec le point z; alors on trace le trait $x\ y$ profondément, ainsi que son prolongement jusqu'au point z, ce qui fait une sorte d'encoche; on vérifie l'exactitude du trait $x\ y$ en retournant l'équerre. On peut déterminer la position du trait $x\ y$ d'une autre manière; du point z comme centre, on trace un arc de cercle $t\ v$ sur la traverse, on établit de champ une grande règle bien dressée, mais hors de niveau; on place l'instrument verticalement, ses pieds posant sur la règle. Le fil à plomb prend sa position verticale, on marque alors avec précision le point où il croise l'arc de cercle; soit par exemple t; en retournant le niveau, son fil à plomb croise l'arc de cercle dans un autre point v, que l'on marque également avec précision.

On divise l'arc $t\,v$ en deux parties égales en y, on a ainsi un point du trait $x\,y$ dont le prolongement doit passer par le point z.

L'épaisseur de ce niveau est ordinairement de 16 à 18 millimètres. Quoiqu'il soit désigné comme particulièrement à l'usage du maçon, il sert également au charpentier; on en construit de plusieurs grandeurs, suivant la longueur des lignes auxquelles on veut l'appliquer, et la précision qu'on veut obtenir; on peut donner quelquefois jusqu'à deux mètres aux côtés $z\,m$, $z\,n$ qui forment l'angle droit. Pour peu que les lignes à mettre de niveau aient une grande étendue, on ne doit pas appliquer le niveau immédiatement à ces lignes; il convient de placer intermédiairement une longue règle, dont la rectitude a été vérifiée, afin que la coïncidence avec la ligne soit plus exacte, et qu'on puisse la juger sur une plus grande étendue; on pose alors le niveau sur cette règle, comme on le voit fig. 2, planche XXIV.

Fig. 7. *Niveau carré*. Ce niveau ne diffère du précédent que par la forme, son principe est le même; mais il peut servir dans un plus grand nombre de cas, vu qu'en outre de l'usage qu'on en fait comme du niveau précédent, il peut s'appliquer par sa partie supérieure $p\,q$ en dessous des pièces pour déterminer leur position horizontale par le moyen de leur surface inférieure; on peut aussi l'appliquer latéralement par l'un de ses côtés $p\,m$ ou $q\,n$, contre des pièces dont les faces doivent être verticales; le fil à plomb, fixé au point z du côté supérieur, doit toujours coïncider avec le trait $x\,y$ ou milieu de la traverse, tracé comme il a été dit précédemment. L'épaisseur de ce niveau est ordinairement de 16 à 18 millimètres, comme celle du précédent.

Fig. 8. *Niveau de dessous*. Il sert à placer les pièces de bois de niveau par leur face inférieure, en y appliquant la règle $m\,n$. Cet instrument peut aussi servir de niveau ordinaire en le retournant. Les deux trous x et z sont destinés à loger le plomb, suivant le sens dans lequel on se sert de l'instrument.

La plaque $p\,q$ étant appliquée au moyen d'une faible entaille et de deux vis sur la règle $m\,n$, qui forme épaulement en dessous; l'instrument peut servir d'équerre à épaulement, comme celle de la fig. 2.

Fig. 9. *Niveau de pente*. La base $m\,n$ règle l'inclinaison.

Fig. 10. *Niveau du talus*. Son côté $a\,b$ sert à vérifier la position verticale, celui de $e\,d$ donne le talus.

Ces deux instruments se construisent exprès pour les pentes et talus suivant lesquels certaines pièces doivent être posées.

Les plombs des niveaux étant sujets à se perdre sur les chantiers et au levage, on peut les supprimer; les charpentiers les remplacent alors par leurs plombs ordinaires, fig. 4 et 5 de la pl. I, dont ils appliquent la ficelle dans la cloche du niveau répondant au point z, avec le pouce de la main droite dans laquelle ils tiennent le sommet du niveau, tandis que de la gauche ils tranquillisent le plomb, ou font signe aux compagnons pour mouvoir le bout de la pièce qu'il s'agit de poser. Pour juger de la coïncidence du fil à plomb avec la ligne z x, il faut se placer exactement en face du niveau.

Nous n'avons point figuré les instruments nommés *règles*, à cause de leur simplicité; ce sont de longs parallélipipèdes en bois, beaucoup plus large qu'épais, leur longueur doit être d'un nombre exact de mètres; les plus courtes ont au moins un mètre, celles le plus en usage ont deux mètres, mais pour les grands travaux on en fait de plus grandes, dont la longueur n'excède pas ordinairement six mètres; elles servent à tracer des lignes, et à les mesurer exactement; dans cette vue, elles sont divisées sur leurs faces de mètre en mètre, celles d'un mètre et de deux mètres sont divisées en centimètres. On leur préfère, pour tracer des lignes un peu longues, le cordeau, fig. 3, planche I, mais on ne peut s'en passer pour établir ou vérifier des niveaux. On choisit pour faire les grandes règles du bois sec, sain et sans nœuds, et ordinairement du sapin de fil, parce qu'il est plus léger et moins sujet à se rompre. Les règles doivent être parfaitement droites, exactement d'égale épaisseur et d'égale largeur d'un bout à l'autre. La rectitude de leurs faces étroites, appelées rives, d'où dépend l'exactitude des opérations auxquelles elles servent, s'obtient par l'adresse de l'ouvrier qui les exécute; en travaillant au moins deux règles à la fois, on les vérifie l'une par l'autre. Plus les règles sont longues, plus leurs dimensions doivent être fortes, notamment leur largeur, afin qu'elles ne plient point lorsqu'on s'en sert de champ et qu'elles se trouvent chargées d'un niveau. Une règle d'un mètre de longueur peut avoir un centimètre d'épaisseur sur trois ou quatre de largeur; une largeur de cinq à six centimètres et une épaisseur de deux à trois, suffisent pour une règle de deux mètres; mais une règle de cinq à six mètres ne doit pas avoir moins de trois centimètres d'épaisseur sur quinze à seize de largeur.

On doit vérifier souvent la rectitude des règles et la justesse des équerres, et les corriger dès qu'on y découvre quelques irrégularités; l'exactitude du travail, et notamment du trait des assemblages, dépend en majeure partie de celle de ces instruments.

3° *Outils tranchants par percussion.*

Pl. I, fig. 8 et 9. *Haches*. Toutes les haches sont en fer, une partie de la lame est garnie d'acier pour former le tranchant ab; cet acier s'étend suffisamment pour qu'il ne soit point enlevé par l'effet de l'aiguisement. Les manches des haches sont cylindriques, afin de glisser dans les mains; ils sont un peu aplatis pour qu'ils ne tournent pas et qu'on puisse mieux diriger les coups. L'extrémité de chaque manche qui pénètre dans la tête d'une hache est taillée en tenon tant soit peu pyramidal; un coin, chassé en sens inverse de celui suivant lequel le manche est entré, le serre dans l'œil de l'outil et l'y retient.

Tous les manches de hache sont en bois dur et fibreux, ordinairement en frêne et de fente, pour qu'ils soient parfaitement de fil.

Le tranchant d'une hache est le plus souvent à deux biseaux, parce qu'il ne sert qu'à enlever de gros copeaux, et par entailles; il est tracé en arc de cercle, et disposé de façon qu'il glisse un peu en frappant, sans quoi il briserait le bois et ne le couperait pas.

Chaque hache est représentée dans nos figures par deux projections verticales : l'une, parallèle à la lame et au manche, fait voir la hache de profil; l'autre projection, perpendiculaire à la première, fait voir la hache par devant. Pour les principales, nous avons ajouté une coupe de l'extrémité du manche.

La hache fig. 9 est plus forte que celle de la fig. 8, elle sert pour les plus gros ouvrages.

La cognée du bûcheron ne diffère de la hache de charpentier que par la largeur de la lame, qui n'est que de 54 à 81 millim., et la même près du tranchant que près du manche; et pour cette raison, il ne nous a pas paru nécessaire de la représenter dans nos planches. La cognée est destinée à faire des entailles profondes, une grande étendue de tranchant l'empêcherait de pénétrer dans le bois; la hache, au contraire, ne doit le plus souvent enlever que des copeaux de moyenne épaisseur, un tranchant plus étendu lui convient mieux. Quelques charpentiers se servent de la hache pour dresser et planer le bois, et ne lui font donner qu'un seul biseau, de façon que le tranchant se trouve sur l'une des faces de la lame, le biseau, et le manche sont alors du côté droit, comme ceux des outils représentés fig. 10 et 12; d'autres préfèrent les haches à deux biseaux pour s'en servir des deux côtés; c'est dans cette supposition que sont représentées les haches fig. 8 et 9.

Fig. 10. *Doloire* ou *épaule de mouton* (1). C'est une large hache qui sert à planer les faces des bois qu'on équarrit. Elle est représentée par deux projections, l'une, verticale, donne son profil; l'autre, horizontale, placée au-dessous de la première, fait voir la déviation de la douille mn, et du manche mp, ainsi que la forme du devant nb de la lame.

La lame $abcd$ de la *doloire* est plane dans toute la partie voisine de son tranchant ab, qui est à un seul biseau; dans tout le reste de son étendue elle est courbée, et sa douille mn n'est pas dans un plan parallèle au tranchant, afin de dévier la direction du manche mp, d'ailleurs un peu courbé pour faciliter l'usage de cet outil.

Nous expliquerons la manière de se servir de la *doloire*, qui exige beaucoup d'adresse et d'habitude, en parlant de l'équarrissement des bois.

Fig. 11. *Hache de charron*. Quelques charpentiers des départements en font usage pour planer leurs bois; son tranchant ab est ordinairement à deux biseaux pour qu'on puisse en faire usage des deux côtés d'une pièce de bois, sans changer de position.

Les biseaux doivent être fort allongés pour que le tranchant soit mieux affilé.

Le manche cd est plus court que ceux des haches ordinaires, mais en même temps la douille ec qui le reçoit est plus longue que l'œil des autres outils, afin qu'on puisse la faire plus mince et plus légère sans nuire à sa solidité, parce que, pour l'usage de cette hache qui n'exige pas de grands mouvements, il faut que l'extrémité de la lame où se trouve le tranchant ait plus de poids que sa tête.

Fig. 12. *Hache à main*. Cet outil ne diffère des autres haches que par sa taille et par la position latérale de son manche cd; il a en cela quelque ressemblance avec la *doloire*, fig. 10.

Le tranchant ab n'a qu'un seul biseau du même côté que le manche, pour qu'il soit conservé dans le plan de la lame qui rase et touche la pièce de bois que l'on travaille. On se sert de cette hache de la main droite, tandis que de la main gauche on tient la pièce de bois dans une position verticale et appuyée sur un objet immobile, ordinairement un billot. On ne s'en sert que sur les pièces trop petites, pour que leur poids les retienne assez solidement en chantier.

---

(1) Le nom de *doloire* donné à cet outil lui vient de sa ressemblance avec le couteau dont les anciens se servaient pour démembrer les victimes; en latin *dolabra*.

Le manche d est renforcé dans la partie qui forme le tenon, est arrondi presque cylindriquement sur une partie de sa longueur et un peu méplat, afin qu'il ne tourne pas dans la main; il est terminé par un renflement pour qu'il n'échappe pas; on peut l'assujettir dans l'outil au moyen d'un coin.

Fig. 13. *Herminette* ou *Essette*. C'est une hache dont le tranchant $a\,b$ est dans un plan perpendiculaire au manche $e\,d$ enfilé dans l'œil de l'outil par son plus petit bout d; le biseau est intérieur.

L'herminette est fort en usage dans les travaux de charpenterie de la marine; elle est si utile et si commode, qu'elle s'est répandue parmi les charpentiers des départements voisins des côtes; elle sert aussi bien et plus commodément que la doloire pour planer et unir les bois; elle est indispensable pour le travail des parties concaves des pièces taillées en courbes, pour lesquelles on s'en sert comme les charrons pour façonner l'intérieur aussi bien que l'extérieur des jantes de roues; on s'en sert aussi pour recaler les tenons.

Pour planer une pièce de bois, l'ouvrier se place devant en inclinant la face qu'il veut unir, de façon qu'elle soit à peu près perpendiculaire au manche de l'outil.

L'herminette sert également à dresser et ragréer des surfaces étendues, composées de plusieurs pièces réunies, et sur lesquelles aucun autre outil, le rabot excepté, ne pourrait s'appliquer, quelles que soient d'ailleurs leur inclinaison et leur courbure.

On enlève avec cet outil des copeaux extrêmement minces, comme si on pelait le bois, et l'on parvient à en polir les faces presque aussi bien qu'avec la varlope, qu'il remplace dans les contrées du Nord.

L'herminette doit être affilée de façon que son tranchant, compris dans la surface extérieure de sa panne, soit en arc de cercle d'une faible courbure, pour que l'on puisse plus aisément entamer le bois en abaissant un peu le manche; plus on le relève, plus les copeaux deviennent minces. La panne est au surplus cintrée comme il convient à l'ouvrier, pour que le mouvement naturel de ses bras fasse raser le bois par le tranchant.

Fig. 14. *Herminette à gouge*. Cet outil diffère du précédent par la forme de sa panne qui est contournée en gouge, dont la concavité est du côté du manche $e\,d$, son tranchant $a\,b$ est circulaire; il ne sert que pour creuser des pièces de bois en gouttière. Cet outil est représenté par deux projections verticales comme le précédent; il porte aussi une tête de marteau f, et il s'emmanche ordinairement de même.

Fig. 15. *Herminette* en usage dans les pays méridionaux, notamment en Espagne, où on la nomme *azula;* elle paraît y avoir été apportée par les Arabes. Elle est représentée, ainsi que la suivante, par deux projections verticales; le fer est tranchant du bout *a b*, son biseau est du côté de la face concave de la panne, il est terminé par une tête de marteau *f;* mais on ne se sert jamais de ce marteau, sinon lorsqu'il s'agit de démancher l'outil qui n'est point percé d'un œil pour recevoir le manche; cette tête de marteau n'a pour objet que de donner du poids au fer, pour augmenter la puissance du coup lorsqu'on le fait agir. Le manche *c* est en bois très-dur et en forme d'S, il s'applique sans tenon contre le fer; une sorte de talon *g* détermine sa position, il est retenu par un anneau carré *d* en fer, serré par un coin *h* également en fer. Cette herminette sert comme celle de la fig. 15, mais son action est moins puissante, par la raison qu'elle est plus petite, et qu'on ne la fait agir que d'une seule main, de la même manière que la hache à main de la fig. 12.

Fig. 16. *Herminette* du même genre pour les mêmes ouvrages. Son manche lui est appliqué à joint plat et un peu incliné, il est retenu sans talon, par une boucle carrée en fer *d;* pour serrer le manche contre le fer, il faut frapper avec un marteau contre sa tête *g h*, en tenant l'outil renversé. Le choc du tranchant *a*, en travaillant, suffit pour maintenir le manche en joint; pour démancher cet outil, on frappe sur un corps quelconque avec la tête de marteau *f*.

Fig. 17. *Ciseau.* Cet outil est commun au charpentier et au menuisier; c'est une lame de fer *a*, garnie d'acier sur la moitié ou les deux tiers de sa longueur, pour fournir au raccourcissement de l'outil par l'effet de l'aiguisement; l'autre bout est terminé par une soie qui pénètre dans un manche de bois *b;* l'embase *c* a pour objet de transmettre à l'outil la percussion du maillet sur la tête du manche; sans cette embase, la soie, en pénétrant dans le manche, le fendrait. Le tranchant est à un seul biseau, de manière qu'il se trouve dans l'une des faces de la lame. Ce ciseau, et tous ceux du même genre, soit à manches de bois, soit entièrement en fer, qui occupent le milieu du haut de la planche, sont représentés par deux projections verticales : l'une parallèlement à la plus grande largeur de la lame fait voir l'outil de face, l'autre le présente de profil. Pour se servir de cet outil, on le tient dans la main gauche par son manche, tandis qu'on frappe de la droite avec le maillet, fig. 1, pl. II. Lorsqu'on veut inciser dans le bois, on tient l'outil perpendiculairement, et l'on a soin, avant de frapper, de placer exactement le tranchant sur l'emplacement où l'on veut qu'il pénètre.

Ce n'est que peu à peu qu'on approche du trait qui dessine la portion de bois qu'on veut enlever, et si l'on veut faire sauter des éclats, on couche l'outil sur son biseau; l'on doit préalablement limiter leur étendue par un coup de tranchant. On se sert aussi du ciseau sans le frapper avec le maillet, lorsqu'il n'y a que peu de bois à enlever, ou que cela est plus commode. On tient alors le manche dans une main, la lame dans l'autre; on lui imprime le mouvement propre à le faire couper; on frappe même quelquefois sur la tête du manche avec la paume de la main.

On a des ciseaux de diverses largeurs, suivant l'ouvrage qu'il s'agit d'exécuter; mais les charpentiers qui ne les emploient que pour faire des tenons et des mortaises, ne se servent que des plus larges.

Fig. 18. *Fermoir*. C'est un ciseau dont le tranchant est formé par la rencontre de deux biseaux allongés qui se raccordent avec les deux faces de la lame. Il est emmanché comme le ciseau, il sert à ébaucher les tenons et les mortaises, et notamment à enlever de gros éclats.

Fig. 19. *Ébauchoir*. C'est un ciseau à deux tranchants formant un angle, chacun à un ou deux biseaux, au goût de l'ouvrier. Cet outil ne sert qu'à ébaucher les pas de vis et quelques embrèvements.

Fig. 20. *Fermoir à douille*. Cet outil ne diffère du *Fermoir*, fig. 18, que par la manière dont il est emmanché; sa lame porte par le bout opposé au tranchant d'une douille qui reçoit un manche arrondi.

Fig. 21. *Bec d'âne* ou *bédâne*. Ciseau étroit et épais; son tranchant est dans l'un des plans de la lame, et n'a qu'un seul biseau formé de deux plans. Cet outil ne sert que pour couper le bois perpendiculairement aux faces des pièces, et faire des incisions étroites et profondes, telles que les abouts des mortaises et embrèvements; il est utile aussi pour vider les mortaises.

On s'en sert en frappant sur le bout du manche avec le maillet; on fait deux incisions pour enlever un copeau; la première près du trait qui marque la place où le bois doit être coupé perpendiculairement; on tient la lame du bédâne de façon que sa face, qui contient le tranchant, soit perpendiculaire à celle du bois, le biseau tourné du côté du bois qui doit être enlevé, et qui se trouve alors refoulé par l'impression du biseau. Pour faire sauter le bois coupé, on fait la seconde incision à une distance de la première, qui dépend de la longueur qu'on veut donner au copeau; en penchant un peu le bédâne en arrière, on détermine le glissement du tranchant sur son biseau, on le fait pénétrer sous le bois pour soulever le copeau, qui ne se détache qu'en se déchirant dans le fond et sur les côtés, et qui n'a pour largeur que celle du bédâne; on est obligé de recaler le bois avec le ciseau.

Fig. 22. *Besaiguë*, nom qui répond à *deux fois aiguë*. C'est l'outil dont les charpentiers font le plus fréquemment usage. Il est formé d'une barre de fer plate, garnie d'acier à ses deux extrémités pour former les deux tranchants. L'un *a*, appelé ciseau, est large et plat, il n'a qu'un seul biseau comme le ciseau de la fig. 17. Son tranchant, qui est tant soit peu en ligne courbe, est dans l'une des grandes faces de la barre qui forme le corps de la besaiguë. Ce tranchant sert à couper le bois dans un plan parallèle à son fil; l'autre tranchant *b* est un bédâne comme celui de la fig. 21; il est situé dans un plan perpendiculaire au premier, sur l'une des faces de la besaiguë qui forment l'épaisseur de la barre; il sert à couper le bois perpendiculairement. Sur le milieu de la longueur de l'outil est une douille *c,* à peu près conique et courte, son axe est perpendiculaire à celui de l'outil, et dans le plan qui divise en deux parties égales l'épaisseur de la barre, elle est soudée dans la face dont le prolongement contient le tranchant du bédâne, elle sert de manche.

La besaiguë est représentée dans la fig. 22 par deux projections verticales, l'une sur un plan parallèle à la grande face ou largeur de la barre, qui contient le tranchant du ciseau, et l'autre sur un plan parallèle à la face étroite, ou épaisseur de la barre, qui contient le tranchant du bédâne; la douille doit être placée de telle sorte que le charpentier, la tenant dans sa main droite, l'outil devant lui et éloigné de son corps, le ciseau étant en bas et son biseau à gauche, et le bédâne en haut, son biseau soit du côté opposé à la douille; cette disposition entre les tranchants et la douille est indispensable pour l'usage de l'outil, à moins que l'ouvrier ne soit absolument gaucher; mais il est rare qu'un ouvrier gaucher pour l'usage de tout autre instrument, le soit aussi pour celui de la besaiguë.

Lorsqu'un charpentier se sert de la besaiguë, il tient la douille dans sa main droite, le corps de l'outil à peu près vertical et en dessus; la main gauche, placée le long de la lame, plus bas que la douille, sert à diriger les coups de l'outil, dont la partie supérieure est légèrement appuyée contre l'épaule droite. L'ouvrier porte la tête un peu en avant pour voir l'emplacement sur lequel l'outil est appliqué. Dans cette position, s'il se sert du ciseau, la pièce dont il coupe du bois est placée entre lui et l'outil, le biseau se trouve tourné extérieurement, par rapport à la face du bois sur laquelle agit le tranchant.

Plusieurs charpentiers se servent de la besaiguë des deux mains, c'est-à-dire en tenant la douille de la main droite ou de la main gauche, suivant que cela est plus commode pour atteindre efficacement le bois à couper.

Si l'ouvrier, en se servant du ciseau, est forcé de passer la besaiguë entre lui et la face du bois qu'il veut travailler, il tourne la douille en-dessus, la besaiguë se trouve alors en-dessous de la main droite, le long de la jointure intérieure du poignet.

Enfin si le charpentier se sert du bédâne pour faire quelque entaille creuse comme celle d'une mortaise, le biseau doit se trouver du côté du copeau qu'il veut enlever, et le tranchant doit être perpendiculaire au fil du bois. Pour enlever le copeau après la première incision, il faut en faire une nouvelle qui détermine sa longueur et le soulève par l'effet du glissement du tranchant sur son biseau, de la même manière qu'avec le bédâne ordinaire.

On voit que la besaiguë tient lieu à la fois du ciseau et du bédâne, fig. 17 et 21, et même du maillet; son poids et l'impulsion qu'on lui donne remplacent la percussion; et comme le bois qu'on travaille est peu élevé sur le sol, la longueur de l'outil fait que le charpentier n'a pas besoin de se baisser. Ceux qui n'ont pas l'habitude de se servir de cet outil sont privés de cet avantage; ils sont obligés de se courber et même de se mettre à genoux, ou de s'asseoir sur les pièces pour agir avec le ciseau et le bédâne ordinaires en s'aidant du maillet, qui exige un mouvement du bras droit très-fatigant.

Le ciseau de la besaiguë remplace avec avantage aussi la doloire, fig. 10, et même l'herminette, fig. 13, dans beaucoup de cas pour dresser et planer les bois.

Fig. 23. *Piochon.* Cet outil est représenté comme la besaiguë par deux projections. C'est une *besaiguë* plus courte que la précédente, et dont la douille *c* est garnie d'un manche en bois *d e* rond et conique dans la partie qui entre dans cette douille, et méplat dans celle où les mains s'appliquent; le piochon peut être formé en arc de cercle, tel qu'il est représenté dans la figure, ou droit comme la besaiguë, fig. 22, au choix de l'ouvrier. Son ciseau *a* est ordinairement à deux biseaux fort larges pour couper sur ses deux faces, ce qui en rend l'usage un peu plus difficile. Son bédâne *b* est pareil à celui de la grande besaiguë.

Le charpentier qui se sert du piochon pour faire une mortaise ou toute autre entaille semblable, est assis à cheval sur la pièce qu'il travaille; l'about de la mortaise étant plus rapproché de lui que sa gorge, il agit avec le bédâne pour enfoncer la mortaise; sans changer de place, il en recale les joues avec le ciseau. Pour recaler les tenons, il faut que l'ouvrier se tienne debout et un peu courbé.

Cet outil n'est pas aussi commode que la grande besaiguë, et il est plus difficile d'en obtenir un travail exact.

Fig. 24. *Gouge.* C'est un petit ciseau dont la lame est creuse d'un côté et bombée de l'autre, le biseau de son tranchant est en dedans. La gouge est commandée comme les autres ciseaux. Elle est utile pour faire des cannelures et des trous arrondis de peu de profondeur; on s'en sert en frappant sur le bout du manche avec le maillet.

Fig. 25. *Gouge en fer* pour amorcer les trous qu'on veut percer avec une tarière, fig. 30. Le tranchant de cette gouge est courbe dans deux sens, son biseau est extérieur, afin qu'en la tenant perpendiculairement et en frappant dessus, le copeau soit enlevé de la circonférence au centre du trou sans qu'elle entre profondément.

Fig. 26. *Ébauchoir* en fer; son tranchant angulaire est en acier à double biseau. Cet outil sert aux mêmes usages que celui de la figure 19; il est surtout utile pour couper les bois extrêmement coriaces, parce qu'on le frappe avec un marteau.

Fig. 27. *Ciseau à froid.* Outil emprunté de l'art du serrurier, ainsi nommé parce qu'il doit couper le fer qu'on ne peut pas faire rougir; il sert à couper les broches et clous qu'on rencontre dans les bois de démolition qu'on remet en œuvre. On le frappe avec un marteau.

Fig. 28. *Pied de biche.* On frappe ce ciseau de fer avec un marteau. Les bords intérieurs de la fourchette, qui est en acier, forment deux tranchants à biseaux très-courts pour saisir, en les entaillant un peu, les clous et broches en fer que la rouille retient dans les vieux bois, et les extirper en appuyant fortement sur le bout du manche.

Fig. 29. *Tenailles* ou *triquoises.* Cet outil est en fer; il sert à arracher les clous. Les mâchoires *a* sont en acier. l'extrémité de l'une des branches est terminée par un bouton, et l'autre *b* est aplatie et fendue en pied de biche pour relever les clous couchés sur le bois, ou extirper ceux de petite dimension.

Pour arracher un clou avec les tenailles, on le saisit entre les mâchoires, le plus près possible du bois dans lequel il est implanté, on le serre fortement en faisant effort avec les mains pour rapprocher les branches, on rabat les tenailles en les appuyant, soit sur le dos de l'une de leurs mâchoires, soit sur les angles de leurs tranchants; il est rare qu'un clou ne cède pas à l'action de ce puissant levier.

4° Outils tranchants à corroyer et planer le bois.

Quoique les outils tranchants que nous avons décrits dans le paragraphe précédent puissent à la rigueur suffire pour planer et façonner les bois de charpente, ils ne sont pas d'un usage commode pour les pièces d'un petit volume, et ils ne permettent pas toujours un travail assez rapide ni assez fini, lorsqu'on veut que les surfaces des gros bois parviennent au degré de perfection dont elles sont susceptibles, et qu'on désigne sous le nom de *poli*, parce que les coups d'outils ont disparu complétement. On a inventé, pour parvenir plus promptement et plus sûrement à cette perfection, un genre d'outils appelés *rabots*, qui attaquent le bois au moyen d'un mouvement qui n'est pas entièrement continu, mais qui agit cependant sans interruption sur une assez grande étendue des surfaces qu'on veut planer.

Soit que ce genre d'outils ait déjà été aux mains des charpentiers, au temps où ils étaient chargés de tous les ouvrages en bois, quel que fût leur objet et la petitesse de leurs dimensions, soit qu'il ait été emprunté aux menuisiers depuis que l'art en se perfectionnant a séparé leur profession de celle du charpentier, ceux-ci font un fréquent usage du rabot, surtout dans les départements, où leurs travaux comprennent la construction des planchers, des cloisons et des escaliers légers.

Corroyer un morceau de bois, c'est le dresser, en planer les faces et les polir au moyen d'un rabot; l'expression corroyer est appliquée à ce mode de travail du bois, à cause de l'analogie de l'opération dont il s'agit avec celle que les corroyeurs font sur leurs cuirs pour en unir et lisser la surface.

Les rabots sont tous composés d'une lame tranchante appelée fer, et d'un fût en bois qui a pour objet de maintenir la lame dans la position qui convient pour qu'elle coupe le bois, de régler la quantité de bois qu'elle doit enlever et de donner le moyen de la conduire avec les mains.

Les rabots sont de différentes espèces, suivant qu'il s'agit simplement de corroyer le bois ou de lui donner les formes qui conviennent à l'objet des pièces que l'on travaille.

Les charpentiers corroient rarement leurs bois pour les ouvrages ordinaires, ils rencontrent cependant différentes circonstances où la forme et la précision des surfaces dont ils font usage ne peuvent être obtenues qu'au moyen des rabots. Dans le travail des belles charpentes apparentes que l'on fait aujourd'hui, dont toutes les pièces sont dressées et équarries avec soin, l'usage des rabots pour achever de planer et polir les surfaces est encore le moyen le plus rapide, le plus économique et celui qui donne le meilleur résultat.

Tous les fûts des rabots sont en bois durs et compactes, tels que le poirier, le cerisier, le sorbier, le cormier. Ils sont faits avec soin et justesse, parce que c'est le moyen d'en obtenir un bon travail.

Nous ne décrirons que ceux qui peuvent être utiles aux charpentiers.

Pl. III, fig. 1. *Galère*. Cette espèce de *rabot* est représentée par deux projections : la projection verticale est au-dessous de la projection horizontale.

a, Fût en bois dur. C'est un prisme rectangulaire dont les arêtes sont abattues en chanfrein, afin de ne point blesser la main des ouvriers. Le dessous du fût, qui est appelé *pied* ou *semelle*, doit rester à vives arêtes, et doit être parfaitement dégauchi et dressé, suivant un plan perpendiculaire aux faces latérales.

Ce fût est percé vers le milieu de sa longueur par une mortaise *b* fort évasée, suivant la longueur de l'outil, dans sa partie supérieure; et fort étroite dans la semelle, où son ouverture prend le nom de *lumière*.

d e, Chevilles tournées servant de poignées. La cheville *d* répond au bout antérieur du fût; la cheville *e* répond au bout postérieur.

f, *Fer*. Ce fer est une lame d'acier, ou au moins garnie d'acier dans le bout répondant au tranchant; elle est d'égale largeur dans la majeure partie de sa longueur. Son tranchant est disposé comme celui d'un ciseau, cette lame traverse le fût dans toute son épaisseur, en s'appliquant sur la pente de la mortaise, dont elle occupe à très-peu près toute la largeur, parce qu'il faut un peu de jeu pour que l'on puisse, au moyen de la direction de la lame, rendre son tranchant parallèle à la semelle de la galère. L'épaisseur de la lame ne remplit que le tiers environ de la lumière, ce qui reste vide donne passage aux copeaux; son biseau est en dessous.

g, Coin qui sert à maintenir le fer. Ce coin se pose par son dessous à plat sur le fer, qu'il maintient d'un bout à l'autre sur la pente de la mortaise; en dessus, il porte contre deux petits épaulements dont les saillies *x x* se montrent dans l'ouverture supérieure de la mortaise, et qui finissent à rien du côté de la lumière, pour ne pas gêner l'ascension des copeaux.

Le coin ne s'étend point sur tout le tranchant, il est échancré dans son milieu par un chanfrein qui force les copeaux à s'élever au-dessus de lui.

Au moyen de cette disposition, il reste entre le coin et la partie antérieure de la lumière un grand vide par lequel montent les copeaux enlevés par le fer, pour être rejetés par l'ouverture supérieure de la mortaise. En frappant avec un marteau sur la tête du coin, on assure l'immobilité du fer; en frappant sur le bout postérieur de la galère, on desserre le coin, et l'on fait en même temps rentrer le fer; on le fait avancer en frappant suivant sa direction sur le bout de sa queue qui dépasse le coin; c'est ce qu'on appelle donner du fer. On place le tranchant parallèlement à la semelle de la galère, en frappant sur les côtés de la queue du fer.

Tout ce que nous venons de dire sur la disposition du fer, de la mortaise, de la lumière et du coin, s'applique à toutes les espèces de rabots.

La galère sert à dégrossir les surfaces des bois qu'on veut planer, notamment de ceux débités à la scie de long. L'usage de cet outil étant en général fatigant, le charpentier se fait aider par un compagnon ou un apprenti. La pièce à planer est posée horizontalement à la hauteur des mains; les menuisiers la placent sur un établi porté sur quatre pieds et disposé pour la maintenir immobile; mais les charpentiers, qui ne portent point sur leurs chantiers ordinaires un équipage aussi pesant qu'un établi, lui substituent une pièce de bois quelconque, ou même quelques épaisseurs de planches élevées horizontalement sur deux ou trois chantiers, et la pièce qu'il s'agit de planer est arrêtée par un obstacle, tel qu'un mur, un poteau, ou un pieu planté exprès, contre lequel on dispose perpendiculairement l'espèce d'échafaudage qui tient lieu d'établi.

Le charpentier se place le long de la pièce qui doit être rabotée, l'ayant à sa droite, la jambe gauche plus avancée que la droite; le compagnon ou l'apprenti est placé du même côté, faisant face au premier. Ils saisissent chacun la galère par la cheville ou poignée qui se trouve de son côté, la partie postérieure de l'outil se trouvant du côté du charpentier.

Les choses étant ainsi disposées, un mouvement de va-et-vient est imprimé à l'outil dans le sens de sa longueur, en appuyant sur les chevilles quand il est poussé en avant, afin que le tranchant de son fer entame le bois et enlève des copeaux sur une longueur égale au développement que les ouvriers peuvent donner à leurs bras. On enlève ainsi une petite épaisseur de bois sur toute la longueur de la pièce, en commençant par le bout qui est à la droite du principal ouvrier. Le tranchant du fer de la galère, représenté fig. 10, est arrondi, afin qu'il morde mieux; autrement il serait trop difficile de le faire agir; il laisse de fortes marques de son passage; mais les autres rabots, que l'on passe ensuite et dont on n'aurait pas pu se servir avant le dégrossissement fait par la galère, achèvent de planer le bois et de le polir.

Le nom de cet outil lui vient de la ressemblance qu'on a cru trouver entre le travail de ceux qui le font mouvoir et celui nécessaire pour manœuvrer les rames d'une galère de mer; il répond, dans le travail de la charpenterie, au rabot qui sert aussi à dégrossir et blanchir les planches, que les menuisiers nomment *riffard*.

Fig. 2. *Varlope*, grand rabot.

a, Fût; *b*, poignée le plus souvent formée d'un morceau ajouté au fût. Cette poignée est percée d'un trou ovale pour passer les quatre doigts de la main droite, avec laquelle l'outil est conduit, la gorge, formée par le crochet qui surmonte la poignée, portant entre le pouce et l'index.

c, Corne servant à appuyer la main gauche, dont les doigts sont appliqués le long de la face droite du fût, tandis que le pouce s'étend sous la corne dans la gorge qu'elle forme avec le dessus. Cette corne est ordinairement du même morceau que le fût; quelquefois elle est prise dans un morceau ajouté. On exigeait jadis que le fût, la poignée et la corne fussent d'une seule pièce; aujourd'hui, la poignée peut être prise dans un morceau ajusté à rainure dans le fût; lorsque la poignée est ajoutée, elle est moins solide; cette partie de l'outil recevant tout l'effort du travail, il est plus convenable de la faire d'une seule pièce avec le fût. A l'égard de la corne, comme elle est sujette à se casser très-souvent, on peut la supprimer; elle est d'ailleurs peu nécessaire : la pression de la main sur le fût est suffisante pour le diriger. On laisse à sa place une espèce d'écusson qui s'élève de quelques millimètres et sur lequel on frappe avec le marteau pour ébranler le fer et le coin qui le maintient, lorsqu'il s'agit d'augmenter ou de diminuer la saillie du tranchant.

f, Fer de la varlope appliqué sur la plante de la mortaise. Son large tranchant doit être en ligne droite et dans le plan du dessus de la lame, le biseau en dessous. L'inclinaison du dessus du fer, par rapport à la semelle, est de 45 à 50 degrés.

g, Coin servant à serrer le fer pour l'assujettir. Il est échancré dans le bas et présente un chanfrein comme celui de la galère et de tous les rabots, pour faire remonter les copeaux.

Pour faire usage de la varlope, le charpentier se place le long de la pièce qu'il s'agit de planer; l'ayant à sa droite, la main du même côté appliquée à la poignée, la gauche à la corne ou à son emplacement, les doigts allongés le long de la face du fût, le pouce étendu en dessus, il fait effort de la paume de la main droite sur la poignée pour appuyer sur le bois et pousser le fût en avant; de la main gauche il dirige la varlope et exerce une petite pression pour faire mordre le tranchant du fer, si le poids du fût ne suffit pas. Le charpentier pousse la varlope tant que son fer prend du bois; il marche, à cet effet, le long de la pièce, et de manière à imprimer à l'outil un mouvement bien uniforme, parce que les inégalités marquent sur le bois. Lorsqu'il a fait faire à la varlope tout le chemin qu'elle peut parcourir utilement, il la ramène à reculons, en la faisant glisser, et mieux en la portant, pour la faire agir de nouveau, de la même manière, à une autre place.

En faisant mouvoir la varlope, on donne à l'axe de son fût un peu d'inclinaison, par rapport au chemin qu'on lui fait parcourir, pour que le tranchant se présente au fil du bois, sous un angle qui diffère un peu de l'angle droit, afin qu'il coupe mieux; il suffit, pour cela, d'éloigner la main gauche un tant soit peu plus du corps que la droite.

On doit diminuer la saillie du fer à mesure que le travail se perfectionne et que les inégalités du bois disparaissent. Avant d'employer la varlope, on passe la *demi-varlope* qui est un rabot de la même forme, mais un peu plus petit, et dont le fer présente un tranchant moins arrondi que celui du fer de la *galère* ou du *riflard*. La demi-varlope a pour objet d'enlever une partie des inégalités ou côtes longitudinales que laisse le travail de la galère; la varlope achève de planer le bois, qu'elle doit couper avec netteté, parfaitement uni, brillant et comme poli, si on a eu soin de ne donner que très-peu de saillie au fer, et de tenir le tranchant bien affilé sur la pierre à l'huile.

Fig. 3. *Rabot.* Cet outil est représenté par une projection horizontale et deux projections verticales; dans celle sur la droite, il est vu par le bout antérieur. *a*, Fût; *b*, fer; *c*, coin. On a supposé, dans la projection horizontale, que le fer et le coin sont ôtés pour laisser voir l'entrée de la mortaise *d* et la lumière ponctuée *a'*. Le rabot n'a aucune poignée; on le tient avec les deux mains; le bout du fût est dans la paume de la main droite en arrière du fer; la main gauche est en avant de la mortaise, embrassant le rabot sur l'arête supérieure. On se sert du rabot toutes les fois qu'on ne peut pas faire usage de la varlope, soit à cause de la position de la pièce sur laquelle il faut agir, soit à cause de son peu d'étendue qui ne laisse pas une course suffisante pour la varlope, soit enfin à cause du peu de travail qu'il faut faire, et qui n'exige pas l'action d'un instrument aussi pesant que la varlope. Le tranchant du rabot est droit toutes les fois qu'il s'agit de planer; on lui donne plus ou moins de saillie, suivant l'épaisseur qu'on veut donner aux copeaux; on ne donne que très-peu de fer lorsqu'il s'agit de polir une surface.

On substitue quelquefois au fer droit un fer à tranchant un peu cintré, lorsqu'on veut enlever un copeau épais, et qu'il s'agit de corroyer un morceau de bois sur lequel la galère, le riflard ou la demi-varlope n'auraient pas une assiette suffisante.

Fig. 4. *Rabot* cintré convexe, représenté par un seul profil. Cet outil ne diffère du rabot précédent que parce que sa semelle est courbe; il sert à raboter les surfaces concaves dont la courbure est dans le sens du fil du bois.

Fig. 5. *Rabot* cintré concave, représenté aussi par un seul profil. Ce rabot sert à raboter les surfaces convexes.

Les mêmes lettres désignent les mêmes objets sur les figures 3, 4 et 5.

Ces sortes de rabots ne peuvent servir que pour les surfaces dont la courbure est exactement la même que la leur, et l'on est dans la nécessité de construire un rabot cintré pour chaque courbure qu'on peut avoir à travailler. Les rabots cintrés ne doivent travailler qu'avec très-peu de fer; autrement le tranchant entrerait trop profondément dans le bois, et il n'y aurait plus moyen de faire marcher l'outil.

On ne doit le faire agir sur les fibres interrompues par la courbure qu'en coupant les fibres supérieures avant les inférieures, et jamais en les prenant au rebours, parce que le fer s'y engagerait et l'outil serait arrêté ou ne marcherait que par secousses qui gâteraient l'ouvrage. Ainsi, pour appliquer le rabot à une pièce cintrée, il faut conduire l'outil dans la partie concave, depuis chaque bout de la pièce jusqu'au milieu ou fond du cintre concave; et pour le cintre convexe il faut, au contraire, commencer à agir sur le milieu du cintre, c'est-à-dire sur sa partie la plus élevée, et conduire le rabot vers les bouts.

Fig. 6. *Guillaume.* Ce rabot est représenté par deux projections verticales, l'une le fait voir sur un plan parallèle à sa longueur; l'autre, par son bout antérieur. Le guillaume sert à atteindre le fond des arêtes creuses formées par deux plans qui se rencontrent à angle droit, pour les polir lorsqu'elles ont été ébauchées avec le ciseau ou la besaiguë. *a*, Fût ; *f*, fer ; *g*, coin.

Le fer est représenté isolément, vu de face et de plat, fig. 12. La partie inférieure, qui est la plus large, est tranchante par le bout ; lorsqu'elle est placée dans le fût, elle en occupe toute l'épaisseur ; elle se trouve logée dans une entaille qui est inclinée, par rapport à la semelle, de 45 à 50 degrés. La rencontre de cette entaille avec le plan de la semelle forme la lumière qui est ouverte sur toute la largeur de la semelle. La queue du fer se prolonge en dessus en passant au travers d'une mortaise qui n'occupe que le tiers de l'épaisseur du fût, et qui est évasée par en haut dans le sens de sa longueur, de façon à recevoir le coin qui achève de la remplir entièrement et maintient le fer.

On serre le coin en frappant sur sa tête avec le marteau, et on le desserre pour l'enlever en frappant en sens inverse dans l'encoche qu'il porte en dessus ; on préfère ce moyen à la percussion sur le bout postérieur du fût pour desserrer le coin, attendu que, comme le fût est fort étroit, si on le frappait par le bout il pourrait être promptement dégradé. On frappe cependant sur cette partie du fût pour faire rentrer la lame et diminuer la saillie du tranchant, mais ce n'est qu'à très-petits coups, qui n'ont point d'inconvénients. Un peu de jeu laissé dans la largeur de la mortaise permet, en frappant latéralement la queue du fer, de placer le tranchant parfaitement parallèle au plan de la semelle.

Le fût est traversé dans toute son épaisseur par une échancrure circulaire *b* qui reçoit les copeaux au-dessus de la lumière. Cette échancrure est évasée également des deux côtés, afin que les copeaux se dégorgent d'eux-mêmes.

Le guillaume est tenu comme un rabot simple ; mais, comme il faut le faire agir également sur les deux plans qui forment une arête creuse, on lui donne aussi une position horizontale lorsqu'il faut travailler le côté d'une arête creuse qui est vertical.

Le nom de *guillaume* donné à ce rabot est probablement celui de son inventeur.

Fig. 7. *Bouvet à languettes*. Rabot qui sert à faire les languettes sur l'épaisseur des planches ou sur le bord des pièces de bois. Cet outil est représenté par une projection verticale sur un plan parallèle à sa longueur, et une coupe par un plan vertical et perpendiculaire à la projection verticale, suivant la ligne *m n*.

On voit, par cette coupe, que la semelle de l'outil est partagée d'un bout à l'autre en trois parties ; les deux latérales s'appuient sur le bois qui doit être enlevé des deux côtés, celle du milieu ne portant que lorsque la languette a acquis sa saillie, dont elle règle l'uniformité. Le fer f, qui est représenté à part, fig. 13, a son tranchant divisé en deux parties. Il est placé dans le fût a comme ceux des autres rabots, et tenu par un coin g dans une entaille qui s'ouvre sur la face droite du fût. Du côté de la face gauche, la semelle est bordée par un épaulement p qui sert de guide pour conduire l'outil le long de l'arête du bois à bouveter, et bien parallèlement.

Un œil circulaire et évasé b est ouvert dans la face droite, comme celui du guillaume, pour dégorger les copeaux. Un renfort q, pris dans le même morceau de bois ou ajouté avec des vis dans la partie supérieure de la même face, consolide le fût et change dans toute la hauteur qui lui correspond l'entaille en mortaise dans laquelle se prolonge la queue du fer et la tête du coin, que l'on serre et desserre comme celui du guillaume.

Fig. 8. *Bouvet à rainures*. Ce rabot est représenté par une projection verticale et une coupe suivant la même ligne $m\ n$. Il sert à creuser des rainures sur l'épaisseur des planches ou sur le bord des pièces de bois (1). La coupe fait voir que la semelle de son fût est partagée en trois parties, de manière à porter d'abord par celle du milieu sur le bois qu'il s'agit d'enlever pour creuser la rainure; les deux autres ne portent que lorsque la rainure a atteint sa profondeur, dont elles assurent l'uniformité. Le fer f de ce bouvet est représenté à part, fig. 14. Son tranchant unique a juste la largeur que doit avoir la rainure; il est exactement égal au vide laissé entre les deux parties du tranchant du fer, fig. 13, du bouvet à languettes : ce qui est indispensable pour que les languettes remplissent exactement les rainures quand on joint les bois.

Le fer est placé comme celui des autres rabots ; il passe dans une mortaise qui traverse le fût dans toute sa hauteur, et qui est remplie par le coin g que l'on serre et desserre comme celui du *guillaume*.

Les fers de bouvets doivent déborder un peu latéralement les petites joues des rainures et languettes de leurs fûts, afin que ces joues ne frottent pas contre le bois, et que le fer coupe sur toute la largeur de son tranchant lorsqu'on le fait agir.

---

(1) Le mot *bouvet* désignait dans l'ancien langage un bœuf, et l'on disait *bouveter* pour labourer avec des bœufs. Le nom de *bouvet* a donc été donné aux petits rabots dont il s'agit par une sorte d'analogie, parce qu'ils servent à *bouveter* le bois en y ouvrant des rainures semblables aux sillons d'une terre labourée.

La face droite du bouvet à rainures est, comme celle du précédent, creusée par un œil b circulaire et évasé, qui joint la lumière et atteint la mortaise pour que les copeaux puissent se dégorger facilement.

Quelquefois les deux bouvets à rainures et à languettes sont réunis dans un seul fût plus épais; les deux fers passent à côté l'un de l'autre en se croisant à peu près à angle droit; un épaulement commun sépare les deux semelles, et sert de guide pour la direction de l'un et l'autre outil, dont on se sert en sens inverses.

On fait aussi des *bouvets*, dits de deux pièces, qui servent lorsqu'on veut que les rainures et les languettes soient placées à différentes distances des bords du bois. L'épaulement qui sert de guide pour la direction de l'outil est alors une pièce séparée qui peut en être écartée, suivant le besoin, au moyen de deux prismes, comme celui du trusquin, fig. 18, et que l'on fixe avec des clefs.

Les bouvets sont des modifications du guillaume; ceux qui sont représentés fig. 7 et 8 ne servent que pour faire des rainures et des languettes en ligne droite, suivant le fil du bois. Lorsqu'on est dans la nécessité d'ouvrir des rainures qui croisent le fil du bois, il faut que les bouvets portent, dans leurs faces latérales, des lames en fer qui soient en forme de couteau, et qui précèdent le fer principal, afin que les fibres soient nettement coupées des deux côtés de la rainure avant d'être enlevées, autrement la rainure serait déchirée. Si la rainure doit être courbe, il faut que le bouvet soit taillé suivant sa courbure, et l'on attache sur la pièce à bouveter un liteau cintré pour lui servir de guide. Il est rare que les charpentiers aient occasion de faire usage de ces diverses sortes de bouvets, c'est pourquoi nous n'en avons pas donné de figures.

Fig. 9. *Fer de la varlope*, fig. 2, vu sur son plat. Son tranchant est droit, et n'a qu'un biseau comme tous les fers de rabots.

Fig. 10. *Fer de la galère*, fig. 1. Son tranchant est affilé en arc de cercle, afin qu'il morde mieux sur le bois.

Fig. 11. *Fer du rabot*, fig. 3.

Fig. 12. *Fer du guillaume*, fig. 6. Le tranchant répond à sa partie la plus large.

Fig. 13. *Fer du bouvet à rainures*, fig. 7. Le bout inférieur est divisé en deux lames qui ont chacune leur tranchant; les deux tranchants sont dans une même ligne droite. La queue de la lame porte un petit crochet latéral qui sert à faire, au besoin, rentrer la lame dans le fût pour diminuer la saillie du tranchant.

Fig. 14. *Fer du bouvet à rainures*, fig. 8. Le tranchant est étroit et égal à l'espace qui sépare les deux tranchants du fer précédent ; il porte à sa queue un petit crochet qui a la même saillie et le même objet que celui du fer fig. 13.

Fig. 15. *Fer d'un rabot* dont la semelle serait arrondie, pour former des cannelures ou des arrondissements creux.

Fig. 16. *Fer d'un rabot* dont la semelle serait creusée, pour faire des baguettes ou arrondir les arêtes des pièces de bois.

Tous les fers de rabots s'affilent de la même manière et avec le même soin que ceux des ciseaux et des gouges.

Fig. 17. *Guimbarde*. Cet outil est représenté par une projection verticale et une projection horizontale.

a, Fût en bois dur. Il est ordinairement en chêne.

b, Fer. Le tranchant n'a qu'un biseau comme celui d'un bédane ; ce fer traverse verticalement le fût en passant par une mortaise, dans laquelle il se trouve contenu très-juste dans le sens de son épaisseur, $m\ n$; dans l'autre sens, la mortaise lui laisse un peu de jeu.

c, Coin en bois dur, traversant le fût dans le milieu de son épaisseur, en passant par une mortaise qui pénètre un peu dans la première. Ce coin sert à maintenir le fer vertical et immobile, pour qu'il conserve la saillie qu'on lui a donnée. Quelquefois on introduit parallèlement au coin une bande de métal qui sert de coussinet, pour empêcher les arêtes du fer de déchirer le coin et opérer une plus forte pression.

Pour augmenter la saillie du tranchant, on frappe avec un marteau sur la tête du fer, et pour la diminuer, on frappe en sens contraire sous le crochet *q* qui le termine.

La guimbarde sert à égaliser le fond des refouillements qui doivent être parallèles aux faces planes dans lesquelles on les a creusés.

Pour faire agir la guimbarde, après qu'on a donné au fer une saillie égale à la profondeur que doit avoir le refouillement, et l'avoir fixé, on place l'outil au-dessus du refouillement en y faisant pénétrer le tranchant ; on conduit alors le fût des deux mains pour lui donner un mouvement de va-et-vient, dans le sens le plus propre à couper le bois, et l'on continue ce travail jusqu'à ce que le dessus du fût soit en contact parfait avec la surface dans laquelle le refouillement est entaillé.

La face antérieure du fer qui contient le tranchant est placée verticalement, afin d'atteindre dans les arêtes creuses formées par les joues et le fond des refouillements.

Le fer d'une guimbarde doit être un prisme très-exact, afin qu'il soit retenu sans vascillation dans sa mortaise et qu'il puisse y glisser avec un frottement égal. Quelquefois on le fait carré, pour qu'on puisse tourner son tranchant parallèlement au petit côté du fût, comme il est représenté fig. 18, ou parallèlement au grand côté, ce qui a l'avantage de pouvoir disposer l'outil pour agir dans toutes sortes de sens.

Le fer de la guimbarde s'affile comme celui d'un bédâne.

De l'aiguisement des outils.

Tous les outils qui servent à couper ou tailler sont garnis d'acier à leurs parties tranchantes; quelquefois même la totalité de l'outil est en acier, mais c'est toujours la seule partie du tranchant qui est trempée.

La trempe est une opération qui ne peut s'appliquer qu'à l'acier, et qui a pour objet de le durcir. Pour tremper un outil, on fait rougir au feu la partie qui porte le tranchant, et on la plonge toute rouge dans l'eau ou dans l'huile. Si la trempe est trop molle, ce qui provient de ce qu'on n'a pas assez chauffé la pièce, le tranchant plie et s'émousse; si elle est trop sèche, ce qui provient de ce qu'on a trop chauffé, l'acier s'égrène et l'outil est bientôt ébréché. Dans le premier cas, il faut recommencer l'opération en chauffant davantage, et en plongeant la pièce plus rapidement; dans le second cas, il faut faire revenir la pièce en la chauffant sur des charbons ardents, jusqu'à ce qu'elle prenne une belle couleur bleue. Au-delà de ce point, la trempe est presque détruite.

Souvent tel outil est rejeté comme mauvais, qui serait excellent si sa trempe était bonne. Avec un peu d'adresse et d'habitude, un charpentier peut parvenir à donner à ses outils la trempe qui leur convient, lorsqu'ils ne l'ont pas eue dès leur fabrication, et les rendre parfaits.

Les taillandiers livrent les outils qu'ils confectionnent en état de couper immédiatement le bois; mais les outils de fabrique sont vendus par les marchands sans qu'ils soient affilés; leur biseau est seulement préparé; il est donc indispensable qu'un ouvrier charpentier sache aiguiser et affiler ses outils, ou, comme quelques-uns disent, les *affûter*, expression qui doit plutôt s'entendre de l'opération par laquelle on ajuste les outils aux fûts en bois, qui servent à les maintenir dans la position la plus propre pour les faire couper, que de celle par laquelle on les rend coupants.

Pour aiguiser le tranchant d'un outil, il faut frotter son biseau sur une pierre dont le grain ait assez de dureté pour user l'acier trempé.

Pour l'aiguisement grossier par lequel on prépare un tranchant d'outil, on se sert d'une pierre de grès qui est ordinairement taillée en meule (1).

Lorsqu'on veut se servir d'une meule en la faisant tourner, elle doit être montée sur un axe en fer; la rotation est imprimée à la meule au moyen d'une poulie fixée sur le même axe, et qui reçoit, par l'intermédiaire d'une corde sans fin, le mouvement d'une grande roue mise à son tour en mouvement par une manivelle à pédale. La meule, la poulie et la roue sont montées dans un bâtis en bois, et le tout est appelé *gagne-petit*, en tout pareil à celui dont se servent les rémouleurs ambulants. Nous n'en donnons pas le dessin parce que, quoique le gagne-petit soit ce qu'il y a de plus commode pour aiguiser, il est peu en usage à cause de son prix parmi les charpentiers. On se contente de monter la meule, et son axe en fer qui porte une manivelle, dans les montants d'un fort châssis en bois, appuyé contre un mur ou quelque autre objet. Un apprenti tourne la manivelle; un vase placé au-dessus de la meule verse l'eau goutte à goutte pour aider l'aiguisement.

On se sert aussi de la meule posée à plat, horizontalement et immobile, élevée à la portée des mains, et que l'on mouille par un moyen quelconque.

L'ouvrier, en promenant le biseau de l'outil qu'il veut aiguiser sur le plat de la meule, parvient à lui donner le fil, c'est-à-dire à le rendre tranchant. Il faut néanmoins user de quelque adresse, soit qu'on se serve de la meule tournante, soit qu'on aiguise sur la meule à plat, pour conserver au grès, dans le premier cas, la forme cylindrique, et dans le second, la forme plane, parce qu'en se creusant il donnerait aux tranchants des outils une forme trop courbée telle que leurs entailles sur le bois formeraient des sillons creux qu'on ne pourrait point effacer.

Il faut que les outils soient promenés à toutes les places, de façon qu'en s'usant ils usent la meule également et régulièrement. C'est par un petit tour de main, qui s'acquiert par l'habitude, qu'on donne à certains tran-

---

(1) Les meilleurs grès à meules sont ceux de Marcilly et de Celles près Langres, et ceux de Passavant près Vauvilliers.

chants la légère courbure qui leur est nécessaire pour bien couper. En aiguisant un outil, il faut le tenir de façon que son biseau s'applique dans toute son étendue sur la pierre, pour qu'il se conserve suivant l'angle qu'il doit faire avec le plan de l'outil. Cet angle est d'environ 30 degrés. Il doit cependant varier un peu, selon la dureté du bois que l'outil doit travailler. Il est un peu moindre pour les bois très-tendres, et un peu plus grand pour les bois très-durs.

On ne doit aiguiser un outil à un seul biseau que du côté de ce biseau, afin de conserver le fil du tranchant vif dans le plan du plat de l'outil, sans quoi cet outil ne serait plus propre à planer, parce que sa lame manquerait de point d'appui; c'est pourquoi il est plus difficile de se servir des outils à deux biseaux, tels que haches et piochons, que de ceux qui n'en ont qu'un.

Les outils à deux biseaux doivent être aiguisés des deux côtés sur chaque biseau, et autant d'un côté que de l'autre; leurs biseaux doivent être plus allongés ou plus larges que les biseaux simples, pour que le tranchant soit aussi fin et que les deux biseaux fassent entre eux le même angle de 30 degrés et des angles égaux avec le plan moyen de l'outil.

Lorsqu'un outil est aiguisé sur la meule tournante ou fixe, son tranchant est grossier et composé d'une multitude de petites dents formées par les grains du grès, qui ont strié la surface du biseau. Si on le laissait ainsi, la coupure qu'il produirait sur le bois ne serait pas unie et polie. Souvent le tranchant est bordé d'une petite frange ou d'une petite lame d'acier très-mince et très-étroite, à peine adhérente, appelée *bavure* ou *morfil;* ce morfil, en se repliant sur le tranchant, l'empêcherait de couper et l'émousserait si on ne l'enlevait pas. Pour enlever les stries grossières faites par le grès, faire tomber le morfil et rendre le tranchant plus vif, on passe l'outil sur la pierre fine (1). Cette pierre est beaucoup plus petite et n'a point la forme d'une meule; son grain est très-fin et sa surface est plane. On promène le biseau dessus en le faisant porter bien à plat, ce dont on s'assure en le posant d'abord sur son talon, et en

---

(1) Cette pierre est aussi appelée pierre du Levant et pierre à l'huile; c'est un calcaire excessivement compacte, elle vient des environs de *Smyrne*. On se sert aussi du *schiste coticule*, vulgairement appelé *pierre à rasoirs*, qui vient de Namur, sa carrière est à Salm-Château près Liége; on se sert enfin de la pierre anglaise en éclats, de Jersey; les deux premières sont préférables. A défaut de ces pierres, on peut se servir de quelques ardoises.

le rapprochant de la pierre jusqu'à ce que l'huile reflue au bord du tranchant.

On peut aussi passer le plat de l'outil sur la pierre à l'huile pour abattre complétement le morfil; mais il faut se garder de soulever l'outil; il faut, au contraire, le faire porter partout, afin de ne pas écarter le tranchant de son plan. On peut aussi faire tomber le morfil en passant une fois ou deux le tranchant de l'outil perpendiculairement sur un morceau de bois dur ou de corne, comme on ferait avec une scie; ce qui ne dispense pas, quand le morfil est tombé, de passer l'outil sur la pierre fine pour donner un tranchant plus égal et plus fin, et qui est plus vif si on mouille la pierre avec de l'eau, et mieux si on la graisse avec de l'huile d'olive.

Une gouge, dont le biseau est intérieur, comme celui de la fig. 24, pl. I, s'affile au moyen d'un morceau de grès assez mince pour qu'on puisse l'arrondir cylindriquement sur l'un de ses bords, suivant la courbure du tranchant.

On achève de donner un bon tranchant avec un fragment de pierre à l'huile également arrondi.

La gouge dont le biseau est extérieur, comme celle de la fig. 25, s'affile sur le même grès et la même pierre à l'huile que les autres outils; on donne à son biseau la forme arrondie, en tournant l'outil pendant qu'on l'affile; une pierre à l'huile arrondie, comme celle mentionnée ci-dessus, sert à abattre le morfil dans l'intérieur, en ayant soin de la mouvoir parallèlement à l'axe de la cannelure pour ne pas renverser le tranchant en dehors.

On ne saurait trop recommander d'entretenir les outils parfaitement affilés; on trouve, dans ce soin, plus de propreté et de justesse dans l'exécution des surfaces et des assemblages; il en résulte aussi économie de temps et de fatigue dans le travail.

Manière de couper le bois.

Les outils tranchants ne coupent le bois qu'à l'aide d'une percussion. Les cognées, les haches, les doloires, les herminettes produisent elles-mêmes la percussion; mais elle résulte de l'action du maillet ou du marteau, pour les outils du genre ciseau, excepté pour la besaiguë, qui agit par le mouvement que les mains lui impriment.

On coupe le bois par entailles, qui produisent des copeaux épais, ou éclats, ou par aplanissement des surfaces, en détachant des copeaux d'autant plus minces que le travail approche de sa perfection. Dans le premier cas, la direction du tranchant doit croiser les fibres sous de très-grands angles qui peuvent même être droits; la lame de l'outil peut faire aussi un grand angle avec la surface qu'on veut entailler, mais cet angle ne doit jamais être droit, car alors les fibres seraient refoulées ou rompues, et ne seraient pas coupées. Pour planer, les haches et ciseaux doivent raser les surfaces de leur plat et ne s'écarter du parallélisme, avec les plans qu'on veut former, que juste de ce qu'il faut pour faire mordre le tranchant et enlever les aspérités du bois. La ligne du tranchant ne doit se présenter ni perpendiculairement ni parallèlement à la direction des fibres du bois; elle doit la croiser sous un petit angle, autrement on risquerait d'enlever des éclisses ou de déchirer le bois au lieu de le couper. Il est même indispensable, pour que l'incision soit nette, d'imprimer au tranchant un petit mouvement de glissement dans sa propre direction, pour le faire couper, comme nous l'avons déjà fait remarquer au sujet des rabots, par la raison que le tranchant d'un outil est composé d'une infinité de petites dents qui agissent comme celles d'une scie.

Le bois se coupe perpendiculairement à son fil, avec le bédàne emmanché en bois, ou avec celui de la besaiguë; c'est ce qu'on appelle *coupé à bois debout;* mais l'outil doit être parfaitement affilé, et pour faire une coupe nette et lisse, il ne faut prendre que très-peu de bois à la fois; autrement, au lieu de le couper on l'arrache, et l'on ne peut obtenir de surfaces unies.

Le ciseau emmanché et celui de la besaiguë peuvent également couper le bois perpendiculairement à son fil, mais on ne les emploie, dans ce cas, que pour donner le dernier poli aux surfaces qui présentent le bois debout, et l'on doit enlever encore moins de bois à la fois qu'avec les bédànes.

Les outils tranchants servent aussi à fendre le bois, suivant la direction de ses fibres; mais alors ils ne fonctionnent plus que comme des coins; et une fois que le tranchant a un peu pénétré la pièce à fendre, il n'agit plus, les surfaces des lames seules font effort pour opérer la fente du bois.

5° *Outils à percer.*

Pl. I, fig. 30. *Tarière.* La mèche $a\ b$ est en acier; elle est creusée en gouge qui coupe par le bout, au moyen d'une cuiller $m\ n\ o$ formée en spirale, par une échancrure dont le bord $o\ p$ a moins de saillie que le tranchant $m\ n\ o$, son biseau est intérieur. La queue $b\ c$ de cette mèche est en fer, elle est carrée, ses arêtes sont abattues chacune par un petit pan; elle est terminée par un tenon à vives arêtes qui traverse une mortaise percée dans le milieu de la longueur du manche en bois dur $d\ e$, dont la projection horizontale, placée dans le haut de la planche, le présente vu par-dessus.

Pour faire un trou de tarière, on fait tourner la mèche sur son axe, par demi-tour, en appliquant une main à chaque extrémité du manche, qui sert de double levier pour vaincre la résistance du bois, et donne le moyen de maintenir la mèche dans la direction du trou qu'on veut percer. Pour que le taillant puisse mordre dans le bois, on est obligé d'amorcer le trou, c'est-à-dire de le commencer avec la gouge, fig. 25, exactement dans la place où il doit être fait. Le plus ordinairement, les trous de tarière se percent verticalement, et l'on place la pièce à percer sur des chantiers, dans la position qui convient, pour que l'ouvrier, étant courbé pour atteindre le manche de la tarière, puisse le faire agir, et juger de la direction de la mèche pour la maintenir en tournant dans la position verticale.

On doit avoir des tarières de plusieurs grosseurs, suivant les diamètres des trous qu'on peut avoir à percer. Les grosses tarières sont employées pour commencer à vider les mortaises; les plus petites servent à faire les trous pour les chevilles : elles se nomment *lacets* ou *lacerets*. On a aussi des tarières *boulonnières* de différentes grosseurs, répondant aux diamètres des boulons qu'on est dans le cas d'employer. Un même manche peut servir pour plusieurs tarières, qui diffèrent peu en grosseur.

Quand on a fait faire plusieurs tours à la mèche de la tarière, on la retire de son trou pour rejeter les copeaux qui se logent dans son canal, parce qu'ils s'y amasseraient en trop grande quantité, quelques-uns pourraient se glisser entre la mèche et le bois, et occasionner un frottement qui gênerait pour mouvoir l'outil ou pour le sortir, et qui pourrait le dévier de sa direction, ce qui aurait de très-graves inconvénients.

Fig. 31. *Mèche à trépan.* Elle se place sur un manche pareil à celui de la tarière, fig. 30; elle a deux tranchants latéraux. Cette mèche sert à forer de très-grands trous. On n'a pas besoin d'amorcer sa place : la vis qui forme le bout du trépan suffit pour la faire mordre et pour la guider dans le bois; mais il faut opérer une assez forte pression pour faire couper les ailes. Au-dessous de la figure principale, qui est une projection verticale, est une coupe par un plan horizontal, à la hauteur de la ligne $x\ y$, qui fait voir la forme de la lame du trépan.

Fig. 32. *Tarière anglaise*. La mèche $a\ b$ est une spirale double, formée par l'épaisseur d'une lame d'acier tordue; à l'extrémité a, chaque spirale est terminée par deux taillants en ligne droite et angle droit, l'un répondant à la surface rampante et la terminant, l'autre se trouvant dans la surface cylindrique de la vis, ayant une hauteur égale à l'épaisseur ou filet de la spirale. Une vis conique c dispense d'amorcer le trou qu'on veut faire. La queue $b\ d$ est pareille à celle de la tarière fig. 30, cette mèche s'adapte à un manche de même forme, et se manœuvre de la même manière; au-dessous de sa projection verticale se trouve une projection horizontale qui présente le bout, et qui fait voir les deux tranchants horizontaux perpendiculaires à l'axe. La tarière anglaise a l'avantage de percer des trous parfaitement cylindriques; on n'a pas besoin de la tirer du trou pour la débarrasser des copeaux; ils se dégagent en montant dans les deux canaux que forme la spirale, par l'effet de la rotation et de la formation de nouveaux copeaux qui poussent ceux qui les précèdent.

On doit être pourvu de mèches de cette forme de plusieurs grosseurs, pour satisfaire aux besoins qu'on peut avoir de trous de différents diamètres.

Fig. 33. *Vilebrequin*. C'est une manivelle coudée, qui sert à faire tourner des mèches pour faire des trous. Sa partie $a\ b\ c$ est d'un seul morceau de bois dur; elle est traversée en a par une cheville à tête f, qui sert d'axe de rotation; le bout de cette cheville est collé ou retenu par une goupille dans un bouton $d\ e$ formé sur le tour, de façon que cette espèce de poignée ne peut se séparer de la manivelle. La partie c est percée d'un trou carré qui reçoit la queue, également carrée, du fût g, qui porte la mèche h.

La manivelle de cet outil est quelquefois en fer; ses dimensions sont alors beaucoup moins fortes, et les mèches se placent, sans fût de bois, dans le carré de l'extrémité c.

Fig. 34. *Mèche de vilebrequin* montée sur son fût en bois dur. Cette mèche h est exactement faite comme celle de la tarière fig. 30; g est le fût dans lequel la mèche est fixée entrant à force dans une mortaise creusée à fil de bois; elle y est serrée, au besoin, par des coins en bois et de la colle forte; c est la queue du fût qui entre dans le carré du vilebrequin.

Fig. 35. Autre *mèche de vilebrequin*. Son extrémité perçante a est formée en cuiller, l'autre bout est terminé par une soie plate ou carrée, par laquelle on la monte dans un fût de bois, comme ceux des fig. 33

et 34, qui sert à la fixer au vilebrequin lorsque sa manivelle est en bois.

Au-dessous de la projection de face de cette mèche se trouve une coupe horizontale, suivant la ligne vz.

Fig. 36. *Mèche* dite *anglaise*. Son extrémité est terminée par une pointe carrée a qui sert de guide; un côté b de la mèche est une sorte de couteau vertical qui coupe le bois circulairement, lorsqu'on agit en tournant la manivelle du vilebrequin; l'autre côté d est plié en avant et forme une espèce de rabot horizontal qui enlève, aussi en tournant, des copeaux circulaires presque continus, après que le bois a été coupé par le couteau a, qui doit être un peu plus long que le rabot d. Il faut aussi que la longueur du tranchant du rabot n'excède pas le rayon du cercle décrit par le tranchant du couteau vertical; c'est de l'exactitude avec laquelle la mèche anglaise remplit ces conditions que dépend la netteté du trou que l'on perce avec elle.

On monte cette mèche également dans un fût en bois par sa soie g, comme celle de la fig. 34. Au-dessous de la projection principale se trouve une projection horizontale qui présente la mèche vue par le bout, avec sa pointe et ses deux tranchants.

On fait aussi des mèches de vilebrequin de la forme de la tarière anglaise, fig. 32.

La manivelle du vilebrequin, son bouton, la cheville, la mortaise carrée, le tenon du fût de la mèche et la mèche elle-même, doivent être taillés et emmanchés avec une telle précision que, lorsque l'outil fonctionne, toutes ces parties tournent sur le même axe de, fig. 33; condition indispensable pour que les trous soient droits, ronds et de même diamètre, au commencement comme au fond.

On se sert du vilebrequin en appliquant le bout de la mèche sur l'emplacement du trou qu'on veut percer. Pour les mèches, fig. 34 et 35, surtout quand elles sont un peu grosses, il faut amorcer le trou avec une gouge. La mèche anglaise, fig. 36, n'a pas besoin qu'on amorce le trou qu'elle doit faire : sa pointe se place avec précision sur le centre du trou qu'on veut percer, elle pénètre dans le bois sans qu'il soit nécessaire de lui préparer sa route. On tient le bouton du vilebrequin de la main gauche, quelquefois on l'appuie contre la poitrine, on tourne la manivelle en appliquant la main droite à la poignée b, sans la serrer, et l'on imprime ainsi aux mèches le mouvement de rotation sur leurs axes qui les fait pénétrer dans le bois.

Fig. 37. *Vrille*. Outil qui sert à percer les plus petits trous destinés à recevoir des clous ou des pointes.

Cet outil, dont l'usage est fort rare dans les grands travaux de charpenterie, est, au contraire, très-fréquemment employé dans les légers ouvrages.
Il est représenté par deux projections.

La mèche a de la vrille est en acier et en forme de gouge; elle est terminée par une pointe en vis conique, qui sert de guide et fait mordre l'outil.

Le manche b a la forme d'une olive, il est en buis; la soie carrée de la mèche le traverse et y est rivée.

On tourne le manche d'une seule main; dès que la vis est engagée dans le bois, elle y tient suffisamment pour que l'on puisse lâcher le manche et le reprendre à chaque demi-tour qu'on lui a fait faire. On n'a besoin d'appuyer qu'en commençant le trou, pour donner à la vrille une bonne direction; une fois que la vis a pénétré dans le bois, elle fait avancer la partie de la mèche qui fonctionne comme une tarière. Il y a des vrilles de toutes les grosseurs.

Fig. 38. *Vrille en tire-bouchon*. Cette vrille est projetée et fonctionne comme la précédente. On fait aussi des vrilles en spirales, comme les mèches de tarière, fig. 32, qui font des trous très-réguliers.

6° *Outils à scier.*

En général, les scies qui servent au travail du bois sont composées d'une lame d'acier, mince, droite, de largeur égale d'un bout à l'autre et d'une épaisseur parfaitement uniforme. Cette lame est ordinairement montée dans un fût de bois qui a une forme appropriée à l'usage qu'on doit faire de l'outil.

Une lame de scie à bois est taillée d'un côté pour former un grand nombre de dents aiguës et égales qui lui donnent la propriété de couper le bois. Pour faire agir une scie, on lui imprime un mouvement de va-et-vient, dans le sens de sa longueur, en lui conservant la direction qu'on lui a primitivement donnée. Chaque dent agit comme un bédâne fort étroit; mais, en raclant le bois, elle suit et approfondit le sillon que celle qui la précède a ouvert. Ainsi, la continuité de l'action des dents enlève le bois à la même place de plus en plus profondément, et la scie pénètre jusqu'au point que le travail exige; elle peut même traverser entièrement toute l'épaisseur du bois, et partager en deux parties la pièce sur laquelle on la fait agir.

La section ou incision que fait une scie dans une pièce de bois se nomme un *trait de scie*.

Quoique la lame d'une scie soit d'une épaisseur parfaitement uniforme, le mouvement de va-et-vient deviendrait extrêmement difficile dès qu'elle aurait pénétré dans le bois, à cause du frottement augmenté par la dilatation que détermine la chaleur qu'il développe, si l'on ne donnait aux dents la faculté d'ouvrir un trait d'une largeur un peu plus grande que l'épaisseur de la lame. Pour cela, on les incline alternativement, l'une à droite et l'autre à gauche, en les pliant un peu; c'est ce qu'on appelle donner de la *voie* à une scie.

La quantité dont on dévie les dents doit toujours être moindre que l'épaisseur de la lame; on conçoit que, si cette déviation était plus grande, la série des dents inclinées à droite et la série des dents inclinées à gauche ouvriraient chacune un sillon sur la surface du bois; ces deux sillons laisseraient entre eux un filet de bois qui deviendrait, en atteignant le fond des intervalles que séparent les dents, un obstacle au travail de la scie.

La quantité dont on dévie les dents d'une scie pour leur donner de la voie dépend donc de l'épaisseur de la lame et de la dimension des dents, qui est subordonnée à la dureté du bois auquel l'action de la scie doit être appliquée.

Les copeaux enlevés par les dents d'une scie se brisent en une poussière plus ou moins grossière, suivant l'espèce de bois scié. On nomme cette poussière *sciure de bois*. Pendant l'action de la scie, les copeaux se logent dans les intervalles des dents; ils sont entraînés et rejetés hors du trait de scie dès que les dents qui les ont enlevés ont dépassé la largeur de la pièce de bois. La grandeur des dents doit donc être proportionnée à la capacité des intervalles qui doivent contenir la sciure et la porter hors du trait.

Lorsque le bois est dur, les dents ne peuvent enlever que peu de bois, leurs espaces n'ont pas besoin de présenter une grande capacité. On peut alors les multiplier en les rapprochant, et en les faisant plus petites, elles acquièrent plus de force, et elles produisent, en somme, un travail plus considérable que si on leur laissait un grand écartement; et comme, vu la dureté du bois, elles agissent avec plus de lenteur et plus de précision, leur voie peut être moins considérable.

Si les dents des scies destinées à des bois tendres étaient trop petites, leurs intervalles seraient bientôt engorgés et la scie ne pourrait plus marcher.

Il est essentiel que toutes les dents d'une scie aient une même longueur et une même voie. On conçoit que, s'il en était autrement, les plus longues dents agiraient seules, celles intermédiaires n'enlèveraient point de bois, et avec une même peine de la part des ouvriers, le travail avancerait moins. Les longues dents de la scie seraient bientôt émoussées, et lorsqu'elles ne couperaient plus, elles s'opposeraient encore au travail des autres, et exigeraient un affilage plus fréquent.

Les inconvénients ne seraient pas moins graves si les dents n'avaient pas la même voie; l'usage de la scie serait excessivement pénible, et les dents les plus inclinées seraient infailliblement rompues, parce que, pendant le mouvement imprimé à la scie, elles n'auraient pas leur passage dans le trait frayé par celles qui les auraient précédées, et elles trouveraient un obstacle dont la résistance serait supérieure à la force dont elles sont capables.

Les dents des scies sont affilées avec des limes dont la trempe est plus dure que celle des lames; il faut un soin particulier pour conserver aux dents les conditions dont nous venons de parler, concernant l'égalité de la taille, leur alignement, la forme et la voie qu'il convient de leur donner. Pour que les dents soient égales, de même forme et également espacées, on les taille en fabrique à la machine.

Pl. II, fig. 11. *Scie de charpentier*. Cette scie est représentée par deux projections; *a b,* lame; le côté opposé à celui dans lequel les dents sont taillées se nomme le dos; *ac*, *bd*, montants en bois dans lesquels la lame est fixée les dents en dehors. La lame entre dans des fentes qu'elle remplit exactement pour qu'elle ne vacille point. Elle y est retenue à chaque bout par un clou rivé qui la traverse ainsi que le bois.

Les extrémités *c*, *d*, des montants sont taillées en crossettes. Leurs arêtes sont un peu arrondies pour ne pas incommoder les mains.

o e, Traverse qui fixe l'écartement des montants et s'y ajuste par chaque bout, à tenons très-courts et mortaises, avec embrèvements. Cette traverse est parallèle à la lame de la scie.

c d, Corde qui réunit les montants et s'y trouve retenue par les crossettes. Cette corde est tournée trois ou quatre fois d'un montant à l'autre; les bouts sont passés, sans faire aucun nœud, dans ses brins; ils s'y trouvent solidement retenus par la torsion.

g, *Clef* ou *garrot*. C'est une petite pièce de bois qui est passée dans l'intervalle que laissent les brins de corde avant qu'ils soient tordus. On les tord, au moyen de cette clef, et c'est la torsion qui, en rapprochant les crossettes *c* et *d*, écarte les extrémités *a*, *b*, des montants où la lame est attachée et produit sa tension. Lorsque la corde est suffisamment tordue et que la lame est complétement raide, on insinue le petit bout de la clef *f g* dans la mortaise pratiquée sur le dessus de la traverse *o e*. Pour cela, on pousse la clef entre les brins de corde tordus jusqu'à ce qu'elle soit de la longueur convenable pour atteindre le fond de la mortaise et y produire une petite pression; puis, en tirant avec force sur la corde, on l'écarte suffisamment pour que la queue *f* de la clef passe par-dessus la traverse, afin d'entrer dans la mortaise, où la raideur de la corde la maintient dès qu'elle y est entrée.

La tension d'une lame de scie est indispensable pour qu'elle puisse agir efficacement.

Cette scie, comme on peut le voir au moyen de l'échelle, a environ $1^m,13$ de longueur de lame; quelquefois on lui donne jusqu'à $1^m,30$. Les charpentiers n'en font usage qu'avec l'aide d'un compagnon. Elle est employée pour couper les pièces de bois à leur longueur, et pour ébaucher les tenons et les entailles d'assemblage. L'ouvrier charpentier et le compagnon qu'il appelle à son aide se placent de chaque côté de la pièce sur laquelle ils doivent agir, chacun l'ayant à sa gauche. Cette pièce étant élevée sur des chantiers, ils posent la lame de la scie sur l'emplacement et suivant la direction du tracé établi pour recevoir le trait de scie, le plan passant par le milieu de l'épaisseur de la lame et de tout le fût de la scie, étant bien vertical, le dos de la lame de niveau, et les mains étant appliquées, pour chacun, l'une au-dessus de l'autre, au montant qui se trouve de son côté.

Les deux charpentiers impriment à la scie un mouvement de va-et-vient bien régulier en la tirant l'un après l'autre, chacun ne faisant qu'un léger effort pour aider ce mouvement, lorsqu'elle est tirée par l'autre compagnon et ne la laissant mordre sur le bois que ce qu'il faut, sans l'abandonner entièrement à son propre poids.

Quelques compagnons, en faisant mouvoir la scie, lui donnent un mouvement de balancement dans le sens de sa longueur; il en résulte, dans le fond du trait de scie, une courbure assez sensible qui nuit au travail, en ce que les dents ne coupent plus également en allant et venant, parce qu'elles n'atteignent le bois qu'en s'abaissant du côté de celui qui tire la scie en pesant dessus.

Lorsque la pièce de bois à scier n'a pas un poids suffisant pour rester immobile pendant l'action de la scie, les deux charpentiers posent chacun un pied sur l'arête supérieure qui se trouve de son côté ; et tous deux agissent ainsi en arc-boutant la pièce, et la tiennent dans une immobilité parfaite.

Une pièce de bois que l'on veut scier transversalement doit être établie de niveau sur un nombre de chantiers suffisant pour que les parties séparées par la scie restent à leur place ; autrement, si la pièce fléchissait dans l'endroit où la scie est appliquée, lorsque le trait a atteint une grande partie de sa profondeur, les bords supérieurs du trait, en se rapprochant, serreraient tellement la lame de la scie, qu'il ne serait pas possible de la faire agir. Si, au contraire, une des extrémités fléchissait lorsque le trait de scie approche de sa fin, la pièce pourrait se rompre avant que la scie l'eût traversée. Il y aurait alors déchirement dans la portion du bois qui aurait dû être scié, et par conséquent vice dans le travail.

Lorsque la scie ne doit pas traverser entièrement l'épaisseur d'une pièce de bois, il faut avoir soin de tourner cette pièce de telle sorte que la ligne qui limite la profondeur à laquelle le trait de scie doit s'arrêter soit bien horizontale, et que les points qui marquent cette profondeur soient bien visibles, afin que les ouvriers ne les dépassent point.

Fig. 12. Dents de la scie de charpentier sur une échelle double. Elles sont isocèles, c'est-à-dire que leurs deux tailles sont de même inclinaison par rapport à la longueur de la lame. Ainsi, par exemple, pour une dent a, les deux tailles placées sur les directions $a\,b$, $a\,c$ font, avec le dos $d\,e$, des angles $a\,b\,d$, $a\,c\,e$, égaux. Cette disposition est indispensable pour une scie qui doit agir également dans les deux sens de son mouvement de va-et-vient. Ces dents ont de 10 à 13 millimètres de longueur, et à peu près autant de distance entre leurs pointes ; l'angle qu'elles présentent peut varier entre 60 et 30 degrés. Au-delà de 60 degrés, elles ne coupent pas suffisamment, et, sous un angle moindre que 30 degrés, elles n'ont pas assez de solidité et s'émoussent très-promptement.

Le charpentier fait quelquefois usage de la scie du menuisier, qui est construite absolument de la même manière que la scie du charpentier, mais qui est plus petite dans toutes ses parties, la lame n'ayant qu'environ $0^m,65$. Le charpentier, comme le menuisier, la font mouvoir seuls, sans l'aide d'un compagnon, et ils lui donnent le mouvement de va-et-vient de la main droite, appliquée à l'un des montants, entre la lame et la traverse, tandis que l'autre main est posée sur la pièce de bois, pour assurer sa stabilité et donner en même temps un point d'appui au corps, afin de conduire la scie avec plus de justesse.

Pendant que l'ouvrier fait agir la scie, il a soin de la maintenir exactement dans le plan de la coupe qu'il veut faire, par la position de son poignet, ce qui ne présente aucune difficulté, vu la légèreté de cette scie.

La scie de menuisier n'étant mue que par une main, on ne peut la faire couper qu'en poussant; il n'est par conséquent point nécessaire que les dents coupent dans les deux sens du mouvement, et l'on profite de cette circonstance pour augmenter la puissance du tranchant en inclinant leurs tailles, de sorte que, dans le mouvement de va-et-vient, elles coupent lorsqu'on pousse la scie, et elles ne coupent point lorsqu'on la retire.

Fig. 13. Dents d'une scie de menuisier dans la même proportion que la fig. 12. Les deux tailles sont inclinées du même côté, par rapport à la longueur de la lame. Ainsi la taille antérieure $a\,b$ d'une dent a fait, avec la ligne $d\,c$, un angle $a\,b\,d$ un peu plus petit qu'un angle droit, tandis que la taille postérieure, dirigée suivant $a\,c$, fait un angle d'environ 45 degrés; de façon que l'angle $b\,a\,c$ de la dent est un peu plus petit que 45 degrés. Il est entendu que, dans cette disposition, le bout d de la lame serait attaché au montant $a\,c$, fig. 11, et l'autre e, au montant $b\,d$, auquel la main de l'ouvrier serait appliquée.

La scie que nous venons de décrire ne peut faire qu'une coupe plane, et dont la profondeur est limitée par la distance de la lame à la traverse. Il peut cependant arriver que l'on ait besoin de contourner le trait de scie, suivant une certaine courbure, pour former des parties cintrées concaves ou convexes, ou que la scie ait à parcourir un trajet plus grand que la distance de la lame à la traverse; on a recours à des scies à chantourner montées d'une autre manière pour satisfaire à ces différents besoins.

Fig. 14. Détails relatifs à la *scie à chantourner*. Cette scie est contenue dans une monture semblable à celle de la scie de menuisier, qui est elle-même construite comme celle de la fig. 12, avec cette seule différence que la lame à chantourner n'est pas attachée immédiatement aux montants $a\,c$, $b\,d$; elle est fixée, par deux rivures à chaque bout, dans la fente d'une cheville cylindrique qui traverse chaque montant et peut y tourner librement. On s'est borné, dans la fig. 14, à présenter les parties inférieures des montants $a\,c$, $b\,d$, pour faire voir comment la lame et les chevilles sont disposées. Du côté a, la cheville porte une tête qui s'appuie sur la face extérieure du montant $a\,c$; du côté b, la cheville se termine par un manche h, dont l'embase porte aussi contre la face extérieure du montant $b\,d$. Le manche de cette cheville sert à faire tourner la lame, la cheville *a* permet à l'autre bout de tourner aussi pour que la lame conserve sa forme plane. On place de préférence dans la cheville *b* le bout de la scie qui répond aux tailles postérieures des dents; son manche sert alors à faire distinguer promptement par quel montant la scie doit être tenue, pour que ses dents taillées, comme dans la fig. 13, puissent agir en poussant.

Pour que les montants ne soient point affaiblis par les trous qu'on y pratique pour le passage des chevilles, on y fait des renflements arrondis cylindriquement, et l'on élégit au-dessus les montants par de petits chanfreins sur les arêtes.

Lorsqu'on se sert de la scie à chantourner pour scier suivant une ligne courbe, on incline la lame par rapport à la monture, afin que cette monture reste libre sur le côté en dehors du bois.

La lame de la scie à chantourner doit être étroite et avoir la plus large voie qu'il soit possible de lui donner, afin que le trait de scie, étant fort ouvert, la lame puisse tourner pour suivre telle courbure que le travail exige.

On voit que la disposition de cette scie donne le moyen de faire une levée de toute la longueur d'une pièce de bois, pourvu que l'épaisseur de cette levée soit moindre que la distance de la lame de la scie à la traverse. Lorsqu'il s'agit de faire une levée, on tourne la lame de façon que son plan soit perpendiculaire à celui de sa monture.

Fig. 15. *Passe-partout*. Cette scie est représentée par deux projections, l'une verticale, l'autre horizontale. Elle sert à scier les grosses pièces que la scie ordinaire ne peut traverser; elle sert aussi, à cause de la rapidité de son travail, pour le débit des gros bois à la forêt. Elle est composée d'une lame *b d* un peu plus épaisse que celle des autres scies, son dos est uni et droit; le côté sur lequel les dents sont taillées est arrondi en arc de cercle *b a d*. Cette lame porte, à chaque extrémité, une douille qui reçoit un manche cylindrique, arrondi par le bout supérieur, et qui pose par une embase sur le bord de la douille qu'il traverse. Les axes de ces manches *b m*, *d n*, sont parallèles et compris dans le plan du milieu de l'épaisseur de la lame. La scie *passe-partout* est mue par deux hommes qui appliquent chacun leurs deux mains à l'un des manches. Ils sont placés de façon que la pièce de bois à scier, portée sur des chantiers, est entre eux; ils ne lui font point face complétement, ils sont placés, au contraire, un peu de côté, ayant le flanc gauche le plus près de la pièce, le pied gauche un peu avancé aussi vers la pièce, afin de pouvoir agir de toute l'étendue de leurs bras, et que la scie puisse passer devant eux. Ils se tiennent droits ou penchés en avant, suivant la hauteur à laquelle la scie doit agir. Ils impriment le mouvement de va-et-vient à la lame, en maintenant ses faces, ainsi que ses manches, dans une position verticale. La forme arrondie de sa partie garnie de dents fait qu'il est assez difficile de ne pas lui donner un petit mouvement de balancement dans la direction de sa longueur; mais il faut tâcher de la maintenir le plus possible horizontale.

La forme en arc de cercle que l'on donne au tranchant de cette scie n'est pas nécessaire pour qu'elle fasse plus de travail; elle est principalement motivée par cette considération que, dans le mouvement de va-et-vient, les dents du milieu de la scie travaillent incomparablement plus que les autres, parce qu'elles parcourent toute l'épaisseur de la pièce sur laquelle la scie agit, tandis que celles des extrémités n'en parcourent qu'une partie. Il en résulte que les dents du milieu s'usent plus vite, qu'il faut les affiler plus souvent, et, par suite, approfondir leurs entailles, ce qui ne peut se faire qu'aux dépens de la largeur de la lame. Si donc on ne donnait pas à cette lame une plus grande largeur dans son milieu, son tranchant deviendrait bientôt creux, et elle serait promptement hors de service.

Fig. 16. Dents du passe-partout sur une échelle double. Ce genre de scie étant destiné à scier les plus grosses pièces, leurs dents ont un grand trajet à faire avant de rejeter les copeaux qu'elles enlèvent dans un trait de scie, il faut entre elles une assez grande capacité pour contenir la sciure. Les dents seraient trop longues si, en satisfaisant à cette condition, elles étaient contiguës; on ne leur donne donc que $0^m,016$ à $0^m,022$ de longueur; on les écarte d'un peu plus du double, et le fond de l'entaille qui les sépare est droit. Elles sont d'ailleurs isocèles comme celle de la fig. 12, pour couper dans les deux sens, et l'angle de leurs pointes est compris entre trente et soixante degrés.

Fig. 17. Disposition que l'on donne souvent aux dents du passe-partout. Chaque dent est double, une moitié coupe le bois en marchant dans un sens, l'autre moitié coupe dans l'autre. Elles sont formées de deux tailles verticales et de deux tailles inclinées qui font l'office de biseaux. Il résulte de cette disposition que les tranchants, sans être plus aigus que dans la figure précédente, sont mieux situés pour couper le bois. Les espaces rectangulaires compris entre les bases verticales, et qui séparent ces doubles dents, reçoivent les copeaux, et ont une étendue suffisante en largeur et en profondeur pour les contenir jusqu'à ce qu'ils soient rejetés hors du trait de scie. Quant aux entailles qui sont entre les deux pointes d'une même dent, elles n'ont pas besoin de profondeur, puisqu'il ne peut s'y amasser de sciure; elles n'ont d'autre objet que de former les biseaux des deux tranchants comme ceux des bédânes. Cette manière de tailler les dents d'un passe-partout fait qu'il peut produire plus de travail; mais, d'un autre côté, ces sortes de dents à deux taillants sont fort fragiles et difficiles à affiler.

Fig. 18. *Scie de long*. Cet outil est représenté par trois projections; dans la principale, il est projeté sur un plan vertical parallèle à son châssis. Sur la droite il est représenté de profil, et au bas de la figure il est en projection horizontale.

ac, bd, Montants en bois du châssis.

ab, cd, Traverses en bois ou *sommiers*. Ils sont quelquefois cintrés extérieurement pour leur donner plus de force.

Les montants s'assemblent dans les mortaises des traverses à tenons passants. Des clefs carrées, en forme de coins, passent dans des petites mortaises percées dans les parties des tenons qui excèdent les traverses. Elles servent à fixer l'assemblage; on les serre à petits coups de marteau.

e, Poignée supérieure ou *chevrette*.

f, Poignée inférieure ou *renard*.

Le châssis de la scie, représenté dans la figure 18, a environ $1^m,56$ de hauteur sur $0^m,65$ de largeur dans œuvre. On en a de plus grands pour les pièces de bois d'un équarrissage extraordinaire. Les deux poignées sont formées chacune d'un cylindre de bois de grosseur suffisante pour être saisi par les mains. Elles sont parallèles aux traverses et sont fixées chacune par deux petits bâtons; celle supérieure *e* sur le dessus de la traverse supérieure, et celle inférieure *f* sur la face de la traverse inférieure, qui est du même côté que le dos de la lame de la scie.

g, Lame de la scie attachée au châssis de manière à pouvoir être montée, tendue et démontée, suivant les besoins du travail. Elle est posée avec soin, elle occupe exactement le milieu du châssis, elle est parallèle aux montants, et ses faces sont exactement perpendiculaires au plan du châssis, et par conséquent aux axes des cylindres *e*, *f*, qui servent de poignées.

h, Équier supérieur (1). C'est une *boucle carrée en fer*, dans laquelle passe la traverse supérieure. Cette boucle se place avant d'assembler le châssis. Elle porte sur une cale en bois, afin de ne point user le dessus de la traverse.

---

(1) Du latin *Equus*, cheval.

La partie inférieure de cette boucle, qui se trouve tournée du côté de l'intérieur du châssis, est partagée par une fente, de façon qu'elle est comme double ; la lame de la scie passe par cette fente et s'y trouve retenue par deux goupilles en fer qui la traversent. Ces deux goupilles portent dans le bas de la boucle sur sa paroi intérieure.

i, *Équier inférieur*. C'est une autre boucle carrée en fer dans laquelle passe la traverse inférieure. Cette boucle est placée aussi avant d'assembler le châssis. Elle est posée en sens inverse de celle de la traverse supérieure ; sa fente reçoit l'extrémité inférieure de la lame de la scie qui s'y trouve fixée par deux autres goupilles en fer, comme pour sa partie supérieure.

k, Vis de pression pour tendre la lame de la scie. Elle est engagée dans un écrou taraudé dans l'équier. Une cale en bois dur reçoit immédiatement l'effort de la pression, afin que la traverse du châssis ne soit point déchirée par le bout de la vis.

Fig. 19. Détail d'une boîte en bois pour remplacer au besoin les équiers en fer de la scie de long.

c d, Traverse du châssis de la scie.

h, Boîte en bois d'une seule pièce.

g, Lame de la scie fixée par deux goupilles en fer dans la fente de la boîte *h*.

k, Coin servant à tendre la lame de la scie. La boîte du haut et celle du bas sont égales, et leurs coins servent haut et bas à tendre la lame de la scie.

Fig. 20. Fragment de la partie supérieure de la lame de scie de long sur une échelle double pour montrer une des formes qu'on donne aux dents.

Fig. 21. Autre fragment de la partie supérieure d'une lame de scie de long sur une échelle également double, présentant une autre forme de dents.

Lorsque la scie de long fonctionne, son châssis est presque vertical ; elle est mue par deux ou trois hommes, et elle ne scie qu'en descendant ; les dents sont, dans l'une et l'autre figure, disposées pour ne couper que dans ce sens.

La forme représentée fig. 18, 19, 20 et 22, est employée pour les bois tendres, tels que le sapin, le pin, le peuplier ; celle de la fig. 21 convient mieux pour les bois durs, tels que le chêne, le frêne, l'orme, etc.

Les dents des scies de long doivent être couchées, quelle que soit la nature du bois qu'elles ont à couper, puisqu'elles agissent dans un seul sens; si elles étaient isocèles comme celles, fig. 12, de la scie qui coupe le fil du bois en travers, leur tranchant ne se présenterait pas convenablement pour couper le bois debout, ni pour le meilleur emploi de la force des scieurs de long. Nous décrirons, en parlant du *sciage de long*, la manière de se servir de cet outil.

Fig. 22. *Scie de long* en usage dans quelques départements, notamment dans les anciennes provinces de Bretagne et de Normandie. Elle est représentée par deux projections verticales.

Les poignées supérieure et inférieure, *b d*, sont des cylindres en bois passés dans les douilles de deux bras en fer qui embrassent la lame *a* et y sont attachés par des clous rivés. Ces poignées ont, par rapport au tranchant de la lame, la même position que dans la scie à châssis, fig. 18.

La forme de cette scie est motivée par la suppression du châssis; la lame est un peu plus épaisse, afin qu'elle ait un peu plus de raideur, et, pour la même raison, elle est plus large en haut qu'en bas.

Fig. 23. *Scie à main* ou *feuillet à poing*. La lame n'a d'autre monture qu'un morceau de bois plat découpé pour former une poignée; elle est reçue par un bout dans une fente où elle est retenue au moyen de deux ou trois rivures ordinairement en cuivre. Elle coupe dans les deux sens du mouvement qu'on lui donne.

Pour se servir de cette scie, on passe dans l'espèce d'anneau de la monture les quatre doigts de la main droite, on les rapproche du pouce pour serrer la poignée. De cette façon, on fait agir la scie en la dirigeant à *poing fermé*.

Fig. 24. Autre *scie à main*. Sa lame, très-étroite, est terminée par une soie rivée dans un manche tourné garni d'une virole.

Ces deux scies servent à couper du bois sur les parties que les autres scies ne peuvent atteindre. On les emploie aussi pour couper les chevilles, lorsque les bois sont définitivement assemblés.

Aiguisement des dents des scies.

Lorsque les dents d'une scie ne coupent plus, on les affile à la lime, parce qu'il serait à peu près impossible d'y appliquer l'action d'une pierre. L'acier des lames de scie n'ayant pas besoin d'une trempe très-dure pour couper le bois, se laisse limer assez facilement.

On se sert de limes triangulaires, dites *tiers-point*, et de limes rondes, dites *queues de rat*. Les premières servent à affiler le bout du tranchant des dents; les queues de rat s'emploient pour approfondir les parties arrondies entre les dents des scies de long, dont un fragment est représenté, fig. 20.

Pour affiler une scie, la lame étant démontée, on la place de façon que ses faces soient verticales, son dos horizontal et ses dents en haut. A défaut d'un étau en fer ou en bois pour la tenir, on se sert d'une entaille faite entre deux traits de scie dans le bout d'une pièce de bois horizontale et immobile élevée à la hauteur des mains; on place la lame de scie dans cette entaille contre la joue la plus près du bout, et dépassant le dessus du bois d'environ le double de la longueur des dents; on l'y assujettit au moyen d'un coin chassé horizontalement qui remplit l'entaille.

Lorsque la lame est fixée de cette sorte, on agit avec la lime, à laquelle on donne un mouvement perpendiculaire aux faces de la scie. On affile une à une les dents qui répondent à la portion de la lame saisie dans l'entaille. Après quoi l'on desserre le coin afin de faire glisser la lame dans le sens de sa longueur, et d'amener d'autres dents à la place des premières pour continuer l'opération. Lorsque la lame cesse d'être en équilibre dans l'entaille, on soutient l'extrémité la plus pesante par un bout de planche posé verticalement.

Fig. 25. *Tiers-point*. Lime qui présente trois arêtes et qui sert, comme il est dit ci-dessus, à affiler les dents de scie.

La lame étant posée, comme nous venons de le dire, son dos horizontal et ses faces verticales, les dents en haut; une face du tiers-point doit s'appuyer alternativement sur les deux tailles dont le concours forme le taillant d'une dent. Le mouvement de va-et-vient qu'on imprime à la lime avec les mains doit toujours être parallèle à un plan horizontal et perpendiculaire aux faces de la lame de scie, afin que le tranchant de chaque dent soit aussi perpendiculaire à ces faces, autrement le bout de chaque dent présenterait en place d'un tranchant une pointe qui déchirerait le bois au lieu de le couper. Il faudrait beaucoup plus de force pour faire agir la scie, et ses dents seraient promptement émoussées.

En changeant un peu la direction du tiers-point, on donne une légère obliquité aux tranchants des dents inclinées, sans cesser de les tenir dans le même plan horizontal perpendiculaire aux deux faces de la lame; mais il faut que cette obliquité, qui a pour but de faciliter l'action du tranchant, soit répartie régulièrement en sens inverse et alternatif d'une dent à l'autre, et de façon à ramener toujours la sciure de bois vers le milieu du trait de scie; au surplus, le petit avantage qui en résulte ne compense point le soin qu'il faut apporter dans l'opération de l'affilage.

Fig. 26. *Rainette*. C'est une lame d'acier dont l'extrémité *a b* est repliée sur toute sa largeur et forme un crochet très-court; les deux coins *a* et *b* de ce crochet sont affilés en biseaux et forment deux petites gouges qui servent à faire des rainures ou raies sur le bois pour tracer des assemblages, des chiffres et des marques de repère. C'est de cet usage que vient le nom de *rainette* qu'on a donné à cet outil, auquel on a réuni ou une pointe comme celle du traceret, fig. 2, planche I, ou une rosette *c* qui sert à donner la voie aux lames de scie. Cette rosette est un disque en acier dont le contour est divisé par trois fentes dirigées vers son centre; ces fentes ont les largeurs nécessaires pour qu'on puisse y introduire les dents des lames de scie de toutes les épaisseurs.

Lorsqu'on veut donner de la voie à une scie, on saisit les dents l'une après l'autre dans une des fentes de la rosette; puis, en faisant effort sur la tige qui lui sert de manche comme sur un levier, on les incline alternativement de la quantité qui convient pour la voie qu'on veut donner, qui doit être moindre de chaque côté que la moitié de l'épaisseur de la lame.

Nous avons déjà dit que toutes les dents doivent être déviées de la même quantité à droite et à gauche de la lame; nous répétons que celles qui ne le seraient point assez ne travailleraient point, et que celles qui le seraient trop, ne pouvant passer dans le trait de scie ouvert par les autres, seraient infailliblement arrachées, ou elles causeraient, en passant dans le trait de scie, un frottement qui rendrait le travail du sciage très-pénible.

C'est à vue ou avec le secours d'une règle, ou même avec un fil tendu, qu'on vérifie la régularité de la voie d'une scie; on la rectifie et on la perfectionne avec le même outil.

Fig. 27. *Rosette* pour donner la voie aux lames de scie, montée indépendamment de la *rainette* sur un manche de bois tourné et garni d'une virole.

Attendu que la rainette trace des traits un peu trop gros pour la justesse des assemblages, on lui préfère aujourd'hui le traceret qui a été représenté, fig. 2, planche I. Souvent on le substitue à la rainette pour le réunir à la rosette dont il forme la queue.

7° *Outils à frapper.*

Planche I, fig. 39. *Marteau.* C'est une masse de fer qui présente d'un côté une *tête a* carrée, et de l'autre une *panne* à pied de biche *b*. L'une et l'autre sont garnies d'acier. Cet outil est représenté par deux projections verticales; sur l'une il est de profil, et sur l'autre il est vu par devant. Le marteau est percé d'un œil *c* pour recevoir le bout du manche *d*, qui y est serré au moyen d'un coin de fer et d'un léger évasement de l'œil du côté de l'entrée du coin.

La tête carrée est tant soit peu bombée; elle sert à chasser les clous, et la panne à pied de biche sert à les arracher.

Fig. 40. *Marteau à pointes*. Ce marteau est projeté sur deux plans verticaux comme le précédent; on a supprimé la projection de son manche; il ne diffère du précédent qu'en ce que la moitié de droite du pied de biche est remplacée par une pointe *f* pour faire, sans changer d'outil, des trous aux places où l'on veut chasser les clous : ce qui n'empêche pas que la panne fendue puisse servir aussi à en arracher.

Planche II, fig. 1. *Maillet.* Cet outil est entièrement en bois. Il est représenté par deux projections : l'une le fait voir de profil, *a b c d;* l'autre le présente par le devant, *a' b'*. Le corps du maillet est ordinairement en racine d'orme ou de frêne. Son manche *f* est de bois de fil, entré de force et serré par un coin dans le trou *f* qui traverse le maillet, et qu'on fait ovale par devant, afin que le coin écarte les deux moitiés du bout du manche, et que le maillet ne puisse pas se démancher. On se sert du maillet pour frapper sur les outils à manches de bois, tels que ceux des fig. 17, 18, 19, 20, 21, 24 de la planche I; c'est avec l'une de ses parties *a c* ou *b d*, les plus étroites, que l'on frappe, parce que le coup est plus sec et mieux dirigé. Cet outil est commun aux charpentiers et aux menuisiers.

Les charpentiers font encore usage de deux outils à frapper, que nous n'avons point représentés à cause de leur simplicité : l'un est la masse en bois, l'autre est la masse en fer.

La masse en bois est un gros maillet en bois dur. On prend souvent un morceau de racine noueuse; on lui donne une forme cylindrique de 19 à 22 centimètres de diamètre sur 27 à 32 de longueur; son manche est formé d'un bâton de bois dur et élastique d'environ $0^m,80$ de long qui

OUTILS SERVANT AU TRAVAIL DU BOIS.

la traverse perpendiculairement à son axe, et y est retenu par la pression d'un coin comme dans le maillet.

La masse en fer est un très-grand marteau à deux têtes carrées, à peu près de 7 cent. de côté, sur 11 à 14 de longueur. Cette masse porte un manche de $0^m,80$ qui la traverse aussi comme celui du marteau ordinaire dont nous avons parlé plus haut.

Les masses servent à frapper les grosses pièces de bois pour les faire joindre dans leurs assemblages, soit au chantier, soit au levage.

Lorsque les pièces de bois sur lesquelles on veut frapper sont dressées et refaites avec soin et à vives arêtes, afin de ne point les gâter, on doit interposer entre elles et le coup de masse ou de marteau un morceau de bois. On applique ce morceau de bois contre la pièce sur l'endroit à frapper, et c'est lui qui reçoit le coup et le transmet à la pièce.

Nous venons de donner les figures et les descriptions des outils les plus en usage dans l'art du charpentier, et nous avons indiqué comment on en fait usage pour en obtenir le meilleur résultat sous le rapport de l'avancement et de l'exactitude du travail. Nous devons ajouter que le moyen le plus certain de se rendre habile dans leur emploi, est d'en faire un fréquent usage, d'observer les résultats du travail en suivant les préceptes qui précèdent, les conseils et les exemples des bons ouvriers, qui connaissent bien la manière de tirer de chaque outil le plus grand parti possible, avec économie de force; ce qui consiste surtout à ne mettre aucune raideur ni aucune accélération inutile dans les mouvements des bras et du corps. Un charpentier ne saurait, au surplus, commencer trop jeune à se familiariser avec tous les outils de son art, afin d'acquérir une telle habitude de leur maniement, qu'il ne lui soit plus nécessaire de penser à la façon de les tenir et de les faire agir, afin que son attention soit tout entière portée sur la bonne exécution des formes et l'exactitude des assemblages qu'il doit travailler.

CHAPITRE II.

CONNAISSANCE DES BOIS.

§ 1. *Notions physiologiques.*

Les arbres, qui sont le plus majestueux résultat de la végétation et le plus bel ornement de la surface du globe, sont aussi l'un des plus précieux produits de la nature; réunis en forêts, ils ont une influence marquée sur la température et la salubrité des lieux qu'ils avoisinent et sur l'abondance des eaux qui les arrosent; distribués autour des habitations, ils les embellissent de leur verdure et de leur ombrage, ils assainissent et embaument l'atmosphère. En quelque lieu que les arbres croissent, ils fournissent aux jouissances de l'homme et à ses plus importants besoins, soit par l'abondance et la bonté de quelques-uns de leurs fruits, soit par la substance même dont ils sont formés. Cette substance que l'on nomme bois est, pour la plupart des espèces, légère, élastique, tenace, d'une longue durée; elle se laisse façonner de mille manières diverses; elle est d'un usage presque général dans les arts les plus utiles aussi bien que dans ceux de luxe, et sa propriété d'être combustible, soit à l'état ligneux, soit réduite en charbon, en fait un objet aussi nécessaire pour le chauffage de l'homme et la cuisson de ses aliments, que pour une foule d'opérations qui exigent l'action de la chaleur. Cette propriété eût amené, chez les peuples dont l'industrie a fait d'immenses progrès, un épuisement complet des forêts, si l'exploitation de la houille, charbon minéral, n'eût pas donné un autre combustible qui, dans plusieurs circonstances, est devenu préférable et a diminué la consommation du bois.

Il est à remarquer que presque tous les naturalistes s'accordent pour donner à la houille une origine végétale, c'est-à-dire qu'elle est regardée comme le résidu d'une grande végétation, dont les immenses produits ont été enfouis par les plus anciens bouleversements de la surface du globe. Ainsi les forêts qui ont précédé la création de l'homme, mises en réserve dans les entrailles de la terre, pourvoient maintenant à l'insuffisance des forêts modernes, et la plus antique végétation est aussi pour les générations humaines un bienfait de la Providence.

Le bois a toujours été une des substances les plus indispensables; le fer, en prêtant le secours de son tranchant et de sa force, a pu rivaliser d'utilité avec lui; mais on ne peut s'empêcher de reconnaître que le bois est la matière qui a le plus contribué à la conservation de l'homme, à sa défense, à sa civilisation et au développement de sa domination, puisque ses mains, devenues de plus en plus habiles, l'ont fait concourir si généralement, et pour une si grande part, à la fabrication de ses outils et machines, de ses armes, de ses meubles et ustensiles, et de toutes sortes de constructions, depuis la plus modeste chaumière, la plus petite passerelle et le plus frêle esquif, jusqu'à ses plus vastes édifices, ses ponts les plus hardis et ses plus gros navires, qui ont étendu son commerce et sa puissance, et mis en relation des peuples que la nature semblait avoir séparés pour toujours.

C'est surtout dans les différentes branches de l'art de la charpenterie que le bois est employé de la manière la plus remarquable et sous les plus grands volumes. La forme des arbres permet d'en tirer de longs parallélipipèdes, appelés *poutres* ou *solives*, suivant leurs dimensions, et en général *pièces de bois*, dont les combinaisons et les assemblages donnent les moyens les plus rapides d'élever de grandes constructions.

Nous n'entrerons point ici dans une longue discussion sur la physiologie végétale, nous nous bornerons aux faits les plus importants et dont la connaissance est indispensable au charpentier, qui veut et qui doit même apporter du discernement dans le choix et le débit des bois qu'il emploie.

Le bois se tire, comme nous l'avons déjà dit, du corps des arbres, plantes ligneuses et vivaces qui ont une tige grosse, élevée et nue dans la partie qui constitue le tronc. La tête ou cime d'un arbre est formée de branches et décorée de feuilles qui croissent et atteignent leur développement pendant l'été, et tombent, pour la plupart des espèces, à l'arrière-saison, tandis que l'arbre reste debout pour se parer pendant plusieurs siècles de cette verdure que chaque année renouvelle.

La charpenterie n'emploie que les arbres les plus gros desquels on peut tirer, soit du tronc, soit des maîtresses branches, des pièces de bois d'une longueur et d'un équarrissage suffisants (1). Elle ne consomme que les espèces les plus communes, laissant les autres aux arts, qui n'ont besoin que

---

(1) L'équarrissage est la figure rectangulaire qui résulte de la largeur et de l'épaisseur d'une pièce de bois.

de la beauté de la matière ou qui ne requièrent pas de grandes dimensions et de la force.

Les arbres surpassent de beaucoup les autres végétaux, et parmi le grand nombre des espèces qui décorent et meublent nos forêts, il en est qui se font remarquer par leur grande hauteur quand on leur a laissé le temps de parvenir au maximum de leur croissance. On voit des chênes et des hêtres de plus de 40 mètres; les mélèzes, les pins et les sapins atteignent jusqu'à 45 mètres; d'autres espèces, telles que les charmes, les trembles, les érables, les aulnes, les ormes, et même les noyers, les peupliers et les cyprès, parviennent aussi à une très-grande élévation. La hauteur des palmiers des pays chauds ne le cède pas à celle du chêne. La grosseur des arbres varie beaucoup, suivant les climats, et même dans chaque espèce. On voit des ormes et des chênes qui ont près de 2 mètres de diamètre.

L'Américain Farner cite un orme qui se trouve à Hasfield, dans le Massachusets, et qui est regardé comme le plus gros de toute la Nouvelle-Angleterre; mesuré près de terre, il a 11 mètres de diamètre, et à $1^m,60$ du sol, dans la partie la plus mince du tronc, on lui trouve encore $7^m,80$. En général, les arbres acquièrent en Amérique des dimensions incomparablement plus grandes qu'en Europe. La Condamine parle de canots de la rivière des Amazones, n'ayant pas moins de 90 palmes de longueur et 10 et demi de largeur d'une seule pièce, et tirés chacun d'un tronc d'arbre. D'autres voyageurs citent également des arbres qui étonnent par leurs grandes dimensions, tels que des sapins du nord de l'Amérique qui s'élancent jusqu'à 81 mètres de hauteur, et des cyprès de $2^m,25$ à $2^m,60$ de diamètre.

L'eucalyptus gigantesque de la Nouvelle-Hollande s'élève à une hauteur de 58 mètres sur une circonférence de 9 à $11^m,60$. Ce bois, dur, pesant et rouge, peut remplacer l'acajou des Indes.

Le pin de la Caroline ou de Californie atteint des dimensions encore plus grandes, s'il est vrai qu'il puisse porter sa cime à près de 97 mètres de hauteur, et que son tronc puisse acquérir $19^m,40$ de circonférence. Mais de telles dimensions ne sont rien en comparaison de celles des baobabs du Sénégal, qui, au rapport d'Adanson, ont jusqu'à 10 mètres de diamètre, dimensions qui paraissent si prodigieuses qu'on les mettrait au rang des fables, si elles n'étaient pas indiquées par un voyageur aussi véridique et confirmées par d'autres témoignages récents.

Sur la côte d'Afrique, depuis le Sénégal jusqu'au Congo, on fait des pirogues de $3^m,90$ de large et de $19^m,40$ de longueur, qui portent un poids de 25 tonneaux, avec le tronc d'un arbre classé, par les naturalistes, parmi les fromagers, avec lequel le baobab paraît avoir une grande affinité.

Le diamètre des plus gros arbres que l'on peut trouver ordinairement dans nos climats ne dépasse guère un mètre, et les plus petits ne doivent pas avoir moins de 15 à 20 centimètres de diamètre, pour que l'on puisse en tirer parti pour l'usage de la charpenterie.

La marine qui consomme, comme nous l'avons déjà fait observer, une grande quantité de bois, et pour le service de laquelle les pièces courbes sont les plus utiles, s'empare aussi des plus beaux arbres, ce qui fait qu'il est fort difficile de satisfaire aux besoins des autres branches de l'art de la charpenterie, et qu'il faut recourir à divers artifices pour suppléer en partie les dimensions des bois, soit sous le rapport de leur équarrissage, soit sous celui de leur longueur. La difficulté de se procurer, pour les travaux autres que ceux de la marine, de longues et fortes pièces de chêne, a rendu l'usage des pins et des sapins plus fréquent; elle a fait apprécier ces bois, dont les dimensions passent celles ordinaires des chênes, et qui n'étaient consommés jadis qu'aux lieux où ils croissaient.

Les botanistes classent les végétaux, et par conséquent les arbres, d'après l'organisation intérieure de leurs graines, c'est-à-dire d'après le nombre des *cotylédons* ou lobes des amandes de leurs semences, parce que les graines différemment divisées dans leurs amandes produisent des plantes très-distinctes, tant par le port de leurs tiges et les formes de leurs feuilles et de leurs fleurs, que par le mode de leur accroissement et leur contexture intérieure.

Dans la première classe sont les arbres dont les semences n'ont qu'un seul *cotylédon* sans aucune division; les arbres de cette classe sont nommés *monocotylédons*, c'est-à-dire *à un seul cotylédon*.

Les *dicotylédons* et les *polycotylédons* forment la deuxième classe; leurs semences sont partagées dans l'intérieur en deux ou en un plus grand nombre de *cotylédons*.

Quoique les charpentiers d'Europe n'aient point occasion de travailler le bois des monocotylédons, parce qu'il nous est apporté par fragments qui ne trouvent leur place que dans quelques-uns de nos arts de luxe, il n'est pas inutile de leur faire connaître l'organisation de ces arbres si élevés, employés par leurs confrères d'autres climats.

Les *monocotylédons* sont privés de branches; leurs tiges ou *stipes*, presque cylindriques, s'élancent à une grande hauteur et sont couronnées d'un vaste panache de belles feuilles, du milieu desquelles sortent les fleurs et les fruits. Les arbres de cette espèce, connus sous le nom de *palmiers*, ne croissent avec vigueur que dans les pays voisins des tropiques, où ils sont d'une importance majeure, parce qu'ils produisent en même temps des vêtements, des substances alimentaires, d'agréables boissons et le bois pour construire les habitations.

L'accroissement de cette espèce d'arbre résulte de la production des feuilles qui sortent du centre du panache, et sont le prolongement d'étuis concentriques s'élevant depuis les racines. En se développant, ces étuis pressent et dilatent ceux qui les ont précédés, et l'extension de ceux-ci détermine les progrès de la grosseur de l'arbre.

Au sommet de chaque étui, le bord sur lequel la feuille est attachée devient, en croissant, plus compacte et plus dur, il finit par former un anneau dont cette feuille se sépare en mourant; une suite d'anneaux semblables composent l'écorce par leur superposition, et présentent des cicatrices qui marquent dans toute la hauteur du stipe les places où les feuilles ont vécu.

L'intérieur d'un monocotylédon, c'est-à-dire son bois, ne présente ni cœur apparent ni couches concentriques, mais une sorte d'entrelacement assez lâche, d'innombrables filets ligneux qui s'étendent dans toute la longueur de l'arbre; ces filets sont entourés d'un tissu cellulaire abondant, ils sont d'autant plus serrés qu'ils sont plus près de l'écorce; cette organisation, qui est le résultat du mode d'accroissement, rend les monocotylédons, notamment les palmiers, fort difficiles à attaquer avec les outils tranchants et même avec la scie, tandis qu'il est aisé de les couper en brisant leurs filets les uns après les autres.

Les arbres *dicotylédons* et *polycotylédons*, qui forment la seconde classe, sont répandus en bien plus grand nombre que ceux de la première sur la surface de la terre. Ils diffèrent tous des *monocotylédons* par leur aspect et entre eux par un port particulier à chacune de leurs espèces. La forme de leurs troncs est généralement conique, c'est-à-dire d'un diamètre un peu plus gros près de la racine que vers le haut. Les sommets ou têtes des arbres de cette classe sont formés du prolongement du tronc divisé en plusieurs branches principales; chacune de ces branches se divise aussi en branches secondaires, et celles-ci jettent des rameaux ou petites branches auxquelles les feuilles éparses sont attachées par des queues ou pétioles plus ou moins délicats. Au premier aspect, on croirait que les feuilles sont nées au hasard, mais un ordre très-régulier et constant, dans chaque espèce, préside à leur distribution.

En coupant un arbre *dicotylédon* perpendiculairement à la longueur de son tronc, on voit qu'il est composé de trois parties aisées à distinguer :

l'*écorce* qui l'enveloppe, la *moelle* qui occupe le centre, et la substance *ligneuse* qui se trouve répartie circulairement entre les deux premières.

Dans la substance ligneuse on distingue deux épaisseurs : l'une, qui enveloppe la moelle, est la plus considérable et la plus dure, c'est le bois parfait; l'autre est le bois imparfait, nommé *aubier* à cause de sa couleur blanchâtre et de sa mollesse, qui le font distinguer du bois parfait.

La couche de l'écorce la plus voisine de l'aubier est le *liber*, nom dont nous avons fait en français le mot *livre*, parce que les anciens écrivaient sur les feuillets dont cette couche est composée. On a acquis la preuve certaine qu'il se forme entre le *liber* et l'*aubier* une autre couche qui est la continuation de l'un et de l'autre; la matière de cette couche génératrice a reçu le nom de *cambium*. Elle se développe au printemps et en automne. Sa partie interne se change insensiblement en *aubier* et l'autre se change en *liber*. Jamais le *liber* ne devient bois; il est sans cesse repoussé par ce mode d'accroissement de l'arbre, et forme l'écorce qui se déchire et s'exfolie extérieurement, parce qu'elle se dessèche et que les feuillets du liber ne peuvent en vieillissant s'étendre en proportion de l'augmentation de la circonférence de l'arbre (1).

Duhamel et Buffon ont depuis longtemps prouvé que l'aubier devient bois parfait; il n'y a donc point de doute aujourd'hui sur le mode de formation de l'aubier et sur sa transformation en bois parfait.

A mesure que de nouvelles couches d'aubier sont produites, elles forment de nouvelles enveloppes dont on observe les traces sur la coupe transversale des arbres dicotylédons. Ces couches sont d'autant plus nombreuses que l'arbre est plus âgé. Plusieurs auteurs prétendent que l'on se tromperait si l'on croyait que l'on peut compter le nombre des années d'un arbre par le nombre de ses couches ligneuses, puisque, suivant l'observation de Duhamel, tel arbre ne produira pas une seule couche dans une année et en produira plusieurs dans une autre. Néanmoins l'opinion la plus généralement admise et qui paraît appuyée sur des observations récentes, c'est que le nombre des couches ligneuses concentriques marque celui des années de l'arbre sur lequel ces couches sont comptées.

On doit remarquer que si chaque année voit naître une couche ligneuse d'aubier et une couche d'aubier se transformer en bois parfait, il faut néanmoins plusieurs années pour que la transformation s'accomplisse,

---

(1) M. Mirbel, *Bulletin de la Société philomatique*, 1816.

puisque dans toutes les espèces d'arbres dicotylédons l'aubier comprend toujours plusieurs couches annuelles.

Des rayons médullaires qui croisent les couches annuelles marquent les voies de communication de l'étui qui renferme la moelle centrale avec la circonférence de l'arbre où se forme le nouveau bois.

A l'égard de l'accroissement suivant la longueur, en examinant la coupe d'un arbre faite par son axe, et par conséquent suivant la direction de ses fibres, on retrouve les traces des enveloppes qui marquent les cercles annuels sur la coupe transversale; on voit que la tige principale et les branches ont toujours une forme conique; que les couches concentriques ne s'étendent pas dans toute la longueur de l'arbre jusqu'à la cime, mais qu'elles forment des enveloppes coniques tronquées, les plus nouvelles recouvrant les plus anciennes, et ayant aussi les sommités de plus en plus élevées, le tube médullaire leur servant toujours d'axe commun; de façon que ces couches qui augmentent annuellement la grosseur d'un arbre, produisent en même temps, dans une proportion plus grande, l'accroissement en hauteur de son tronc et de ses branches.

On ne peut guère évaluer la vie d'un arbre; on croit que le chêne peut vivre plus de trois cents ans; les antiques forêts fournissent des preuves de cette opinion, si l'on s'en rapporte au nombre des couches ligneuses que l'on compte dans leurs énormes troncs(1).

Les gigantesques *baobabs* du Sénégal, dont nous avons déjà parlé, comptent un grand nombre de centaines de ces couches; Adanson a prouvé que, parmi ceux qu'il avait observés, plusieurs étaient âgés de six mille ans. Ils ont vu naître, sans doute, sous leur ombrage, une innombrable série de générations d'animaux divers. Ces produits de la végétation sont des monuments plus anciens que les pyramides de l'Égypte et les antiquités de l'Inde. Ils peuvent servir à éclairer l'histoire du globe, et peut-être qu'un jour on trouvera des arbres encore plus anciens qu'eux dans des contrées où les voyageurs, et peut-être même les naturels, n'ont pas encore pénétré.

---

(1) On prétend qu'il existe sur le coteau Sainte-Anne, près Cunfin, village du département de l'Aube, un chêne auquel les annales du pays donnent 762 ans; il a 33 pieds de hauteur sous les branches, il porte au collet de la racine 22 pieds de circonférence. Et l'on rapporte qu'un bûcheron des Ardennes découvrit dans le tronc d'un arbre qu'il venait d'abattre des médailles samnites qui firent présumer que cet arbre pouvait avoir environ 3600 ans.

Dans le bois de chêne, les couches annuelles ont 3 à 4 millimètres d'épaisseur, chaque couche est formée d'une substance ligneuse dure et solide dans le bois parfait; une autre substance, distribuée entre ces couches et qui les réunit, est spongieuse et forme une sorte de réseau qui n'a qu'un millimètre d'épaisseur.

Plus les arbres renferment de ces couches, plus ils sont âgés, et plus il s'en trouve dans un même diamètre, plus leur bois est dur et pesant. On remarque que dans les bois extrêmement durs, comme dans les bois très-mous, les cercles des couches annuelles sont à peine sensibles. On ne les distingue pas dans l'ébène et dans quelques bois des îles, ni dans le peuplier et quelques autres bois blancs de nos climats.

Les racines d'un arbre, quoique enfoncées dans le sol, ont une organisation à peu près semblable à celles du tronc et des branches. Celles de diverses espèces d'arbres sont employées comme bois dans les travaux de quelques arts, mais aucunes ne sont mises en œuvre dans les constructions en charpente; nous n'avons donc point à nous en occuper longuement. Nous remarquerons seulement que les branches d'un arbre s'étendent et se divisent en rameaux et petits branchages, qui forment des étages plus ou moins réguliers dans sa cime, tandis que ses racines s'étendent en tous sens dans la terre et ont pour dernier terme de leur division des filaments ou radicelles, communément appelés chevelus, qui paraissent être aux racines ce que les feuilles sont aux branches.

On a remarqué que le développement des racines et celui des branches ont beaucoup de rapports. Ainsi, lorsqu'on supprime quelques branches considérables d'un arbre, les racines correspondantes souffrent et le plus souvent elles périssent. Il en est de même de tout autre changement qu'on fait subir aux diverses parties des racines d'un arbre, qui se font sentir sur sa cime.

§ 2. *Reproduction des Arbres.*

Les arbres sont les produits des forêts poussées spontanément, et par conséquent fort anciennes, ou de forêts et plantations créées par les hommes depuis qu'ils se sont occupés de ce genre de culture, qui est un moyen de faire rendre à la terre le fruit d'un travail qui lui est appliqué. La reproduction des arbres, leur culture et leur exploitation ont des rapports dont nous n'avons point à nous occuper, ils appartiennent à l'art de l'aménagement des forêts; nous nous bornerons à remarquer que les bois propres aux travaux de construction sont multipliés et reproduits de trois manières, qui ne s'appliquent cependant pas également à toutes les espèces, savoir : par graines ou semis, par plançons et sur vieilles souches.

La production par graines ou semis s'obtient en enfouissant les semences aux profondeurs convenables et dans les emplacements où l'on veut les faire germer, soit qu'il s'agisse de former une forêt sur place, ou de préparer des sujets pour les élever en pépinière et les transplanter ensuite sur les points où ils doivent végéter jusqu'à leur dernière croissance. Ce mode de production s'applique à toutes les espèces d'arbres. Les forêts qui en résultent sont désignées sous le nom de *hautes futaies* ou simplement *futaies*.

La multiplication par plançons ne se pratique avec succès que pour les arbres de certaines espèces, qui jouissent seules de cette propriété, que les portions de branches qui sont séparées du tronc et plantées en terre en saison convenable, jettent de nombreuses racines et produisent chacune un arbre de la même espèce que celui dont elles ont été séparées. Les saules et les peupliers se multiplient par plançons.

La reproduction sur vieille souche a lieu lorsqu'un arbre a été abattu et qu'on laisse sa souche, c'est-à-dire la masse de ses racines, dans la terre. Au retour de la saison où la végétation recommence, une grande quantité de jeunes jets sortent de la circonférence de cette souche entre l'écorce et l'aubier, par l'effet de la prolongation et de la division du liber; ces jets croissent de la même manière que les branches et forment ainsi une jeune forêt que l'on nomme taillis. On coupe ce taillis, au bout d'un certain nombre d'années, pour en laisser croître un nouveau qui sera coupé à son tour. Cependant, dès la première coupe, on choisit dans le taillis les plus beaux jets que l'on conserve seuls pour les laisser croître, afin qu'ils deviennent, avec le temps, des sujets de la plus grande hauteur de leur espèce; les jeunes arbres ainsi conservés au milieu des taillis sont appelés *baliveaux*, et forment avec le temps une forêt de grands arbres aussi propres aux constructions que ceux que les mêmes souches avaient portés.

Ces différentes manières de reproduire et multiplier les arbres propres aux travaux de construction, sont également bonnes dans les espèces auxquelles elles sont applicables; on n'a pas reconnu qu'elles apportassent de différence dans la qualité du bois; cependant Hassenfratz fait remarquer, d'après les expériences des frères Duhamel et les siennes, qu'en général, dans les futaies, les arbres de 50, 60, 80 et 90 ans donnent constamment de plus grands produits en équarrissage, c'est-à-dire en bois propres aux travaux, que les arbres de même âge provenant des baliveaux des taillis, et que jusqu'à 80 ans ils produisent généralement le double. Mais c'est aux propriétaires qui se livrent à la culture des bois et à leur exploitation à vérifier cette observation et à en profiter; il est néanmoins utile que les charpentiers en aient connaissance, afin qu'elle se répande parmi ceux dont les intérêts commerciaux se trouvent si bien d'accord avec le besoin qu'on a d'accroître la production du bois.

La grosseur et la belle venue des arbres ne sont pas toujours, dans une même espèce, des signes infaillibles de la bonne qualité de leur bois. Le rapport de l'âge avec les dimensions d'un arbre, la nature et l'exposition du sol dans lequel il a poussé, doivent aussi être examinés pour juger de la qualité des bois qu'une exploitation fournira.

En général, les terrains marécageux ne portent que des arbres dont le bois est léger et spongieux comparativement à celui des arbres de même espèce venus dans de bonnes terres élevées. L'eau, trop abondante dans les terrains bas et argileux où les racines sont presque toujours noyées, ne donne point à la séve les qualités nécessaires pour constituer un bon bois. Les arbres venus dans ces sortes de terrains, qui ne sont point propres à leur essence, ne sont bons que pour des travaux autres que ceux de charpenterie. Le bois de chêne, par exemple, venu en terrain humide, est plus propre aux travaux du menuisier qu'à ceux du charpentier, parce qu'il a moins de force et de raideur, qu'il est plus mou et plus facile à travailler que le bois de chêne provenant de terrain sec et élevé; il est moins sujet à se fendre et se gercer, lorsqu'il n'est employé que pour des objets de petit volume.

Les terrains aquatiques ne sont propres qu'aux aulnes, aux peupliers, aux saules. Quelques autres espèces se plaisent en terrain frais ou seulement humide; mais les essences de chênes, d'ormes, de châtaigniers, ne prospèrent que dans les terrains secs, composés de bonnes terres, ne retenant après les pluies que ce qu'il faut d'humidité sans croupissement pour alimenter une belle végétation. Il en est de même des arbres résineux, qui ne réussissent pas toujours dans les terrains propres aux autres espèces, et surtout dans les sols marécageux. En général, les sables leur conviennent le mieux, et quelques espèces se plaisent particulièrement dans le voisinage de la mer; tel est le pin maritime, aussi utile par ses produits résineux que pour son bois.

Enfin, les arbres qui croissent dans les terres maigres et pierreuses, et généralement dans toutes celles qui s'opposent à un progrès facile de leurs racines ou qui ne peuvent leur fournir la substance propre à leur essence, ne prennent que peu de hauteur; ils poussent lentement, ne produisent que du bois rude, souvent noueux et rabougri, d'un travail difficile, qui n'est bon qu'à des ouvrages grossiers, à moins qu'il ne soit propre, par sa couleur, sa dureté et les accidents qu'il présente, au placage pour la décoration des meubles ou la fabrication de quelques objets d'agrément, comme l'acajou ronceux et quelques parties des vieux noyers.

Les meilleurs signes de la bonne qualité du bois d'un arbre sont la beauté de son écorce et le peu d'épaisseur de son aubier. Ce dernier signe annonce que la qualité substantielle du sol a abrégé le temps de la transformation de l'aubier en bois parfait. On peut, en sondant un sol, préjuger en quelque sorte la qualité du bois des arbres qu'il a produits.

On a remarqué qu'à égalité d'âge, les arbres venus sur la lisière d'un bois sont plus gros, plus sains et d'une meilleure qualité que ceux venus dans son milieu, ce qu'on attribue à ce qu'ils ont joui davantage de l'influence de l'air. Les arbres des clairières ont une supériorité de taille, de grosseur et de qualité sur ceux qui croissent dans les parties touffues des forêts. On observe aussi que certaines expositions, tant à l'égard de l'action du soleil qu'à l'égard des vents et des formes des terrains environnants, influent sur la végétation des arbres et la perfection de leur bois.

Les arbres venus à l'exposition de l'est et du midi ont souvent leur bois dur et bon; mais ils sont branchus, quelquefois tortueux, et par cette raison on n'en peut pas tirer de belles pièces pour la charpenterie. A l'exposition du nord, les arbres sont plus beaux et plus droits, leur bois est beaucoup moins dur. A l'ouest, les arbres, battus par les vents, sont fatigués et fréquemment tordus, leur bois est souvent tortillard et roulé. On remarque, notamment sur les côtes maritimes qui se présentent à cette exposition, que les arbres souffrent, leurs têtes sont pliées, leurs cimes sont en forme de plan incliné par l'effet de l'impression du vent, qui gêne et retarde l'accroissement des branches qu'il frappe les premières, et qui servent d'abri à celles qui sont derrière. Il en est de même d'un bouquet de bois situé à cette exposition; toute sa sommité est inclinée, et les arbres de sa partie de l'est, particulièrement ceux de la lisière, présentent une belle croissance, ayant été protégés et garantis par ceux exposés aux vents de l'ouest, et qui en ont ressenti les pernicieuses influences. Cet effet est surtout remarquable sur les côtes de l'Océan.

§ 3. Maladies des arbres sur pied.

Les arbres sont, aussi bien que les animaux, sujets à des maladies qui ont des causes naturelles ou qui peuvent provenir d'accidents, mais dont les symptômes ne sont pas les mêmes, et qui ne se manifestent, le plus souvent, qu'après qu'elles ont fait des progrès tels qu'elles sont sans remède sous le rapport du tort qu'elles font aux qualités des plus essentielles du bois.

Comme toutes les plantes, les arbres sont soumis à la mort; c'est une loi dont aucun être n'est exempt : mais dans la mort des arbres, il y a une distinction fort remarquable à faire, qui établit une très-grande différence entre eux et les animaux. La matière du bois a une durée dont ne jouit pas celle des autres corps organisés. Les végétaux qui ne produisent point de parties ligneuses sèchent et tombent promptement en poussière; les animaux sont atteints de putréfaction presque immédiatement après qu'ils ont cessé de vivre, quel que soit le genre de mort qui les a fait périr; tandis que le bois se conserve des siècles après la cessation de la vie végétale dans l'arbre que la hache a abattu. Mais il est sujet à des altérations qu'il est indispensable de connaître, sinon pour les prévenir complétement, au moins pour en retarder les effets, et surtout pour rejeter des constructions les pièces qui donnent des signes d'une détérioration prochaine.

Lorsque, par l'effet de sa vieillesse ou par suite d'une maladie, un arbre meurt sur pied, même avant d'avoir atteint ou seulement approché de la limite ordinaire de l'existence des individus de son espèce, son bois perd toutes les qualités les plus indispensables, non-seulement pour les constructions, mais même pour la combustion. Il n'a plus ni flexibilité, ni force, ni faculté de se conserver; il devient sec, cassant et mou; il tombe de lui-même en débris ou en poussière : il se pourrit rapidement, se laisse aisément attaquer par les vers; enfin, il brûle presque sans flamme et sans production de chaleur.

Si, au lieu de périr de cette manière, un arbre est abattu dans sa vigueur, il cesse de vivre, il est vrai; il ne remplit plus aucune des fonctions de la végétation, il se sèche, mais il conserve toutes ses qualités ligneuses. S'il n'était pas attaqué de quelque vice maladif avant qu'on l'ait coupé, ou s'il n'est pas, avec le temps, atteint par une des causes accidentelles qui détériorent les bois abattus ou mis en œuvre, il est propre aux constructions et peut durer presque indéfiniment.

Les maladies des arbres qui ont des causes fortuites sont : les plaies, les mutilations, les fractures qui peuvent résulter : 1° de la dent des gros animaux qui attaquent l'écorce, le liber et même l'aubier et le bois le plus récent, surtout dans les pousses les plus nouvelles; 2° des coups occasionnés par accidents ou donnés par mauvais desseins, même avec des outils tranchants; 3° des efforts du vent et quelquefois des atteintes de la foudre. Ces maladies peuvent avoir les mêmes résultats que quelques-unes des maladies naturelles qu'elles déterminent très-souvent.

Les maladies qui peuvent résulter des accidents et du régime habituel de la végétation ou de l'état de l'atmosphère et des météores sont : les *ulcères*, les *chancres*, la *carie*, les *gerçures*, les *gelivures*, la *roulure*, la *torsion*, le *cadran*, l'*exfoliation*, les *tumeurs*, les *loupes*, les *exostoses*, les *dépôts*, les *abcès*, la *pléthore*, la *champlure*, le *givre*, la *cloque*, la *défoliation*, la *fullomanie*, la *brûlure*, la *rouille*, le *blanc*, la *jaunisse* et le *retour*.

Les *ulcères* et les *chancres* des arbres ont quelques ressemblances avec ceux des animaux; ils proviennent de vices dont l'origine est le plus souvent dans les racines; la séve se porte quelquefois avec trop d'abondance dans quelque partie d'un arbre, et cette abondance se manifeste à l'extérieur par une sorte de suppuration qui est accompagnée de la corruption des fluides et bientôt de celle du bois qui avoisine le point ulcéré; le mal s'étend quelquefois assez pour dépouiller l'arbre de son écorce et le faire périr.

La *carie* est une sorte de pourriture qui provient de quelque vice dans la séve; elle a pour résultat la réduction de la matière ligneuse en poussière.

Les *ulcères*, les *chancres*, les *caries*, peuvent aussi provenir d'un vice des arbres appelé *gouttières*, qui sont des écoulements de l'eau de la pluie entre les fibres intérieures. L'eau s'introduit dans la partie supérieure à la jonction des branches entre elles ou avec le tronc, parce que le vent et le poids de ces branches déterminent quelquefois des déchirures qui lui permettent de descendre dans l'aubier ou entre l'aubier et l'écorce. Elle finit par se faire jour au dehors, et forme des gouttières qui entraînent avec elle la séve et en privent les fibres supérieures, qui ne peuvent plus acquérir les qualités du bois parfait et deviennent la proie de la pourriture.

Les *gerçures* sont des fentes qui se manifestent sur l'écorce et qui sont occasionnées par le hâle, la sécheresse et un trop rapide accroissement de la chaleur de la saison ou une trop violente action du soleil. Les gerçures découvrent le liber, l'exposent à l'action d'un trop grand desséchement, qui s'étend jusque dans l'aubier; elles sont une cause et un signe de la détérioration des bois.

Le *cadran*, ou la *cadranure*, est une gerçure circulaire accompagnée d'autres gerçures en rayons qui se forment sur l'écorce; on ne sait pas quelle est la cause de cette maladie : il se pourrait qu'elle fût le résultat du travail de quelque insecte.

Les *gélivures simples* et *entrelardées* sont des crevasses qui commencent dans l'écorce, pénètrent l'aubier et atteignent quelquefois profondément le bois parfait. Elles sont causées par les fortes gelées qui saisissent la sève; l'eau qui en fait partie, en se congelant, abandonne les autres substances avec lesquelles elle se combine ou agit pour la composition de la matière végétale. Elle se réunit en petits glaçons disséminés qui occupent de plus grands volumes que la capacité des pores du bois. La force qui produit cette sorte de cristallisation est supérieure à celle qui réunit les fibres ligneuses; elle agit en même temps que le resserrement du bois sur la circonférence de l'arbre, par l'effet du froid; l'une et l'autre causes le font éclater avec bruit dans le sens de l'écorce au cœur. Ces gélivures détériorent le bois; par le dégel, la végétation ne ressoude pas complétement les fentes, et l'humidité qui s'y trouve renfermée vicie le bois. Nous reviendrons sur cette maladie en parlant plus loin des bois gélifs.

La *roulure* est un vice occasionné par le froid d'un hiver très-rigoureux, qui saisit et désorganise en quelque façon le liber, ou au moins quelques-uns de ses feuillets, et l'empêche de passer à l'état d'aubier, quoiqu'il continue de fonctionner pour la transmission des matériaux qui doivent former les feuillets du nouveau liber, mais de telle sorte cependant que ceux-ci ne peuvent plus se lier avec ceux des années antérieures.

Lorsque les uns et les autres sont parvenus à l'état d'aubier et même à celui de bois parfait, les couches détruites et désorganisées par les gelées et qui n'ont pu être remplacées, laissent une solution de continuité qui s'étend sur une grande partie du tronc de l'arbre et quelquefois sur la totalité de sa circonférence, et forment ainsi deux cylindres concentriques, détachés l'un de l'autre et séparés par un intervalle qui a quelquefois la largeur d'un travers de doigt. Le plus souvent, cependant, la roulure n'a lieu que du côté où l'arbre a été le plus vivement atteint par le froid, et elle ne s'étend que sur une partie de la longueur du tronc.

En débitant des arbres dont le bois était roulé, on a vérifié, par le nombre des couches annuelles qui recouvraient la roulure, que le vice répondait exactement aux années des hivers remarquables par leur rigueur. Il suffit que cette maladie ait vicié un arbre pour qu'on ne puisse en tirer une pièce de charpente; il est d'ailleurs à remarquer que, quoiqu'une roulure ne soit manifeste que sur une étendue limitée, il est rare que toute la longueur de l'arbre ne s'en ressente pas plus ou moins.

Le vent et le froid, et surtout les fortes gelées, font le plus grand tort aux arbres.

Les gerçures, les fentes, les gelivures simples et entrelardées, le double aubier et la roulure sont incontestablement des vices qu'on ne peut attribuer à d'autres causes.

Dans les exploitations, on a pendant longtemps reconnu sur les bois des traces de l'action de la gelée de l'hiver de 1709, qui se fit remarquer par la réunion des circonstances les plus fâcheuses. Son âpreté, qui fut préjudiciable à toutes les plantes, fut mortelle pour un grand nombre d'arbres, et notamment pour ceux qui, par leur âge, leur force et leur vigueur, paraissaient devoir en être affranchis.

Une grande partie des arbres les plus durs, ceux mêmes qui conservent leurs feuilles pendant l'hiver, moururent; l'écorce des vieux sujets avait été détachée du bois, et, quoique les jeunes arbres ne dussent pas éprouver le même effet, parce que leur écorce était plus adhérente, ils ne résistèrent pas mieux : on reconnut que les uns et les autres avaient été attaqués par la gelée jusqu'au cœur.

Nous aurons encore occasion de revenir sur ces vices capitaux, en parlant des bois prêts à être mis en œuvre.

La *torsion* n'est pas précisément une maladie; c'est une difformité qui influe de telle sorte sur la constitution du bois et la disposition de ses fibres, qu'elle le rend impropre au travail du charpentier. La torsion résulte de la constance d'une même action du vent sur une partie de la tête de l'arbre, lorsqu'elle n'est pas de forme régulière et qu'elle n'est pas symétriquement placée sur la tige, ou lorsque l'arbre présente une difformité dans sa structure. Le vent tord la tige lorsqu'elle est jeune; les filaments se contournent en vis que les accroissements du liber suivent, et lorsque le tout devient bois parfait, les fibres du corps ligneux conservent cette disposition : le bois est tors et n'est plus propre à être équarri, parce que la majeure partie de ses fibres seraient coupées par les plans d'équarrissement.

L'*exfoliation* est une maladie de l'écorce qui se détache par feuillets. Il en résulte une altération dans le liber et dans la qualité du bois qu'il fournit ; cette altération est quelquefois assez grande pour qu'on distingue, lorsqu'on débite un arbre, une différence de couleur entre les couches de l'aubier le plus ancien et celles de l'aubier nouvellement formé : cette différence se fait même remarquer encore lorsque l'aubier est devenu bois parfait. Il se pourrait que cette maladie, dont on ne désigne point la cause, fût le résultat du travail de quelque insecte microscopique, qui aurait échappé jusqu'à présent aux observations des naturalistes.

Les *tumeurs*, les *loupes*, les *exostoses*, les *dépôts* et les *abcès* sont toujours produits par des vices locaux qui ont déterminé la détérioration du liber et l'affluence de la sève sur certains points, d'où résulte une extravasation et l'accumulation de la substance végétale, qui forme des excroissances d'une contexture confuse. Ces maladies attaquent aussi bien les arbres des forêts que ceux des vergers, et sont souvent occasionnées par des blessures, des piqûres d'insectes et des plantes parasites ; elles influent sur les qualités du bois, les unes sous le rapport du défaut d'uniformité du tissu ligneux, les autres par des difformités qui s'opposent à ce qu'on tire des arbres des pièces aussi longues qu'elles pourraient l'être si ces arbres étaient parfaits.

La *pléthore végétale* résulte d'une trop grande abondance de matières nutritives, qui se portent irrégulièrement sur diverses parties de l'arbre et le déforment ; elle nuit par conséquent à la qualité du bois, en détruisant son homogénéité. Les pièces de bois tirées d'arbres atteints de la pléthore ne peuvent pas être employées dans les charpentes hautes, dont les pièces ont à résister à des efforts uniformes, ou dont les variations sont assujetties à quelques lois régulières. Ces bois doivent être consommés dans les ouvrages grossiers ou dans des fondations, et le mieux, c'est de les consacrer au chauffage.

La *champlure* est le résultat de la gelée des jeunes pousses ; le *givre* est aussi une altération du bois des branches, causée par les glaces, sous forme de givre, qui s'y attachent.

La *cloque* se manifeste par l'aspect des feuilles qui se plient, se rident et changent de couleur avant la saison. Cette maladie n'attaque souvent qu'une partie du feuillage et n'étend ses symptômes que sur quelques-unes des branches.

La *défoliation* avant la saison de la chute des feuilles peut avoir plusieurs causes ; mais il est rare qu'elle ne provienne pas d'une maladie du liber produit l'année où elle a lieu, et qu'elle ne soit pas un symptôme de défectuosité dans la couche de bois parfait qui doit en résulter.

Il en est de même de la *fullomanie*, ou *phyllomanie*, qui est une excessive production de feuilles annonçant des dérangements dans le régime de la végétation du sujet sur lequel elle se manifeste, et qui doit influer sur les qualités du bois produit.

La *brûlure* des feuilles, des bourgeons et du jeune bois est une maladie qui paraît affecter particulièrement les arbres cultivés en espalier; elle attaque cependant aussi les arbres forestiers. Elle résulte des effets alternatifs du *gel* et du *dégel* causés par l'action du soleil; elle peut aussi être produite par l'atteinte d'un mauvais vent.

La *jaunisse* n'affecte que les feuilles qui prennent presque subitement une couleur jaune, sans qu'on soit dans la saison de leur chute.

La *rouille* s'annonce par une poussière rouge qui se dépose sur la tige et sur les feuilles; le *blanc*, ou *meunier*, se montre sous l'apparence d'une poussière blanche et quelquefois filamenteuse. On présume que l'une et l'autre proviennent de la présence de quelques parasites.

Les *mousses*, les *lichens*, les *champignons*, les *moisissures*, sont aussi des végétaux parasites, qui font de grands torts aux arbres.

Les *mousses* et les *lichens* sont des plantes qui s'attachent sur l'écorce des arbres et les couvrent souvent sur toute leur longueur; elles paraissent tirer leur nourriture de l'écorce même, et absorbent ainsi une partie de la séve en même temps que leur multiplicité intercepte l'action de l'atmosphère. Elles nuisent certainement au développement des arbres; la présence de ces plantes est, en général, un signe certain d'une humidité qui fait tort à la qualité du bois.

Les *champignons* et les *agarics* s'établissent ordinairement sur le tronc des vieux arbres, près de leur souche; ils annoncent le commencement du dépérissement, et l'on peut être certain qu'ils le hâtent, à cause de l'humidité qu'ils entretiennent.

La *moisissure*, qui se montre de la même manière, marque un commencement de pourriture de la souche, d'où résulte une altération dans les produits de la végétation; elle est souvent un symptôme de la vieillesse des arbres.

D'autres maladies sont occasionnées par des insectes; tels sont les *galles*, le *dépouillement*, la *vermination* et la *vermoulure*.

Les *galles* sont des excroissances et des boursouflures formées par des insectes pour s'y loger et y déposer les œufs des larves qui doivent s'y nourrir. Il est rare que le corps d'un arbre en soit attaqué. Les galles s'établissent de préférence sur les feuilles et le jeune bois des branchages;

mais, lorsqu'elles se multiplient, elles nuisent à la santé de l'arbre en gênant le développement des parties sur lesquelles elles se sont propagées, et en les empêchant de concourir aux fonctions végétales auxquelles elles sont destinées. La noix de galle, dont on fait un grand usage dans l'industrie, est la galle d'un chêne de l'Asie Mineure; les taillis de chêne de nos climats sont souvent garnis de petites galles sphériques de la grosseur d'une noisette, dans lesquelles on trouve les insectes qui les ont façonnées.

Le *dépouillement* est causé par des chenilles dont les innombrables troupes réduisent toutes les feuilles aux squelettes de leurs nervures. Ces insectes font un dommage réel, en privant les arbres, pendant une partie de l'été, d'un organe nécessaire au travail de la végétation. Il est reconnu que, si le dépouillement a lieu plusieurs années de suite sur les mêmes sujets, ils meurent infailliblement. Les ravages que font les chenilles sont, pour la plupart des arbres, plus à redouter que des maladies en apparence très-graves. Le seul moyen qu'on puisse employer pour les prévenir, c'est l'échenillage; et l'on ne saurait trop le recommander; il consiste dans la suppression des bouts de branchages qui portent les espèces de nids où sont déposés les œufs et où naissent les larves d'insectes; on doit les réunir avec soin et les brûler.

La *vermination* résulte du dépôt que des insectes ailés font de leurs œufs là où les larves, qui doivent en naître, trouveront une abondante et facile nourriture. On attribue souvent à une cause purement végétale les maladies des arbres, et le plus ordinairement elles sont le résultat de l'attaque de l'une des espèces de ces insectes. Lorsque les mêmes symptômes de maladie se manifestent sur les individus d'une seule essence dans une forêt, on peut être certain que cette espèce d'épidémie est l'effet de la vermination, parce que chaque essence d'arbre est attaquée par un genre particulier d'insectes. Pour les espèces les plus grosses, c'est dans la souche et les racines que les larves pénètrent. Elles y font des trous dont le diamètre augmente à mesure que l'insecte, qui les approfondit, croît en grosseur. Dans peu de temps les principales sources de la vie végétale sont anéanties et les plus beaux arbres périssent.

Quelquefois, des arbres tout entiers sont attaqués par une autre espèce d'insectes, qui déposent leurs œufs dans l'écorce; les vers, en grandissant, percent et rongent le bois jusqu'au cœur; leur multitude peut également causer la mort des sujets sur lesquels ils se sont établis.

Des vers d'une plus petite espèce se creusent des tuyaux ou galeries sous l'écorce, qu'ils attaquent en même temps que le liber; ces galeries rayonnent autour du point où les insectes mères ont amassé leurs œufs. La cadranure, dont il a été question plus haut, est peut-être l'effet d'un travail de cette sorte qui donne la forme d'un cadran à la gerçure occasionnée par le vide que les insectes laissent sous l'écorce.

D'autres femelles d'insectes déposent leurs œufs le long des chemins qu'elles se frayent dans le liber, et les jeunes larves suivent des deux côtés des routes perpendiculaires à ces galeries principales que leurs mères ont parcourues. Souvent un arbre attaqué par une multitude innombrable de petits vers, qui se nourrissent sous son écorce, se dessèche et meurt en peu de temps, parce que son liber se trouve entièrement détruit, et son dépérissement complet découvre le mal alors qu'il est sans remède.

Les ravages de cette sorte se propagent quelquefois dans les forêts avec une effrayante rapidité, à cause de la prodigieuse fécondité des insectes.

Ce genre de maladie attaque particulièrement les pins; mais il est à redouter aussi pour d'autres essences, telles que le chêne et l'orme. Il a fait, à différentes époques, des ravages incalculables dans la Germanie; on a craint, à diverses reprises, la destruction de forêts entières. Vers 1769, dans le Hartz seulement, le nombre d'arbres que cette maladie a détruits a été évalué à 1 500 000. Les habitants de ces contrées se trouvèrent menacés d'une ruine totale, par la privation du bois pour l'usage de leurs mines. Les insectes destructeurs des forêts émigrent par essaims, comme les abeilles. Malheur aux pays boisés sur lesquels ils s'abattent! Les forêts de la Franconie et de la Souabe faillirent être détruites, par suite d'une émigration de ce genre; mais les insectes périrent heureusement de 1784 à 1789, par l'effet de plusieurs hivers très-rigoureux. On est surpris sans doute que des animaux si petits puissent causer des ravages aussi considérables; mais l'étonnement cessera dès que l'on considérera que, pendant les désastres dont nous venons de citer des exemples, les vers se multiplièrent tellement que l'on en comptait jusqu'à 80 000 sur un même arbre.

Le moyen d'arrêter les ravages de la *vermination*, notamment celle causée par ces myriades de petites larves, c'est d'abattre tous les arbres envahis, de les écorcer de suite et de brûler leur écorce et tous les vers qu'on en a détachés; mais le mieux serait de prévenir le mal, ou du moins ses progrès, en détruisant autant que possible les insectes que l'on peut atteindre avant le temps où les femelles pondent leurs œufs.

Le conseil général du département de la Sarthe a donné en 1833 un exemple qui mérite d'être partout imité, en votant un fonds de 6 000 fr.

pour la destruction des insectes. Il a rendu un éminent service à l'agriculture, et l'expérience prouve déjà quelle est l'utilité d'une pareille allocation, qui paraît, au premier aperçu, dépasser l'importance de son objet. Une seule des communes du département que nous venons de citer a détruit 50 hectolitres de hannetons; chaque hectolitre contenait 48 000 individus, en supposant que le nombre des femelles fût égal à celui des mâles. La destruction des femelles, dans cette commune, a été de 1 200 000, en supposant que 20 des œufs pondus par chaque femelle produisent des larves qui parviennent à leur plus forte grosseur, les 1 200 000 femelles auraient donné l'année suivante naissance à 24 000 000 d'individus, lesquels, en suivant la même hypothèse, auraient pu donner naissance successivement la deuxième année à 240 000 000, la troisième à 2 400 000 000, et ainsi de suite. On voit avec quelle prodigieuse rapidité ces ennemis de nos bois pullulent. Les hannetons ne sont pas les seuls qu'on doive détruire; plusieurs espèces de gros scarabées attaquent la tige et les racines des arbres, et une multitude d'autres petits insectes, notamment du genre bostriche, ne sont pas moins redoutables : ce sont eux qui se glissent sous l'écorce; ils se nourrissent du liber et font les plus funestes et les plus rapides ravages. On voit combien il serait utile d'encourager la destruction des insectes de toutes les espèces; et c'est aux naturalistes, qui s'occupent particulièrement d'entomologie, à désigner les plus pernicieuses, et à la destruction desquelles on doit s'attacher avec le plus de persévérance.

Le *retour* est la dernière maladie des arbres sur pied qui ont dépassé le terme de leur maturité. Le *retour* se reconnaît au *couronnement* de la cime, nom qu'on a donné au dessèchement des menus branchages les plus élevés auxquels la sève ne peut plus parvenir, soit par l'effet de l'obstruction des canaux par la matière ligneuse qui s'y est déposée, soit par l'affaiblissement de la cause qui produit le mouvement ascensionnel des fluides qui portent la vie aux dernières extrémités des rameaux. Cette dernière phase de l'existence végétale est sans remède; c'est une caducité qui ne dépend pas toujours de l'âge des arbres : car la nature du sol, le climat, l'exposition ont une grande influence sur la durée de la vie des végétaux. Le retour fait souvent de rapides progrès; dès que cette décrépitude gagne les grosses branches, en peu d'années elle atteint le tronc; elle est bientôt suivie de la mort de la totalité de l'arbre. Au premier signe de retour, on doit se hâter d'abattre le sujet qui en est atteint, et souvent il est déjà trop tard pour que la qualité du bois n'en soit point affectée : aussi l'on ne doit point attendre ce symptôme funeste pour exploiter les arbres destinés aux travaux de construction.

Le bois des arbres sur le retour n'est guère plus propre aux travaux que le bois des arbres morts sur pied : il a perdu aussi une grande partie des qualités les plus essentielles aux constructions, la force et l'élasticité; il a, en outre, une propension très-marquée à une prompte détérioration. Et, nous le répétons, on ne doit pas manquer d'abattre les arbres destinés à la charpenterie, lorsqu'ils sont dans leur plus belle vigueur, et sans attendre le signe de leur retour. Les cultivateurs forestiers ont une grande habitude à cet égard; ils jugent très-bien quand il est temps d'abattre les arbres pour que leur bois ait toutes les qualités requises pour les travaux. Leur intérêt se trouve en cela d'accord avec celui de l'art, en ce qu'il les porte à abattre les arbres dès que leur accroissement ne présente plus de profit. Ils savent apprécier, par l'effet de leur grande expérience, à quel moment, pour une coupe, l'intérêt de l'argent, pendant une année, est plus considérable que la valeur du bois produit par l'accroissement annuel des arbres, selon leur âge et le sol où ils végètent. Mais ces détails ne sont plus du nombre des connaissances utiles aux charpentiers.

§ 4. *Maladies et vices des bois abattus et des bois mis en œuvre.*

Les charpentiers étant dans le cas de tirer du commerce des bois en *grume* (1), il était utile d'indiquer les maladies et vices des arbres sur pied et les symptômes auxquels on peut les reconnaître, d'autant plus que plusieurs de ces maladies et vices subsistent ou laissent leurs traces après que les arbres sont abattus. Tels sont : les ulcères, les chancres, les gerçures, la carie, les tumeurs et la torsion.

En général, la régularité de la rondeur d'un arbre, sa rectitude d'un bout à l'autre, un décroissement de diamètre bien proportionné, une écorce fine ou au moins très-uniforme dans sa contexture, quelque grossière qu'elle soit suivant l'essence du sujet, indiquent que son bois doit être de bonne qualité.

---

(1) L'expression de *bois en grume* est l'équivalent de celle de bois rond, bois qui n'est ni équarri ni même écorcé. Il est présumable qu'elle nous vient des exploitations des forêts allemandes.

Toute apparence de nœuds, loupes, tumeurs, boursouflures; toutes plaies anciennes quelque bien cicatrisées qu'elles paraissent; toutes traces de chancres ou de gouttières sont des signes infaillibles que le bois est vicié.

Les champignons et agarics frais, sur un arbre abattu depuis longtemps, sont des signes également certains qu'il est resté dans quelque lieu humide, qu'il recèle quelque vice intérieur et que son bois a subi quelque détérioration notoire.

Un arbre soupçonné de quelques défectuosités dans son bois doit être examiné avec soin et sondé avant d'être équarri.

Lorsqu'un arbre est abattu et encore enveloppé de son écorce, à moins d'une grande habitude qui ne se trouve que chez quelques cultivateurs forestiers et les ouvriers qui exploitent les bois et les travaillent dans les forêts pour les équarrir et les scier, il est fort difficile de prévoir les qualités et les défauts dont les pièces qu'on en veut tirer seront affectées. Ce n'est, pour des yeux peu exercés à ce genre de connaissance, que lorsque les bois sont équarris et même débités, qu'un jugement certain peut être porté. Les charpentiers qui tirent leurs bois du commerce sont dans ce cas, et c'est pour cette raison que nous allons entrer dans quelques détails sur les qualités des bois de charpente.

Les qualités principales des bois de construction sont la dureté, l'uniformité de leur substance, la rectitude de leurs fibres, l'élasticité. Lorsque les bois sont récemment abattus et équarris, leur bonne qualité se reconnaît, surtout pour les bois durs, tels que le chêne, le châtaignier et l'orme, à une odeur fraîche et agréable qui s'en exhale, odeur fort différente de celle des bois, quoique fraîchement coupés, qui commencent à s'échauffer et qui ont une disposition à la corruption, et par suite à la pourriture. Lorsque les bois sont abattus depuis plusieurs années, s'ils sont secs et sains ils ne donnent presque aucune odeur, excepté les bois résineux, qui donnent pendant très-longtemps celle de leur résine. On renouvelle la vivacité de l'odeur du bois en enlevant quelques copeaux minces de sa surface. Le bois sec et sain est solide et tenace, sonore et élastique. Il devient mou et sourd dès qu'il est mort ou vicié par la pourriture, et, si on le mouille, il en sort une mauvaise odeur.

La bonne qualité du bois, abstraction des détériorations partielles et des vices accidentels de quelques-unes de ses parties, se reconnaît encore aisément à la couleur uniforme et foncée qui est propre à son espèce. Dès qu'elle varie du cœur à la circonférence, et surtout lorsqu'elle s'éclaircit subitement ou même trop rapidement avant la limite de l'aubier, on peut être assuré que le bois a souffert quelque maladie. Un examen scrupuleux doit suivre cette observation, et si la pièce examinée donne signe d'une disposition à une détérioration quelconque, elle doit être rejetée des constructions, pour peu qu'on attache du prix à leur durée.

On doit rejeter des travaux l'*aubier simple*, le *double aubier*, les bois *rabougris, rebours rustiques* et à *fibres inégales;* les bois *noueux*, les bois *gélifs simples*, ceux à *gélivures entrelardées;* les bois *gercés, fendus, roulés* et *tordus;* les bois *en retour, échauffés, brûlés, passés, piqués, vermoulus, cariés, pourris* et *morts*.

L'*aubier* n'est pas un vice proprement dit, puisque, comme nous l'avons déjà vu, le bois passe par l'état d'aubier avant d'être bois parfait. C'est donc un état du bois qui est inévitable. Tous les arbres, suivant leur espèce, ont un aubier plus ou moins épais dont il est indispensable de débarrasser le bois parfait le plus tôt possible, après que l'arbre est abattu, parce que l'aubier étant la partie incomplète du bois qui n'a point été imprégnée de toutes les parties constitutives du bois parfait, sa substance est spongieuse, plus capable de retenir l'humidité que le bois parfait. Il est sujet à une très-rapide pourriture, et il transmet très-facilement aux pièces avec lesquelles il se trouve en contact le germe de cette maladie si funeste aux ouvrages en bois. Aussi doit-on enlever l'aubier, non-seulement des bois que l'on met en œuvre, mais aussi de ceux qu'on veut conserver en approvisionnement.

L'aubier est très-distinct dans les bois durs, tels que le chêne et l'orme; il est à peine sensible dans les bois exotiques les plus durs, et souvent on ne peut pas le distinguer dans nos bois blancs, tels que le peuplier, le saule, le tilleul.

Le *double aubier* est un des plus grands défauts que puisse présenter une pièce de bois. Heureusement ce vice est fort rare. Il consiste en deux couches d'aubier séparées par une couche de bois parfait. Ainsi, lorsqu'un arbre atteint de ce vice est coupé perpendiculairement à ses fibres, on voit sous l'écorce une couche circulaire d'aubier; sous cette couche plusieurs cercles annuels de bois parfait, puis une seconde couche d'aubier, et enfin tout l'intérieur de l'arbre en bois parfait. Ce vice est fort grave, attendu que l'aubier de la seconde couche doit être enlevé aussi soigneusement que celui de la première, ce qui occasionne une grande perte de bois, et réduit considérablement les dimensions de la pièce qu'on se proposait de tirer d'un corps d'arbre avant qu'il fût abattu. La réduction de l'équarrissage peut être telle, qu'on soit dans la nécessité de renoncer à tirer parti d'un tel arbre pour la charpenterie.

Le bois *rustique, rebours* et *noueux* est un bois dont les fibres, au lieu d'être droites, sont comme ondulées, tordues, tressées et nouées les unes avec les autres; ce vice rend le travail fort difficile et rebutant, parce que le fil se présente en tous sens et souvent au rebours du mouvement de l'outil, tellement que le bois s'arrache au lieu de se laisser couper. Les pièces de bois affectées de l'un de ces défauts sont rarement de grande dimension; on les emploie seulement dans quelques parties de la charpenterie de machines où elles sont utiles à cause de la ténacité de leurs fibres. On doit les rejeter des autres constructions, tant à cause de la difficulté de les façonner, que parce que leur bois étant plus compacte, il ajouterait aux charpentes un poids nuisible, et qu'il s'en faudrait d'ailleurs de beaucoup que leur résistance fût en proportion avec leur pesanteur et le travail qu'elles occasionneraient. Ces bois peuvent être employés sans inconvénients dans les constructions hydrauliques et notamment sous l'eau.

L'*inégalité* trop grande dans la répartition des *fibres* d'une pièce de bois est un vice assez grave; car la résistance des fibres qui sont serrées est plus grande, dans quelque sens qu'on l'emploie, que celle des fibres très-écartées. Si l'on tenait rigoureusement à n'employer que des pièces qui n'auraient que des fibres, sinon également serrées, au moins régulièrement ou symétriquement réparties, on courrait risque de n'en trouver qu'un trop petit nombre, parce qu'une foule de causes influent, pendant la végétation, sur la distribution des fibres. D'ailleurs la forme conique de la tige des arbres s'oppose à une parfaite égalité dans la force des fibres; il ne faut donc, lorsque le bois est d'ailleurs d'une bonne qualité, tenir à cette condition qu'autant qu'elle est d'une grande utilité et ne chercher qu'à s'en approcher le plus possible, dans le choix des pièces qui ont à remplir des fonctions pour lesquelles cette égalité serait le terme de la perfection. Il est souvent possible de faire tourner l'inégalité de répartition des fibres au profit de la solidité des constructions, en employant les pièces dans les situations qui leur conviennent le mieux.

Les bois *noueux* sont vicieux, attendu que les nœuds interrompent la rectitude des fibres ligneuses, qui fait la force d'une pièce de bois. Les nœuds sont les prolongements des branches au travers du bois parfait depuis les points où elles ont commencé à se former; ces nœuds augmentent de grosseur, à mesure que de nouvelles couches végétales les enveloppent en même temps que le tronc. Si les branchages ont crû avec l'arbre jusqu'au moment de son exploitation, les nœuds sont formés de bois parfait; ils se trouvent intimement liés au corps de l'arbre; les fibres du tronc sont seulement détournées de la direction générale, et les nœuds, s'ils sont rares, nuisent peu. Mais si la branche qui a donné lieu à un nœud a été supprimée pour une cause quelconque, n'ayant que peu d'années d'existence, le nœud que son accroissement avait formé se trouve souvent renfermé dans le nouveau bois qui l'a recouvert, et il peut être une cause de détérioration, parce qu'ordinairement ce nœud meurt, quoiqu'il se trouve enveloppé par le nouveau bois; et s'il est atteint d'humidité, il devient un centre de pourriture qui se propage dans le reste du bois. Il est donc prudent de sonder les nœuds, d'en extirper tout le bois mort et même de lever à la scie toute l'épaisseur du bois qui en est traversé.

En général, pour les essences de nos forêts, la multiplicité des nœuds sur une pièce de bois annonce qu'elle provient plutôt des branches que du tronc de l'arbre.

Le bois *gélif* est produit par les gelées pendant les rudes hivers. Nous avons déjà parlé de la cause de la gélivure; il nous suffira d'ajouter que le bois gélif est regardé comme très-vicié : d'abord, parce que l'adhésion latérale de ses fibres est détruite ou au moins fort altérée, ce qui diminue sa force; en second lieu, parce que de grandes parties de bois se détachent souvent pendant le travail des places où l'on aurait voulu le conserver, et, enfin, parce que ses nombreuses petites fentes retiennent l'humidité et peuvent donner lieu à la pourriture.

Le *bois gélif entrelardé* est un mélange de parties d'aubier gelé ou mort, et de bois sain et vif, le tout entremêlé de fentes nombreuses. Il est aisé à reconnaître par une sorte de marbrure qui se découvre en le coupant. Le bon bois enveloppe la partie viciée qui occupe quelquefois le quart de la partie du tronc que la gélivure a attaquée. Le mélange du bois mort et du bon bois a lieu très-souvent par très-petites parties. Ce vice, qui doit faire rejeter une pièce de bois des travaux, résulte, comme nous l'avons déjà dit, de plusieurs fortes gelées et de dégels survenus successivement.

Les bois *gercés* sont ceux qui présentent de nombreuses ruptures des fibres perpendiculairement à leur longueur; ce défaut vient souvent du hâle et d'un dessèchement subit de la surface. Lorsqu'au-dessous des gerçures qui ne pénètrent que peu profondément le bois est sain et présente tous les symptômes d'une bonne qualité, on peut l'admettre pour les travaux. Mais si les gerçures sont profondes et que les petits éclats qui en résultent soient mous, il est à craindre que le bois soit passé, qu'il provienne d'un arbre sur le retour ; c'est le cas de l'examiner avec soin, et, dans le doute, il est prudent de le rejeter de la construction des charpentes.

Le bois *fendu* présente de longues fissures dans le sens du fil, qui pénètrent profondément et vont quelquefois jusqu'au cœur ; ces fentes proviennent d'une dessiccation trop rapide. Quelques personnes prétendent que cela vient de la bonne qualité du bois et prouve sa force ; c'est une erreur, car les bois mous se fendent également. La désunion d'une partie des fibres d'une pièce de bois nuit certainement à sa force ; elle tend à partager une pièce en plusieurs parties qui ne peuvent avoir, en somme, la même force que la pièce entière. Ce n'est pas, du reste, une raison pour faire rejeter les pièces fendues, et lorsque ce vice ne les affecte que légèrement, on peut les employer dans leur entier, en disposant d'ailleurs les principales fentes de telle sorte qu'elles nuisent le moins possible à leur force. Lorsque les fentes sont profondes et trop nombreuses, et qu'elles altèrent d'une manière trop considérable les pièces de bois, il faut refendre ces pièces, et pour en tirer le meilleur parti, on fait passer les traits de scie précisément par les principales fentes. Les pièces de petits équarrissages qu'on en tire sont ordinairement d'une très-bonne qualité, parce que, lorsque les fentes sont assez grandes pour déterminer un tel parti, elles sont peu nombreuses, et le bois des pièces débitées n'est pas fendu et très-serré.

Ce vice est, au surplus, un avertissement de ne pas compter sur une résistance égale à celle qu'aurait une pièce de bois si elle n'était pas fendue.

Le bois *roulé* ne doit pas se rencontrer dans le commerce des bois de charpente, attendu que, lorsqu'on abat un arbre qui donne dans une de ses sections perpendiculaires au fil du bois le moindre signe de ce vice, il doit être abandonné au chauffage, à moins qu'il n'y ait possibilité, dans l'équarrissement ou dans le débit à la scie, de supprimer tout le bois qui serait roulé ou qui serait sur les mêmes fibres, parce que la roulure s'étend souvent fort longuement, quoiqu'elle cesse d'être sensible à la vue.

Les bois *tordus* doivent également être rejetés comme vicieux, parce que leurs fibres, ne se dirigeant point en ligne droite, elles sont plusieurs fois coupées par les plans d'équarrissement, et qu'on ne peut y faire aucune coupe suivant le fil du bois, disposition qui est une des conditions de la solidité des assemblages.

Le bois *en retour* provient d'arbres qui étaient eux-mêmes en retour lorsqu'on les a abattus. C'est un principe de dépérissement qui commence lorsque l'arbre est sur pied, et qui continue ordinairement après qu'il est abattu et même mis en œuvre. Quoique le bois en retour ne donne pas de signes bien certains de mauvaise qualité, et qu'il soit difficile de le distinguer dès qu'une pièce de bois est soupçonnée d'être atteinte de ce vice, il est prudent de la rejeter des travaux, parce qu'il est certain qu'elle n'aura ni la même force ni la même durée qu'une pièce d'ailleurs égale en tout, mais tirée d'un arbre abattu en pleine vigueur.

Le bois en retour s'annonce, lorsqu'il est sec, par une multitude de petites fentes et gerçures en travers des fibres sur les faces d'équarrissement des pièces, par une apparence terne lorsqu'on le coupe. L'affaiblissement de la bonne odeur du bois est également un signe de retour dans celui fraîchement abattu.

Le bois *passé* est parvenu à un degré de détérioration plus marqué que le retour; il n'a plus de ténacité et ne peut supporter les assemblages de la charpenterie.

Le bois *mort* sur pied doit être rejeté de tout travail. S'il a encore quelque ténacité quand l'arbre vient d'être abattu, ce qui est rare, il est certain qu'en peu de temps il tombera en poussière.

Le bois *échauffé* ou *brûlé* doit être rigoureusement exclu de tout travail, et avec d'autant plus de scrupule que c'est un commencement de pourriture qui provient de ce que le bois s'est trouvé placé dans un lieu qui n'a pas permis à sa séve de se sécher, et qui a favorisé sa fermentation, qui ne cesse que lorsque la pourriture est complète.

Il est d'autant plus important de rejeter des travaux les pièces échauffées, que ce vice capital se propage rapidement et se communique aux pièces saines qui se trouvent en contact avec celles qui en sont atteintes, et qu'il entraîne leur détérioration.

On ne doit point se contenter de faire enlever à la hache les parties échauffées que l'on reconnaît sur une pièce de bois qui ne paraît pas entièrement viciée, parce qu'il y a impossibilité d'apprécier la limite du bois corrompu, et que non-seulement il est à craindre de laisser quelque germe de détérioration, mais qu'il est probable que toute la pièce est atteinte d'un commencement d'échauffement, peut-être imperceptible, qui ne peut manquer néanmoins de faire des progrès, malgré qu'on aurait enlevé le bois le plus vicié.

Le bois *brûlé* ne diffère du bois *échauffé* qu'en ce qu'il a atteint un degré de plus de détérioration dont le terme est la réduction en une poussière fine. Les bois arrivés à ces divers degrés de détérioration sont ordinairement attaqués aussi de la *vermoulure*.

La *pourriture* est le dernier degré de détérioration du bois; c'est une décomposition de la matière ligneuse qui résulte des alternatives de sécheresse et d'humidité. Quelquefois même l'une ou l'autre suffit pour la déterminer; la chaleur suffit lorsque le bois se trouve privé d'air avant d'être parvenu à une siccité parfaite. L'humidité seule détermine aussi la pourriture, lorsqu'elle est assez abondante pour amollir la séve et développer sa fermentation.

La *vermoulure* résulte du travail de petits vers qui naissent d'œufs introduits, comme nous l'avons déjà dit, dans le bois; mais les espèces qui attaquent les bois abattus et équarris ou mis en œuvre ne sont pas les mêmes que celles qui se nourrissent du bois des arbres sur pied. Elles pénètrent dans le bois et le vermoulent près de sa surface sans la détériorer, si ce n'est par les trous que laissent les insectes parfaits pour s'échapper et voler déposer leurs œufs dans d'autres bois. Il est à remarquer, au surplus, que la vermoulure n'a lieu que sur des bois ou très-vieux ou qui ont subi un commencement de détérioration, parce que les insectes ont plus de facilité pour les piquer et loger leurs œufs; elle est plutôt une conséquence du mauvais état du bois qu'une maladie particulière. Les premières marques de vermoulure sont des signes certains que la substance du bois est viciée.

La *carie*, dont nous avons déjà parlé, attaque aussi bien les arbres sur pied que les bois conservés dans les chantiers d'approvisionnement et ceux mis en œuvre; mais la *carie sèche* paraît être particulière à ceux-ci. Elle se manifeste à la surface des bois de charpente par des excroissances végétales, telles que les agarics, les champignons et les vesses-de-loup. Cette maladie paraît avoir été connue très-anciennement; elle était désignée sous le nom de lèpre des maisons : sa dénomination de *carie sèche* ne paraît dater que du commencement de ce siècle, époque où elle fit quelques ravages, notamment dans les arsenaux de la marine anglaise (1), et jeta l'alarme dans les autres pays.

La *carie sèche* est une sorte de pourriture; on a cru qu'elle était pro-

---

(1) *Revue brit.*, juin 1821.

duite par la végétation des parasites que nous venons de nommer; elle se communique et s'étend rapidement, peut-être par l'effet de leur multiplication, mais il est probable qu'une certaine disposition du bois, un commencement d'échauffement, se prête au développement de cette lèpre. Nous aurons occasion d'en parler encore au sujet de la conservation des bois.

Les bois mis en œuvre sont sujets à être attaqués des mêmes maladies que ceux conservés en magasin, et souvent même, les vices qui se manifestent dans les bois mis en œuvre ne sont que le développement de ceux qu'ils avaient contractés avant que l'outil du charpentier les eût façonnés. On conçoit donc qu'on ne saurait être trop scrupuleux sur le choix des bois qu'on admet pour faire partie des constructions; et si, par malheur, quelques pièces vicieuses ont échappé à l'investigation qui doit précéder la mise en chantier, ou si quelque détérioration se déclare dans quelques pièces d'une construction, on doit se hâter de procéder à leur remplacement. Je ferai remarquer à cet égard qu'une charpente d'une grande importance par son étendue et la dépense de sa construction serait parfaite, si en outre des conditions imposées pour le but qu'elle doit remplir, elle présentait toute facilité pour le remplacement de l'une quelconque de ces pièces qui viendrait à manifester des détériorations capables de compromettre la solidité de la construction et la conservation des autres bois.

Les bois conservés en approvisionnement et ceux mis en œuvre sont depuis nombre d'années attaqués, à Rochefort, par un insecte qui paraît y avoir été apporté dans des bois de construction par un bâtiment venu d'Afrique où ce même insecte exerce les plus grands ravages. Il est connu sous le nom de *termite;* il vit en société organisée à peu près comme celles des fourmis (1), il forme des nids d'où il dirige de petites galeries maçonnées, même sur les murailles des édifices, pour atteindre les boiseries et les charpentes, et s'y loger. Les *termites* dévorent l'intérieur du bois qu'ils réduisent en poussière, ils ne laissent qu'un épiderme qui conserve l'apparence entière de leur surface, et les fibres nécessaires au soutien de leur travail, qu'ils n'abandonnent que lorsqu'il n'y a plus de pâture; mais,

---

(1) Les *termites* sont aussi appelés *termes, fourmis blanches, poux de bois, vagvagues, aarias.*

en très-peu de jours la destruction totale du dedans des plus fortes pièces est opérée avant qu'on ait pu s'en apercevoir ; elle ne se manifeste que par leur rupture. On sera moins étonné d'une dévastation si rapide lorsqu'on saura que les femelles de ces petits insectes pondent jusqu'à quatre-vingt mille œufs en vingt-quatre heures, et que par conséquent les termites doivent être innombrables dans leurs nids et dans les pièces de bois qu'ils ont attaquées.

Les bois de construction ont à redouter encore deux autres ennemis, lorsqu'ils sont constamment baignés par la mer. Ils sont attaqués par les vers *tarets* et les *pholades*. Le frai de ces mollusques est transporté par l'eau de mer, il s'attache à tous les bois qu'il rencontre. Chaque petit *taret* s'insinue en faisant un imperceptible trou, sa tête armée d'une sorte de casque composé de deux valves ou coquilles très-dures en forme de tarière, lui sert à ronger le bois ; le trou s'agrandit à mesure que le ver augmente de volume, il forme ainsi un tube qu'il garnit d'un enduit calcaire qui l'a fait nommer *ver à tuyau*, et il parcourt le bois depuis le niveau du fond jusqu'à celui de l'eau. Dans une pièce verticale, dans un pieu, par exemple, chaque taret monte et descend suivant le fil du bois, sans offenser la surface et sans nuire à l'innombrable quantité d'individus de son espèce qui rongent en même temps que lui ; il ne termine son travail et sa vie que lorsqu'il ne reste plus rien à détruire entre les niveaux dont nous venons de parler, qui sont les limites de ses ravages.

Un an suffit pour qu'un pieu de 14 à 16 centimètres de diamètre soit complétement ruiné entre ces deux limites ; en deux années les plus grosses pièces sont hors de service. Les plus petits bois de fascinage ne sont pas à l'abri du ravage de ces vers. Ce sont eux qui sont si funestes aux digues de la Hollande et en général à tous les travaux en bois qu'on fait à la mer.

Les *pholades* sont des coquillages. Chaque pholade est contenue dans deux valves principales dont le mouvement lui sert à approfondir sa loge et à l'élargir à mesure qu'elle augmente en grosseur. Les pholades attaquent le bois plus rarement que les tarets, leur travail est aussi plus lent, mais il n'est pas moins pernicieux pour les bois auxquels elles s'attachent (1).

---

(1) Les pholades se logent aussi dans les roches des côtes et dans les pierres des constructions maritimes. Celle spécifiée sous le nom de *pholas-pusilla*, qui habite les mers de l'Inde, ne vit que dans le bois.

§ 5. *Qualités des bois propres aux travaux.*

On doit conclure de tout ce qui précède que les pièces de charpente, pour être admises dans une construction importante, indépendamment des dimensions qui leur sont nécessaires pour l'emploi qu'on veut en faire, doivent être de bonne qualité, en bois sec, sain et parfait, abattu au moins depuis trois ans, provenant d'un bon sol et d'arbres coupés en bonne saison. Elles doivent être de droit fil; leur rectitude ne doit pas résulter du travail de la hache ou de la scie, mais bien de celle de leurs fibres qui doivent d'ailleurs être lisses, sans ondulations ni tresses, et qui ne doivent être ni déviées, ni interrompues par de mauvais nœuds, ni aucune fracture quelconque. Les bois qu'on veut employer dans les charpentes doivent être surtout exempts des maladies et détériorations qui ont été précédemment signalées.

Les vices du bois affectent les formes des pièces et la disposition de leurs fibres, ou ils détériorent la substance ligneuse.

Les vices de la première espèce n'ont d'importance le plus souvent que sous le rapport du travail ou des fonctions que l'on veut faire remplir aux pièces. On peut, dans quelques cas, employer ces pièces lorsqu'il n'en résulte pas de grands inconvénients, et lorsque l'emploi qu'on veut en faire permet de les réduire à de plus petites dimensions par la suppression des parties difformes; quelquefois même certaines difformités s'ajustent au besoin du travail. Les pièces courbes sont dans ce cas, et elles sont souvent recherchées et préférées avec raison à celles auxquelles il faudrait donner artificiellement diverses courbures.

Quant aux vices qui attaquent la qualité du bois et qui peuvent influer sur sa conservation, aucune considération ne peut déterminer à admettre les pièces qui en sont affectées dans les travaux qui ont de l'importance, ni même dans les travaux les plus ordinaires. Il est toujours mal entendu de s'exposer aux suites que les vices du bois peuvent avoir, et l'économie du moment ne peut compenser les risques auxquels on s'expose pour l'avenir.

Parmi les vices de qualité qui affectent seulement quelques parties d'une pièce de bois, il en est pour lesquels on peut se contenter de supprimer ces parties. Le bois de charpente étant une matière précieuse, surtout lorsqu'il est sous de fortes dimensions, plutôt que de rejeter une belle pièce parce qu'elle est affectée de quelque vice local, dont la suppression est facile et assure la conservation de la partie saine, on peut enlever la partie viciée;

mais au lieu de la faire sauter en éclats avec la hache, il est mieux de la séparer à la scie, afin d'en tirer parti. Ainsi, par exemple, l'aubier qui doit être rejeté des constructions définitives et durables, peut être utilisé dans des travaux provisoires pour lesquels il est inutile de consommer des bois de bonne qualité, et lorsqu'on doit équarrir une pièce en grume dans les chantiers, il y a avantage d'enlever l'aubier en faisant l'équarrissement à la scie. Il en est de même de quelques vices locaux qui peuvent n'atteindre le bois qu'à peu de profondeur, comme les nœuds morts. Ces vices doivent être sondés pour s'assurer jusqu'où ils pénètrent et juger jusqu'à quel point il convient d'admettre ou de rejeter les bois qui en sont affectés. Pour sonder ces vices, on emploie la tarière, la hache, la besaiguë, le ciseau, le bédane, et l'on extirpe tout le bois vicié en suivant les contours qu'il affecte.

On peut alors mesurer la profondeur du mal, et la moindre épaisseur de bois qu'on peut faire lever tout le long de la pièce avec la scie pour qu'elle ne soit plus formée que de bois sain. L'épaisseur de la levée peut être plus grande que la profondeur du sondage; elle dépend de la moindre dimension qu'il faut conserver à la pièce principale, et du moyen qu'on a d'utiliser la levée qui doit être faite.

Dans quelques cas, cependant fort rares, lorsqu'en faisant le sondage d'un vice nuisible à la conservation d'une pièce d'une forte dimension, on n'a pas été obligé de creuser trop profondément pour atteindre le terme du mal, si l'on a la certitude que la pièce n'en est pas sensiblement affaiblie et qu'elle peut remplir encore le service qu'on en attendait, on peut l'employer dans ses dimensions et sans faire aucune levée. Après avoir extirpé jusqu'à la moindre parcelle du bois vicié et bien équarri le trou du sondage, on le bouche avec un morceau de bois sain et très-sec que l'on ajuste avec soin, que l'on chasse avec vigueur et que l'on peut coller avec un mastic résineux; mais on doit être très-réservé pour faire usage de ce moyen, et ne l'employer que lorsqu'il y a impossibilité de remplacer la pièce dont il s'agit par une pièce parfaite.

La percussion est un moyen d'éprouver et de sonder les pièces de bois qui ne présentent point extérieurement de signe de détérioration intérieure. On les élève sur deux chantiers, puis on les frappe avec une masse; on peut être certain, si elles ne sont pas sonores, qu'elles renferment quelques défectuosités telles que des cavités provenant de vermoulure ou de roulure, des points de pourriture ou interruptions des fibres, des fentes et gerçures recouvertes par du bois formé après les accidents qui les ont produites; on peut même, avec un peu d'habitude et en les frappant à diverses places, découvrir assez exactement le siége du vice, à moins que la totalité du bois n'ait perdu sa qualité sonore par un commencement d'échauffement et de pourriture, ce que l'on reconnaît, comme nous l'avons déjà dit, à sa couleur et à son odeur échauffée et désagréable, en faisant enlever quelques copeaux pour rafraîchir sa surface.

Lorsqu'on s'est assuré, comme nous venons de le dire, qu'une pièce de bois renferme quelque vice, il est prudent de ne pas l'employer entière quelque belle qu'elle puisse être d'ailleurs, parce qu'il y a impossibilité d'apprécier l'étendue actuelle de ce vice et sa nature, ni de prévoir quelles suites graves il peut avoir, et à quels accidents il peut donner lieu. Le plus sûr, c'est de faire débiter toute pièce douteuse et de n'employer, s'il y a lieu, que ses parties assez saines pour garantir un bon service.

C'est, au surplus, aux constructeurs habiles à juger les tolérances qu'ils peuvent se permettre dans le choix des bois qu'ils font mettre en œuvre; mais ils ne doivent jamais perdre de vue que les bois parfaits doivent être préférés et qu'ils sont même les seuls qu'on doit admettre dans les travaux, et que toute tolérance sur la qualité de la substance ligneuse, quels que soient d'ailleurs les avantages d'économie ou de temps qui devraient en résulter, ne pourrait être que funeste à la solidité et à la durée des édifices dans lesquels les bois tolérés seraient admis.

CHAPITRE III.

EXPLOITATION, ÉQUARRISSEMENT ET DÉBIT DES BOIS DE CHARPENTE.

§ 1. *Exploitation.*

Les différents modes de reproduction des arbres déterminent les différents systèmes d'exploitation et d'aménagement des forêts et même des arbres plantés isolément et en alignement.

L'exploitation se fait par *coupes générales*, par *éclaircies* ou par *coupes réglées*, suivant que les forêts sont en futaies ou en taillis, et qu'elles ont atteint en totalité ou dans quelques-unes de leurs parties, ou pour quelques sujets seulement, le maximum qu'on peut espérer de leur végétation.

Dans l'exploitation par coupe totale ou générale d'une forêt, tous les arbres, sans distinction de force, sont abattus. On commence à la lisière de la forêt et à proximité des routes qui la traversent; on opère avec le plus grand ordre pour ne point faire d'encombrements qui gêneraient l'exploitation et obstrueraient les issues. On procède de différentes manières, selon le but qu'on se propose. Ainsi, lorsqu'on veut détruire complètement la forêt et défricher le sol pour le livrer à un autre genre de culture, on arrache jusques aux racines, et pour certaines espèces d'arbres, on a soin de n'en laisser aucune, même des plus petites; tandis que, si l'on veut convertir les futaies en coupes réglées et taillis, on coupe les arbres près de terre et au-dessus du collet qui sépare la tige de la souche qui reste en terre, et qui doit produire le nouveau bois, comme nous l'avons décrit précédemment.

Dans la coupe par éclaircies, on se contente d'abattre seulement les arbres qui ont atteint le terme de la croissance utile, ou que l'on regarde comme suffisante pour l'usage auquel on les destine.

Dans l'exploitation en taillis, qui se fait par coupes réglées, ainsi nommées parce qu'on les renouvelle au bout d'un certain nombre d'années, on coupe tout le bois, à moins qu'il n'y ait lieu de réserver çà et là sur les souches, les plus belles pousses pour former ce qu'on appelle des *bali-*

veaux. Les coupes réglées se font tous les cinq ou sept ans, jamais au-delà de vingt-cinq ou trente. Une forêt exploitée en coupe réglée est ordinairement partagée en quartiers, de façon que chaque année il y ait à effectuer la coupe du bois d'un certain nombre de ces quartiers, et que tous les quartiers soient coupés à leur tour.

La coupe ou l'abattage des arbres peut être fait de plusieurs manières :

1° On abat un arbre avec sa souche séparée des racines;

2° On arrache un arbre avec sa souche et toute ses racines;

3° On coupe un arbre au-dessus de sa souche à coups de hache ou à la scie, soit qu'on ait l'intention d'arracher la souche ou de la laisser pour la production du taillis.

Pour pratiquer la première méthode, on déblaye la terre autour de la souche de l'arbre qu'on veut abattre, assez profondément pour qu'on puisse couper avec la hache toutes les racines qui la retiennent; les terres déblayées sont jetées tout autour de l'excavation; après que les racines sont coupées à la hache ou à la scie, suivant que cela est plus commode, l'arbre est couché du côté où il doit faire le moins de dégâts sur les arbres voisins. C'est au moyen de cordages qu'on le fait tomber et qu'on dirige sa chute; il enlève avec lui sa souche en tombant. Lorsqu'on peut faire un déblai suffisant, il y a avantage de temps à couper les racines avec une scie. L'arbre étant abattu, on rejette la terre dans le trou laissé par la souche pour s'en débarrasser et qu'elle ne gêne point les excavations qu'il est nécessaire de faire pour dégager les racines.

On abat aussi les arbres en les pivotant, ce qui ne peut s'appliquer qu'aux espèces qui ont un pivot ou grosse racine qui s'enfonce verticalement dans la terre et très-profondément; pour cela, on ne déblaye autour de la souche que jusqu'à la profondeur nécessaire pour couper les racines latérales, de telle sorte que l'arbre ne soit retenu verticalement que sur son pivot; passant alors au-dessous de la souche des chaînes ou de très-forts cordages, on agit dans une direction verticale au moyen de crics et de leviers pour extirper le pivot; puis on couche l'arbre à terre, comme nous venons de le dire. La méthode de pivoter est avantageuse lorsqu'on veut substituer un taillis à une futaie des espèces d'arbres qui poussent des jets sur les racines laissées en terre, parce qu'alors le sol est débarrassé des vieilles souches qui ne fournissent que des sujets languissants; elles sont remplacées par des racines qui présentent plus de développement, qui sont plus vigoureuses et donnent, par conséquent, des taillis plus touffus et plus forts.

L'arrachement des arbres, en les pivotant, ne peut pas se pratiquer pour ceux qui ne repoussent que sur leurs souches et nullement sur leurs racines; de ce nombre sont le chêne, le hêtre, le charme, etc.

Pour arracher un arbre avec toutes ses racines, on dégage les principales d'une partie de la terre qui les enveloppe, on passe en-dessous des cordages ou des chaînes, et, au moyen de leviers, de vis, de crics et de treuils, on les soulève les unes après les autres, en commençant par les plus faibles. On passe ensuite d'autres cordes et d'autres chaînes sous la souche qu'on enlève de la même manière, et l'on abat toujours l'arbre du côté qu'on a choisi. Cette méthode est pratiquée avec avantage lorsqu'il s'agit de faire un défrichement pour convertir le sol de la forêt en terres labourables, parce que le fond se trouve complétement purgé de racines qui seraient nuisibles au mouvement de la charrue.

On peut aussi soulever les souches par le moyen de la poudre. Il faut, pour cela, déblayer assez de terre autour d'une souche et de ses racines pour diminuer la résistance du sol; on place ensuite sous la souche un petit mortier de métal à large base, que l'on pose sur un plateau de bois encore plus large; après qu'on a mis la charge, on recouvre le mortier par une plaque épaisse en fonte, et l'on chasse une quantité suffisante de coins en dessus de cette plaque pour que l'effort de la poudre se porte directement sur la souche; on met le feu au moyen d'une mèche lente qui donne le temps de s'éloigner. Si l'arbre n'est pas immédiatement renversé, au moins l'explosion avance considérablement le travail.

La troisième méthode est la plus usitée, elle est la seule praticable pour certaines espèces qui ne drageonnent point, quand on veut que les souches produisent un taillis. Le bûcheron fait au pied de l'arbre qu'il doit abattre et avec la cognée une profonde entaille du côté où il veut le faire tomber, il fait une seconde entaille du côté opposé et l'approfondit jusqu'à ce qu'elle soit près de joindre l'autre et qu'il ne faille plus qu'un faible effort pour renverser l'arbre. La première entaille doit atteindre beaucoup au-delà du cœur de l'arbre pour que la chute soit déterminée de son côté, et pour qu'il ne se fasse pas au cœur ce qu'on appelle une *lardoire;* c'est un éclat arraché du centre de la souche, qui peut avoir 10 à 15 décimètres de longueur, et qui, par conséquent, laisse dans la souche un creux qui contribue à son dépérissement, parce qu'il est un réceptacle pour les eaux de pluie.

Lorsqu'on abat les arbres à la hache, on a soin de les couper le plus près possible du sol, afin de profiter de toute leur longueur. Cette précaution est utile aussi pour la beauté des jets des espèces qui poussent sur souche, pourvu qu'on n'offense pas le collet, et l'on évite de faire la coupe en creux sur la souche, vu que l'eau, en s'y amassant, la pourrirait en très-peu de temps. On fait donc en sorte que la coupe de la souche présente une forme saillante, telle que celle d'un dos d'âne ou d'une pyramide, pour rejeter les eaux au dehors.

Hassenfratz pensait que l'abatage des arbres à la scie était impraticable; cependant on l'effectue quelquefois, c'est un très-bon moyen d'économiser la longueur d'un arbre, parce que l'entaille à la hache raccourcit toujours la tige de 4 à 6 décimètres, tandis qu'avec une scie la coupe n'occupe que l'épaisseur du trait de scie. Il est très-vrai que la pratique de cette méthode est assez difficile avec une scie droite, vu que, pour qu'elle soit profitable, il faut que la coupe soit faite très-près de terre, et la position des ouvriers ne serait pas commode, si l'on n'avait pas recours à un expédient très-simple. On creuse entre les racines deux trous assez profonds dans le sol pour placer les ouvriers qui meuvent la scie et pour que leurs mains soient un peu au-dessus du collet. On remédie à la pression que le poids de l'arbre opère sur la scie, dès qu'elle a dépassé la moitié de son diamètre, en chassant fortement des coins dans le trait de scie. On a d'ailleurs soin de faire une amorce de trait de scie, ou une petite entaille du côté opposé, et des cordages latéraux, disposés en haubans, retiennent l'arbre vertical jusqu'au moment où l'on fait agir ceux qui doivent entraîner sa chute. On se sert, pour couper ainsi les arbres sur pied, de la scie dite passe-partout, que nous avons décrite.

La Société agricole de la haute Écosse a donné deux prix à MM. Thom. Jack et Dixon Vallance pour deux machines à couper les arbres sur pied. L'une est une scie entièrement circulaire équipée de telle sorte qu'un pignon, qui lui est joint sur son arbre vertical, reçoit le mouvement par l'engrenage d'une grande roue de champ mue par une manivelle qu'un homme fait tourner. La scie a $0^m,65$ de diamètre, la grande roue dentée fait 40 tours par minute et la scie en fait 200; elle avance sur l'arbre au moyen d'un chariot dont le mouvement est déterminé par la même grande roue. Tout le système est retenu à la souche de l'arbre à couper par des clameaux.

La seconde scie est formée d'une lame en arc de cercle de $1^m,30$ de développement sur un rayon de $0^m,975$. Elle agit sur l'arbre en va-et-vient au moyen du levier qui fait partie de sa monture et se prolonge au delà du centre autour duquel se fait le mouvement. La pression des ouvriers suffit pour enfoncer la scie à mesure qu'elle agit. En coudant le levier, le plan de la scie peut être horizontal, et les ouvriers ne sont pas dans une position incommode (1).

Lorsqu'on coupe les arbres à la scie et qu'on veut conserver les souches pour produire des taillis, il faut polir la coupe à l'herminette; il serait bon même de lui donner une légère pente par la position de la scie, afin de faciliter l'écoulement de l'eau.

Nous avons fait remarquer que, lorsqu'on abat un arbre, on fait choix, avant de procéder, du côté sur lequel on doit le faire tomber. Son inclinaison naturelle, la disposition de ses branches, sa situation par rapport aux arbres voisins, et la facilité de l'extraction déterminent ce choix, pour qu'il n'en résulte que le moindre dégât possible. Si quelque circonstance déterminait sa chute du côté d'une de ses propres branches qu'on devrait utiliser pour la charpenterie, et dont la rupture pourrait endommager le tronc ou vicier la branche, on doit la séparer d'abord à la hache ou à la scie en la soutenant avec des cordages attachés à d'autres branches, ou à des arbres voisins, vu qu'on ne saurait prendre trop de précautions pour ménager les bois qu'on exploite.

Hassenfratz fait remarquer que la méthode d'arrachement coûte douze fois plus que la coupe à la hache; que l'arrachement, en faisant pivoter, ne coûte que le double, et que par l'une et l'autre méthode on gagne beaucoup sur la longueur de l'arbre; cette augmentation de longueur a quelquefois une valeur qui est 12 à 18 fois celle de l'augmentation de la dépense pour pivoter. La méthode par arrachement doit toujours être préférée toutes les fois qu'il s'agit de défricher, vu qu'il importe, dans ce cas, de profiter de la plus grande longueur des arbres, et qu'on n'a aucun ménagement à prendre pour la reproduction.

Les arbres isolés dans les champs ou en quinconce, ceux des plantations d'agrément ou d'alignement et des routes, sont toujours arrachés avec leurs souches et racines, parce qu'on les remplace par d'autres arbres élevés en pépinières.

Dans quelques provinces, on exploite en hauts taillis, ou taillis sur hautes tiges. Les corps d'arbres sont coupés encore jeunes à la hauteur d'un mètre et demi environ au-dessus du sol, et de nombreux jets poussent à cette hauteur à peu près comme sur des souches coupées à rase terre; on les exploite comme les autres taillis par coupes réglées; on peut même y ré-

---

(1) *Mémorial encyc.*, t. II. Trans. of the Highl. soc. of Scotland, vol. III.

server des baliveaux. Les corps d'arbres sur lesquels poussent les hauts taillis ne sont point propres aux travaux, parce que leur bois est toujours vicié : les infiltrations de la pluie, occasionnées par les rugosités sans nombre que la coupe des taillis laisse sur leurs têtes, décomposent et pourrissent le cœur, et ces corps d'arbres sont presque toujours creux; ce qui confirme que la végétation n'a lieu que sur la circonférence, par l'accroissement du liber et de l'aubier.

§ 2. *Époque de l'abatage des arbres.*

Une question fort importante sur laquelle les naturalistes, aussi bien que les cultivateurs forestiers et les constructeurs ne sont pas d'accord, c'est de savoir l'âge auquel il faut abattre les arbres, et même l'époque de l'année qui convient le mieux pour les couper. Duhamel pense que la pourriture affecte les bois, quelle que soit la saison dans laquelle ils ont été abattus. Il observe qu'en Italie on coupe les bois en été, et que cependant ils sont d'une très-longue durée. On les coupe dans la même saison en Espagne. On ne peut pas cependant tirer une règle de ces exemples, vu que l'Italie et l'Espagne ont un climat particulier qui permet une prompte dessiccation de la séve. Hartig, savant forestier allemand, est d'un avis contraire : il se prononce fortement contre la coupe faite en été ou au printemps. On rapporte cependant que le grand-père de Benjamin Pooz, de l'État de Massachusets, qui avait toujours fait couper les bois dans le déclin de la lune de mars, fut averti en 1812, par un ouvrier intelligent, que s'il voulait attendre pour couper le mois de juin, le bois serait plus difficile à travailler; mais que les objets de charronnage construits avec seraient plus solides et de plus longue durée, ce que l'expérience confirma. D'autres expériences, faites par Joseph Coopez, fermier des bords de la Delaware, paraissent venir à l'appui de cette opinion. Des bois abattus par des soldats anglais en mai 1778, furent employés immédiatement en poteaux et barrières. L'hiver suivant, au déclin de la lune de février, Coopez fit abattre plusieurs chênes de la même espèce et les convertit également en poteaux. Il observa que les clôtures construites avec les bois abattus au mois de mai étaient en bon état au bout de 22 ans, tandis que celles construites avec les bois abattus en février s'étaient trouvées entièrement vermoulues au bout de 12 ans. Il paraît résulter des expériences du D. Rainn, de Tarand, près Dresde, qu'il y a dans l'année une époque où les fibres des arbres parviennent à leur plus grande dureté. Il pense que la coupe du bois doit être faite à l'époque du plus haut degré de développement de la végétation, pour Dresde, à la fin du mois de mai ou au commencement du mois de juin; d'après cela, il conseille de laisser après la coupe les arbres par terre avec leurs branches et leurs feuilles, afin qu'elles attirent à elles toute la séve qui est restée dans le tronc. Il est à remarquer que cette méthode ne pourrait être pratiquée dans une grande exploitation ; car les arbres et leurs branches se trouveraient tellement entrelacés que l'extraction des arbres pour la charpenterie deviendrait fort dispendieuse.

J'ai eu occasion d'employer des bois de chêne abattus en France pendant les étés de 1813 et de 1814. Au bout de trois ans, ces bois s'étaient trouvés dans un état d'échauffement tel qu'il avait été impossible de les utiliser pour des constructions stables; les moins détériorés d'entre eux ne purent servir que pour des travaux provisoires, des échafaudages, des pilots et des palplanches pour batardeaux d'épuisement.

En dernier résultat, le meilleur parti est de continuer à suivre les habitudes établies dans les divers pays où leur long usage en a démontré l'efficacité. Il est positif que, dans nos climats, les bois abattus, sinon en hiver au moins dès que la séve a cessé de monter, c'est-à-dire après la chute des feuilles, et avant qu'elles recommencent à se montrer, sont bons et d'une longue durée. Les plus anciennes de nos constructions, les mieux conservées, ont certainement été exécutées avec des bois coupés à la même époque de l'année que nous choisissons encore aujourd'hui, et qui nous a été indiquée par les traditions les plus anciennes, vu que les bûcherons n'ont jamais été gens à se laisser séduire par des innovations, et la saison qui suit la chute des feuilles a toujours été celle de la coupe des bois. Dans les exploitations, il y aurait imprudence à attendre plus tard, vu qu'il est indispensable que l'opération de l'abatage soit terminée avant le retour de l'ascension de la séve. Cette époque de l'année cadre merveilleusement d'ailleurs avec les autres occupations de l'homme de campagne; car elle permet, pour la coupe des bois, les premières façons qu'on leur donne, et pour leur transport, de disposer des bras et des voitures attelées qui ne sont plus employés aux travaux de la culture et des récoltes, dont la plus grande activité est dans l'été, et que les froids suspendent.

D'autres questions relatives à la qualité des bois résultant du mode d'exploitation ont été discutées par les savants et les cultivateurs forestiers. Duhamel et Buffon ont démontré, comme nous l'avons déjà vu, que l'aubier se convertit en bois parfait; ils ont fait de cette découverte une application qui aurait été de la plus grande utilité, si l'expérience eût confirmé complétement les résultats qu'ils annonçaient. Ils proposaient de donner aux arbres plus de valeur, en augmentant le volume de leur bois utile pour la conversion de leur aubier en bois parfait, au moyen de leur écorcement sur pied une année avant de les abattre. Par ce procédé, on met l'aubier à découvert, et le temps indiqué suffit pour lui donner la dureté, la pesanteur et même l'apparence du bois parfait. Il en résulterait, si l'aubier était réellement converti en bois parfait, qu'il ne serait plus nécessaire de le rejeter et de l'abattre de toutes les pièces de bois de construction, et qu'on ferait une grande économie de bois. Mais l'efficacité de ce procédé a trouvé de nombreux contradicteurs, entre autres Becker, inspecteur des forêts à Rostock, et Laurop, grand maître des forêts du duché de Berg, qui reprochent à Buffon et aux Duhamel de s'être trompés dans les conclusions qu'ils ont tirées d'expériences qu'ils n'auraient pas faites avec assez de soin. Ils attribuent la plus grande pesanteur et la plus grande ténacité des chênes écorcés par Buffon et les Duhamel à ce que le bois des arbres mis à l'épreuve n'était pas suffisamment desséché.

M. Baudrillard, qui a écrit aussi sur le même sujet, assure que l'écorcement a l'inconvénient de renfermer dans les arbres des sucs fermentescibles qui donnent lieu à la pourriture par la facilité avec laquelle ils se dissolvent à l'humidité.

Ce qui doit, en outre, faire rejeter cette méthode, malgré l'autorité des noms qui lui avaient attiré dans le commencement de nombreux partisans, c'est la cherté de l'opération. A la vérité, M. de la Bouillay, intendant des mines, essaya de faire enlever, au printemps, une couronne d'écorce au pied d'un grand nombre de chênes, et d'y faire percer un trou de tarière pénétrant jusqu'au centre, ce qui dut diminuer de beaucoup la dépense. Au bout de trois mois, les arbres furent abattus et employés vingt jours après; leur bois ne donna aucun signe d'altération. Mais un grave inconvénient de l'un et l'autre genre d'écorcement, c'est de faire perdre au bois son élasticité. Il ne peut plus être courbé par les moyens ordinaires, comme l'a expérimenté le comte Gallovin, amiral russe; ce qui provient sans doute de ce que cette opération produit une espèce de mort sur pied, puisque le travail de la végétation qui paraît se faire le long du liber et du cœur à la circonférence, ne peut plus être le même lorsque l'arbre est dépouillé de son écorce que lorsqu'il en est revêtu, et que, par conséquent, le changement qui s'opère dans l'aubier n'est pas une véritable conversion en bon bois.

Un autre inconvénient très-grave qui se joint à ceux dont nous venons de parler, c'est que l'espèce de mort sur pied résultant de l'écorcement ou de l'incision d'une couronne au pied de l'arbre, détruit complétement le système de la conversion des futaies en taillis, fondé sur la prompte production des pousses nouvelles à la circonférence des souches après la coupe. La végétation cesse après l'écorcement, de telle sorte que les souches meurent en même temps que le corps de l'arbre.

On a encore proposé, pour diminuer l'abondance de la séve dans les arbres avant de les abattre, de les cerner par une entaille immédiatement au-dessus de terre, en ne les laissant adhérer à leur souche que par un pivot à peu près cylindrique et réduit au diamètre seulement nécessaire pour les soutenir, afin que, n'ayant plus que cette étroite communication avec leurs racines, les parties de la séve non consommées par la production du bois et des feuilles, puissent s'échapper. Les arbres, ainsi pivotés, font voir effectivement un écoulement assez abondant d'eau. Mais cette pratique, d'ailleurs assez difficile, a également l'inconvénient de détériorer les souches et présente de graves dangers, vu que, pour qu'elle soit efficace, il faut que le pivot soit réduit à un petit diamètre, et l'on doit craindre qu'il soit facilement rompu. On conçoit quel onéreux désastre un fort coup de vent pourrait occasionner dans une forêt dont l'exploitation aurait été ainsi préparée. On obtiendrait probablement le même écoulement de la séve, s'il était possible de placer les arbres verticalement et comme en faisceau, immédiatement après qu'ils seraient coupés; mais la dépense qu'une pareille opération occasionnerait, empêchera toujours qu'elle soit pratiquée.

§ 3. Équarrissement des bois.

Opérations préliminaires.

La forme arrondie que la nature donne aux tiges des arbres n'a pu convenir qu'aux premières constructions et tant que la hache n'a pas été commune dans la main de l'homme. Dès que les outils sont venus au secours du travail, les moyens de jonction des pièces de bois se sont multipliés et ont nécessité pour leur perfection l'équarrissement des bois, opération par laquelle on tire d'un corps d'arbre une pièce prismatique rectangulaire, forme qui est la plus simple, la plus aisée à tailler en même temps qu'elle est la plus convenable, soit qu'il s'agisse de juxtaposer les bois, soit qu'on veuille par leur superposition faire concourir la pesanteur à la stabilité des constructions, soit enfin qu'on ait à les combiner dans divers sens par des assemblages d'une facile exécution.

L'équarrissement a donc pour objet de préparer les corps d'arbres pour les constructions; et tous les bois de charpente, à l'exception de ceux qu'on réserve pour être employés en pilotis, sont équarris avant d'être livrés au travail du charpentier.

En équarrissant un corps d'arbre, on doit se proposer d'en tirer le parallélipipède le plus volumineux possible, ou bien un parallélipipède dont les dimensions soient en rapport avec l'emploi qu'on veut en faire; et dans tous les cas on cherche à perdre le moins de bois possible en copeaux. Il faut, pour parvenir à ce résultat, imaginer dans le corps de l'arbre les plans qui se rencontrent à angle droit et qui déterminent la forme du parallélipipède qu'on veut en tirer; on enlève tout le bois qui se trouve situé extérieurement à ce parallélipipède, de telle façon qu'après le travail, la pièce de bois obtenue ait la forme et les dimensions qu'on voulait lui donner.

L'équarrissement est fait le plus ordinairement à la forêt par des bûcherons équarrisseurs qui ne s'occupent que de ce genre de travail dans les grandes exploitations, et que l'habitude de pratiquer cet art rend très-habiles pour juger à la simple vue le meilleur parti qu'on peut tirer d'un corps d'arbre quelquefois très-difforme.

Le commerce des bois fournit ordinairement aux charpentiers les bois équarris qu'ils emploient dans leurs travaux; mais il arrive fréquemment que les maîtres achètent des bois ronds ou en grume, qu'ils font abattre des arbres isolés ou même qu'ils entreprennent des exploitations; il faut donc qu'un charpentier connaisse les procédés de l'équarrissement. D'ailleurs on adopte aujourd'hui, avec raison, la méthode de refaire les faces des pièces équarries grossièrement à la forêt pour les dresser de telle sorte qu'elles soient polies et bien planes, que les bois aient des dimensions exactes et que leurs arêtes soient vives et sans défaut. Or, comme les procédés que l'on suit pour obtenir ces résultats ne diffèrent de ceux qu'on pratique à la forêt que par le soin et l'exactitude qu'on y apporte, il faut qu'un ouvrier charpentier les connaisse.

Règle générale, toutes les fois qu'on veut travailler une pièce de bois, il est indispensable de l'établir sur deux autres pièces au moins que l'on nomme *chantier*, et sur un plus grand nombre, lorsque la longueur de la pièce ou sa pesanteur peuvent lui faire prendre une courbure sensible.

L'établissement d'une pièce de bois sur des chantiers, a pour objet d'obtenir sa stabilité pendant le travail, de lui donner la position qui convient, au moyen de cales faciles à placer, et de l'élever, afin que l'on puisse porter les mains et les yeux sur toutes les parties, et que les outils puissent parcourir ses faces sans rencontrer le sol.

À la forêt, dans les grandes exploitations, les bûcherons se servent de tronçons d'arbres entaillés pour chantiers; mais dans les ateliers ces tronçons n'auraient point la stabilité désirable, et l'on ne se sert que de chantiers équarris, qui ne sont d'ailleurs que des rognures ou des bois de démolition qu'on ne saurait utiliser autrement et qu'on réserve pour cet usage.

Les chantiers doivent être établis de niveau, suivant leur longueur, et de niveau aussi dans le sens de leur largeur, ce que l'on appelle *de devers*. Ceux qui soutiennent une même pièce de bois doivent être parallèles entre eux ou perpendiculaires à la pièce et de même niveau, c'est-à-dire que leurs faces supérieures doivent être dans un même plan horizontal. Nous aurons occasion de décrire la manière dont on procède pour obtenir ce résultat. Ces premiers détails suffisent pour ce qui regarde l'équarrissement des bois.

Pour équarrir un corps brut, c'est-à-dire pour en tirer un autre corps terminé par des faces planes qui se rencontrent d'équerre, il est indispensable d'avoir un moyen de guider l'outil qui doit mettre à découvert les faces planes du corps équarri, qui est un parallélipipède. Il faut donc représenter, par rapport aux formes du corps brut, la disposition de ce parallélipipède; c'est ce qu'on obtient en marquant sur la surface du corps brut les traces de prolongements des plans à tailler. Le choix de la position du parallélipipède le plus volumineux, ou de celui dont le rapport des dimensions d'équarrissage est donné, serait extrêmement difficile, s'il n'était pas évident, pour le cas de l'équarrissement des bois, que la plus grande des trois dimensions du parallélipipède doit être dans le sens de la longueur de l'arbre, et que la forme d'un corps d'arbre étant à peu près cylindrique, le parallélipipède rectangle doit être un prisme dont les deux bases sont perpendiculaires à l'axe de l'arbre. Ces deux bases s'obtiennent au moyen d'un trait de scie à chaque bout, suivant des plans sur lesquels il est aisé de déterminer la position des quatre autres faces d'équarrissement par leurs traces, elles forment sur chaque coupe un rectangle. C'est donc ce rectangle qu'il s'agit de déterminer, soit qu'on veuille obtenir une pièce du plus grand volume possible, ou une pièce dont les dimensions d'équarrissage soient dans un rapport donné.

Nous supposons d'abord un corps d'arbre droit et rond. Il est évident qu'attendu qu'un arbre est un peu conique, tandis que la pièce qu'on veut équarrir doit être un prisme dont la longueur est limitée par celle de l'arbre, c'est sur le bout qui a le plus petit diamètre que l'on doit chercher le rectangle qui représentera l'équarrissage que pourra avoir la pièce qu'on veut obtenir, pour qu'elle ait le plus fort volume possible, que l'aubier soit supprimé et que toute la pièce soit en bois parfait. Le rectangle qui détermine l'équarrissage doit être inscrit dans le cercle qui sépare l'aubier du bois parfait. Cette condition n'est cependant pas constamment observée à la forêt, par la raison qu'il n'est pas nécessaire que les bois équarris pour le commerce soient à vive arête, vu que, dans le transport, les coups que les pièces peuvent recevoir ne manqueraient pas de les dégrader et de diminuer leur valeur, si les dégradations portaient sur le bois parfait. On peut donc se contenter, à la forêt, d'un équarrissement qui laisse un peu d'aubier, sauf à le supprimer en formant avec la cognée un chanfrein sur chaque arête. On fait disparaître ce chanfrein en refaisant les faces des pièces au chantier, pour établir un équarrissage parfait, comme nous l'avons dit précédemment.

Le commerce ne fournit que des bois de charpente carrés, parce que le plus grand rectangle inscrit dans un cercle, fig. 4, planche IV, est un carré $a\,b\,c\,d$. En effet, si l'on divise ce carré en deux triangles isocèles rectangles et égaux $a\,b\,c$, $c\,d\,a$, inscrits dans les deux demi-circonférences qui forment le cercle entier, chacun de ces triangles est plus grand que tous les autres triangles $a\,b'\,c$, $c\,d'\,a$, moitiés d'un rectangle quelconque $a\,b'\,c\,d'$ inscrit dans le même cercle, puisque ces triangles ayant tous même base $a\,c$, les hauteurs $c\,b$, $c\,d$ des premiers sont toujours plus grandes que celles $m\,b'$, $n\,d'$ des deux autres; le carré $a\,b\,c\,d$, somme des triangles $a\,b\,c$, $c\,d\,a$ est donc aussi le plus grand rectangle inscrit dans le cercle.

Il en est de même du plus grand rectangle que l'on puisse inscrire dans un quart de cercle $c\,f\,b\,c$, fig. 5, qui est également un carré $a\,b\,d\,c$. Les diagonales de tout autre rectangle $a'\,b'\,d'\,c$ sont égales à celles du carré $a\,b\,d\,c$ qui sont elles-mêmes égales au rayon $c\,b$ du cercle. Les triangles égaux $a\,b\,d$, $d\,c\,a$, qui sont tous deux la moitié du carré $a\,b\,d\,c$, sont plus grands que les triangles $a'\,b'\,d'$, $d'\,c'\,a'$, qui sont les deux moitiés du rectangle $a'\,b'\,d'\,c$, puisque les triangles ont des bases égales $a\,d$, $a'\,d'$, et que les hauteurs des premiers $o\,b$, $o\,c$ sont toujours plus grandes que celles $m\,b'$, nc des secondes.

La fig. 7 représente le plus petit bout d'un arbre rond sur lequel on distingue le cercle de séparation entre l'aubier et le bois parfait. Le rectangle du plus fort équarrissage de la pièce qu'on doit en tirer, s'obtiendra, en inscrivant un carré $a\,b\,e\,d$ dans ce cercle ou qui le dépasse un peu, d'après ce que nous avons dit plus haut. On détermine le centre c du contour de l'arbre ou du cercle qui sépare l'aubier, par la méthode géométrique représentée fig. 6, par tâtonnement, ce qui est la plupart du temps aussitôt fait et suffisant. Par ce centre, on trace deux lignes droites qui s'y croisent à angle droit. A partir du centre c on porte sur ces lignes quatre longueurs égales ca, cb, cd, ce, de telle sorte que les pointes a', b, d', e, se trouvent un peu au-delà du cercle de séparation. Ces quatre points sont les angles du carré qui marque l'équarrissage de la plus grosse pièce que l'on puisse tirer de l'arbre qu'il s'agit d'équarrir, et dont les arêtes ne porteront d'aubier que ce qu'il en faut pour qu'elles puissent être heurtées sans danger pour le bois parfait. S'il fallait que la pièce fût à vive arête et sans aubier, il faudrait prendre les angles du carré précisément aux points où les diagonales coupent le cercle de séparation de l'aubier et du bois parfait.

Mais les arbres ne sont pas toujours exactement ronds; il s'en trouve dont les coupes des bouts présentent des contours elliptiques, comme celle fig. 10. Dans ce cas, le plus fort équarrissage n'est plus donné par un carré, mais par le plus grand rectangle $a\,b\,e\,d$ inscrit par l'ellipse de séparation de l'aubier.

Ce rectangle $a\,b\,e\,d$, fig. 9, répond pour sa plus petite dimension $b\,c$ au côté du carré $a'\,b'\,e'\,d'$, inscrit dans le cercle décrit sur le plus petit axe $m\,o$ de l'ellipse. On sait que la surface de ce cercle est à la surface de l'ellipse $m\,n\,o\,p$, comme le petit axe $m\,o$ de cette même ellipse est à son grand axe $n\,p$; on sait, de plus, que le carré $a'\,b'\,c'\,d'$, inscrit dans le cercle, et le rectangle $a\,b\,e\,d$ de même largeur, inscrit à l'ellipse, sont entre eux dans le même rapport. Le rectangle est donc à la surface de l'ellipse, comme le carré est à celle du cercle. Conséquemment, le carré $a'\,b'\,e'\,d'$ étant le plus grand rectangle inscrit au cercle, le rectangle correspondant $a\,b\,e\,d$ inscrit dans l'ellipse est aussi le plus grand qu'on puisse inscrire dans cette ellipse.

On démontre encore que le carré $f\,g\,h\,i$ circonscrit au cercle, et le carré $a'\,b'\,e'\,d'$ qui lui est inscrit, ayant leurs diagonales yi, $b'd'$ sur une même ligne passant par le centre c, les diagonales $r\,t$, $b\,d$ du rectangle $q\,r\,s\,t$, circonscrit, et du rectangle $a\,b\,e\,d$ inscrit à l'ellipse, sont sur une même ligne passant également par le centre; et de plus, que la diagonale $a\,e$ du rectangle inscrit à l'ellipse est parallèle à la diagonale $m\,n$ du rectangle $m\,r\,n\,c$, formé sur les deux demi-axes, ce qui donne le moyen de tracer sur la coupe elliptique du bout d'un arbre le rectangle du plus fort équarrissage qu'on puisse en tirer.

Soit fig. 10, pl. IV, le plus petit bout elliptique d'un corps d'arbre sur lequel l'ellipse *m n o p* de séparation de l'aubier est apparente. Ayant tracé aussi exactement que possible les axes *m n o p*, soit tirée la corde *m n*, et par le centre *c* de l'ellipse un diamètre *a e* parallèle à cette corde. Les points *a, e*, où ce diamètre rencontre l'ellipse *m n o p* sont les sommets de deux angles du rectangle *a b e d* de plus fort équarrissage, que l'on trace en faisant ses côtés parallèles aux axes de l'ellipse.

Il arrive très-fréquemment qu'il s'en faut de beaucoup que la coupe d'un arbre présente un contour régulier; elle peut être, au contraire, très-difforme, comme celle représentée fig. 8; on n'a plus alors de moyen exact de trouver le carré qui doit guider pour obtenir le plus fort équarrissage; ce n'est que par une sorte de tâtonnement que l'on parvient à le déterminer. On présente successivement sur la coupe des calibres *a′ b′ e′ d′*, *a b e d* de diverses grandeurs, et l'on établit leurs angles sur la courbe de séparation de l'aubier, en les tournant convenablement; celui de ces calibres qui est le plus grand donne en même temps la dimension et la position du carré du plus fort équarrissage.

Il est rare de trouver des arbres de formes régulières, c'est-à-dire qui soient parfaitement droits, exactement ronds ou elliptiques dans leurs coupes. C'est donc le plus souvent à la sagacité et à l'adresse des bûcherons, qui ont la grande habitude de l'équarrissement, qu'il faut s'en rapporter pour tirer des arbres le meilleur parti. Les entrepreneurs des grandes exploitations accordent un intérêt dans la valeur des pièces équarries, afin de n'avoir point de pertes à éprouver par l'effet de l'insouciance des ouvriers, qui apportent alors toute leur attention pour donner aux pièces à équarrir les plus fortes dimensions dont les arbres sont susceptibles; sans dépasser les limites convenues pour la tolérance de l'aubier sur les arêtes.

§ 4. *Équarrissement à la cognée.*

Deux procédés sont en usage pour équarrir les arbres. L'équarrissement se fait à la cognée, ou à la scie de long. Nous parlerons d'abord de l'équarrissement à la cognée.

La fig. 1 de la planche IV représente en projection verticale, la fig. 2 en projection horizontale, et la fig. 3 en projection verticale et vu par le bout un corps d'arbre A, établi sur deux chantiers B, comme cela se pratique à la forêt. Ces chantiers sont de très-gros rondins, enterrés dans le sol d'environ un tiers de leur diamètre pour les empêcher de rouler ; ils sont entaillés carrément dans leur partie supérieure sur une profondeur égale à la moitié de ce même diamètre, et sur une longueur suffisante pour que les plus gros arbres puissent y être encastrés au moins de la moitié de leur diamètre, et retenus au moyen de coins C chassés à coups de masse.

La fig. 1, planche V, représente en projection verticale, la fig. 2 en projection horizontale, et la fig. 3 en projection verticale et vu par le bout un corps d'arbre rond A, établi sur deux chantiers équarris B, comme cela se pratique sur les ateliers ordinaires. Ces chantiers B sont posés sur le sol ; l'arbre y est calé par des coins C. Lorsque l'arbre est d'un très-gros volume, sa pesanteur suffit pour lui donner la stabilité nécessaire au travail ; autrement, on retient les chantiers par de forts piquets profondément chassés dans le sol et échevillés ou cloués, et le corps d'arbre est fixé aux chantiers par deux clameaux à chaque bout (1).

Lorsqu'on veut équarrir un corps d'arbre, après l'avoir placé sur ses chantiers, on commence par couper ses deux bouts carrément, c'est-à-dire par deux plans parallèles entre eux et perpendiculaires à l'axe du corps d'arbre, si déjà ils ne l'ont pas été lorsqu'on l'a abattu. On emploie, pour cette opération, la scie dite *passe-partout*, que nous avons représentée fig. 15, planche II.

Avant de fixer le corps d'arbre A sur les chantiers, on trace sur ses deux bouts les deux rectangles $a\,b\,c\,d$, $a'\,b'\,c'\,d'$, qui règlent l'équarrissage et qui doivent se correspondre de telle sorte que leurs côtés homologues soient parallèles, afin qu'ils se trouvent deux à deux dans les faces de l'équarrissement.

De quelque manière que l'on ait procédé pour tracer les rectangles, on doit toujours vérifier le parallélisme dont nous parlons. Pour faire cette vérification, on attache au moyen de deux clous, une règle D sur l'un des côtés du rectangle d'équarrissage de l'un des bouts de l'arbre, et une autre règle E sur le côté homologue du rectangle de l'autre bout, puis on se recule à une distance suffisante pour bornoyer les deux règles l'une par l'autre, afin de s'assurer si elles se dégauchissent exactement, c'est-à-dire

---

(1) Les clameaux sont des crampons à deux pointes, dont nous parlerons dans le chapitre relatif au levage.

si elles sont dans un même plan. Dans le cas contraire, on rectifie le tracé de celui des deux rectangles que l'on juge n'être point exact. Mais il est rare, si l'on a opéré avec soin par l'un des moyens que nous allons indiquer, qu'on ait à faire aucune rectification.

Premier moyen. Ayant tracé très-exactement le premier rectangle $a\ b\ e\ d$ qui détermine le plus fort équarrissage sur la coupe du plus petit bout de l'arbre, fig. 7, planche V, et dont le centre est en c, on trace le diamètre $m\ n$ qui est parallèle aux deux côtés $a\ b$, $d\ e$ du rectangle ; dans le cas d'un arbre rond que la figure 7 représente, le rectangle dont il s'agit est, comme nous l'avons vu, un carré.

On attache sur cette coupe avec deux petits clous une règle $D\ F$, en faisant coïncider très-exactement l'un de ses bords avec le diamètre $m\ n$. Un compagnon applique sur la coupe de l'autre bout de l'arbre une autre règle ; il a soin, quelque inclinaison qu'on fasse donner à cette seconde règle, de la maintenir sur le centre que l'on a déterminé préalablement. On peut planter un clou dans ce centre pour appuyer le bord de la règle.

On se recule suffisamment loin dans la direction de l'axe du corps d'arbre, pour apercevoir en même temps les bouts des deux règles. Alors, en bornoyant, on indique par signes, dans quel sens le compagnon doit incliner la règle qui lui est confiée pour la placer dans le même plan que la première. Dès qu'on a obtenu leur parfaite coïncidence, on fait tracer le long de la règle tenue par le compagnon le diamètre dont elle détermine la position, et l'on construit le deuxième rectangle d'équarrissage de façon que deux de ses faces soient parallèles à ce diamètre. Ce deuxième rectangle a ses quatre faces parallèles à celles du premier rectangle tracé sur l'autre bout de l'arbre, ce que l'on peut vérifier comme nous l'avons indiqué plus haut.

Deuxième moyen. On peut appliquer la règle $F\ G$, fig. 8, sur le diamètre $b\ d$ qui est une des diagonales du carré du plus fort équarrissage $a\ b\ e\ d$ tracé sur la coupe du petit bout de l'arbre. On la fixe également par deux clous, et l'on opère sur l'autre bout de l'arbre avec une seconde règle, de la même manière que nous avons décrite au paragraphe précédent. Le diamètre déterminé ainsi sur le second bout de l'arbre est la diagonale homologue du second rectangle.

Troisième moyen. Le rectangle de plus fort équarrissage $a\ b\ e\ d$ étant tracé sur le petit bout de l'arbre représenté fig. 9, on trace l'une de ses diagonales $b\ d$ qui est un diamètre du cercle de séparation de l'aubier.

On attache un fil aplomb $m\ n$ par un clou à l'extrémité m de ce diamètre, et l'on fait tourner le corps d'arbre sur ses chantiers jusqu'à ce que la diagonale $b\ d$ coïncide avec le fil aplomb $m\ n$. Lorsque la coïncidence est parfaite, on cale le corps d'arbre avec des coins, de façon qu'il ne puisse changer de position; on se transporte alors à l'autre bout de l'arbre contre lequel on applique un fil aplomb, de façon qu'il passe exactement sur le centre qu'on a déterminé d'avance; on pique le long du fil aplomb deux points sur les bords du contour de l'arbre, qui marquent la position d'un diamètre vertical que l'on trace après avoir enlevé le fil aplomb. C'est sur ce diamètre que doit se trouver la diagonale du second rectangle d'équarrissage que l'on construit aisément et dont les côtés sont parallèles à ceux du premier.

Quatrième moyen. Après avoir tracé, comme précédemment, le rectangle d'équarrissage $a\ b\ e\ d$, fig. 10, sur la coupe du plus petit bout de l'arbre à équarrir, on tourne cet arbre sur ses chantiers jusqu'à ce que l'un des côtés $b\ e$ du rectangle soit vertical et coïncide avec un fil aplomb $m\ n$ que l'on fixe au moyen d'un clou en m, afin de vérifier ensuite autant de fois qu'on le veut la coïncidence, pour s'assurer que le corps d'arbre ne change pas de position. Si le rectangle d'équarrissage n'était pas un carré, on choisirait l'un de ses deux grands côtés pour le faire coïncider avec le fil aplomb $m\ n$, afin d'obtenir plus d'exactitude par l'effet d'une coïncidence sur une plus grande longueur.

La coïncidence dont il s'agit étant parfaite, on cale le corps d'arbre avec des coins pour qu'il ne change point de position. On établit ensuite à l'autre bout un fil aplomb tel que celui $p\ q$ que l'on fait passer sur le centre c déterminé à l'avance. On peut attacher le fil aplomb à un clou placé en p; ce fil aplomb détermine un diamètre vertical qui sépare en deux parties égales le second rectangle, que l'on trace en faisant ses côtés $b\ e, a\ d$, verticaux et parallèles au diamètre $p\ q$.

Ces quatre méthodes sont également bonnes; mais les deux dernières ont l'avantage qu'un seul charpentier peut opérer, à la rigueur, sans le secours d'un compagnon, à moins que la pesanteur du corps d'arbre l'empêche de le tourner même en s'aidant d'un levier.

Si un corps d'arbre à équarrir était exactement rond, également gros aux deux bouts et sans aubier, les angles de ses rectangles d'équarrissage tomberaient exactement sur les circonférences des deux bouts; les arêtes de la pièce prismatique qu'on aurait à équarrir seraient toutes quatre sur la surface cylindrique dont elles seraient quatre génératrices : on les tracerait aisément, en joignant par des lignes droites les angles homologues des deux rectangles d'équarrissage qu'on aurait inscrits dans les circonférences des deux bouts, et l'on pourrait tailler leurs faces ou plans d'équarrissement dans l'ordre qu'on voudrait. Mais un arbre n'est pas parfaitement cylindrique; ses deux bouts sont inégaux, et, de plus, son bois parfait est enveloppé d'aubier qu'on ne doit enlever qu'en même temps qu'on équarrit; ainsi les arêtes de la pièce qu'on veut équarrir ne sont point sur la surface de l'arbre, d'ailleurs inégale et formée d'une écorce raboteuse. Ces circonstances forcent à procéder à l'équarrissement en deux parties. Il faut équarrir d'abord deux faces parallèles qui mettent en évidence les places des arêtes de la pièce, et équarrir ensuite les deux autres faces qui achèvent l'équarrissement. Les rectangles d'équarrissage forment une partie du tracé qui doit indiquer sur l'arbre le bois à enlever. Pour compléter ce tracé, il faut marquer sur la surface du corps d'arbre les lignes suivant lesquelles elle est rencontrée par les faces d'équarrissage qu'on veut tailler les premières. Ces faces sont toujours celles qui ont le plus de largeur, afin que l'équarrissement soit plus exact. Mais, attendu que l'écorce de la plupart des arbres employés dans la charpenterie est brune et raboteuse, et qu'elle ne permet pas de tracer des lignes ni assez nettes ni assez apparentes pour guider sûrement le travail, les bûcherons équarrisseurs préparent pour chaque ligne une surface unie et blanche dans l'emplacement où elle doit être tracée, en enlevant avec le tranchant de la cognée une bande d'écorce jusqu'à l'aubier.

Le carré du plus fort équarrissage $a\,b\,e\,d$ étant tracé, fig. 3, sur les deux bouts de l'arbre à équarrir, on a prolongé jusqu'à l'écorce en m, n, o, p, les côtés $b\,e, a\,d$, qui répondent aux faces qui doivent être taillées les premières, comme on le voit aussi en x, y, v, z, fig. 7 et 10, planche IV. Les traces de ces deux faces $b\,c, a\,d$, fig. 3, planche V, sur la surface de l'arbre passent par les points m, n, o, p, et leurs homologues m', n', o', p', de l'autre bout de l'arbre, ce qui a déterminé la position des bandes sur lesquelles l'écorce a dû être enlevée par les bûcherons, et qui sont distinguées, fig. 1 et 3, où elles sont apparentes, par des hachures obliques. Les lignes projetées en $m\,m', n\,n', o\,o'$, tracées sur ces bandes et qui passent par les points projetés en m, n, o, fig. 3, sont les traces des faces d'équarrissage. La projection horizontale de la ligne qui passe par le point p de la fig. 3, et qui serait tracée sur la bande non apparente, se confond avec la ligne $n\,n'$ de la fig. 2, et sa projection verticale se confond avec la ligne $o\,o'$, de la fig. 1.

Les bûcherons se contentent de tracer les lignes des bandes supérieures qui sont projetées en $m\ m'$, $n\ n'$, et qui sont aussi les seules pour lesquelles ils enlèvent l'écorce, parce qu'elles leur suffisent pour tailler des surfaces planes en s'aidant du fil à plomb. L'habitude de faire toujours le même travail donne à ces bûcherons une telle habileté de coup d'œil, que ceux qui ne font que des bois carrés se dispensent même de tracer sur les bouts de l'arbre les carrés de l'équarrissage; ils enlèvent les bandes d'écorce et battent les lignes $m\ m'$, $n\ n'$, en jugeant à vue les places qui leur conviennent. Mais les équarrisseurs de bois qui ne font usage que de l'herminette ne peuvent se passer des rectangles d'équarrissage ni des quatre traces des deux plans d'équarrissage, ainsi que nous le verrons plus loin.

Pour tracer les lignes projetées en $m\ m'$, $n\ n'$, que nous supposerons d'abord les seules nécessaires, on dispose le corps d'arbre de telle sorte que les côtés $b\ c$, $a\ d$, fig. 3, du rectangle d'équarrissage soient verticaux, ce qui s'obtient aisément en faisant tourner l'arbre sur les chantiers et en le calant dès qu'un fil à plomb coïncide exactement avec l'un des côtés $b\ d$ du rectangle, comme dans la fig. 10. Deux bûcherons, prenant alors le cordeau, fig. 3, planche I, que nous avons décrit, page 26, ils en déroulent une longueur égale à celle du corps d'arbre, et après l'avoir trempé dans une couleur liquide (1), ils l'étendent sur l'une des deux bandes supérieures dont l'écorce a été enlevée; par exemple, sur celle qui répond aux points projetés en n et n' fig. 1, 2 et 3, et ils le font correspondre, en le tendant, sur ces mêmes points n et n'. L'un d'eux, tenant toujours le cordeau de la main gauche appliqué sur le point qui se trouve de son côté et bien tendu, allonge le bras droit au-dessus de l'arbre, pour le saisir le plus loin qu'il peut avec le pouce et l'index; il le soulève dans le plan vertical, puis il le lâche tout à coup. Le cordeau en retombant bat vivement le bois, dépose la couleur dont il est chargé et trace ainsi la ligne projetée en $n\ n'$. On en fait autant pour l'autre bande qui répond aux points m, m', sur laquelle on bat de la même manière la ligne projetée en $m\ m'$, fig. 2.

Ces deux premières lignes étant tracées, si l'on a besoin des deux autres on retourne le corps d'arbre pour faire venir au-dessus les deux bandes du dessous, et après l'avoir assujetti, comme précédemment, de façon que les mêmes côtés $c\ b$, $a\ d$, du rectangle d'équarrissage soient encore exactement

---

(1) Cette couleur est composée ou de sanguine, ou de noir de fumée, ou simplement de noir de paille brûlée, délayé dans une suffisante quantité d'eau.

verticaux; on bat de la même manière les lignes qui répondent aux points o, p, de la fig. 3 qui se trouvent alors en dessus, à la place des points m, n, passés en dessous. Il est évident que de cette sorte les deux plans d'équarrissement verticaux passent exactement par les quatre traces qui ont été battues. Mais, comme on l'a déjà fait remarquer ci-dessus, ces quatre lignes ne sont nécessaires que lorsque l'équarrissement doit être terminé à l'herminette, et les bûcherons qui ne se servent que de la doloire se contentent des deux traces supérieures $m\,m'$, $n\,n'$.

Lorsqu'on bat les traces $m\,m'$, $n\,n'$ dont il s'agit, il est indispensable que l'arbre soit fixé de façon que les côtes $b\,e$, $a\,d$, des rectangles d'équarrissement soient exactement verticaux, afin que le cordeau, soulevé verticalement, batte ces traces dans les plans d'équarrissement, jusque dans les défectuosités des bandes écorcées qui peuvent résulter des difformités de l'arbre. Si on ne soulevait pas le cordeau dans un plan bien vertical, son poids, se combinant avec le mouvement qu'on lui donne, il marquerait sur le bois des lignes qui, non-seulement ne seraient point les traces d'un plan vertical, mais ne seraient dans aucun plan.

Les deux lignes projetées en $m\,m'$, $n\,n'$, qui marquent les traces des deux premières faces ou plans d'équarrissement étant battues avec autant de précision que possible, et l'immobilité de l'arbre ayant été préalablement assurée, on commence l'exécution de la première partie de son équarrissement.

La fig. 4, planche V, est une projection verticale, la fig. 5 une projection horizontale, et la fig. 6 une coupe suivant la ligne MN d'un arbre A établi et calé comme précédemment, et sur lequel on a commencé l'équarrissement, comme nous allons l'expliquer, pour le côté qui répond au plan d'équarrissement dont la trace est la ligne projetée en $n\,n'$, fig. 4 et 5.

Les bûcherons montent debout sur le corps d'arbre et se courbent autant qu'il le faut pour faire avec la cognée des entailles $h\,g$ formées chacune de deux plans verticaux $h\,i\,g$, $h\,j\,g$, qui sont grossièrement coupés, et qui font des angles d'environ 60 degrés entre eux et le plan d'équarrissement; le fond de l'entaille, qui présente une arête creuse $g\,h$, est fait avec plus de soin. Pour se guider, le bûcheron se sert d'un fil à plomb $k\,l$ qu'il présente contre le fond de l'entaille, sans descendre de dessus l'arbre, d'où il peut apprécier la coïncidence et juger où il faut ôter du bois pour que ce fond soit en ligne droite verticale, et s'il s'approche assez près de la ligne $n\,n'$ qui est la trace du plan d'équarrissement qu'il ne faut ni dépasser ni même atteindre.

Il suit de cette manière d'opérer que, lorsque les entailles d'un côté de l'arbre sont faites, tous leurs fonds $g\,h$ sont dans un même plan vertical $n\,n'\,o'\,o$ très-rapproché du plan d'équarrissement.

Les bûcherons opèrent de la même manière pour les entailles qui répondent de l'autre côté, au second plan d'équarrissement qui a pour trace, sur la bande écorcée, la ligne projetée en $m\,m'$.

Lorsque toutes les entailles sont faites, les bûcherons descendent sur le sol; ils se placent de côté, le long de l'arbre, et détachent les segments en saillies qui sont entre les entailles. Pour cela, ils fendent le bois à coups de cognée, en tenant la lame verticale, le tranchant en bas et parallèle au fil du bois. Lorsque la cognée a pénétré, il suffit de dévier vivement son manche pour faire éclater le bois. Les bûcherons coupent ensuite, toujours à coups de cognée, mais par copeaux moins épais, autant de bois qu'il est nécessaire pour approcher à quelques millimètres près du plan d'équarrissement, attendu qu'il n'y a aucun inconvénient que l'ébaucheur laisse un peu de gras à son travail, c'est-à-dire un peu plus de bois qu'il n'en faut; tandis que l'inconvénient serait très-grave et sans remède s'il faisait un travail maigre, c'est-à-dire s'il ôtait trop de bois.

Les entailles sont faites à des distances égales, mais qui varient suivant l'espèce du bois qu'on équarrit. Leur écartement est plus grand pour les bois qui se fendent aisément que pour ceux dont les fibres ont une très-grande adhérence entre elles. Pour le bois de sapin, on écarte les entailles jusqu'à 1 mètre, tandis que, pour le bois de chêne et le bois d'orme, leur écartement ne doit pas être plus grand que $0^m,66$ ou $0^m,70$.

Sur les fig. 4 et 5 de la planche V, nous avons supposé que toutes les entailles, pour la première partie de l'équarrissement, ont été faites, qu'on a commencé à abattre les segments qu'elles ont laissés entre elles, et que quatre de ces segments ont été abattus sur une face, et trois sur l'autre. On distingue dans la projection verticale, entre les fonds des entailles $h'\,g'$, $h'\,g'$ et le bord $n'\,o'$, les emplacements que quatre segments ont occupés sur la face d'équarrissement qui est apparente.

Lorsque les deux premières faces de l'équarrissement sont débarrassées des segments et qu'elles sont ébauchées à la cognée, on les achève en les planant à la doloire, sorte de cognée que nous avons représentée, fig. 10, planche I, et que nous avons décrite, page 38.

L'usage de cet outil exige une grande habitude, une grande adresse et une grande sûreté de main; il est toujours confié aux bûcherons les plus habiles et les plus intelligents. Le *doleur*, c'est ainsi que l'on nomme le bûcheron qui manie la doloire, se place le long de l'arbre, l'ayant à sa gauche, la jambe droite plus avancée que la gauche, le genou gauche tant soit peu plié; il tient le manche avec ses deux mains, la droite la plus rapprochée de la douille de l'outil, la face plate de la lame appliquée contre le bois, le biseau en dehors, le tranchant presque horizontal lorsqu'il attaque le bois, faisant néanmoins un petit angle avec les fibres, et glissant un peu pour couper plus nettement et ne point arracher le bois.

Le doleur coupe adroitement en deux l'épaisseur de la trace du plan d'équarrissement qui a été battue sur la bande écorcée et que le bûcheron n'a point atteinte avec sa cognée. Il continue sa coupe dans un plan vertical en la dirigeant au moyen d'un fil à plomb; il enlève des copeaux de plus en plus minces, à mesure que son travail approche de la perfection. Lorsqu'il y apporte du soin, il rend les faces planes et unies sans apparence de coups d'outil. Cette perfection n'est cependant pas nécessaire pour les bois livrés au commerce; il suffit que les plans soient bien dégauchis et l'on n'exige pas que le bois soit parfaitement uni.

Dans le travail de l'équarrissement, le fini et le redressement des plans à la doloire ou à l'herminette est le plus difficile; mais celui de l'ébauche à la cognée est le plus fatigant. Lorsque les premières faces sont dressées et polies à la doloire, les bûcherons procèdent à l'équarrissement des deux autres faces.

La fig. 1, planche VI, est une projection verticale, et la fig. 2 une projection horizontale d'un arbre A, équarri sur deux faces, et auquel on travaille pour faire la deuxième partie de l'équarrissement, qui consiste dans celui des deux faces qui doivent compléter l'opération.

La fig. 3 est une projection verticale dans laquelle l'arbre A est vu par le bout.

Cet arbre peut être maintenu à plat, dans des chantiers entaillés, au moyen de coins, comme dans les fig. 1, 2, 3 de la planche IV, ou bien il peut être posé également à plat sur des chantiers carrés, pourvu que son poids suffise à sa stabilité, et que l'exactitude avec laquelle les faces équarries ont été coupées à la doloire dispense de le caler. C'est ainsi qu'il est représenté fig. 1, 2, 3, planche VI, où l'on suppose que la face ou premier équarrissement mm' $p'p$ porte sur les chantiers.

Les parties hachées obliquement, fig. 1 et 2 de la planche VI, sont les projections de ce qui reste des bandes écorcées après l'équarrissement des deux premières faces.

Dans les figures des planches V et VI, les mêmes lignes sont désignées par les mêmes lettres. Le bout de l'arbre fig. 3, planche VI, est réduit à l'étendue du rectangle d'équarrissage $a\ b\ e\ d$, plus les deux parties de bois $a\ m\ n\ b$, $e\ o\ p\ d$ qu'il faut abattre pour achever l'équarrissement et tailler les faces qui répondent aux côtés $a\ b$, $d\ e$ du rectangle d'équarrissage.

Les bûcherons battent au cordeau, comme nous l'avons précédemment décrit, les traces des deux dernières faces d'équarrissement qui seront, après l'achèvement du travail, les arêtes de la pièce équarrie. Ces traces sont les lignes $b\ b'$, $e\ e'$ de la fig. 2. Ce sont les seules dont les bûcherons font usage ; on ne trace celles qui répondent à la face inférieure que pour le travail à l'herminette. Ces deux lignes supérieures étant battues de la manière que nous avons indiquée, les bûcherons montent, comme précédemment, sur l'arbre, c'est-à-dire sur la face équarrie, et, se tenant courbés autant qu'il le faut pour faire agir la cognée, ils ouvrent d'autres entailles, $h\ g$, également formées chacune de deux plans verticaux hig, hjg qui font entre eux et la face d'équarrissement des angles d'environ 60 degrés. L'intersection de ces deux plans forme le fond gh de l'entaille, qui doit être une arête creuse en ligne droite et verticale très-rapprochée de la face d'équarrissement, sans la dépasser ni même l'atteindre. Les bûcherons, pour obtenir ce résultat, s'aident encore d'un fil à plomb kl, et sans descendre de dessus l'arbre.

Les fig. 1 et 2 représentent sur chaque côté de l'arbre cinq entailles faites. Lorsqu'elles sont toutes terminées, les bûcherons descendent sur le sol ; ils font éclater, comme nous l'avons déjà dit, les segments ou saillies de bois qui se trouvent entre les entailles et terminent l'ébauche, après quoi les doleurs achèvent de planer et polir les deux dernières faces ; l'équarrissement est alors complet, et la pièce A a la figure représentée par les deux projections verticales, fig. 4 et 6, et la projection horizontale, fig. 5 de la même planche VII. Cette pièce est portée sur les mêmes chantiers B.

Les équarrisseurs de bois qui remplacent l'usage de la doloire par celui de l'herminette ne peuvent se passer, pour planer les deux premiers plans d'équarrissement $m\ m'\ p'p$, $n\ n'\ o'o$, fig. 1, 2, 3, planche V, des quatre traces mm', nn', oo', pp', sur les quatre bandes écorcées, parce qu'ils ne pourraient se servir de cet outil sur des plans d'équarrissement verticaux, vu que les pièces ou arbres sont sur des chantiers trop bas, et qu'on ne peut cependant tenir plus élevés à cause des ébauches à la cognée. Il faut donc, pour que les équarrisseurs avec l'herminette puissent agir, que les plans qui doivent être dressés soient horizontaux ou qu'ils se présentent sous une inclinaison d'environ 45 degrés. Dans le premier cas, on couche l'arbre sur l'une des faces ébauchées, et le planeur monte sur le plan même qu'il veut dresser; il fait agir l'herminette en se courbant un peu pour que le tranchant atteigne le bois et le coupe à peu près tangentiellement. Dans le second cas, l'ouvrier a ses pieds sur le sol; il est en face de la pièce qui est supportée sur les chantiers et calée de façon que la face à planer soit en dessus, et fasse un angle de 45 à 60 degrés avec l'horizon. La pièce est, au besoin, maintenue dans cette position au moyen de clameau, et souvent les chantiers sur lesquels on l'établit portent des entailles, dont les côtés font également des angles de 45 à 60 degrés avec l'horizon, dans lesquelles on l'encastre.

On voit que, dans ces deux cas, l'ouvrier qui se sert de l'herminette ne peut, pour tailler des plans, s'aider d'un fil à plomb. Il est donc indispensable qu'il voie pour chaque plan, ses deux traces sur les faces qu'il rencontre, afin qu'il puisse diriger son travail au moyen d'une petite règle appuyée sur le bois perpendiculairement à son fil et qui indique les places où il doit couper pour qu'elle pose également sur les deux traces et sur toute la largeur du plan.

L'ouvrier planeur a la plus grande attention à ne point ôter plus de bois qu'il ne faut, vu qu'il n'y a pas moyen de le remplacer et que le remède à cette maladresse est la réduction de l'équarrissage de la pièce. Il s'ensuivrait une diminution de valeur en même temps que cela augmenterait le travail de l'équarrisseur et diminuerait son salaire, qui se paye, comme nous l'avons dit, selon le volume des pièces équarries.

Pour planer une surface à l'herminette, on commence par dresser ses deux bords en coupant en deux l'épaisseur de ses deux traces; le milieu de la surface se trouve alors trop élevé; on l'abaisse peu à peu, en enlevant des copeaux de plus en plus minces, à mesure qu'on approche du plan qu'on veut former.

Quelques charpentiers remplacent encore l'usage de la doloire par celui de la hache de charron, fig. 11, planche I, ou même par celui de la hache ordinaire, fig. 8, même planche; mais cela ne change rien à la manière de procéder que nous venons de décrire.

On a souvent besoin, dans les constructions des charpentes, de pièces de bois cintrées. Ces pièces ont beaucoup plus de force, et il n'y a aucune perte de bois, si on peut les tirer d'arbres naturellement courbés plutôt que de les découper dans des pièces droites.

C'est pour cette raison que, lorsqu'on rencontre dans les exploitations des corps d'arbres ou même de très-fortes branches courbes, dont le bois est sain et de bonne qualité, on les équarrit en leur conservant leur courbure. On n'équarrit cependant de cette façon que les arbres ou au moins celles de leurs parties qui n'ont qu'une seule courbure, ou qui peuvent poser d'un bout à l'autre sur un sol plat et uni, et pour lesquels on peut concevoir que la courbe qui passerait d'un bout à l'autre par le cœur serait comprise dans un plan.

Deux des faces de ces pièces, après leur équarrissement, sont planes et parallèles au plan dont nous venons de parler. Les deux autres faces sont cylindriques.

La fig. 1, planche VII, est une projection verticale, et la fig. 2 une projection horizontale d'un corps d'arbre courbe A, placé sur ses chantiers B, où il est calé par des coins C et sur lequel on a commencé la première partie de l'opération de son équarrissement.

La fig. 3 est une coupe du même arbre suivant la ligne $M\ N$ des fig. 1 et 2.

Lorsqu'on veut équarrir un corps d'arbre courbe pour en tirer une pièce cintrée, on commence par ses deux faces planes, parce qu'elles sont plus aisées à tailler et qu'elles donnent le moyen le plus exact de tailler les deux autres. On établit cet arbre sur les chantiers de façon que les côtés du carré d'équarrissage répondant à ces deux faces et prolongés jusqu'à l'écorce, soient dans des plans verticaux, ce que l'on obtient en les bornoyant avec des fils à plomb. La partie convexe de la courbure de l'arbre se place en dessus, pour que la suite du travail soit plus commode et plus facile. L'arbre étant assujetti dans des entailles ou par des cales en forme de coins, comme on le suppose dans la figure, on marque sur les bandes écorcées, distinguées par des hachures, les traces supérieures $m\ m'\ n\ n'$ des deux plans d'équarrissement; les traces inférieures, dont une seule $o\ o'$ est apparente dans les projections, ne sont nécessaires que pour l'équarrissement des deux plans à l'herminette, comme nous l'avons déjà fait observer.

Vu la courbure convexe du dessus de l'arbre, les traces supérieures ne peuvent pas être battues d'un seul coup de cordeau, comme lorsque l'arbre est à peu près droit; on les bat alors par parties. Pour la trace qui doit passer par les points n et n', on fait tenir aux deux bouts de l'arbre deux fils à plomb xy, $x'y'$, de façon qu'ils passent l'un sur le point n, l'autre sur le point n'. Un bûcheron s'éloigne assez pour distinguer les deux fils et les bornoyer l'un sur l'autre. Il fait planter dans la longueur de l'arbre quelques clous, r, s, t, u, v, sur la bande écorcée dans l'alignement du plan des deux fils à plomb. Après quoi on bat la ligne par parties de n en r, de r en s, de s en t, de t en u, de u en v et de v en n'. On a ainsi la trace courbe $nrstuvn'$ qui est dans le premier plan d'équarrissement. On en fait autant de l'autre côté pour les points m et m', ce qui donne la trace supérieure du second plan d'équarrissement.

Les bûcherons font les entailles hg et les dirigent verticalement au moyen d'un fil à plomb kl; ils enlèvent les segments à la cognée, comme nous l'avons décrit pour un arbre droit, et le doleur achève de dresser les deux plans d'équarrissement. Si ces deux plans doivent être travaillés à l'herminette, on a battu les traces inférieures qui passent par les points o, o', p, p' des plans d'équarrissement, et le corps d'arbre est calé de façon que chaque plan se présente à son tour sous un angle d'environ 45 degrés.

Cette première partie de l'équarrissement terminée, les coins et cales qui maintiennent l'arbre sont enlevés pour le coucher sur l'un des plans équarris, comme on le voit en projection verticale, fig. 4, et en projection horizontale, fig. 5 de la même planche VII. La fig. 6 est une coupe suivant la ligne MN, tracée sur les fig. 4 et 5. Dans cette position, l'arbre pose sur les chantiers B par sa face plane $mm'p'p$, et son autre face plane $nn'o'o$, est en dessus et entièrement apparente dans la projection horizontale. Ce qui reste des bandes écorcées est distingué sur les projections par des hachures, et des lignes ponctuées indiquent dans les fig. 4 et 6 le volume du bois enlevé par la première partie de l'équarrissement. La ligne $nrstuvn'$ est la trace de la surface plane d'équarrissement, désignée par les mêmes lettres sur les fig. 1 et 2.

Pour achever l'équarrissement, on trace sur le plan d'équarrissement supérieur les arêtes de la pièce courbe qu'il contient et qui répondent aux points b, e du rectangle d'équarrissage. Ces courbes se tracent au moyen de calibres en bois, ou gabaris découpés qu'on applique sur le plan. Elles sont marquées en bxb', eze', fig. 5; elles servent de limites pour la profondeur des entailles gh, que le bûcheron dirige verticalement au moyen d'un fil à plomb kl. On n'a marqué sur les figures 4 et 5 que trois entailles de chaque côté. Lorsqu'elles sont toutes faites, on enlève les segments qui sont entre elles. Le doleur polit les surfaces cylindriques, mais il ne peut se servir de la doloire; du moins pour la surface concave, il faut recourir à l'herminette. C'est par cette raison qu'on a dû tracer sur les deux faces d'équarrissement planes, les arêtes de la pièce cintrée qui sont les traces de ces surfaces courbes. La pièce de bois est alors replacée sur les chantiers de façon que ces faces planes soient verticales. La face courbe soit convexe, soit concave, qu'il s'agit de polir, se trouve alors en dessus, et l'ouvrier monte dessus pour agir avec l'herminette, en observant de ne point couper le bois au rebours de ses fibres, comme nous l'avons déjà dit.

La pièce de bois courbe A complétement équarrie est représentée couchée sur ses chantiers B, en projection verticale, fig. 7, pl. VII, en projection horizontale, fig. 8, et dans une coupe suivant la ligne $M\,N$, fig. 9. La fig. 10 est une coupe de cette même pièce par un plan vertical suivant la ligne $E\,F$, fig. 8. On a indiqué sur cette coupe l'apparence des couches annuelles d'accroissement, et sur la fig. 8 quelques fibres qui suivent la courbure de la pièce.

Les rectangles $n\,n'$, $m'\,m$, $o\,t\,z\,p$, $G\,H\,I\,J$ sont les projections d'un parallélipipède qui enveloppe la pièce cintrée équarrie, pour montrer le volume qu'un plateau de bois équarri dans une pièce droite devrait avoir pour qu'on pût en tirer la même pièce en le découpant; et le cercle ponctué circonscrit au rectangle $o\,t\,z\,p$ montre la grosseur que devrait avoir un corps d'arbre, pour qu'on pût y équarrir le parallélipipède dont nous venons de parler; ce qui fait voir quelle économie de bois et même de travail résulte de l'équarrissement d'un arbre naturellement courbe, pour obtenir des pièces cintrées.

§ 5. *Équarrissement à la scie et sciage de long.*

L'équarrissement à la scie ne diffère de celui fait à la hache, qu'en ce que l'on enlève d'une seule pièce, sur chaque face, tout le bois que les bûcherons réduiraient en copeaux; mais la scie a un usage plus général : elle sert aussi pour partager ou débiter les arbres et les pièces déjà équarries, en plusieurs parties suivant leur longueur.

Le bois enlevé par la scie sur chaque face d'équarrissement forme une sorte de plateau nommé *flache* ou *dosse*.

Le tracé de la pièce à équarrir, c'est-à-dire l'établissement du rectangle d'équarrissage sur les deux bouts de l'arbre et des traces des plans d'équarrissement, se fait de la même manière que pour l'équarrissement à la hache.

Les scies dont on se sert pour équarrir et débiter les bois sont de deux espèces, savoir : les scies à lames droites agissant par un mouvement de va-et-vient, et les scies à lames circulaires ayant un mouvement de rotation continu. Les unes et les autres peuvent être mues à bras ou par des agents plus puissants que la force de l'homme, tels que des animaux appliqués à des manéges, des cours d'eau, le vent, la vapeur. Cependant le sciage à bras ne s'est fait jusqu'à présent qu'avec les scies à lames droites, dont nous avons donné les descriptions, fig. 18 et 22, pl. II.

Les ouvriers qui équarrissent et débitent les arbres à la scie, soit à la forêt, soit dans les ateliers de charpenterie, sont nommés *scieurs de long*. Quoique au résultat, leur travail soit le même, ils ne s'aident pas partout des mêmes moyens. A la forêt, le travail et les agrès sont assez grossiers; on trouve plus d'avantage à faire transporter les arbres à équarrir ou à débiter, aux ateliers de sciage qui sont fixes et établis aux centres des diverses parties d'exploitation, tandis que dans les villes où les chantiers de travail de charpenterie sont éloignés les uns des autres, il est plus commode de faire transporter les ateliers de scieurs de long là où leur travail est nécessaire. Ces ateliers sont toujours composés de deux hommes au moins.

Les scieurs de long élèvent les pièces à scier assez haut pour que l'un d'eux puisse se tenir debout en dessous, tandis que l'autre est placé en dessus. La planche VIII représente des établissements de *scieurs de long*, à la forêt et dans la plupart des villages, pour soutenir les bois à équarrir.

Les fig. 1 et 4 sont des projections parallèles à la longueur des pièces à scier; les fig. 2 et 5 sont d'autres projections verticales dans lesquelles les mêmes pièces sont vues par le bout. f, fig. 1 et 2, est un sommier en bois rond dans lequel sont assemblés à tenons et entailles en queue d'hironde et cloués, trois pieds g, h, i, dont les bouts sont fixés dans le sol. L'assemblage de l'un de ces pieds, celui b, est projeté sur une échelle double, fig. 3, sur un plan qui aurait pour trace la ligne x y, de la fig. 1, perpendiculaire à la direction de ce pied. Deux pièces jumelles k provenant d'un arbre scié ou fendu en deux, portent d'un bout sur le sol où elles sont maintenues par des piquets u, et de l'autre bout sur le sommier f où elles sont clouées, leurs côtés ronds étant en dessus. Ces deux pièces servent de rampe pour monter l'arbre à scier A. Les bûcherons le placent en équilibre, croisant les deux jumelles k, et le font glisser ou rouler sur leur pente, en le soutenant par des coins r, comme on le voit en A'. Lorsque l'arbre est arrivé au sommet, ils le font tourner sur son milieu, et le placent en long entre les bouts des jumelles dans la position *A* où ils le maintiennent au moyen d'un rouleau *j* fixé par des coins *l*, et d'un cordage *m* qui embrasse l'arbre et les jumelles. Ce cordage est serré par un garrot *n* dont le bout est arrêté par un cordon *o*. Afin que le cordage *m* ne glisse point, et qu'on puisse le serrer autant qu'il est nécessaire, il est arrêté en dessous des jumelles dans deux des coches *p* et en dessus de l'arbre par un clou *q*.

On a supposé dans les fig. 1 et 2, que l'arbre à équarrir est écorcé, et qu'il n'a pas d'aubier sensible, comme cela se rencontre dans quelques espèces. Dans ce cas, le carré du plus grand équarrissage *a b c d*, est inscrit dans le cercle que présente le plus petit bout de l'arbre.

Les traces des faces d'équarrissement dans l'hypothèse d'un tronçon d'arbre sensiblement cylindrique sont les arêtes mêmes de la pièce, elles sont marquées sur la projection verticale en long, par les lignes aa', dd' : on ne fixe l'arbre avec le cordage *m* et le garrot *n*, que lorsqu'on a placé les côtés *a d*, *b e*, verticaux, au moyen d'un fil à plomb, ce qui est indispensable pour l'exactitude du sciage et de l'équarrissement.

La scie qui fait les faces répondant aux côtés *a d*, et *b c*, du carré d'équarrissage, ne peut agir au delà de la ligne *v z*, fig. 1; et lorsque ces deux faces sont sciées jusqu'à cette ligne, il faut retourner la pièce pour mettre en avant la partie qui est en arrière et achever de scier les faces, en commençant encore par le bout; la rencontre exacte des traits de scie commencés par les bouts opposés dépend de l'adresse des scieurs de long. Pour que cette rencontre puisse avoir lieu, il faut que l'un des deux traits de scie ait plus que la moitié de la longueur de l'arbre. C'est pour cette raison que dans la fig. 1, la distance de la ligne *v z* au bout *a d* est plus grande que sa distance au bout $a' d'$. Il résulte de cette disposition que l'extrémité *a d* doit être plus pesante : afin qu'elle ne fatigue pas le cordage *m*, qui n'a pour objet que d'assurer l'immobilité de l'arbre *A*, on place sous le bout de l'arbre un pointal *s* que l'on serre en faisant, à coups de masse, monter son bout inférieur sur le coin *t*. On change ce pointal de place lorsqu'il gêne le passage de la scie ou de son châssis.

Lorsque les deux premières faces d'équarrissement passant par les côtés *a d*, *b e* sont sciées, on tourne l'arbre pour placer les deux autres faces à scier, celles qui doivent passer par les côtés *a b*, *d e*, verticalement; et l'on procède en tout point pour ces deux faces comme pour les deux premières.

Les fig. 4 et 5 représentent un autre chevalet pour exhausser la pièce à scier. Il est composé d'un corps d'arbre *k* un peu cintré qui pose d'un bout sur le sol où il est maintenu entre deux forts piquets *j ;* par l'autre extrémité il est soutenu par deux pieds *g, h,* qui sont entrés par le bas dans le sol et cloués par le haut chacun dans une entaille faite suivant l'inclinaison nécessaire dans le sommier *k.* Le détail de l'assemblage du pied *g* est représenté sur la même échelle par une coupe fig. 6, faite suivant la ligne *x y* de la fig. 4.

La partie supérieure du sommier *k* est taillée horizontalement pour donner une assiette aux pièces équarries que l'on établit sur le chevalet pour les débiter, comme celle représentée en *A* dans les fig. 1 et 2. Cette pièce est fixée au moyen d'un cordage *m* qui embrasse le sommier *k;* un coin *n* chassé à coups de masse entre la pièce *A* et le sommier *k,* serre le cordage et rend la pièce immobile. Pour empêcher la corde de glisser, elle est retenue en dessous du sommier par un taquet *p* et sur la pièce par deux clous *q.*

Pour augmenter la solidité du sommier, on charge la queue d'une grosse souche ou d'un tronc d'arbre *f,* qui y est retenu dans une entaille et par les têtes des piquets *j.*

On suppose dans les projections, fig. 4 et 5, que la pièce *A* doit être débitée en neuf planches dont la division est indiquée dans le rectangle de l'équarrissage *a b e d.* Les huit traits de scie nécessaires pour débiter ainsi cette pièce sont faits d'abord jusqu'à la ligne *v z,* avant de retourner la pièce pour achever de la scier. On peut au besoin soutenir le bout de la pièce par un pointal *s,* porté sur une calle *t ;* mais lorsqu'on débite une pièce en planche, il faut avoir soin d'interposer entre la pièce sciée et le pointal un bout de plateau *r,* pour qu'il soutienne en même temps toutes les planches entre lesquelles on place quelquefois en dessus et en dessous des coins, afin qu'en les serrant avec un cordage elles ne vacillent point et qu'elles conservent entre elles un écartement au moins égal à la largeur du trait de scie. On déplace le pointal toutes les fois que le passage de la scie l'exige.

Quelquefois les scieurs de long se contentent d'une excavation dans le sol pour placer les ouvriers du dessous de la pièce à scier qui s'étend alors horizontalement au-dessus de l'excavation, au niveau du sol, portée seulement sur des chantiers. L'un de ces chantiers est placé au bord de l'excavation, un autre à quelque distance ; lorsque la partie de la pièce qui est au-dessus de l'excavation est sciée et que la scie ne peut plus marcher, on retourne la pièce pour recommencer à la scier par l'autre bout, ou bien on la fait avancer au-dessus de l'excavation en la soutenant sur des chantiers jusqu'à ce qu'elle soit entièrement sciée. D'autres fois enfin, les scieurs de long combinent les dispositions des fig. 1 et 2, 4 et 5 de la planche VIII avec une excavation qu'ils font devant les pieds des chevalets auxquels ils donnent moins de hauteur, disposition qui rend plus facile l'opération qui a pour objet de monter la pièce et de la mettre en place pour être sciée.

Les fig. 1 et 2 de la planche IX représentent un atelier mobile de scieurs de long. La projection de la figure 1 est faite sur un plan vertical parallèle à la longueur de la pièce A qui est en sciage, on suppose que les ouvriers sont à l'ouvrage. La projection de la fig. 2 est faite sur un plan vertical perpendiculaire aux arêtes de la pièce A, qui est supposé la couper suivant la ligne MN, de telle sorte que les ouvriers n'apparaissent point dans cette coupe.

On suppose que la pièce A doit être débitée en trois madriers égaux, marqués sur la coupe fig. 2; les traces de ces divisions sont battues au cordeau sur la face supérieure et sur la face inférieure. Cette pièce est élevée sur deux chevalets égaux, composés chacun de quatre pieds g, qui supportent un sommier f auquel ils sont assemblés par engueulement et boulonnés; leur écartement est maintenu par chaque bout du chevalet par une traverse h assemblée à tenons et mortaises chevillés; et dans le sens de la longueur par deux jambettes i, qui s'assemblent chacune par le haut, à tenons et mortaises chevillés dans la face inférieure du sommier, et par le bas dans la face supérieure de la traverse correspondante à tenons et mortaises dans un embrèvement et chevillés. Ces deux jambettes sont reliées par une traverse k assemblée à tenons et mortaises chevillés.

Lorsque la pièce est d'un très-fort équarrissage, son poids suffit pour produire sa stabilité; dans le cas contraire on l'attache à chaque chevalet par un cordage m qui l'enveloppe ainsi que le sommier f, et qui est serré, après avoir été fortement noué, par un coin l; on charge le chevalet avec de grosses pierres n posées sur des madriers o, portés au-dessus des traverses h.

Pour les bois tendres ou de faibles équarrissages, deux scieurs de long suffisent, l'un en dessus, l'autre en dessous. Pour les bois durs ou d'un fort équarrissage, il faut deux scieurs de long en dessous, parce que l'effort pour faire couper la scie est plus considérable.

Le scieur de long placé en dessus de la pièce élève la scie, il la dirige en descendant pour la maintenir sur le trait qui marque la route qu'elle doit suivre, il opère la pression qui est justement nécessaire pour que la scie coupe; en remontant il éloigne la scie du bois pour que les dents ne le rencontrent pas et qu'elles ne se gâtent point. Il recule à mesure que la scie avance.

Les scieurs de long placés en dessous ne font effort que lorsque la scie descend, pour la tirer et vaincre la résistance que le bois oppose à ses dents; en la remontant ils aident peu à son ascension, ils écartent comme celui de dessus la lame du fond du trait de scie afin que les dents ne frottent pas. L'un d'eux est spécialement chargé de diriger la scie sur le trait qu'elle doit parcourir; il doit toujours avoir les yeux dirigés sur ce trait pour y maintenir la scie. Souvent des deux ouvriers placés en dessous un seul est scieur de long, l'autre n'est qu'un manœuvre qui ne fournit au travail que l'effort de ses bras; tous deux marchent en avant à mesure que la scie avance.

La scie qui est supposée entre les mains des ouvriers représentés sur la fig. 1, pl. IX, est celle qui a été décrite, planche II, fig. 18.

Les scieurs de long ont des scies de diverses grandeurs pour les pièces dont les épaisseurs sont très-différentes; autrement, ils seraient gênés dans leur travail, vu que la longueur de la lame d'une scie de long doit être égale à l'épaisseur de la pièce à scier, plus la longueur du chemin que les bras des ouvriers lui font parcourir, qui est d'environ 0 m. 66 c.; et si l'on suppose que l'épaisseur des pièces qu'on a le plus ordinairement à scier est de 0 m. 33 c., la longueur de la lame ne doit pas avoir moins de 1 mètre, ou 1 mètre 20.

Lorsque la scie a parcouru une certaine longueur de la ligne qui marque sa route, les scieurs de long introduisent dans le trait, par le bout où la scie est entrée, un large coin en bois dont l'objet est d'empêcher les parties séparées de vibrer et de déterminer leur écartement pour faciliter le sciage. Les ouvriers appellent ce coin *bon-dieu*, probablement à cause de sa puissance et de l'aide qu'il leur donne. Lorsqu'il a pénétré entre les pièces et qu'ils ne peuvent plus le frapper directement, ils l'atteignent avec un morceau de bois plat qu'ils nomment *chasse-bon-dieu*.

Pour que la scie produise tout le travail dont elle est susceptible, il ne faut pas que la lame soit verticale, quoiqu'on lui imprime un mouvement vertical, afin que toutes les dents puissent mordre à la fois sur toute l'épaisseur de la pièce; l'inclinaison de la scie, fig. 1, par rapport à la verticale que l'une de ses dents parcourt, est déterminée par l'épaisseur du copeau enlevé par une dent multipliée par le nombre de dents engagées dans l'épaisseur de la pièce sciée.

Les scieurs de long qui ont l'habitude de la profession jugent aisément, à la résistance du bois ainsi qu'à la quantité de sciure rejetée hors du trait, s'ils donnent à la scie l'inclinaison qui convient pour qu'elle fasse le maximum de travail.

C'est, au surplus, de l'ensemble des mouvements des scieurs de long du dessus et du dessous, et de leur adresse à conduire la scie, que dépend la quantité du travail et son exactitude. Hassenfratz a observé que trois scieurs de long bien exercés donnent 50 coups de scie par minute dans une pièce de bois de chêne encore vert, de $0^m,30^c$ d'épaisseur et que dans une heure ils scient cette pièce sur une longueur de $3^m,60^c$, d'où il suit que la scie avance d'environ $0^m,0012$ par coup, ou qu'elle scie environ 1 mètre carré et 8 centimètres par heure.

Pour placer la pièce A sur les chevalets, les scieurs de long la lèvent à bras et la posent d'abord d'un bout sur l'un des chevalets; ils la lèvent ensuite de l'autre bout et amènent le second chevalet au-dessous. Mais lorsqu'elle est trop pesante, ils la font monter en travers et en équilibre le long d'un fort madrier de 4 à 5 mètres de longueur, appuyé par un bout sur un des chevalets, qu'on maintient par un arc-boutant incliné. Lorsque la pièce est arrivée en haut de cette sorte de rampe, on soulève le madrier pour placer en dessous du bout qui posait à terre le second chevalet; on fait ensuite tourner la pièce, puis on la pousse pour la placer en long sur le madrier, on lui donne enfin quartier; elle porte alors uniquement sur les chevalets, et l'on enlève le madrier.

Lorsque les dimensions et le poids de la pièce à placer sur les chevalets sont trop considérables pour user de ce moyen, on se sert d'une chèvre dont nous donnerons la description au chapitre des agrès pour le levage. On saisit la pièce par le milieu avec le bout du câble de la chèvre; on l'élève à la hauteur nécessaire pour placer les chevalets au-dessous, et lorsqu'elle est en place on enlève la chèvre.

Le plus ordinairement, les ateliers de sciage des grands travaux sont pourvus de chèvres uniquement pour cet usage.

Lorsque pendant le sciage la scie a atteint un chevalet, il faut changer la position de ce chevalet et le faire passer en arrière de la scie pour qu'elle puisse continuer à travailler; on soutient la pièce à bras si elle n'est pas trop pesante, pendant qu'on change le chevalet de place. Quelques scieurs de long se servent d'un troisième chevalet qu'ils placent sous la pièce après l'avoir tant soit peu élevée au moyen de coins sur le chevalet qu'ils veulent ôter; quand le nouveau chevalet est placé, ils mettent des coins entre son sommier et la pièce, ce qui donne assez le jeu pour retirer le chevalet contre lequel la scie est arrêtée. D'autres se contentent de soutenir la pièce par un pointal ou par deux arcs-boutants inclinés ; le mieux est de se servir, ainsi que je l'ai vu pratiquer, de deux leviers comme celui représenté par deux projections s, fig. 3 : ce levier porte un tasseau t qui sert à soutenir la pièce. La fig. 4 représente par deux projections le bout d'une pièce A ainsi soutenue par deux leviers s pendant qu'on change un chevalet de place; les deux leviers sont un peu plus longs que la hauteur d'un chevalet, ils donnent le jeu nécessaire pour enlever celui qui arrête la scie, un seul homme suffit pour tenir les deux leviers verticaux pendant l'opération qui est très-promptement faite.

Les fig. 5 et 6 sont deux projections verticales d'un chevalet construit en planches, qu'on peut établir rapidement à défaut d'autre et de temps pour en construire. Deux triangles formés chacun de trois planches clouées $g\ h\ i$ servent de pieds à chaque bout, il sont entretenus verticaux et à la distance d'environ un mètre et demi, par deux croix de Saint-André également formées chacune de deux planches croisées $j\ k$, clouées sur les épaisseurs de celles qui servent de pieds. Un rondin f sert de sommier pour soutenir la pièce à scier A, à laquelle le plan de projection est parallèle dans la fig. 5, et perpendiculaire dans la fig. 6.

Les fig. 7, 8, 9 et 10 représentent différentes manières de disposer les pièces à refendre A sur les sommiers f des chevalets, lorsqu'elles ont trop peu d'épaisseur pour qu'un scieur de long puisse se tenir dessus. Ces figures sont supposées des coupes faites dans les pièces A par des plans verticaux perpendiculaires à leurs arêtes. Dans la fig. 7, la pièce A est maintenue par un cordage noué en dessus, après avoir entouré le sommier f, et serré au moyen d'un coin n. Des chevilles q placées dans le dessous du sommier empêchent le cordage de glisser. Deux clameaux o achèvent de maintenir la pièce, une des pointes de chacun entre dans le sommier, l'autre est piquée dans la pièce A. Deux madriers p portent sur les sommiers des chevalets, et servent à placer les pieds du scieur de long du haut, qui a ainsi la pièce A entre les jambes pendant le travail.

Dans la fig. 8, la pièce à refendre A est serrée entre deux pièces carrées B, par un cordage, le scieur de long du haut place ses pieds sur les pièces B.

Dans la fig. 9, la pièce A à refendre est attachée à une seule pièce carrée B, par un cordage noué m, et serré par un coin n. Cette disposition n'est pas aussi commode que les précédentes pour le scieur de long du haut, qui est obligé, quoiqu'il place un de ses pieds sur la pièce A, de porter son corps un peu de côté, afin de maintenir ses yeux dans le plan de la lame de la scie et du trait qu'elle doit suivre, et que le faible effort qu'il fait pour aider au sciage soit également réparti des deux côtés de la lame et ne la dévie pas du plan vertical.

Si l'on doit refendre plusieurs plateaux A, A' fig. 10, on les réunit par un cordage m serré au moyen d'un garrot n; quand on a scié ceux A qui occupent le milieu, on les fait passer sur les côtés, à la place de ceux A', qu'on établit dans le milieu pour les refendre aussi.

Il arrive souvent dans les grands travaux, qu'on doit débiter de grosses pièces dont la forme ne permet aucune des dispositions dont nous venons de parler; il y a alors économie de construire exprès des chevalets qui donnent le moyen d'exécuter toutes sortes de sciages : un chevalet de cette espèce est représentée, planche VII, en projection verticale parallèlement à la pièce à scier, fig. 11; et en projection verticale, la pièce à scier vue par le bout, fig. 12.

Ce chevalet est plus élevé que celui représenté fig. 1 et 2, pl. IX; il est également composé d'un sommier f, de quatre pieds g liés par le bas par une traverse h, et de deux jambettes i; mais au lieu de la traverse h, ces deux jambettes sont prises par deux moises j dont les bouts portent sur deux traverses h, assemblées à tenon et mortaise entre les pieds g. Ces moises j sont boulonnées aux jambettes i et sur les traverses h. Elles servent de sommier pour supporter la pièce A, qu'on suppose devoir être débitée en planches et sur laquelle les traces des plans de sciage sont marquées; cette pièce passe entre les jambettes, elle est maintenue par des cales o et attachée par un cordage m qui l'entoure ainsi que les moises, et qui est serré par des coins n. Deux madriers p, posés sur les sommiers f du chevalet, s'étendent parallèlement au-dessus de la pièce, et servent à porter le scieur de long. On les place de façon que le scieur de long du haut, ayant un pied sur chaque madrier, la lame de scie passe entre eux; dans la fig. 12 ils sont posés pour le cas où la lame de scie serait dans le plan du trait $x\,y$.

Les Espagnols se servent, pour exhausser les pièces de bois à scier, d'un seul chevalet extrêmement simple, qui paraît leur avoir été laissé par les Maures. Si son usage n'est pas aussi commode que celui des tréteaux que nous avons décrits, il a au moins l'avantage de pouvoir être transporté très-aisément par les scieurs de long partout où l'on en a besoin, et d'être partout d'une construction très-facile.

La fig. 1, pl. X, est un atelier établi au moyen de ce chevalet projeté verticalement sur un plan parallèle à la longueur de la pièce à scier A. La fig. 2 est une projection verticale par un plan perpendiculaire au premier. La fig. 3 est une projection du chevalet sur un plan parallèle aux arêtes des pièces dont il est composé; ce plan est perpendiculaire à celui de la première projection, et a pour trace, fig. 1, la ligne MN.

Les pièces de bois carrées g, sont les jambes de ce chevalet, elles sont réunies à mi-bois au sommet, et liées par un boulon h serré par un écrou; par le bas, ces jambes sont liées par une traverse k, qui leur est assemblée à chaque bout par un tenon traversant, maintenu par une grosse cheville i. La pièce de bois à scier A est passée dans ce chevalet et portée sur un sommier f, qu'on soutient à la hauteur convenable au moyen de deux chevilles en fer m placées dans les trous dont les jambes g sont percées. Le chevalet incliné et les arêtes intérieures des faces inférieures de ses jambes g, portent sur les arêtes supérieures de la pièce A. Les deux contacts de ces quatre arêtes sont projetés aux points x. Le poids de la pièce suffit pour assurer la stabilité de cette combinaison; on la complète par l'addition de quelques grosses pierres n placées sur son bout inférieur. rr sont les chantiers sur lesquels la pièce A était placée avant qu'elle fût supportée par le chevalet.

La scie dont on fait usage en Espagne est du même genre que celle décrite fig. 22, pl. II, page 73, si ce n'est qu'elle est plus épaisse, et que la lame est de la même largeur d'un bout à l'autre.

Lorsque la pièce à scier est d'un faible équarrissage, on est forcé de placer derrière le chevalet un tasseau p qui pose contre cette pièce : il est maintenu par deux chevilles q qui entrent dans les trous percés dans les jambes g; autrement les points de contact x se trouveraient trop rapprochés du sommet du chevalet, il faudrait placer le sommier f trop haut et le bout de la pièce A serait trop élevé pour que les scieurs pussent agir. Pour placer la pièce A en position d'être sciée, on monte le chevalet en passant sa traverse k en dessous. On soulève ensuite la pièce par un bout, et pendant qu'on la soutient, on fait glisser le chevalet jusqu'à sa position en lui donnant l'inclinaison qui convient. Mais lorsque la pièce est trop pesante pour qu'on la tienne à bras ou à l'épaule pendant le temps nécessaire à l'établissement du chevalet, on la soutient sur un ou deux arcs-boutants, ou sur des chantiers posés en chaise les uns sur les autres à mesure qu'on soulève le bout sur lequel on veut commencer le sciage; on fait dépasser ce bout de plus de la moitié de la longueur de la pièce. Lorsque la scie est parvenue près du chevalet et qu'elle ne peut plus avancer, on baisse le bout scié et on lève l'autre en faisant toutefois passer le sommier *f* de l'autre côté du chevalet que l'on renverse alors en sens contraire.

Les scieurs de long équarrissent et débitent aussi des pièces cintrées comme celle représentée fig. 8, pl. VII; mais il faut alors pour les faces courbes que la lame de leur scie soit fort étroite, afin qu'elle puisse changer de direction dans son propre trait pour suivre la courbure tracée sur les faces planes de la pièce.

La scie de long est employée non-seulement pour équarrir des arbres, mais aussi pour refendre des pièces déjà équarries, et pour les débiter en chevrons et soliveaux et même en madriers et en planches; dans tous les cas les procédés de sciage sont les mêmes. Il faut observer que pour avoir des pièces équarries ou refendues à des dimensions exactes, il est indispensable, en traçant, de tenir compte de l'épaisseur du trait, c'est-à-dire du bois qui doit être enlevé par la lame de la scie, et l'on doit même calculer l'épaisseur des pièces, de façon qu'elle puisse laisser le bois que doivent enlever les outils avec lesquels on doit les polir.

§ 6. *Scieries à lames droites.*

Lorsque les scies sont mues par d'autres forces que celles des bras des scieurs de long, les machines qui effectuent le sciage et les bâtiments qui les renferment, composent des usines nommées scieries, et qui sont distinguées par l'espèce de moteur qui leur est appliquée.

Les scieries sont le plus ordinairement employées au débit des arbres, en planches, en madriers et autres menus bois.

Les scies à lames droites mues par des machines sont montées dans de forts châssis en bois qui ont un mouvement de va-et-vient vertical entre des coulisses. Ce mouvement était produit autrefois par une came implantée dans l'arbre horizontal d'une roue à laquelle la rotation était imprimée, au moyen d'engrenages, soit par l'eau, ou par le vent. Cette came, en rencontrant la traverse inférieure du châssis, le soulevait dans les coulisses, et c'était en redescendant par l'effet du poids du châssis que les lames de scies agissaient sur les bois à scier, portés sur un chariot. Un encliquetage mis en mouvement par le même moteur les faisait avancer à chaque coup, de la quantité du chemin ouvert par les scies. Par cette disposition, le moteur n'était employé qu'à soulever les châssis, il consommait une force plus grande que l'effort fait par les scies pour vaincre la résistance du bois.

Aujourd'hui, l'arbre mis en mouvement de rotation par le moteur porte un double coude ou manivelle qui donne, en tournant, un mouvement de va-et-vient au châssis de la scie, par l'intermédiaire d'une bielle; de cette façon, la force motrice est réellement employée à scier, et la scie parcourt verticalement un trajet double du rayon de la manivelle; un encliquetage fait avancer encore les bois sous la scie. Dans les scieries à eau, l'arbre tournant auquel est appliquée la roue motrice, passe au-dessous de la scie; dans celles mues par le vent, cet arbre passe au-dessus. Dans les scieries à manége ou à vapeur, il peut indifféremment passer au-dessus et au-dessous; dans tous les cas, la lame de la scie est un peu inclinée, afin que toutes les dents agissent pendant la course verticale du châssis, comme nous en avons déjà fait remarquer la nécessité, page 142, en parlant du travail des scieurs de long.

Dans les usines à débiter les bois en planches, en madriers, et même en chevrons et lattes, plusieurs lames de scie sont réunies dans un même châssis et agissent par conséquent en même temps; elles sont écartées, en tenant compte de la largeur de leurs traits, de façon que les bois sciés aient les dimensions marchandes.

Afin que la force motrice soit employée à peu près constamment, c'est-à-dire, pour qu'elle trouve une résistance à peu près uniforme, on place deux ou trois manivelles sur le même arbre, qui font mouvoir un même nombre de châssis avec leurs lames de scie, de telle sorte qu'il y en ait toujours une qui agisse, et qu'il n'y ait aucune force perdue.

§ 7. *Scies circulaires.*

La scie circulaire est formée d'une lame ou feuille de tôle d'acier coupée circulairement, parfaitement plane, partout d'égale épaisseur, et taillée à sa circonférence comme une scie droite. Les dents toutes égales sont inclinées dans le même sens; leur grandeur est, comme pour la scie droite, proportionnée à la dureté du bois à scier. On donne aux scies circulaires de la voie comme aux scies droites; la taille des scies circulaires doit être parfaitement régulière sous le rapport de l'espacement des dents, comme sous celui de leur saillie et du rayon de la scie. Les lames de scie droites ou circulaires sont, en général, taillées à la machine pour obtenir la régularité dont nous parlons, qui est utile pour la netteté et la célérité du travail, elle est surtout indispensable pour les scies circulaires.

Les lames de scies circulaires sont traversées dans leur centre par un arbre en fer horizontal auquel le moteur imprime le mouvement de rotation;

elles sont montées contre une large embase qui fait partie de l'arbre ; leurs faces planes et parallèles sont conséquemment perpendiculaires à leur axe de rotation.

La fig. 4, planche X, représente par deux projections verticales une lame de scie circulaire b montée sur un arbre $a\ c$, et ayant déjà refendu de m en n la pièce A qui avance avec une vitesse uniforme proportionnée à celle du sciage ; le mouvement de la pièce A est produit par le même moteur qui fait tourner la scie. On peut monter plusieurs scies circulaires sur le même arbre ; et faire ainsi autant de traits de scie à la fois qu'on le veut ; on sépare les lames de scie par des rondelles en fer, dont les faces sont parfaitement parallèles.

Une scie circulaire ne peut refendre que des pièces de bois dont l'épaisseur est, tout au plus, égale à son rayon, comme nous l'avons représenté, fig. 4.

Lorsque la pièce à scier a une épaisseur trop grande pour le rayon de la scie, on est obligé de la refendre en deux fois : on la refend d'abord jusqu'à une profondeur un peu plus grande que la moitié de son épaisseur, on la retourne ensuite pour la refendre sur l'autre moitié de son épaisseur et dans le même trait.

La fig. 5 représente la pièce A refendue d'abord sur une épaisseur $o\ m$ de m en n. Pour éviter de retourner la pièce, et faire le double de travail dans le même temps, on emploie deux lames circulaires montées chacune sur un arbre et qui agissent en même temps pour ne former qu'un seul trait commun qui comprend toute l'épaisseur de la pièce à refendre. Cette disposition est représentée par deux projections verticales, fig. 6 ; les lames de scie a et b sont égales, et leurs faces sont dans les mêmes plans. Leurs arbres c, g sont parallèles ; le même moteur les fait tourner en même temps avec la même vitesse et dans le même sens. L'une des scies a refend la moitié $m\ o$ de l'épaisseur de la pièce ; l'autre achève le sciage de o en p en pénétrant dans le trait de la première. La pièce à refendre est comme précédemment, poussée sur les scies par le même moteur qui les fait mouvoir.

En donnant à chaque lame de scie $0^m,38$ de rayon, on peut refendre par ce moyen des bois d'environ $0^m,76$ d'épaisseur. On ne peut que difficilement donner un plus grand rayon aux lames de scies, à moins de leur donner en même temps une épaisseur qui a l'inconvénient de consommer trop de bois, en ouvrant un trait trop large, et d'exiger plus de force pour le sciage.

On fait cependant des lames de scies circulaires qui ont jusqu'à 1 m. 30 c. et plus de diamètre; mais elles ne sont point propres à refendre des bois de charpente; on ne les emploie que pour le débit de bois précieux en feuilles très-minces de placage pour l'ébénisterie. Une scie de cette espèce est formée d'un plateau circulaire de métal qui peut avoir une épaisseur beaucoup plus grande que celle nécessaire pour l'empêcher de plier. Ce plateau est monté au bout de l'arbre tournant qui ne le dépasse point; son bord terminé en biseau sur la face par laquelle il est joint à l'arbre, est garni sur l'autre face d'une lame très-mince, formant en plusieurs pièces une large couronne plate dont la circonférence est taillée en scie. Dès que cette scie a pénétré dans le bois sur une certaine longueur, la feuille de placage très-mince qu'elle détache passe sur l'épaisseur du plateau; elle se courbe dès qu'elle rencontre l'arbre, sans qu'il en résulte aucun obstacle au progrès du sciage. Cette scie est de l'invention de M. Brunel.

On pourrait construire une scie à lame droite sans fin, qui passerait comme une courroie sur deux cylindres égaux et parallèles à la longueur de la pièce à refendre placés l'un au-dessus, l'autre au-dessous de cette pièce. Le cylindre supérieur serait libre sur son axe, l'autre serait fixé à volonté sur l'arbre auquel le moteur donnerait le mouvement de rotation. Des petites cames implantées sur le milieu de la surface de ce cylindre engrèneraient dans de petites mortaises percées au milieu de la lame sans fin, pour lui communiquer le mouvement, parce que le frottement sur les cylindres pourrait ne pas suffire pour l'entraîner et l'emporter sur la résistance du sciage. Le diamètre des cylindres et leur écartement qu'il serait aisé d'accorder avec le développement de la lame sans fin, seraient au moins égaux à la grosseur de la plus forte pièce à fendre. Mais la confection de cette sorte de lames, son prix, et la difficulté de réparer celles qui viendraient à se rompre s'opposent à l'adoption de ce système de scie, et lui font préférer les scies circulaires (1).

§ 8. *Aplanissement des bois sciés.*

L'équarrissage et le débit des bois à la scie ne dispensent point de les planer, de les mettre aux dimensions exactes de l'équarrissage qu'ils doivent avoir, et de les polir avant de les employer. Cette opération se fait de la manière que nous avons décrite, en parlant de l'équarrissage à la cognée, et l'on y emploie également la doloire, l'herminette, la besaiguë, et même la varlope dont se servent avec succès et avec raison les char-

(1) De belles scies sans fin fonctionnaient à l'Exposition universelle de 1867 à Paris.

pentiers de quelques départements. L'opération de planer les bois de charpente exige du temps et du soin; c'est ce qui la fait négliger souvent, même dans les circonstances où elle aurait été utile. Diverses machines ont été inventées pour être substituées à la main de l'homme, et obtenir en même temps un travail plus prompt et plus exact. Elles sont toutes conçues à peu près sur les mêmes principes; mais la plus parfaite paraît être celle de Bramah, qui se fait surtout remarquer par les ingénieux moyens dont il a usé pour tous les mouvements. Il en a construit plusieurs pour ses propres ateliers, et en a établi une à l'arsenal de la marine, à Woolwich, où elle a été employée notamment à planer les bois pour les affûts de canon. On en trouve une description détaillée avec figures dans l'*Industriel* (1).

Cette machine consiste en une roue horizontale en fer de 1^m,50 de diamètre, armée d'outils dépassant sa surface inférieure et qui coupent le bois transversalement, lorsque cette roue qui sert en même temps de volant est mise en mouvement. Douze gouges sont attachées à sa circonférence; elles dégrossissent les surfaces. Deux planes ou lames de rabot sont placées sur un même diamètre, un peu en dedans de la circonférence pour agir sur les parties que les gouges ont préparées.

Le mouvement de rotation est communiqué à la roue par deux roues d'angles; l'arbre horizontal de l'une d'elles prend le mouvement sur l'arbre ou moteur, au moyen d'une courroie; une poulie folle placée à côté de la poulie motrice reçoit cette courroie lorsqu'on veut arrêter le mouvement. Deux pièces de bois à planer sont soumises en même temps à l'action de la machine, une de chaque côté de l'arbre vertical de la roue qui porte les outils, et en dessous de cette roue. Elles sont montées sur deux chariots qui marchent horizontalement et parallèlement entre des coulisses, mais en sens contraire, étant entraînés par une chaînette sans fin qui passe sur deux poulies horizontales.

L'une de ces poulies porte sur son axe un petit pignon qui engrène dans une crémaillère fixée à la tige du piston d'un cylindre horizontal dans lequel l'eau est poussée, au moyen d'une petite pompe d'injection, en avant ou en arrière, de façon à faire avancer ou reculer le piston, et par conséquent la crémaillère et le chariot à la volonté de celui qui dirige le travail.

La roue qui porte les outils peut être élevée ou abaissée et fixée à la hauteur exigée pour l'épaisseur des pièces à planer par un moyen du même genre. La partie inférieure de son arbre porte dans un cylindre creux sur

(1) Publication qui paraissait en 1837.

la partie supérieure d'un piston qui lui sert de crapaudine, ce piston est exhaussé en introduisant de l'eau en dessous au moyen de la petite pompe d'injection; on l'abaisse en évacuant cette eau. Deux robinets suffisent au jeu de cette pompe, soit qu'il s'agisse de régler la hauteur de roue, soit qu'il s'agisse de faire mouvoir les chariots. La machine à vapeur qui sert de moteur est de la force de six chevaux, et elle donne le mouvement à la pompe d'injection.

Quelque ingénieuse que soit cette machine, et quelque bons que soient ses résultats, elle ne peut pas être généralement utile aux travaux des charpentiers, vu qu'elle ne peut pas être transportée sur différents chantiers de travail; sa place est dans les arsenaux et dans les grandes fabriques d'ouvrages en bois.

§ 9. *Choix du mode d'équarrissement.*

Il est rare que les scieurs de long soient employés à refendre des pièces de bois en planches et en madriers, parce que ces sortes de bois sont fournis par le commerce qui les tire à moindre prix des usines destinées à ce genre de travail. Il n'y a que lorsqu'on a besoin accidentellement de planches et de madriers d'une plus grande longueur ou de largeur et d'épaisseur différentes de celles dites marchandes, qu'on a recours au sciage de long pour les débiter.

Dans les grandes exploitations des forêts, on équarrit peu d'arbres à la scie de long, parce que ce mode d'équarrissement est là toujours plus cher que celui fait à la hache, et qu'il en résulterait un trop grand nombre de dosses dont la valeur ne présenterait point une indemnité suffisante. Le débit des arbres en planches, en madriers et autres menus bois dans les scieries, fournit une quantité de dosses plus que suffisante pour les besoins locaux, et généralement à la forêt comme dans les chantiers de travail, on n'équarrit à la scie de long à bras que les arbres d'un diamètre assez fort pour qu'on puisse tirer des dosses d'autres pièces équarries sur des dimensions utiles.

Le plus communément les scieurs de long ne travaillent dans les ateliers de charpenterie que pour refendre les pièces achetées des marchands, aux dimensions nécessaires à la composition des charpentes.

Le commerce fournit quelques bois en grume provenant des petites exploitations faites à proximité des villes ou d'arbres d'alignement, et qu'on doit équarrir dans les chantiers. Dans ceux établis près des grandes constructions, l'équarrissage à la scie de long est souvent préférable à celui fait à la cognée à cause du parti qu'on peut tirer des dosses à l'état brut, pour échafaudages, planches de roulage pour des brouettes, clôtures provisoires et autres objets pour lesquels il faudrait consommer des bois d'une plus grande valeur. Mais, le plus souvent, le choix entre l'équarrissement à la hache et l'équarrissement à la scie de long, dépend de la comparaison des frais occasionnés par l'un et l'autre modes avec la valeur des dosses, non pas sous le rapport de leur volume brut, mais sous celui des petits bois équarris qu'on peut en tirer.

Suivant Hassenfratz, les bûcherons et doleurs qui équarrissent les bois font, chacun dans une journée $10^m,20$ de surface d'équarrissage, tandis que trois scieurs de long ne font ensemble, dans une journée, que $12^m,96$; d'où il suit que chaque bûcheron produit un travail qui est presque quatre fois et demie celui d'un scieur de long. Mais il faut remarquer que les copeaux des bûcherons ne sont bons qu'à brûler, et ont par conséquent une très-faible valeur, tandis que les dosses ou levées faites par les scieurs de long peuvent en avoir une autant plus grande que l'arbre à équarrir est plus gros.

La première question qui regarde le choix du mode d'équarrissement, est la détermination du diamètre au-dessous duquel il n'y a aucun avantage à faire l'équarrissement des arbres à la scie, parce que les dosses ne produiraient aucun bois de service.

On conçoit que ce diamètre ne doit pas être le même pour toutes les espèces d'arbres, ni pour toutes les localités, à cause des différentes valeurs des bois, des différents prix des journées d'ouvriers, et enfin parce que les dimensions d'équarrissage des plus petits bois de service ne sont pas les mêmes partout.

Supposons que les plus petits bois qu'on emploie dans des travaux pour lesquels on équarrit des arbres sont des chevrons carrés et que l'on veuille que chaque dosse levée à la scie puisse en fournir deux, il s'agit de déterminer quel est le diamètre du cercle marquant le bois parfait d'un arbre qui donnera des dosses dans lesquelles on pourra débiter, aussi en bois parfait, deux chevrons. Voici la construction graphique qui résout cette question. On trace, fig. 11 pl. IV, deux lignes $M\,N$, $P\,Q$, perpendiculaires l'une à l'autre, dans les deux angles supérieurs, on construit les carrés qui représentent l'équarrissage des chevrons, l'un desquels est désigné par les lettres $G\,H\,I\,J$; on comprend $I\,K$ et $I\,L$ égaux; du point K, avec le rayon $K\,L$, on décrit un arc de cercle $L\,F$, qui coupe en O la diagonale $G\,I$ du carré. Ayant tracé $O\,K$ par l'angle G du même carré, on trace parallèlement la ligne $G\ C$. Elle détermine le centre C du cercle du bois parfait et en est le rayon. Dans ce cercle se trouve inscrit le carré de l'équarrissage $A\ B\ E\ D$. La démonstration de cette construction consiste à faire voir que la partie $A\ C$, égale au rayon $G\ C$, est sur la diagonale $A\ E$. Elle se déduit d'une similitude de triangles. Si l'on a fait cette construction de grandeur naturelle ou sur une grande échelle, on peut évaluer la grandeur du rayon et par conséquent celle du diamètre $A\ E$. Supposons, par exemple, que l'on ait donné $0^m,07$ aux chevrons, on trouve que le rayon est de $0^m,27$, et par conséquent, pour qu'on puisse tirer des dosses, des chevrons, de cet équarrissage, il faut que le cercle qui limite le bois parfait ait au moins $0^m,54$ de diamètre, ce qui suppose, aubier compris, un arbre d'environ $0^m,60$ de diamètre, duquel on pourra tirer une pièce principale dont le carré d'équarrissage $A\ B\ E\ D$ aura $0^m,38$ de côté. Par conséquent, pour tout autre arbre dont le diamètre sera moindre, il n'y aura aucun avantage à faire l'équarrissement à la scie, parce qu'on ne pourra point tirer de chacune de ses dosses deux chevrons de $0^m,07$.

Le sciage, aussi bien que l'équarrissement à la hache, se paye dans les chantiers à raison de la superficie des faces des pièces après qu'elles sont équarries. Il sera donc aisé de calculer si la valeur des huit chevrons qu'on peut tirer des dosses d'un arbre de $0^m,60$ de diamètre (bois et façon d'équarrissement compris), l'emporte sur la dépense du sciage pour l'équarrissement de la pièce principale.

La construction graphique que nous venons d'indiquer donne également la solution de la question pour le cas où l'on voudrait que les dosses pussent fournir, au lieu de deux chevrons carrés, des pièces méplates comme celles tracées en $R\ R$, même figure.

Si, par quelque motif d'économie, ou parce que les chevrons ne seraient destinés qu'à des travaux peu importants, on voulait qu'ils fussent pris en partie dans l'aubier des dosses, comme la figure 12 les représente, la construction serait encore à peu près la même; seulement, au lieu de décrire un arc de cercle avec le rayon $K\ L$, il faudra le décrire avec le rayon $K\ R$ égal à $K\ L$, augmenté de la quantité $L\ R$ qui répond à l'épaisseur de l'aubier dont serait enveloppé le bois parfait, limité par le cercle qui aurait $K\ L$ pour rayon.

La solution de ce problème d'équarrissement par l'analyse donne une construction qui a sur celle purement graphique l'avantage de pouvoir être exécutée avec le compas, sans qu'il soit besoin de tracer de parallèles, ce qui convient à la pratique de l'art du charpentier.

EXPLOITATION, ÉQUARRISSEMENT ET DÉBIT DES BOIS.

Soient, fig. 13, les deux lignes $M N$, $P Q$ perpendiculaires l'une à l'autre et $G H I J$ le rectangle d'équarrissage de la pièce que chaque dosse doit fournir. On fait $J L$, $J F$, $R K$ égaux à $G J$. On porte $L F$ de L en O; puis on porte $K O$ de K en C. Le point C est le centre du cercle qui limite le bois parfait dans lequel la pièce principale aura pour figure d'équarrissage le carré $A B E D$ (1), et dont les dosses donneront des pièces dont l'équarrissage sera déterminé par le rectangle donné $G H I J$.

La seconde question relative au choix du mode d'équarrissage a pour objet de déterminer la plus grosse pièce équarrie que l'on peut tirer d'une dosse; c'est aussi la question qui se présente le plus souvent. Soit fig. 14, planche IV, $A B E D$ le rectangle de l'équarrissage d'une pièce de bois pour un arbre dont le bois parfait est limité par le cercle auquel ce rectangle est inscrit. Pour apprécier s'il y a avantage à équarrir cet arbre à la scie de long, on veut estimer la valeur du plus fort bois équarri que les dosses puissent produire. Si le rectangle d'équarrissage $A B E D$ est un carré, et que l'arbre soit rond, les quatre dosses sont égales; il suffit donc de résoudre la question pour l'une d'elles seulement, et elle se réduit à trouver la dimension du plus grand rectangle $G J P Q$ qu'on peut inscrire dans le segment $B M E$, qui représente le bois parfait d'une dosse vue par le bout.

Cette question pourrait être résolue au moyen d'une courbe déterminée par points; mais la construction graphique résultant de l'analyse étant beaucoup plus simple, c'est elle que nous indiquerons.

Après avoir tracé la corde $K M$ et la ligne $C O$, qui lui est perpendiculaire, on porte la longueur $C O$, de C en S (2) et du point R pris au quart de la longueur $C I$, on porte $R S$ de R en H. Le point H détermine l'épaisseur de la plus forte pièce équarrie $G P Q J$ que l'on puisse tirer de la dosse $B M E$ (3).

---

(1) $G J = a$, $G H = b$, $R C$, distance du centre du cercle cherché au trait de scie qui doit séparer une dosse $= x$. La condition de l'égalité de $C G$ et de $C A$, rayons du même cercle, donne une équation de laquelle on tire $x = a \pm \sqrt{2a^2 + b^2}$. Dans la construction ci-dessus, $R K = a$ et $K O = K C = \sqrt{2a^2 + b^2}$. Le signe — du radical répond à une solution qui n'est pas applicable à l'équarrissement.

(2) Pour le cas particulier représenté sur la fig. 14, dans lequel le rectangle d'équarrissage de la pièce principale est un carré, le point S se trouve sur la ligne $A B$.

(3) Si l'on fait $C G$, rayon du cercle $= a$, $C I = b$, $I H = x$, le rectangle $G H I J$ $= x\sqrt{a^2 - (b+x)^2}$. En traitant cette expression par la méthode des *maxima* pour que le

Si le bois parfait d'un arbre, au lieu d'être compris dans un cercle *N K M L*, était limité par une ellipse *NK'ML'*, le rectangle de la plus forte pièce qu'on pourrait équarrir dans cet arbre serait *A' B' E' D'*, et la dosse répondant au plus grand axe aurait pour but le segment *B'M E'*. La pièce du plus fort équarrissage qu'on puisse tirer de cette dosse a la même épaisseur que celle qu'on peut tirer de la dosse représentée dans le segment de cercle *B M E*, et la même construction donne, par conséquent, cette même épaisseur *I H*, ce qui tient au rapport qui existe entre le cercle et l'ellipse dont nous avons déjà parlé.

Connaissant les plus fortes dimensions des pièces équarries qu'il est possible de tirer des dosses, rien n'est plus facile que de comparer la valeur de ces pièces, compris la dépense de leur équarrissage, avec la dépense de l'équarrissement à la scie de la pièce principale, et l'on voit si la valeur du volume du bois équarri produit par les dosses peut dédommager au moins de l'excédant de la dépense du sciage pour l'équarrissement de la pièce principale.

Souvent on se contente de réduire les dosses en planches qui ont l'épaisseur usitée dans le commerce ; leur valeur se calcule rien qu'en raison des frais du sciage, tant pour l'équarrissement de la pièce principale que pour leur débit, et il n'y a alors davantage que si on leur trouve une valeur moindre que celles des planches de même espèce fournies par les marchands de bois.

§ 10. *Fente des bois.*

On a quelquefois besoin de refendre des bois suivant leur longueur, et, soit qu'on manque de scie de long, soit qu'il s'agisse d'ouvrages grossiers, on peut recourir au moyen expéditif de la fente.

Les bois résineux, tels que le pin et le sapin, sont d'une fente aisée, parce que leurs fibres sont droites et faciles à séparer. Soit qu'on ait coupé les arbres par billes, ou qu'on leur ait laissé toute leur longueur, on commence à ouvrir la fente avec des coins en fer ou, à défaut de coins en fer,

rectangle *G H I J*, soit un maximum, on trouve $x = \frac{3}{4} b \pm \sqrt{\frac{1}{2} a^2 + \frac{1}{16} b^2}$ dont la construction indiquée est la traduction. $\overline{CS}^2 = \frac{1}{2} a^2$ et $\overline{CR}^2 = \frac{1}{16} b^2$, par conséquent $RS = \sqrt{\frac{1}{2} a^2 + \frac{1}{16} b^2}$, et $IR = \frac{3}{4} b$. Le signe — du radical donnerait le point *H'* répondant à la seconde solution qui n'est pas applicable à la question de l'équarrissement.

avec des coins en bois dur; on amorce leurs places à coups de hache; les gros coins en bois sont employés lorsque les premiers ont déterminé la fente; on frappe les uns et les autres avec des masses en fer ou de forts maillets en bois. Pour diriger la fente et éviter des éclats lorsque les arbres sont très-gros, on ouvre la fente de deux côtés à la fois, et par des points diamétralement opposés; dans tous les cas, on peut assurer sa direction au moyen de trous de tarrière qui traversent l'arbre en passant exactement par le cœur.

Dans les bois durs, tels que le chêne, l'orme, etc., la fente est plus difficile; on parvient cependant à l'exécuter, en multipliant les trous de tarière. Mais on y parvient infailliblement et avec une grande régularité au moyen de la poudre de guerre qui supplée, dans tous les cas, les coins et donne moins de peine. On fait avec une tarière tout le long de l'arbre, sur la ligne par où la fente doit passer, une suite de trous qui doivent atteindre le cœur du bois; ces trous sont écartés d'environ $0^m,30$ au moins l'un de l'autre, et au plus de 1 mètre. On y place une petite charge de poudre dont le poids dépend, comme l'écartement des trous de tarière, du diamètre de l'arbre et de la ténacité de son bois; chaque trou est ensuite bouché par une cheville fortement chassée à coups de maillet. On a eu soin préalablement d'enlever le long de chaque cheville un petit segment pour laisser un vide qu'on remplit de poudre. Une traînée convenablement compassée fait arriver le feu partout en même temps. Un bout d'amadou qui brûle lentement laisse le temps de s'éloigner.

L'explosion simultanée de toutes les charges fend l'arbre exactement en deux parties qu'on peut refendre encore, par le même moyen, en autant de quartiers que l'on veut. Ces quartiers peuvent ensuite être équarris à la hache, travaillés et même polis pour les besoins des travaux auxquels on les a destinés.

§ 11. *Débit des bois.*

Le débit des bois a pour objet de partager les arbres en pièces de petits échantillons, suivant les longueurs, largeurs et épaisseurs usitées dans les travaux, en apportant dans cette opération l'économie que nécessite la valeur de cette matière, dont il se fait une si grande consommation.

On ne débite ordinairement en menus bois que ce qui reste des corps d'arbres, après qu'on a pris la partie qui doit fournir les pièces équarries pour la construction des charpentes.

Pour faire des planches, on commence par couper la partie de l'arbre qu'on veut débiter en billes (1), dont les longueurs sont combinées avec leurs grosseurs, qui décroissent de plus en plus en s'écartant de la souche, de façon que les planches aient des dimensions assorties aux besoins habituels, et qu'on puisse en tirer le plus grand nombre de chaque bille. Une bille qui doit être refendue en planches est d'abord dépouillée de son écorce; on établit sur ses bouts les divisions des planches, ayant égard au bois consommé par la voie de la scie, et en observant que les divisions des deux bouts doivent être exactement parallèles, afin que les lignes battues sur la surface de la bille et qui marquent le chemin que suivra la scie soient bien parallèles, et qu'elles se correspondent deux à deux dans un même plan, pour que les planches n'aient point de gauche, vice qui diminuerait leur valeur et qui pourrait les faire rebuter.

La bille à débiter est alors établie sur les chevalets pour opérer la séparation des planches une à une au moyen du sciage de long que nous avons décrit. Pour la facilité du maniement du bois pendant le sciage, les planches ne sont pas complétement séparées les unes des autres; on les laisse réunies par un bout sur environ 55 millimètres de leur longueur.

Dans les scieries où le travail du sciage est fait par des machines, on n'a pas besoin de tracer avec tant de détail le débit des pièces de bois à refendre. Il suffit de battre longitudinalement sur la surface de la bille à débiter une seule ligne parallèle à la direction des fibres, pour servir de directrice, lorsqu'on établit cette bille sur le chariot qui la pousse contre les lames de la scie. La régularité du sciage ne dépend alors que de la perfection de la machine.

En débitant des corps d'arbres ronds en planches ou en madriers, il en résulte que toutes les planches ou tous les madriers ont des largeurs différentes, comme on en voit le tracé, fig. 9 planche XI; il faut alors en équarrir les bords après le sciage, fig. 10. Pour cela, on place les planches à plat les unes sur les autres, fig. 11, les plus larges en dessous, et de telle sorte que tous les traits qui marquent l'équarrissement des bords d'un des côtés de chaque planche coïncident avec un fil à plomb *m n;* un seul trait de scie les équarrit toutes en même temps. On opère de même pour les autres bords des planches; de cette façon, il n'y a presque point de

---

(1) On appelle *billes* les tronçons d'un corps d'arbre; les plus courts sont nommés billots.

bois perdu; mais on préfère, pour le commerce des bois, que les planches soient toutes de la même largeur, ou au moins classées sur des largeurs fixes et usitées. A cet effet, avant de débiter une bille, on commence par lever sur toute sa longueur deux dosses $A\,A$, fig. 17. Ainsi réduite à une épaisseur donnée, on pose la bille à plat et on la débite en planches qui ont toutes une même largeur voulue, et l'on trouve aux deux côtés deux petites dosses $B\,B$. Une bille de $0^m,54$ au petit bout, débitée de cette sorte, peut fournir 16 planches de $0^m,325$ de largeur franche d'un bout à l'autre, et deux planches qui peuvent avoir un peu de flache à un bout. Les dosses A sont assez fortes pour qu'on puisse en tirer encore quelques bois de petit équarrissage qui peuvent être utilisés, ou même d'autres planches, comme dans la fig. 15.

Lorsque, dans une grande exploitation, les plus gros arbres fournissent plus de pièces équarries que les besoins du commerce n'en demandent, une partie est envoyée aux scieries pour être débitée en planches, plateaux ou madriers. Ces arbres, ordinairement fort gros, fourniraient des planches plus larges que celles qu'on est dans l'usage d'employer : ils sont alors tronçonnés en billes aux longueurs marchandes et refendues en quatre quartiers, comme on en voit la division, fig. 12. Chacun de ces quartiers est ensuite divisé en planches qui sont d'inégales largeurs, comme celui A de la fig. 13, à moins que l'arbre ne soit d'un diamètre assez fort pour que chaque quartier B, fig. 14, soit équarri par la levée de deux demi-dosses $D\,D$, afin d'en tirer des planches égales et de largeur suffisante pour le commerce. Quelquefois la grosseur de l'arbre est telle que les demi-dosses fournissent encore quelques planches qui ont une largeur usitée, quoique plus étroites.

Il est souvent plus avantageux de ne pas refendre les grosses billes en quatre quartiers, mais de débiter dans leur milieu, fig. 15, une série de planches dont la largeur est déterminée par la levée de dosses plus fortes dans lesquelles on débite encore des planches de même largeur. Le débit d'un arbre de $0^m,54$ réduit en quartiers équarris, fig. 14, donne 7 planches par quartier, et par conséquent 28 planches de $0^m,19$ de largeur, tandis que, débité suivant la division indiquée, fig. 15, il donne à la vérité le même nombre de planches, mais elles ont $8^m,216$ de largeur au lieu de $0^m,19$ et elles laissent quatre *cantibais* E, qui ont plus de valeur que les huit demi-dosses obtenues par l'autre division.

Pour déterminer la meilleure distribution du débit en planches comme en autres pièces de petit équarrissage, on trace sur le bout de la bille autant de carrés de 27 millimètres qu'il peut en contenir, fig. 16; on cherche alors quelle est la combinaison de ces carrés qui marque le plus grand nombre de planches ou autres bois qu'on peut débiter dans cette bille; cette méthode donne, pour le produit d'une bille de $0^m,54$, 32 planches de 27 millimètres d'épaisseur sur $0^m,215$ de largeur, et elle laisse encore quatre *cantibais E*, qui peuvent être équarris sur $0^m,054$ d'épaisseur.

La fig. 5 est le bout d'une bille provenant d'un arbre elliptique sur lequel on a représenté la division en quatre quartiers et deux manières de débiter ces quartiers en planches, suivant qu'on veut, malgré leur inégalité, qu'elles soient larges ou étroites. La fig. 3 répond au débit d'une bille elliptique analogue à celui d'une bille ronde, fig. 15 et 16. La partie inférieure présente une division en 29 planches qui laissent de forts *cantibais D D*, et dans la partie supérieure une division qui peut produire 34 planches; mais les *cantibais C C, B B* sont d'une moindre valeur ; enfin, la fig. 4 présente un autre système de division duquel on peut tirer 38 planches, débitées dans un meilleur sens.

On débite encore les planches d'une autre manière dans des arbres refendus par 4 ou 6 quartiers, fig. 18 et 20, et le trait de scie dans chaque quartier n'est parallèle à aucune des faces, mais il est également incliné par rapport à toutes deux. Cette méthode, dite hollandaise, a l'inconvénient de donner des planches qui diffèrent toutes de largeur et dont les bords ne sont point équarris. La fig. 19 présente le bout d'un quartier tracé pour être débité suivant cette méthode; c'est le même quartier qu'on a supposé établi sur les chevalets, fig. 11, pl. VII, prêt à recevoir l'action de la scie de long. Dans cette figure, il est assujetti par des cales, mais quand on a une grande quantité de pièces de cette sorte à débiter, il est préférable de les établir sur des tasseaux échancrés, comme dans la fig. 19, pl. XI. La fig. 21 présente deux quartiers de la division en six réunis et établis pour être sciés.

La division des corps d'arbres par cette méthode de débit ne peut être exécutée à la scie de long qu'en nombre pair de quartiers, à cause de la nécessité de faire traverser tout le diamètre $a\,b$ de l'arbre, fig. 20, par la lame de la scie; ainsi il y a impossibilité de refendre une bille en cinq quartiers égaux à la scie de long, comme est représentée celle de la fig. 22, qui donnerait sur chaque quartier une planche en plein bois $c\,d$; mais cette division peut être faite au moyen de la scie circulaire, la profondeur du trait étant réglée de façon à ne point dépasser le cœur du bois.

On a observé que le sens suivant lequel les planches et les madriers sont débités par rapport à la contexture du bois n'est pas indifférent pour la qualité des ouvrages auxquels ils sont employés. En examinant la coupe d'un arbre faite perpendiculairement à sa longueur, que cet arbre soit rond, fig. 7, pl. XI, ou qu'il soit elliptique, fig. 1, ou même équarri, fig. 2 et 8 ; on aperçoit deux sortes de lignes qui marquent l'organisation végétale : les unes sont circulaires et concentriques, elles répondent, comme nous avons déjà eu l'occasion de le dire, aux couches de l'accroissement annuel ; les autres sont normales aux premières, elles résultent des éléments du tissu cellulaire par lesquels circulent les liquides intérieurs. Lorsque le bois est fendu exactement sur les directions de ces éléments, ils se séparent en deux lames, ou larges plaques brillantes, qui sont appelées mailles par les ouvriers en bois, probablement parce qu'elles paraissent lier les couches annuelles entre elles. On dit qu'une pièce de bois est sciée ou fendue sur la maille, lorsqu'elle est débitée par des plans passant par les mailles, et conséquemment pour les arbres ronds passant par le cœur.

Les pores du bois qui sont dirigés en ce sens sont plus avides et plus conducteurs de l'humidité que ceux dirigés dans le sens des couches annuelles. Les planches qui se trouvent débitées de façon que les mailles sont tranchées et qu'elles aboutissent à leurs faces sont très-sensibles aux impressions hygrométriques. Une planche de cette sorte, $abcd$, est représentée par le bout, fig. 7, pl. VI, à la place où elle a été débitée dans un arbre rond. Cette planche augmente de largeur par l'effet de l'humidité, parce que les pores des mailles dirigés suivant des rayons ef aboutissent à ses faces ab, de; de plus, elle se voile et prend la forme représentée dans la fig. 8, parce que les mêmes pores sont plus nombreux et plus serrés sur la face ab que sur la face dc. Quoique la sécheresse puisse lui faire reprendre sa dimension, elle ne recouvre jamais sa forme plane. Si une autre planche $a'b'c'd'$, sciée en même position, fig. 7, est exposée à une grande sécheresse avant qu'elle soit atteinte par l'humidité, elle se rétrécit et se voile en sens contraire, comme en $a'b'c'd'$, fig. 8. Ainsi, les alternatives de sécheresse et d'humidité peuvent faire changer la largeur et la courbure d'une planche et la rendre très-difforme si elle est sciée dans un mauvais sens.

Le même effet n'a pas lieu sur une planche E sciée par le cœur à peu près parallèlement aux mailles ou du moins symétriquement, fig. 7 ; elle augmente moins de largeur par l'effet de l'humidité ; elle se resserre moins dans la sécheresse ; elle conserve la régularité de sa forme, fig. 8.

Ce sont les changements hygrométriques, et notamment les sécheresses trop arides, qui, en agissant sur les pores rayonnants, font gercer et fendre les pièces de bois précisément dans le sens des mailles, comme on le voit planche VI, sur la coupe d'un arbre en grume, fig. 9, et sur celle d'une pièce équarrie, fig. 10. Les couches intérieures ne subissant point une dessiccation aussi rapide que celles du dehors, ne prennent pas un retrait aussi grand, et celles-ci sont forcées de se fendre. La même cause continuant d'agir dans la profondeur du bois, les fentes peuvent gagner le cœur; c'est pourquoi il importe de ne pas hâter trop la dessiccation du bois. Les pièces de bois équarries sont un peu moins sujettes à se fendre, et celles débitées le sont encore moins. Quelques personnes disent, en voyant sur une pièce de bois de nombreuses fentes dans le sens de ses fibres, *que c'est ce qui fait sa force :* c'est une erreur; les fentes altèrent toujours la force d'une pièce de bois, à cause de la désunion des fibres qui en résulte.

De tous les modes de débit des planches, le plus vicieux, par les raisons que nous avons exposées plus haut, est celui tracé sur le quartier E, fig. 13, pl. XI, désigné par le nom de *sciage sur les cercles annuels*.

Pour remédier au grave inconvénient qui peut résulter du sens suivant lequel les planches peuvent être débitées, on a imaginé de faire passer tous les traits de scie par le cœur de l'arbre. Ainsi, après avoir refendu la bille à débiter en quatre quartiers, fig. 12, et avoir enlevé l'arête qui répond au cœur par un pan coupé $p\ o$, fig. 14, fait à la hache, ou à l'herminette, ou par une gouttière $q\ o$ faite à l'herminette à gouge, on divise les quartiers par des traces tendant au centre, fig. 23. Il en résulte des planches qui sont toutes égales; à la vérité, elles n'ont point la même épaisseur sur leurs deux bords; mais elles sont toutes débitées sur la maille du bois, et propres aux meilleurs ouvrages. On les réduit à une épaisseur uniforme avec la varlope, en enlevant du bois sur l'une des faces, et en conservant la maille intacte sur l'autre pour le parement de l'ouvrage qui doit être apparent. Non-seulement le travail est meilleur et les planches ainsi débitées ne se voilent pas, mais l'ouvrage est en même temps plus beau; surtout pour ceux en chêne, parce que ce bois, poli au rabot sur ses mailles, présente une foule de ses lames brillantes. Pour débiter les planches suivant cette méthode, on place le quartier à débiter dans les entailles de deux tasseaux, comme ceux $m\ n$ des fig. 24 et 25. Ces tasseaux sont attachés sur les sommiers des chevalets de scieurs de long; on cale les quartiers avec des coins f, e, de façon que l'une des traces $a\ b$, fig. 24, coïncide avec le fil à plomb $p\ q$. Lorsque le trait $e\ b$ est scié, on fait passer le coin e du même côté que le coin f, pour qu'une autre trace *c d*, fig. 25, vienne coïncider avec le fil à plomb. En faisant passer d'un côté à l'autre les coins et les planches sciées, on les combine de telle sorte que toutes les traces se présentent à leur tour à l'action de la scie.

Pour éviter la perte du bois qu'on est obligé d'enlever pour réduire les planches refendues en couteau à une épaisseur égale, on a pratiqué différents autres modes de division, qui ne donnent cependant pas un sciage aussi uniformément bon. Suivant l'un de ces modes, on débite d'abord des madriers ou des planches *A*, fig. 26, qui prennent environ le tiers de la grosseur de la bille en plein bois, et dont la largeur comprend son diamètre entier. On refend perpendiculairement d'autres planches étroites *B* ou des madriers *B'* dans les dosses; il reste quatre cantibais. En débitant, comme dans la fig. 27, trois madriers *D* ou un nombre impair de planches en plein bois, la pièce du milieu est de choix et presque sur la maille. Pour refendre les dosses *B*, *B'*, on les applique l'une sur l'autre, comme dans la fig. 28.

Un autre mode de débit consiste à lever d'abord un large madrier *A*, fig. 29, en plein cœur de bois, et deux autres plus étroits *B*, à angle droit, qui se trouvent également refendus en plein bois. Les faces de ces madriers coupent symétriquement les cercles annuels; leur sciage est presque sur la maille.

Les quatre quartiers *C*, *D*, *E*, *F*, sont refendus en planches, comme en *D* et *F*, suivant la méthode hollandaise, ou par des plans convergents, comme en *E*, ou enfin exactement sur la maille, comme en *C*. On pourrait aussi débiter les quartiers comme celui *A* de la fig. 13; on aurait moins de perte de bois, mais le sciage serait moins bon.

Enfin, l'on fend aussi la bille à débiter en quatre quartiers, fig. 30, par deux traits *a b*, *d e* qui se croisent à angle droit au cœur ou centre *c*, et chaque quartier est ensuite refendu par des traits de scie alternativement parallèles aux deux premiers. Ce mode a l'avantage que les traits de scie sont le moins possible tangents à des cercles annuels, et qu'ils les coupent, au contraire, sous des inclinaisons qui s'éloignent le moins possible aussi de l'angle droit. La fig. 6 représente deux modes du débit des planches dans un arbre elliptique.

Malgré les avantages plus ou moins grands de ces différents modes de débit pour la qualité des planches, on continue, dans les usines, à les scier suivant des épaisseurs égales d'un côté à l'autre et toutes parallèles dans une même bille, parce que tout autre système entraînerait dans des détails de main-d'œuvre et des complications de machines qui augmenteraient les prix. Lorsque les travaux exigent des planches ou des madriers de choix, on se les procure en triant dans les magasins ceux qui se trouvent sciés dans le meilleur sens, ou bien on les débite exprès à la scie de long dans les chantiers, seuls lieux où ces modes de sciage puissent être pratiqués.

Moreau, ancien marchand de bois de construction à Paris, a proposé et fait exécuter pour lui le débit des arbres en grume, suivant les divisions tracées sur la fig. 31, qui donne en même temps des madriers A B, B', sciés symétriquement par rapport à la maille du bois, et d'autres madriers dans lesquels l'une des faces coupe les cercles annuels à peu près perpendiculairement, ce qui fait que, pour les madriers principaux et pour ceux tirés immédiatement à côté, le sciage est symétrique par rapport à la maille. On peut tirer des cantibais de petites pièces carrées, telles que des chevrons. Cette méthode, comme la précédente, tient donc à peu près le milieu entre celle du débit ordinaire et celle du débit sur la maille; elle a cependant, comme la précédente, dans la pratique, un assez grave inconvénient qui est d'exiger un fréquent maniement des pièces pour leur établissement en sciage sur les chevalets des scieurs de long. Après que le madrier principal A, fig. 31, est levé, il faut réunir les dosses et leur donner la position qu'elles ont, fig. 32, pour lever les madriers B et B'; après quoi il faut réunir les quatre quartiers, comme dans la fig. 33, pour lever les madriers de troisième largeur a, b, a', b'. Ce qui en reste doit encore être réuni, en donnant quartier, fig. 34, pour scier les madriers de quatrième largeur c, c', d, d', et donner les traits de scie 1-2, 3-4, qui enlèvent les cantibais x, v, x', v', pour commencer l'équarrissement des chevrons e, e', g, g'. Il faut enfin réunir ce qui reste, en donnant quartier, fig. 35, pour achever d'équarrir les chevrons par les traits de scie 5-6, 7-8, en enlevant les cantibais u, u', x, x'.

On peut, en faisant un léger changement à la méthode de Moreau, diminuer la main-d'œuvre pour établir les dosses et quartiers en position de sciage. Ce changement est représenté, fig. 36; il consiste, après qu'on a levé le principal madrier A, dans le tracé des madriers de troisième largeur C qu'on établit parallèlement à ceux de deuxième largeur B, B'; en rapprochant les dosses, comme dans la fig. 37, les quatre traits de scie 1-2, 3-4, 5-6, 7-8 se trouvent parallèles, et l'on n'a à changer l'établissement en sciage que trois fois au lieu de quatre.

On a peut-être porté trop loin le mérite de cette méthode; car on est forcé de reconnaître que, dans la disposition des traits de scie qu'elle prescrit, il ne peut manquer de s'en trouver, comme dans les méthodes ordinaires, un certain nombre qui débitent le bois sur les cercles annuels, ou qui s'en écartent peu. De plus, la surface du sciage est la même, et enfin, le maniement des pièces pour les présenter à la scie de long est plus grand; ainsi, en dernier résultat, elle n'a pas autant de supériorité qu'on pourrait le croire au premier aspect. Mais on ne saurait lui contester le mérite d'avoir sorti les ouvriers de la routine et de leur avoir enseigné qu'on peut combiner de diverses manières les traits de scie dans le débit d'un arbre pour en tirer le meilleur parti. En cela, Moreau a rendu un grand service à l'art.

La fig. 38 présente la division d'un arbre en pièces carrées. Au moyen de grands traits de scie perpendiculaires deux à deux, on refend cinq pièces carrées dans un arbre. On obtient la largeur $a\ b$ de chacune des pièces principales par la détermination du point a, en portant de c en d trois parties, une de d en e, et en tirant le rayon $c\ e$, qui coupe en a la circonférence du cercle du bois parfait; les petites pièces carrées sont déterminées par la diagonale $m\ n$.

Si l'on voulait que les petites pièces carrées fussent sciées de façon que leurs faces rencontrassent les cercles annuels et les mailles du bois de la même manière que les faces des principales pièces, comme celle ponctuée en $u\ v\ x\ z$, la détermination de leur position et de leur dimension s'obtiendrait par la même construction : on porterait trois parties de $o\ p$ et une de p en q. La ligne $o\ q$ déterminerait la position de l'angle x.

Au surplus, la perfection du débit des pièces de charpente consiste à choisir les équarrissages des pièces et à combiner les traits de scie qu'on doit leur donner pour les refendre aux dimensions nécessaires, de façon qu'aucune des petites pièces ne soit perdue, et qu'elles puissent toutes trouver leur emploi dans la charpente pour laquelle les bois sont approvisionnés.

§ 12. *Débit du bois perpendiculairement à son fil.*

On coupe le bois perpendiculairement à son fil pour séparer les arbres de leur souche ou les débarrasser de la tête formée par leurs branchages et pour les réduire en tronçons et en billes dont les longueurs sont déterminées par les usages auxquels ils sont destinés, ou que le commerce du bois exige. Ainsi, on partage la longueur du corps d'un arbre qui doit être débité en planches, en madriers, en chevrons et en solives, par billes qui ont les longueurs habituelles de ces sortes de bois, et l'on scie des billots pour des moyeux de roue, d'autres pour être refendus en lattes, en douves, en bardeaux, et pour une foule d'objets en bois qui sont travaillés à la forêt ou dans de grandes fabriques.

La scie à main est l'outil employé pour les bois de petit diamètre ; mais, pour les gros corps d'arbre, on se sert de la grande scie, que deux hommes font mouvoir, et qu'on nomme passe-partout, parce que rien ne limite la grosseur du bois que sa lame peut traverser. Nous en avons donné une description, planche II, fig. 15.

Lorsque le travail exige un sciage très-considérable en tronçons, on peut recourir à des scies mues par des machines. M. Hack a composé une scierie à tronçonner, qui est décrite au *Bulletin* de la Société d'encouragement, dans laquelle une forte scie ordinaire reçoit son mouvement de va-et-vient horizontal au moyen d'une bielle ; une combinaison de poids la fait descendre verticalement à mesure que le sciage avance et jusqu'à ce qu'elle ait parcouru tout le diamètre de l'arbre.

Dans l'opération du recepage des pieux pour les fondations des constructions hydrauliques, le bois est scié de niveau perpendiculairement à son fil.

On trouve, dans le 4e volume de l'Architecture de Bélidor, la description d'une machine en bois, composée vers 1766, par Peronnet, pour mouvoir une grande lame de scie et receper au même niveau les pilotis de la fondation d'une pile de pont. Cette machine, mue par des ouvriers placés sur un échafaudage au-dessus de l'eau, aurait scié tous les pilotis sur la largeur de la pile et de l'avant à l'arrière-bec ; cependant elle ne fut point employée, à cause de la trop grande longueur de la lame ; quoique l'on eût scié des vaisseaux sur leur largeur avec une lame de scie beaucoup plus longue.

Depuis, M. de Voglie s'est servi d'une machine semblable, construite en fer pour le recepage des pilotis des fondations du pont de Saumur, mais la lame n'avait que l'étendue nécessaire pour scier les pilots un à un. Elle est décrite dans l'ouvrage de Patte, intitulé : *Mémoires sur les objets les plus importants de l'architecture*.

En 1775, le sieur David présenta à l'Académie de Rouen le modèle d'une scie circulaire destinée au recepage des pilotis. Elle est mentionnée au *Journal encyclopédique* de 1776, et au *Journal de physique* du même temps. Il paraît même que c'est ce qui a donné lieu d'appliquer au sciage du bois une lame circulaire qui jusque-là n'avait été employée qu'en petit, et sous le nom de fraise, pour le travail des métaux, et notamment par les mécaniciens et les horlogers, pour fendre les dents des roues.

La scie circulaire a été aussi proposée pour l'abatage des arbres. Nous avons cité celles de MM. Jack et Vallance.

M. Brunel a appliqué la scie circulaire au débit du bois par tronçons. Elle est montée dans une combinaison de châssis qui permet à son axe de prendre toutes les positions parallèles autour de l'arbre à tronçonner sans que la lame cesse d'être dans un même plan ou trait de sciage, de façon que dans le même temps que le mouvement de rotation est transmis du moteur à la scie au moyen de courroies, on peut la faire voyager autour d'un arbre d'un diamètre presque égal au sien, et qu'elle peut atteindre dans toutes ses positions le cœur du bois.

Cette scie est décrite avec beaucoup de détails dans le journal intitulé : *l'Industriel* (1) ; elle est établie dans l'arsenal de Portsmouth, où elle est employée au débit du bois pour la fabrication des poulies.

Il n'y a aucun doute que ces machines pourraient être employées à tronçonner des bois pour toutes sortes d'usages. Mais, jusqu'à présent, on n'en a pas construit qui fussent transportables. Il serait difficile, à cause de leur volume et des moyens moteurs, de les appliquer au sciage des bois de charpente, qui ne peuvent être coupés de longueur que sur les lieux où ils doivent être débités ou employés dans les constructions.

Le passe-partout, outil maniable et facile à transporter, suffit aux besoins du bûcheron et du charpentier. Ainsi, les scies dont il vient d'être question ne peuvent pas être considérées comme des outils usuels ; c'est pourquoi nous nous sommes contenté de les citer et d'indiquer les ouvrages où se trouvent leurs descriptions, pour ceux qui auraient besoin d'en connaître les détails.

(1) Ce journal paraissait en 1837.

CHAPITRE IV.

TRANSPORT DES BOIS.

Le transport des bois de charpente, depuis les lieux où ils sont abattus jusqu'aux points où ils sont employés, s'effectue par divers moyens, suivant qu'il s'agit de l'extraction de la forêt pour les réunir sur les points de dépôt et de travail pour leur débit, ou de les conduire aux chantiers de consommation, ou enfin de les mouvoir sur les chantiers pour le travail de leur mise en œuvre. Nous n'entrerons point dans de longs développements sur l'extraction de la forêt, attendu que les charpentiers n'ont jamais à s'en occuper, à moins qu'ils ne se livrent à quelques grandes exploitations, auquel cas, il est indispensable qu'ils fassent des études spéciales qui sont indépendantes de leur profession. Mais il est au moins utile qu'ils aient quelques notions des travaux de transport qui sont nécessaires pour leur livrer des bois d'un volume aussi considérable que les grandes constructions l'exigent, et qui sont souvent tirés de localités où l'homme ne pénètre jamais que pour leur exploitation.

§ 1. *Extraction des forêts.*

Dans toute exploitation de forêt, soit qu'on fasse une coupe générale, soit qu'on borne l'exploitation à quelques abatis partiels ou à celle de quelques sujets disséminés dans ses différents quartiers, l'abatage des arbres est toujours dirigé de manière à rendre leur extraction facile. On profite des routes dont les forêts peuvent être percées, ou l'on en ouvre de nouvelles en conduisant d'abord la coupe sur les directions qu'on veut leur donner, de façon que ces routes aboutissent au point où l'on veut rassembler les bois abattus, soit en grume, soit équarris.

Les corps d'arbres destinés à faire des pièces de charpente, dégagés de leurs branches et de leurs souches, sont amenés sur les routes; on les fait traîner jusque-là par des chevaux ou des bœufs qu'on y attelle au moyen d'un crochet dont la pointe est enfoncée à coups de marteau dans le bois, et qui reçoit l'attache des traits dans l'anneau qu'il porte à sa queue. L'usage des bœufs est préférable, malgré la lenteur de leur travail, à cause de la constance de leurs efforts, qu'aucun obstacle ne rebute. Si la forêt est en pays de plaine, les corps d'arbres étant réunis sur l'une de ces routes, on les charge sur des voitures qui les conduisent aux lieux de dépôt. Le plus souvent, les corps d'arbres sont équarris dans la forêt, afin de diminuer leur poids et de rendre leur chargement et leur transport par voitures plus faciles (1).

Le chargement sur les voitures pour extraire les arbres hors des forêts est à peu près le même que celui qui a lieu dans toutes les circonstances où il s'agit de les transporter d'un lieu à un autre. Nous renvoyons donc la description des moyens de chargement des bois au § 3, où nous parlerons des voitures sur lesquelles on les conduit aux chantiers de travail et aux lieux où ils sont mis en œuvre.

Les routes que l'on ouvre dans les forêts pour l'extraction des bois ne comportent point de travaux du même genre que ceux qu'exige la construction des routes destinées au service public. On ne donne aux routes ouvertes dans les forêts que la largeur nécessaire au passage des voitures, parce que celles qui sont chargées marchent toujours dans le même sens, et que les voitures vides qui marchent en sens contraire se rangent dans des places qu'on leur a ménagées à divers intervalles. On n'a besoin de donner plus de largeur à ces routes que dans les endroits où elles changent subitement de direction, et où il faut qu'on trouve l'espace nécessaire à l'obliquité que prennent les pièces de bois pendant que les voitures tournent. A l'égard du sol, pour peu qu'il soit ferme, on le laisse tel qu'il est; il suffit, pour entretenir les routes, de répandre du gravier que les voitures vides rapportent. On a soin de ne leur donner qu'une pente praticable aux voitures. Dans les parties qui se creusent trop, on rapporte des pierres; enfin, sur les terrains marécageux, on étend transversalement des fascines ou des rondins tirés des branches les moins utiles, qui consolident le sol et permettent aux voitures de rouler.

Pour diminuer le nombre des animaux employés à charrier les bois, on peut boiser les routes des forêts comme celles des mines. Ce qui consiste à les garnir longitudinalement de deux coulisses en bois parallèles, sur les-

---

(1) L'équarrissage diminue le volume et par conséquent le poids d'un corps d'arbre de plus du tiers.

quelles roulent les chariots, disposition qui a servi de modèle aux chemins de fer, que l'on multiplie aujourd'hui. Cependant l'activité des exploitations forestières ne paraît pas pouvoir motiver la dépense de l'établissement spécial d'un chemin de fer. On cherche, au contraire, à diminuer autant que possible les frais de construction des routes, qui ne servent que pendant la durée des exploitations.

On conçoit que, malgré toutes les réductions des dimensions et des moyens de consolidation auxquelles on peut s'astreindre, le premier établissement et l'entretien des routes qu'il faudrait ouvrir pour l'exploitation d'une forêt sur des pentes escarpées, occasionnerait de grandes dépenses à cause des longs circuits qu'il s'agirait de leur faire suivre pour les rendre praticables. L'inconvénient de ces longs détours et les frais qu'ils nécessitent pour la conduite des voitures, a fait recourir à d'autres moyens de transport pour l'extraction des bois exploités dans les pays montagneux.

Les lieux de débit et de consommation des bois étant en général plus bas que ceux où les exploitations dont nous parlons sont faites, on profite de la déclivité des flancs de montagnes pour établir des couloirs naturels ou artificiels au moyen desquels les bois descendent par leur propre poids et arrivent aux points de rassemblement, où on leur fait subir le premier travail, et d'où ils sont expédiés par eau ou par terre aux lieux où ils doivent être employés.

Lorsque quelque pente de la montagne sur laquelle on exploite peut être dressée et que le terrain est assez ferme, le couloir se fait sur le sol même. Les arbres sont alors traînés jusque sur le bord de la pente, et dès qu'ils y sont poussés, ils roulent jusqu'au bas. Lorsque le sol manque de fermeté, on le consolide par des pièces de bois couchées suivant la ligne de pente. Cette méthode a quelquefois l'inconvénient de détériorer les arbres, surtout lorsque la rampe est trop raide, parce qu'ils acquièrent une très-grande vitesse, et qu'alors un choc trop violent peut les rompre ou occasionner quelques fentes dans le sens de leurs fibres. Il est préférable, pour les bois destinés aux constructions, de leur faire descendre les pentes suivant leur longueur. Lorsque le sol de la pente de la montagne n'a ni la qualité ni la forme qui conviennent pour être disposé en couloirs, on en construit en bois qui s'écartent du sol pour conserver des pentes uniformes en suivant les flancs de la montagne, et qui traversent même des vallons de manière à porter les bois jusqu'à la dernière limite du trajet qu'on doit leur faire parcourir.

Ces couloirs sont composés de troncs d'arbres placés les uns à côté des autres, maintenus jointifs par des piquets lorsqu'ils reposent sur le sol, ou par divers moyens de chevalement en charpente lorsqu'ils s'élèvent au-dessus, de façon à former un plan incliné, quelquefois accompagné de deux bordures également en corps d'arbres. Pour que les bois ne s'écartent point de leur route, on peut former les couloirs en rigoles.

Ces couloirs ont une inclinaison suffisante pour que les bois y soient entraînés par leur propre pesanteur. Il ne faut pas pour cela qu'ils soient plus raides que sous un angle de 20 degrés, et, pour diminuer le frottement qui use en même temps les couloirs et les arbres qui descendent, on y amène de l'eau, qui les entretient toujours humides et les rend plus glissants. Souvent les rigoles sont formées de pièces creusées profondément et réunies avec soin, qui ne peuvent contenir qu'un seul arbre, et qui reçoivent l'eau en abondance.

De quelque façon que les couloirs soient faits, ils sont tracés comme les routes par grandes parties en lignes droites; dans les endroits où il est nécessaire d'établir des coudes, on a soin de faciliter le glissement des pièces en faisant faire aux couloirs de grands contours; et lorsqu'ils doivent traverser quelques ravins, on les soutient sur des espèces de ponts. Mais quelque soin qu'on prenne dans la construction de ces couloirs, soit à sec, soit à eau, le frottement use en même temps les bois des couloirs et les pièces qui les parcourent. Pour conserver les bois tels qu'ils ont été abattus, et notamment les bois équarris, au lieu de les abandonner à des couloirs simples, on réunit plusieurs pièces sur des traîneaux légers que des hommes conduisent dans les pentes de la montagne sur des chemins boisés, formés de rondins transversaux, espacés de la longueur du pas de l'homme, et fortement fixés par des chevilles à deux pièces parallèles. Les pentes sont réglées pour que la pesanteur des chargements fasse glisser les traîneaux; les conducteurs placés en avant, et qui marchent sur les rondins, modifient, sans faire un grand effort, soit en tirant, soit en retenant, la vitesse des traîneaux. Par ce procédé, usité en Allemagne et dans les Vosges, que l'on nomme *schlitter*, un homme de moyenne force descend ordinairement deux à trois mètres cubes de bois à la fois. Il remonte son traîneau en le portant.

Le couloir le plus remarquable par la longueur de son développement et la hardiesse de sa construction, était *le plan incliné d'Alpnach* (1). Les

---

(1) *Traité sur l'économie des machines*, trad. de l'anglais de Ch. Babbage, par Ev. Biot.

pins de la plus belle qualité croissaient et périssaient dans les forêts impénétrables du mont Pilat, en Suisse; il avaient attiré l'attention de plusieurs propriétaires; mais les plus habiles avaient reculé devant les difficultés que présentaient les flancs sauvages et les gorges profondes qu'il fallait franchir pour utiliser ces richesses. En 1815, M. Rapp et trois autres propriétaires plus hardis entreprirent l'exploitation de la forêt de la commune d'Alpnach. Ils commencèrent aussitôt la construction du couloir ou plan incliné, qui devait recevoir les arbres abattus et les conduire par une seule pente non interrompue et sur un développement de 12 kilomètres de longueur dans le lac de Lucerne. La rigole de ce couloir avait 2 mètres de large et 1 mètre de profondeur; le fond était formé de trois corps d'arbres juxtaposés; dans celui du milieu était une rainure dans laquelle coulait un filet d'eau amené de différents points pour entretenir l'humidité qui adoucit les frottements.

L'ensemble de ce plan incliné était soutenu sur 2000 points par des supports en bois; dans quelques-unes de ses parties il avait été attaché aux escarpements granitiques qu'il côtoyait; ailleurs, il traversait de profonds ravins sur des palées de 40 mètres de hauteur; en un seul point on avait été forcé de lui ouvrir un passage sous terre, pour régler sa pente, de façon qu'elle ne fût que de 18 à 20 degrés.

Sa direction était en partie composée de lignes droites; les coudes indispensables étaient tracés suivant des courbes très-étendues. Cent soixante ouvriers avaient été employés à sa construction, qui n'avait exigé que dix-huit mois de travail, et dans laquelle il n'était entré aucune pièce de fer. On y avait employé 25 000 arbres, et la dépense avait été d'environ 100 000 fr.

De distance en distance des ouvriers étaient répartis pour se correspondre et prévenir aux extrémités du moment du départ et de celui de l'arrivée des arbres, afin qu'on pût les faire succéder sans danger. Trois minutes seulement suffisaient à cette correspondance verbale.

Les plus grands pins, n'ayant pas moins de 32 mètres de long et $0^m,27$ de diamètre au petit bout, parcouraient toute la longueur du plan incliné en deux minutes et demi.

Pour connaître la puissance d'une si grande vitesse, on avait disposé des arrêts de manière à faire sauter quelques-uns de ces pins hors de la rigole; ils entrèrent d'environ $0^m,60$ en terre; l'un d'eux ayant frappé un autre arbre, celui-là fut fendu comme s'il eût été atteint par la foudre.

La conception et l'exécution de ce magnifique ouvrage, qui n'existe plus, étaient entièrement dues à M. Rapp, qui eut à combattre une foule de préjugés, à vaincre des difficultés sans nombre.

Dans les contrées du Nord, c'est en hiver que l'on fait descendre les bois des montagnes. On profite de l'abondance des neiges pour former des couloirs très-unis et fort glissants sur lesquels, suivant l'inclinaison des pentes, les bois sont ou abandonnés à leur propre pesanteur qui les entraîne, ou conduits par des hommes sur des traîneaux, en arrière desquels les pièces sont attachées les unes aux autres par des harts ou des chaînes en fer.

§ 2. *Transport par eau.*

Lorsque le pays offre des cours d'eau, on en profite pour le transport des bois, qui se fait de trois manières différentes, suivant la nature des cours d'eau : par flottage à bois perdu, par flottage en trains et par bateaux et navires.

Le flottage à bois perdu se fait lorsqu'on peut disposer de ruisseaux qui sont assez fournis d'eau; on y jette les pièces de bois isolément, et elles sont abandonnées au courant. Il est rare cependant de flotter les bois de charpente sur des ruisseaux dont le cours est tortueux, parce que leurs coudes ne permettraient pas toujours le passage des longues pièces, à moins qu'on ne redresse ces coudes en ouvrant un autre lit au cours d'eau. Quelquefois même on est forcé d'abandonner entièrement le lit du ruisseau pour faire passer ses eaux dans un canal creusé latéralement, suivant de longues directions rectilignes, et dont les coudes sont arrondis par de grandes courbes qui laissent un libre cours au flottage. Le plus ordinairement, la seule vitesse de l'eau entraîne les bois flottants, et il suffit de quelques ouvriers distribués sur les rives pour remettre dans le courant les pièces que quelques obstacles auraient arrêtées. Mais dans les rigoles qu'on ouvre en terrains marécageux, afin de rassembler des eaux pour le flottage, et dans les canaux qu'on établit latéralement aux lits naturels, et qui sont quelquefois coupés par des barrages et des écluses destinés à exhausser le niveau des eaux pour augmenter leur profondeur ou la longueur de chaque bief, et même pour former des étangs successifs, il n'y a point de courant, ou bien il est trop faible pour entraîner les bois; on réunit alors plusieurs pièces ensemble pour en former des brelles ou petits trains. Leur largeur est limitée par celle des passages. Les pièces qui les composent sont attachées ensemble au moyen de harts ou liens en branchages flexibles et tordus passés dans des trous percés avec une tarière au bout de chacune.

On hale ces petits trains, au moyen de cordes, en marchant sur les rives, et l'on parvient ainsi à faire arriver les bois jusqu'à des cours d'eau plus considérables, ou bien on produit momentanément de rapides courants au moyen de chasses qui sont l'effet de l'écoulement de grandes masses d'eau recueillies pendant un temps plus ou moins long.

Ce moyen est pratiqué dans les Alpes. On fait descendre les corps d'arbres résineux, en les roulant le long des pentes des vallées qui bordent des étangs successifs, lorsqu'il y en a une suffisante quantité et qu'on en a formé des trains, l'eau des étangs étant prête d'ailleurs à se déverser par-dessus les digues appelées *klauses*, on ouvre à la fois toutes les écluses, le courant rapide ne tarde pas à s'établir d'un étang à l'autre, et il entraîne tous les bois jusqu'à la rivière où aboutit la vallée.

On cite le klause de Chorinsky près Ischl, dans la Haute-Autriche, formé d'un mur épais qui soutient environ 13 mètres de profondeur d'eau. L'écluse est au milieu; lorsqu'on enlève les barres qui soutiennent ses portes, elles s'ouvrent avec fracas, et le courant impétueux, qui produit un roulement semblable à celui du tonnerre, entraîne les bois qu'on a rassemblés à la surface de l'étang.

Lorsque les corps d'arbres qu'on a fait flotter, comme on vient de le dire, sont parvenus à de grandes rivières, on pourrait les laisser encore suivre le fil de l'eau, mais il en résulterait des difficultés assez grandes pour les maintenir dans le courant, d'ailleurs ils gêneraient la navigation; on préfère les réunir au moyen de harts et de chevilles, qui les fixent à des perches transversales, et l'on en forme de grands radeaux, dont la largeur composée d'un certain nombre de pièces liées à côté les unes des autres, est proportionnée à celle des passages que les trains doivent franchir, et dont la longueur est formée de plusieurs brelles partielles attachées avec des harts qui leur permettent de se plier aux inflexions du courant.

Des mariniers placés sur ces trains les conduisent en maintenant leur longueur dans le sens du fil de l'eau, et ils les dirigent avec des crocs, des rames et même de longs gouvernails. Lorsqu'un train est arrivé au port pour lequel il est destiné, on l'amarre au rivage et on le démonte en coupant les harts qui retiennent les pièces à mesure qu'on veut les mettre à terre; on les monte sur la pente du rivage en les faisant rouler au moyen de leviers, ou en les faisant tirer par des chevaux ou des bœufs attelés, par le moyen d'un crochet à chaque pièce, comme nous l'avons indiqué en parlant de l'extraction de la forêt.

Le transport des bois de charpente par flottage présente quelques avantages lorsque les bois sont complétement dans l'eau et qu'ils n'y restent pas trop longtemps. Il y a surtout économie, et l'eau qui les pénètre traverse leurs pores, les lave et enlève une partie des liquides végétaux, ce qui diminue la tendance des bois à la pourriture par l'effet de la fermentation de la séve; mais, d'un autre côté, un séjour trop long dans l'eau et une inégale immersion altèrent le bois.

On évite, en faisant flotter le bois, de le faire descendre dans les fleuves jusqu'aux points où l'eau salée de la mer remonte par l'effet des marées, surtout pour les bois destinés aux bâtiments d'habitation, parce que, se laissant imprégner par le sel marin, ils acquièrent la propriété nuisible d'attirer toujours l'humidité, qui détermine à la longue leur pourriture.

Le transport par bateau est préférable, surtout lorsque les distances sont longues; il a d'ailleurs l'avantage de pouvoir réunir et abriter dans une même embarcation un grand nombre de pièces; on les place le plus ordinairement suivant la longueur des bateaux, les grands bois ne peuvent même se placer autrement. Quand ils sont ronds, on n'a d'autre précaution à prendre dans leur arrangement que de les engerber de façon qu'ils ne roulent point les uns sur les autres et qu'ils ne fassent point de trop grands efforts de pression sur les flancs de l'embarcation. Les vides que laissent les difformités inévitables des bois en grume suffisent pour les aérer; il faut seulement avoir le soin d'empêcher qu'ils ne touchent le fond du bateau, dans lequel les eaux de pluie ou de filtration peuvent s'amasser, et pour cela on élève le chargement sur des chantiers combinés pour répartir le poids bien également sur toutes les traverses du fond et pour garantir les bois de toute humidité.

Lorsque les bois qu'on charge dans un bateau sont équarris, comme ils ne laisseraient entre eux aucun espace pour la circulation de l'air, et qu'ils pourraient se détériorer s'ils se touchaient, surtout à cause de l'humidité, on a grand soin de les écarter un peu les uns des autres dans le sens horizontal, et de les séparer dans le sens vertical en les faisant porter sur des cales formées de lattes provenant de planches refendues exprès.

Les bois apportés par mer des régions éloignées, tels que les sapins du Nord, sont chargés dans des navires; on évite avec bien plus d'attention encore qu'ils manquent d'air et qu'ils soient en contact avec l'eau salée qui s'amasse dans la cale, malgré le soin qu'on a de faire agir les pompes.

Ordinairement les bateaux qui naviguent sur les fleuves et les rivières, ne sont pas pontés, ils ne présentent aucune difficulté pour leur chargement; mais les bâtiments destinés aux transports par mer sont pontés, et leur chargement n'est pas aussi facile, parce que, pour peu que les pièces soient un peu longues, il n'y a point de moyen de les introduire par les écoutilles qui sont les ouvertures pratiquées dans le pont pour descendre dans la cale. Les bâtiments qui servent au transport des bois, ont, pour remédier à cette difficulté, des sabords à la proue et à la poupe : ces sabords sont des ouvertures carrées percées presqu'à fleur d'eau, elles sont garnies de volets qui les remplissent, et que l'on calfate pour que l'eau ne passe pas par leurs joints pendant la navigation. C'est par ces sabords que l'on introduit ou que l'on sort les bois, en s'aidant de cordages et de pontons pour les tenir horizontaux et pour les mouvoir.

§ 3. *Transport sur voitures.*

Les transports des pièces de bois par les routes ordinaires pour les conduire aux lieux de consommation, ou les amener des magasins aux chantiers de travail, et de ceux-ci aux édifices où ils doivent être employés, s'effectuent sur des voitures traînées par des bêtes de trait ou par des ouvriers.

Les voitures varient de forme d'une contrée à une autre, et même elles sont d'une construction différente, suivant qu'elles doivent être traînées par des bœufs, des chevaux ou des hommes. On se sert souvent des voitures que les paysans emploient à la culture de leurs terres; nous ne nous occuperons cependant que des voitures dont l'usage est le plus général dans les lieux où l'on exécute de grands travaux et qui sont construites exprès pour le transport des bois. Ce que nous dirons à leur sujet peut s'appliquer aisément à toute autre espèce de voiture.

Nous n'entrerons point, au surplus, dans de minutieux détails sur la construction des voitures, parce qu'ils sont aujourd'hui du ressort du charron; ni dans tous ceux des chargements et des attelages, parce qu'ils regardent plus particulièrement les charretiers et les voituriers qui sont aidés dans les grandes opérations de transport par des ouvriers chargeurs. Nous nous bornerons à ce qui nous paraît utile qu'un charpentier connaisse pour se faire comprendre des voituriers et surveiller le chargement de ses bois.

La fig. 22, pl. II, représente deux projections d'une charrette, l'une verticale et l'autre horizontale. Cette charrette est composée de deux limons horizontaux de 7 à 8 mètres de longueur, réunis par 7 épars aussi horizontaux qui s'y trouvent assemblés à tenons et mortaises, et qui portent les burettes ou planches composant le fond de la charrette, dont la longueur est égale à peu près à la moitié de celle des limons sur environ $1^m,25$ de largeur. Les deux extrémités antérieures des limons reçoivent entre elles le cheval appelé à cause de sa position *limonier;* il est attelé aux limons par les chaînes ou attelles du collier, en même temps qu'il les soutient dans la position horizontale, au moyen de la large pièce de cuir appelée dossière et de la sous-ventrière.

Deux ranchets horizontaux sont fixés par des boulons sur les limons aux deux extrémités du fond de la charrette; ils retiennent les burettes et reçoivent dans les mortaises percées à jour à chacun de leurs bouts, les tenons des ranchets verticaux qui soutiennent les ridelles ou côtés de la voiture. Ces ridelles sont composées de chenaux horizontaux traversés d'un certain nombre de roulons assez serrés pour retenir les menus objets qui peuvent être chargés dans la charrette.

Tout ce bâtis est porté sur un essieu placé horizontalement et perpendiculairement aux limons, qui occupe le milieu de la longueur du fond de la charrette, afin qu'elle se trouve à peu près en équilibre.

Cette charrette est représentée sur la figure, attelée d'un seul cheval; mais on conçoit que le nombre des chevaux nécessaires pour la traîner dépend de sa charge. Lorsqu'il y a plusieurs chevaux, ils sont placés l'un devant l'autre et attelés à des traits communs qui sont attachés aux bouts des limons.

Les bouts des fusées de l'essieu sont portés dans les moyeux des roues; des rondelles et des esses qui traversent les extrémités des fusées retiennent les roues, afin que pendant le transport elles ne s'écartent point et n'échappent point de l'essieu.

Tout chargement placé sur une voiture à deux roues doit y être en équilibre sur l'essieu. S'il était trop en avant, il pèserait trop sur le dos du limonier; s'il était trop en arrière, la sous-ventrière exercerait sur le ventre du cheval une pression qui le gênerait et lui ôterait la faculté de concourir pour sa part à l'action de traîner la voiture.

Une charrette de forte dimension, comme celle que représente la figure, dont l'essieu a 7 à 8 centimètres de grosseur, pourrait être chagée de 2000 à 2500 kilogrammes, poids qui peut répondre à environ 3 mètres cubes de bois de chêne, ou à environ 5 mètres cubes de bois de sapin.

Mais il est rare que les charrettes soient aussi chargées, à moins qu'on n'ait à transporter un grand nombre de pièces dont la longueur n'excéderait pas celle du corps de la charrette, tels que seraient des soliveaux, des madriers ou des planches, que l'on pose tout simplement sur le fond, en les arrangeant par lits, dans lesquels ils sont placés jointifs, et qui s'élèvent aussi haut que les ridelles.

On ne peut pas placer, en bois plus longs que le corps de la charrette, un chargement aussi considérable, parce qu'il ne faut pas qu'il touche le cheval limonier; et s'il dépassait trop en arrière de la charrette, il n'y serait pas en équilibre. On est obligé de disposer les bois de deux manières. Lorsqu'ils n'ont pas une trop grande longueur, on les fait passer au-dessus de la croupe du limonier, en les élevant sur une barre passée dans les ridelles, comme on voit qu'ils sont placés dans la figure 22. Si le chargement était considérable, les pièces s'élèveraient trop, la traverse qui les exhausse et le devant des ridelles ainsi que le ranchet du derrière auraient un trop grand poids à supporter. On est donc forcé de réduire de beaucoup le volume du chargement.

Ce mode de chargement n'est pas toujours praticable. Lorsque des pièces très-longues, quoique chargées en équilibre sur l'essieu, dépassent trop le ranchet du derrière de la charrette, elles peuvent traîner sur le sol de la route et occasionner des secousses ou un frottement nuisible au mouvement de la voiture et se détériorer, alors on doit les charger comme on l'a indiqué dans les deux projections de la fig. 23. On enlève les ridelles du corps de la charrette, et les pièces sont posées horizontalement sur le fond, mais en diagonale, n'étant arrêtées sur les côtés que par les ranchets verticaux auxquels on peut au besoin les lier avec des cordages. De cette manière, l'extrémité antérieure du chargement passe à côté de la croupe du cheval limonier et ne gêne point ses mouvements.

On voit que, quoique les charrettes de la forme représentée dans les figures 22 et 23 puissent supporter de très-grands poids, on ne peut pas toujours s'en servir lorsqu'on a des transports considérables de grands bois à effectuer. On fait alors usage d'une autre voiture appelée *fardier*, nom qui annonce qu'elle est destinée au transport des grands *fardeaux*. Les pièces de bois se placent au-dessous de l'essieu et des limons, comme on le voit par la fig. 24.

Le fardier est composé de deux limons horizontaux réunis par des épars aussi horizontaux, assemblés à tenons. L'essieu est engagé au-dessous des limons dans des chantignolles, qui sont des bouts de bois tenus aux limons par des boulons et que l'on peut changer de place suivant la longueur des pièces qu'on veut transporter, afin de disposer le fardier de telle sorte que le chargement soit en équilibre et que le brancard le dépasse assez pour que les pieds de derrière du cheval limonier ne le rencontrent point.

Si les bois avaient une longueur double de celle indiquée dans la figure, on placerait les chantignolles et par conséquent l'essieu et les roues vers le point q.

Pour opérer le chargement d'un fardier, on dispose les pièces qui doivent composer ce chargement sur deux chantiers $a\,a$, les unes à côté des autres, occupant une largeur à peu près égale à celle de l'écartement des limons; on forme ainsi autant de lits qu'il peut en tenir pour que le chargement, lorsqu'il est en place, remplisse le dessous du fardier en laissant cependant assez d'espace libre en dessous pour que les bois ne rencontrent point le sol lorsque les roues passent dans quelque ornière ou que quelque obstacle accidentel se trouve sur la route. On amène le fardier au-dessus des pièces qui se trouvent alors entre les deux roues, parallèlement aux limons, et l'on fait correspondre l'essieu à peu près au milieu de leur longueur. Dans cette position, on cale les roues avec des pierres b, b, ou des coins de bois, de façon qu'elles ne puissent changer de place. Puis on abaisse les bouts antérieurs des limons soit au tasseau, suivant le tasseau c de devant posé sur les pièces. On lie alors fortement avec de grosses cordes r toutes les pièces, soit au limon, soit au tasseau, suivant la largeur qu'elles occupent; on passe ensuite une chaîne de fer d, ou à défaut un fort cordage, sous le chargement en faisant revenir les bouts réunis au-dessus du rouleau e ou treuil posé au-dessus des limons. On introduit un grand levier presque verticalement entre le lien et le treuil, de façon qu'en l'abattant dans la position ff, on soulève le chargement. Cette opération se fait au moyen d'un cordage m attaché au bout du levier f que l'on fait passer au-dessous d'un épars ou de l'un des limons pour le faire revenir sur le bout du levier. On fait effort sur ce cordage comme sur celui d'un palan (1) lorsque le chargement est parvenu à toucher l'essieu dans la position $g\,h$, on fixe le bout du cordage m; et pour prévenir tout accident pendant le transport, on lie le chargement au fardier par plusieurs tours d'un fort cordage o, que l'on peut même serrer au moyen d'un garrot.

Lorsque le chargement est bien fait, il est à peu près en équilibre sous l'essieu; il faut cependant qu'il y ait un léger excédant du poids du côté du cheval. La figure représente le fardier dans la position qu'il aurait si l'on y avait attelé des chevaux dont le nombre dépend de la force du chargement. Dès que le fardier est attelé, on enlève les chantiers $a\,a$ sur les-

---

(1) Voyez la description du palan, au chapitre des agrès servant au levage.

quels reposait le chargement, et les cales $b\,b$ des roues, pour que les chevaux puissent agir.

On fait encore usage pour le transport des bois d'une autre espèce de *fardier*, nommé *triqueballe* (1), lorsqu'on a des pièces extrêmement grosses et pesantes à transporter. La fig. 25 représente la projection verticale d'un triqueballe a avec son avant-train b, chargé d'une grosse poutre. La fig. 26 est séparément une projection horizontale du même triqueballe, dont les roues sont ôtées. Le triqueballe est composé d'un essieu $f\!f$ qui est surmonté d'une sellette en bois g très-élevée. Entre l'essieu et cette sellette, perpendiculairement à leur longueur, se trouve assemblée une longue flèche aussi en bois d consolidée par deux empenons e. Des fusées de l'essieu portent dans les moyeux des deux roues ; le diamètre de ces roues est ordinairement très-grand, afin que l'essieu soit plus élevé au-dessus du sol.

L'avant-train b est composé d'un essieu, de deux roues, de deux limons q. L'essieu est surmonté d'une sellette s, au-dessus de laquelle s'élève la cheville-ouvrière t. La sellette est assez haute pour que la flèche d du triqueballe, dont elle supporte le bout, soit horizontale.

Pour charger un triqueballe, on pose d'abord la pièce de bois qu'il s'agit de transporter sur deux chantiers $p\,p$, comme elle est représentée ponctuée en $m\,n$, l'on amène le triqueballe de manière que sa flèche soit au-dessus de la pièce, et que l'essieu réponde à peu près au milieu de sa longueur et lui soit perpendiculaire.

On élève alors la flèche verticalement dans la position $g\,y$, puis on passe une chaîne r ou un fort cordage sous la pièce, on fait revenir les deux bouts en dessus de la sellette, on les réunit pour les rattacher à la flèche après les avoir passés dans les espaces qui la séparent des empenons. Quand le lien de chaîne ou de cordage est bien serré et bien assuré, on abat la flèche en faisant effort sur un cordage dans la direction $y\,z$, on l'abaisse jusqu'à ce qu'elle touche l'extrémité m de la pièce, qui se trouve ainsi enlevée par son autre extrémité n. On attache alors la flèche à la pièce par une forte ligature v, puis on relève la flèche pour passer l'anneau qui la termine dans la cheville-ouvrière t verticale qui surmonte la sellette de l'avant-train qu'on a amené.

Pour atteler le triqueballe, on place un cheval limonier dans le brancard, et en avant autant de chevaux que nécessite le chargement.

---

(1) Nom formé des mots allemands *tragen*, porter, et *ballen*, fardeau.

On voit qu'il est nécessaire que la charge du triqueballe pèse un peu plus en avant qu'en arrière, afin que la flèche porte bien sur l'avant-train auquel on peut la retenir d'ailleurs par une chaînette, pour éviter que les cahots la fassent sortir.

Quelquefois on charge le triqueballe de plusieurs pièces, soit en bois équarris, soit en bois en grume, le procédé de chargement est le même ; mais on ne peut employer ce genre de fardier que pour des bois dont la longueur ne dépasse pas le double de celle de la flèche. Lorsqu'on veut transporter des bois plus longs, on se sert de deux triqueballes moins forts que celui dont nous venons de parler, qu'on dispose comme on les voit dans la projection verticale fig. 27, et que l'on manœuvre absolument de la même manière pour soulever le chargement qui se trouve également placé au-dessous des essieux. Lorsqu'on emploie ainsi deux triqueballes, on ne fait point usage d'avant-train, qui devient inutile, et les chevaux sont attelés immédiatement à la flèche du triqueballe de devant au moyen de palonniers.

Le transport des bois extrêmement longs, tels que sont les sapins dans l'état où on les extrait des forêts, ne s'effectue point au moyen de triqueballes qu'il faudrait construire exprès, et qui ne pourraient servir uniquement qu'à cet usage. Les paysans employés aux transports des sapins préfèrent les chariots dont ils se servent habituellement dans leurs travaux agricoles. Ils séparent les deux trains, dont les roues sont égales, et les placent sous les extrémités des arbres, comme nous l'avons représenté, fig. 28, par une projection verticale.

Ils réunissent ordinairement trois sapins pour en former un chargement, à moins qu'ils ne soient très-gros et très-longs, auquel cas ils n'en transportent qu'un à la fois.

La fig. 29 est une projection verticale sur un plan perpendiculaire à celui de la précédente projection ; elle fait voir l'arrangement des arbres dans l'hypothèse où l'on en a placé trois sur les trains. Ils sont attachés par des cordages ou des chaînes sur les sellettes ; ce mode de transport permet de passer avec des arbres extrêmement longs dans des chemins étroits et souvent tortueux, sans aucune difficulté. En procédant comme nous l'avons représenté sur une petite échelle en projection horizontale, fig. 30, un charretier conduit les chevaux attelés au train de devant m et les maintient sur la route ; d'autres, au moyen d'une double corde $p\ q$ tournée au besoin autour des sapins, dirigent la flèche du train qui est derrière n, de manière à maintenir l'essieu perpendiculaire à la courbure de la route, pour que les roues demeurent constamment dans la voie qu'elles doivent suivre et qui est marquée par les ornières ou les simples impressions que les roues de devant ont faites sur le sol.

On se sert, pour élever les arbres et les placer sur les trains, de deux vis en bois, fig. 31, égales et surmontées chacune d'une tête carrée percée de mortaises pour passer des leviers. Les écrous de ces deux vis sont taraudés dans une même pièce de bois $e\ f$; les deux bouts de ces deux vis portent sur une semelle $c\ d$ posée sur le sol; on élève l'un des bouts du sapin $m\ n$ qu'il s'agit de charger, en embarrant deux leviers en dessous; lorsqu'il est assez haut, on passe au-dessous et perpendiculairement les deux pièces $e\ f$, $c\ d$ qu'on a rapprochées l'une de l'autre. Dès que l'arbre pose sur la pièce $e\ f$, on agit sur les vis qui sont verticales au moyen de leviers passés dans les mortaises de leurs têtes pour les faire tourner d'un pas égal, afin que la pièce $e\ f$ monte horizontalement, et soulève le bout du sapin assez haut pour qu'on puisse amener au-dessous le train sur lequel il doit être chargé; on soulève de la même manière l'autre bout du sapin pour le placer sur un second train.

On se sert en Allemagne d'une charrette dont le maniement, le transport et les réparations sont plus faciles. Cette charrette est projetée verticalement, fig. 32. On a représenté des charretiers occupés à lever le bout d'un sapin pour le charger sur leurs trains.

Les pièces de cette chevrette sont représentées séparément et marquées des mêmes lettres, près de cette figure.

Le corps de la chevrette est une pièce de bois de chêne a, traversée par une longue mortaise dont les joues sont percées de deux rangs de trous qui se correspondent pour recevoir deux chevilles de fer c. Ce corps de chevrette est représenté séparément par deux projections. Lorsque la chevrette est équipée, elle pose par un de ses bouts sur le sol, l'autre bout est soutenu par un pied b, reçu par le haut dans une échancrure qui termine la longue mortaise du corps de la chevrette.

La chevrette et son pied sont maintenus sans effort dans une position verticale par l'un des charretiers chargé en même temps du soin de changer à propos de place les chevilles c pendant la manœuvre.

On passe une chaîne de fer e en dessous du bout du sapin f qu'il s'agit de charger, l'on réunit les deux bouts de cette chaîne en dessus au moyen du lacet qui termine l'un d'eux, et l'on accroche le chaînon supérieur pour tout le temps de l'opération dans le crochet dont est garnie la tête du levier d, qu'on a préalablement introduit entre les joues de la chevrette.

On place alors la première cheville de fer dans un trou assez élevé du rang le plus près du sapin, et l'on pose le cran du bout du levier sur cette cheville. Les hommes chargés de la manœuvre du levier soulèvent sa queue et élèvent le bout du sapin ; on place alors la seconde cheville dans un trou de l'autre rang au-dessous du levier, que l'on abaisse un peu pour que son second cran porte sur la deuxième cheville. Les hommes, en pesant sur la queue du levier, font lever sa tête, et avec son crochet le bout du sapin est encore soulevé ; l'on remonte alors la première cheville d'un trou, pour qu'elle serve de nouveau de point d'appui à la tête du levier, et ainsi de suite en faisant osciller le levier et en exhaussant successivement les chevilles qui lui servent de point d'appui alternativement en avant et en arrière de son crochet de fer ; on parvient à élever très-promptement le bout du sapin à une hauteur suffisante pour le charger sur l'un des trains qu'on amène au-dessous. C'est une application du levier de Lagaroust.

Les chemins de fer, en se multipliant, donneront un moyen de transporter toute espèce de matériaux en moins de temps que sur les routes et par eau. Les marchands de bois sans doute profiteront de tous ceux qu'ils trouveront établis. Mais jusqu'ici les moyens ordinaires ont suffi aux besoins de la consommation, et le commerce des bois n'aurait rien à gagner du seul avantage d'une extrême rapidité, s'il n'y trouvait pas une grande économie dans les frais de transport (1).

§ 4. *Transport dans les chantiers de travail.*

Lorsqu'une pièce est d'un petit volume et d'un médiocre poids, elle est portée sur l'épaule par un seul homme ; lorsque le volume et le poids augmentent, s'ils ne dépassent point la charge de deux hommes, chaque bout est porté par un charpentier sur l'une de ses épaules ; quelquefois les compagnons portent cette pièce tous deux du même côté, ils sont alors dans la nécessité de pencher leur corps du même côté, et de maintenir la pièce chacun sur son épaule avec la main du même côté. En portant au contraire la pièce l'un sur l'épaule droite, l'autre sur l'épaule gauche, il en résulte qu'elle est comme en équilibre, que les deux compagnons peuvent se tenir droits et que pour peu qu'ils aient d'habitude, ils peuvent la transporter ainsi sans

(1) La prédiction d'Emy s'est réalisée, et aujourd'hui les chemins de fer transportent très-facilement les bois les plus longs en les portant par leurs extrémités sur deux trucks plats à 4 roues. Cette disposition permet aux longues pièces de se placer à peu près tangentiellement aux courbes de la voie ferrée et les empêche de *flamber* ou de fléchir, malgré leurs grandes dimensions.

y porter les mains, sinon lorsqu'il faut la descendre pour la poser à terre. Dans l'un et l'autre cas ils doivent marcher du même pas.

Lorsqu'une pièce est d'un grand poids, on peut encore la porter à l'épaule, en réunissant le nombre de compagnons qui est nécessaire pour que chacun ne soit chargé que du poids qu'il peut porter sans faire un effort extraordinaire. Dans ce cas, les hommes se répartissent le long de la pièce, en se plaçant de façon que ceux qui portent plus volontiers sur l'épaule droite soient d'un côté, et ceux qui préfèrent porter de l'épaule gauche soient de l'autre côté; il faut au surplus que les hommes soient répartis en nombres égaux des deux côtés et alternativement un à droite et un à gauche le long de la pièce. Quand le trajet est un peu plus long, il est bon de former deux brigades d'ouvriers qui puissent se relever alternativement, opération qui se fait sans mettre la pièce à terre.

Quand on fait ainsi porter des bois à l'épaule, il faut, autant que possible, que les hommes soient de même taille, ou plutôt de même hauteur d'épaule, afin qu'ils fassent tous le même effort. Lorsqu'on emploie un assez grand nombre d'hommes, et qu'ils ne sont point de même hauteur d'épaule, on les range par rang de taille le long de la pièce, de façon que leurs épaules l'atteignent tous également.

Pour charger une pièce à l'épaule, on commence par l'enlever d'un bout, et tous les hommes réunissent d'abord leurs efforts à ce bout-là; lorsqu'il est soulevé, un petit nombre d'entre eux suffit pour le soutenir à la hauteur des épaules, tandis que le reste va soulever l'autre bout à la même hauteur. C'est alors qu'ils se répartissent le long de la pièce, chacun allant se porter à la place que sa taille lui assigne.

Pendant le trajet, tous les hommes doivent marcher du même pas, afin que les oscillations de la pièce ne les fatiguent point.

Pour mettre la pièce à terre, on agit comme pour la charger, mais en procédant dans un sens inverse.

Quelques compagnons, pour mettre à terre une pièce chargée à l'épaule, passent tous du même côté, et, par un mouvement qu'ils font avec ensemble, ils la jettent en se retirant vivement. Cette manœuvre doit être défendue, parce qu'elle peut occasionner des accidents : lorsque la pièce est d'un gros volume, on risque de blesser quelques hommes par l'effet de la difficulté de jeter la pièce avec ensemble et de se retirer assez promptement. Cette méthode a d'ailleurs l'inconvénient de pouvoir occasionner quelques ruptures des fibres de la pièce et de la détériorer, surtout si elle a été travaillée et qu'elle porte plusieurs assemblages.

On peut encore porter des pièces très-pesantes en passant des leviers ou barres en dessous; les bouts de ces barres sont saisis à la main par des hommes placés des deux côtés qui soulèvent ainsi les pièces et les transportent en marchant du même pas.

On peut augmenter la quantité d'hommes, et par conséquent la force, pour enlever et transporter une grosse pièce; on en met plusieurs à chaque bout des leviers; on peut même accroître d'une manière presque indéfinie leur nombre, en passant des leviers sous les premiers croisés à angles droits, et d'autres leviers sous ceux-ci. Mais cette combinaison de leviers, qui se trouve indiquée dans d'anciens auteurs, n'est pas en usage, parce qu'on a aujourd'hui des moyens de chargement et de transport beaucoup plus simples.

On n'emploie le transport à l'épaule que lorsqu'il peut se faire avec peu de monde, car s'il fallait le pratiquer souvent pour de très-lourdes pièces, il deviendrait fort coûteux. Il conviendrait alors de lui substituer l'usage des fardiers et des triqueballes.

Lorsqu'on doit transporter quelques grosses pièces à une petite distance et qu'on a peu de monde à y employer, on se sert des moyens que nous allons indiquer.

Presque tous les chantiers sont pourvus d'un petit *triqueballe*, désigné sous le nom de *diable*, construit sur les mêmes principes que le grand triqueballe de la fig. 25, et avec lequel on enlève de la même manière les pièces de bois trop pesantes pour être portées à l'épaule. Le diable ne nécessite pas un avant-train; une barre qui traverse horizontalement le bout de la flèche, suffit pour que deux hommes, en y appliquant leur effort, le traînent avec la pièce dont il est chargé. Lorsque le trajet est un peu long, on augmente le nombre d'hommes ou l'on ajoute à leur force celle d'un cheval attelé à un palonnier attaché à l'anneau qui termine la flèche.

La figure 33, pl. III, représente une pièce de bois transportée par deux hommes au moyen du diable.

Lorsque la longueur d'une pièce et son poids ne permettent point de faire usage de ce petit triqueballe, on la transporte sur des rouleaux.

La pièce étant établie sur des chantiers, on la soulève d'un bout en engageant par-dessous deux leviers croisés; on retire le chantier répondant à ce bout, et l'on met à sa place un rouleau; on en fait autant à l'autre extrémité de la pièce, qui se trouve alors posée sur deux rouleaux. Elle est représentée en ab sur la projection verticale et en $a'b'$ sur la projection horizontale, fig. 34, pl. III; posée ainsi sur deux rouleaux m, n, en la poussant avec les mains dans la direction de sa longueur, par exemple, de a vers b, les rouleaux roulent sur le sol, et elle s'avance sur eux avec une vitesse double de la leur. Avant que le bout a de la pièce ait atteint le premier rouleau m, on en place un troisième à terre en o, parallèlement aux deux autres et du même diamètre. La pièce s'engage bientôt au-dessus de ce rouleau et abandonne le premier m, qui doit être reporté en avant pour recevoir de nouveau la pièce lorsqu'elle abandonnera le rouleau n. On voit qu'en présentant toujours un rouleau à la pièce qui s'avance, on pourra lui faire parcourir telle longueur de chemin qu'on voudra, et qu'il suffira pour cela de trois rouleaux; deux de ces rouleaux étant constamment sous la pièce pour la porter et servir à sa translation, tandis que le troisième se présente pour la recevoir lorsqu'elle abandonne celui qui a parcouru toute sa longueur. La pièce étant ainsi parvenue dans la position cd, $c'd'$, s'il s'agit de la faire tourner pour changer la direction du chemin qu'on veut lui faire suivre, il suffit de changer la position des rouleaux, et de les placer suivant une obliquité convenable. Ainsi la pièce étant dans la position $c'd'$, pour la faire tourner sur la droite, on donnera au rouleau du devant la position suivant laquelle il est projeté en q. En inclinant toujours de la même manière, les rouleaux r, s, (r', s', en projection horizontale) qu'on présente à la pièce à mesure qu'elle s'avance, on lui fait suivre une route courbe xyz.

La pièce de bois est représentée horizontalement sur cette route en cf' portée sur des rouleaux $r's'$. On augmente ou on diminue la courbure de la route que doit suivre la pièce, on la fait même changer de sens en changeant l'inclinaison des rouleaux à mesure qu'on les pose. On peut même changer l'inclinaison de ceux déjà placés sous la pièce, mais alors il faut les frapper de côté sur l'une de leurs extrémités avec une masse en bois. Les charpentiers acquièrent promptement l'habitude de conduire ainsi une pièce de bois sur des rouleaux, et de juger l'inclinaison qu'il faut leur donner pour lui faire suivre la route qui leur convient, et l'amener juste à la place qu'elle doit occuper. D'ailleurs on la porte à droite ou à gauche, suivant le besoin, en la faisant glisser parallèlement à elle-même sur les rouleaux ou en lui donnant quartier. On peut s'aider de leviers pour pousser la pièce; pour cela on engage les uns sous le bout postérieur, et en les levant on force la pièce à avancer, les autres sont engagés obliquement sur les côtés et l'on fait marcher la pièce en donnant aux queues des leviers un mouvement de l'arrière à l'avant, ce que l'on appelle *faire nager*. Lorsque les pièces qu'on veut transporter ainsi sont travaillées à vive-arêtes, on doit se garder d'y appliquer les leviers, qui les détérioreraient. Il faut les enceindre d'un cordage suivant leur longueur, on y attache des traits de cordes dont on se sert pour les tirer sur les rouleaux, ou, mieux encore, on n'y applique que les mains. On peut aussi se servir de rouleaux sans fin, qui sont propres surtout pour le transport des pièces extrêmement pesantes.

La fig. 33, pl. III, représente, dans deux projections verticales, une pièce de bois *a*, portée sur deux rouleaux sans fin. On la place sur ces rouleaux au moyen de deux crics ou au moyen de leviers et de chantiers exhaussés en chaises. Des rouleaux sans fin sont composés chacun de deux fortes flasques *b*, *b*, maintenues parallèles au moyen de deux entretoises aussi parallèles *c*, *c*, qui leur sont assemblées à entailles et boulonnées. Ces deux flasques entrent de toute leur épaisseur dans les deux gorges creusées autour du rouleau *e*, qui doit les supporter, et dont les extrémités frettées en fer sont percées de mortaises pour embarrer les leviers au moyen desquels on le fait tourner. On agit sur les deux rouleaux en même temps et dans le même sens, et l'on fait ainsi avancer la pièce du côté où l'on veut la conduire. La route qu'elle suit est droite ; on parvient cependant, quoique avec quelques difficultés, à lui en faire suivre une courbe, en changeant la position des rouleaux, ce qui ne peut se faire qu'à coups de masse. Pour changer de direction, il est plus facile de placer au-dessous du centre de gravité de la pièce un chantier croisé sur deux autres, un peu plus élevé que les rouleaux et posé obliquement aux deux routes ; il suffit, pour soulever la pièce, de passer des leviers entre elles et les entretoises d'un des rouleaux. Lorsqu'elle pose sur le chantier, on transporte les rouleaux sans fin sur la route qu'on veut suivre, et comme la pièce se trouve en équilibre sur le chantier, il est aisé de la faire tourner comme une aiguille sur son centre et de l'amener au-dessus des rouleaux. A l'aide de leviers on la soulève encore, on ôte le chantier et on la repose sur les rouleaux sans fin pour suivre sa nouvelle direction.

On transporte aussi les pièces de bois parallèlement à elles-mêmes, c'est-à-dire dans une direction perpendiculaire à leur longueur, en les faisant glisser sur de longs chantiers parallèles à cette direction, ou en leur donnant successivement quartier autant de fois qu'il est nécessaire pour les faire arriver à leur destination.

Donner quartier à une pièce de bois, c'est la faire tourner sur l'une de ses arêtes pour la renverser sur la face contiguë à cette arête. Lorsqu'on fait pour ainsi dire rouler de cette sorte une pièce de bois travaillée, il faut avoir soin de garnir les chantiers sur lesquels les arêtes portent, de paillassons, de vieilles toiles, ou de très-vieux cordages, pour que les arêtes ne soient point gâtées.

CHAPITRE V

DE LA COURBURE DES BOIS.

Plusieurs travaux exigent des bois courbes pour satisfaire aux formes des édifices, ou concourir à leur décoration et à leur solidité. On rencontre, dans l'exploitation des forêts, des arbres dont la courbure est une difformité qu'on utilise, et que l'on recherche même quelquefois pour différents genres de constructions. On a soin, en équarrissant ces arbres, de conserver leur courbure, comme nous l'avons déjà indiqué.

Les arbres courbes sont ordinairement réservés pour la charpenterie navale, qui les emploie dans la composition des couples et varangues, et qui tire même parti des bifurcations des branches; les arbres courbes ne seraient pas moins utiles dans la charpenterie civile, souvent forcée de les suppléer en taillant des pièces droites suivant les cintres qui lui sont nécessaires. Il en résulte une perte de bois que nous avons signalée, et la solidité des pièces ainsi cintrées à la hache est altérée par l'effet de l'interruption de la majeure partie des fibres du bois; ces pièces ne peuvent avoir autant de force que celles de même forme et de même équarrissage, dans lesquelles la totalité des fibres sont continues et parrallèles à la courbure. Le vice des pièces cintrées, taillées dans des bois droits, est le même que celui des pièces droites débitées dans des bois courbes.

Pour remédier aux inconvénients des pièces de bois cintrées à la hache ou à la scie et tenir lieu de celles qui sont cintrées naturellement, on a recours à deux manières de courber artificiellement les bois, l'une en opérant sur des arbres vivants, l'autre en opérant sur des bois abattus, équarris ou débités.

§ 1. *Courbure des arbres sur pied.*

Pour courber des arbres sur pied, on ne peut agir que sur de jeunes tiges minces, tendres et flexibles, qui se prêtent à tous les degrés de courbure qu'on veut leur donner. On assujettit chaque sujet par des liens contre des pieux verticaux et des traverses horizontales qu'on y a fixées. On change les liens à mesure que l'arbre croît et qu'il augmente en grosseur et l'on dirige et maintient sa courbure suivant la force que les années lui font prendre jusqu'à ce qu'il soit parvenu à un âge qui ne permette plus son redressement.

C'est ainsi qu'en Russie de jeunes arbres sur pied sont courbés en cercle pour servir, quand ils ont acquis une grosseur suffisante, à faire des jantes de roues d'une seule pièce et qui n'ont qu'un seul joint.

Les mêmes moyens peuvent être employés pour redresser de jeunes arbres.

On reproche à la courbure artificielle sur pied, de retarder la croissance des arbres et d'altérer l'homogénéité du bois. On n'aperçoit cependant aucune différence nuisible dans la qualité des bois qu'on a courbés et ceux qui sont venus naturellement courbes; le cœur n'occupe pas plus dans ceux-ci le centre de la section perpendiculaire aux fibres, et le contour n'est pas plus circulaire dans les uns que dans les autres. Ces irrégularités se rencontrent aussi dans les bois les plus droits, et, fussent-elles le résultat de la courbure sur pied, elles ne seraient pas à comparer aux inconvénients de l'interruption des fibres des pièces courbes débitées dans des bois droits.

Le plus grand inconvénient de la courbure des arbres sur pied, c'est d'être d'une pratique embarrassante dans les forêts, et d'exiger un laps de temps fort long pour que les arbres traités par cette méthode parviennent à des dimensions propres aux travaux de la charpenterie. Elle ne peut pas servir pour préparer des bois de courbures données pour des constructions dont l'exécution est prochaine.

Elle est plus utile au service de la charpenterie navale qu'à celui de la charpenterie civile, puisque tous les gros bois, quelle que soit leur forme, conviennent à la marine, et si les accidents naturels ne fournissaient pas assez de bois cintrés, on pourrait diriger des arbres sur pied sous toutes les courbures et les laisser croître avec la certitude qu'ils trouveraient un jour leur emploi dans la construction des vaisseaux, lorsqu'ils auraient de fortes dimensions. Néanmoins cette méthode ne suffirait pas à la charpenterie navale, qui a aussi, pour former le revêtement extérieur des navires, un besoin continuel de bois courbes très-longs et de fil qu'on ne peut pas débiter au moyen du sciage dans les arbres, dont les parties naturellement courbes n'ont point un assez grand développement. La marine a donc dû recourir à l'art de courber les bois débités, qui satisfait à peu près à toutes les exigences des constructions ordinaires, et qui a été appliqué avec succès à la courbure des bois de charronnage et des bois employés dans la charpenterie civile.

§ 2. *Amollissement des bois débités*.

L'art de courber les bois est fondé sur la propriété que la chaleur et l'eau ont de pénétrer la substance ligneuse, de la rendre souple et de l'amollir, même suffisamment pour qu'elle puisse recevoir différentes formes qu'elle conserve en se refroidissant et en séchant.

Les procédés du travail du bois au moyen de la chaleur et de l'humidité agissant simultanément sont extrêmement anciens. On les a d'abord appliqués à la confection de divers petits objets, notamment à celle des manches de couteaux dits *jambettes* ou plutôt *eustaches* (1). Ces manches sont faits avec du bois de hêtre vert, moulé entre deux plaques d'acier convenablement creusées, fortement chauffées et soumises à une grande pression. Ce moulage à chaud change tellement la contexture du bois en le resserrant et en contournant ses fibres aux formes du moule, qu'il serait impossible de reconnaître son espèce si l'on n'avait pas vu préalablement les chevilles brutes qui servent à former les manches. L'espèce de fusion pâteuse produite par cette opération est telle, que la matière du bois s'étend en balèvres de $0^m,03$ de largeur dans les joints des moules. Le moulage, au surplus, n'a de succès qu'autant que le hêtre est fraîchement coupé, parce que l'humidité de la séve se réduit en vapeur qui amollit le bois. Les manches fabriqués par ce procédé ont acquis, après leur refroidissement, une belle couleur brune et une extrême dureté.

On forme avec diverses petites pièces de bois des assemblages qui paraissent incompréhensibles à ceux qui ignorent le pouvoir de la chaleur et de l'eau. Nous avons représenté, pl. XXIII, deux assemblages de cette sorte. L'un d'eux, fig. 36 et 37, consiste en une cheville carrée b à deux têtes égales et de bois de fil, passée dans la mortaise à jour e d'un plateau a, dont elle ne peut sortir en aucun sens, ses deux têtes étant plus grosses d'un tiers que l'ouverture de la mortaise. Ce résultat est obtenu en faisant tremper le plateau a, dans lequel la mortaise e est percée et la cheville à deux têtes b, dans de l'eau bouillante pendant assez de temps pour que le bois en soit

---

(1) Ce nom est probablement celui de l'inventeur de ces couteaux, qui n'avaient qu'un seul clou pour tenir la lame.

complétement pénétré; on comprime alors l'une des deux têtes de la cheville entre les mâchoires d'un étau, et lorsqu'elle est ainsi momentanément réduite d'épaisseur, on la fait passer à petits coups de maillet dans la mortaise *e*, qui prête et s'élargit aussi momentanément. En refroidissant et en se séchant, le bois reprend ses dimensions naturelles.

La fig. 37, pl. XXIII, représente le plateau *a* projeté à part sur son plat; le fil du bois est parallèle à l'un des côtés du carré.

La fig. 38 est une coupe de la cheville prise isolément et perpendiculairement à ses fibres, suivant la ligne *m n*, tracée sur la fig. 36.

Le second assemblage représenté par deux projections, fig. 39, est formé de six petites pièces de bois, toutes égales et de même forme, qui se croisent par paires à angle droit; les deux pièces de chaque paire sont parallèles, celles d'une paire sont retenues dans les entailles des deux pièces d'une autre paire aussi retenues dans les entailles des deux pièces de la troisième paire, qui sont également retenues dans les entailles des deux pièces de la première paire, de telle sorte qu'on ne pourrait comprendre de quelle manière on a pu parvenir à former cet assemblage si l'on ignorait la souplesse que la chaleur et l'humidité donnent au bois.

Les six pièces étant taillées comme celle représentée isolément, fig. 40 et 41, et ajustées paire à paire, il suffit de les faire tremper dans l'eau bouillante quelque temps pour que les joues des entailles puissent être comprimées momentanément et permettre la réunion des six pièces comme la fig. 39 les représente. En refroidissant et en séchant, le bois reprend sa forme primitive, et les pièces ne peuvent plus être désunies.

On applique ce procédé à des pièces beaucoup plus longues qui se croisent de même par paires, et sur lesquelles on multiplie les points d'assemblage pour en former différents petits objets de coloration et d'amusement qui ont été jadis fort en vogue.

Nous aurons occasion de revenir sur la disposition des bois dans cet assemblage, lorsque nous parlerons des constructions en planches (1).

---

(1) L'action de la chaleur et de l'humidité donne un moyen fort simple de faire des inscriptions ou des dessins en relief sur du bois, particulièrement sur du noyer : on refoule le bois avec des poinçons, puis on enlève au rabot tout le bois qui n'a pas été refoulé, on met ensuite la pièce dans l'eau bouillante, le bois refoulé reprend sa dimension primitive et forme le relief.

§ 3. *Courbure au feu nu.*

On a employé fort anciennement aussi dans divers arts l'action du calorique et de la vapeur pour courber le bois ; le fendeur à la forêt ne parvient à rouler les *cerches* employées dans la boissellerie qu'en faisant éprouver aux éclisses fraîchement débitées une vive chaleur. Lorsque le tonnelier a réuni verticalement dans un cercle provisoire en fer les douves qu'il a dressées et taillées en fuseaux pour en former un tonneau, c'est par un feu vif et clair allumé en dedans de cet assemblage qu'il assouplit le bois. L'effort d'une corde suffit alors pour faire joindre les douves, sur lesquelles on se hâte d'appliquer les cercles, tandis que, sans le secours de la chaleur, ces douves pourraient se rompre au lieu de plier.

C'est également au moyen du feu que les charpentiers de bateau courbent les longues planches de bordages dans les parties où leur flexibilité naturelle ne suffit pas.

Lorsque ces bordages sont minces ou débités dans des bois nouvellement abattus, la flamme d'une torche de paille ou de copeaux, qu'on en approche en les clouant, les assouplit assez pour qu'on les applique aux courbures de proue et de poupe ; mais lorsqu'ils sont épais, on les amollit avant de les appliquer aux carènes en les plaçant au-dessus d'un feu clair, comme nous l'avons indiqué sur les deux projections, fig. 1re de la planche XII.

Une extrémité a de la planche de bordage est engagée sous une traverse horizontale b, fixée par des boulons à deux pieux $c\ c$. Elle est soutenue au-dessus du feu h sur un fort barreau d porté par les crochets de deux grands chenêts f, f, également en fer et mobiles.

On peut établir le barreau à la distance et à la hauteur qui conviennent, avancer ou reculer les genêts pour que le feu agisse à la place et avec la vivacité qui doivent opérer l'amollissement et la courbure du bordage $a\ e$.

Une grosse pierre g, placée sur l'extrémité de ce bordage, augmente sa pesanteur et détermine sa flexion à mesure que la chaleur pénètre le bois. On accélère l'opération en mouillant fréquemment le dessus du bordage. Si, pendant qu'on pose un bordage sur la carène, il est nécessaire de lui continuer l'action de la chaleur, on fait usage de la torche dont nous avons parlé ; on la soutient au bout d'une fourchette ou d'un réchaud en fer. Cette méthode n'est cependant applicable qu'à des bois de peu d'épaisseur et en petit nombre, souvent on ne peut pas en préparer assez pour suffire à des constructions actives. D'ailleurs, l'action de la chaleur n'est pas assez également appliquée aux bordages pour leur donner la même souplesse à tous ou d'un bout à l'autre de chacun. On a successivement fait usage de différents appareils, que nous allons décrire, pour obtenir un amollissement plus parfait, plus uniforme, et opérer sur un plus grand nombre de pièces en même temps.

§ 4. Amollissement dans l'eau bouillante.

Le premier appareil représenté par une projection horizontale, fig. 2, et une coupe fig. 3 suivant la ligne $A B$, planche XII, consiste dans une très-longue chaudière en cuivre a montée dans un fourneau à deux foyers accolés b, b, séparés par une cloison, afin que la flamme de chacun parcoure la moitié de la longueur du fond de la chaudière pour gagner la cheminée c qui lui correspond. Le fond de la chaudière est soutenu par des barreaux en fer; son bord supérieur porte une feuillure pour recevoir les feuilles de tôle qui forment son couvercle. Des escaliers f servent à monter sur les petits murs qui enveloppent la chaudière.

Les pièces qu'on veut amollir sont descendues dans l'eau bouillante au moyen de deux petites grues d, d, qui sont sur pivots, pour qu'on puisse les détourner lorsqu'elles gênent. On voit au plan les poteaux auxquels elles sont attachées et leurs treuils e, e.

Les bois sont posés dans la chaudière sur des tasseaux ou petits chantiers, pour qu'ils ne touchent pas le fond et qu'ils soient partout environnés d'eau.

Lorsque les bordages sont restés assez de temps dans le bain bouillant, on les retire au moyen des grues, on les égoutte et on les porte tout chauds et humides sur les formes où l'on veut leur faire prendre la courbure, ou sur la carène, où ils sont immédiatement cloués ou chevillés.

Ce procédé rend les bois de moyenne épaisseur assez souples; mais on a reconnu, par la coloration de l'eau et par le goût acerbe qu'elle prend, qu'une partie de la matière constitutive du bois lui est enlevée. L'expérience a fait voir que les bois soumis à cette opération perdaient de leur dureté, qu'en séchant ils prenaient plus de retrait que d'autres et que leur durée était moindre.

§ 5. *Amollissement à la vapeur.*

Dans le second appareil, les bois sont soumis à l'action de la chaleur et de l'humidité par le moyen de la vapeur de l'eau bouillante.

La fig. 4 est la projection horizontale de ce second appareil. La fig. 5 est une coupe sur la ligne $C\ D$ (pl. XII).

$a\ b$ est une caisse proportionnée à la longueur et au nombre des bordages que l'on veut amollir. Cette caisse est construite en madriers de chêne. Elle est maintenue dans des cadres aussi en bois de chêne c, c, en forme de chevalets qui l'isolent et l'élèvent au-dessus du sol.

L'extrémité a est fermée par un fond fixe, en chêne, joint avec autant de soin que le reste de la caisse; le bout b s'ouvre et se ferme pour le passage des bordages par une porte à coulisses qui se meut verticalement dans le châssis à chapeau d au moyen d'une corde et de deux poulies m, m, et d'un treuil p. Dans l'intérieur de la caisse sont des grilles verticales en fer également espacées. On distribue dans leurs compartiments les bordages qu'on veut soumettre à la vapeur. Ces grilles ne sont point représentées dans la figure 5, pour ne pas compliquer inutilement le dessin.

A l'extrémité a de la caisse est une chaudière e, maçonnée dans un fourneau avec sa cheminée f. On descend au foyer par quelques degrés g.

La chaudière est exactement fermée par un couvercle et n'a de communication qu'avec l'intérieur de la caisse par un tuyau coudé i qui traverse le fond vertical du bout a. Après qu'on a placé les bordages dans la caisse la porte à coulisses du bout b est hermétiquement fermée; la chaudière est remplie d'eau jusqu'à $0^m,30$ environ de son couvercle et le feu est allumé. Dès que l'eau est en ébullition, la vapeur se rend dans la caisse, elle pénètre les bordages, qu'on laisse dans cette étuve autant d'heures qu'ils ont de fois 27 millim. d'épaisseur. Ils deviennent assez souples pour être courbés suivant les contours ordinaires qu'on veut leur faire prendre.

Cet appareil est bon pour les bordages qui n'ont qu'une épaisseur moyenne; mais il n'est pas assez puissant pour les bordages très-épais et les précintres des gros vaisseaux; il a d'ailleurs un grave défaut : c'est l'impossibilité d'empêcher les bois qui forment la caisse de se tourmenter par l'effet de la chaleur, et de laisser échapper la vapeur par leurs joints, ce qui diminue considérablement son action.

§ 6. *Amollissement dans le sable.*

On a substitué à la caisse à vapeur une étuve à sable qui est représentée, fig. 6, pl. XII, par un plan, et, fig. 7, par une coupe suivant la ligne $E\ F$.

La chambre a de l'étuve est formée par des murs parallèles peu élevés; elle est évasée à ses deux extrémités pour la commodité du service. C'est dans cette chambre que l'on enfouit les bordages sous le sable chaud et mouillé. Le fond est horizontal; il est composé de plaques de fer coulé, portées sur des bandes de fer forgé répondant à leurs joints qui sont recouverts par d'autres bandes de fer b, b. Au-dessous de ce fond s'étendent les cheminées horizontales dans lesquelles se développent les flammes de deux fourneaux accolés d, d, établis en dessous et au milieu de la longueur de l'étuve. Les parois inférieures de ces cheminées horizontales sont formées par des massifs en maçonnerie, élevés au niveau de l'encaissement des deux fourneaux dont les foyers sont séparés par une cloison; e, e, sont les grandes cheminées verticales auxquelles aboutissent les cheminées horizontales. Dans la coupe, fig. 7, on voit en d la grille de l'un des fourneaux et l'entrée d'une des cheminées horizontales, divisée en trois conduits c, c, c, par deux cloisons en fer qui ont pour objet de soutenir les bandes qui portent le fond de la chambre d'étuve. L'une de ces cloisons, qui sont à jour, est représentée séparément, vue par le côté, fig. 8.

Les degrés f servent à descendre aux fourneaux; ceux g servent à monter sur l'étuve. Une chaudière h, son fourneau et sa cheminée i sont établis au milieu de la longueur de l'étuve et du même côté que les grandes cheminées; les degrés l conduisent au niveau du cendrier. Cette chaudière sert à faire bouillir l'eau pour arroser le sable. Deux grues, m, m, servent à mettre les bois à l'étuve et à les en tirer; elles sont sur pivots pour qu'on puisse les détourner lorsqu'elles gênent. n, n, sont les treuils de ces grues, dont les emplacements ne sont indiqués au plan que par les poteaux auxquels elles sont attachées.

Lorsqu'on veut faire usage de l'étuve, on allume le feu des fourneaux pour échauffer le sable, qu'on arrose avec de l'eau bouillante. On ôte une partie du sable chaud, on le dépose sur les bords de l'étuve pour arranger les bordages, qu'on place de champ à côté les uns des autres; on a soin qu'ils soient séparés du fond par une couche de sable de $0^m,12$ d'épaisseur, et qu'ils ne se touchent point; on remplit les intervalles et l'on recouvre les bordages avec du sable chaud ; on peut former ainsi plusieurs lits de bordages. Il faut que le tout soit couvert de 0ᵐ,40 de sable. On entretient un feu vif et clair, et l'on arrose continuellement avec de l'eau bouillante ; il convient d'avoir à proximité de l'étuve à sable un réservoir ou un puits pour alimenter sans cesse la chaudière.

Les bordages éprouvent dans cette étuve une température beaucoup plus élevée que dans la caisse en bois et sont mieux pénétrés par la vapeur. Ceux de médiocre épaisseur doivent rester dans l'étuve autant d'heures qu'ils ont de fois 0ᵐ,027 d'épaisseur, comme précédemment, mais ils en sortent bien plus souples. Ce temps doit être augmenté pour les bordages épais ; il faut que ceux de 0ᵐ,16 restent à l'étuve au moins 8 heures ; ceux d'une plus grande épaisseur, comme les précintres, doivent rester encore plus de temps. Il en est cependant dont l'épaisseur et la courbure doivent être si grandes que l'amollissement à l'étuve au sable ne suffit pas, et qu'on est obligé de les gabarier (1) à la hache pour achever de leur donner les contours qu'exigent les parties qu'ils doivent revêtir.

§ 7. *Amollissement à la vapeur sous une haute pression.*

La grande puissance qu'on obtient aujourd'hui de la vapeur pourrait être appliquée avec plus de succès que les étuves au sable à l'amollissement des bois qu'on veut courber. L'appareil consisterait en un gros tube de fer qu'on substituerait à la caisse de la fig. 4, dans lequel on placerait les bois à amollir ; une ou deux chaudières, plus puissantes que celles de la même figure, fourniraient la vapeur sous la pression de plusieurs atmosphères. Il est hors de doute que, par ce moyen, la chaleur et la vapeur pénétreraient jusqu'au cœur des plus grosses pièces de bois, et qu'on les amollirait à un point auquel on n'est pas encore parvenu, et qui les rendrait susceptibles de se plier aux plus grandes courbures.

§ 8. *Courbures sur des formes ou moules.*

Quel que soit le degré d'amollissement qu'on puisse faire subir aux gros bois, leur courbure exige toujours des appareils embarrassants qu'il est

---

(1) On appelle *gabarier*, tailler une pièce de bois à la hache ou à l'herminette, selon une courbure ou un *gabari* donné.

impossible d'employer pour les plier en même temps qu'on les pose. Il faut donc qu'ils soient courbés avant d'être mis en œuvre, et suivant les courbures des places qu'ils doivent occuper. C'est particulièrement le cas des pièces cintrées dont la charpenterie civile fait usage, parce qu'il est indispensable de les établir sur le trait, ou *étalon*, en même temps que les autres pièces avec lesquelles on veut les combiner, pour tracer exactement leurs assemblages.

On courbe les bois équarris après qu'ils sont chauffés et amollis sur des formes ou moules qui ont le gabari que ces bois doivent conserver pour être mis en œuvre.

La méthode la plus simple est celle représentée en projection horizontale dans la partie A de la fig. 9, pl. XII.

De forts pieux verticaux b, b, b, sont plantés le long de la courbe suivant laquelle on veut cintrer une pièce de bois; ils sont écartés les uns des autres à des distances qui dépendent du degré de courbure qu'il s'agit de donner, et qui ne doivent pas excéder un mètre et demi. Ces pieux sont en nombre suffisant pour le développement de la pièce.

En sortant de l'étuve, la pièce à courber marquée k est posée sur le sol uni et horizontal; un de ses points, celui où l'on veut faire commencer la courbure, est engagé entre deux pieux a, d. Au moyen d'un palan l, fixé à un pieu central m, et qu'on attache successivement à différents points n de la pièce k, on amène cette pièce en contact avec tous les pieux; à mesure qu'elle les touche, on la fixe par de très-forts piquets e, e, e, que l'on chasse dans des trous amorcés d'avance, afin que l'opération soit faite rapidement et que le bois n'ait pas le temps de perdre assez de flexibilité pour se refuser à la courbure.

Lorsque la pièce k est ainsi assujettie, on la laisse refroidir et sécher, après quoi on l'enlève pour procéder à la courbure d'une autre pièce.

Si l'on veut que la pièce k soit mieux maintenue, pour qu'elle ne puisse pas se tordre, on a recours au procédé indiqué par la partie B de la même fig. 9, et par la coupe verticale, fig. 10, faite suivant la ligne $G\ H$ du plan.

Les pieux c, c, c, sont carrés et dressés avec soin du côté où le contact doit avoir lieu. La pièce k est, comme précédemment, engagée en sortant de l'étuve entre les deux pièces a, d; elle pose sur des chantiers t, t, établis dans un même plan de niveau. A mesure qu'on la plie à l'aide du palan q, on la retient par deux boucles carrées en fer u, u, l'une en dessus, l'autre en dessous, qui embrassent le pieu avec lequel elle est en contact, et deux forts tasseaux v, x. Ces boucles sont serrées par des coins y, y; on a soin de passer d'avance la boucle inférieure sur le pieu. Le palan saisit la pièce k par l'intermédiaire d'une frette en fer s qu'on peut changer de place et qu'on fixe avec un coin.

En opérant de ces deux manières, on ne peut courber qu'une seule pièce; la fig. 11 est la projection verticale d'un chevalement sur lequel on peut en courber plusieurs à côté les unes des autres. La fig. 12 est sa coupe verticale sur la ligne $I\,J$. Ce chevalement se compose d'une suite de sommiers horizontaux a, a, dont le dessus est dans la surface suivant laquelle les pièces doivent être courbées. Ces sommiers sont soutenus aux différentes hauteurs et suivant les déversements qui conviennent à la courbure par des pieux jumeaux, verticaux b, b, ou inclinés d, d, qui les unissent; l'écartement des pieux est maintenu par des entretoises c, c; une croix de Saint-André e placée au-dessous du sommier du milieu empêche le déversement latéral; on doit établir plusieurs croix si la longueur du chevalement les comporte.

La pièce k est posée horizontalement sur le sommier du milieu et appliquée sur les autres sommiers, au moyen de deux palans g, g, attachés successivement à différents points pris à égales distances des deux côtés du premier point d'appui. Elle est retenue, à mesure qu'elle arrive en contact, par deux liens en fer f, f, qui embrassent le sommier et une forte cale i; chaque lien est formé d'un étrier et d'un barreau de fer h passé dans les yeux des branches. Ces liens sont serrés par des coins o, o, chassés entre les cales et le barreau. On peut courber, à côté de la pièce k, une autre pièce k', fig. 12, et même un plus grand nombre, si l'on a donné aux sommiers a, a, une longueur suffisante.

On a remarqué que, par ces deux méthodes, la courbure n'est pas parfaitement régulière; que des petits *jarrets* se formaient quelquefois aux points où la pièce était en contact avec les pieux ou les sommiers. Pour éviter ces *jarrets*, il faut courber les pièces sur un gabarit horizontal $m\,m$, fig. 13, qui présente une surface courbe continue. Ce gabarit peut être construit en pierres de taille, ou en bois, ou en fer. La fig. 13 le suppose en bois; il est formé de plusieurs madriers qui se croisent et dont les joints alternatifs répondent à des pieux a, a, auxquels ils sont fixés par des boulons. Ce gabarit est élevé sur de petits chantiers c, c; ses extrémités sont consolidées par des pieux b, b.

La pièce à courber k est amenée toute chaude et imprégnée de vapeur sur les chantiers c, c; elle est appliquée au gabarit par le moyen des palans d, d, et y est retenue par de forts étriers en fer e, e, qui l'embrassent ainsi que le gabari. Les brides f, f, des étriers portent sur des cales g, g; elles sont serrées à vis et écrous.

Les coussinets en bois dur empêchent les cordages des palans de dégrader les arêtes de la pièce k, et des rouleaux en bois les soutiennent et les écartent du gabari, pour qu'ils ne portent pas contre ses faces. La fig. 14 est une coupe verticale suivant la ligne MN du plan, et la fig. 15 une autre coupe suivant la ligne PQ.

On peut encore courber une pièce de bois en la chargeant d'un poids considérable, réparti suivant le besoin, pour la forcer à se mouler dans une forme concave en maçonnerie de pierre de taille ou en fer coulé.

Les méthodes que nous venons d'indiquer pourraient servir à redresser des bois qui proviendraient d'arbres courbés naturellement; les formes et gabaris devraient alors être plans.

Soit qu'on commence à courber une pièce de bois un peu grosse à partir de son milieu ou de l'un de ses bouts, la contraction de ses fibres dans la partie concave, et leur extension sur la partie convexe, sont bien plus grandes au point où l'on achève la courbure qu'à celui où on l'a commencée. C'est un inconvénient qui s'oppose souvent au succès complet de la courbure, et qui peut nuire à la qualité de la pièce, soit en fatiguant les fibres de la partie convexe, soit en occasionnant des fissures intérieures; il disparaîtrait, ou du moins serait fort diminué, et l'opération deviendrait singulièrement facile, au moyen d'un appareil qui déterminerait des contractions et des extensions uniformes sur tous les points en même temps.

Cet appareil pourrait consister en un système de rayons inflexibles, d'abord parallèles, qui saisiraient perpendiculairement à sa longueur la pièce qui leur serait présentée aussitôt sortie de l'étuve; on ferait converger ces rayons simultanément, mais lentement vers le centre de courbure et de plus en plus, à mesure que la pièce céderait à leurs efforts jusqu'à ce qu'elle ait atteint le gabari qu'il s'agirait de lui donner.

Il serait à désirer que des établissements à vapeur, comme ceux dont nous avons parlé plus haut, et pourvus de bons moyens de courber les bois, fussent formés près des lieux où l'on fait habituellement de grands travaux, pour fournir de pièces courbes de fil, suivant des gabaris donnés, aux arts qui peuvent en faire usage, notamment à celui de la charpenterie civile, qui en emploierait beaucoup si elle pouvait s'en procurer facilement.

CHAPITRE VI.

DE LA CONSERVATION DES BOIS.

§ 1. *Emmagasinement et empilement.*

On ne saurait apporter trop d'attention pour la conservation des bois. Du moment où ils sont abattus jusqu'à celui de les mettre en œuvre, ils exigent des soins et une surveillance suivis, pour en écarter tout ce qui peut leur être préjudiciable et arrêter la propagation des vices dont ils peuvent être atteints.

La conservation des bois de construction abattus est, aussi bien que celle des forêts, un objet d'intérêt général et d'économie particulière; la négligence qui laisse les bois se détériorer dans des magasins et des chantiers, ou même isolément, et la prodigalité qui les consomme sans discernement et sans utilité, sont aussi blâmables que le serait un mauvais système forestier.

Un courant d'air trop rapide et trop sec, une chaleur trop vive, une humidité constante d'une température élevée, des alternatives de sécheresse et d'humidité, sont autant de causes très-puissantes de détérioration des bois nouvellement abattus, conservés en grume ou équarris et débités.

Une dessiccation trop rapide, par l'effet d'un air trop sec ou d'une chaleur trop vive, hâle le bois et le fait fendre. De très-belles pièces peuvent ainsi perdre une grande partie de leur valeur, parce que, pour en tirer parti, on est forcé de les faire débiter suivant de petits échantillons, en faisant le sacrifice des parties déchirées par les fentes.

Une température trop élevée dans des magasins clos avant qu'une pièce de bois soit parfaitement sèche, fait entrer en fermentation les liquides végétaux qu'elle contient; sa qualité s'altère; son bois passe à un état qu'on désigne par la dénomination de *bois échauffé;* il a perdu sa ténacité, et est incessamment atteint de la pourriture sèche et de la vermoulure. Plus le nombre des pièces renfermées en même temps est grand, plus le mal est rapide. En entrant dans des magasins où des pièces de bois se sont échauffées, on s'aperçoit aisément de ce genre de détérioration, par une odeur vive et acide et par la chaleur qu'on y ressent.

L'exposition aux injures du temps, le gisement prolongé sur le sol, l'emmagasinement dans un lieu humide et privé d'air, occasionnent la pourriture humide et vicient les bois d'ancienne coupe qui étaient les plus sains lorsqu'on les a abattus. L'atteinte alternative de l'air sec, de l'humidité et des gelées désorganise le bois, en rompt les fibres et détermine un autre genre de pourriture qui ressemble à celle des arbres morts sur pied.

Pour conserver des bois propres aux constructions, on doit éviter avec soin de les placer dans les circonstances dont nous venons de parler.

Dès que les arbres sont abattus, débarrassés de leurs branches et de leurs souches, et tronçonnés aux longueurs que leur rectitude ou leurs difformités et les besoins du commerce déterminent, on se hâte de les extraire de la forêt. Si l'on est forcé de les y laisser jusqu'à l'époque où la rigueur de l'hiver fait cesser les travaux de l'agriculture et fournit plus de moyens de transport, on les pose de telle sorte qu'ils ne touchent point la terre, on les élève même sur des rondins qui servent de chantiers, afin de les préserver de l'humidité du sol et des plantes qui le couvrent.

Dans les contrées où les rayons du soleil ont encore beaucoup de force après la saison de la coupe, on couvre les arbres abattus avec des branchages et des herbes sèches, pour les garantir d'une trop vive chaleur et d'un dessèchement trop rapide, qui les ferait fendre ou gercer.

Les mêmes soins doivent être observés aux lieux de rassemblement des bois extraits des forêts. Aucune pièce ne doit être laissée immédiatement posée sur le sol. Le contact avec la terre et avec les plantes qui poussent rapidement autour d'une pièce de bois est une des causes les plus rapides de pourriture : l'usage de plusieurs ouvriers qui déposent leurs bois en grume sur la terre et le long des murs de leurs habitations est des plus pernicieux ; le germe de la pourriture s'y insinue promptement, et il continue de les détériorer, même après qu'on les a débités et mis en œuvre. En quelque lieu que l'on rassemble des bois, ils doivent être élevés sur des chantiers et être suffisamment écartés du sol pour que l'air circule librement en dessous et les atteigne partout.

Le plus souvent, les bois sont réunis et empilés en plein air; le mieux serait de les placer dans des hangars qu'on pourrait aérer à volonté, afin qu'ils fussent à l'abri de la pluie et du soleil, sans cesser d'être exposés à l'air, dont on pourrait diriger et modifier l'action. On a observé que, sous des hangars entièrement ouverts de tous côtés, les bois se hâlent et se fendent plus rapidement qu'en plein air.

Lorsque les bois sont en grume, on les engerbe les uns sur les autres, comme on le voit dans les projections verticales, fig. 1 et 2 de planche XIII. Dans la première, les arbres sont projetés suivant leur longueur; dans la deuxième, ils se présentent par leurs bouts. Ils sont élevés sur des rondins soutenus par des cales en bois ou en pierre; des coins les empêchent de rouler. Quoique leurs formes arrondies et les irrégularités de leurs surfaces laissent des vides, la circulation de l'air n'est pas suffisante, et des bois ainsi engerbés pour longtemps, surtout s'ils ne sont pas secs, se détériorent; il est préférable d'empiler les arbres par lits les uns au-dessus des autres, en les croisant à angle droit. Les fig. 3 et 4 sont deux projections verticales d'une même pile ainsi formée. Mais cette disposition exigeant beaucoup de place, vu que la pile se trouve avoir autant de largeur que de longueur, il n'est pas toujours possible de la pratiquer si l'on n'a pour lieux d'empilement que des espaces étroits, et surtout s'il s'agit de pins et de sapins qui sont extrêmement longs. Lorsqu'on est forcé d'empiler des arbres en les plaçant tous dans le même sens, on les arrange par lits qu'on sépare avec d'autres pièces de même espèce fendues en quartiers et couchées suivant la largeur de la pile; au moyen de ces sortes de cales écartées les unes des autres de quelques décimètres, la circulation de l'air est assurée.

La fig. 5 est la projection d'une pile dans laquelle les sapins sont vus par leurs bouts. Dans la fig. 6, ils sont projetés parallèlement à leur longueur.

On a soin d'alterner d'un lit à l'autre les gros et les petits bouts des arbres, afin que la pile s'élève de niveau, et l'on fait correspondre les cales de l'un à l'autre lit verticalement au-dessus les unes des autres, afin que la charge ne fasse pas courber les bois des lits inférieurs.

Si l'on a une grande quantité de bois, on en forme plusieurs piles en réunissant dans chacune les arbres de même espèce et de même longueur. Autrement, on a la précaution de placer les plus longs en dessous.

On abrite les piles ainsi formées par des toits composés de planches appliquées suivant la pente qu'on a ménagée en arrangeant les bois. On a ponctué, fig. 2 et 3, deux manières de former au-dessus des bois des toits provisoires en planches. Les fig. 5 et 6 indiquent la disposition qu'on donne à ces toits lorsqu'ils doivent subsister longtemps.

Lorsque les bois sont équarris ou débités, leur conservation exige encore plus de soin, non-seulement parce que les bois acquièrent plus de valeur à mesure qu'ils sont plus façonnés et transportés de plus loin, mais aussi parce que, leur surface augmentant à mesure qu'ils sont débités en échantillons plus petits, ils présentent plus de prise aux causes de détérioration et en sont plus promptement pénétrés.

Les bois d'un même échantillon, c'est-à-dire qui ont le même équarrissage et la même longueur, abattus et débités en même temps, doivent être empilés ensemble. On ne doit pas réunir dans une même pile des bois d'espèces ou d'essences différentes et de coupes différentes.

Les premières pièces d'une pile, c'est-à-dire les plus basses, ne doivent jamais poser à nu sur le sol; on les élève sur des chantiers. Les plus hauts chantiers sont les meilleurs, afin de tenir les piles le plus élevées possible au-dessous du sol, pour qu'elles soient moins atteintes par son humidité et que l'air circule aisément au-dessous.

On a vu des piles de bois dont les pièces de dessus étaient parfaitement sèches et saines, tandis que celles du dessous étaient humides, attaquées de pourriture et couvertes de champignons par l'effet du défaut d'air et des exhalaisons du sol, dont elles étaient trop rapprochées. Le meilleur moyen de remédier, ou au moins d'atténuer cet inconvénient, c'est de paver le terrain sur lequel les piles doivent être formées, comme on le voit fig. 7 et 8, ou de le couvrir d'une épaisse couche de béton et d'élever des petits murs ou des petits piliers en pierre pour exhausser les premiers chantiers qui doivent supporter les bois.

Pour former les piles de bois débité, on pose les pièces par lits. On a soin que dans chaque lit les pièces ne se touchent pas; on les écarte également les unes des autres. Le mieux serait que leur écartement fût au moins égal à leur épaisseur; mais l'espace ne permet pas toujours cette disposition.

Lorsque les pièces se croisent d'un lit à l'autre à angle droit et que les lits contiennent chacun à peu près le même nombre de pièces, les piles sont carrées, comme celle représentée par deux projections verticales, fig. 7 et 8.

Cette méthode d'empilement convient mieux aux pièces équarries qu'aux planches dont le contact trop large par rapport à l'épaisseur, donne lieu à l'échauffement du bois; elle ne laisse d'ailleurs pas assez de vide pour la circulation de l'air. On ne doit empiler de cette manière que des planches parfaitement sèches et dans un lieu également sec. Une pile de planches formée suivant cette méthode est représentée par ses deux projections verticales, fig. 11 et 12. Il est préférable de ne placer de deux en deux lits qu'un petit nombre de planches, trois, par exemple, qui servent alors de cales et laissent un plus libre cours à l'air. Une pile formée de la sorte a pour projections verticales les fig. 10 et 11. C'est ce qu'on pratique aussi pour les autres espèces de bois, ainsi que les projections verticales, fig. 7 et 9, le représentent pour une pile de pièces carrées.

La meilleure méthode d'empilement qui convient d'ailleurs au défaut de largeur des espaces dont on peut disposer, est celle représentée par les deux projections verticales, fig. 13 et 14, pour une pile de planches ou de madriers, et par les projections verticales fig. 15 et 16, pour une pile de bois équarris. Tous les bois sont placés de niveau dans le même sens, autant que possible, suivant la direction des vents propres à les sécher sans les hâler ni les fendre. Les lits sont séparés par des lattes ou liteaux beaucoup plus étroits que les bois empilés, afin de réduire leur contact. On leur donne ordinairement $0^m,40$ de largeur sur $0^m,027$ d'épaisseur. On les débite dans des planches. Ces cales sont distribuées également à quelque distance les unes des autres; elles se correspondent verticalement, afin que les pièces inférieures ne soient point courbées par le poids de celles qu'elles auraient à supporter à faux sans cette disposition. La distance des cales entre elles est déterminée de façon que la propre pesanteur de chaque bois ne le fasse pas fléchir entre deux points d'appui. Pour les pièces méplates, c'est-à-dire celles autres que les planches et madriers, qui ont une dimension d'équarrissage plus large que l'autre, on a soin que leur écartement dans un lit réponde verticalement au milieu des pièces du lit inférieur et du lit supérieur, afin que l'air, en circulant de haut en bas et de bas en haut, soit forcé de glisser sur les faces horizontales des pièces. Cette disposition est représentée par une pile qui a pour ses deux projections verticales les fig. 15 et 16, pl. XIII.

Les chantiers sur lesquels cette pile est formée sont supposés élevés sur des dés en pierre pour les garantir de l'humidité du sol.

Les bois empilés en plein air doivent être couverts d'un toit. Ceux des fig. 2 et 3, qui conviennent aux bois en grume provisoirement empilés, sont formés de planches qui portent sur ces bois ou sur des traverses soutenues par de forts piquets.

Le toit de la pile représentée par les fig. 5 et 6 est supposé fait avec plus de soin, les sapins se prêtant à un arrangement plus régulier.

Lorsque les toits doivent servir longtemps ou qu'on veut les employer successivement pour d'autres piles de bois de sciage ou de bois équarris, on les construit, au moyen de petites charpentes légères, comme celui des fig. 10, 11 et 12.

On élève les piles qu'on doit couvrir le plus haut possible pour abriter une plus grande quantité de bois sous un même toit. Pendant la mauvaise saison, on garantit latéralement les piles de la pluie par des planches qu'on appuie contre ces piles, comme on le voit fig. 11.

On doit éviter de se servir de planches pourries et vermoulues pour former les toits au-dessus des piles, parce que la pluie, en les lavant et les traversant, peut porter sur les bois sains des germes de détérioration.

Les bois courts, courbes et droits, sont empilés en *chaise*, une pile de bois droit très-court est représentée par deux projections verticales, fig. 28 et 29.

On place quelquefois les bois verticalement appuyés contre des murailles élevées, comme nous l'avons représenté par un profil, fig. 25. On les fait porter par le bas sur un petit plancher exhaussé par quelques chantiers au-dessus du sol pavé. On les abrite par le haut au moyen d'un toit ou auvent qui s'étend tout le long de la partie du mur contre laquelle les bois sont habituellement placés. On choisit une exposition au nord, afin que les bois ne soient point échauffés par le soleil ni mouillés par les pluies.

Lorsque les gros bois carrés sont conservés en piles comme celle représentée par un profil, fig. 26, et une projection verticale, fig. 27, on ne peut pas élever ces piles très-haut, à cause de la difficulté de monter les grosses pièces sur les lits supérieurs.

Le plus souvent les piles sont établies en plein air parce qu'on manque de magasins assez spacieux ou convenablement disposés pour que le maniement des bois lors de leur entrée, sortie et empilement soit praticable. Un magasin destiné à la conservation des bois très-longs doit avoir ses portes placées à ses extrémités, afin qu'on ne soit point obligé de tourner les pièces pour les faire arriver à leurs places. Pour empiler les gros bois dans les magasins, on se sert de la chèvre ou de palans attachés aux poutres des planchers supérieurs ou des combles; on doit même, en construisant les hangars, donner à ces poutres assez de force pour résister aux efforts réitérés des palans sans nuire aux charpentes.

Pour former les piles de gros bois en plein air, on a recours à un moyen fort simple qui est représenté dans le profil, fig. 26, pl. XIII, où les bois empilés sont vus par le bout. On établit deux bois parallèles *a*, *a*, en pente et soutenus sur des chantiers pour en former un plan incliné; dans la projection fig. 27, ces deux pièces ne sont que ponctuées. La pièce *b*, qu'il s'agit de monter sur le plan incliné, est saisie à chacun de ses bouts par un cordage d, à l'extrémité duquel la force d'une paire de bœufs est appliquée; la pièce b glisse sur le plan incliné, et elle arrive au sommet, où il est aisé de la mettre à sa place c. Des rouleaux diminuent le frottement des cordes.

Il suffit, pour cette manœuvre, de deux paires de bœufs chacune avec son bouvier, et d'un seul homme pour veiller à ce que la pièce monte autant d'un bout que de l'autre sur les bois en plan incliné et faciliter, s'il en est besoin, son glissement. Les plus fortes pièces peuvent par ce moyen être élevées à peu de frais à une grande hauteur.

Lorsqu'on emmagasine des bois dans des bâtiments ou hangars à plusieurs étages, on suit les mêmes modes d'arrangement que nous venons de décrire, si ce n'est qu'on fait des piles moins élevées pour ne point charger trop les poutres et solives qui forment les étages, qu'on ne planchéie point pour laisser une plus libre circulation à l'air. Les baies des fenêtres ne sont garnies que de volets, qu'on ouvre et qu'on ferme selon les saisons et les vents, et suivant qu'il s'agit d'aérer les bois ou de les garantir du hâle, de la pluie, du brouillard ou des ardeurs du soleil. Dans ces sortes de magasins, les plus grosses pièces sont placées au rez-de-chaussée et aux étages les plus bas.

Lorsque les magasins clos n'ont qu'un rez-de-chaussée, il est indispensable qu'en outre des fenêtres ouvertes dans les murs, les toits soient percés de lucarnes et de cheminées pour servir de ventouses, et qu'on puisse d'ailleurs les ouvrir et les fermer à volonté.

Le sol d'un magasin destiné à la conservation des bois de construction doit être plus élevé que le terrain environnant. Il convient qu'il soit pavé, et mieux encore couvert d'une couche assez épaisse de béton ou d'un mastic bitumineux et hydrofuge, pour fermer tout accès à l'humidité de la terre. Il ne doit pas être planchéié, parce que les bois des soliveaux et les planches, en se pourrissant rapidement, communiqueraient leurs vices à ceux renfermés dans ce magasin.

Il est extrêmement difficile, pour ne pas dire impossible, d'arrêter les progrès de la détérioration des bois, et dès qu'ils sont atteints d'un commencement de maladie quelconque, quelque faible qu'il soit, il n'y a pas moyen de les ramener à leur premier état. On peut sans doute enlever avec la hache ou la scie les parties attaquées par les vers et la pourriture et même le bois échauffé; mais, comme nous l'avons déjà fait remarquer, on ne saurait juger exactement de la limite où le mal s'arrête. Alors même que la hache a pénétré dans le bois qui paraît vif, qu'on croit sain et qu'on voudrait conserver, on ne peut être certain qu'il n'est pas atteint d'un commencement de détérioration qui peut continuer ses progrès; on conçoit alors quelle surveillance et quels soins exigent les magasins pour prévenir des avaries qui peuvent causer des pertes considérables.

Il est utile de remuer souvent les bois, de les retourner sur leurs différentes faces, de les changer de place et de sens d'empilement, de les faire passer d'un côté à l'autre d'une pile, du milieu sur les côtés et du dessous à la partie supérieure. Dans ces manutentions, on doit visiter avec soin toutes les pièces, sortir des piles et même des magasins, celles qui font soupçonner le moindre commencement de détérioration. Les piles dans lesquelles on a trouvé des bois avariés doivent être changées de place, établies dans un lieu plus aéré. En les remontant, on doit écarter les bois davantage et redoubler de surveillance à leur égard.

On doit changer avec le même soin les cales et les chantiers qui commencent à se pourrir, afin qu'ils ne communiquent pas leurs vices aux pièces avec lesquelles ils sont en contact. On est souvent porté à employer pour chantiers et pour cales des vieux bois viciés, c'est la coutume la plus pernicieuse. On ne doit faire usage, pour supporter les pièces et les séparer que de bois très-sains, et l'on ne doit pas craindre de débiter du bois neuf pour cet objet. La parcimonie à cet égard peut devenir onéreuse par le tort que le contact des chantiers et des cales viciés peut faire aux bois empilés, surtout s'ils doivent rester longtemps en magasin.

On doit s'abstenir de débiter les bois dans les magasins destinés à leur conservation; si l'on est forcé d'agir autrement, on doit avoir le plus grand soin de n'y laisser aucune écorce, parce qu'elle contient le plus souvent des insectes; ni aucun amas de sciure, qui entre rapidement en fermentation et peut communiquer aux bois le germe de la pourriture.

On doit avoir un soin égal pour l'entretien des couvertures des magasins, aussi bien que celle des piles formées à l'air, afin que l'eau de la pluie ne pénètre pas dans l'intérieur et n'atteigne pas les bois.

Lorsque les bois ont été mouillés accidentellement, on doit les faire sécher rapidement avant de les emmagasiner; on les expose à l'air en les appuyant verticalement contre des murs, ou bien on en forme des piles creuses comme celle représentée fig. 19 en projection verticale, et fig. 20 en projection horizontale. Pour que les faces du bois soient mieux exposées à l'air, on donne quelquefois aux piles creuses une forme pyramidale, fig. 21 et 22, en plaçant les bois en retraite les uns à l'égard des autres.

On en forme aussi des piles en croisant les planches en X, comme dans celle représentée fig. 23 et 24. Enfin, lorsque les planches ont été extrêmement mouillées, pour les faire sécher plus promptement par le contact de l'air, on les place presque de champ les unes au-dessus des autres en les appuyant contre des piquets. Les fig. 17 et 18 représentent, en projection verticale et en projection horizontale, cette disposition, qu'on peut élever aussi haut qu'on veut, et dans laquelle on peut multiplier les planches et les piquets beaucoup plus qu'on ne l'a fait dans les figures.

§ 2. *Immersion, desséchement et condensation.*

En outre des moyens employés pour l'emmagasinement salubre des bois et leur conservation dans les approvisionnements qu'on en fait, les constructeurs et les marchands ont recherché s'il n'y aurait pas à leur faire subir quelque préparation qui pût détruire les causes de dégradation qu'ils renferment naturellement, et prévenir l'action de celles qui agissent extérieurement sur eux.

La parfaite dessiccation des bois a paru un des meilleurs moyens d'assurer leur conservation; on a, en conséquence, cherché à opérer cette dessiccation par une chaleur modérée appliquée aux pièces au moyen d'étuves construites exprès. On a reconnu qu'il était impossible de sécher complétement par ce moyen les grosses pièces, à moins de les laisser à l'étuve un temps beaucoup trop long, et que, par conséquent, il n'était utilement applicable qu'aux bois minces employés dans la menuiserie. On a, de plus, pensé que la dessiccation ne débarrassait point leurs pores des matières végétales qui n'ont point été converties en bois, auxquelles la moindre humidité rend leur fluidité et leur tendance à la fermentation, et par suite à la détérioration de la substance ligneuse. L'immersion, soit dans des étangs, soit dans des bassins construits exprès, lave les pores du bois et leur enlève les parties de la sève qui sont sujettes à se corrompre et à causer la pourriture. L'eau qui se trouve, par l'effet de ce lavage, substituée aux parties qu'elle a enlevées étant plus facile à évaporer, les bois parviennent plus aisément à l'état de sécheresse désirable, sans qu'on ait à craindre que le retour accidentel de l'humidité y occasionne la pourriture.

L'eau courante est préférable à l'eau stagnante, parce qu'en se renouvelant dans les pores du bois, elle doit les laver et les purger plus complétement de leur sève nuisible, tandis que l'eau stagnante, une fois saturée de cette sève, ne peut plus en extraire. C'est pour cette raison que le flottage, dont il a déjà été question en parlant du transport des bois par eau, a paru avoir quelques avantages; mais il faut que l'immersion soit complète, car le bois dont une partie est dans l'eau, tandis que l'autre est dehors se détériorent, même en flottant. On a observé aussi que le séjour dans l'eau ne doit pas excéder trois à quatre mois, que l'immersion dans l'eau claire est préférable à celle dans les eaux troubles, parce que les parties extrêmement fines de terre et de sable que celles-ci contiennent s'introduisent avec elles dans les pores du bois, et que plus tard, lorsqu'il s'agit de le travailler, ces substances pierreuses émoussent le tranchant des meilleurs outils.

L'immersion dans l'eau chaude paraît agir plus rapidement; elle exige des chaudières comme celle que nous avons décrite fig. 2 et 3, pl. XII, à l'occasion de l'amollissement des bois qu'on veut courber. Mais l'opération est dispendieuse, surtout à cause de la nécessité d'entretenir l'eau à la température de 30 degrés pendant les dix à douze jours que le bois doit rester soumis à son action. Cette immersion n'est donc praticable avec économie qu'autant qu'on peut profiter de l'eau chaude rejetée par une machine à vapeur. Les bois sortis de ces bains sont séchés dans des étuves dont on règle la chaleur de telle sorte que la dessiccation soit prompte sans qu'elle fasse fendre le bois.

On voit que les premiers procédés employés pour amollir les bois qu'on voulait courber devaient atteindre déjà le but qu'on se proposait par l'immersion dans l'eau chaude; cependant les essais faits directement ne datent que de l'année 1784, époque à laquelle l'Académie des sciences chargea Peronnet et Buffon d'examiner les moyens proposés par le sieur Migneron pour enlever la séve du bois vert, et pour durcir et courber toute espèce de bois. Des épreuves satisfaisantes eurent lieu à l'École militaire et au Garde-Meuble de Paris.

Néanmoins l'immersion dans l'eau bouillante dépasse le but; si le bois gagne quelque chose par rapport à l'extraction de la séve nuisible, l'espèce de cuisson qu'il éprouve lui nuit du côté de sa qualité, comme nous l'avons déjà fait remarquer page 194. Son immersion dans l'eau froide, courante et claire paraît être préférable.

L'immersion dans l'eau de la mer est propre aussi à la conservation des bois; on a observé que le bois absorbe une moindre quantité d'eau salée que d'eau douce, et qu'après être saturé de la première, il admet encore une notable quantité de la seconde.

Dans les ports, on conserve les bois de mâture dans des *fosses aux mâts* constamment remplies d'eau de mer; ils sont retenus sous l'eau par des pieux et des traverses, dont les compartiments laissent la faculté d'extraire les mâts dont on a besoin. Les constructeurs de la marine du commerce conservent ces mêmes bois en les enfouissant dans les sables humides et salés des bords de la mer. Mais ce qui convient pour les bois de mâture ne peut pas être pratiqué pour les autres espèces de bois, surtout pour ceux destinés aux constructions civiles. Les bois qui ont séjourné dans l'eau de la mer sont imprégnés de sel; ils sont d'un travail difficile; leur pesanteur est accrue, et quelque moyen qu'on emploie pour les dessaler et les sécher, ils attirent toujours très-fortement l'humidité; ils ne pourraient pas, par conséquent, être employés sans de graves inconvénients dans la charpenterie des habitations, ni dans celle d'aucun édifice.

Dans les établissements de l'artillerie, les bois préparés et dégrossis pour les moyeux des roues sont également conservés dans des *fosses à moyeux* remplies d'eau douce, sous laquelle ils subissent souvent pendant un temps fort long une sorte de rouissage qu'on regarde comme utile sous le rapport de la perfection du charronnage.

L'immersion dans l'eau employée comme moyen conservateur des bois a trouvé, malgré quelques avantages, de nombreux contradicteurs; le plus fort argument contre l'utilité de cette méthode, du moins en ce qui regarde les bois de charpente, c'est la bonne conservation de quelques combles qui subsistent depuis plusieurs siècles, et dont les bois n'ont certainement pas été soumis à cette opération qui n'était pas connue.

Cependant, les nombreuses expériences de Duhamel prouvent que les bois soumis au flottage immédiatement après avoir été abattus et équarris, sont moins sujets à se corrompre et à se fendre, et que l'immersion arrête même quelquefois les progrès de leur détérioration et les garantit de la piqûre des vers; mais elle atténue leur force. Les bois qui ont subi l'immersion sèchent plus vite et plus complétement, ce qui provient de ce que l'eau s'évapore plus facilement que la sève dont elle a pris la place, ou qu'elle aide son évaporation en la rendant plus fluide.

Les menuisiers qui veulent faire sécher promptement un morceau de bois le mouillent avant de l'exposer à l'air; il est probable que le mouvement de l'eau en s'évaporant, détermine celui de l'humidité intérieure pour s'échapper du bois, ou qu'elle ouvre les pores pour lui donner un passage plus facile.

L'immersion, en faisant renfler le bois et en l'assouplissant, fait disparaître les fentes dont les lèvres se rapprochent, et elles ne se remontrent pas quand le bois est sec; mais le vice n'est pas détruit, attendu que la suture de la matière ligneuse n'a pas lieu.

Au surplus, l'opinion de Duhamel, qui doit être d'un grand poids dans cette question, est que ce procédé peut être utile pour la menuiserie qui a besoin de bois secs et faciles à travailler; mais qu'il ne l'est pas également pour les bois de charpente auxquels il faut ménager toute leur force. Ainsi, le mieux pour assurer la conservation des bois de charpente, c'est, comme faisaient probablement les anciens charpentiers, de les bien choisir et de les tenir sous des hangars, avec les précautions que nous avons décrites pour leur conservation.

Un Anglais est parvenu à sécher les bois verts en expulsant leur sève au moyen d'une condensation qu'il leur fait éprouver entre les cylindres d'une forte presse. Ce procédé augmente sans doute la dureté du bois et le rend moins accessible à l'humidité, par l'effet du rapprochement de ses fibres; mais leur force doit être altérée par l'action des cylindres; au surplus, il n'est encore applicable qu'à des bois de peu d'épaisseur.

Un autre Anglais, M. Langton, a fait des essais nouveaux sur la dessiccation des bois par la chaleur, qui ont eu du succès; il emploie des cylindres ou tubes qui servent de fourreaux dans lesquels les bois sont enfoncés; la chaleur leur est appliquée, au moyen d'un bain d'eau bouillante, dans lequel les cylindres sont plongés. La température est ainsi transmise au bois d'une manière uniforme, sans contact avec l'eau. La sève, réduite en vapeur, est conduite au dehors du cylindre dans un condensateur par des tuyaux qui communiquent avec les couvercles des cylindres et qui sont environnés d'eau froide. Dès que la liqueur qui résulte de cette sorte de distillation cesse de couler, l'opération est terminée. Ce procédé, quelque bon qu'il paraisse être, et tous ceux relatifs aux préparations qu'on prétend faire subir aux bois pour leur conservation, exigent des appareils qui en rendent l'application à la charpenterie à peu près impossible, au moins beaucoup trop dispendieuse.

La condensation produite par la chaleur augmentant la dureté du bois, on avait pensé qu'en en charbonnant la superficie on le garantirait de la pourriture, soit à cause du durcissement de la surface, soit par l'effet de quelque propriété du charbon. C'est de là qu'est venu l'usage de charbonner la partie d'une pièce de bois qui doit être enterrée; mais il résulte des expériences de Duhamel et de celles journellement renouvelées, que la carbonisation, qui n'est pas généralement praticable pour les gros bois ni pour ceux employés d'une manière apparente, ne retarde point, ou très-peu la pourriture. Nous ajouterons que la carbonisation ne peut avoir d'autre avantage que d'empêcher le contact immédiat de la terre humide avec le bois non charbonné, et qu'elle a l'inconvénient de détruire une épaisseur de bon bois qui exigerait beaucoup de temps pour être pourrie dans la terre. Au lieu de carboniser les bois qu'on veut enterrer, il vaut mieux les laisser intacts et les environner de matériaux non conducteurs de l'humidité, tels que du sable et des cailloux siliceux, des scories de forge et de verrerie, qui laissent écouler rapidement l'eau tombée sur le sol et qui pourrait s'insinuer le long de leurs surfaces, presque toujours situées verticalement.

§ 3. *Peintures et enduits.*

On a usé de divers moyens de conservation pour les bois mis en œuvre. Les enduits de brai, de vernis, de mastics et de diverses peintures sur leurs surfaces, préviennent le retour de l'humidité dans leurs pores, et peuvent repousser pendant quelque temps les insectes qui tentent d'y déposer leurs œufs : mais ils ne sont pas toujours sans inconvénients.

Le brai est un mélange de goudron liquide, de brai sec ou poix, et de quelques matières grasses, telles que les suifs; il est peu coûteux et convient pour les gros ouvrages exposés à toutes les injures du temps. Ce mélange est fait sur le feu dans une chaudière en fer; on l'applique bouillant avec une grosse brosse : pour qu'il remplisse son objet, il faut que les bois qu'on en veut enduire soient parfaitement secs; s'ils sont encore verts, au lieu de les conserver, le brai hâte leur destruction, parce qu'il renferme la sève et l'empêche de s'évaporer; sa couleur obscure, en favorisant un plus grand développement de la chaleur causée par l'action du soleil, contribue à un échauffement qui réduit rapidement le bois en poussière.

L'usage du brai dans les grandes constructions exige la plus minutieuse et la plus prévoyante prudence, afin d'éviter les incendies pendant qu'on applique cette matière qui est excessivement inflammable, vu l'essence qu'elle contient. Le pont de Dax sur l'Adour fut entièrement brûlé en 1822, immédiatement après son achèvement et lorsqu'on finissait de le brayer, malgré toutes les précautions qu'on avait prises. On avait eu l'attention d'en écarter le plus possible le ponton sur lequel on préparait le brai, et de l'amarrer sous le vent du pont; le feu ayant pris par accident au mélange, et le vent ayant changé tout à coup de direction, les grandes flammes qui s'élevaient de la chaudière furent poussées sur une des palées, l'incendie s'étendit avec une rapidité prodigieuse à tout le pont qui était en bois de pin, sans qu'il fût possible de l'arrêter; en peu de temps tout fut consumé.

Les vernis ne sont en usage que pour les petits objets; les mastics ne s'appliquent, comme le goudron, qu'aux ouvrages extérieurs. Un des plus faciles à employer est celui connu sous le nom de *peinture au sable;* il convient pour les bois exposés à toutes les intempéries des saisons. On applique sur le bois une première couche d'une grossière peinture à l'huile; la plus commune suffit, et sa couleur importe peu. Lorsque cette première couche est toute fraîche, on la saupoudre, soit au tamis, soit à la main, avec du sable fin d'un grain bien égal. Lorsqu'elle est parfaitement sèche, on balaye avec une brosse rude tout le sable qui n'adhère pas à la peinture, et l'on applique sur celui qui y est solidement attaché une seconde couche de la même peinture à l'huile, que l'on saupoudre avec du sable de la même espèce que celui de la première couche. Après que cette seconde couche est sablée, séchée et balayée comme la première, on met une troisième couche de peinture que l'on saupoudre et que l'on traite de la même manière. Le nombre des couches dépend de l'épaisseur qu'on veut donner à ce mastic; le tout doit être recouvert d'une bonne et abondante peinture à l'huile de la couleur qu'on veut conserver à l'objet. Il ne faut employer que du sable siliceux bien lavé et parfaitement sec; on le fait même sécher sur des tables de fonte ou des feuilles de tôle. Le sable humide ne se colle pas à la peinture, et les sables calcaires ou terreux, le ciment et les cendres, font de mauvais enduits, à cause de leur avidité pour l'eau qu'ils attirent et qui décompose le mastic.

Cette peinture est grenue et n'est pas belle; elle consomme beaucoup d'huile et exige pour son application plus de temps que la peinture ordinaire, à cause de la manutention du sable; lorsqu'elle est bien faite et appliquée avec soin, elle est d'une grande solidité; elle bouche les gerçures et les joints des assemblages. Il faut se garder de l'appliquer, comme tous les autres enduits, sur des bois verts ou imparfaitement secs, vu que l'humidité qu'elle renfermerait sans lui laisser aucune issue causerait infailliblement la pourriture du bois.

La peinture à l'huile faite avec de bonne huile bien dégraissée et des matières insolubles dans l'eau et bien broyées, est l'enduit qui convient le mieux pour les ouvrages de charpente, qu'il ne faut point charger du poids d'un mastic, et dont il ne convient point d'altérer les formes. On peut donner à cette peinture telle couleur qu'on veut; on l'assortit ordinairement à la destination des constructions sur lesquelles on l'applique. La peinture vert-clair est employée pour les objets d'agrément et de décoration à l'extérieur; elle est la plus chère et la plus solide. Les couleurs olive, brun-rouge et jaune, conviennent pour les grosses constructions extérieures; on doit en donner de nouvelles couches dès que celles qui ont été appliquées les premières se gercent et se détériorent; ce soin est un des meilleurs moyens de conservation des bois mis en œuvre.

La couleur qui approche de celle du bois et qu'on teint d'une teinte un peu claire, convient pour les constructions intérieures, telles que les charpentes des combles; elle convient aussi pour les ponts. Lorsque les ferrures sont peintes en noir ou en gris-bleu foncé, il en résulte un bon effet pour la vue.

Pour que la peinture à l'huile atteigne le but de la conservation des charpentes, il faut, comme nous l'avons déjà dit, que les bois aient été planés et polis, afin que les couches de peinture les couvrent entièrement, qu'elles s'étendent également partout et qu'on en consomme moins. Il faut aussi que les bois soient secs avant qu'on les applique; il convient même de laisser ces charpentes recevoir l'action de l'air pendant quelque temps, pour les sécher parfaitement avant d'y appliquer la peinture.

On est dans l'usage de ne peindre que les parties apparentes des constructions en bois; il serait utile de peindre également et d'avance, d'une couche au moins, toutes les parties intérieures des assemblages et toutes celles qui doivent être en contact, ou que la brosse du peintre ne peut atteindre quand la charpente est en place. Il arrive souvent que l'eau se fraie des issues à travers les petites dégradations inaperçues des couvertures et qu'elle tombe sur les charpentes; elle glisse, s'évapore et sèche promptement sur la peinture et sur les surfaces unies des bois; mais elle s'insinue dans les assemblages qu'elle atteint; elle y séjourne, pénètre le bois, s'y conserve dans les saisons humides et le pourrit. J'ai fait peindre intérieurement les assemblages dans diverses constructions de charpenterie et même de menuiserie; j'ai fait enduire de brai clair l'intérieur de divers assemblages de grosse charpenterie, j'en ai obtenu de bons résultats. Lorsque les assemblages sont bien faits, il ne reste de ces enduits, quand on met les bois en joint, que ce qu'il en faut pour coller pour ainsi dire leurs surfaces; mais ils remplissent les petits défauts que les outils ont laissés; ils tapissent les vides qu'on n'a pu éviter, et ils forment sur les joints de petits bourrelets qui ferment tout accès à l'eau. C'est sans doute une sujétion; mais elle a des avantages assez marqués pour qu'elle ne soit pas négligée. Il suffit de donner au charpentier un pot de couleur et une brosse pour qu'il enduise tous les assemblages avant d'en opérer la réunion pour la dernière fois.

M. Bréant, vérificateur des monnaies, a présenté en 1831, à la Société d'encouragement pour l'industrie nationale, des pièces de bois de plusieurs décimètres d'équarrissage et de quelques mètres de longueur, imprégnées jusqu'au cœur d'une composition qui doit les préserver de toute détérioration quelconque. M. Bréant n'a point fait connaître sa préparation ; on sait seulement que trois jours suffisent pour qu'elle pénètre dans les bois les plus gros. Il reste à vérifier, par l'expérience, le succès de ce moyen de conservation, et à reconnaître s'il ne rend point le bois trop difficile à travailler, s'il n'atténue pas sa force et son élasticité, s'il n'augmente pas sa pesanteur, et s'il n'altérerait point les formes et les dimensions des pièces qu'on serait forcé de lui soumettre toutes travaillées.

M. Kyan, distillateur à Londres, a proposé à la marine anglaise la dissolution du deutochlorure de mercure (sublimé corrossif) dans l'eau, pour préserver les bois de la carie sèche (1). Les pièces de bois sont maintenues en immersion dans un bassin en bois, par des traverses, pendant le temps nécessaire à leur saturation complète. Un équarrissage de $0^m,38$ exige une immersion de quatorze jours; pour $0^m,19$, dix jours ; et pour $0^m,08$, sept jours suffisent. Pour éprouver des bois ainsi préparés, on a rassemblé dans une fosse de l'arsenal de Woolwich des fragments de végétaux atteints de pourriture; on a plongé dans cette fosse les pièces de bois imprégnées de sublimé et en même temps un morceau de bois parfaitement sain qui n'avait point subi de préparation ; au bout de trois ans et de cinq ans, les bois préparés suivant la méthode de M. Kyan ont été retirés parfaitement sains en dehors et en dedans. Un baleinier de 500 tonneaux a été construit entièrement avec des bois préparés au sublimé ; les charpentiers qui ont construit ce navire et les hommes de son équipage n'ont point souffert de l'influence de cette substance (2).

---

(1) On sait depuis longtemps que la putréfaction des substances animales est arrêtée par cette substance.
(2) Académie roy. de méd. de Paris, mai 1835. *Mémorial encycl.*, juin 1835.

§ 4. *Préservatifs contre les animaux destructeurs des bois mis en œuvre.*

Les enduits qu'on a proposés pour préserver les bois de l'attaque des vers n'ont pas eu de succès ; les peintures qui sont regardées comme conservatrices des charpentes et des boiseries, ne les garantissent point complétement de la piqûre des insectes. Il faudrait pouvoir imprégner les bois de quelque matière vénéneuse, capable de tuer les larves dès leur naissance ; mais, en outre qu'il serait très-difficile de faire pénétrer ce poison assez profondément pour que le dépôt des œufs ne puisse pas être fait en-dessous, son usage ne serait peut-être pas sans danger dans les habitations, et son application entraînerait des sujétions qui la rendraient très-dispendieuse. Un enduit assez dur pour ne pouvoir être percé, finit par s'altérer, se fendre et livrer passage aux insectes. Le meilleur moyen de mettre les constructions à l'abri de toute vermination, c'est de garantir les bois des détériorations qui amollissent la matière ligneuse, telles que l'échauffure, la carie et la pourriture, et de n'employer dans les travaux que des bois de la meilleure qualité et exempts de tout vice quelconque.

Les *termites*, dont nous avons parlé, chap. II, sont jusqu'à présent les seuls insectes qui attaquent les bois abattus ou mis en œuvre parfaitement sains. Heureusement leurs ravages ne se sont point étendus au dehors du port de Rochefort, soit parce qu'une autre température ou une autre atmosphère ne leur conviennent point, ou que, quoique ailés, ils ne puissent point émigrer à de grandes distances, soit qu'il y ait peu d'occasions de transport de bois de Rochefort sur des points qui présentent les mêmes circonstances, ou qu'enfin on se défie de tout ce qui pourrait contribuer à accroître le domaine d'un ennemi si dangereux.

Pour arrêter et prévenir les dégâts des termites, on ne connaît jusqu'à présent que la recherche et la destruction de leurs nids et de leurs galeries et l'emploi de la chaux et du fumier.

L'immersion des bois attaqués par les termites, dans l'eau douce ou l'eau salée, détruit ces insectes, mais ne prévient point leur retour.

A l'égard des tarets (1) et des pholades (2), qui percent les bois des ou-

---

(1) *Teredo navalis.*
(2) *Pholas.*

vrages stables baignés par l'eau de la mer, aussi bien que ceux des navires, et dont nous avons déjà parlé, on a tenté divers moyens pour en garantir les constructions. On a essayé, notamment contre le taret, de revêtir complétement les bois de clous en fer à larges têtes plates et carrées; mais, malgré le soin qu'on peut apporter dans l'emploi de ce procédé, il reste encore quelques interstices entre les têtes des clous par lesquels les petits tarets parviennent à s'introduire dans les bois. A la vérité, le ravage est beaucoup plus lent, mais il n'est pas entièrement prévenu; d'ailleurs, avec le temps, la rouille ou des coups accidentels arrachent les clous et livrent passage aux tarets.

On a essayé aussi d'envelopper les pieux et autres bois des constructions maritimes avec des lattes goudronnées et clouées. Ce moyen est excellent, tant que les lattes ne perdent point leur goudron, ou qu'elles ne sont point arrachées; mais, dès que le goudron est usé ou dissous, et que les lattes sont détruites, le bois restant à découvert est attaqué par les tarets. On a enfin imprégné les bois de dissolutions propres à repousser les tarets; mais il ne paraît pas qu'on soit parvenu à trouver une matière nuisible à ces vers, et qui soit en même temps d'un emploi facile, susceptible de pénétrer le bois et insoluble dans l'eau de la mer.

Quelques marins enduisent la coque de leur navire d'un mastic repoussant pour les tarets; ils sont obligés de le garantir du frottement de l'eau par un doublage en bois léger; cette méthode, imitée de quelques peuplades sauvages, rend les bâtiments pesants et nuit à leur marche; elle ne peut être appliquée aux constructions stables, par les mêmes raisons qui ont fait renoncer aux revêtissements en lattes goudronnées.

Ce qu'on connaît de meilleur pour la conservation des navires, c'est le doublage extérieur en feuilles métalliques très-minces que l'on attache avec des clous en cuivre sur les bordages jusqu'à la ligne de flottaison. Les tarets ne peuvent les percer. Le cuivre rouge est le métal dont on fait usage jusqu'à présent; on paraît lui préférer aujourd'hui le bronze.

On a essayé d'appliquer le doublage aux bois des constructions stables baignées par l'eau de la mer : on a revêtu des portes d'écluse avec des feuilles de cuivre; mais le succès n'a pas été aussi complet qu'on pouvait l'espérer, parce que les tarets s'introduisent sous le doublage par les plus petits joints et les moindres déchirures que divers accidents occasionnent.

Les tarets et les pholades ne résistent point à l'eau douce, qui paraît être pour eux le plus violent poison; ils périssent aussitôt qu'ils y sont immergés. Il n'en existe point dans les ports qui sont aux embouchures des fleuves, et les bâtiments non doublés auxquels ces mollusques se sont attachés en sont délivrés aussitôt qu'ils sont en rivière.

Le meilleur moyen de garantir les constructions en bois baignées par la mer de l'attaque des tarets et des pholades, c'est de diriger sur ces constructions des courants d'eau douce abondants qui puissent constamment les atteindre et les laver. Malheureusement ce moyen n'est pas toujours praticable.

§ 5. *Précautions contre la combustibilité.*

Le feu a été regardé avec raison comme une des plus puissantes causes de destruction dont on devait chercher à préserver les charpees; maisnt on n'a malheureusement obtenu aucun succès réel des essais qui ont été faits. Hassenfratz fait remarquer que, si l'on considère combien de villages et de portions de villes considérables ont été la proie des flammes, on n'est pas étonné des tentatives qui ont été faites pour rendre les bois incombustibles, ni de l'ascendant que des succès imparfaits ont quelquefois donné au charlatanisme pour obtenir du gouvernement de l'argent destiné à faire des expériences qui ne prouvaient rien.

Les moyens proposés jusqu'ici sont : 1° d'imbiber les bois de diverses solutions salines; 2° de les couvrir de mastics épais et incombustibles; 3° de les envelopper de feuilles de métal.

Tous ces moyens exigent d'assez grands frais et n'atteignent que très-incomplétement le but.

Les bois imprégnés de dissolutions salines ont l'inconvénient d'attirer et de retenir l'humidité. Ils ne résistent qu'aux premières atteintes de la flamme; lorsque la température augmente, l'eau des sels est vaporisée, les sels décrépitent et laissent le bois en proie à l'incendie.

Il en est à peu près de même des mastics dont on enveloppe les bois. Ils ne les garantissent que pendant le premier moment; s'ils ne se fendent point et ne se détachent point lorsque la chaleur est violente, ils réduisent le bois en charbon, et le mal est à peu près le même.

Les enduits en plâtre des plafonds unis et des cloisons qu'on fait aujourd'hui ont dans plus d'une circonstance retardé les progrès du feu et donné le temps de porter d'utiles secours, parce qu'ils présentent aux flammes des surfaces sur lesquelles elles ont peu de prise. Ces enduits ont l'avantage, sur beaucoup d'autres, qu'on a proposés, de ne point augmenter la dépense, puisqu'ils font déjà partie de la bâtisse.

Les enveloppes métalliques, lorsqu'elles sont infusibles aux premières atteintes de la chaleur, ferment mieux que les enduits toutes les issues à l'air qui exciterait la combustion; mais elles acquièrent rapidement une vive chaleur qui, soutenue pendant quelque temps, carbonise le bois qu'elles renferment; ainsi, la grande dépense que les enveloppes métalliques occasionnent n'atteint point le but. On ne doit donc compter sur l'efficacité d'aucun procédé pour rendre le bois réellement incombustible.

CHAPITRE VII.

DES BOIS PROPRES AUX CONSTRUCTIONS EN CHARPENTE.

Les arbres dont les tiges sont les plus élevées, les plus grosses, les plus égales et les plus droites, dont le bois est le plus homogène et le plus ferme, sans résister trop aux tranchants des outils, qui est le plus fort et le moins pesant, sont les plus propres aux constructions; ils appartiennent aux espèces qui garnissent le plus abondamment nos forêts de France et même celles de l'Europe et qui sont en conséquence les plus communes en même temps qu'elles ont les qualités les plus essentielles que l'art de la charpenterie requiert.

La nature du sol sur lequel les arbres croissent influe essentiellement sur leurs qualités comme bois de charpente. En général, les bons terrains secs et les climats chauds produisent les arbres qui sont en même temps les plus beaux et du meilleur bois. Les chênes du midi de la France, par exemple, sont préférables par leur taille et les qualités de leur bois pour les travaux de charpenterie à ceux du centre, et ceux-ci sont meilleurs que les chênes produits par les sols humides et froids des provinces du nord; mais on n'est pas toujours à même de donner la préférence à telle ou telle espèce de bois, ou à ceux qui ont crû dans une contrée plutôt que dans une autre, et dans une nature de terrain plutôt que dans une autre. La marine seule a les moyens de faire transporter des bois des lieux où ils sont reconnus les meilleurs pour son usage, et elle peut exiger de ses adjudicataires qu'ils ne lui livrent que des bois provenant de contrées spécifiées; mais le commerce qui fournit la charpenterie civile confond ordinairement tous les bois de même espèce sans distinction d'origine, et l'on est forcé, la plupart du temps, de faire usage de ceux que fournissent les localités où l'on construit. Tout ce qu'on peut faire alors, c'est de choisir les pièces qui réunissent le mieux possible les qualités propres à la charpenterie.

Dans la plupart des espèces, les arbres dont les tiges fournissent les pièces de bois les plus longues et les plus saines sont ceux qui ont crû dans les forêts dites futaies, qui sont le produit du balivage et surtout des semis et des plans très-jeunes, et qu'on n'a point mutilés.

Les arbres dits d'alignement ou plantés suivant d'autres dispositions, mais dont on a voulu faire un objet de décoration ou d'agrément, ne fournissent que bien rarement de belles pièces de charpente, d'abord parce qu'ils ne s'élèvent pas aussi rapidement ni aussi haut que ceux qui poussent serrés ensemble et qui forment d'épaisses forêts; et parce qu'on les a mutilés par la pernicieuse méthode qu'on a presque généralement d'étêter les sujets qu'on plante et de retrancher une partie de leurs racines, sous prétexte de hâter et d'assurer leur reprise, de soustraire leurs sommités aux efforts des vents et pour jouir plus tôt de l'épaisseur de leur feuillage. Il résulte de l'étêtement des jeunes arbres qu'on limite la hauteur de leur tronc fort au-dessous de celle à laquelle la nature leur a donné la puissance de s'élever et qu'on a, par conséquent, des sujets qui poussent plus en branchages qu'en tige, et qui viennent difformes ou vicieux intérieurement.

Les branches d'un jeune arbre étêté, en poussant autour de la coupe d'étêtement, rassemblent sur la cicatrice toujours mal fermée les eaux de pluie, qui s'introduisent dans le cœur et le pourrissent. Lorsqu'on ne laisse pousser qu'une seule branche sur la coupe d'étêtement, cette branche acquiert assez promptement la grosseur du tronc et paraît se confondre avec lui; mais il se forme à son collet un nœud de contraction et de contour des fibres qui devient un vice de contexture dans la pièce de charpente qu'on équarrit; enfin, si la coupe d'étêtement est recouverte par le jeune bois, elle forme dans l'intérieur de l'arbre un nœud de bois mort qui le vicie.

Des expériences que j'ai eu occasion de faire m'ont prouvé que les arbres, même les ormes, plantés sans être étêtés ni élagués à leurs sommités ni dans leurs racines, reprennent mieux et plus vite, forment leurs têtes beaucoup plus haut, poussent des branches plus vigoureuses et plus nombreuses, se couvrent d'un plus beau feuillage et acquièrent enfin plus de force et d'élévation, que ceux de même espèce, des mêmes pépinières et de même âge étêtés et plantés en même temps et dans les mêmes circonstances.

Il faut, à la vérité, les protéger quelquefois par de hauts tuteurs, en mettre jusqu'à trois autour d'un même sujet; mais on est bien dédommagé de ce soin par la beauté des tiges.

Depuis une centaine d'années, on a introduit en France et sur différents points de l'Europe une assez grande quantité d'arbres exotiques, sous prétexte de leur utilité pour les constructions. Hassenfratz a donné dans son ouvrage (1) un catalogue de 167 *arbres acclimatés en France, et qui*

---

(1) *Traité de charpenterie*, 1804.

peuvent être employés dans la charpente. Quelques-unes des espèces nouvelles s'y trouvent comprises; mais elles ne sont pas encore assez multipliées dans nos plantations pour qu'on puisse les ranger dans le domaine actuel de la charpenterie. Il s'en faut aussi de beaucoup que tous les arbres indigènes qui sont mentionnés dans ce catalogue soient propres aux constructions. Nous indiquons, dans le tableau suivant, ceux que les charpentiers sont réellement dans le cas de travailler en France. Nous les répartissons en quatre classes.

La première classe contient les bois durs, parmi lesquels le chêne est par excellence le bois de la charpenterie. Cet arbre réunit à de belles dimensions, la bonne qualité de son bois et une longue durée. Les autres espèces comprises dans la même classe ne sont employées que subsidiairement lorsque le chêne manque ou lorsqu'il ne s'agit que de constructions peu importantes.

La deuxième classe comprend les bois résineux; elle ne le cède point à la première, lorsqu'il s'agit de joindre la légèreté et l'élasticité à de très-grandes longueurs. Dans quelques contrées, plusieurs arbres de cette classe sont les seuls dont la charpenterie puisse disposer, ceux de la première classe, notamment le chêne, étant réservés vu leur rareté aux travaux les plus importants de la menuiserie.

La troisième classe comprend les bois blancs et mous; la plupart se plaisent dans des lieux aquatiques ou seulement humides et dédommagent pour ainsi dire de leur mauvaise qualité et de leur courte durée par la rapidité de leur croissance et la facilité de les travailler.

Dans la quatrième classe sont rangés les bois fins, c'est-à-dire ceux dont les fibres sont fines et serrées, qu'on pourrait compter parmi les bois précieux à cause de la beauté de leur tissu; mais qui, pour la plupart, ne parviennent qu'à de médiocres dimensions, et ne sont employés qu'en petits volumes dans la menuiserie et la marqueterie, dans la charpenterie des machines ou pour la construction des fûts et manches d'outils et dans l'art du tourneur.

Les nombres qui sont inscrits dans les trois premières colonnes de ce tableau sont les limites les plus ordinaires des dimensions des arbres et de la partie de leur tige utile aux charpentiers; les nombres des deux colonnes suivantes donnent par approximation les moyennes des dimensions de leurs accroissements annuels. Dans les articles relatifs à chaque espèce d'arbre en particulier, nous citerons les cas extraordinaires qui ont été observés et qui peuvent être regardés comme les limites d'âge et de dimensions auxquels chaque espèce peut parvenir.

CATALOGUE

Des arbres employés dans l'art de la charpenterie.

NOMS DES ARBRES.	HAUTEURS totales.	HAUTEURS des tiges.	CROISSANCES ANNUELLES en circonférence	CROISSANCES ANNUELLES en diamètre.	CROISSANCES ANNUELLES en hauteur.	TERRAINS dans lesquels ils se plaisent le mieux.	PESANTEURS spécifiques.
	mètres.	mètres.	millim.	millim.	centim.		(1)
I. *Bois durs.*							
1. Chêne	5 à 40	5 à 15	17	5	30	Tout terrain	905,1
2. Châtaignier	5—40	5—15	16	5	»	Idem	685,1
3. Orme	5—40	5—15	23	7	»	Marneux	700,3
4. Noyer	8—15	2— 5	28	9	30	Tout terrain, profond, riche, gras et ferme	656,2
5. Hêtre	15—40	6—16	20	6	»	Gras humide	720,4
6. Frêne	15—40	5—15	30	9	36	Humide	787,3
II. *Bois résineux.*							
7. Pin	15—40	5—30	17	5	54	Sablonneux, élevé	569,7
8. Sapin	14—40	8—30	20	6	57	Idem	486,6
9. Mélèze	15—40	8—30	19	6	»	Tous les terrains élevés ni marécageux ni argileux	656,0
10. Cèdre	15—40	12—40	39	12	65	Sablonneux, élevé	603,3
11. Cyprès	8—15	4—10	11	3	59	Sec, élevé, chaud	655,5
12. If	8—15	2— 6	8	2	»	Tout terrain	778,1
III. *Bois blancs.*							
13. Peuplier	15—40	6—20	36	18	135	Gras, humide	629,8
14. Tremble	15—40	5—15	14	4	»	Idem	526,9
15. Aune	15—40	5—15	19	6	97	Humide, marécageux	654,9
16. Bouleau	15—40	5—15	21	7	65	Pierreux	701,9
17. Charme	8—15	3— 7	17	5	41	Froid, aride	759,8
18. Erable	15—40	5—15	20	6	»	Maigre	755,0
19. Tilleul	15—40	5—15	27	8	32	Humide, sableux	549,2
20. Platane d'Orient	15—40	5—15	35	11	»	Sec	537,9
21. Saule	15—40	5—15	59	19	»	Humide, marécageux	448,9
22. Acacia	8—15	4— 8	32	10	»	Léger, profond, sec	676,2
23. Laurier	8—15	2— 6	19	6	»	Léger, exposition chaude	695,0
24. Marronnier d'Inde	15—40	4—15	37	12	»	Sableux, marneux	657,0
IV. *Bois fins.*							
25. Sorbier	15—40	4—12	»	»	»	Humide, froid	910,4
26. Poirier	8—15	3— 7	6	2	»	Toute bonne terre	705,7
27. Pommier	8—15	2— 6	22	7	»	Idem	735,7
28. Alisier	8—15	4— 6	»	»	»	Fort, argileux	879,1
29. Néflier	6—10	3— 5	»	»	»	Tout terrain	»
30. Merisier	8—15	7— 8	19	6	»	Sableux frais	714,3
31. Prunier	8—15	2— 6	18	5	»	Toute bonne terre	761,9
32. Cornouiller	6— 8	»	»	»	»	Tout bon terrain sableux	»
33. Arbousier	6— 8	»	»	»	»		»
34. Buis	8—15	3— 7	»	»	»	Sec, exposition chaude	919,0

(1) Les nombres inscrits dans cette colonne supposent que la densité de l'eau est exprimée par le nombre 1000. Le décimètre cube ou litre d'eau pèse 1 kilogramme.

Les arbres compris dans notre tableau ne sont point employés exclusivement par la charpenterie et la menuiserie. Après qu'on a fait réserve des parties qui conviennent aux constructions, soit pour en former de grosses pièces d'équarrissage droites ou courbes et des bois débités ou de brin, utiles à la bâtisse, d'autres arts choisissent les bois qui sont les plus propres aux objets qu'ils confectionnent, et parmi ceux qui leur sont le plus utiles, les plus forts se trouvent appartenir à des espèces que les charpentiers et les menuisiers recherchent le moins.

C'est ainsi que l'orme et le frêne, qui n'entrent que très-rarement et accidentellement dans la composition des charpentes, sont préférés à cause de la ténacité de leurs fibres par les charrons, qui emploient aussi le bouleau et le charme.

L'aune, l'orme et le charme, peu corruptibles, sont choisis par les fontainiers et les pompiers pour en faire des tuyaux et des corps de pompe.

La tonnellerie emploie de préférence le chêne, qui est imperméable. On le fend à la forêt tout frais abattu, en merrains, douvains et traversins pour faire les douves et les fonds des tonneaux. Les tonneliers font des futailles communes avec du sapin et du bois blanc, que le commerce leur fournit en planches.

On fend aussi à la forêt des billes de chêne de fil droit, sans nœuds et fraîchement coupé pour faire le bardeau qui sert à couvrir des bâtiments, des échalas pour la culture de la vigne, ceux pour la confection du treillage des jardins; des lattes et voliges pour les couvertures en tuiles et en ardoises, celles pour les plafonds et cloisons en plâtre, et enfin des gournables ou chevilles pour la marine.

Le hêtre et le chêne servent concurremment aux ouvrages de boissellerie; on les fend à la forêt tout frais abattus en feuilles minces ou *éclisses*, pour les *cercher* que l'on roule et pour les *enfonçures*.

Le tremble, le hêtre, à peu près inutiles à la charpenterie, sont débités et travaillés tout verts pour faire des ustensiles de ménage, des objets de *raclerie* et des sabots.

Les jeunes hêtres sont fendus pour faire des bois à rames ou les débiter en copeaux pour les gaîniers.

Les cercles de tonnellerie sont fabriqués avec les pousses de sept à huit ans fraîches coupées et fendues; on préfère le châtaignier, le frêne, le chêne, le bouleau et le saule, qu'on exploite à cet effet en taillis. On tire des mêmes bois des manches de brin pour les outils aratoires, et les différents bâtons et perches compris dans l'exploitation des bois sous la dénomination de *bois de piques*.

Les manches des outils tranchants par percussion sont pris de préférence dans du frêne de fente, afin qu'ils soient de fil, sans nœuds et plus résistants. La plupart des manches et fûts des autres outils sont faits en bois de la quatrième classe.

Les tourneurs en bois tendre choisissent l'aune pour faire des échelles, des chaises communes et d'autres objets légers.

Le tourneur-chaisier emploie le cerisier, le merisier, le noyer, le frêne, le jeune chêne et même le hêtre.

La charpenterie des machines emploie ordinairement les bois les plus durs de la quatrième classe pour les parties qui transmettent le mouvement par leur contact.

Quelques-uns des bois de cette même classe servent à faire des règles, des équerres, des manches et des fûts d'outils; presque tous, ainsi que le noyer, l'if, l'érable et le charme sont travaillés par les tourneurs tabletiers et par les menuisiers-ébénistes pour la décoration des meubles plaqués et marquetés, concurremment avec les bois exotiques.

Les naturalistes ont adopté, pour étudier et classer les plantes, des caractères scientifiques qui étaient indispensables pour qu'on pût les reconnaître au milieu des innombrables productions du règne végétal. Mais pour ce qui regarde le petit nombre des arbres utiles aux travaux de construction, les charpentiers doivent les reconnaître sur pied à la première inspection, sans être obligés de faire un examen minutieux de leurs caractères botaniques. Il nous a paru suffisant de leur indiquer les signes vulgaires qui distinguent les espèces différentes.

Quant aux bois abattus et dépouillés de toute marque extérieure de la végétation, en travaillant ceux dont on fait le plus fréquent usage dans un pays, les ouvriers deviennent habiles à les reconnaître; mais cela ne suffit pas. Il est indispensable qu'ils soient également familiers avec toutes les espèces qu'ils sont dans le cas d'employer, qu'ils sachent les distinguer et apprécier leurs qualités ou leurs défauts et leur état de conservation.

Les bois ont des apparences différentes, suivant qu'ils sont bruts, simplement fendus par éclatement ou qu'ils sont dressés et corroyés avec le rabot, et, dans l'un et l'autre état, selon qu'ils sont débités et travaillés sur leurs cercles annuels ou sur leurs mailles; ils diffèrent encore entre eux par le mode de rupture de leurs fibres.

Des descriptions écrites, quelque précises qu'elles puissent être, ne peuvent pas suffire pour faire distinguer tous les bois sans exception les uns des autres. Il en est sans doute dont l'aspect est si remarquable qu'il est impossible de les confondre avec d'autres, mais il y en a plusieurs espèces fort différentes d'ailleurs, qui ont l'apparence d'une même contexture et pour lesquelles on est sujet à se tromper aisément, ce qui peut avoir d'assez graves inconvénients, vu que, malgré cette similitude, les qualités de résistance et de durée peuvent n'être pas les mêmes.

Le meilleur moyen d'acquérir une connaissance certaine des bois, limitée même aux espèces utiles au charpentier, c'est d'examiner sous les différents aspects que nous venons d'indiquer les pièces que l'on travaille ou des échantillons exactement spécifiés par des étiquettes ou par des praticiens habiles.

Par les divers motifs qui précèdent, les descriptions que nous allons donner, tant des arbres sur pied que de leurs bois, ne comprennent que les indications les plus distinctes auxquelles nous avons joint les faits les plus intéressants qui se rapportent à chaque espèce.

I. BOIS DURS.

§ 1. *Du chêne.*

Le chêne est le plus grand, le plus robuste et le plus utile de tous nos arbres; on ne le trouve ni dans la zone torride, ni dans les zones glacées, ni sur les montagnes où la température est presque égale à celle des pôles. Quoiqu'il se plaise dans toutes les régions tempérées, l'Europe paraît être sa véritable patrie, et le climat de la France lui a toujours été favorable.

Le chêne présente un grand nombre d'espèces, la plupart ne se trouvent point en France; mais l'art de la charpenterie n'a rien à regretter chez nous : nos chênes sont préférables à tous ceux des autres pays pour ses travaux.

Les espèces les plus communes et les plus utiles en France sont le *chêne rouvre* (1) et le *chêne à grappes* (2).

Le chêne est le roi de nos forêts, dont il fait le plus bel ornement; son nom latin annonce sa force et sa vigueur.

(1) *Quercus robur.*
(2) *Quercus racemosa.*

Il fournit les plus beaux et les meilleurs bois de charpente, notamment celui à grappes, qui est le plus grand d'Europe.

La feuille du chêne est remarquable par les échancrures arrondies de son contour; son fruit, nommé gland, est simple et oblong, porté dans une cupule (petite coupe) qui en couvre une partie.

Le bois de chêne est jaune, légèrement brun, d'une teinte uniforme; il devient gris et même noir par l'effet d'une très-longue exposition à l'air. Il a souvent un aubier très-épais, facile à distinguer, dont il faut le dépouiller. Les anciens statuts des ouvriers leur défendaient d'employer l'aubier du chêne, et leur prescrivaient d'en nettoyer le bois avant de le mettre en œuvre.

Les fibres du bois de chêne sont ordinairement droites et serrées; elles sont çà et là séparées par de très-petits canaux interrompus. Le chêne, fendu de la circonférence au cœur, présente de larges plaques brillantes et satinées qui résultent du partage de ses mailles.

Le chêne est le plus dur et le plus solide des bois d'Europe; on a la certitude que des charpentes de chêne ont duré plus de six cents ans. Dans l'eau il acquiert à la longue une excessive dureté et devient impérissable. Quoiqu'il n'atteigne point la hauteur de certaines espèces de pins et de palmiers, et que sa tige n'acquière point un diamètre égal à celui du baobab dont nous avons parlé (1), il peut parvenir à de très-fortes dimensions. On en cite dont le tronc avait plus de $9^m,70$ de circonférence, et qui s'élevait à 45 mètres. Pline fait mention d'une yeuse que l'on voyait de son temps près de Tusculum, qui avait 11 mètres de tour et qui donnait naissance à dix branches principales qui équivalaient chacune à un gros arbre. M. Secondat (2) dit en avoir vu un qui avait $10^m,35$ de tour à la hauteur des bras d'un homme, et dont le tronc, de $3^m,90$ de hauteur, se partageait ensuite en trois grosses branches. Charles Ier, roi d'Angleterre, a fait employer dans la construction d'un vaisseau quatre poutres de 14 mètres de long sur $1^m,54$ de grosseur, provenant d'un même chêne.

Le chêne croît très-lentement; à cent ans, il n'a le plus souvent pas plus de $0^m,325$ de diamètre. C'est jusqu'à quarante ans qu'il grossit le plus promptement; passé cet âge, son accroissement est moins sensible et pa-

---

(1) Chapitre II.
(2) Mémoire sur l'histoire naturelle du chêne.

raît se ralentir de plus en plus. Les chênes vivent communément plusieurs siècles, ils sont dans leur plus grande vigueur à deux et trois cents ans; le plus souvent, la hache les moissonne bien avant le terme de leur existence ou de leur retour et même de leur croissance. Si l'on calcule l'âge auquel le chêne peut parvenir d'après la grosseur des plus forts qu'on ait observés, on trouve qu'un chêne peut vivre douze cents ans et plus. Pline (1) rapporte qu'il y avait sur le Vatican une yeuse plus ancienne que Rome.

Le *chêne yeuse* (2), nommé aussi chêne vert parce qu'il ne perd point ses feuilles pendant l'hiver, croît dans les parties méridionales de l'Europe, et en France jusqu'à la Loire; il est ordinairement tortueux, et par conséquent peu propre aux constructions des charpentes; son bois d'ailleurs est dur et compacte et trop pesant, alors on l'emploie dans les machines, on en fait des essieux et des poulies. Il a une très-longue durée.

Le *chêne liége* (3), dont l'écorce fournit la matière des bouchons, ne doit être employé que dans les constructions où il doit être à l'abri des alternatives de sécheresse et d'humidité, qui le font pourrir très-rapidement. Il faut éviter aussi de le mettre en contact avec des ferrures dans des lieux humides, attendu que l'eau en extrait une liqueur qui rouille et détruit en peu de temps les clous et les boulons.

Le *chêne des Pyrénées* croît dans la partie occidentale de la France, depuis les montagnes jusqu'à la Loire; on le connaît dans les Landes sous les noms de *chêne noir*, *tauzin* et *tauza;* au pays basque, sous celui d'*amenza* ou d'*ametça*, et dans les environs de Nantes ou d'Angers, on le nomme *chêne doux*. Il a beaucoup plus d'aubier que les autres espèces de France; son bois se tourmente beaucoup, à moins qu'on ne le laisse sécher cinq ou six ans dans son écorce, mais alors il est à craindre que les vers qui se logent dans son aubier l'attaquent même jusqu'au cœur, ou qu'il devienne si coriace qu'il soit fort difficile de le travailler, et qu'il casse les outils. Il a beaucoup de nœuds et se fend mal de droit fil. C'est un mauvais bois pour la charpenterie.

Le *chêne chevelu* (4) est un très-bel arbre qui atteint une hauteur et une

(1) Liv. XVI, chap. XLI.
(2) *Quercus ilex*.
(3) *Quercus suber*.
(4) *Quercus cerris*.

grosseur égales à celles des plus grandes espèces. Il croît en Italie, en Espagne et dans plusieurs provinces de France, comme la Provence, la Franche-Comté, le Poitou. Son bois est d'une excellente qualité.

Le *chêne de Hollande*, comme tous ceux venus dans des terrains fertiles et humides, a les fibres très-droites; il est mou, gras et facile à couper; il est principalement travaillé par les menuisiers.

Le bois de chêne est employé dans une foule d'arts. En grosses pièces, il convient essentiellement à la charpenterie; débité en planches, madriers et lambourdes, il sert aux diverses branches de la menuiserie et même au charronnage; débité par la fente à la forêt, il fournit les douves, les bardeaux, les lattes, etc.

§ 2. *Du châtaignier.*

La feuille du châtaignier (1) est longue de $0^m,13$ à $0^m,19$, large de 40 à 55 millimètres, bordée de grandes dents aiguës; elle est d'un beau vert; ses fleurs sont en chatons aussi longs que ses feuilles; ses fruits sont contenus dans une enveloppe sphérique épineuse. Deux variétés de cet arbre croissent en Europe : l'une produit les châtaignes communes, qui sont un peu aplaties parce qu'elles naissent deux ou trois dans la même enveloppe; l'autre variété produit les marrons qui sont plus gros, presque entièrement ronds, parce qu'ils viennent isolément.

Le *châtaignier aux cent chevaux.* Les châtaigniers occupent un des premiers rangs parmi les arbres forestiers. Ils parviennent quelquefois à des grosseurs prodigieuses. Il en existe un sur le mont Etna qui surpasse en grosseur les baobabs d'Afrique. Jean Hovel (2) lui donne 52 mètres de circonférence. On l'appelle le châtaignier aux cent chevaux, parce que Jeanne d'Aragon allant d'Espagne à Naples, s'étant arrêtée en Sicile, vint visiter l'Etna, et qu'elle se mit à l'abri d'une pluie d'orage sous le gros châtaignier avec sa suite, composée de toute la noblesse de Catane, qui était comme elle à cheval. Cet arbre est entièrement creux, il ne subsiste plus que par son écorce. Quelques personnes avaient cru qu'il était formé de la réunion de plusieurs châtaigniers poussés les uns à côté des autres,

---

(1) Castanea.
(2) Voyage aux îles de Sicile en 1776.

qui se seraient soudés et n'auraient conservé leur écorce qu'en dehors; mais un examen scrupuleux a prouvé que c'est un seul arbre. On trouve d'ailleurs dans les environs plusieurs arbres de même espèce qui ont de 12 mètres jusqu'à 24 mètres de tour. On évalue de 3600 à 4000 ans l'âge du châtaignier aux cent chevaux. M. Loiseleur de Longchamps pense qu'il est probablement beaucoup plus vieux.

Le plus gros châtaignier que l'on connaisse en France paraît être celui qui existe près de Sancerre, département du Cher. Il y a six cents ans qu'il était déjà connu sous le nom du gros châtaignier. On lui suppose un âge de mille ans. Il a 9^m,75 de circonférence à hauteur d'homme; il produit une immense quantité de fruit chaque année.

Une opinion fort accréditée, c'est qu'un grand nombre des plus anciennes charpentes sont en châtaignier, et que c'est aux qualités de ce bois qu'elles doivent leur belle conservation. Daubenton a prouvé que le prétendu châtaignier des anciennes charpentes n'est qu'une variété d'un chêne blanc peu cultivé aujourd'hui en France. Le bois de ces charpentes paraît n'avoir éprouvé qu'une altération presque insensible. Les insectes qui se multiplient ordinairement dans les habitations s'en sont écartés. On doit présumer que cette qualité de chêne est très-supérieure à celle dont on fait usage maintenant; il est donc fort à regretter que sa culture ait été abandonnée.

Le châtaignier est employé pour les constructions dans les contrées où il est abondant et lorsque ses dimensions permettent d'en tirer des bois de charpente. On le cultive en taillis pour en tirer, comme nous l'avons déjà dit, des cercles, des échalas et des manches. On prétend qu'il a été plus commun en France qu'il ne l'est aujourd'hui; cette opinion est probablement une conséquence de celle qu'on avait au sujet des anciennes charpentes. On ne trouve le châtaignier des forêts que dans les Vosges, le Jura, près de Lyon, dans les Pyrénées, les Cévennes, le Limousin, le Périgord et sur quelques collines sablonneuses des environs de Paris.

Le bois du châtaignier a quelque ressemblance avec celui du chêne, qu'on a pu confondre avec lui; sa construction fibreuse tient le milieu entre celles du chêne et de l'orme.

Ce qui doit confirmer qu'il y a beaucoup moins de charpentes anciennes en châtaignier qu'on ne l'a pensé, c'est que ce bois est sujet à la vermoulure intérieure, sans que l'extérieur donne signe de cette funeste destruction, et que probablement il n'aurait pas résisté dans les charpentes aussi longtemps que le chêne. Lorsque les vers ne l'attaquent point, il devient dur et cassant en vieillissant; il est certainement fort inférieur à son ancienne réputation, qu'il n'a due qu'à une erreur. On peut néanmoins l'employer à l'âge de vingt-cinq ans pour pieux et autres constructions qui sont constamment dans l'eau; il s'y conserve très-bien, les vers ne le piquent point, et il acquiert, comme le chêne, une grande dureté. On en fait des tuyaux de conduite qui sont d'une longue durée; le bardeau de châtaignier, qui se fend assez aisément, est, dit-on, supérieur à celui de plusieurs espèces de chêne. Il ne paraît pas qu'on fasse usage du châtaignier pour le charronnage ni pour les constructions navales.

§ 3. De l'orme.

L'*orme* (1) est un grand arbre qui croît dans les forêts d'Europe; lorsqu'il est jeune on le nomme quelquefois *ormeau*. Son écorce est raboteuse et obscure, ses feuilles ovales et dentelées sont d'un vert foncé; ses fleurs naissent avant les feuilles; elles sont disposées en paquets serrés et très-nombreuses le long des rameaux; son bois est brun-rougeâtre, très-fibreux, dur, souple et liant, d'une apparence grossière, sujet à se tourmenter, difficile à travailler. Les charpentiers n'en font usage que faute d'autre, parce qu'il est sujet à être piqué par les vers. On s'en sert cependant pour la charpenterie des moulins, pour celle des pressoirs, pour faire des vis et des écrous. On en fait aussi des tuyaux pour conduites d'eau; il est en usage pour le charronnage. L'espèce désignée sous le nom de *tortillard*, dont les fibres ont une grande ténacité, sert à faire des moyeux de roues; elle est utile aussi dans la charpenterie, pour faire des poinçons qui reçoivent l'assemblage d'un grand nombre d'arbalétriers, et qui sont percés d'autant de mortaises.

Nous avons cité l'orme de Massachussets qui avait 11 mètres de diamètre. En 1789, on voyait encore dans beaucoup de villes de France des ormes dont Sully, ministre de Henri IV, avait ordonné la plantation; ils avaient $4^m,90$ à $5^m,85$ de circonférence.

L'orme est encore aujourd'hui l'arbre qu'on plante le plus le long des routes, et pour former des avenues; c'est lui qu'on est le plus dans l'usage d'étêter, malgré le tort que cela fait à sa croissance et à la qualité de sa tige. La vie de l'orme s'étend jusqu'à cent ans; au delà il dépérit. Il est dans la plus grande vigueur de soixante à soixante-dix ans.

(1) *Ulmus.*

On compte plusieurs variétés d'ormes; on les distingue par ormes à grandes et à petites feuilles, ou ormes mâle ou orme femelle, qui est l'orme de Hollande; il y a aussi une espèce, qu'on nomme orme-tilleul, dont le bois est presque aussi doux à travailler que celui du tilleul ou plutôt du noyer. Ses feuilles sont fort grandes.

§ 4. *Du noyer.*

Le *noyer* (1) est un arbre de première grandeur; ses branches forment une belle tête; ses feuilles sont amples, lisses et d'un très-beau vert; son fruit est la noix qui naît enveloppée, comme un noyau, par une sorte de pulpe épaisse nommée brou; son tronc est lisse, d'une couleur cendrée dans les jeunes sujets; son écorce est gercée et fendue dans les sujets les plus âgés qui acquièrent jusqu'à $3^m,90$ de circonférence.

Son bois est brun, légèrement veiné, serré et doux à l'outil; les vers l'attaquent aisément; il y en a beaucoup de variétés. On distingue surtout le noyer brun, dit mâle, et le blanc; le bois du premier est plus beau et meilleur. Le noyer n'est guère d'usage en charpenterie; il convient mieux aux ouvrages de menuiserie et surtout d'ébénisterie. On le débite en plateaux et en planches; on l'emploie quelquefois dans les machines.

§ 5. *Du hêtre.*

On ne connaît que trois espèces de *hêtres* : une seule croît en Europe, le *hêtre des forêts* (2), dont la cime touffue s'élève de 19 à 26 mètres; il fait avec le chêne un bel ornement. A cent ans il a atteint son plus grand développement; son tronc peut acquérir 3 mètres de circonférence; son écorce grisâtre est souvent maculée de blanc et de jaune, par l'effet de diverses mousses qui s'y attachent; ses feuilles sont ovales, luisantes, d'un vert clair en dessous, et à peine dentelées sur leurs bords; ses fruits, connus sous le nom de faînes, sont composés

---

(1) *Juglans*, de *Jovis-glans*, gland de Jupiter, à cause de la supériorité de son fruit sur ceux du chêne.

(2) *Fagus sylvestra.* Le nom latin de *fagus* paraît venir du verbe grec qui signifie *se mange*: il est probable que les hommes ont pu se nourrir des fruits du hêtre, que Linnée avait réuni avec le châtaignier dans un seul genre.

de deux noix triangulaires, renfermées deux à deux dans des involucres épineuses.

Son bois est d'une couleur fauve très-claire, ses fibres sont serrées; il n'est cependant pas très-dur, à moins qu'il n'ait subi l'action d'une vive chaleur. Il est facile à reconnaître, à cause d'une foule de papilles fines et allongées qui couvrent la surface par laquelle il se sépare de son écorce, et qui sont moulées dans cette écorce. Ces mêmes papilles en grains de chagrin se retrouvent lorsqu'on le fend sur les cercles annuels. Fendu sur sa maille, il présente des facettes brillantes et satinées comme celles du bois de chêne, mais incomparablement plus petites et plus multipliées.

Le hêtre a longtemps été abandonné comme bois de charpente, parce qu'il est ordinairement sujet à se fendre et à se laisser attaquer par les vers; mais on croit avoir trouvé le moyen de remédier à ces deux défauts, en choisissant pour l'exploiter le commencement de l'été, moment où il est dans la force de la sève. On le laisse, après qu'il est abattu, sécher pendant un an, et dès qu'il est débité ou équarri on le soumet à l'immersion dans l'eau douce pendant cinq ou six mois. On ne le rendra pas par ces moyens équivalent au chêne; mais au moins il pourra servir utilement pour les charpentes de second ordre, auxquelles il peut n'être pas nécessaire d'assurer une durée séculaire.

On prétend que la marine anglaise en fait usage pour la construction des navires, notamment pour les bordages, qui exigent des bois unis, droits et faciles à courber par le moyen de la chaleur. Il réussit fort bien aussi dans la charpenterie de moulins, lorsqu'il doit être constamment plongé dans l'eau.

Nous avons déjà vu qu'il sert dans la menuiserie et à la fabrication d'une foule de menus objets pour lesquels on le travaille encore vert; on donne à ces objets une grande dureté en les exposant, après qu'ils sont confectionnés, à une flamme vive entretenue avec des copeaux du même bois. Divisé en feuilles très-minces, on l'employait autrefois pour la reliure des livres; ces sortes de copeaux servent encore aujourd'hui aux gaîniers.

§ 5. *Du frêne.*

Bosc compte une trentaine de variétés du *frêne* qu'on a obtenues par une longue culture du *frêne commun* (1), arbre de futaie à tige droite très-

---

(1) *Fraxinus excelsior.*

élevée. Ses feuilles sont pennées en nombre impair, elles sont composées de onze à treize folioles dentelées ; ses fleurs sont en grappes sur les rameaux de l'année précédente ; ses fruits sont des capsules oblongues terminées par un aileron membraneux.

Quoiqu'il vienne aussi gros que le hêtre, il est peu propre à la charpenterie, parce qu'il est dur et pesant ; mais il sert dans plusieurs autres arts, notamment dans le charronnage pour les pièces qui exigent de la longueur et de la souplesse.

Le bois de frêne est blanc, veiné longitudinalement de teintes jaunâtres ; ses zones annuelles sont composées chacune d'une couche de bois serré, et d'une couche dans laquelle se trouvent une multitude de petits pores comme ceux du chêne, qui se manifestent par des petits trous sur la coupe perpendiculaire à la longueur de l'arbre, et par des petits canaux interrompus sur la coupe dans le sens des fibres.

Le défaut qu'on reproche au bois de frêne, c'est d'être assez promptement piqué par les vers.

II. BOIS RÉSINEUX.

§ 7. *Du pin.*

Parmi une trentaine de *pins* qu'on connaît, neuf seulement croissent en Europe.

Les *pins* s'élèvent de 26 à 32 mètres. Leurs rameaux sont disposés par verticilles, c'est-à-dire par étages autour de la tige ; leurs feuilles, toujours vertes, linéaires, réunies à leurs bases deux ou cinq ensemble, sont disposées en spirale autour des rameaux. Leurs fruits sont renfermés dans des *cônes* ou *strobiles*.

Le *pin sauvage* (1) vulgairement *pin de Genève*, *pin de Russie*, *pinéasse*, a ses feuilles disposées en double spirale sur les rameaux ; elles sont étroites, droites, raides et demi-cylindriques ; ses cônes sont parfaitement coniques, arrondis à leur base ; ils ont depuis 4 jusqu'à 7 centimètres de hauteur. Le pin sauvage croît dans le nord de l'Europe et dans les pays de montagnes ; il est commun en France, dans les Alpes, les Pyrénées, les Vosges, en Bourgogne, en Auvergne et aux îles d'Hyères.

(1) *Pinus sylvestris.*

Le *pin rouge* (1) ou *pin d'Écosse* produit ces cônes quadrangulaires à base en losange; il croît en Écosse, dans les Alpes et les Pyrénées.

Le *pin mugho* (2), vulgairement *torche-pin pin suffis*, *pin crin*, *mugho*, a le même fruit que le *pin sauvage;* ses feuilles sont d'un vert plus foncé, elles exhalent une forte odeur de térébenthine. Ses cônes sont toujours plus courts d'un tiers que ses feuilles; il croît dans les Alpes et les Pyrénées.

Les feuilles du *pin d'Alep* (3), vulgairement *pin de Jérusalem*, sont très-étroites, d'un vert foncé et longues de 55 à 80 millim.; sa tige n'atteint que 16 à 19^m,50 de hauteur. Ses cônes adhèrent aux rameaux par de très-forts pédoncules; leur pointe est dirigée presque perpendiculairement vers la terre. Ce pin croît en Syrie, en Barbarie, sur les montagnes de l'Atlas, et en France sur les côtes de Provence, où l'on en retire les mêmes produits résineux qu'on extrait du pin maritime des landes de Bordeaux.

Le *pin laricio*, *pin de Corse* (4) croît sur les montagnes de l'île de Corse et en Hongrie; c'est le plus beau des pins indigènes : il atteint 39 mètres de hauteur, et s'élève en pyramide régulière; ses feuilles jumelles sont très-menues, elles ont 13 à 19 centim. de longueur; ses cônes sont réunis de 2 à 4, situés horizontalement, leur pointe tournée vers la terre.

Le *pin maritime* (5) croît naturellement dans le midi de l'Europe dans les sables voisins de la mer. Il forme les forêts appelées *pignadas* dans les landes qui s'étendent le long des côtes de l'Océan, depuis Bayonne jusqu'à Bordeaux, où on le cultive pour en extraire la résine. Il vient aussi dans les terrains sablonneux du Maine, de la Bretagne, de la Sologne et même dans ceux de Fontainebleau. Ses cônes sont compactes, moins allongés que ceux des autres espèces; on les connaît sous le nom de *pommes de pin*.

Le *pin pinier* (6), appelé aussi *pinpignon*, *pin-bon*, est originaire d'Orient; on le trouve en Italie, en Espagne et dans le midi de la France; il s'élève à 16 et 19^m,50 et se reconnaît facilement à l'étendue de sa tête, dont les branches sont étalées horizontalement, un peu relevées à leurs extrémités formant une espèce de parasol; ses feuilles, d'un vert foncé,

---

(1) *Pinus rubra.*
(2) *Pinus mugho.*
(3) *Pinus halepensis.*
(4) *Pinus laricio.*
(5) *Pinus maritima.*
(6) *Pinus pinea.*

ont 16 à 19 cent. de longueur et sortent deux à deux de la même gaîne. Ses cônes sont ovoïdes, d'environ 0^m,11 de longueur dans leur maturité, un peu tronqués par le bout et comme ombiliqués.

Le pin *cembro* (1) vient dans les hautes montagnes et dans les plaines de la Sibérie. Il est connu dans les Alpes du Dauphiné sous le nom d'*alviès*, de *cembrot*, d'*eouve* et de *tinier;* c'est celui qui résiste le mieux à la rigueur des pays froids. Sa croissance est extrêmement lente, ses feuilles, longues de 55 à 80 millim., sont réunies quatre ou cinq dans chaque faisceau; ses cônes ovoïdes ont 55 à 80 millim. et sont dressés verticalement.

Le pin *weimouth*, ou *pin du lord* (2), indigène de l'Amérique septentrionale, introduit en Europe par lord Weimouth, parvient à 49 mètres de hauteur et à 1^m,45 de diamètre; on en a même vu de 58^m,50 de haut. Ses feuilles sont fines et déliées, de 8 à 11 centim. de longueur, réunies par cinq; ses cônes, presque cylindriques, ont 0^m,11 à 0^m,135; ils sont pendants, portés par des pédicules assez longs, réunis ou solitaires. Les plus beaux sujets de cette espèce qu'on connaisse en France sont ceux du jardin royal de Trianon, près Versailles; ils sont plantés depuis environ soixante ans : il y en a plusieurs qui ont plus de 16 mètres de hauteur sur 0^m,54 à 0^m,67 de diamètre.

Le *pin de la Caroline*, ou plutôt de *Californie*, dont nous avons déjà parlé, passe en hauteur le pin de Weimouth; c'est le plus grand de toutes les espèces de pins et même de tous les arbres. Il serait bien à désirer que ce pin pût être acclimaté comme arbre forestier en Europe; on prétend qu'il réussirait aussi bien que le pin Weimouth dans toutes nos contrées sablonneuses. Quels services il rendrait à l'art de la charpenterie, s'il est vrai, comme l'affirme M. Sabine (3), qu'il fournirait de grosses poutres de plus de 49 mètres de longueur et des planches d'une largeur telle, qu'il n'en faudrait que deux pour former le parquet d'une grande salle!

§ 8. *Du sapin.*

On connaît environ dix-huit espèces de *sapins* qui diffèrent peu du sa-

(1) *Pinus cembra.*
(2) *Pinus stobus.*
(3) Société linnéenne de Londres.

pin commun ou *argenté* (1), du *sapin élevé* ou *pesse* (2) et du *sapin blanc* (3); on donne le nom d'*épicéa* à quelques variétés.

Les sapins sont de la famille des conifères; ce sont de grands arbres à tiges droites. Leurs rameaux sont disposés autour de la tige avec laquelle ils forment des angles droits; leurs feuilles linéaires, quadrangulaires et pointues, sont éparses, toujours vertes, d'une teinte sombre; les fruits sont des cônes écailleux pendants de $0^m,13$ à $0^m,16$ de longueur. Les sapins s'élèvent à plus de 39 mètres de hauteur; ils acquièrent à leur base plus d'un mètre de diamètre; ils croissent naturellement dans les forêts des montagnes d'Europe; on les trouve en France dans les Alpes, les Vosges et les Pyrénées.

Le *sapin blanc* n'est acclimaté en France que depuis la fin du dernier siècle.

Les sapins ne s'élèvent que lentement dans les premières années; ce n'est qu'à six ans qu'ils commencent à pousser très-vite; c'est entre douze et trente ans qu'ils croissent le plus rapidement, ils grandissent alors chaque année de $0^m,65$ à 1 mètre.

Le sapin une fois coupé, sa souche ne fournit jamais de rejet; lorsqu'on coupe le sommet de sa tige, il se couronne et cesse de croître en hauteur; il n'en est pas de même du *sapin pesse;* il peut perdre sa flèche, ou pousse terminale, une pousse latérale la remplace ordinairement.

§ 9. *Du mélèze.*

Le *mélèze* (4) est une espèce de sapin. Son tronc est parfaitement droit, ses branches, nombreuses et horizontales, sont par étages irréguliers; elles sont très-flexibles, leurs extrémités se plient vers la terre; elles forment par leur ensemble une vaste pyramide. Les feuilles du mélèze sont d'un vert gai, disposées en rosettes éparses sur les jeunes rameaux d'un à deux ans. Le mélèze est le seul conifère qui perde ses feuilles pendant l'hiver; ses cônes sont ovoïdes, longs de $0^m,027$. Il croît sur les Alpes de la France et de la Suisse, sur les Apennins, sur les montagnes de l'Alle-

---

(1) *Abies vulgaris.*
(2) *Abies excelsa.*
(3) *Abies alba.*
(4) *Larix europœa, pinus larix.*

magne, de la Russie et de la Sibérie, et dans la plus grande partie des régions septentrionales de l'ancien continent; il n'en existe pas en Angleterre ni dans les Pyrénées. C'est le plus haut et le plus droit de nos arbres indigènes. Pline (1) parle d'une poutre de mélèze de 39 mètres de long sur $0^m,65$ d'équarrissage, que l'empereur Tibère fit transporter à Rome, et que Néron a employé dans son théâtre. De nos jours, il existe sur la montagne d'Endzon, dans les Alpes du Valais, un mélèze célèbre; sept hommes suffisent à peine pour l'entourer, et ce n'est qu'à 16 mètres qu'il donne ses premières branches.

Le mélèze n'est pas moins remarquable par ses qualités que par sa beauté. Il fournit la meilleure mâture, son bois est le plus durable de la classe des pins et sapins; en Suisse et en Savoie, il sert à la construction des maisons; en grosses poutres, il compose les murailles; fendu en bardeau, il forme les couvertures, et, lorsque la chaleur produite par le soleil a fait suinter la résine, elle bouche tous les interstices du bois et forme sur toute sa surface un vernis impénétrable à l'eau et à l'air. Malesherbes a vu dans le Valais, en 1778, une de ces maisons qui avait alors deux cent quarante ans, dont les bois étaient parfaitement sains. Dans l'eau, le mélèze est impérissable; il durcit à l'égal de la pierre. Muller fait mention d'un vaisseau de mélèze et de cyprès trouvé à 12 brasses sous l'eau, dans les mers du Nord, après avoir été submergé pendant deux mille ans, dont le bois résistait aux meilleurs outils.

§ 10. *Du cèdre du Liban.*

Le *cèdre* (2), dont nous ne parlons ici qu'à cause de la célébrité qu'il avait dans l'antiquité et qu'il a conservée de nos jours, est une espèce de sapin : c'est un des plus beaux et des plus grands arbres. Son tronc acquiert plus de 12 mètres de circonférence, il s'élève à proportion; ses branches s'étendent horizontalement, comme celles du sapin ordinaire; ses feuilles sont linéaires, courtes et triangulaires; ses graines sont contenues dans des cônes ovales. Le cèdre croît particulièrement en Syrie; néanmoins, les magnifiques forêts qui couvraient les montagnes de cette

---

(1) Liv. XVI, ch. xl.
(2) *Cedrus.*

partie de l'Asie étaient réduites à une centaines de cèdres, lorsque M. La Billardière les visita en 1807.

Quand le cèdre a été abattu, il ne repousse jamais de ses racines. Son bois est propre à la charpenterie.

Le temple de Jérusalem était en grande partie en *cèdres* coupés sur le mont Liban.

Le bois de cèdre est léger, d'un blanc rougeâtre, résineux, veiné comme celui du pin sauvage ; il est sujet à se fendre et tient mal les clous.

On est loin de lui accorder aujourd'hui la propriété d'être incorruptible, comme le pensaient les anciens ; on le regarde même sous ce rapport comme inférieur au sapin. Nous ferons remarquer, à ce sujet, que la conservation de certains bois peut résulter des climats où ils sont employés plutôt que d'une propriété spéciale d'incorruptibilité.

Le cèdre est peu commun en France, et il n'y aurait peut-être pas un très-grand avantage à l'y multiplier.

Les plus anciens cèdres d'Europe sont ceux du jardin de Chelsea, près Londres ; en 1766, quatre-vingt-trois ans après leur plantation, ils avaient $3^m,90$ de circonférence. Le plus ancien de ceux du Jardin du Roi à Paris, apporté d'Angleterre en 1734 par Bernard de Jussieu, avait en 1817 $2^m,90$ de circonférence ; l'accroissement de son diamètre avait été d'environ $0^m,01$ par année. Si l'on calcule d'après cette observation, l'âge des plus gros cèdres du mont Liban, ceux dont le tronc a $11^m,70$ de tour, suivant Maundrell et Pockocke, on trouve qu'ils doivent avoir de neuf cents à mille ans.

On avait cru que les arbres qui composent les forêts situées entre le Volga et le Tobol, et dont parle Pallas, étaient des cèdres de l'espèce du Liban. M. Ferry a reconnu que le prétendu cèdre de Sibérie est le *pin cembro*, dont nous avons parlé, et que les Russes appellent effectivement du nom de *kedr* ; ses amandes sont vendues comme noisettes de cèdre dans tout l'empire.

Le bois du *sapin*, du *mélèze* et du *pin* est aisé à reconnaître parmi tous les autres bois ; mais il est assez difficile, à moins d'une grande habitude, de juger à laquelle de ces espèces et de leurs variétés il appartient. Le bois du *sapin pesse* se distingue cependant par sa finesse, la disposition serrée et uniforme de ses couches et par sa couleur plus blanche que celle d'aucune autre espèce résineuse. Le mélèze, au contraire, est remarquable par sa couleur rouge et ses veines d'autant plus foncées qu'il est plus âgé.

Les bois de ces espèces sont composés de couches annuelles très-distinctes sur la coupe transversale, chacune est formée de deux susbtances, l'une blanchâtre, molle et comme médullaire; l'autre serrée, dure, essentiellement résineuse, de couleur fauve. Lorsqu'on fend un arbre résineux longitudinalement sur ses cercles annuels, chap. III, § 11, les deux substances se montrent en larges bandes longitudinales, dont les contours sont irréguliers, les deux teintes sont fondues dans la largeur de chaque couche annuelle et coupées nettement aux séparations de ces couches; fendu également en long sur sa maille, brut ou poli au rabot, il présente des bandes étroites, régulières, qui répondent aux couches annuelles et sont composées comme chacune d'elles d'une partie blanche et molle et d'une partie dure et résineuse; plus les lignes résineuses sont rapprochées les unes des autres, plus le bois est solide et beau. C'est le cas du sapin *pesse* que l'on fend ainsi sur sa maille, pour les luthiers et fabricants de pianos, qui en font des tables d'harmonie de tous les instruments, parce qu'il est le plus beau, le plus blanc, de la contexture la plus fine et la plus régulière, et qu'il est le plus sonore.

Les pins, les sapins et les mélèzes sont sujets à être piqués par les vers si on ne les écorce pas aussitôt qu'ils sont abattus, et si on ne les sort pas immédiatement de la coupe. Nous avons eu occasion de parler, ch. II, § 3, des dégâts causés par les insectes qui attaquent ces arbres lorsqu'ils sont sur pied. Leurs ravages ne sont pas moins rapides sur les bois abattus si l'on n'a pas les précautions que nous venons d'indiquer.

Les bois résineux, équarris et débités servent à toutes sortes de travaux; ils fournissent des poutres, des solives et autres échantillons de construction, des madriers et des planches pour la couverture et la menuiserie des maisons et pour les meubles, des bordages pour les vaisseaux et les bateaux; on a reconnu que le mélèze était le meilleur pour cet usage. Ils servent enfin à la confection d'une foule d'objets.

On doit examiner avec soin les nœuds des pièces de bois provenant d'arbres résineux, attendu que lorsqu'ils sont cariés, les marchands masquent ce défaut en substituant aux nœuds viciés des nœuds sains, qu'ils colent avec de la résine fondue.

On tire par différents modes d'incision des térébenthines du sapin et du mélèze, et des résines de différents pins. Les arbres dont on n'a point extrait ces substances sont d'une meilleure qualité pour les constructions. Ceux que l'on a épuisés en les *taillant à mort*, comme disent les résiniers, ne sont bons qu'à être brûlés, pour en extraire encore du goudron ou pour le chauffage; on peut aussi les employer à des travaux grossiers et provisoires, tels que des échafaudages, des cintres pour petites voûtes, des ponts de service et des planches pour le roulage des brouettes. Les bois ainsi détériorés sont aisés à reconnaître lorsqu'ils sont débités, par la maigreur et la pauvreté de leurs veines résineuses; ils se pourrissent promptement, et sont rapidement rongés par les vers.

Non-seulement on consomme en France les bois de pin, de sapin et de mélèze exploités dans nos forêts, mais encore ceux que nous recevons par mer de diverses contrées du Nord.

La Prusse, la Suède, la Norwége, la Russie apportent dans nos ports ces sortes de bois débités en planches et madriers, qu'elles échangent contre des produits de notre sol. Elles nous fournissent aussi de superbes bois de mâture, et des poutres des plus belles dimensions.

Les bois résineux qui viennent des parties sablonneuses du Brandebourg et des provinces prussiennes adjacentes sont connus sur nos côtes sous la désignation de *bois de Prusse;* ils sont les plus beaux et préférables pour la menuiserie. Ceux des autres contrées, dits *bois rouges*, qui sont principalement des mélèzes, sont plus résineux et meilleurs pour les ouvrages extérieurs. Les différentes qualités des bois du Nord sont indiquées par les noms des ports d'où ils sont apportés. Tous ces bois sont excellents pour la charpenterie.

§ 11. *Du cyprès.*

Quoique le *cyprès* ne soit pas cultivé en forêts dans nos climats et qu'il n'y ait pas été très-multiplié depuis 1736, époque de son importation en France, si ce n'est pour la décoration des parcs et jardins, on en trouve encore assez souvent, et les qualités de son bois sont assez remarquables pour que nous en parlions.

Le *cyprès ordinaire* ou *commun* (1) est comme les précédents de la famille des conifères et résineux; il conserve ses feuilles pendant l'hiver; elles sont d'un vert foncé, pointues, opposées sur quatre rangs, de sorte que chacune paraît sortir de celle qui l'a précédée. Ses fruits sont globuleux et remarquables par un caractère du genre; ils s'ouvrent par la séparation des écailles, et chacun présente l'aspect de plusieurs clous implantés dans un centre commun. Le cyprès est un arbre très-élevé, pyramidal, dont le

---

(1) *Cupressus semper vivens.*

tronc est très-gros; ses rameaux sont serrés contre la tige qu'ils recouvrent de leur épais feuillage. Le cyprès réussit très-bien dans le sol de la France et même à Paris. Une seconde espèce, qu'on rencontre moins fréquemment, a ses rameaux écartés.

Le bois du cyprès est dur, résineux, compacte, de couleur pâle veiné de rouge, d'une odeur suave et pénétrante; il est incorruptible. Les anciens l'employaient dans la construction de leurs édifices et de leurs navires. Léon Alberty, architecte florentin de la fin du xv° siècle, rapporte que lorsqu'il travaillait près du lac Ricia, on en fit retirer *le Trajan*, navire qui était resté submergé pendant plus de treize cents ans. Il remarqua que les planches de pin et de cyprès étaient encore dans leur entier.

Les portes de Saint-Pierre de Rome, qui avaient duré onze cents ans, étaient de bois de cyprès. Ce ne fut que pour leur en substituer d'autres d'airain que le pape Eugène IV les fit enlever.

Enfin M. Fougeroux a observé en 1786 que des poteaux faits en bois de cyprès, morts par l'effet du froid de 1709 et placés par Duhamel-Dumonceau autour d'une couche à Denainvillier, subsistaient encore très-sains après avoir servi cinquante-six ans, tandis qu'on était obligé tous les 10 à 12 ans de rétablir ceux qui étaient en bois de chêne ou de toute autre nature.

Il est à regretter que la lenteur de l'accroissement d'un bois si précieux s'opposera toujours à ce qu'il soit cultivé en grandes forêts.

§ 12. *De l'if.*

Quoique le fruit de l'*if* commun (1) soit plutôt une *noix* qu'un *cône*, d'autres caractères ont déterminé à le classer parmi les conifères. Ses feuilles linéaires sont plus rapprochées les unes des autres, disposées aux deux côtés opposés de ses branches nombreuses, qui croissent presque par étage autour de la tige.

L'if croît naturellement dans les lieux secs et froids des montagnes. Son bois est d'un beau rouge veiné. C'est un des plus pesants de ceux qui croissent en Europe. Il est néanmoins propre aux constructions en charpente, lorsqu'il a une taille suffisante. Plusieurs arts le recherchent.

L'if vit très-longtemps; il devient colossal; il en existe dans le département de l'Eure plusieurs qui sont remarquables par leur grosseur et leur vétusté.

(1) *Taxus baccifera.*

Dans la commune de Foullebec, à 8 kilomètres de Pont-Audemer, un de ces arbres a 6^m,80 de tour; il soutient le chœur d'une église, à laquelle il a été adossé. Sur le bord d'un ravin profond, dans le cimetière de Boisney, on en voit deux, l'un de 5 mètres et l'autre de 6^m,50 de tour. Il n'est pas rare d'en trouver de semblables dans le même département. A Fortingall, en Écosse, on montre aux voyageurs un if de 16^m,15 de circonférence, il est en assez mauvais état, et les processions funèbres passent par l'ouverture de son tronc pour se rendre au cimetière qui en est voisin.

Ces arbres doivent être fort âgés, car l'if croît très-lentement. On a compté cent cinquante couches annuelles sur un if de 0^m,35 de diamètre, deux cent quatre-vingt sur un autre de 0^m,54. D'après ces observations, l'if de Foullebec aurait douze cents ans d'ancienneté, et celui de Fortingall, près de trois mille ans. Cependant il existe au Jardin des plantes, à Paris, des ifs plantés en 1635, le plus gros a 1^m,60 de circonférence. En supputant l'âge des ifs de Foullebec et de Fortingall d'après l'âge de ces derniers, le premier n'aurait que huit cents ans, et le second dix-huit cents à deux mille ans.

III. BOIS BLANCS OU MOUS.

§ 13. *Du peuplier*.

Les arbres du genre *peuplier* sont en général faciles à reconnaître. Ils sont très-élevés et en pyramide ; leur feuillage diffère tellement des autres arbres qui affectent à peu près la même forme, qu'on ne peut s'y méprendre. Les feuilles du peuplier sont luisantes et d'un beau vert en dessus ; elles sont ordinairement blanches et plus ou moins cotonneuses en dessous ; elles sont rondes ou triangulaires, et portées par de longs pétioles qui leur donnent une extrême mobilité ; elles sont agitées au moindre vent.

Les peupliers croissent dans les terrains arides aussi bien que dans un terrain humide. Ils préfèrent cependant ce dernier.

On connaît une vingtaine d'espèces de peupliers qui croissent en Europe et sont acclimatées en France. Nous ne citerons que les principales.

Le *peuplier blanc* (1), vulgairement *ypréau*, élève sa tige jusqu'à 32 mètres,

---

(1) *Populus alba*.

et acquiert 1 mètre de diamètre par le bas; il peut vivre deux siècles. L'écorce de son tronc et de ses branches est d'un gris blanchâtre, celle de ses rameaux est blanche et cotonneuse ainsi que le dessous de ses feuilles, qui sont en dessus d'un vert obscur et luisantes.

Ce peuplier produit un coup d'œil toujours agréable et souvent magnifique par son port, la différence des deux couleurs et le continuel mouvement de son feuillage. Ses fleurs sont en chatons oblongs; elles paraissent longtemps avant ses feuilles.

Le nom d'*ypréau* paraît lui venir de ce qu'il est très-commun et très-beau autour de la ville d'Ypres. Il croît également bien dans les environs de Lyon et d'Avignon. Il y devient si beau, qu'on a proposé de l'appeler l'*arbre du Rhône*.

Le bois du peuplier est blanc; ses fibres sont fines; ses veines et ses couches annuelles sont à peine sensibles; il est léger, un peu mou, facile à travailler, susceptible cependant d'un beau poli; coupé avec un rabot dont le tranchant est très-fin, il présente une surface satinée. En Flandre, il est connu sous le nom de *blanc*. On préfère sa variété appelée *blanc de Hollande;* on s'en sert pour des charpentes ordinaires et pour tous les ouvrages de menuiserie, même les plus délicats. Ses plus grosses branches servent à fabriquer des ustensiles de ménage et des sabots.

Si le peuplier peut rivaliser avec le chêne par la hauteur et la grosseur de la tige, son bois ne peut soutenir la comparaison.

Le *peuplier noir, peuplier franc* (1), acquiert une grande élévation dans les lieux humides; ses feuilles sont unies et d'un vert brun des deux côtés, ce qui lui a valu son nom distinctif. Une variété qui s'élève moins haut et qu'on cultive en têtards fournit l'osier blanc.

Le *peuplier argenté* (2), qui s'élève de plus de 26 mètres, se distingue des deux espèces précédentes par le duvet blanc argentin qui couvre ses feuilles des deux côtés. Ce duvet ne disparaît que lorsqu'elles ont acquis leur entier développement, qui est ordinairement de $0^m,16$ de largeur, et quelquefois de $0^m,20$ à $0^m,27$. Ces larges feuilles sont portées sur un long pétiole. Le peuplier argenté est originaire des États-Unis; il vient très-bien en France, où il est cultivé depuis 1765.

Le *peuplier d'Italie, peuplier pyramidal* (3) a le même feuillage et la

---

(1) *Populus nigra.*
(2) *Populus heterophylla, populus argentea.*
(3) *Populus fastigiata, P. dilatata.*

même floraison que le peuplier noir, mais il se distingue par la beauté de son immense pyramide, formée par ses nombreuses branches, serrées contre sa tige très-élancée et parfaitement droite. On présume qu'il est originaire d'Orient. En Hongrie, on le nomme *peuplier turc;* il a été apporté de Lombardie en France vers 1747, et les premiers arbres de son espèce ont été plantés le long du canal de Briare; on l'a beaucoup multiplié depuis, surtout comme arbre d'alignement, à cause de sa beauté. On est cependant un peu revenu de l'enthousiasme qu'on a eu pour lui, qui allait jusqu'à le croire propre à la mâture des vaisseaux.

Il croît très-rapidement, mais son bois n'a pas les qualités qu'on lui supposait, il est inférieur à ceux du peuplier blanc et du peuplier noir. On le débite en planches; il sert à maint usage, et à cause de sa légèreté, il convient pour faire des caisses d'emballage.

On a acclimaté en France d'autres espèces de peupliers, telles que le *peuplier d'Hudson*, le *peuplier de Virginie* ou *de Suisse*, le *peuplier de Maryland*, le *peuplier de Caroline*, dont les pousses sont quadrangulaires, le *peuplier du Canada*, le *peuplier à feuilles vernissées*, qui diffèrent peu des espèces principales que nous venons d'indiquer, et sont des arbres de grande hauteur et propres aux mêmes objets de travail.

§ 14. *Du tremble.*

On désigne sous ce nom une espèce de *peuplier* qui croît particulièrement dans les forêts (1). Le *tremble* s'élève à 13 mètres; ses branches, dont l'écorce est lisse et blanche, se divisent en rameaux souples, rougeâtres, qui forment une tête arrondie; ses feuilles, plus larges que longues, sont légèrement cotonneuses dans leur jeunesse et parfaitement unies lorsqu'elles sont dans un âge plus avancé. Elles tiennent à un pétiole extrêmement long, et sont plus tremblantes que celles d'aucune autre espèce du genre peuplier. Son bois, très-mou, ne vaut rien; on ne s'en sert que pour les ouvrages les plus grossiers et les plus communs. On ne l'emploie comme bois de charpente que dans les campagnes.

§ 15. *De l'aune.*

L'*aune* (2) ou *aulne* est connu dans une grande partie de la France sous

---

(1) *Populus tremula.*
(2) *Alnus*, parce qu'il vit sur le bord des eaux, *alitur amne*.

les noms de *vergne, verne, averne*. C'est un arbre voisin du bouleau ; quelques personnes le regardent comme une espèce de *peuplier*. Il se plaît comme le saule au bord des eaux, et se fait remarquer par la fraîcheur de son feuillage jusque dans l'arrière-saison.

On émonde cet arbre comme une perche : les nouvelles pousses lui donnent une forme factice pyramidale qu'il n'a pas lorsqu'on le laisse croître suivant ses habitudes naturelles. Le bois de l'aune a quelque ressemblance avec celui du peuplier, sous le rapport de sa contexture, mais il a une couleur rousse, il est un peu plus ferme ; on l'emploie pour des ouvrages de menuiserie commune. Il se corrompt facilement à l'air, ce qui fait qu'on ne l'emploie point pour les charpentes ; mais il a une très-longue durée dans l'eau, on en fait de très-bons pilotis, des tuyaux de conduite et des corps de pompe.

§ 16. *Du bouleau.*

Parmi quatorze ou quinze espèces de *bouleaux*, sept à huit sont naturelles à l'ancien continent. Notre *bouleau commun, bouillard* ou *bouleau blanc* (1), forme en France une grande partie des bois taillis ; il s'élève jusqu'à quinze mètres lorsqu'on lui en laisse le temps. Il est facile à reconnaître par le blanc éclatant dont brille l'épiderme de son écorce jusqu'à la décrépitude. Le tronc est marqué seulement vers le bas de grandes gerçures noirâtres ; ses branches sont grêles et pendantes ; ses feuilles sont petites, triangulaires, dentelées et lisses ; son écorce est composée de feuillets qu'on peut séparer en les développant par bandes autour de la tige. Jadis les plus blancs de ces feuillets servaient généralement de papier ; ils en servent encore dans le Nord.

Le bois du bouleau est d'un blanc légèrement roux ; ses fibres sont fines, droites et serrées. Cependant il est médiocrement dur, et il se travaille bien. On le rencontre rarement en France assez gros pour en tirer des poutres, mais il peut fournir, rond ou équarri, des chevrons pour des toits de peu d'importance ; on l'emploie dans le charronnage. On peut en faire des jantes d'une seule pièce en le courbant sur pied. On peut en faire aussi de bons essieux.

(1) *Betula alba.*

§ 17. Du charme.

De trois espèces connues, une seule est indigène à l'Europe, et croît dans les forêts de France, et une autre y a été acclimatée.

Le *charme commun* (1) s'élève de 16 à 20 mètres; son tronc a rarement plus de 1/3 de mètre de diamètre; son écorce blanchâtre avec des taches grises, est unie; sa tête est touffue; ses feuilles sont ovales, terminées en pointes doublement dentées sur leurs bords. Elles sont unies et d'un beau vert en dessus; en dessous, leur vert est un peu plus pâle; leurs nervures sont obliques et saillantes; lorsque les feuilles du charme sont jeunes, elles sont plissées et leurs plis répondent aux nervures; ses fleurs sont en chatons.

Le bois du charme est blanc, d'un grain très-fin et serré; il prend en séchant un grand retrait qui resserre ses pores et le rend très-dur; il est bon dans le charronnage et dans la charpenterie des machines, pour faire des vis de presse, des poulies, des cames et des dents de roues. On en fait des formes pour les cordonniers.

On ne s'en sert point en menuiserie, parce qu'il se lève par esquilles sous le rabot. Il est plus docile à l'outil lorsqu'on le travaille sur le tour.

Le *charme d'Orient* ne diffère du charme commun que parce qu'il s'élève moins et que ses feuilles sont moins plissées; on le cultive en France depuis longtemps. Sa propriété de pousser des branches de tous côtés sur son tronc noueux a donné le moyen d'en former des haies, palisses et colonnades taillées aux ciseaux, dont on a longtemps décoré les jardins, et qui ont pris de lui le nom de *charmilles*.

§ 18. De l'érable.

Les feuilles de l'érable le font aisément distinguer de tous les autres arbres; elles sont découpées en cinq lobes pointus. Les fleurs naissent aux aisselles des feuilles ou aux sommets des rameaux; elles sont en bouquets ou en grappes; ses graines sont ailées. De vingt espèces d'érables que l'on connaît aujourd'hui, six croissent en Europe, et deux seulement sont communes en France.

L'érable sycomore (2), sycomore, *érable blanc*, *faux platane*. — Ses

---

(1) *Carpinus betulus.*
(2) *Acer pseudoplatanus.* Nommé *sycomore* à cause de la ressemblance de son beau feuillage avec celui du *sycomorus*, *figuier-mûrier d'Egypte*, ou *figuier de Pharaon*.

feuilles sont d'un beau vert en dessus, blanchâtres en dessous, découpées en cinq lobes pointus et dentelés. Ses fleurs sont verdâtres. Il croît dans les forêts et sur les montagnes, s'élève de 10 à 13 mètres. Son bois est le meilleur des bois blancs; on l'emploie surtout en planches.

L'*érable plane* diffère peu du précédent; il s'élève moins; ses feuilles sont d'un vert jaunâtre, et bordées de longues dents; ses fleurs sont jaunes. Il y en a une variété dont les feuilles sont très-découpées et crépues.

§ 19. *Du tilleul.*

Le *tilleul à larges feuilles*, vulgairement *tilleul de Hollande* (1), est un bel arbre élevé de 16 à 20 mètres. Son écorce est épaisse et crevassée; ses feuilles sont arrondies; elles forment un peu le cœur; elles sont bordées de dents et un peu velues en dessous, surtout sur leurs nervures; elles sont douces au toucher; ses fleurs sont d'un blanc jaunâtre, portées sur une espèce de foliole ou d'aileron; ses petits fruits sont ovales, ligneux et à côtes. Cette espèce croît dans les forêts, elle décore les jardins.

Le *tilleul à petites feuilles* ne diffère du précédent que par la petitesse de ses feuilles, qui sont lisses en dessus et en dessous, et qui n'ont que des touffes de poils roussâtres aux ramifications de leurs nervures.

Le *tilleul argenté* a ses rameaux couverts d'une écorce grise et cendrée; le dessous de ses feuilles est couvert d'un duvet blanc.

On cultive depuis longtemps en France le *tilleul d'Amérique*, qui s'élève à 26 mètres. Ses feuilles sont grandes, échancrées en cœur à leur base, rétrécies en pointe à leur sommet et unies.

Le bois du tilleul est blanc, uni; ses fibres sont serrées; néanmoins il est tendre et facile à travailler; on s'en sert en menuiserie principalement. Il est trop mou pour faire de bons assemblages de charpenterie. Son écorce sert à faire de gros cordages communs.

§ 20. *Du platane.*

Le *platane d'Orient*, anciennement *plane* (2), est le seul arbre de ce genre qui ait été acclimaté en France. On attribue son introduction en Europe à Nicolas Bacon, père du chancelier, qui le premier fit planter cet

---

(1) *Tilia platyphyllos, tilia europæa.*
(2) *Platanus orientalis.*

arbre dans ses jardins. Ce n'est qu'en 1754 que Louis XV fit venir des platanes d'Angleterre pour les placer autour de Trianon. Depuis cette époque, on en a cultivé de tous côtés.

Le platane d'Orient s'élève à une grande hauteur sur un tronc droit et uni. Son écorce, d'un vert gris, se détache annuellement par grandes plaques minces à mesure qu'il s'en est formé une nouvelle. Ses feuilles sont amples, unies, légèrement velues en dessous dans leur jeunesse, découpées profondément en lobes, dentées et souvent irrégulières; ses fleurs, qui paraissent en mai et juin, sont verdâtres; elles sont très-serrées et forment des globules comme veloutés de $0^m,027$ à $0^m,034$ de diamètre, qui pendent trois à six ensemble à une même queue. Dans les provinces du Midi, il acquiert une grande force. Les anciens citent des platanes qui avaient des dimensions gigantesques, auxquelles ceux plantés dans nos climats n'ont pas encore eu le temps de parvenir.

Le bois du platane a peu d'aubier; il a quelque ressemblance avec celui du hêtre; cependant un œil exercé ne s'y méprendra point. Il est susceptible d'un beau poli, mais il a le défaut de se laisser aisément percer par les vers. Il se conserve bien dans l'eau.

Du temps de Pline, on voyait en Lycie un platane dont le tronc était creux et formait une grotte de 26 mètres de tour.

Le *platane d'Occident*, ou *platane d'Amérique*, a beaucoup de ressemblance avec le *platane d'Orient*.

Michaux parle d'une pirogue d'Amérique de 21 mètres de long, faite d'un seul tronc d'un platane d'Occident.

§ 21. *Du saule.*

Il n'y a pas d'arbre dont les espèces ou variétés soient présumées si nombreuses : quelques auteurs ont cru pouvoir en compter jusqu'à deux cents. Les plus fortes et les plus communes en France sont les suivantes :

Le *saule blanc* (1), le *saule osier*, vulgairement *osier jaune* (2), le *saule fragile* (3), le *saule précoce* (4).

Ce sont des arbres de 10 à 13 mètres de hauteur, mais qu'on laisse

---

(1) *Salix alba.*
(2) *Salix vitellina.*
(3) *Salix fragilis.*
(4) *Salix præcox.*

rarement prendre cette croissance : on les tient en têtards le long des eaux, ou en taillis pour les exploiter en osier.

Les rameaux du saule sont souples; ses feuilles sont longues et étroites, souvent soyeuses, d'un vert blanchâtre et même argenté; ses fleurs sont en chatons; son fruit est une capsule oblongue, qui s'ouvre en deux et contient plusieurs graines environnées à leur base par une aigrette de poils.

Le bois du saule est d'un blanc rougeâtre ou jaunâtre pâle; il est uni, homogène et léger; il se travaille bien au rabot et sur le tour. Celui qui a acquis une grosseur suffisante peut être employé, s'il est sain, pour des solives dans des constructions peu importantes. On en fait des planches et divers objets légers. Celui qui a été cultivé en têtard n'est bon qu'à brûler, parce que son bois est rabougri et qu'il est souvent creux.

§ 22. *De l'acacia.*

L'arbre vulgairement appelé *acacia* est le *robinier* (1), *faux acacia*, grand et bel arbre de l'Amérique, généralement cultivé en Europe, où il est devenu très-commun, et peut rivaliser avec plusieurs espèces de nos forêts. Sa tige s'élève de douze à quinze mètres. Son élégant feuillage le fait aisément reconnaître; il est composé de folioles ovales d'un beau vert. Ses fleurs sont blanches et odorantes; elles sont réunies en belles grappes pendantes, auxquelles succèdent les gousses qui contiennent des graines un peu aplaties en forme de reins. Ses rameaux sont armés d'épines, surtout dans leur jeunesse. Son bois est jaune, veiné de bandes brunes verdâtres; il est uni, dur, pesant et susceptible d'un beau poli; il résiste très-bien à l'humidité; il est bon pour pilotis; on peut l'employer dans la charpenterie. Mais on en rencontre rarement dont la tige soit très-haute, parce que ses branches sont cassantes et qu'on est souvent obligé de l'étêter. Les Anglais le préfèrent à tout autre bois pour faire des chevilles de vaisseau.

Le *robinier visqueux* (2) atteint la même force que le précédent, dont il ne diffère que par ses fleurs sans odeur, qui sont nuancées de rose, et surtout par une matière visqueuse qui abonde sur ses jeunes rameaux velus; les épines sont un peu plus courtes que celles du faux acacia. Il n'est encore cultivé que dans les jardins.

---

(1) *Robinia pseudo-acacia.*
(2) *Robinia viscosa.*

§ 23. *Du laurier.*

Le *laurier commun*, ou *laurier d'Apollon* (1), est la seule grande espèce qui croisse en France. Ses branches sont droites et serrées contre sa tige, qui s'élève de 6 à 8 mètres. Ses feuilles, longues et ovales, sont unies, coriaces, d'un vert foncé, ondulées sur leurs bords et aromatiques. Ses fleurs sont petites, de couleur verdâtre; ses baies sont ovales, bleuâtres, presque noires.

Son bois est blanc, tendre, souple et difficile à rompre. Ses tiges sont rarement assez grosses pour être équarries; on les emploie en perches pour chevrons de bâtiments ruraux.

§ 24. *Du marronnier d'Inde* (2).

Tout le monde connaît le *marronnier d'Inde;* c'est un très-grand arbre très-distinct de tous les autres par ses belles feuilles digitées, composées de cinq à sept folioles inégales, plus larges à leurs extrémités qu'à leur base, et par les magnifiques pyramides que forment ses fleurs. Son fruit est une grosse capsule hérissée de pointes qui contient un ou deux marrons d'une belle couleur brune et luisants. Cet arbre est originaire d'Asie. Il est passé en Allemagne en 1576, en France en 1615, et en Angleterre en 1633.

Le bois du marronnier est blanc, tendre, filandreux et de mauvaise qualité. Il se tourmente beaucoup; on lui reconnaît cependant la qualité de ne pas se laisser attaquer par les vers; on ne l'emploie guère dans la grosse charpenterie, attendu qu'il ne provient ordinairement que d'arbres de décoration qu'on n'a abattus que lorsqu'ils étaient depuis longtemps couronnés et vicieux dans l'intérieur.

IV. BOIS FINS.

§ 25. *Du sorbier.*

Le *sorbier*, ou vulgairement *cormier* (3), est un arbre forestier auquel il

---

(1) *Laurus nobilis.*
(2) *Æsculus hippocastanum*, chêne à châtaignes de cheval.
(3) *Sorbus domestica.*

faut au moins cent ans pour acquérir un diamètre d'un tiers de mètre et de 13 à 16 mètres de hauteur. M. Loiseleur-Deslongchamps dit avoir vu abattre un sorbier qui avait $3^m,90$ de tour, et dont l'âge remontait peut-être à cinq ou six cents ans. Il fut vendu 600 fr.

La tige du sorbier est droite: son écorce est grise ou brunâtre, sa tête est pyramidale et régulière. Ses feuilles sont composées de quinze folioles oblongues, dentelées, vertes en dessus, velues et blanchâtres en dessous; ses fleurs sont blanches, elles forment de jolies couronnes aux extrémités des rameaux; les fruits, connus sous les noms de *sorbes* et *cormes*, sont des petites poires d'un rouge jaunâtre. Son bois est d'un grain très-fin, très-dur, très-compacte, d'un brun rougeâtre; il prend un très-beau poli; c'est un bois fort estimé pour les machines et pour les fûts d'outils.

Le *sorbier des oiseaux*, vulgairement *cochesne* (1), s'élève beaucoup moins que le précédent; son tronc est d'une grosseur médiocre; il croît aussi dans nos forêts où il se fait remarquer par ses petits fruits ronds et d'un rouge vif.

On le cultive en France pour l'ornement des jardins ainsi que le *sorbier hybride*, dont les feuilles sont découpées à leur base et terminées par un grand lobe irrégulièrement denté et qui croît naturellement dans les forêts montueuses de Suède, d'Allemagne et d'Angleterre.

§ 26. *Du poirier.*

Le *poirier* (2) est un arbre de moyenne taille, assez connu par l'excellence et les nombreuses variétés des fruits que les espèces cultivées produisent dans nos vergers et nos jardins. Le poirier commun croît dans les forêts où il peut s'élever de 9 à 13 mètres, et acquérir un diamètre de près d'un mètre. Sa tête occupe les trois quarts de sa hauteur et s'étend plus dans ce sens qu'en largeur.

Les jeunes rameaux du poirier sauvage sont garnis d'épines, et lorsqu'ils sont en âge de fleurir, une partie de ces épines se change en bourgeons à fleurs.

Les fleurs du poirier naissent ordinairement en bouquet à l'extrémité des petits rameaux latéraux. Ses feuilles sont lisses, d'un assez beau vert, légèrement cotonneuses en dessous quand elles sont jeunes. Son bois est pesant,

(1) *Sorbus aucuparia.*
(2) *Pirus.*

d'une contexture fine et serrée, de couleur rougeâtre; il se fend rarement. On doit attendre pour le travailler qu'il soit parfaitement sec, vu que lorsqu'il est vert il prend en séchant un retrait qui est évalué à un douzième de son volume; on l'emploie dans la charpenterie des machines pour des rouages; on en fait aussi des fûts d'outils. Le bois des poiriers cultivés est plus tendre que celui du poirier sauvage.

§ 27. *Du pommier.*

Le *pommier* (1) a de grands rapports avec le *poirier;* il est également cultivé dans les vergers et les jardins; mais il diffère du poirier : 1° par ses feuilles, qui sont unies des deux côtés, et même un peu luisantes au-dessus dans les espèces sauvages; 2° par ses fleurs, qui sont légèrement teintées de rose; 3° surtout par ses fruits, dont la forme diffère essentiellement de celle des poires.

Le poirier et le pommier, abandonnés à eux-mêmes, diffèrent aussi par leur port naturel : le premier tient ses branches redressées, tandis que le pommier étend les siennes horizontalement.

Les pommiers peuvent vivre deux cents ans et plus, et acquérir de grandes dimensions. On cite un pommier qui existe dans les environs de Bradfort, en Angleterre, dont la tête a, par l'effet de l'extension de ses branches, une circonférence de 52 mètres.

Le bois du pommier a le tissu fin; celui qui provient de vieux arbres est veiné d'un brun rougeâtre; on en fait ordinairement des planches; il est sujet à se déjeter et se fendre : il faut attendre qu'il soit bien sec pour le mettre en œuvre; il est aisé à travailler; il est propre pour toutes sortes d'ouvrages et remplace quelquefois le poirier, quoiqu'il soit moins dur.

§ 28. *L'alisier* (2).

Le bois de l'*alisier* est dur, sans couleur; il sert à faire des dents de rouages et des fuseaux de lanterne dans la charpenterie des machines.

L'alisier croît dans nos forêts, où il s'élève à une dizaine de mètres; il a de très-grands rapports avec les sorbiers et les néfliers. Ses feuilles sont larges, courtes, anguleuses, un peu en cœur à leur base et dentelées. Ses

---

(1) *Malus.*
(2) *Cratægus, mespilus.*

fleurs sont blanches; elles naissent en bouquets, ses fruits sont de petites baies brunes.

§ 29. Du néflier.

Les *néfliers* croissent dans les bois; leurs tiges, de médiocre grandeur, sont difformes et leurs rameaux sont tortueux. Celui vulgairement connu sous le nom de *néflier commun* (1) porte des fruits aplatis en dessus, bons à manger quand ils sont blossis et dont le noyau est remplacé par de petits osselets. On compte plusieurs espèces de néfliers, parmi lesquelles on distingue l'*azérolier* (2), l'*aubépine* (3) et le *buisson ardent* (4).

Le bois du néflier est très-dur, son grain est fin et égal, on ne l'emploie que très-sec dans différentes parties de la charpenterie des machines, telles que des dents pour engrenages de roues, des fuseaux ou chevilles de lanternes.

§ 30. Du merisier.

Le *merisier* et le *cerisier* (5) sont des arbres qui peuvent s'élever jusqu'à 8 mètres, et porter le diamètre de leurs troncs jusqu'à 0^m,65.

Les cerisiers sont assez connus par la bonté de leurs jolis fruits à noyaux, qui sont ordinairement d'un beau rouge.

Le bois des cerisiers est naturellement d'une couleur roussâtre, dont on peut augmenter beaucoup l'intensité en le faisant tremper dans de l'eau de chaux pendant 24 heures.

Le merisier est le plus dur de tous les cerisiers, dans les contrées où il est commun dans les forêts, et où par conséquent on lui laisse le temps de devenir très-gros; il fournit de très-bons bois de charpente; il est d'ailleurs propre à toutes sortes d'usages. Il est employé par les menuisiers en meubles et surtout par les fabricants de chaises.

§ 31. Du prunier.

Le *prunier* (6) a quelque rapport avec le *cerisier* et l'*abricotier*, il est connu, comme les précédents, par la bonté de ses fruits.

(1) *Mespilus germanica.*
(2) *Mespilus azarolus.*
(3) *Mespilus oxyacantha.*
(4) *Mespilus pyracantha.*
(5) *Cerasus.*
(6) *Prunus.*

Le bois du *prunier* est dur et compacte, orné de quelques veines rouges; il reçoit un beau poli, il est un peu satiné, il ne faut le travailler que sec. Le bois de l'*abricotier* lui est inférieur.

§ 32. *Du cornouiller* (1).

Les *cornouillers* sont connus par la multitude de leurs jolis petits fruits allongés et d'un beau rouge, assez bons à manger. Ces arbustes sont employés dans la décoration des jardins. Le bois de cornouiller est très-dur, celui des vieux pieds a le cœur brun, le tour est d'un blanc roux; on l'emploie dans la charpenterie des machines pour les engrenages des roues.

§ 33. *L'arbousier.*

L'*arbousier* (2), vulgairement *arbre à fraises* ou *fraisier en arbre*, parce qu'il porte des fruits globuleux, hérissés de petits tubercules d'un rouge éclatant et qu'on peut manger, croît naturellement dans les Pyrénées et la Biscaye.

Il s'élève assez haut, et son tronc acquiert, avec les années, de $0^m,26$ à $0^m,29$ de diamètre; il croît très-lentement; son bois a une très-grande ressemblance avec celui du cornouiller, il est très-dur et propre aux mêmes usages.

§ 34. *Du buis.*

Le *buis* ou *bouis* (3) est un arbre toujours vert, qui varie de grandeur suivant le climat où on l'élève; dans le nord de la France, il est petit et sert de bordure dans les jardins, tandis qu'il forme des bois dans les parties méridionales.

Ses feuilles sont lisses, coriaces, elles n'ont qu'une seule nervure, elles sont d'un beau vert, quelquefois bordées de blanc ou de jaune ou panachées, elles exhalent une forte odeur. L'écorce de sa tige est gercée et jaunâtre.

Le bois de buis est jaune, d'un tissu très-fin, très-uniforme et très-serré; on distingue cependant aisément ses couches annuelles; il est liant, il supporte fort bien les vis, on le travaille bien, il est propre à toutes sortes

(1) *Cornus.*
(2) *Arbutus.*
(3) *Buxus.*

d'ouvrages qui exigent une grande résistance, il est parfait dans la charpenterie des machines pour faire des vis et des écrous, pour des dents et pour toutes les parties qui transmettent le mouvement.

Le buis était abondant autrefois auprès de Saint-Claude (Jura), où on l'employait pendant l'hiver à la fabrication de toutes sortes d'objets de tour. On voyait autrefois, dit-on, à peu de distance de Mâcon, une forêt de buis qui a été exploitée; les arbres y avaient atteint 8 mètres de hauteur. On en tire beaucoup d'Espagne.

Le bois de buis présente aux axes de fer ou de cuivre un frottement très-doux, auquel cependant il résiste fort bien; il peut suppléer, pour cet usage, le bois de gayac, qui est exotique, et même le cuivre.

CHAPITRE VIII.

ASSEMBLAGES.

La charpenterie diffère autant de la maçonnerie par la nature des matériaux qu'elle emploie que par le mode de les mettre en œuvre. Dans la maçonnerie, les pierres sont le plus ordinairement posées par lits horizontaux, les unes sur les autres; leur pesanteur si elles sont taillées, et l'interposition d'un mortier qui les colle si elles sont brutes, ou qu'il faille remédier aux imperfections de la taille, leur donnent la stabilité ; on en forme des murailles compactes qui ne sont percées que des ouvertures nécessitées par la destination des édifices. Dans la composition d'une charpente, au contraire, un plus ou moins grand nombre de longues pièces de bois équarries et convenablement coupées, qui peuvent avoir toutes sortes d'inclinaisons, sont combinées de façon que les bouts des unes s'appuient sur quelques points de la longueur des autres et qu'elles s'étayent mutuellement, s'arc-boutent et forment des compartiments à jour, d'où résulte également force et stabilité, et de plus une très-grande rapidité d'édification et une légèreté qui rend ce mode de construction susceptible d'un grand nombre d'applications auxquelles la maçonnerie, dans beaucoup de cas, ne satisferait pas aussi bien. C'est ainsi que la charpenterie élève avec une célérité remarquable des maisons et des bâtiments de tous genres, qu'elle les divise en étages de la manière la plus simple, qu'elle établit des ponts de toutes dimensions, qu'elle couvre les plus vastes édifices et que ses résultats sont souvent préférables et toujours moins dispendieux que ceux qu'on obtiendrait d'un autre genre de construction.

La forme la plus simple et que l'imagination saisit le plus facilement est celle d'un parallélipipède rectangle. C'est aussi celle dont l'exécution exacte est la plus aisée et qui convient le mieux aux constructions. Dans la maçonnerie, elle se prête à un arrangement simple et commode des matériaux et à leur stabilité. En charpenterie, elle est nécessaire pour satisfaire aux combinaisons régulières des pièces de bois et à la perfection de leurs assemblages.

Pour que deux pièces de bois qui se rencontrent s'arc-boutent mutuellement sans qu'aucune des deux soit sollicitée par l'autre à tourner sur son axe (1), il faut que les axes de ces deux pièces passent par un point commun. Il s'ensuit que les axes de deux pièces de bois assemblées l'une à l'autre doivent être dans un même plan.

On appelle *joint* la jonction $a\ b$, fig. 3, pl. XIV, des deux parties par lesquelles deux pièces de bois, A, B, qui se rencontrent s'appliquent exactement l'une à l'autre. Le *joint* est toujours circonscrit par les lignes qui marquent les intersections des faces d'une pièce sur celles de l'autre.

L'extrémité ou bout, $a\ b$, d'une pièce de bois C, convenablement coupée pour s'ajuster par contact à la pièce B et former le joint, s'appelle *about*. L'emplacement $a'\ b'$ de cet about sur la pièce B à laquelle il s'applique s'appelle *occupation de l'about* ou *portée de l'about*.

Pour qu'un joint ait la forme la plus simple et en même temps la plus facile à exécuter, il faut que l'*occupation* ou la *portée*, comme l'*about*, soient plans, de même étendue et symétriques par rapport au plan des axes, ce qui ne peut avoir lieu qu'autant que les deux faces de chaque pièce sont perpendiculaires à ce même plan et que les deux autres faces lui sont parallèles. Cette considération ferait voir, si déjà nous ne l'avions pas dit, que les pièces de bois de charpente doivent nécessairement être *équarries*.

Dans les pièces de bois carrées qui forment un assemblage, nous nommerons faces de *parement*, celles parallèles au plan de leurs axes, et faces *normales*, faces d'*épaisseur*, ou faces d'*assemblage*, les deux autres.

Lorsque la jonction de deux pièces de bois a lieu par le simple contact d'un about contre sa portée, on dit qu'elles se rencontrent ou qu'elles sont jointes à *plat-joint*. C'est le cas représenté fig. 3. La pièce A est appliquée à la pièce B à plat-joint $a\ b$. La pièce C, en tout égale à la pièce A, est écartée de la pièce B; $a\ b$ est son *about*; $a'\ b'$ est son *occupation* ou *portée* sur la pièce B. Ce mode de jonction n'oppose aucun obstacle au glissement d'une pièce sur l'autre, c'est-à-dire de l'*about* sur sa *portée*, à moins qu'on n'y ajoute des clous ou des broches en fer g, fig. 9, pl. X.

Les entailles saillantes et creuses au moyen desquelles on rend un joint invariable, constituent un *assemblage*. On dit alors que les pièces sont *assemblées*, en ajoutant la désignation du genre d'*assemblage*.

---

(1) L'axe d'une pièce de bois est une ligne droite parallèle à ses arêtes, qui passe par son centre de gravité ou par les centres des rectangles d'équarrissage.

Pour la propreté et la solidité du travail, les diverses coupes d'un assemblage doivent être cachées ou au moins comprises dans l'étendue du joint, et ne doivent point sortir au-delà des plans ou faces de parement des deux pièces; c'est encore un des motifs qui obligent à tenir deux des faces des pièces assemblées parallèles au plan des axes.

Avant de nous occuper de la construction des charpentes, nous devons étudier les divers assemblages au moyen desquels les pièces de bois sont invariablement fixées les unes aux autres. La connaissance des assemblages est très-importante, attendu que toutes les fois que l'on compose une charpente on ne doit y établir aucune pièce, quelle que soit d'ailleurs son utilité, sans prévoir comment elle s'assemblera avec celles auxquelles elle doit être combinée, et comment on pourra, dans l'opération du levage, l'*emmancher* et la mettre en place; sans quoi la charpente projetée pourrait être inexécutable.

La rencontre de deux pièces de bois peut avoir lieu de trois manières, qui déterminent chacune des dispositions particulières dans leur assemblage :

I. Elles peuvent se rencontrer en formant un angle. Ce mode de rencontre présente trois cas : 1° le bout d'une pièce peut porter sur un point de la longueur de l'autre, c'est le cas le plus fréquent qui donne lieu à l'assemblage à *tenon* et *mortaise*, et à tous ceux qui en sont des modifications. 2° Les deux pièces peuvent se joindre mutuellement par leurs bouts sous un angle quelconque et sans se dépasser, ce qui forme les *assemblages d'angles;* 3° elles peuvent se croiser, elles s'assemblent alors par *entailles*.

II. Deux pièces de bois peuvent se joindre en ligne droite ou *bout à bout*, par le moyen de divers modes d'*entures*.

III. Enfin, deux pièces de bois peuvent être assemblées, en s'ajustant longitudinalement l'une contre l'autre ou *jumelées*.

Nous ne donnerons que des assemblages formés entre deux pièces de bois, parce que les assemblages d'un grand nombre de pièces sur un même point peuvent toujours être décomposés en assemblages de deux pièces.

L'assemblage à *tenon* et à *mortaise* est le principe du plus grand nombre des autres assemblages; c'est celui que nous décrirons en conséquence le premier et avec le plus de détails. Nous l'avons, par la même raison, représenté plus en grand que les autres dans les planches XIV et XV.

I

§ 1. *Assemblage à tenon et à mortaise* (1).

La fig. 1, pl. XIV représente, au moyen de trois projections, l'assemblage à *tenon* et à *mortaise*, le plus simple de deux pièces de bois A et B qui se rencontrent à angle droit. Dans la projection principale $A\ B$, faite sur un plan parallèle aux axes des pièces $m\ n$, $p\ q$, ou à leurs faces de parements, A est la pièce qui porte le tenon, B est celle dans laquelle la mortaise est creusée, le point o est la rencontre des deux axes. Cette projection peut être considérée comme horizontale; les deux autres projections, faites sur des plans perpendiculaires et parallèles aux faces normales, sont considérées comme des projections verticales. Dans toutes les projections les mêmes lettres désignent les mêmes pièces et les mêmes objets; elles sont affectées de l'exposant 1 sur la projection verticale couchée sur le haut de la figure, et de l'exposant 2 sur la seconde projection verticale couchée sur la gauche; cette notation est suivie sur toutes les planches pour les figures relatives aux détails des assemblages représentés par plusieurs projections.

La figure 2 représente, par des projections sur les mêmes plans, les mêmes pièces A et B désassemblées.

La projection verticale qui est représentée à droite et couchée en A', présente la pièce A vue par le bout sur lequel est le tenon,

Le tenon a (2) est formé en saillie à l'extrémité de la pièce A dans la direction de ses fibres parallèles à l'axe $m\ n$, par deux entailles $f'\ g'\ h'$ qui ont enlevé de chaque côté un parallélipipède. Les plans entaillants, dirigés suivant le fil du bois sur les lignes $f''\ g'$, sont toujours parallèles aux faces de parements de la pièce assemblée; ils forment les *joues* du tenon.

Les deux autres plans entaillants, suivant les lignes $h'\ g'$, sont ordinairement perpendiculaires aux joues; ils sont nécessairement dans un même plan, ils forment les *abouts* de la pièce B parallèles à la face normale de la pièce B, contre laquelle ils doivent s'appliquer.

Lorsque la pièce B, au lieu d'être équarrie d'équerre, est débillardée,

---

(1) Les détails des assemblages ne sont point accompagnés d'échelles sur aucune planche, parce qu'ils se rapportent à des pièces de bois de toutes les grosseurs.

(2) *Tenon*, ainsi nommé parce qu'il sert à *tenir* la pièce A assemblée dans la pièce B.

le plan d'about de la pièce A est oblique et parallèle à la face de débillardement de la pièce B, qui est substituée à la face normale.

La partie $f'\ f'$ du tenon est son *bout;* celle $g'\ g'$ par laquelle il tient à la pièce A par la prolongation d'une portion de ses fibres est sa racine.

La mortaise b (1) est creusée dans la face normale de la pièce B qui reçoit l'assemblage de la pièce A; elle est exactement en creux de la même forme et des mêmes dimensions que le tenon qui doit s'y loger et la remplir, afin que la pièce A soit inébranlablement assemblée. Les deux longs côtés de la mortaise, qui répondent à la largeur du tenon, doivent toujours être dirigés parallèlement au fil du bois. Les parois intérieures de la mortaise contre lesquelles s'appliquent les *joues* du tenon, sont aussi nommées *joues* de la mortaise. On nomme également *joues,* ou plutôt *jouées* de la mortaise, les épaisseurs de bois comprises de chaque côté entre la mortaise et la face de parement qui lui répond. Les *jouées* forment avec la mortaise sur la pièce B, l'occupation $vxyz$ de la pièce A.

L'effort auquel un assemblage doit résister, agissant à peu près également sur le tenon et sur les jouées de la mortaise, la force du tenon doit être égale à celle de chaque jouée; il s'ensuit que l'épaisseur du tenon, ainsi que celle de chaque jouée doivent être égales au tiers de l'épaisseur de chacune des pièces assemblées, mesurée sur leurs faces normales.

La longueur du tenon, qui se compte toujours dans le sens de la profondeur de la mortaise, devrait être exactement égale à cette profondeur, afin que le *bout* portât au fond de la mortaise en même temps et avec la même pression que les bouts de la pièce A sur les jouées de la mortaise de la pièce B; mais, vu l'impossibilité de parvenir à une si grande perfection et attendu que les bouts de la pièce présentent en somme une surface beaucoup plus étendue que celle du *bout* du tenon, on tient toujours le tenon un peu plus court que la profondeur de la mortaise, pour qu'il ne s'écrase point si les abouts ou jouées cédaient à la pression.

Lorsque l'assemblage à tenon et à mortaise de deux pièces de bois est taillé, ajusté et mis en joint, on le traverse par une *cheville* (2) qui est marquée par un petit cercle sur la projection horizontale de la fig. 1, et par des lignes ponctuées pour les autres projections.

Une cheville de charpenterie est cylindrique; son diamètre doit être d'environ le quart de l'épaisseur du tenon ou des jouées. Le trou dans lequel

---

(1) *Mortaise,* du latin *mordere,* mordre.
(2) De *clavicula,* petite clef.

elle doit être chassée, et qui traverse les deux jouées de la mortaise et le tenon, est percé avec une tarière au tiers de la longueur du tenon à partir de sa racine, afin que la résistance du bois de fil sur lequel elle peut faire effort dans le tenon, soit à peu près égale à celle que lui opposent les bords des jouées de la mortaise de la pièce *B*. Ce trou est marqué par des petits cercles au tenon et à la mortaise des projections *A* et *B* de la fig. 2 et par des traits ponctués sur les autres projections.

La fig. 4 est le détail d'une cheville; elle est cylindrique de *b* en *c*, partie de sa longueur qui doit être comprise dans l'épaisseur de l'assemblage qu'elle aura traversé; sur environ un quart de sa longueur *c d*, elle est un peu conique afin de faciliter son introduction dans le trou qu'elle doit remplir. Cette sorte de pointe sert à repousser la cheville pour la faire sortir de son trou lorsqu'elle n'y a été placée que provisoirement. Sa tête *a b*, sur laquelle on frappe pour la faire entrer, est quelquefois terminée par une base carrée; elle a environ le quart de la longueur totale. Les chevilles sont toujours faites en bois dur et de fil fendu à la hache, elles sont ensuite arrondies avec le ciseau ou le rabot.

On ne doit jamais compter sur une cheville comme moyen d'attache d'une pièce de bois à une autre; l'immobilité d'un assemblage doit résulter de la précision avec laquelle il est coupé, et sa pression en joint doit être produite seulement par celle que les pièces exercent les unes sur les autres, par l'effet prévu des fonctions que chacune remplit dans la composition de la charpente où elle est employée. Les chevilles ne doivent servir que pour maintenir momentanément les pièces en joint sur le chantier et au levage. Une charpente assemblée et montée définitivement à sa place, doit être stable et solide sans le secours des chevilles; si elle tirait sa solidité de leur résistance, la rupture de l'une d'elles pourrait entraîner la chute de tout l'édifice. Les chevilles sont des auxiliaires utiles pendant le travail, mais qui ne doivent pas être nécessaires aux constructions, sinon pour la propreté de l'ouvrage, parce qu'elles bouchent les trous qui ont été faits pour s'en servir provisoirement. On les coupe à fleur des parements des pièces.

La fig. 5 comprend, sur les mêmes plans que dans la figure précédente, trois projections des pièces *A*, *B*, qui se rencontrent obliquement assemblées à *tenon* et à *mortaise*.

La fig. 6 représente, par les mêmes projections que dans la fig. 2, les mêmes pièces désassemblées. Le tenon *a* est taillé comme dans l'assemblage précédent et suivant la direction *m n* des fibres du bois de la pièce *A*. Si on lui eût conservé la forme entière d'un parallélipipède, sa face antérieure $f\,h$ serait dans le plan de la face normale $h\,i$ de sa pièce, et il faudrait que la mortaise de la pièce B fût refouillée dans ses parois antérieures dans la même direction suivant $f'\,h'$. Plusieurs inconvénients résulteraient de cette disposition; d'abord le tenon a ne pourrait être *mis dedans* ou emmanché dans la mortaise b, qu'en poussant la pièce A suivant la direction $m\,n$ de sa longueur. Il s'ensuivrait que les tenons de plusieurs pièces déjà réunies par d'autres assemblages, et qui auraient des directions différentes et même contraires, ne pourraient être entrés dans les mortaises qui auraient été disposées suivant ce tracé pour les recevoir. C'est ce que la fig. 7 met en évidence. Deux pièces x et y étant assemblées l'une à l'autre en e, la forme de leurs tenons c, d, ne permet pas de les emmancher dans les mortaises de la pièce z, puisque la distance du point a au point b est plus courte que la distance du point c au point d.

En second lieu, si par l'effet de la fonction que doit remplir la pièce A, fig. 6 de la même planche XIV, elle faisait un très-grand effort, l'angle f de son tenon agissant comme un coin dans la mortaise, pourrait fendre la pièce B suivant $f'\,k$. Enfin, la difficulté serait très-grande pour creuser le refouillement de la mortaise exactement suivant l'inclinaison $h'\,f'$ qu'il devrait avoir. On a remédié tout d'un coup à ces inconvénients en tronquant la partie antérieure du tenon par un plan perpendiculaire au plan des axes et à la face de la pièce B. La position de ce plan dans la projection principale est marquée par la ligne $h\,i$ sur le tenon, et par la ligne $h'\,i'$ dans la mortaise. On voit que, par l'application de ce moyen aux deux pièces x, y, fig. 7, elles pourraient être emmanchées simultanément dans les mortaises de la pièce z. La partie $h\,i$ du tenon, fig. 6, est son *about*; la partie correspondante $h'\,i'$ de la mortaise est aussi *l'about* de la mortaise, et sa position perpendiculaire à la face de la pièce B ou à son axe, rend sa taille d'une exécution facile et exacte.

Telles sont les formes les plus simples des tenons et des mortaises pour les assemblages à angle droit et les assemblages obliques; mais, à l'égard de ces derniers, on a reconnu que la disposition que nous venons de décrire ne suffit pas pour qu'ils résistent aux efforts qu'ils peuvent éprouver dans les grandes charpentes. En effet, tout l'effort de la pièce A, qui tend à glisser sur sa portée, c'est-à-dire dans le sens $q\,p$ de la longueur de la pièce B, est supporté par l'about de son tenon et par celui de la mortaise. Le tenon peut n'être point assez épais pour résister à cet effort, et les fibres du bois qui sont obliquement coupées par le plan de l'about $h\,i$ du tenon, peuvent céder par l'effet de la pression plus facilement que ceux de l'about $h'\,i'$ de la mortaise qui se présentent à bois debout, il se fait alors une dépression ou une déchirure à la racine du tenon marquée en *s*, fig. 8; cette détérioration du tenon en produit une autre aussi grave dans la pièce *A*, ses abouts, ayant à supporter un plus grand effort, se déchirent et se fendent en *t*, même figure, des deux côtés du tenon.

Pour prévenir les dégradations que nous venons d'indiquer et qui auraient dans les grandes charpentes les plus funestes conséquences, on *embrève* tous les assemblages obliques.

Assemblage par embrèvement. La fig. 1 de la planche XV représente trois projections d'un assemblage oblique à tenon et à mortaise, avec *embrèvement* entre deux pièces *A* et *B*.

La fig. 2 fait voir les mêmes pièces désassemblées; elles sont représentées par toutes les projections qui peuvent en donner une connaissance complète. Elles sont d'abord projetées horizontalement en *A* et *B* sur le plan parallèle à leurs axes $m\,n$, $p\,q$, ou à leurs faces de parement. En A^1, B^1, elles sont projetées verticalement sur un plan perpendiculaire au premier et aux arêtes de la pièce *B*, dont on voit le rectangle d'équarrissement en B^1.

La pièce *B* est projetée verticalement en B^2 sur un plan parallèle à l'une de ses faces normales couché sur la gauche, et elle présente la face dans laquelle la mortaise et l'*embrèvement* sont creusés.

La pièce *A* se trouve projetée en raccourci en A^3, sur un plan parallèle au précédent; elle montre le bout du tenon dans sa grandeur réelle; elle fait voir aussi de face les coupes des deux épaulements qui accompagnent ce tenon et s'embrèvent dans la pièce *B*. La même pièce *A* est projetée en A^4 sur un plan parallèle à ses faces normales, et couché au-dessus du dessin de manière à montrer le dessous de la pièce qui répond à la ligne *t v*. Enfin, en A^5, la pièce *A* est projetée sur un plan également parallèle à ses faces normales, mais couché en dessous du dessin, de manière à montrer la face de dessus, qui répond à la ligne *h i*.

Un *embrèvement* est une entaille faite dans la face de la pièce *B*, qui reçoit l'assemblage, suivant les lignes $h'\,k'$, $k'\,l'$, qui sont sur les faces du parement les traces des deux plans entaillants. La partie antérieure de l'embrèvement répondant à $h'\,k'$ est dans le même plan que l'about de la mortaise marqué $k'\,e'$; elle a environ le quart de sa profondeur. Aux deux parties de l'occupation ou portée qui étaient dans la face normale de la pièce *B*, et qui répondaient aux joues de la mortaise, sont substitués les pas de l'embrèvement qui prennent une inclinaison marquée par $k'\,l'$.

L'entaille d'*embrèvement* reçoit les épaulements laissés des deux côtés du tenon suivant l'angle $h\ k\ l$. Les parties antérieures de ces épaulements répondant à $h\ k$, et qui forment l'about de la partie de la pièce A *embrevée*, sont dans le même plan que l'about du tenon répondant à $k\ e$. L'about $h\ r$ de la pièce A, fig. 6 de la planche précédente, est remplacé par la semelle d'embrèvement $k\ l$.

Il résulte de cette disposition que la résistance de l'about du tenon est accrue de celle que l'about d'embrèvement tire des épaulements, l'about total présente une surface qui est d'un tiers plus grande que celle de l'about du tenon. Cet about total est représenté selon sa véritable étendue en A^6, la pièce A se trouvant projetée sur le plan de cet about. La force qu'un embrèvement donne à un assemblage vient aussi de ce que les fibres de la pièce A répondant à l'about d'embrèvement $h\ k$, sont retenues par l'about de l'entaille d'embrèvement $h'\ k'$ de la pièce B, et qu'ils ne peuvent plus se lever par éclats, comme les abouts sans embrèvement, fig. 8, pl. XIV.

On donne quelquefois à l'about d'embrèvement la direction ponctuée $h'\ x$, fig. 1, qui divisent en deux parties égales l'angle que forment les pièces A et B. Cette disposition, qui aurait l'avantage de faire présenter les fibres des deux pièces de la même manière en about, a cependant l'inconvénient de donner lieu à une coupe difficile pour que l'about d'embrèvement soit plan et d'accord avec celui du tenon, à moins qu'on ne donne aussi la même direction $h'\ x\ y$ à celui-ci; ce qui introduirait une difficulté pour la coupe de l'about de la mortaise qui ne serait plus perpendiculaire à la face de la pièce B. Cette direction $h'\ x\ y$ diminue aussi de beaucoup l'étendue du tenon, ce qui n'est pas toujours sans inconvénient.

Il arrive quelquefois que la pièce A n'a pas une épaisseur égale à celle de la pièce B, et que, par conséquent, leurs faces de parement ne sont point dans les mêmes plans, quoique toujours dans des plans parallèles. La figure 4 de la planche XV représente les projections d'un assemblage oblique à tenon et à mortaise avec embrèvement pour deux pièces A, B, qui ne sont point d'épaisseurs égales.

La fig. 5 représente les mêmes pièces désassemblées et projetées de la même manière que sur la fig. 2. Les mêmes lettres avec les mêmes exposants marquent les mêmes projections faites dans le même sens.

Dans le cas dont il s'agit, l'*embrèvement* a lieu par *encastrement*, c'est-à-dire qu'il forme dans la face B^2 de la pièce B, qui reçoit l'assemblage, une sorte de *cuvette* carrée et en pente, dans laquelle les deux épaulements du tenon de la pièce A se trouvent *encastrés*.

Lorsqu'on est forcé d'assembler la pièce A en la portant, par rapport à la pièce B, plus d'un côté que de l'autre, il peut arriver que l'embrèvement ne soit encastré que d'un côté de la pièce B, et qu'il soit apparent de l'autre.

Les embrèvements ont le grand avantage d'ajouter une force extrême aux assemblages par un moyen très-simple, d'une exécution très-facile et qui permet la plus parfaite exactitude, puisque les parties essentielles des embrèvements, celles par lesquels les contacts ou joints doivent s'effectuer sont toujours des plans que les outils peuvent dresser sans aucun obstacle. C'est pour obtenir ce résultat que le pas d'un embrèvement sur la pièce B, fig. 1, 2, 4, 5 de la planche XV, est toujours fait en rampe, et que l'about est ordinairement à angle droit avec la face qui reçoit l'assemblage, l'angle droit étant le plus facile à tailler pour creuser la mortaise.

On assemble quelquefois les pièces de bois carrées à simple *embrèvement* sans tenon ni mortaise; c'est le cas représenté par une seule projection, fig. 3. La pièce A est assemblée à la pièce B par un *embrèvement* simple dont l'about $x\ v$ est perpendiculaire à cette pièce. La pièce C, en tout égale à la pièce A, est écartée hors de joint de la pièce B pour faire voir la coupe de l'embrèvement simple.

On peut incliner l'about de l'*embrèvement* suivant la ligne $x\ y$ qui divise l'angle d'assemblage en deux parties égales, ou suivant la ligne $x\ z$ perpendiculaire aux arêtes de la pièce A.

Lorsque la pièce assemblée fait avec celle qui la reçoit un angle fort aigu, son occupation de x en r devient fort longue; on est alors dans l'usage de faire des embrèvements à crans. Le nombre de ces crans ou abouts dépend de l'étendue du joint. La fig. 3, planche XVI, représente un *embrèvement à deux abouts* qui peut être employé avec ou sans tenon; les abouts d'embrèvement uv, xy entre les deux pièces A et B sont parallèles. Les *semelles* et *pas* d'embrèvement vx, yz sont également parallèles. Mais il est à craindre que l'effort de l'about $x\ y$ de la pièce A fasse éclater suivant le fil de la pièce B, le triangle $v\ x\ y$. Il est préférable de tracer cet embrèvement comme il est indiqué fig. 7, dans laquelle le pas $v\ x$ de la première partie de l'embrèvement est parallèle à la face d'assemblage de la pièce B. Ce qui fait que l'about $x\ y$ de la pièce A porte à bois debout sur des fibres qui ne sont point coupées.

Joint anglais. On fait aussi des *embrèvements* divisés en deux parties sur la largeur du joint, séparées par un espace qui forme *plat joint*. Cet assemblage est représenté par quatre projections, fig. 6 de la pl. XV; l'embrèvement est à peu près le même que celui de la fig. 1 et 2, même planche, sinon qu'il est sans tenon ni mortaise, son about $x\ y$ est plan, ou cintré suivant un arc de cercle décrit du point g comme centre; on lui donne pour profondeur les deux cinquièmes de l'épaisseur de la pièce B. Les deux embrèvements occupent chacun un tiers de l'épaisseur des pièces de bois. Cet assemblage, appelé *joint anglais*, représente quelques difficultés d'exécution pour tenir dans une même surface les deux abouts d'embrèvement de la pièce B, des deux côtés du bois plein qui les sépare. Il peut aussi occasionner la fente de la pièce A, et surtout le déchirement dans la face supérieure de la partie $t\ t$ qui répond à l'entre-deux des embrèvements si les abouts $x\ y$ sont refoulés.

Assemblage à enfourchement. Les charpentiers anglais font encore usage d'un autre assemblage à enfourchement, représenté par une seule projection, fig. 7, pl. XVI, pour la jonction de la pièce E avec la pièce D. Les deux tiers de la longueur du joint de u en r portent deux fourchons qui ont chacun pour épaisseur un tiers de celle de la pièce E; ils sont reçus dans des entailles d'embrèvement $r\ v\ u$ des deux côtés sur les faces de parement de la pièce D; leurs abouts $r\ v$ sont à angle droit avec les arêtes de la pièce E; le reste du joint et l'entre-deux des fourchons sont dans un même plan $u\ t$ qui pose à plat-joint sur la face d'assemblage de la pièce D. Cette disposition peut donner lieu à une fente dans la direction $r\ s$, inconvénient auquel on peut remédier en faisant un embrèvement simple en t. Les mêmes charpentiers emploient encore un assemblage à enfourchement beaucoup meilleur, qui est représenté par une seule projection, même figure, pour la jonction de la pièce O avec la pièce D. Les fourchons de la pièce O occupent chacun le tiers de l'épaisseur de cette pièce. Ils forment deux larges joues qui embrassent la pièce B en s'embrevant dans les entailles $y\ z\ v$ creusées pour les recevoir sur les faces de parement de cette pièce. Les deux abouts sont arrondis suivant une surface cylindrique qui a pour base un arc de cercle $x\ z$ de 60 degrés décrit du centre c, qui comprend toute la largeur de la pièce O et met en about toutes ses fibres. L'entre-deux des fourchons ou joues de cet assemblage est coupé en pente comme un embrèvement ordinaire suivant la ligne $v\ y$, pour lui donner un about dans la même surface cylindrique qui forme les abouts des fourchons, et seulement sur une étendue $x\ y$, qui est à peu près le quart de l'arc $x\ z$.

Ce joint présente par ses abouts une surface beaucoup trop grande par rapport à la résistance qui leur est nécessaire quelle que soit leur situation; il est précisément à le contraire de l'assemblage à tenon et à mortaise; il a l'inconvénient de couper par ses entailles dans la pièce D un plus grand nombre de fibres que n'en couperait une simple mortaise; cet inconvénient peut n'être pas très-grave, si, par exemple, la pièce *D*, étant horizontale, doit être soutenue par la pièce *O*. Mais il n'en serait pas de même si, dans cette position, elle avait à supporter quelque poids ou l'effort que lui transmettrait la pièce *O*.

Cet assemblage est, au surplus, d'une exécution difficile pour couper les surfaces cylindriques qui doivent former les abouts convexe et concave avec précision et obtenir entre elles un contact parfait; ce qui nous donne sujet de remarquer qu'un joint n'est complétement bon, qu'autant qu'il peut être taillé avec précision du premier coup; autrement, si l'on est obligé de tâtonner et d'ôter du bois pour corriger les imperfections qui sont la suite de la difficulté de tailler exactement ses diverses parties, on risque de raccourcir trop la pièce qui doit être assemblée, ou de faire un joint trop lâche sur celle qui doit la recevoir.

L'embrèvement compris entre les deux fourchons de ce joint fait disparaître l'un des défauts de l'asssemblage de la fig. 6, pl. XV. Mais il ne remédie point au danger de l'éclatement des fourchons par l'effet d'un effort de torsion que quelque accident pourrait occasionner, vu qu'ils ne sont point soutenus comme le sont les embrèvements des épaulements des tenons par la cohésion des fibres qui n'est point interrompue sur toute l'épaisseur du bois. L'assemblage à tenon et à mortaise avec embrèvement lui est en tout point préférable.

Le même mode d'about cylindrique est appliqué par les charpentiers anglais à presque tous les assemblages, même entre deux pièces qui se rencontrent à angle droit comme celui de la fig. 4, même planche, dans lequel le joint de la pièce *A* avec la pièce *B* a pour trace sur les faces de parement l'arc de cercle *x y z* de 120 degrés, soit que l'embrèvement occupe toute l'épaisseur de la pièce *B*, soit qu'on l'ait fait par enfourchement. Quelquefois l'embrèvement est formé par deux plans qui ont pour traces les lignes droites *x z*, *z y*. Les avantages de cette sorte d'embrèvement ne compensent pas le soin qu'exige son exécution.

Assemblage à oulice. La fig. 11, pl. IX, représente l'assemblage à tenon, dit à *oulice*, d'une pièce de bois verticale *J* dans la pièce inclinée *F*. Le tenon à *oulice*, *x y z*, est triangulaire et coupé carrément au bout, il a pour épaisseur le tiers de celle de la pièce. On voit en J^1 le tenon à *oulice* désassemblé, une seconde pièce *I* est assemblée à *oulice* en dessous de la pièce *F* dans le prolongement de celle *J*.

La fig. 7, pl. X, représente l'assemblage à *oulice* avec *about* ou *em-*

brèvement. L'about de l'embrèvement est dans le même plan que celui du tenon. En J^1 la pièce J est désassemblée, en J^2 elle présente sa face d'assemblage, en J^3 elle est vue par le bout. Au-dessous de l'assemblage de la pièce J est une entaille d'embrèvement et une mortaise ponctuée, destinées à l'assemblage d'une autre pièce à *oulice*. Cette espèce d'assemblage ne s'emploie que dans les pans de bois. Nous aurons occasion d'en parler au chap. X.

Assemblage des bois ronds. Les bois ronds peuvent être assemblés à tenon et à mortaise comme les bois carrés, mais ils donnent lieu à quelques détails qu'il est utile d'étudier.

La fig. 1 de la planche XVI présente trois projections de l'assemblage à angle droit de deux pièces de bois rondes ou cylindriques A, B, de même diamètre. La fig. 2 présente les mêmes pièces désassemblées.

La fig. 5 représente trois projections de l'assemblage oblique de deux pièces cylindriques A, B, égales.

La fig. 6 représente les projections des mêmes pièces désassemblées.

On peut remarquer que dans ces assemblages, comme dans les précédents, les deux axes $m\ n$, $p\ q$, des pièces sont dans un même plan, que les deux pièces sont comprises entre deux plans parallèles à celui de leurs axes et qui leur sont tangents; on voit que le joint est nécessairement circonscrit par courbes d'intersection des deux surfaces cylindriques. Dans le cas de l'égalité de grosseur des deux pièces, comme dans nos figures, les courbes sont planes et projetées horizontalement par les lignes droites $g\ m$, $f\ m$, suivant lesquelles on ferait l'entaille dans la pièce B et l'about de la pièce A, si la jonction devait être faite par simple entaille, sans tenon ni mortaise. On retrouve dans les deux assemblages les mêmes dispositions intérieures des joints, que dans les assemblages des pièces carrées des fig. 1, 2, 5 et 6 de la planche XIV; les tenons, les mortaises, les abouts et les pas sont combinés de la même manière, il n'y a plus que l'embrèvement et les deux tenons ou fourchons extérieurs résultant naturellement des dosses qui sont l'excès des formes cylindriques sur celles prismatiques des pièces carrées.

L'équarrissement des pièces après leur assemblage ne changerait rien à la disposition des tenons et mortaises et laisserait des assemblages pareils à ceux figurés planche XIV. Ce qui fait voir de rechef que l'équarrissement produit une simplicité qui l'a rendu indispensable, aussi bien sous le rapport de la disposition des assemblages que sous celui de la facilité de leur exécution.

Nous ne donnons point de figures pour les cas des assemblages entre pièces rondes de grosseurs inégales ou entre pièces rondes et carrées, parce qu'il est aisé de conclure leurs formes de ce que nous venons d'exposer.

Après les détails que nous avons donnés, une simple légende suffira pour la description de tous les assemblages, qui sont d'ailleurs suffisamment détaillés dans des projections du même genre que celles des figures précédentes. Dans chaque figure la même lettre désigne la même pièce sur ses diverses projections, distinguées d'ailleurs par des exposants numériques comme cela a déjà été dit.

Le plus souvent, la même figure représente des pièces assemblées et des pièces désassemblées, elles sont marquées des mêmes lettres, et la distinction en est facile vu leur position. Lorsqu'une projection est commune à plusieurs pièces de bois, elle porte toutes les lettres dont ces pièces sont marquées dans les autres projections.

La fig. 1, pl. XVII, présente des assemblages à doubles tenons et mortaises. La pièce A est assemblée à angle droit dans la pièce B; la pièce E fait un autre angle avec la même pièce. On peut faire aussi des assemblages à tenons et mortaises triples et même plus nombreux; cependant la multiplicité des tenons et des mortaises affaiblit l'assemblage. En général, les épaisseurs des tenons, les largeurs des mortaises et de leurs joues sont égales, et pour les obtenir on divise l'*occupation* de la pièce assemblée en autant de parties qu'il y a de mortaises et de joues, compris celles qui séparent les mortaises. Toutes les autres projections demeurent les mêmes que dans l'assemblage à tenon et mortaise simples. Nous n'avons point compris dans cette figure l'assemblage avec embrèvement que l'on emploie aussi avec les tenons doubles et triples, parce qu'il se pratique de la même manière que pour l'assemblage à tenon simple.

Fig. 2 assemblages à *paume*. Les pièces A, E, horizontales, sont supportées par leurs *paumes* dans les entailles de la pièce B, aussi horizontale; la pièce A est assemblée à angle droit dans la pièce B; la pièce E est assemblée obliquement. La coupe inclinée de l'entaille qui reçoit une *paume* a pour objet de n'affaiblir la pièce B que le moins possible. Mais cet assemblage a l'inconvénient de faire exercer par les pièces A et E une poussée contre la pièce B. On remédie à cet inconvénient en contre-boutant la pièce B.

On ajoute quelquefois à cet assemblage un tenon qui est figuré en lignes ponctuées.

Fig. 3, assemblage à tenon avec renfort en *chaperon*. Cet assemblage et les suivants ne sont figurés que par une projection verticale de la pièce A suivant sa longueur, et une coupe de la pièce B. Les deux pièces sont désassemblées.

Fig. 4, même assemblage avec *about carré* au-dessus du renfort en chaperon, pour que la mortaise de la pièce B ne soit pas terminée supérieurement par une arête aiguë.

Fig. 5, assemblage à tenon avec *renfort carré*. En général, lorsque les renforts des tenons sont placés en-dessus, ils ne consolident que les tenons, et un excès de charge sur la pièce A peut la faire fendre en x à la racine du tenon.

Fig. 6, assemblage à *tenon* avec *renfort* qui remédie à l'inconvénient signalé ci-dessus, parce que la surface inférieure $z\,y$ de la pièce A porte dans la mortaise de la pièce B; la jouée inférieure $t\,v$ de la mortaise a ordinairement toute la force nécessaire pour porter la pièce A, vu qu'on donne à la pièce B une épaisseur suffisante, qui peut être plus grande que celle observée sur la figure.

Fig. 7, assemblage avec tenon à *chaperon* et *renfort*.

Fig. 8, assemblage à *double repos*.

Fig. 9, assemblage à *paume* avec *repos*.

Fig. 9, pl. XVIII, assemblage à *double paume* et *double repos*.

Fig. 10, pl. XVII, assemblage à entaille carrée.

Fig. 11, assemblage à *mors-d'âne*. Ces deux assemblages ont le même inconvénient que celui de la fig. 5.

Fig. 12, assemblages à *tenons à biseaux*. La pièce E est assemblée dans la pièce B par un tenon ordinaire et par un tenon qui effleure une face de parement; ce tenon est taillé sur ses côtés en biseaux pour qu'il ne puisse pas échapper de l'entaille ouverte dans la face de parement de la pièce B, qui lui sert de mortaise.

La pièce A est assemblée dans la pièce B par deux tenons apparents pareils à celui à biseaux de la pièce E.

Fig. 13, assemblages à tenons *passants*.

La pièce A est assemblée dans la pièce B par un tenon simple qui dépasse cette pièce, suffisamment pour qu'on puisse le traverser par une clef x qui le serre en joint et le retient. Dans la même figure, la pièce E est assemblée dans la pièce B à tenon double, également passant et traversé pareillement par une clef y.

Cette clef a beaucoup plus de solidité que n'en aurait une cheville; on peut lui donner une plus forte dimension surtout en épaisseur, et l'on fait dépasser les tenons de la pièce B de toute la longueur qu'on reconnaît nécessaire pour que le bois sur lequel la clef fait effort en z ne soit point arraché. On donne aux clefs x et y une forme légèrement en coin pour qu'on puisse les serrer fortement à coups de maillet.

Fig. 14, assemblage à tenons *passants* et *apparents*.

Les tenons apparents qui affleurent les faces du parement ont la même forme que ceux de la fig. 12.

La pièce A porte deux tenons de cette sorte, la pièce E porte en outre un tenon passant intermédiaire. Ces tenons sont traversés comme précédemment par des clefs x et y qui sont elles-mêmes traversées par des petites clavettes t, v pour maintenir les tenons apparents dans les parties où ils dépassent la pièce B; au moyen de ces clavettes on pourrait se dispenser de tailler les tenons des parements en biseaux et les laisser carrés.

Fig. 15, pl. XVII, assemblage à *tenon et mortaise sur l'arête*.

La pièce A est assemblée d'équerre sur la pièce B, de telle sorte que l'une et l'autre présentent des arêtes uv, $z\,t$, en parement au lieu de faces, et que les quatre arêtes de l'une rencontrent les quatre arêtes de l'autre. Si la pièce assemblée A était d'un équarrissage plus faible que la pièce B, deux de ses arêtes seulement rencontreraient dans un même plan deux arêtes de la pièce B. Cet assemblage nécessite deux embrèvements triangulaires $y\,x\,y$ et deux recouvrements également triangulaires $y\,z\,y$; le passage des deux embrèvements aux deux recouvrements a lieu sur le joint de chaque pièce dans le plan d'un rectangle $y\,y\,y\,y$, dans lequel se trouve le tenon de la pièce A et la mortaise de la pièce B. Ce rectangle est l'about de l'assemblage. Sur le côté des projections principales la pièce A est représentée en A et A^1 dans le même sens désassemblée. Dans la projection verticale B^2 couchée sur la gauche, la pièce B est figurée désassemblée aussi, elle montre sa mortaise. Cet assemblage a beaucoup d'analogie avec des bois ronds, fig. 1 et 2 de la pl. XVI.

Nous ne donnerons point d'exemple de cet assemblage pour le cas où les pièces A et B se rencontreraient obliquement, parce qu'il se rapproche de celui des fig. 5 et 6 de la même planche, et qu'il est très-aisé de s'en former une idée.

Dans la charpenterie navale, on substitue aux tenons et mortaises qui pourraient ne pas avoir assez de solidité, des assemblages à *plat-joint m n* fig. 35, pl. XXIII, maintenus par des espèces de *goussets* L, qui sont fortement boulonnés aux pièces assemblées P et Q, quel que soit l'angle que ces pièces font entre elles. Ces *goussets*, nommés *courbes*, sont ordinairement des pièces naturellement cintrées. On choisit autant que possible des coudes

I. — 35

formés par les jonctions des branches entre elles ou avec le tronc; à défaut de ces cordes, si l'on emploie du bois droit, le fil doit se trouver parallèle à la ligne $x\,z$. Si le cas l'exigeait, au lieu de la courbe L, on pourrait en établir une en l, et même les employer toutes deux simultanément.

§ 2. *Assemblages à queues d'hironde.*

Dans les assemblages à *queues d'hironde*, le tenon, au lieu d'entrer directement dans sa mortaise par la face normale de la pièce qui reçoit l'assemblage, est introduit latéralement dans une entaille faite dans la face de parement de cette pièce. La queue d'hironde s'emploie lorsque l'assemblage doit résister à un effort de traction dans le sens de la longueur de la pièce assemblée.

Fig. 16, pl. XVII, assemblage à *queue d'hironde* de la pièce A à angle droit dans la pièce B. L'épaisseur de la queue d'hironde est de la moitié de celle de la pièce A, et elle se loge en entier dans la pièce B. Son rétrécissement de chaque côté est un cinquième de la largeur de la pièce A, de façon que sa racine ou collet est des trois cinquièmes de cette même largeur; le devant de la queue d'hironde occupe toute la largeur de la même pièce. Le collet a les trois dixièmes de la surface d'équarrissement de la pièce A; le bout de la queue est égal à la moitié de cette même surface d'équarrissement. Lorsque la pièce A est étroite ou que le collet de la queue d'hironde a un grand effort à supporter, on ne donne au rétrécissement de chaque côté que le dixième de la longueur de la queue d'hironde, afin que les joues $x\,y$ soient peu inclinées, et que l'effort auquel elles doivent résister ait moins de puissance pour les faire éclater suivant la direction des fibres du bois $x\,z$.

La pièce E est assemblée dans la pièce B de la même manière, si ce n'est qu'elle la rencontre obliquement. Souvent, lorsque l'obliquité est trop grande, on ne taille la queue d'hironde que du côté de l'angle aigu, comme on l'a fait pour la queue d'hironde oblique à clef, fig. 1. pl. XVIII.

Fig. 17, assemblage de la pièce A dans la pièce B à *queue d'hironde à recouvrement*. La queue d'hironde n'occupe que la partie inférieure de la pièce A sur la moitié de son épaisseur; elle se loge en entier dans la pièce B sur laquelle le reste de l'épaisseur de la pièce A s'applique. Le tracé de la queue d'hironde est le même. En $A°$ la pièce A est projetée désassemblée et vue par-dessous sur la face dans laquelle la queue d'hironde est taillée.

La pièce E est assemblée dans la pièce B à queue d'hironde, avec un renfort au collet qui règne sur les côtés ainsi qu'en dessous, et affleure le dessus de la pièce B comme dans l'assemblage de la pièce A, fig. 16.

Lorsque la pièce E doit supporter une charge, il est convenable que son about forme le renfort de la queue d'hironde en pénétrant dans la pièce B, qui doit être alors plus épaisse qu'elle, comme dans l'assemblage à tenon de la fig. 6.

Pl. XVIII, fig. 1, assemblage de la pièce A dans la pièce B *en queue d'hironde à clef*. La queue d'hironde, qui a l'épaisseur précédemment fixée pour un tenon, traverse la mortaise de la pièce B. Elle est échancrée d'un côté seulement, comme une queue d'hironde ordinaire; le côté correspondant de la mortaise est évasé suivant la même inclinaison, l'autre côté est droit. L'entrée de la mortaise est égale à la largeur $p\ q$ de la pièce A afin que la queue d'hironde puisse y passer. Lorsque la queue est placée dans la mortaise, on remplit le vide qu'elle laisse par une clef x introduite par la face d'assemblage de la pièce B pour qu'elle serre mieux; on la chasse à coups de maillet, tellement que le *tenon à queue* est solidement fixé en joint, et ne peut plus sortir de la mortaise.

La pièce E est assemblée dans la pièce B de la même manière, mais obliquement. En $A^2\ B^2\ E^2$ les pièces A, B, E, sont projetées verticalement et vues du côté de la face d'assemblage de la pièce B.

Les assemblages à queues d'hironde sont souvent combinés avec ceux à entailles des bois qui se croisent dont nous parlerons au paragraphe 8.

§ 3. *Assemblages d'angle.*

Fig. 2, pl. XVIII, assemblage par simples *entailles à mi-bois* entre les pièces A et B, formant un angle d'équerre. La pièce E est assemblée de même par entaille, mais elle ne forme point l'angle, ne se trouvant point à l'extrémité de la pièce B, qui est projetée verticalement sur la gauche en B^2, étant supposée désassemblée.

Fig. 3, assemblage à *entailles* et *anglets* ou *onglets* de la pièce A et de la pièce B formant équerre (1).

L'épaisseur des pièces est divisée en trois parties, les deux premières en dessous forment l'assemblage à entailles, la troisième est taillée diagonale-

---

(1) Cet assemblage est dit à *anglet* ou *onglet*, parce que le joint fait un *petit angle*, ou que chaque pièce se trouve terminée par une forme qui ressemble à un petit *ongle*.

ment pour former l'*onglet* sur les deux pièces. La coupe d'*onglet* d'une pièce s'applique exactement contre la coupe d'*onglet* de l'autre, ce qui forme le joint symétrique $x\,y$ qui donne une meilleure apparence à l'assemblage que s'il était d'équerre comme celui de la figure 2.

Fig. 4, assemblage à *onglets avec tenons*. Les deux pièces A et B se joignent suivant les coupes d'onglet $x\,y$, dans lesquelles sont ménagés des tenons et des mortaises combinés de telle sorte, que les intervalles que les tenons laissent entre eux sur une pièce servent de mortaises pour recevoir les tenons de l'autre pièce.

Fig. 4, assemblage d'*angle* à *queues d'hironde simples*, entre les pièces projetées horizontalement en A et B. La pièce A porte les queues d'hironde qui entrent dans les entailles faites pour les recevoir sur le bout de la pièce B. Les projections A^1 et B^1 font voir les mêmes pièces sur leurs faces verticales, assemblées et désassemblées. A^2 est le bout de la pièce A ou A^1 sur lequel on voit les bouts des queues d'hironde. Dans les projections B^1 et B^2 on voit les entailles faites sur le bout de la pièce B pour recevoir les queues d'hironde. Dans cet assemblage les queues d'hironde sont sur les deux faces extérieures des pièces, qui répondent aux lignes $m\,x$, $n\,x$ de la projection horizontale.

Fig. 6, assemblage d'*angle* à *queues d'hironde à recouvrement*. Cet assemblage ne diffère de celui représenté fig. 4, qu'en ce que des queues d'hironde sont substituées aux tenons. Le bout de la pièce A porte, comme dans la fig. 5, les queues d'hironde qui sont en saillie, sur la coupe d'onglet $x\,y$. Elles sont vues désassemblées en A^1. Les entailles pour recevoir les queues d'hironde sont pratiquées dans la coupe d'onglet $x\,y$ du bout de la pièce B. Ces entailles sont vues dans la projection B^2 qui présente la face interne de la pièce B. Les entailles ou mortaises des queues d'hironde extrêmes étant rencontrées par le plan de la coupe d'onglet, ont les bords de leurs joues $s\,u$, $t\,v$, inclinés, tandis que la partie intermédiaire z est prismatique et droite, et son about $m\,n$ porte carrément dans le fond de la mortaise o en queue d'hironde de la pièce A, qui n'est pas dans le plan $x\,y$ de l'onglet, mais parallèle aux faces de la pièce A.

Fig. 7, assemblage d'*angle* de deux pièces A, B, à *tenon et mortaise* avec *joint en onglet*.

On fait quelquefois des assemblages d'angle en onglet à plat joint, qu'on se contente de consolider en les clouant ou en introduisant dans le milieu de l'épaisseur du bois un *pigeon* triangulaire $u\,x\,v$, fig. 3, qui fait l'office de faux tenon dans les deux pièces; ou bien on traverse le joint diagonalement par une clef $u\ t\ s\ v$ ponctuée, chassée de force dans une mortaise perpendiculaire au plan $x\ y$ ou dans une entaille creusée suivant la même direction sur l'un des côtés de l'assemblage, et qui l'enchâsse pour qu'elle ne puisse s'en écarter.

Fig. 8, pl. XVIII, assemblage à *tenon et mortaise avec recouvrement à onglet double*. Cet assemblage est employé par les menuisiers pour les petits bois des croisées, les charpentiers en font usage aussi pour les grands grillages apparents. Les pièces A, E, sont assemblées au même point dans la pièce B, et se correspondent de façon que leurs arêtes sont en ligne droite $a\ b$, leurs tenons s'aboutent mutuellement.

Lorsqu'une seule de ces deux pièces est assemblée dans la pièce B, on peut donner à son tenon un peu plus de longueur, et lui faire dépasser l'angle de l'onglet. La pièce $A°$ est désassemblée, la projection B^2 donne la mortaise.

Dans la figure que nous donnons de cet assemblage, les faces de parement sont délardées par deux chanfreins qui forment une arête au milieu de chaque pièce. Quelquefois les chanfreins sont remplacés par diverses moulures. Les autres faces de parement postérieures sont planes, mais si l'assemblage doit faire façade des deux côtés, on peut les tailler aussi en chanfrein ou les décorer de moulures, et ajouter à l'assemblage des recouvrements à onglets, comme ceux que nous avons tracés sur les faces de parement antérieures.

II

§ 4. *Entures horizontales.*

Enter deux pièces de bois, c'est les joindre dans la direction de leurs longueurs, au moyen d'entailles nommées *entures*. Pour enter deux pièces de bois, il faut qu'elles soient exactement *enlignées*, c'est-à-dire qu'elles aient la même forme, en sorte qu'étant assemblées bout à bout l'une ne paraisse que la continuation de l'autre. Le tracé des *entures* dépend de la position des *entes* ou pièces entées qui peuvent être horizontales ou verticales.

La fig. 1, pl. XIX, est une *enture à mi-bois* avec *abouts carrés* entre deux pièces A, B. Dans la même figure les pièces E, D, sont assemblées à *enture à tenon et entaille bout à bout*, dite *enture en tenaille*, ces deux assemblages ont la même projection horizontale; dans celui des pièces E, D, on peut faire plusieurs tenons.

Fig. 2, enture à *mi-bois en queues d'hironde* entre les pièces A, B.

Fig. 2, enture à *mi-bois en queues d'hironde et à recouvrements* entre les pièces E, D.

Fig. 4, enture à *mi-bois avec tenons d'about*.

Dans l'assemblage des pièces, A et B projetées verticalement en A^1, B^1, le joint est horizontal et parallèle aux faces de parement. On met en joint en poussant les pièces l'une vers l'autre longitudinalement. Dans l'assemblage entre les pièces E, D, projetées en E^1, D^1, le joint est incliné par rapport aux faces, l'on met en joint latéralement.

Fig. 5, enture à *mi-bois* avec *abouts en coupe* (1), entre les pièces I, F.

Fig. 6, enture à *mi-bois avec abouts carrés et tenons réservés*, entre deux pièces A, B. Sur chaque bout le tenon occupe la moitié de l'épaisseur de l'about et le tiers de sa largeur; les mortaises sont refouillées dans les fonds des entailles. Le contraire pourrait avoir lieu, les tenons pourraient être réservés en saillies sur les entailles et les mortaises creusées dans les abouts, mais il n'en résulterait plus le même effet. Les tenons réservés, comme ils sont représentés sur la figure, ont pour objet, comme les abouts en coupe de la fig. 5, de retenir les abouts en joints, pour qu'ils ne s'écartent point de la direction des pièces.

Fig. 7, enture à *mi-bois* avec *abouts en coupe et brisés* entre les pièces E, D. Cet assemblage remplit le même but que le précédent, peut-être un peu moins solidement, mais il est d'une exécution beaucoup plus facile.

Fig. 15, pl. XXI, même assemblage entre les pièces A, B, traversées par une clef $x\,y$ qui les maintient en joint.

Fig. 8, pl. XIX, enture à *mi-bois avec rainures et languettes intérieures*. La longueur du joint est partagée également en deux; sur chaque pièce, la partie qui répond au bout est creusée en rainure, celle qui est dans le fond de l'entaille porte la languette. Cette disposition a pour objet de s'opposer à tout mouvement latéral. Le contraire pourrait avoir lieu, il en résulterait que les deux pièces, une fois assemblées, ne pourraient pas plus s'écarter dans le sens de leur longueur que latéralement; mais cet avantage ne contre-balancerait peut-être pas l'inconvénient d'une coupe plus difficile pour les rainures; il est obtenu par l'assemblage de la fig. 12.

On peut combiner l'assemblage de la fig. 8 avec ceux des fig. 6 et 7.

---

(1) On dit qu'un about est en coupe, lorsque le plan qui le termine est incliné de façon que l'about assemblé se loge en-dessous de celui qui reçoit l'assemblage et s'y trouve retenu.

Fig. 9* (1), enture en *fausses coupes avec tenons inverses, abouts en coupe et brisés*. Les deux pièces E et D sont exactement coupées de la même manière, le rampant de chaque tenon se trouve dans le même plan que le rampant de la mortaise qui est en arrière ; cet assemblage dont les dispositions sont réciproques entre les deux pièces, est d'une exécution facile. Il est susceptible d'être chevillé.

Fig. 10, enture à *coulisse en queue d'hironde avec abouts en coupe*. La languette en queue d'hironde est formée sur la pièce A ; la rainure pour recevoir cette languette est creusée dans la pièce B. On pourrait disposer cet assemblage de façon que chaque ente porterait une rainure à queue d'hironde et une languette également à queue d'hironde ; elles seraient alors disposées comme les rainures et languettes simples de l'assemblage de la fig. 8.

Fig. 11, enture à *endens*. On met en joint en posant le bout de la pièce E^1 sur le bout de la pièce D^1.

Fig. 12, enture à *endens avec rainures et languettes* entre les pièces A^1, B^1. Les languettes sont ménagées dans les endentures creuses, et les rainures sont faites dans les endents saillants.

Fig. 13, enture *avec endens en queues d'hironde* sur les faces de parement des pièces E^1, D^1. On ne peut mettre en joint qu'en présentant les pièces l'une à l'autre latéralement. Les coupes doivent être faites avec beaucoup de précision et assez serrées pour qu'on soit obligé d'assembler à petits coups de masse.

Fig. 5, pl. XXII. Même assemblage avec *coupes biaises*, pour que le joint se serre de lui-même. On descend la pièce B en joints avec la pièce A en la faisant glisser le long du cran du milieu xy qui est coupé carrément. Cette enture exige de la précision dans la coupe pour que tous les abouts serrent en même temps.

Fig. 14, pl. XIX, *trait de Jupiter simple* pour enter les pièces A^1 B^1.

Fig. 15, *trait de Jupiter simple avec clef* pour serrer les abouts en joint. Les abouts sont droits ou perpendiculaires aux faces de parement des pièces E, D.

Le nom de cet assemblage et de tous ceux qui en sont dérivés, vient de la ressemblance du tracé du joint sur les faces de parement, avec les traits de la foudre que les artistes placent comme attribut dans la main de Jupiter.

Fig. 16, même assemblage entre les pièces E, D, dont les abouts sont

---

(1) Les astérisques qui accompagnent les numéros des figures, indiquent des assemblages qui n'ont pas encore été décrits.

taillés en *coupe* et *brisés*. Cette disposition s'oppose à toute déviation dans l'assemblage, pour que les pièces demeurent *enlignées*. Les brisures $x\ y\ z$ étant très-obtuses, il n'y a point à craindre que la pression des abouts, occasionnée par l'effet de la clef, fasse fendre le bois dans les angles y; les contacts des abouts ont d'ailleurs peu d'épaisseur par rapport à celles des pièces E, D.

Fig. 17, *traits de Jupiter à joints droits avec abouts en coupes brisées et à clef*.

Fig. 18, autre *trait de Jupiter avec tenons d'abouts, rainures, languettes et clef*.

Fig. 19, *trait de Jupiter à triple entaille* ou à *trois clefs* pour enter les pièces E^1, D^1. On peut faire des traits de Jupiter à autant d'entailles qu'on veut; c'est un moyen d'augmenter la solidité de l'assemblage lorsqu'il doit résister en tirant. En effet, la solidité du trait de Jupiter, fig. 15, dépend de la résistance que la cohésion des fibres oppose à l'effort qui tend à séparer les pièces. Si le bois venait à se fendre suivant l'une des lignes sv, tu, l'assemblage serait rompu. En multipliant les crans, fig. 19, on multiplie les lignes sv, tu de la fig. 15, qui représentent les surfaces de cohésion des fibres, et il faudrait que les crans d'un même côté des clefs se déchirassent tous pour rompre complétement l'assemblage. Mais au delà de trois ou quatre crans on augmente les difficultés de la coupe sans augmenter beaucoup la solidité de l'assemblage, parce que les entailles n'ont plus assez de profondeur et les clefs assez d'épaisseur pour être solides.

Fig. 20, *trait de Jupiter à trois entailles et une seule clef*. Cet assemblage est d'une exécution difficile pour obtenir une justesse telle, que les abouts des pièces E, D, éprouvent de la part de la clef des pressions égales.

Fig. 16*, pl. XXI, *trait de Jupiter double, à fausses entailles en coupes inverses*. Pour que la clef tienne également on joint les deux traits des pièces E, D, il faut qu'elle soit cylindrique. On peut faire cette enture à *tenailles*, comme celle des pièces E, D, fig. 1 ou fig. 9*, pl. XIX.

Fig. 17, *trait de Jupiter avec coupes droites, fausses coupes, et clef en queue d'hironde*. Cet assemblage a le défaut qui résulte toujours de la combinaison des coupes droites avec les fausses coupes, ou, en général, des coupes qui n'ont pas la même inclinaison. Ces coupes sont en désaccord, le glissement des fausses coupes rs, tu tend à ouvrir les joints des coupes droites yx, zv. On a pensé remédier à ce vice en donnant à la clef une forme en queue d'hironde double. Cette forme tend à la faire fendre de x en z, accident qui romprait l'assemblage.

ASSEMBLAGES.

Fig. 18, *trait de Jupiter sans clef et boulonné*. C'est un des meilleurs joints qu'on puisse faire pour enter deux pièces A, B; on met en joint en faisant marcher les pièces latéralement l'une vers l'autre. Il faut que ce trait soit taillé très-juste, et qu'on assemble de force à coups de masse; on peut aussi donner une légère obliquité aux abouts et aux crans, afin de faciliter l'entrée en assemblage et le faire serrer en arrivant en joint.

Fig. 6*, pl. XXII, trait de Jupiter à joint *droit avec une seule clef*. Ses abouts sont en coupes inverses. C'est un assemblage très-solide.

Fig. 7*, *trait à plat-joint en tenailles*. Les abouts sont en coupes biaises et inverses, une clef cylindrique intérieure g tient l'assemblage.

Pour mettre en joint, on pose d'abord la pièce E à plat sur sa face de parement, l'entaille en dessus fig. 8. On place la clef cylindrique dans le logement qui lui a été préparé sur la joue de l'entaille, et où elle pénètre d'une moitié de sa longueur; on pose ensuite la pièce D sur la pièce E, de façon que les deux pièces se croisent comme elles sont représentées, même fig. La clef entre de l'autre moitié de sa longueur dans la joue de l'entaille faite sur la pièce D; on fait ensuite tourner la pièce D jusqu'à ce qu'elle se trouve en ligne droite avec la pièce E, l'about de chaque pièce se loge alors dans la coupe qui lui est préparée sur l'autre pièce. En donnant quartier aux deux pièces, de façon que le plan du joint à mi-bois soit vertical, et que les deux pièces et l'axe de la clef cylindrique soient horizontaux, l'assemblage se trouve, comme on le voit fig. 7, en position de résister à un effort qui agirait comme la pesanteur dans le sens vertical ; cet assemblage est, comme toutes les autres entures horizontales, susceptible d'être fortifié au moyen de boulons.

§ 5. *Entures verticales.*

Fig. 21, pl. XIX, enture de la pièce A sur la pièce B, à *fausse tenaille*. L'assemblage a lieu au moyen d'un tenon qui peut être introduit, sans élever la pièce A, dans la fausse tenaille ouverte de côté. Cette enture, qui n'est pas très-solide, s'emploie cependant lorsque quelque obstacle s'oppose à ce que l'on puisse exhausser la pièce A suffisamment pour *mettre dedans*, comme l'exigent tous les autres moyens d'enture. En B, la pièce qui porte la *fausse entaille*, est vue par le bout en projection horizontale.

Fig. 22, enture à *tenon chevronné*. En projection horizontale la pièce D est vue par le bout, la pièce E étant enlevée.

Fig. 23, enture à *tenons et tenailles en croix*. La pièce inférieure B est vue par le bout en projection horizontale, la pièce A étant désassemblée.

Fig. 24, enture à *tenailles inverses*. Chaque pièce porte deux tenons croisés avec deux tenailles, les deux tenons d'une pièce entrent dans les tenailles de l'autre. En D la pièce inférieure est vue par le bout en projection horizontale; au centre se trouve un petit carré qui est l'about des deux pièces, et qui répond sur les deux projections verticales aux lignes v x.

Fig. 1, pl. XX, entures des pièces A, B, C, *à tenons et mortaises carrés*.

L'enture de la pièce A avec la pièce B a lieu au moyen d'un tenon réservé sur l'about de la pièce A, et qui entre dans la mortaise creusée dans l'about de la pièce B; le tenon et la mortaise sont à fil du bois, leurs faces et joues sont parallèles aux faces des pièces; on pourrait les faire parallèles aux diagonales.

L'enture de la pièce B dans la pièce C est faite au moyen d'un faux tenon carré de bois de fil, qui entre de la moitié de sa longueur dans chaque mortaise creusée carrément dans les abouts des deux pièces. En C, la pièce inférieure est en projection horizontale vue par le bout désassemblée, et ayant retenu le faux tenon dans la mortaise.

Fig. 2, même assemblage à *double tenon*. Chaque pièce projetée verticalement en A^1 et B^1, ou en B^1 et C^1, porte deux tenons contigus diagonalement et deux mortaises intermédiaires, de façon que les deux tenons de chaque pièce entrent dans les deux mortaises de l'autre pièce.

En D et D, sont deux projections de la pièce inférieure vue par le bout, l'une pour le cas où la division des tenons est faite par des plans verticaux parallèles aux faces des pièces, l'autre dans laquelle cette division est faite diagonalement. On peut faire un tenon cylindrique, fig. 21.

Fig. 3, entures à *double enfourchement carré* entre les pièces A, B, C. Dans la première enture la pièce B porte quatre tenons qui entrent dans les quatre encastrements ouverts dans la pièce A. Dans l'enture de la pièce B sur la pièce C, chaque pièce porte deux tenons et deux encastrements, de façon que les deux tenons de l'une pénètrent dans les deux encastrements de l'autre.

Fig. 4, entures à *double enfourchement sur les arêtes*. Dans le joint entre les pièces E, D, celle-ci porte quatre tenons triangulaires qui sont reçus dans les quatre entailles faites sur les arêtes de la pièce E. Dans le joint entre la pièce D et la pièce G, chaque pièce porte deux tenons triangulaires placés sur les arêtes diagonalement opposées, et deux entailles triangulaires faites sur les deux autres arêtes, les deux tenons d'une des deux pièces sont reçus dans les entailles de l'autre. Dans ces deux assemblages les deux pièces portent l'une sur l'autre par un about octogonal qu'on voit sur la projection horizontale qui présente la pièce G par le bout, la pièce D étant enlevée.

Fig. 5, enture *par quartier à mi-bois sur les quatre faces*. Les pièces A, B sont taillées toutes deux de la même manière; la projection horizontale présente la pièce B par le bout après qu'on en a désassemblé la pièce A. Les deux quartiers conservés diagonalement sur une pièce entrent dans les emplacements de ceux qu'on a supprimés sur l'autre. Les abouts des quatre quartiers peuvent être taillés en coupe pour les maintenir en joint comme ceux de la figure 9; mais ordinairement ces assemblages sont frettés en fer.

Fig. 6, enture *à enfourchement*. Les deux pièces E, D sont taillées exactement de la même manière, la projection horizontale fait voir la pièce D par le bout après qu'on en a désassemblé la pièce E. Les abouts sont en chevrons. Les abouts saillants d'une pièce entrent dans ceux en creux de l'autre. Malgré la sujétion de la coupe de cet assemblage, il a sur le précédent l'avantage que la solution de continuité des fibres n'a pas lieu subitement.

Fig. 7*, *trait de Jupiter à quatre faces*. Les deux projections verticales $A^1 B^1$, $A^2 B$ font voir le trait sur deux faces contiguës des pièces A, B, il est le même sur les deux autres faces, mais en sens inverse. L'une des projections horizontales fait voir la pièce A par le bout supérieur. Sur la droite la projection verticale B^3 et la projection horizontale B, qui lui répond en dessous, font voir la pièce B après qu'on en a désassemblé la pièce A.

Fig. 8, enture *par quartiers à mi-bois avec tenons réservés* en chevrons.

Fig. 9, enture *par quartiers sur les arêtes*, les quatre abouts sont en coupe. Cette enture difficile à exécuter n'est pas d'un bon service.

Le mode d'enture par quartiers, formés par deux joints qui se croisent à angle droit, s'exécutent très-bien et utilement sur des bois ronds comme nous l'avons indiqué fig. 13. On peut aussi faire cette enture par trois joints qui se croisent au centre sous des angles de 60 degrés, fig. 14.

On ne doit point faire usage de la scie pour exécuter les joints des assemblages des fig. 5, 6, 7, 8, 9, 13 et 14, parce que l'épaisseur du trait de scie laisserait du jeu dans les joints.

Fig. 10, enture *à enfourchement en fausse coupe sur les quatre faces*. Les fourchons sont triangulaires, chaque pièce en porte deux avec deux entailles, les fourchons d'une pièce s'appliquent aux entailles de l'autre, et les deux pièces se joignent par un about carré $v\,x\,y\,z$ dont les angles répondent au milieu de leurs faces. Les abouts des fourchons sont en coupe pour qu'ils ne s'écartent pas.

Fig. 11, enture à *double enfourchement*. La pièce E porte quatre fourchons triangulaires sur les quatre arêtes, ils sont tenus dans quatre entailles égales faites sur les quatre arêtes de la pièce B. Les deux pièces ont leurs abouts carrés; celui de la pièce E est entre les racines des quatre fourchons, celui de la pièce D est formé par les quatre entailles, il se voit en $v\,x\,y\,z$ sur la projection horizontale D. Les abouts des fourchons sont en coupes, comme dans la figure précédente, pour qu'ils soient maintenus en joint.

Fig. 12*, enture *en fausse coupe sur les quatre faces*. Les deux pièces sont taillées exactement de la même manière, elles portent chacune deux longs fourchons en pyramides quadrangulaires; les extrémités en pointe des fourchons de l'une des pièces entrent dans les enfourchements de l'autre. Les abouts sont en coupes. Les joints sont tous quatre perpendiculaires aux faces des pièces, ce qui rend cette enture aisée à tailler avec précision.

Toutes les entures sont susceptibles d'être fortifiées par des ferrures, comme l'enture des pièces A, B à *queue d'hironde en tenaille*, fig. 12, pl. XXXVII. Nous donnerons d'autres détails de ces ferrures en traitant de l'emploi du fer dans les assemblages et les charpentes.

§ 6. *Entures de pièces de bois minces.*

Fig. 10, pl. XXXIX, enture *en fausse coupe avec clef*. Les abouts peuvent être retenus en joint par des vis à bois x, la clef f occupe environ le tiers de l'épaisseur des pièces qu'elle traverse. Elle remplit les mortaises suivant l'épaisseur des bois, mais elle est chassée à coups de maillet pour serrer fortement dans le sens des fibres du bois.

Fig. 11, enture *en fausse coupe avec faux tenon chevillé*. Les abouts sont en coupe parallèlement aux côtés du faux tenon g.

Fig. 12, enture *en fausse coupe avec tenons réservés*. Le tenon y, en saillie sur la première moitié de la fausse coupe d'une ente, pénètre dans la mortaise creusée dans la seconde moitié de la fausse coupe de l'autre ente. Cette enture peut être chevillée.

Fig. 13, enture à *mi-bois en fausses coupes croisées.* Cet assemblage peut être retenu par quelques clous ou par des vis à bois u, v; les abouts sont également tenus en joint par des clous ou des vis z. On pourrait les terminer en coupe.

On fait aussi cet assemblage en trois parties; deux de ces parties forment des joues, elles appartiennent à l'une des pièces, elles sont toutes deux taillées suivant la même fausse coupe. La troisième partie, qui appartient à l'autre pièce, remplit l'intervalle entre les deux joues, qui est des trois septièmes de l'épaisseur du bois; elle est coupée en sens inverse.

§ 7. *Entures usitées dans la charpenterie navale.*

Les entures que nous avons décrites dans le paragraphe 5, conviennent lorsque les pièces carrées ou rondes doivent agir suivant leur longueur et même par torsion. Mais lorsque les pièces entées ont à résister à la flexion, leurs joints ne doivent pas établir subitement une solution de continuité des fibres. Il faut que la résistance résultant de la raideur du bois passe de l'une à l'autre des pièces presque insensiblement, et comme s'il n'y avait point d'interruption; c'est dans cette vue que les charpentiers de marine croisent les pièces entées jusqu'à donner aux *écarts* (1) du joint en fausses coupes, les deux tiers de la longueur de chaque ente; et pour empêcher le glissement de ces longs joints, ils les remplissent d'un bout à l'autre d'*endentures* saillantes et creuses qui pénètrent les unes dans les autres.

Ces sortes d'entures sont particulièrement employées pour la construction des vergues en plusieurs pièces. Les *endentures* de leurs joints présentent une succession de queues d'hironde simples ou doubles, suivant le fil du bois, qui s'opposent, en serrant, à toute espèce de dérangement que la flexion des pièces entées pourrait produire dans les joints.

La figure 24, pl. XXIII, représente une vergue ronde composée de deux entes A, B, projetée sur un plan parallèle à son axe, et perpendiculaire au joint en fausse coupe m n, suivant lequel les deux entes sont assemblées.

Les fig. 25 et 26 sont les projections sur un même plan des deux pièces A et B désassemblées, et chacune tournée sur l'axe de la vergue pour mettre en évidence directe son joint et ses endentures. On voit comment les *en-*

(1) Longueur dont les bois assemblés se croisent.

dents saillants de l'une des entes peuvent pénétrer dans les *endents* creux de l'autre.

Les saillies et renfoncements des endents sont distingués dans ces deux figures et dans les fig. 30 et 31, par des teintes différentes formées de hachures.

La fig. 27 est une coupe perpendiculaire à l'axe de la vergue sur le milieu de sa longueur suivant la ligne MN des fig. 24, 25, 26. A cette place le joint en fausse coupe est uni, vu que c'est le point où les endents saillants et creux alternent d'un côté à l'autre de l'enture.

La fig. 28 est une coupe qui répond à la ligne PQ des mêmes figures.

La fig. 29 est une vergue ronde assemblée de quatre pièces, savoir : deux entes D, E, et deux jumelles de recouvrement F, G; elle est projetée sur un plan parallèle à son axe et perpendiculaire aux deux joints de recouvrement ae, io, des jumelles avec les entes.

La fig. 30 est une seconde projection de la même vergue également parallèle à son axe, mais perpendiculaire à celle de la figure précédente, et après l'enlèvement d'une des jumelles F, pour mettre en évidence les endentures en saillies des entes D, E, jointes ensemble suivant la fausse coupe uv; ces endentures doivent entrer dans les endentures égales, creusées dans la jumelle F qui est supposée enlevée. Il en est de même des endentures du joint entre les pièces D, E, et la deuxième jumelle G.

La fig. 31 est une projection de l'ente E dans le même sens et sur le même plan que la projection fig. 29. Cette ente E, fig. 31, est désassemblée. Elle montre les endents carrés creusés dans son joint en fausse coupe u, v, pour recevoir les endents en saillie de l'ente D qui est enlevée. Les fig. 32 et 33 sont des coupes suivant les lignes MN, RS.

§ 8. *Assemblages de pièces de bois croisées.*

Fig. 15, pl. XX assemblage croisé *à tiers de bois*. La pièce A et la pièce B sont entaillées chacune au tiers de son épaisseur, et sur une longueur égale à la largeur de l'autre pièce; lorsque les pièces sont assemblées, le joint occupe sur chacune les deux tiers de son épaisseur.

Fig. 16, même assemblage à *mi-bois*, chaque pièce est entaillée de la moitié de son épaisseur, de sorte que lorsqu'elles sont assemblées, leurs surfaces de parement s'effleurent des deux côtés. On maintient les assemblages en joint au moyen d'un boulon.

Fig. 17, assemblage *en croix à double entaille*. La première entaille de chaque pièce est faite sur le premier tiers de son épaisseur et carrément, comme celle de la fig. 15; la seconde est faite sur le second tiers de l'épaisseur, mais seulement suivant deux des quatre triangles résultant des diagonales tracées sur le fond de la première entaille, ce qui forme deux espèces d'embrèvement en onglets qui laissent les deux autres triangles en saillies suivant le fil du bois. Les deux pièces se trouvent ainsi entaillées de la même manière; en les croisant pour les assembler, les triangles saillants de l'entaille intérieure d'une pièce entrent dans les embrèvements creusés dans le fond de l'entaille de l'autre pièce. On peut maintenir cet assemblage en joint au moyen d'un boulon comme les deux précédents, ce boulon n'est pas marqué sur la figure.

On peut croiser deux pièces au tiers ou à moitié-bois en n'employant que la seconde entaille en onglet. La fig. 18 représente une pièce, celle B désassemblée, entaillée ainsi et vue par la face, dans laquelle on a entaillé les embrèvements $z\ z$ qui réservent sur la même face les deux onglets saillants $y\ y$. Deux pièces étant taillées de cette sorte et exactement pareilles, en les croisant, les onglets de l'une entrent dans les embrèvements de l'autre; les pièces ne se pénètrent que de la profondeur des entailles. On ne doit point se servir de la scie pour faire les entailles en onglet, parce que l'épaisseur du trait de scie empêcherait les onglets de se joindre exactement, et l'assemblage aurait du jeu.

On peut varier le joint de la fig. 15 de diverses manières, nous n'en indiquerons qu'une, dans laquelle les entailles et onglets se trouvent remplacés par une rainure et une languette. B^1 fig. 19, est dans cette hypothèse une coupe de la pièce B. Suivant la ligne mn de la fig. 17, elle fait voir le profil de la languette x, à fil de bois. La fig. 20 est une coupe de la pièce A suivant la même ligne mm; elle fait voir le profil de la rainure v creusée perpendiculairement au fil du bois et qui reçoit la languette z de la fig. 19. Cet assemblage ne vaut pas celui de la fig. 17, parce qu'il affaiblit davantage les pièces, à moins qu'on ne donne très-peu d'épaisseur à la languette, pour que la grande entaille soit moins profonde.

Fig. 21, assemblage à *mi-bois en croix à clef*. La pièce A est assemblée dans la pièce B à mi-bois; elle porte sur une de ses faces latérales une entaille v en coupe, qui reçoit la joue aussi en coupe y de l'entaille de la pièce B. Une clef z, taillée aussi en coupe, sert à serrer le joint, et les pièces $A\ B$ ne peuvent plus se séparer. Cet assemblage ne nécessite pas de boulon.

Dans l'assemblage de la pièce E avec la pièce B, le joint en paumelle est remplacé par deux entailles qui forment un tenon r et un encastrement s, le joint est serré par une clef en coin t; dans ces divers assemblages, les deux pièces assemblées peuvent avoir des équarrissages différents; leur croisement peut aussi avoir lieu sous un angle quelconque, c'est le cas le plus fréquent représenté par la figure suivante.

La fig. 1 de la pl. XXII présente une projection horizontale sur les faces de parement d'une *croix de Saint-André* formée par l'assemblage à mi-bois de deux pièces A, B, qui se croisent sous un angle quelconque. $A^1 B^1$ est la projection verticale de cet assemblage; A^2 et B^2 sont les mêmes pièces désassemblées projetées sur leurs faces normales.

La fig. 2 est la projection horizontale du trait de l'assemblage à mi-bois *croix de Saint-André avec embrèvement* en p et q. La fig. 3 est la projection verticale de la pièce B vue sur sa face normale, répondant à son arête $m n$.

Les embrèvements dans les assemblages en croix de Saint-André sont utiles lorsque les angles de croisement diffèrent beaucoup de l'angle droit, pour empêcher qu'il ne se lève des éclats aux bords aigus des entailles.

Les pièces qui forment les *croix de Saint-André*, fig. 1 et 2, sont traversées par un boulon pour les tenir en joint. Ce boulon est ponctué dans la projection verticale fig. 1. Dans les projections A^2, B^2, on a projeté les trous qu'il traverse.

Fig. 4, *croix de Saint-André* formée par des pièces *débillardées* (1) en projection sur le plan des faces de parement que nous supposons horizontales; les pièces assemblées sont marquées A, B, elles sont en projections verticales et assemblées en $A^1 B^1$; on les voit désassemblées, encore en projection horizontale, au-dessous de la figure à gauche et à droite en A et B, et elles sont un peu plus bas en projection sur leurs faces d'épaisseur en A^2, B^2. Pour que l'on saisisse plus aisément la relation de chacune de ces dernières projections avec sa correspondante A ou B, les mêmes arêtes dans les unes et les autres projections sont marquées des mêmes chiffres. Ainsi l'on voit qu'on a fait tourner les pièces A et B autour de leurs arêtes n° 1, pour amener dans chacune la face comprise entre les arêtes n° 1 et n° 2, parallèle au plan de projection.

En B^3 est une section de la pièce B par un plan perpendiculaire aux arêtes, suivant les lignes xy, $x'y'$.

Cette croix de Saint-André est boulonnée, comme la précédente, au milieu de son joint, et perpendiculairement à ses faces de parement. Le boulon est représenté ponctué dans la projection verticale $A^1 B^1$; sur les

---

(1) On entend par une pièce débillardée celle dont les faces ne sont point d'équerre.

projections A, C, des pièces désassemblées, sur les projections A^2, C^2, on n'a représenté que les orifices visibles des trous qu'il traverse.

Les assemblages à entailles des bois qui se croisent sont fréquemment consolidés par des coupes en queue d'hironde ou des rainures, lorsque la pièce qui croise ne se prolonge au delà de la pièce croisée que de la longueur nécessaire pour que la joue de l'entaille ait assez de solidité. La fig. 7 de la pl. XXXIII présente des exemples de cette combinaison. La pièce A est assemblée à mi-bois avec la pièce B; les joues de l'entaille faite dans celle-ci sont coupées suivant les lignes $x z$ qui tracent en même temps des embrèvements sur la pièce A, qui se trouve ainsi coupée en queue d'hironde. Quelquefois on ne fait l'embrèvement que d'un seul côté, comme en $t v$ dans l'assemblage de la pièce E avec la même pièce C; dans ce cas, on peut faire un embrèvement semblable $t v$ dans la pièce B qui passe en dessous de la pièce E. Il en résulte que les deux pièces sont également assemblées à entailles et à queue l'une à l'égard de l'autre. La fig. 22, pl. XX, représente pour le même cas l'assemblage d'une pièce O dans l'entaille à rainure d'une pièce R.

Les charpentiers anglais substituent ordinairement aux queues d'hironde combinées avec les assemblages à mi-bois, une *encochure* $y z$, fig. 7, pl. XXXIII, entaillée dans la pièce O, et qui reçoit une saillie réservée sur la joue de l'entaille de la pièce B. Cette *encochure* ne vaut pas la queue d'hironde, vu que sa résistance n'est représentée que par la cohésion des fibres de la pièce B compris de y en z; tandis que dans l'assemblage à queue d'hironde, des pièces A ou E, la résistance résulte de la cohésion des fibres de toute l'épaisseur de la pièce B de z en x ou de t en v.

Les charpentiers anglais appliquent aussi leur embrèvement circulaire aux entailles à mi-bois, comme on le voit en $r s$, pour l'assemblage en croix de la pièce I avec la pièce B.

Les assemblages croisés par entailles et à queue d'hironde ou à rainure sont ordinairement boulonnés comme les autres assemblages croisés.

§ 9. *Assemblages russes et suisses.*

Les charpentiers des contrées du Nord et de la Suisse assemblent des corps d'arbres pour former les encoignures des murailles, en les croisant au moyen d'entailles à mi-bois qui sont mises en joint d'une manière toute contraire de celle que nous avons précédemment décrite. Ce mode d'assemblage réunit plusieurs avantages pour les circonstances qui en déterminent l'emploi.

La fig. 1, pl. XXIII, contient une projection horizontale et deux projections verticales de trois parties de murailles en bois *A*, *B*, *C*; deux d'entre elles rencontrent la troisième à angle droit.

Chaque muraille est formée de corps d'arbres posés horizontalement les uns au-dessus des autres, de façon que tous leurs axes sont dans un plan vertical. Au point de rencontre de ces deux murailles, les arbres de l'une croisent ceux de l'autre et les dépassent d'une longueur au moins égale à leur diamètre. Ils sont entaillés afin qu'ils puissent dans chaque muraille se joindre sur toute leur longueur.

L'entaille de chaque corps d'arbre est creusée en demi-cercle suivant la rondeur du corps d'arbre qui doit la remplir et qu'elle doit envelopper sur la moitié de son contour, de telle sorte que chaque corps d'arbre est reçu dans l'entaille de celui qui est au-dessous, et qu'il reçoit dans la sienne celui qui est au-dessus.

Ce mode d'assemblage ne permet pas que les arbres soient établis par cours à mêmes hauteurs dans les murailles qui se joignent ; il n'y a aucun inconvénient sous le rapport de l'aspect de la construction, et cette disposition procure l'avantage qu'il ne peut y avoir de glissement horizontal d'un lit à l'autre dans un aucun sens.

Si la rencontre des murailles était oblique, cela ne changerait rien au mode d'assemblage ; les entailles, au lieu d'être faites perpendiculairement à la longueur des corps d'arbres, seraient obliques et n'en seraient pas moins creusées circulairement, de façon à présenter des surfaces concaves cylindriques.

Lorsque les parements des murailles ne sont point verticaux, le moyen d'assemblage n'est pas changé, les entailles sont seulement reculées et creusées de manière que les arbres se touchent toujours, et qu'ils soient en retraite les uns sur les autres.

A l'extrémité d'un mur, les arbres qui ne doivent pas être croisés par d'autres, sont taillés en tenons qui sont reçus dans la rainure d'un poteau *D*. Lorsque le mur doit être prolongé au delà du poteau, on creuse une seconde rainure comme celle du poteau *E* pour recevoir les tenons des arbres qui forment le prolongement de la muraille. On use de ce moyen lorsque les arbres n'ont pas assez de longueur pour former d'une seule pièce celle de la muraille.

Dans le dessous de chaque corps d'arbre, on creuse une cannelure longitudinale dont l'objet est de donner une assiette plus large et un calfatage de mousses plus épais; on la fait en dessous pour qu'elle ne retienne pas l'eau de la pluie.

La fig. 2 présente deux projections d'un des corps d'arbres de la muraille C, parallèlement à sa longueur. La fig. 3 est une coupe par le milieu de l'entaille suivant la ligne $m\,n$ de la fig. 2. La fig. 4 est une autre coupe du corps d'arbre suivant la ligne $p\,q$.

On pourrait entailler les corps d'arbres comme celui représenté fig. 5; la jonction s'opérerait de la même manière aux points où les arbres se croiseraient, mais le travail ne serait point aussi simple que celui représenté fig. 2.

On peut poser aussi les arbres les uns au-dessus des autres en sens inverse de celui que la figure représente, de façon que les entailles soient en dessous. Cette disposition serait utile pour que les entailles ne conservassent pas l'eau de pluie qui pourrait s'y insinuer. Elle ne changerait rien au système d'assemblage, qui joint une extrême simplicité à la plus grande solidité; mais il en résulterait quelque travail de plus, vu que lorsque les entailles sont en dessus, elles se font sur les arbres à mesure qu'ils sont mis à leurs places.

La fig. 6 présente une projection horizontale et deux projections verticales de trois parties de murailles en pièces de bois équarries, A, B, C, dont les assemblages des encoignures sont faits d'après le même système. Les entailles sont carrées et occupent la moitié de l'épaisseur du bois, chaque pièce reçoit dans son entaille la partie non entaillée de la pièce qui la croise. La fig. 7 donne deux projections de l'une des pièces du mur C.

La fig. 7 est une coupe sur l'entaille de cette pièce suivant la ligne $m\,n$ de la fig. 7; et la fig. 9 une coupe de la même pièce suivant la ligne $p\,q$.

La fig. 10 montre les deux entailles qui pourraient être faites dans chaque pièce pour produire le même résultat, chaque pièce se trouvant assemblée avec celles qui la croiseraient au quart de son épaisseur. Mais, ainsi que nous l'avons remarqué à l'occasion de la fig. 5, il en résulterait une augmentation de travail sans accroissement de solidité.

La fig. 11 contient une projection horizontale et deux projections verticales de l'encoignure formée par deux parties de murs B, C, en bois ronds dont les assemblages sont taillés à six pans. Cette disposition est adoptée lorsqu'on veut donner un large contact aux arbres, et que les assemblages soient serrés avec plus de force par l'effet des joues inclinées des entailles qui sont creusées chacune suivant un demi-hexagone.

La fig. 12 présente une projection horizontale et une projection verticale de l'une des pièces de la muraille C. La fig. 13 est une coupe suivant la ligne k l de la partie du corps d'arbre taillé en prisme hexagonal. La fig. 14 est une coupe sur le milieu de l'entaille en demi-hexagone suivant la ligne m n, et la fig. 15 est une coupe du corps d'arbre suivant la ligne p q, pour montrer sa forme après qu'on a taillé les deux faces planes parallèles qui font partie de celles du prisme hexagonal, et suivant lesquelles les arbres sont posés les uns sur les autres.

La fig. 16 présente deux projections verticales développées sur le même plan l'une à côté de l'autre, d'un angle ou encoignure d'une muraille en bois, dont les pièces ne dépassent point les parements extérieurs. Chaque pièce présente une queue d'hironde suivant le fil du bois en dessus, et dans le sens perpendiculaire en dessous, de telle sorte que les pièces ne peuvent point s'écarter les unes des autres lorsqu'elles sont pressées par le poids de la bâtisse.

§ 10. *Assemblages longitudinaux des grosses pièces.*

Fig. 1, pl. XXI, assemblages de deux pièces A B appliquées l'une contre l'autre suivant leur longueur. Cet assemblage peut avoir lieu par simple juxtaposition ou à plat-joint, ou bien le joint est façonné de diverses manières; dans l'un et l'autre cas, on est ordinairement dans la nécessité d'attacher les pièces l'une à l'autre par quelques-uns des moyens auxiliaires qui font l'objet des fig. 2, 3, 4.

Sur la gauche de la première projection des pièces A, B, fig. 1ʳᵉ, on a représenté diverses coupes suivant la ligne $v y$, pour montrer les dispositions à rainures et languettes qui sont quelquefois employées. La coupe $A^1 B^1$ fait voir celle d'une fausse languette, qui entre de la moitié de sa hauteur dans la rainure creusée longitudinalement dans chaque pièce. Pour que cette languette ait toute la solidité désirable, il faut qu'elle soit à bois debout, c'est-à-dire que le fil du bois de la languette soit perpendiculaire au fil du bois des pièces A^2 et B^2, afin que la languette ne puisse se fendre suivant la longueur du joint $v z$. Cette languette est alors formée de plusieurs pièces réunies les unes près des autres.

Dans la coupe $A^2 B^2$, les pièces A et B portent chacune longitudinalement une rainure et une languette. Dans celle $A^3 B^3$, l'une des pièces B porte la languette, la rainure est creusée dans la pièce A. Enfin, dans les coupes $A^4 B^4$, la languette et la rainure ont la forme d'une queue d'hironde. Les pièces ne peuvent plus être assemblées en les rapprochant parallèlement l'une de l'autre, on les fait glisser longitudinalement l'une sur l'autre en faisant entrer la languette ou queue dans la rainure.

La figure 2 représente, en projection horizontale et en projection verticale, trois moyens d'assemblage des deux pièces A et B réunies longitudinalement. Sur les côtés de la projection verticale sont deux autres projections verticales perpendiculaires, sur lesquelles les pièces A et B sont projetées en A^2 B^2, par leurs bouts; a est une cheville ou goujon en bois qui pénètre dans les deux pièces de bois A B, jusqu'à la moitié de l'épaisseur de chacune; on multiplie les goujons en bois autant qu'il le faut sur la longueur des pièces pour opérer une réunion suffisamment solide suivant l'objet qu'on se propose; les goujons doivent être faits en bois très-sec; ils sont chassés à force dans les trous faits avec une tarière dans les deux pièces, avec l'attention que ceux de l'une correspondent exactement vis-à-vis ceux de l'autre; les goujons sont plantés d'un bout à coups de maillet dans les trous d'une des deux pièces; ils sont ensuite introduits de l'autre bout dans les trous de l'autre pièce qui est amenée en joint à coups de masse.

b Est un faux tenon qui pénètre de la moitié de sa longueur dans chaque pièce; ce tenon est entré de force dans les mortaises et chevillé.

c Est une clef qui traverse les deux pièces A, B, et les serre l'une contre l'autre au moyen de deux clavettes; avant qu'on adoptât l'usage des boulons, cette clef et ses clavettes en tenaient lieu.

La fig. 3 représente encore par deux projections la réunion longitudinale des deux pièces de bois A, B, maintenues par divers moyens. a, a, sont deux clefs logées en dessus et en dessous des deux pièces dans des entailles dont les côtés sont en coupe; les clefs sont introduites dans les entailles en glissant; lorsqu'elles sont en place et que les deux pièces sont bien serrées l'une contre l'autre, on fixe les clefs en les clouant.

b, b, Sont deux clefs en doubles queues d'hironde logées dans des entailles très-justes et qui forcent même la pression en joint; une clef à queue est au-dessus, une autre au-dessous : elles sont maintenues en place par des clous ou des vis.

c Clef à queues d'hironde avec un coin d; cette clef traverse les deux pièces dans les mortaises qu'on y a ouvertes : elle n'occupe qu'une partie de l'étendue de la mortaise, le surplus est rempli par l'autre cef taillée un peu en coin.

f f Même assemblage avec deux clefs à queue d'hironde et une clef en coin g placée entre elles.

h Grosse cheville qui traverse les deux pièces et est *coincée* par les deux bouts, pour remplir les deux trous qu'elle traverse et qu'on a eu soin d'évaser en long par leurs orifices extérieurs. Ses coins en bois dur sont chassés à coups de marteau dans des fentes ouvertes avec un ciseau dans une position perpendiculaire à la longueur des pièces A, B, afin que la pression se porte sur le bois debout, vu que dans un autre sens elle ferait fendre les pièces.

La fig. 4 représente quelques ferrements employés pour serrer deux pièces de bois A, B, accolées; sur la droite en $A^1 B^1$, sur la gauche en $A^2 B$, $A^3 B^3$, $A^4 B^4$, sont quatre coupes des pièces A, B, avec les projections des ferrements qui les unissent. *a*, Lien à vis et écrous avec bride; *b*, frette simple; *c* frette serrée avec des coins en bois ou en fer; *d*, boulons à vis et écrous de différentes formes. Nous aurons occasion de donner d'autres détails sur ce sujet en parlant de l'emploi du fer dans les assemblages.

§ 11. *Assemblages longitudinaux des planches et des madriers.*

Fig. 5, pl. XXI. Coupe de quatre planches par un plan perpendiculaire à leur longueur : elles sont assemblées en *a* à plat-joint, en *b* en fausse coupe, et en *c* avec *fausse languette* rapportée dans la rainure creusée sur l'épaisseur de chaque planche : cette fausse languette doit être à bois debout, comme nous l'avons déjà fait remarquer au sujet des pièces $A^1 B^1$, fig. 1.

Fig. 6, assemblage de planches à joints recouverts.

Fig. 7, assemblage à rainures et languettes simples avec faux tenons chevillés *d*; ces tenons sont toujours à bois debout dont le fil est perpendiculaire à la longueur des planches.

Fig. 8, assemblage à doubles rainures et languettes.

Fig. 9, assemblage dit *à grains d'orge.*

Les assemblages 6, 7, 8 et 9, sont représentés par des projections sur un plan parallèle aux planches ou madriers, et par des coupes perpendiculaires au fil du bois, suivant la ligne *m n* commune à ces quatre figures.

Fig. 10, assemblage de planches à joints recouverts avec rainures et languettes; les planches représentées par leurs coupes A, suivant un plan perpendiculaire au fil du bois, sont clouées sur la solive B, projetée selon sa longueur sur le même plan. Les têtes des clous *x* sont couvertes par les planches à mesure qu'elles sont posées.

Fig. 11, A, A, A, planches assemblées entre elles à rainures et languettes,

ASSEMBLAGES. 295

et dans la traverse B également à rainures et languettes avec tenons et mortaises f.

§ 12. *Assemblages à endentures usités dans la charpenterie navale.*

Les rainures et languettes de la fig. 1. pl. XXI, maintiennent les pièces assemblées parallèles, mais elles n'opposent point de résistance au glissement qui peut résulter d'un effort dans le sens de la longueur des bois, ou de la courbure que leur flexibilité peut permettre. Les charpentiers, notamment ceux de marine, ont ajouté à ce mode d'assemblage des *endents* ou *crans* qui fixent invariablement les unes aux autres les pièces jointes longitudinalement : les endents sont ou intérieurs ou apparents; nous ne décrirons ici que les endents intérieurs, qui sont employés particulièrement pour la confection des grands mâts ou des vergues, et qu'on peut appliquer avec avantage à d'autres pièces de charpenterie civile; nous aurons occasion de parler des *endents* apparents lorsque nous traiterons des poutres formées de plusieurs pièces figurées planches XXXVII, XXXVIII, XXXIX.

Un mât supposé couché horizontalement est représenté fig. 17, pl. XXIII, par une projection verticale sur un plan parallèle à son axe et à l'un des joints, et par une coupe suivant un plan perpendiculaire au premier passant par la ligne $M\,N$; cette coupe fait voir par leurs bouts les quatre pièces O, U, V, X, qui composent le mât, séparées par les traits de leurs joints à rainures et languettes qui portent les *endentures*. Les pièces U, V sont les seules apparentes sur la projection verticale.

La fig. 18 contient la projection et la coupe des deux pièces O, X, qui forment une moitié du même mât, et desquelles on a désassemblé les pièces U, V, de l'autre moitié du mât, pour faire voir dans la projection le tracé des *endents* carrés en saillies et en creux qui s'ajustent à ceux taillés en sens inverse sur les pièces U, V.

La fig. 16 est relative à la construction d'un mât composé de deux pièces Y, Z, qui sont vues par le bout dans la coupe suivant la ligne M, N, de la projection verticale, où la seule pièce Z désassemblée est représentée pour mettre ses endentures en évidence. Celles de la pièce Y sont en sens contraire, c'est-à-dire que ce qui est en saillie sur l'une est en creux sur l'autre.

On compose des mâts d'un plus grand nombre de pièces. On en voit des exemples dans les coupes figures 20 et 21; les joints sont marqués sur ces deux figures sans avoir égard aux endentures, pour indiquer plus clairement la disposition de leurs plans principaux.

Lorsqu'un mât ou tout autre assemblage longitudinal est formé par la réunion de plusieurs pièces autour d'une autre principale z, fig. 20, 21, 23, celle-ci se nomme la *mèche,* les autres sont les *fourrures.*

Les assemblages longitudinaux avec endentures intérieures s'appliquent fort bien à la composition des pièces carrées, comme seraient celles qui auraient pour équarrissages les carrés ponctués, fig. 20 et 21, et celles vues par le bout, fig. 22 et 23.

Les endents carrés des fig. 18 à 19 et 31 sont, à longueur et épaisseur égales, plus solides que ceux obliques; on les emploie lorsqu'il faut empêcher le glissement des pièces dans les deux sens sur leur longueur. Les endentures obliques qui forment des queues d'hironde sont préférables lorsqu'il s'agit de s'opposer à un glissement dans une seule direction, et surtout à la courbure, parce que leurs endents serrent comme des coins; ils unissent bout à bout les fibres du bois, tellement qu'il n'y a, pour ainsi dire, plus de solution de continuité sensible dans la roideur qu'elles opposent à une force qui tendrait à plier les pièces.

La solidité des endentures dépend de leur longueur, vu que cette solidité résulte de la cohésion des fibres du bois dans la partie où chaque endent tient aux joues des rainures ou des languettes dans lesquelles il se trouve entaillé. Les rainures et languettes, quel que soit le tracé des endents, doivent être établies dans le fil du bois de manière que les principales fibres ne soient point tranchées, pour qu'elles résistent également d'un bout à l'autre des joints. Pour qu'un assemblage par endents intérieurs soit inébranlable, il faut qu'il soit coupé avec une précision parfaite. Les endentures n'ont de force que parce que la résistance est répartie également entre un grand nombre d'endents, chacun n'ayant à fournir qu'une faible partie de cette résistance. On conçoit qu'il faut par cette raison que tous les endents soient également serrés dans leurs joints partiels, autrement, s'il y en avait un qui fût plus serré que les autres, il supporterait seul tout l'effort de l'assemblage; cet effort pourrait le faire éclater; celui qui serait le plus serré après lui éclaterait à son tour, et l'endenture pourrait de cette manière être ruinée complétement.

Dans la disposition des endents carrés, les crans peuvent être distribués de telle sorte qu'aucun d'eux ne corresponde à un autre, afin qu'ils forment comme des contre-forts distribués le long des languettes et des rainures pour qu'elles soient moins affaiblies; mais pour les endentures

ASSEMBLAGES.

obliques, il est nécessaire que les crans des endents se correspondent et qu'ils leur donnent une forme en queues d'hironde symétriques, afin que les efforts latéraux se contre-boutent, que les endents se serrent mieux, et qu'ils ne déjettent point les joues des rainures et languettes dans lesquelles ils sont taillés.

§ 13. *Moises.*

Autrefois le nom de *moise* signifiait *la moitié d'une poutre fendue en long* (1); aujourd'hui on ne donne le nom de *moises* qu'aux pièces jumelles qui embrassent deux autres pièces, le plus souvent en les croisant pour les lier entre elles; ainsi *moiser* des pièces de bois, c'est les saisir entre deux moises. Une *moise* seule ne peut pas *moiser*, il faut qu'elle soit *jumelée* avec une seconde moise, autrement elle prend différents noms tels que ceux de *lierne*, *écharpe*, *lambourde*, *décharge*, *traverse*, suivant sa position et son objet.

Dans la fig. 12, pl. XXI, les deux pièces parallèles M, M, sont deux moises, elles moisent en saisissant et serrant les pièces A, B, C, D, E, F, G, H, I.

A côté de la principale projection verticale, les moises sont vues par leurs bouts en M M^{22}; au bas de la planche, les moises et les pièces désignées par les mêmes lettres sont projetées désassemblées.

Les moises M, M, sont entaillées pour envelopper les pièces moisées; celles-ci le sont aussi quelquefois comme la pièce B, pour que les moises ne puissent pas glisser, l'assemblage est même assez souvent fait à recouvrement; c'est de cette manière que la pièce C est moisée.

Les entailles des moises sont toujours tracées, de manière que la mise en joint puisse se faire dans le même sens pour toutes les pièces moisées ensemble par les mêmes moises. Elles peuvent être droites comme pour les pièces A, B, C, G, inclinées comme pour les pièces H, I, triangulaires pour les pièces carrées ou méplates E, F, moisées sur leurs arêtes. Les entailles peuvent aussi être biaises pour les pièces débillardées comme la pièce D. Mais on doit remarquer que pour cette pièce, qui n'a ici pour objet que d'indiquer une entaille biaise, la mise en joint ne pourrait avoir lieu en même temps que celle des autres pièces comprises dans la figure; elle ne

---

(1) *Moise, tref scié au long à la iuste épesseur d'une demi povtre.* (Abrégé du parallèle des langues française et latine du père Phil. Monet, 1631.) *Moise* et *moison* ont signifié dans l'ancien langage *moitié*.

pourrait être moisée qu'avec des pièces qui seraient débillardées sous le même angle qu'elle.

Dans la fig. 13, la pièce moisée A^2 est supposée inclinée dans un sens tel, que ses arêtes ne sont point parallèles aux plans des faces de parement des moises M^2, M^2, qui sont vues par le bout.

L'assemblage des moises est dit à *mi-bois* lorsque chaque moise et les pièces moisées sont également entaillées du quart de l'épaisseur de ces dernières, comme serait l'assemblage de la pièce D, fig. 12.

Les moises sont ordinairement retenues en joint par des boulons en fer à clavettes, et mieux à vis et écrous. Un seul boulon traverse quelquefois les deux moises et la pièce moisée comme en A. Lorsqu'on craint d'affaiblir la pièce moisée, on place un boulon de chaque côté, c'est ce qu'on a supposé pour la pièce C, déjà affaiblie par son entaille, ou pour la pièce cylindrique G.

Afin qu'on puisse serrer à volonté les assemblages des moises, on n'approfondit pas leurs entailles suffisamment pour que leurs faces se touchent, ce qui conserve entre elles un petit jour x, égal, d'un bout à l'autre, au double de la quantité dont on a diminué la profondeur des entailles.

La disposition d'une charpente exige quelquefois que les moises M^2, M^2, fig. 14, soient débillardées, de façon que leurs faces en parement soient parallèles à celles des pièces moisées projetées sur A^2, tandis que leurs faces d'épaisseur ou d'assemblage doivent faire un angle donné avec les arêtes de ces mêmes pièces. Un assemblage biaisé de la sorte ne peut remplir son objet qu'autant que les boulons, dont les têtes et les écrous doivent porter sur les faces de parement des moises, ont une direction perpendiculaire à ces mêmes faces et ne serrent point à faux. La ligne $x\,z$ passant par les points qui appartiennent aux arêtes opposées des deux moises M^2, M^2, et qui est perpendiculaire aux arêtes des pièces moisées projetées sur A^2, représente la position normale d'un boulon; elle indique en même temps la limite du débillardement des moises M^2, M^2, pour que l'effort du boulon sur les joints ne déverse pas ces moises. Pour que la pression soit également répartie, la ligne $x\,z$ doit passer par les milieux y de la largeur des joints.

Dans quelques anciennes charpentes on trouve des moises serrées par des clefs et des clavettes en bois, comme celles qui unissent les pièces A et B, fig. 2 et 3, pl. XXI.

Quelquefois les moises sont serrées et maintenues en joint par d'autres moises secondaires, qui les embrassent en les croisant. Nous n'avons pas représenté cette disposition, n'ayant en vue, pour le moment, que les assemblages simples.

Les moises sont souvent employées à lier ensemble des pièces de bois très-écartées les unes des autres. Pour donner plus de force aux assemblages extrêmes, en outre de ce qu'on fait dépasser les bouts des moises d'une quantité suffisante pour que leurs entailles puissent résister aux efforts qu'elles ont à supporter, on fait ces entailles en queue d'hironde; le détail de cet assemblage est représenté par une projection horizontale et une projection verticale, fig. 13, pl. XXXVIII.

Les fonds des entailles, tant des moises M que de la pièce A, sont inclinés suivant les lignes $x\ z$ de la projection horizontale. Les lignes $t\ v$ marquent sur la projection verticale les embrèvements en queues d'hironde des joues des entailles de la pièce A dans les faces normales des moises.

§ 14. *Assemblage des pièces de bois courbes.*

Les pièces de bois courbes peuvent être jointes entre elles et avec des pièces droites, par tous les assemblages que nous avons décrits; elles peuvent entrer dans toutes les combinaisons de charpenterie comme les pièces droites. Dans le tracé des joints, entre pièces courbes, leurs diverses parties conservent leurs positions et les proportions que nous avons prescrites pour les pièces droites. Nous ne nous arrêterons, en conséquence, qu'à un très-petit nombre d'exemples.

La fig. 9, pl. XXII, représente divers assemblages entre pièces courbes.

Les pièces B, E, sont assemblées à tenons et mortaises avec d'autres pièces C, D. Pour chaque assemblage, l'about $a\ b$ est commun à l'embrèvement et au tenon; on le fait ordinairement perpendiculaire à la surface qui reçoit l'assemblage. La partie rampante, $c\ d$, du tenon, doit toujours être taillée suivant le fil du bois, sans égard à la courbure de la pièce assemblée au point c. Du reste, les largeurs, épaisseurs, longueurs et profondeurs des tenons et mortaises conservent, avec les dimensions des pièces, les mêmes proportions. Si l'assemblage d'une pièce droite ou courbe a lieu sur une des surfaces planes d'une pièce courbe C, l'occupation de la pièce assemblée, que le dessin ne représente pas, est figurée par le quadrilatère $e\ f\ g\ h$; la mortaise est creusée dans la pièce C de façon que sa longueur est perpendiculaire au rayon $w\ œ$, qui divise l'occupation $e\ f\ g\ h$ en deux parties égales. On ne donne point de courbure aux joues de la mortaise G non plus qu'à celles du tenon qui doit y entrer, parce qu'elle serait plus nuisible qu'utile si elle n'était pas taillée avec la même précision qu'on peut apporter pour l'exécution des surfaces planes.

A l'égard des entures, les joints doivent être tracés symétriquement et en accord avec les courbures des pièces, comme ils le sont à l'égard des surfaces planes des pièces droites; les parties des joints qui sont parallèles aux faces des pièces droites peuvent suivre les courbures des pièces cintrées. Nous avons tracé, fig. 9, un trait de Jupiter de cette sorte, pour enter les pièces A, B. Les joints $p\ q$, $i\ j$, sont courbes et parallèles aux faces courbes des deux pièces. Il en résulte qu'en serrant la clef, les deux pièces sont poussées l'une vers l'autre et en joints de leurs abouts par un mouvement circulaire de glissement sans qu'elles puissent désaffleurer sur leurs faces cylindriques.

Nous avons tracé un autre trait de Jupiter pour enter les pièces E, F, dont les joints $m\ o$, $n\ c$ sont droits, parallèles entre eux et perpendiculaires au rayon $x\ y$ du milieu de la longueur de l'assemblage. Souvent on préfère ce joint au précédent à cause de la justesse qui résulte de la facilité de son exécution. On peut également faire l'enture en fausse coupe comme elle est tracée pour le trait de Jupiter entre les pièces C, D; les joints $u\ s$, $t\ v$ sont obliques par rapport au rayon de courbure $r\ z$ du milieu de l'assemblage. Ce joint a l'avantage de trancher moins brusquement les fibres du bois que les deux précédents; mais il a quelquefois l'inconvénient de faire désaffleurer les surfaces courbes en k et en l, et de faire éclater le bois dans l'angle t qui est souvent plus aigu qu'il ne le serait si les pièces étaient droites.

Les charpentiers de marine entent en *fausse coupe*, $m\ n$, fig. 34, pl. XXIII, les courbes ou côtes des navires formées de pièces accouplées. Ce mode d'assemblage est suffisant, vu que les joints d'une même courbe ne se correspondent point, et qu'on peut les serrer par des boulons ou des chevilles x, en même temps que les pièces accouplées sont liées par d'autres chevilles y.

On ménage la longueur des bois courbes en ne les croisant pas. On les pose bout à bout à plat joint, ou bien on les assemble par l'intermédiaire de petites courbes, comme celle marquée K, même figure, nommée *genou*, dont les joints peuvent être chevillés ou boulonnés.

§ 15. *Assemblages vicieux*.

Un assemblage est vicieux, quelque bien coupé qu'il soit, s'il a été tracé suivant des principes différents de ceux que nous avons indiqués comme essentiellement nécessaires à la solidité. On ne doit jamais s'écarter de la règle qui prescrit que les saillies formées par les entailles et coupes du bout d'une pièce qu'on veut assembler dans une autre, seront en bois de fil et sans interruption, afin qu'il ne puisse s'en détacher aucun éclat. Les queues d'hironde, les endentures, les traits de Jupiter sont exceptés de cette règle, si leur longueur et l'inclinaison de leurs coupes sont telles qu'il n'y ait rien à craindre au sujet de la rupture d'aucune de leurs parties.

Une seconde règle à laquelle on doit s'astreindre, c'est que les coupes et entailles creusées pour recevoir les assemblages ne doivent avoir aucune partie de même espèce plus faibles les unes que les autres, devant toutes résister également.

La fig. 10, pl. XXII, représente en $A\ B$ la projection de l'assemblage de deux pièces de bois, à tenon et mortaise. En $A'\ B'$, $A''\ B''$, $A'''\ B'''$, même fig., sont trois projections, sur des plans perpendiculaires à celui de la projection précédente, de trois modes d'assemblages à tenon et mortaise qui peuvent avoir la même projection $A\ B$.

L'assemblage $A'\ B'$ est complètement *vicieux*, en ce que les fibres de la pièce A' qui se prolongent dans son tenon sont tranchées par les plans qui forment les joues dans ce tenon, ce qui peut donner lieu, suivant la ligne $x\ y$, à une rupture qui rendrait l'assemblage nul. L'assemblage $A''\ B''$, fig. 10, ne présente pas le même inconvénient, puisque le tenon est tracé entièrement suivant le fil du bois et qu'aucunes de ses fibres ne sont tranchées entre son about et sa racine. Mais de ce que les faces de parement qui sont projetées sur les lignes $a\ b$, $b\ c$, ne sont pas dans un même plan, il en résulte un autre vice ; la joue de la mortaise du côté de la face répondant à la ligne $a\ b$ ne présente pas la même résistance que la joue du côté opposé $d\ c$.

Pour que l'assemblage soit fait dans les bons principes, il faut que les faces de parement des deux pièces A''', B''' soient de chaque côté dans un même plan, et qu'elles soient par conséquent parallèles et suivant la direction de celles de la pièce A''', afin que le tenon de cette pièce soit entièrement à fil de bois et que les deux joues de la mortaise de la pièce B''' soient égales.

Si l'assemblage, projeté en A, B, était oblique comme celui de la pièce E ponctuée, au lieu d'être droit, les embrèvements qu'on pourrait pratiquer ne changeraient rien à ce que nous venons de dire.

Autrefois les charpentiers et les menuisiers faisaient preuve de leur habileté en taillant diverses sortes de pièces composées, qui présentaient extérieurement les apparences de plusieurs assemblages simples, dont l'emploi était reconnu impossible simultanément. C'est au moyen d'assemblages vicieux qu'ils parvenaient à exécuter ces tours d'adresse, dont ils présentaient le mystère à deviner aux personnes peu initiées dans leur art.

Nous avons représenté, fig. 11, deux de ces sortes d'assemblages. Pour le premier, la pièce A paraît assemblée dans la pièce B par un tenon a, apparent sur une face de parement, et par une queue d'hironde b apparente sur l'autre face. En A^4, la pièce A est représentée vue par son bout; au-dessus en A^3, elle est vue de côté et désassemblée; cette projection fait voir le tenon a et la prétendue queue d'hironde b qui est prise dans un second tenon, dont une joue est inclinée; et ses arêtes antérieures sont abattues par deux pans triangulaires $x\,y\,z$; les joues de la mortaise sont ouvertes sur la face de parement de la pièce B, par deux pans triangulaires $x\,y\,z$, qui correspondent aux deux pans égaux $x\,y\,z$ du tenon b de la pièce A; ces pans donnent sur les faces de parement des deux pièces $A\,B$ l'apparence de l'assemblage à queue d'hironde.

Pour mettre en joint on introduit le tenon de la pièce A en faisant glisser cette pièce parallèlement à elle-même, suivant la direction de la joue inclinée $m\,n$ du tenon b, qui figure la queue d'hironde. L'autre tenon a vient s'appliquer dans l'entaille carrée qui lui a été préparée. Le vice de cet assemblage est qu'il n'a pas de stabilité dans le sens que son apparence annonce.

L'autre assemblage entre les pièces E, B présente l'apparence d'une queue en trèfle e et d'un tenon passant d; ce tenon est oblique, à fil de bois tranché; il traverse une mortaise inclinée suivant la pente nécessaire pour que l'about du tenon en trèfle puisse arriver à l'affleurement de la pièce B dans l'entaille qui lui a été préparée. En E^4 la pièce E est vue par le bout; au-dessus en E^3, elle est projetée de côté et désassemblée.

On peut disposer l'assemblage de façon que le trèfle soit détaché et ne paraisse pas tenir à la pièce E. On lui substitue toute autre figure, telle qu'un cœur, une rosette, etc.; il suffit pour cela que le tenon e qui doit présenter son about sur la face de parement soit un prisme incliné, et que sa base ait la figure qu'on veut produire.

Ces assemblages sont vicieux en ce que les fibres du bois sont tranchées dans les tenons, et que la figure apparente sur la face de parement de la pièce B ne tient pas les pièces en joint : ils ne sont point susceptibles d'une application utile. Il est très-difficile de les exécuter avec précision; aussi faisaient-ils, avec plusieurs autres du même genre, partie de ces espèces de chefs-d'œuvre qui prouvaient la dextérité des ouvriers.

CHAPITRE IX.

EXÉCUTION DES OUVRAGES EN CHARPENTE.

§ 1. *Dessins.*

D'après les règles que nous avons exposées dans le chapitre précédent, quel que soit le nombre des pièces de bois assemblées les unes avec les autres, sauf de rares exceptions, dès que les axes sont dans un même plan, leurs faces de parement sont dans des plans parallèles à celui des axes; et conséquemment leurs faces d'assemblages sont toutes normales à ces mêmes plans. Ce système, quelles que soient encore les figures qui résultent de la combinaison des pièces, forme un *pan de charpente* qui prend différents noms suivant les positions dans lesquelles il se trouve employé.

Si les assemblages étaient taillés avec une rigoureuse précision, toutes les pièces d'un plan de charpente qui serait établi verticalement, fonctionneraient exactement dans le plan de leurs axes, et le système devrait demeurer dans un équilibre complet. Mais, malgré tout le soin qu'on peut apporter dans l'exécution, on ne doit pas espérer une si grande perfection; d'ailleurs, une foule de causes étrangères à l'art, aussi bien que l'usage même de l'édifice, exercent sur un plan de charpente des efforts qui tendent à lui faire perdre sa forme plane; et elles le renverseraient infailliblement s'il n'était pas maintenu par d'autres pans de charpente qui le croisent, l'empêchent de plier ou de pencher dans aucun sens et lui assurent une stabilité parfaite.

La charpente équarrie des pièces de bois qui entrent dans la composition des pans de charpente, détermine le plus souvent la rencontre perpendiculaire de ceux qui doivent s'affermir mutuellement en s'assemblant dans des pièces communes. Cette disposition des pans convient également bien au système qui produit la solidité des constructions en charpente, et aux dispositions intérieures de tous les édifices. C'est ainsi que dans les bâtisses en bois, on voit des pans verticaux qui se rencontrent à angles droits pour former les parois des façades et des cloisons des compartiments intérieurs, tandis que des pans horizontaux, soit *enrayures*, soit *planchers*, établissent des divisions à différents étages.

Lorsqu'on veut faire le projet de la composition d'une construction en charpente, le procédé le plus simple et le plus commode consiste à imaginer d'abord que les pièces qu'on veut employer sont des verges inflexibles, sans largeur ni épaisseur. On trace dans des proportions réduites et séparément les projets partiels des divers pans de la charpente, par de simples lignes qui représentent ces verges ou les axes des pièces. Parmi les figures qui résultent de la combinaison des lignes dans chaque pan, il en est qui doivent premièrement convenir aux formes que requiert la destination de la construction. D'autres figures qui ne sont pas d'une moindre importance dans le projet, doivent assurer la stabilité de la construction par l'effet de leur invariabilité. On fait entrer dans la combinaison de ces figures les lignes qui marquent les emplacements et les positions des pièces de bois qui doivent être communes aux divers pans qui se croisent.

Les principales lignes du projet étant ainsi établies, on y ajoute celles qui représentent les pièces auxiliaires, ayant pour objet ou de multiplier le nombre des figures invariables, ou de renforcer quelques parties que la flexibilité du bois rendrait trop faibles, ou enfin de distribuer des appuis et de contre-bouter certains efforts ou de les transmettre à des points invariables destinés à leur résister.

Lorsqu'on a ainsi satisfait à toutes les conditions et dans tous les pans par des projets linéaires, construits et tracés avec la règle et le compas sur une échelle proportionnée à la netteté des détails qu'on doit ensuite y ajouter, on trace, par d'autres lignes parallèles aux premières et d'après la même échelle, les épaisseurs des différentes pièces, pour qu'elles aient la force que requièrent leurs situations et les fonctions qu'elles ont à remplir, en commençant par les plus importantes, ou celles qui sont le plus élevées, et qui ont le moindre effort ou le moindre poids à supporter.

Dans la substitution des dimensions d'équarrissage des pièces aux lignes géométriques du projet linéaire, on fait correspondre les axes des pièces à ces lignes, à moins que celles-ci ne marquent quelques parois de l'édifice que les faces de la charpente doivent former, ou qu'elles ne doivent en être écartées d'une distance donnée. On est quelquefois forcé de dévoyer (1) les axes des pièces, pour rendre leurs assemblages exécutables et leur donner la solidité requise, si on n'a pas prévu, en traçant les premières lignes,

---

(1) *Dévoyer* une pièce de bois, c'est établir son axe hors de la *voie* ou position qu'il semblerait naturel de lui faire occuper.

l'espace qu'ils exigeront. On parvient de cette manière à la composition du projet complet de la construction en charpente qu'on s'est proposée : il ne reste plus quelquefois qu'à y ajouter l'indication des ferrements que commande la prudence pour assurer dans l'avenir la solidité des assemblages les plus importants.

Les dessins que donne ce premier travail répondent à ceux que les architectes appellent des *plans* et des *coupes* dans la représentation d'une bâtisse. Ils sont faits d'après les principes et les procédés de la géométrie descriptive. Ces dessins, cotés avec soin dans toutes les dimensions nécessaires pour fixer exactement les positions de toutes les pièces, par celles de leurs axes, ou celles de leurs faces qui ont quelques fonctions particulières à remplir, et pour indiquer les équarrissages de toutes les pièces, suffisent pour guider les charpentiers dans le tracé en grand des *étélons* qui doivent servir à l'exécution de la charpente projetée. On y joint quelquefois des projections de l'ensemble de la charpente, qui sont ses plans et ses élévations. Ces dessins supplémentaires n'ont pour objet que de faire juger l'effet général qu'elle produira, comme on juge par des dessins semblables de l'aspect des autres constructions.

On fait des projections du même genre pour représenter des charpentes exécutées. Mais l'étude des assemblages dans les positions qui résultent de la diversité des combinaisons des différents pans composant une charpente nécessitent d'autres dessins dans des proportions beaucoup plus grandes. Ces dessins se nomment *épures*, parce qu'ils sont faits avec précision, et qu'ils portent, comme preuve et épuration des résultats, les traces de toutes les opérations qui ont concouru à leur construction. Les épures sont indispensables pour décrire complètement les assemblages compliqués ou qui contiennent quelques dispositions particulières et peu usitées, ainsi que pour s'assurer qu'ils sont appliqués suivant les vrais principes de l'art, et vérifier la possibilité de leur exécution et de leur mise en joint dans le levage.

Nous ferons l'application des opérations que ces épures comportent aux détails des combles, parce que ces parties des bâtiments offrent le plus grand nombre d'exemples des différentes situations dans lesquelles les pièces de bois se présentent les unes aux autres, et que c'est le genre de construction complexe que les charpentiers ont à exécuter le plus fréquemment, et qui est le plus propre à les rendre habiles dans la pratique de leur art.

La connaissance des assemblages que nous avons décrits au chapitre précédent, et la nouvelle étude que nous nous proposons de faire sur quelques-uns d'entre eux dans les épures, dont nous venons de parler, seraient néanmoins sans utilité pour les charpentiers, s'ils n'y joignaient pas la connaissance du procédé le plus simple, comme le plus commode et le plus sûr, pour tracer et exécuter avec précision les assemblages.

Nous nous occuperons d'abord de ce procédé, parce qu'il est utile pour l'étude des épures, et principalement parce que nous avons à traiter, avant les combles, des diverses autres constructions auxquelles on peut en faire l'application.

§ 2. *Sommaire du procédé d'exécution.*

Piqué des bois. — La plupart du temps les pièces de bois qu'on doit employer dans une charpente ne sont point préparées ou équarries avec une précision suffisante pour qu'on puisse, comme dans d'autres arts, rapporter sur leurs faces, avec la règle et le compas, ou par des patrons et d'après les épures, même faites en grand, les lignes qui doivent déterminer leurs dimensions en longueur et la position de leurs assemblages. Les pièces de bois sont d'une forme, d'un volume et d'un poids qui ne permettent pas de les remuer facilement et de les tourner dans tous les sens autant de fois que le nombre des opérations qui seraient à faire le nécessiterait. D'ailleurs, en traçant chaque pièce indépendamment de celles auxquelles elle doit être assemblée, on introduirait dans la position et la forme des divers assemblages, vu la grande longueur des pièces, des erreurs qu'il serait presque toujours impossible de corriger, lorsque la mise en joint d'un pan les aurait fait découvrir. L'art de la charpenterie s'est créé un procédé particulier pour tracer avec précision les assemblages. Ce procédé est connu sous le nom de *piqué des bois*.

Les lignes suivant lesquelles les faces que nous avons déjà nommées faces normales se rencontrent dans l'assemblage de deux pièces de bois, sont les plus importantes à établir sur chacune, car c'est à ces lignes *de joint* que se rattachent les détails des assemblages; sur l'une des pièces elles limitent l'étendue de la portée ou occupation de l'autre pièce, et sur celle-ci elles marquent ses propres abouts.

Dans un pan de charpente dont les pièces seraient exactement équarries, les lignes de *joint* seraient droites et perpendiculaires au plan des axes des pièces et à chacun de ceux des parements qui leur sont parallèles. Par conséquent, si un pan de charpente, quelle que soit d'ailleurs la position qu'il doit avoir définitivement dans un édifice, est supposé couché horizontalement sur des chantiers, de façon que le plan des axes des pièces de bois qui le composent soit de niveau en tous sens, toutes les lignes de joint sont verticales, et un fil à plomb, qui peut leur être appliqué et qui coïncide parfaitement avec elles, est tangent en même temps aux deux faces normales qui forment par leur rencontre ces lignes de joint.

C'est sur cette observation qu'est fondé le principe du *piqué des bois*. En conséquence, pour procéder au piqué des pièces d'un pan de charpente, on établit toutes celles dont il doit se composer, précisément à plomb au-dessus des places qu'elles doivent occuper dans ce pan et qu'on a marquées d'avance sur le sol. On fait porter ces pièces les unes sur les autres en les croisant suivant le dessin, et de la longueur nécessaire à la coupe des assemblages ; elles sont soutenues de niveau et de dévers (1) par des chantiers et des cales. Les faces normales de toutes ces pièces sont dans les mêmes plans verticaux qu'elles occuperont lorsqu'elles seront assemblées dans le pan couché horizontalement.

On conçoit qu'il est alors aisé de marquer sur les faces normales les lignes de joint ; car elles sont les traces mutuelles des prolongements des plans dans lesquels se trouvent ces faces. Un fil à plomb qui pourra, comme précédemment, être tangent en même temps à deux faces qui doivent se joindre, donnera les prolongements de ces faces et coïncidera sur chacune avec la ligne de joint qui doit y être tracée. On remarquera sa position par deux points piqués sur chaque face avec la pointe d'un *traceret* ou celle d'un compas.

Ce procédé, qui est en même temps le plus exact, établit dans le travail un ordre parfait, qui économise beaucoup de temps. Pour le faire mieux comprendre, nous allons en faire l'application à une construction de charpente très-simple.

§ 3. *Application à une charpente donnée.*

La fig. 1, pl. XXVI, est la projection horizontale ou le plan d'une charpente ; la fig. 2 est sa projection verticale ou élévation principale et de face, et la fig. 3 est une seconde projection verticale ou élévation latérale.

---

(1) Une pièce de bois est de *niveau* lorsqu'elle est établie horizontalement dans le sens de sa longueur ; elle est de *dévers* lorsque sa face supérieure est horizontale dans le sens de sa largeur. Nous expliquerons plus loin comment on établit une pièce de niveau et de dévers.

Nous n'avons point cherché à donner à cette pièce de charpenterie un objet spécial, afin que ce que nous devons expliquer par son moyen soit plus général et s'applique à tous les cas qui se rencontrent.

Cette pièce de charpenterie est composée de quatre pans. Dans le premier, fig. 1, le plan des axes est horizontal; ce pan est composé de deux pièces horizontales $A\,A'$ parallèles, et d'une troisième B, également horizontale, qui s'assemble avec les deux premières à mi-bois en les croisant à angle droit. Ces trois pièces forment une sorte d'*enrayure* ou un *patin* qui porte tout le reste de la charpente (1).

La complète stabilité de la figure que forment les trois pièces de ce pan exigerait qu'elles fussent maintenues à angles droits par deux entretoises H, H, et quatre goussets I, I, I, I, que nous n'avons indiqués que par des lignes ponctuées dans la projection horizontale fig. 1, et que nous n'avons pas comprises dans l'ensemble du pan, afin de ne pas le compliquer inutilement, et pour n'y point introduire des difficultés de mise en joint, dont nous n'avons point encore parlé.

Le second pan, fig. 2, est vertical et par conséquent perpendiculaire au premier; il est parallèle au plan de projection vertical; il comprend la pièce horizontale B, qui est commune avec le premier pan; deux montants C, C', qui s'assemblent à tenons et mortaises dans la pièce B (leurs projections horizontales sont marquées par les carrés, cotés à leurs angles des chiffres 1-2-3-4, fig. 1); deux arcs-boutants ou jambettes, D, D', qui s'assemblent à tenons et mortaises dans les montants C, C' et la pièce $B;$ une croix de Saint-André formée des deux pièces E, E', qui s'assemblent entre elles à mi-bois et avec les montants C, C', à tenons et mortaises, et un chapeau G, dans lequel les montants C, C' sont assemblés aussi à tenons et mortaises. Les jambettes et la croix de Saint-André ont pour objet de maintenir les deux montants C, C' parallèles et perpendiculaires à la pièce B.

Le troisième et le quatrième pan sont égaux et perpendiculaires aux deux premiers, et conséquemment parallèles entre eux, ils ont la même projection verticale, fig. 3. Ils sont composés chacun d'une pièce horizontale A, commune avec le premier pan d'un montant C, commun avec le second

---

(1) Les mêmes grandes lettres indiquent les mêmes pièces, et les mêmes petites lettres indiquent les mêmes lignes dans les fig. 1 et 7 de la pl. XXIV, dans les fig. 1, 2, 4, 5 de la pl. XXV et dans les fig. 1, 2, 3, 4 de la pl. XXVI.

pan, et de deux jambettes F, F', qui s'assemblent dans ces deux pièces et ont pour objet de les maintenir perpendiculaires l'une à l'autre.

§ 4. *Ételon*.

Pour exécuter la charpente que nous venons de décrire, on met en pratique ce que nous avons indiqué plus haut. Afin de se guider dans l'établissement des pièces au-dessus des places qu'elles occuperaient dans le pan dont elles doivent faire partie couché horizontalement, les charpentiers font sur le sol du chantier, qui doit être uni et horizontal, un tracé de grandeur naturelle qui ne contient que les lignes qui leur sont strictement nécessaires. C'est l'*ételon* ou *étalon*, dont nous avons déjà parlé. Les lignes de cet *ételon* sont les projections des axes des pièces qui doivent entrer dans la composition du pan pour lequel il est tracé. Ces lignes répondent à celle du *projet linéaire*, dont il a été question. L'ételon est en grand la copie exacte de ce projet.

Pour qu'on puisse faire correspondre exactement les axes des pièces verticalement aux lignes qui en représentent les projections sur l'ételon, ce que l'on appelle *mettre sur lignes*, il faut que ces axes soient rendus sensibles sur les faces des pièces, au moyen de lignes que l'on y trace au cordeau, opération que l'on nomme *ligner*. Nous indiquerons, un peu plus loin, les procédés au moyen desquels on ligne une pièce de bois pour faire *paraître* sur ses faces les projections de son axe par les traces de deux plans qui se coupent à angle droit dans ce même axe. Nous supposerons pour le moment que toutes les pièces qui doivent servir à la construction de la charpente dont nous nous occupons, ont été *lignées* sur toutes leurs faces. Des lignes fines indiquent, au milieu de la largeur de toutes les pièces des fig. 1 et 7, pl. XXIV; et sur les fig. 1, 2, 3, 4, 5, pl. XXV; 1, 2, et 3, pl. XXVI, les lignes dont il s'agit.

Chaque pan de charpente exigerait pour son exécution un ételon particulier; mais, comme le plus souvent on manque d'espace dans les chantiers, et que, d'ailleurs, on ne peut pas établir sur lignes tous les pans en même temps, surtout lorsque des pièces communes doivent figurer successivement dans plusieurs d'entre eux, les charpentiers sont dans l'usage de réunir tous les ételons des différents pans d'une même charpente en un seul. C'est ce que nous avons représenté par la fig. 4 de la pl. XXVI, qui contient toutes les lignes qui seraient tracées sur un ételon de grandeur naturelle, et qui seraient nécessaires à la mise sur lignes des quatre pans dont se compose la charpente représentée par les dessins fig. 1, 2, 3, même planche. Effectivement, les lignes $a\ a'$, $a\ a'$, $b\ b'$, fig. 4, qui se croisent à angle droit au point k, recevront l'établissement sur lignes des pièces A, A', B, qui forment le premier plan. Les lignes $m\ m$, $m'\ m'$, $n\ n$, $n'\ n'$, ont pour objet de marquer sur l'ételon les longueurs auxquelles ces mêmes pièces doivent être coupées.

Les lignes $b'\ b'$, $g\ g$, recevront, pour l'établissement sur ligne du deuxième pan, la pièce B qui aura déjà figuré dans le premier pan, et la pièce G. Les lignes $a\ a'$, $a\ a'$, recevront les pièces $C\ C'$, et les lignes $d\ e$, $d\ e$ recevront les pièces D, D', E, E'. Les lignes $n\ n'$, $n\ n'$ fixent, comme précédemment, la longueur de la pièce B; et les lignes $z\ y$, $z\ y$, marquent les coupes des bouts du chapeau G. On fait concourir ces deux lignes au point c' pour s'assurer qu'elles ont symétriquement des inclinaisons égales.

Enfin, pour l'établissement du troisième ou du quatrième pan, les lignes $c\ c'$, $b'\ b'$, $f\ f$, $f\ f$, doivent recevoir les pièces A ou A', qui ont déjà figuré dans le premier pan, les pièces C ou C' qui ont figuré dans le deuxième, et les pièces F ou F'. Les lignes $w\ w'$, $w\ w'$ marquent sur l'ételon la longueur des pièces A ou A', égale à celle qu'elles ont dans le premier pan.

§ 5. *Établissement des bois.*

Nous avons représenté, pl. XXIV, fig. 1, en projection verticale, et fig. 7, en projection horizontale, l'établissement sur ligne des pièces dans le premier pan. Les deux pièces A, A', sont élevées sur des chantiers p, p (1), et établies sur les lignes $a\ a'$, $a\ a'$; la pièce B est posée sur la ligne $b\ b$; elle porte sur les pièces A, A', sans aucune cale intermédiaire, de même que ces pièces portent sur les chantiers et ceux-ci sur l'ételon, parce que nous supposons le sol uni et les pièces exactement équarries; s'il y avait quelques inégalités dans le sol ou quelque imperfection dans l'équarrissement, on y remédierait en mettant sur ligne par le moyen de petites cales en forme de coins, qui assureraient la parfaite immobilité des pièces, l'exactitude de leurs positions de niveau et de dévers, et la précision de

---

(1) Pour qu'on puisse distinguer aisément dans les figures les pièces qui entrent dans la composition de la charpente de celles qui servent de cales ou de chantiers, nous avons figuré sur celles-ci des fibres atteintes d'un commencement de vétusté. La même distinction est observée sur toutes les figures, jusques et compris la 4ᵉ de la pl. XXVII.

leur établissement sur lignes, conditions indispensables pour la perfection du piqué de bois et, par suite, de l'exécution des assemblages.

Nous avons également représenté, pl. XXV, fig. 1, en projection verticale, et fig. 4 en projection horizontale, l'établissement sur lignes des pièces qui doivent composer le second pan répondant à l'élévation représentée fig. 2, pl. XXVI.

La pièce B, qui a déjà figuré dans l'établissement sur lignes des bois du premier pan, fig. 1 et 7, pl. XXIV, est établie sur la ligne b' b' de l'ételon. La pièce G est établie sur la ligne g g. Ces deux pièces sont élevées sur les chantiers q q. Les deux pièces C, C' sont établies sur les lignes a a', a a'; elles portent d'un bout sur la pièce G, et de l'autre sur la pièce B, avec interposition pour chacune d'une cale r, pour qu'elles soient toutes deux de niveau.

Les deux pièces D, D' sont établies sur les lignes d e, d e; d'un bout, elles portent immédiatement sur les pièces C, C'; de l'autre, elles sont soutenues de niveau par de hautes cales s, s, posées sur la pièce B.

Les deux pièces E, E', de la croix de Saint-André sont établies sur les mêmes lignes d e, d e; la pièce E porte d'un bout sur la pièce D et de l'autre sur une cale t qui l'exhausse au-dessus de la pièce C' pour qu'elle soit de niveau. Cette cale t est ponctuée dans la projection verticale. Enfin la pièce E', établie sur ligne la dernière, porte dans son milieu sur la pièce E, qu'elle croise, et est soutenue de niveau par un bout sur une cale u, posée sur une pièce D', et par l'autre bout sur les deux cales v, x, superposées sur la pièce C. Ces deux cales sont ponctuées sur la projection verticale.

La fig. 2, pl. XXV, est une projection verticale, et la fig. 5 une projection horizontale de l'établissement sur lignes des pièces du troisième ou du quatrième pan, répondant à l'élévation latérale de la fig. 3, pl. XXVI.

La pièce A', qui a déjà figuré dans l'établissement sur lignes du premier pan, fig. 1 et 7, pl. XXIV, est ici posée de niveau et de dévers sur deux chantiers o, o, et sur une ligne b' b' de l'ételon; le montant C' pose d'un bout sur la pièce A, et est porté de l'autre de niveau et de dévers sur les deux chantiers h, i; le chantier h est ponctué dans la projection verticale; l'arc-boutant, ou jambette F, est établi sur une ligne f f de l'ételon, et, pour qu'il soit de niveau, il porte d'un bout sur la pièce C et de l'autre sur une cale j posée sur la pièce A. Le second arc-boutant F' est mis sur ligne et de niveau, en portant d'un bout sur le premier F, et de l'autre sur deux cales k, l, superposées sur la pièce A'. Il est entendu que toutes ces pièces sont de dévers.

Si le poids des arcs-boutants F, F', qui portent dans l'établissement sur le montant C', faisait fléchir ce montant, on aurait soin de placer sous le point de croisement de ces pièces un chantier avec cale, s'il en est besoin, pour soutenir la pièce C'; on place le chantier et la cale de façon qu'ils ne gênent pas pour piquer les lignes de joints des pièces F, F' et de la pièce C', dans la position ponctuée en H, fig. 5, pl. XXV; ce qu'on doit pratiquer toutes les fois qu'il est à craindre que des pièces fléchissent sous le poids de celles qu'elles soutiennent, dans l'établissement sur l'ételon.

§ 6. *Trait rameneret.*

Lorsqu'une pièce de bois, telle que l'une de celles marquées A, A', B, C, C' de notre charpente, est commune à plusieurs pans, on a soin de marquer sur l'ételon et sur cette pièce des *repères*, afin qu'en l'établissant sur ligne pour un pan, sa position soit d'accord, par rapport aux autres pièces, avec celle qu'elle doit avoir dans son établissemnet sur ligne pour un autre pan.

Le signe de *repère* dont les charpentiers font usage est appelé *trait rameneret*, parce que lorsqu'on établit sur ligne une pièce de bois portant ce repère, on le ramène sur celui de l'ételon.

Les traits *ramenerets* sont, sur les faces d'une pièce de bois, les traces d'un plan perpendiculaire à son axe passant par un point convenablement choisi, et sur les ételons, ils sont les traces de ce même plan situé verticalement pour les dispositions que peut avoir la pièce dans ses établissements sur les lignes des différents pans.

Les traits *ramenerets* sont distingués sur les pièces et sur les ételons par deux marques croisées en forme d'X.

$a\, b$, fig. 11, pl. XXVI, est le signe du trait *rameneret* sur une face d'une pièce de bois; il est toujours perpendiculaire à sa ligne de milieu $m\, n$; $a'\, b'$, fig. 12, est le signe du trait *rameneret* sur l'ételon; il est perpendiculaire à la ligne de l'établissement $m'\, n'$ de l'axe de la pièce pour laquelle il sert de repère.

Toutes les fois que cela est possible, on se sert de lignes déjà tracées. La ligne $c\, c'$ de l'ételon, fig. 4, pl. XXVI, sert de trait *rameneret* pour la position de la pièce B dans sa mise sur ligne, fig. 7, pl. XXIV, et la ligne $m'\, m'$, fig. 4 et 7, pl. XXV, sert de trait *rameneret* pour les positions des montants C, C'.

La ligne 5-6 de l'ételon, fig. 4, pl. XXVI, est tracée pour servir de trait ra-

meneret pour les montants CC' dans leurs établissements, fig. 4 et 5, pl. XXV.
La même ligne 5-6, sur l'ételon, fig. 4, pl. XXVI, sert aussi pour les traits ramenerets des pièces $A A'$ dans leurs établissements de la fig. 7, pl. XXIV; la ligne 6-8 est leur trait rameneret sur l'ételon pour leur établissement, fig. 5, pl. XXV.

Autant que possible, on place les traits ramenerets de façon qu'ils ne soient jamais cachés par l'établissement sur ligne d'aucune pièce, afin qu'on puisse à tout instant vérifier, s'il est besoin, la coïncidence des traits ramenerets des pièces avec ceux de l'ételon. C'est ce qui est observé dans nos figures, excepté pour celui de la pièce C établi fig. 5, pl. XXV, qui se trouve caché par l'établissement des pièces F, F', mais qui peut être remplacé par un deuxième trait rameneret pris sur la ligne mm', comme on le pratique lorsque les pièces sont un peu longues.

§ 7. *Marque des bois.*

Lorsque les pièces d'un pan sont établies sur lignes et qu'on les a calées avec soin pour qu'elles soient parfaitement immobiles, de niveau et de dévers, on pique les joints en suivant les méthodes que nous indiquerons bientôt, et, lorsque le *piqué* est terminé, on fait la *marque des bois*, après quoi l'on procède à la reconnaissance des piqûres et au tracé des assemblages, souvent même à leur exécution.

Ordinairement on assemble complétement un pan pour éprouver la perfection des assemblages avant d'établir sur ligne un autre pan; surtout lorsqu'il y a, comme dans le cas qui vient de nous occuper, des pièces communes qui doivent figurer dans l'établissement de plusieurs pans.

La *marque des bois* consiste dans une série de figures faites avec le tranchant du ciseau sur les pièces de bois pour reconnaître les emplacements qu'elles doivent occuper au moment du levage, et celles de leurs parties qui doivent être mises en joint pour former leurs assemblages.

La marque unique, qui sert à faire distinguer les pièces qui font partie d'un même pan, se répète sur la face de parement de chacune, et paraît à ses deux bouts.

Les marques qui ont pour objet de servir de repères aux assemblages sont faites près de ces assemblages; elles sont les mêmes pour les deux parties qui doivent se joindre : on les place le plus près possible du joint, bien entendu, sur les parties dont le bois ne doit pas être enlevé pour tailler l'assemblage ni recouvert par la mise en joint.

Quelques charpentiers préfèrent mettre les marques des assemblages sur les faces de parement, près des joints, pour qu'elles soient plus faciles à voir pendant le travail et plus apparentes quand la charpente est assemblée.

Il y a une infinité de systèmes de marque. Chaque maître charpentier peut avoir le sien; les meilleurs sont les plus simples, leurs signes sont les plus aisés à faire, les plus faciles à retenir dans la mémoire et à reconnaître, afin qu'on puisse, au moment du levage, juger rapidement, à la première vue d'une marque, le pan auquel une pièce de bois appartient, la place qu'elle doit occuper dans ce pan et les pans où elle doit être assemblée. Les compagnons doivent être au fait du système de marque adopté par le maître pour lequel ils travaillent, afin qu'ils puissent eux-mêmes marquer les bois sur l'ételon et les reconnaître pendant le levage.

Le système de marque le plus usité est celui dans lequel on se sert de lettres majuscules et de chiffres romains. Les lettres dont on ne fait pas usage en chiffres romains, sont employées de préférence pour marquer d'un même signe toutes les pièces d'un même pan, afin de ne pas les confondre avec les nombres qui servent de repères pour les assemblages, et qu'on nomme *contre-marques*. On adopte aussi d'autres signes pour marquer, lorsqu'il y a lieu, le *haut*, le *bas*, la *droite*, la *gauche*, des pans dont on ne reconnaîtrait pas, sans ce moyen, la position qu'ils doivent avoir.

Les lettres, les chiffres et tous les signes dont on fait usage pour marquer et contre-marquer ne doivent être composés que d'éléments en lignes droites, sans aucune partie courbe, afin qu'on n'ait pas besoin pour les tracer d'un autre outil que le ciseau ou la besaiguë.

On ne doit démonter un pan assemblé sur le chantier qu'après qu'on a vérifié avec soin toutes ses marques et contre-marques, afin qu'il n'y ait ni erreurs ni incertitudes au moment de son levage.

§ 8. *Lignes de milieu et traits carrés sur les bois.*

Nous avons considéré l'opération de l'établissement des bois sur l'étélon dans son ensemble; nous allons maintenant revenir sur ses détails et exposer comment on procède pour *ligner* et *contre-ligner* les pièces, les établir de *niveau* et de *dévers*, et sur les traits *ramenerets*.

A, fig. 5, 6, 7, pl. XXVI, sont trois projections d'une pièce de bois équarrie à la forêt et qu'il s'agit de *ligner*. Ses bouts sont coupés carrément, ce qui est le plus commode pour la simplicité et la justesse des opérations. Elle est posée sur des chantiers B, B.

EXÉCUTION DES OUVRAGES EN CHARPENTE.   315

Lorsqu'on a choisi la face qui est le mieux dressée, ou qu'on veut mettre en parement, on pose la pièce de façon que cette face soit en dessus et à peu près horizontale, on fait sur le milieu de cette face, qu'on voit dans son entier dans la projection horizontale, fig. 5, une plumée (1) limitée par les lignes ponctuées $z\,z$, $y\,y$. On bat au cordeau, dans le sens de la longueur de cette même face, une ligne $a\,a$, fig. 5, passant à chaque bout par le point a, qui partage sa largeur en deux parties égales (2).

La face horizontale sur laquelle la plumée est faite est projetée verticalement, fig. 6, sur la ligne $a\,a$; elle est vue dans son entier en projection horizontale, fig. 5; la ligne $a\,a$ est battue dans son milieu. On construit dans le milieu c de la plumée le trait carré $b\,d$ (3). On donne ensuite quartier à la pièce, afin que l'une des faces contiguës soit à son tour horizontale, pour y faire paraître la ligne de milieu, et tracer le *trait carré* sur la *plumée* qui a été préalablement faite. Nous supposons que cette seconde opération a été exécutée, que, donnant quartier en sens inverse, la pièce est revenue à sa première position, et que, par conséquent, la face sur laquelle cette seconde opération a eu lieu est projetée horizontalement, suivant la ligne $e\,e$, fig. 5, et vue en entier verticalement, fig. 6, avec la ligne $e\,e$ battue dans son milieu. La ligne $k\,h$ est le trait carré tracé sur la plumée, limitée sur cette face par les lignes ponctuées $z\,u$, $y\,v$.

---

(1) Une *plumée* est l'aplanissement de l'une des faces d'une pièce de bois dans toute sa largeur, et seulement sur 4 ou 5 centimètres d'étendue dans le sens de sa longueur. On fait une plumée en enlevant de minces copeaux avec le ciseau de la besaiguë, l'herminette ou le rabot, comme si l'on commençait à polir cette face pour perfectionner l'équarrissement. L'objet d'une plumée est de déterminer exactement la position de la face sur laquelle elle est faite, sans qu'il soit nécessaire de la dresser d'un bout à l'autre; $c\,p$, fig. 10, est le signe d'une plumée qui doit être faite sur une face d'une pièce de bois.

(2) Pour battre une ligne sur l'une des faces d'une pièce de bois, on établit la pièce de manière que sa face sur laquelle la ligne doit être battue soit, à très-peu près, de *dévers*, c'est-à-dire horizontale, afin que le plan dans lequel le cordeau doit cingler soit vertical, et que la ligne battue soit dans le plan qui passe par l'axe de la pièce. Si la face était verticale et la ligne à battre un peu longue, la pesanteur donnerait au cordeau, même en cinglant, une courbure dont se ressentirait la ligne battue, qui ne pourrait pas être regardée comme la trace d'un plan passant par l'axe de la pièce.

(3) Les charpentiers sont dans l'usage de nommer une perpendiculaire *trait carré*. Des points $x\,x$, fig. 5, pl. XXXVI, pris sur la ligne de milieu $a\,a$ à égales distances du point c, milieu de la plumée, on trace légèrement, avec la pointe du compas, des arcs de cercle qui forment les sections b, d, par lesquelles passera le *trait carré* $b\,d$. La ligne $t\,s$, fig. 9, est un *trait carré*, par rapport à la ligne $f\,g$. On trace le trait carré avec la jauge, à moins qu'il ne soit très-long, auquel cas on le bat avec le cordeau, et l'on fait une piqûre à chaque section b, d, pour conserver sa position si la ligne battue s'effaçait.

Les plumées des faces contiguës se correspondent, et l'on a ordinairement le soin de faire correspondre aussi leurs *traits carrés* (1), afin de déterminer exactement la position d'une équerre, comme elle est représentée en M sur l'arête de la pièce A, fig. 11, pl. V, vu qu'il est toujours utile que les plumées des faces contiguës soient perpendiculaires l'une à l'autre, comme le seraient ces faces si l'on achevait de les dresser dans toute leur étendue.

§ 9. *Établissement de dévers.*

Les premières lignes dont nous venons de parler, tracées sur deux faces contiguës, suffisent pour établir une pièce de dévers, position indispensable pour la contre-ligner.

Pour mettre la pièce A de dévers, on pose sur le trait carré bd de la première plumée zy, yz, un niveau comme nous l'avons représenté en C, fig. 8, pl. XXVI, qui est une projection verticale dans laquelle la pièce est vue par le même bout que dans la fig. 7. Au moyen de *coins de dévers*, placés comme il convient, entre la pièce et le chantier B, comme celui m, on parvient à faire coïncider le fil du niveau avec son trait à plomb : la pièce est alors de dévers. Il s'agit actuellement de la contre-ligner; il faut, pour cela, faire paraître sur ses deux autres faces les lignes qui doivent être les projections de son axe. Les lignes battues sur des faces parallèles doivent être dans un même plan, et les deux plans, passant chacun par les lignes de milieu de deux faces perpendiculaires, doivent se couper à angle droit dans l'axe de la pièce.

Pour contre-ligner la face parallèle à celle vue dans la projection verticale, fig. 6, on pose le niveau C sur un bout de la pièce, comme il est représenté fig. 8. Attendu qu'il n'y a point de plumée sur le bout de la pièce, et que nous ne la supposons point refaite d'un bout à l'autre, mais bien dans l'état où elle est sortie des mains du doleur de la forêt, il peut se faire que, par l'effet de quelque irrégularité du bois, le fil du niveau ne coïncide pas avec sa ligne à plomb. On détermine cette coïncidence au moyen d'une petite cale placée entre le niveau et la pièce, du côté où il

---

(1) Pour que le trait carré kh coïncide avec le trait carré bd, il faut que le point k soit commun aux deux. Du point k, fig. 5, on trace un arc de cercle qui coupe la ligne ee en deux points tt, et d'une seule ouverture de compas on fait la section h, qui détermine, avec le point k, la position du trait carré.

convient de soulever le niveau (1). Dans cette position du niveau, il est certain que son dessous sv est dans un plan de niveau, et, par conséquent, parallèle à la plumée sur laquelle on a tracé le trait carré $b\ d$; faisant alors tenir le niveau solidement; pour qu'il ne se dérange pas, on prend avec le compas la distance verticale $s\ e$ du dessous $s\ v$ du niveau à la ligne $e\ e$ projetée, fig. 8, en e, et l'on porte cette distance verticalement sur la face opposée, en dessous du niveau de v en o, on pique le point o. En faisant la même opération à l'autre bout de la pièce, on a la position de la ligne $o\ o$, qui sera nécessairement dans le même plan horizontal que la ligne $e\ e$, et qui est projetée, fig. 6, sur cette même ligne.

Pour contre-ligner la face inférieure, on présente un fil à plomb $F\ G$ au bout de la pièce, fig. 7, on le fait correspondre au point a, et l'on pique en dessous le point i correspondant au fil à plomb. En répétant la même opération à l'autre bout, la position de la ligne $i\ i$ est déterminée; cette ligne se trouve dans le même plan vertical que la ligne $a\ a$, fig. 5, qui est aussi sa projection horizontale (2).

On donne quartier à la pièce A pour que la face sur laquelle la ligne $o\ o$ doit se trouver soit horizontale, et l'on bat la ligne $o\ o$. On donne ensuite une seconde fois quartier pour placer en dessus la face sur laquelle doit se trouver la ligne $i\ i$, qui est immédiatement battue. On trace enfin sur les deux bouts les lignes $a\ i$, $e\ o$, fig. 7 qui se coupent dans le point g, bout de l'axe de la pièce.

Cette opération terminée, la pièce A est complétement *lignée*. Attendu que les lignes battues sur les faces des pièces peuvent être effacées, on fait des repères pour conserver des traces de leurs positions et n'avoir qu'à les battre de nouveau, sans être obligé de recommencer les opérations que nous venons de décrire. Le moyen le plus simple, c'est de piquer fortement à chaque bout un point de chaque côté et à égales distances de ceux qui ont primitivement servi à déterminer leurs positions. C'est ce que

---

(1) Cette cale n'est pas indiquée dans la figure.
(2) Le vent et la position gênante de la main rendent assez difficile l'opération de piquer exactement le point i en dessous de la pièce A. On use alors d'un autre moyen, qui est représenté fig. 11, pl. VI.
La pièce A étant, comme nous l'avons dit, établie de niveau et de dévers sur ses chantiers B, B, et vue dans cette figure par l'un de ses bouts, on pose une équerre à épaulement, bien vérifiée M sur sa face supérieure, de façon que son corps pende sur le côté et à une petite distance de la face latérale de la pièce. On établit au-dessus de cette

nous avons indiqué dans nos figures par deux points qu'on remarque aux bouts de chaque ligne.

Si les pièces de bois étaient équarries avec précision et leurs faces refaites et polies avec soin, comme il est indispensable qu'elles le soient pour des charpentes importantes, on pourrait, pour les ligner, se contenter de battre des lignes qui passeraient par les points du milieu de la largeur aux deux bouts de chaque face. Cette apparente diminution de travail ne dispenserait cependant pas de vérifier l'exactitude du résultat de ces opérations, vu que, comme nous l'avons déjà dit, la précision du piqué des lignes de joint et du tracé des assemblages, dépend de celle avec laquelle les pièces sont *lignées* et établies sur les ételons.

Le moyen de vérification le plus simple serait de s'assurer que les lignes $a\,i$, $e\,o$, fig. 7, pl. XXVI, se coupent à angle droit, en appliquant immédiatement une règle R au trait $e\,o$, fig. 12, pl. V, et une équerre N au trait $a\,i$, ou au niveau H, fig. 12, pl. VI, dont on laisserait pendre le fil un peu plus bas que la pièce pour qu'on pût juger, sur une plus longue étendue, sa coïncidence avec la ligne à plomb $x\,y$ de l'instrument et le trait $a\,i$.

Pour que la vérification soit plus exacte, on doit se servir du niveau et du compas, de la manière indiquée par la fig. 8, pl. XXVI. S'il y avait quelque erreur à redresser, il faudrait en revenir à l'exécution de toutes les opérations que nous avons décrites. Il est donc plus certain et plus court, quelle que soit la perfection de l'équarrissement d'une pièce de bois, de procéder complétement, comme nous l'avons exposé, sauf qu'il n'y a point de plumée à faire si les faces sont dressées et polies avec précision.

Il arrive quelquefois qu'une pièce de bois qui doit être *lignée* et *contrelignée* est débillardée de façon que ses faces ne sont point d'équerre entre elles. La fig. 3, pl. XXV, représente le quadrilatère de débillardement d'une pièce de cette sorte O, vue par le bout. On peut l'établir de dévers

---

équerre un niveau G; au moyen d'une cale placée convenablement, en m, par exemple, on amène le fil du niveau en coïncidence avec sa ligne d'à plomb. Dans cette position le dessous de la branche $p\,r$ de l'équerre est dans un plan horizontal parallèle à celui de la plumée, et le corps de l'équerre $p\,s$ est vertical. On prend alors, avec un compas, la distance de la ligne $a\,a$, projetée en a, au point p, pour la reporter en dessous de la pièce de y en i; on en fait autant à l'autre bout, et la position de la ligne $i\,i$ est déterminée très-exactement. Ce procédé donne un moyen de vérification, vu que l'équerre, qui pend ici à droite, peut être placée à gauche, et si l'on a bien opéré, on doit obtenir le même point i.

par le surplomb que doit avoir sa face projetée sur le côté $m\,n$; on donne ce dévers au moyen d'une cale convenablement placée sous le point v, et d'un fil à plomb $F\,G$, à l'aide duquel on fait correspondre l'arête du point m avec une ligne battue sur le chantier B, parallèlement à la pièce, à la distance $n\,x$, prise sur l'épure, ou bien avec la face d'un petit bloc de bois b, fig. 11, pl. VII, convenablement taillé d'après la même épure, et qu'on a soin d'appliquer toujours à la même place lorsqu'on en fait usage.

On peut également donner le dévers par le talus $u\,z$ de la face $u\,v$, au moyen d'un fil à plomb $H\,J$, même fig., et d'un compas ou de deux points u, z, marqués sur une règle R, fig. 12, pl. VII, qu'on applique sur la face supérieure, perpendiculairement à l'arête du point u; ou enfin, au moyen d'une cale clouée d, fig. 12, pl. VII, à laquelle on donne une épaisseur $u\,z$ prise sur l'épure, et contre laquelle on appuie le fil à plomb avec lequel l'arête du point v doit se trouver en contact. Il est cependant plus exact de se servir, pour donner le dévers à la pièce A, ou d'un niveau de pente N, fig. 13, pl. VII, qu'on pose sur la face supérieure de la pièce, que nous supposons bien dressée, et au besoin sur une plumée faite exprès, ou d'un niveau de talus P, fig. 12, ou enfin d'un niveau ordinaire Q, fig. 8, pl. X, sous l'un des bouts duquel on met une cale g taillée convenablement d'après l'épure (1).

Pour tracer les assemblages de cette pièce, il est indispensable qu'elle soit contre-lignée comme toute autre sur ses faces. La fig. 3, pl. XXV, représente à cet effet une opération analogue à celle que nous venons de décrire, fig. 8, pl. XXV. On bat d'abord les lignes de milieu de la face supérieure et d'une face latérale répondant au côté $m\,n$, la première passant par le point a, la seconde par le point e. La pièce A étant de dévers, comme nous venons de l'expliquer, on établit carrément à un bout un niveau ordinaire N, on le cale pour que son fil réponde sur sa ligne à plomb. On prend avec le compas la distance verticale de la ligne passant par le point e au point k du dessous de l'équerre, et sans changer l'ouverture du compas, on la porte verticalement sur la face opposée, de l en o, où l'on pique un point. On en fait autant à l'autre bout de la pièce, et la position de la ligne de la seconde face est déterminée. Pour la ligne de la face inférieure, on suit le procédé indiqué page 317, fig. 11, pl. VI, après quoi il ne reste plus qu'à battre les lignes $o\,o$, $i\,i$, qui passent par

---

(1) C'est le moyen dont se servent les scieurs de long pour donner le dévers aux pièces débillardées, afin que leurs traits de sciage puissent être tracés dans des plans verticaux.

les points o et i, avec les précautions que nous avons indiquées dans la note 2 de la page 315.

Les lignes par lesquelles on joint sur chaque bout le point e avec le point o et le point a avec le point i se coupent à angle droit, et celle $a\,i$ pourrait, à la rigueur, servir à mettre la pièce de dévers au moyen de sa coïncidence avec un fil à plomb $K\,D$. Les lignes $a\,i\,e\,o$ pourraient aussi servir *à priori* pour déterminer les positions des quatre points, a, e, i, o, Ainsi, la pièce étant posée de dévers sur ses chantiers, comme la pièce U. fig. 3, pl. XXV, le trait qui détermine les points a, i est tracé par le moyen d'un fil à plomb $P\,Q$; les sections 1, 2, tracées des points 3, 4, marquent la position du trait carré et celles des points a, o, qui en sont les extrémités. Mais les autres méthodes que nous avons indiquées sont préférables.

§ 10. *Établissement de niveau.*

Pour mettre la pièce A, fig. 5 et 7, pl. XXVI, de niveau, on présente un fil à plomb $P\,Q$ au trait carré $k\,h$, et au moyen de cales placées au bout qu'il convient d'élever, on fait coïncider le trait carré avec le fil à plomb; la pièce est alors de niveau. Mais, comme le trait carré est fort court, et que son exacte coïncidence est quelquefois difficile à saisir, on préfère souvent le procédé indiqué fig. 2 et 8, pl. XXIV, dans lequel la pièce A est représentée dans deux projections verticales, portée sur des chantiers R, R. On applique une règle bien dressée D contre la face verticale de la pièce A, on la fait coïncider exactement avec la ligne de milieu $e\,e$ tracée sur cette face, on la fait tenir à chaque bout par un compagnon qui veille à sa coïncidence; on pose dessus, et dans son milieu, un niveau E, et l'on amène son fil à plomb en coïncidence parfaite avec le trait marqué sur sa traverse en faisant placer sous la pièce, au bout qu'il s'agit d'élever, des cales q. Cette méthode est préférable à la précédente, parce que la longueur de la ligne $e\,e$ et la longueur du fil à plomb du niveau qu'on prend le plus grand possible, donnent une plus grande exactitude que la coïncidence du trait carré de la fig. 6, pl. XXVI. Cette exactitude est indispensable dans les charpentes grandes et soignées, parce que c'est du niveau parfait des pièces que dépend la justesse du *piqué des bois*, et par conséquent celle des assemblages.

On a parfois besoin d'établir, dans un même plan horizontal, les axes de plusieurs pièces d'inégales épaisseurs. Les fig. 4, 5 et 6, pl. XXIV, représentent cette opération par deux projections verticales et à l'égard de deux pièces, A, B seulement, vu qu'elle est la même quel qu'en soit le nombre.

Les pièces sont équarries; la première est la plus épaisse, elle est établie sur ligne, de niveau et de dévers, portée sur ses chantiers P, P. La seconde pièce A est également établie sur des chantiers Q, Q. On pose une règle L, surmontée d'un niveau N, d'un bout sur la pièce B et de l'autre bout sur une ou deux cales S, portées par la pièce B, et qui sont réduites à une épaisseur exactement égale en somme à la demi-différence des épaisseurs des pièces A et B, c'est-à-dire, égale à la différence de la distance $c\ a$, du trait $e\ o$, à la surface supérieure de la pièce A, avec la distance gr, du trait $t\ u$, à la surface supérieure de la face B. Les choses étant ainsi disposées, on exhausse la pièce B sur une ou deux cales q, suffisamment épaisses pour que, la règle L étant de niveau, les distances verticales $o\ m$, $n\ n$, des lignes du milieu des pièces A, B, au-dessous de la règle L, soient égales, et l'on vérifie en même temps si la pièce B est sur ligne de niveau et de dévers.

La projection verticale, fig. 4, représente la même opération pour deux pièces d'épaisseurs inégales et débillardées. Les mêmes lettres indiquent, sur cette figure, les mêmes opérations : au lieu d'une règle surmontée d'un niveau, on y a figuré une règle-niveau L, dont on fait souvent usage.

On a indiqué sur cette même figure l'opération par laquelle on marque, lorsqu'il en est besoin, sur la face en talus $v\ w$, de la pièce A, le niveau ou l'affleurement de la face supérieure de la pièce B. On prend avec un compas la distance $x\ z$, on la porte, avec le même compas, verticalement de v en y. Ayant piqué le point y, on bat par ce point une ligne parallèle à celle qui passe par le point o.

Lorsqu'on doit rapporter une distance verticale $k\ e$, fig. 3, pl. XXV, sur une face en surplomb répondant à la ligne $m\ n$ de la pièce O, on doit prévoir que la position du compas exigera que la règle horizontale ou le niveau soient assez exhaussés sur les cales pour que la pointe du compas Z puisse passer par-dessus l'arête de la pièce répondant au point m, pour atteindre le point k, du dessous du niveau, verticalement au-dessus du point où l'autre pointe du compas atteindra en e la face en surplomb.

§ 11. *Mise sur lignes de l'ételon.*

Mettre une pièce de bois sur ligne, c'est faire correspondre son axe verticalement au-dessus de la ligne de l'ételon qui le représente, cette pièce étant d'ailleurs de niveau et de dévers. Pour mettre une pièce de bois sur ligne, on la pose sur les chantiers et cales qui doivent la soutenir de niveau, à la hauteur que nécessite sa combinaison avec les autres pièces, pour l'établissement sur l'ételon. On la place à peu près sur l'emplacement qu'elle doit occuper, puis on la met de dévers avec des coins, et par les moyens que nous avons indiqués, après quoi l'on applique à chacun de ses bouts, et en coïncidence avec la ligne de milieu de sa face supérieure, un fil à plomb, le plus long possible, sans cependant que le plomb touche à terre, puis, en bornoyant de haut en bas, en plaçant l'œil en avant, et comme si l'on était couché sur la pièce, quoiqu'on se tienne debout, et l'ayant du même côté que la main par laquelle on tient le fil (c'est le plus souvent à droite), on fait mouvoir la pièce jusqu'à ce que le fil à plomb et la ligne tracée sur l'etelon coïncident. Ils sont alors dans un même plan vertical (1). Si l'on a opéré en même temps, de la même manière et exactement, aux deux bouts de la pièce, et que, par conséquent, les coïncidences y aient lieu simultanément, l'on est assuré que la pièce étant de niveau et de dévers, ce qu'on doit vérifier, son axe est dans le plan vertical qui passe par la ligne de l'etelon.

On met sur trait *rameneret* de la même manière. On applique le fil à plomb à l'un des bouts du trait *rameneret*, tracé sur la face horizontale de la pièce, ou sur celui tracé sur la face contiguë qui est verticale, et l'on fait mouvoir la pièce dans le sens de sa longueur, pour faire coïncider le fil à plomb avec le trait rameneret de l'etelon dans un même plan vertical. Le repère est alors satisfait.

S'il s'agit de rapporter le trait *rameneret* de l'etelon, sur la pièce mise une première fois sur ligne, après qu'elle est établie de niveau et de dévers, et dans la position qu'elle doit avoir, on place le fil à plomb contre la pièce, et on l'amène en coïncidence parfaite avec le trait *rameneret*. On pique alors sa position, soit sur la face horizontale, soit sur la face verticale de la pièce, dont la position se trouve repérée, pour lui être donnée lors de son établissement dans un autre pan. On opérerait en sens inverse s'il s'agissait de transporter, d'une pièce sur l'etelon, un trait *rameneret* qui aurait été oublié; car tous les traits ramenerets doivent être marqués d'avance sur l'etelon.

Une pièce de bois n'est regardée comme prête à être piquée que lorsqu'elle

---

(1) Quelques charpentiers se contentent de faire coïncider le centre du plomb avec la ligne de l'etelon; mais la méthode que nous indiquons, qui est suivie par d'autres, est plus exacte, en ce qu'elle donne une coïncidence plus étendue. On peut, au surplus, faire usage de l'une et de l'autre simultanément.

est exactement sur ligne, de niveau ,et de dévers, et sur trait rameneret, lorsqu'il y a lieu. On s'assure de l'exactitude de son établissement par des vérifications répétées, à mesure qu'on élève les pièces les unes au-dessus des autres. Chaque pièce d'un pan de charpente doit être solidement calée et établie sur ligne, de niveau et de dévers, avant qu'on établisse aucune autre pièce au-dessus d'elle, et lorsqu'une nouvelle pièce est établie, on doit vérifier l'établissement de celles sur lesquelles elle porte et même celles antérieurement établies, pour s'assurer qu'elles n'ont point été dérangées.

§ 12. *Piqué des bois carrés.*

Nous avons déjà remarqué, § 9, que les lignes tracées sur deux faces contiguës d'une pièce de bois, suffisent pour l'établir de dévers, position nécessaire pour contre-ligner ses deux autres faces. Il est également nécessaire que cette pièce soit de dévers, et de plus, sur ligne et de niveau, lorsqu'il s'agit de piquer ses lignes de joint avec les autres pièces qui entrent, comme elles, dans la composition d'un pan. Si l'on contre-lignait les pièces avant de piquer leurs joints, comme on est obligé, pour battre les *contre-lignes,* de donner quartier, ainsi que nous l'avons vu, il faudrait, après avoir contre-ligné, mettre une seconde fois les pièces de dévers pour les piquer. Les charpentiers sont, en conséquence, dans l'usage de mettre sur ligne, de niveau et de dévers, et sur traits ramenerets les pièces qui portent ces repères, dès qu'ils ont fait paraître les lignes des axes et tracé les traits carrés sur deux faces contiguës de chacune ; puis ils piquent immédiatement, avant de contre-piquer, et de battre les contre-lignes. Ils évitent ainsi de mettre deux fois de dévers, et ils gagnent beaucoup de temps, sans rien omettre pour l'exactitude du travail, les contre-lignes n'étant nécessaires que pour tracer les détails des assemblages après qu'on a piqué les joints. Néanmoins, pour ne point séparer les opérations qui ont pour objet de ligner et de contre-ligner, qui sont liées par des principes communs, nous avons parlé des contre-lignes, dans le paragraphe 8, avant de traiter, au présent paragraphe, de celles qui concernent le piqué du bois.

On ne doit commencer à piquer les pièces de bois d'un pan de charpente que lorsque l'établissement de toutes celles qui doivent le composer est complet, et après qu'on s'est assuré, par une dernière vérification, de l'exactitude de leurs positions et de leur immobilité.

La fig. 1 de la pl. XXVII représente en projection horizontale et en projection verticale l'assemblage à tenon et mortaise de deux pièces de bois A, B, pareil à celui que nous avons déjà décrit fig. 1, pl. XV. Les deux lignes n n, m m, fig. 2, supposées tracées sur le sol du chantier faisant partie de l'ételon, sont celles sur lesquelles les deux pièces A, B doivent être établies; g g est un trait rameneret également tracé sur l'ételon pour le repère de la pièce A.

La fig. 4 est la projection horizontale de l'établissement de deux pièces A, B sur la partie de l'ételon représentée par la fig. 2; la fig. 3 est la projection verticale de cet établissement. Les deux pièces sont lignées, comme nous l'avons dit, chacune seulement sur deux faces contiguës; l'une de ces faces, pour chaque pièce, est horizontale et se présente dans son entier dans la projection horizontale; pour la pièce A, cette face porte sa ligne de milieu a a', et pour la pièce B, elle porte la ligne b b'. Les deux pièces sont établies sur lignes de niveau et de dévers par les procédés que nous avons précédemment décrits. La pièce B établie, la première porte sur deux chantiers d, d. La pièce A, que nous supposons être établie sur ligne pour la première fois, n'a point encore de trait ramenret, elle est portée sur deux chantiers c, f, et sur une cale h. On a tracé sur les deux pièces leurs traits carrés sur leur plumées; ceux de la pièce A sont marqués des lettres k j, k l, avec le signe des plumées.

La fig. 6 représente, en projection horizontale, et la fig. 5, en projection verticale, les mêmes pièces A, B établies, comme dans les figures précédentes, avec leurs lignes de milieu et l'indication des positions des fils à plomb et des compas, pour piquer les lignes de joints.

Lorsqu'il arrive que le bout d'une pièce, comme celle A, ne dépasse point celle à laquelle elle doit être assemblée et sur laquelle elle pose, ce que nécessite ordinairement l'économie du bois, on est forcé de suppléer sa longueur lorsqu'il s'agit de la mettre sur ligne, par une règle p, fig. 5 et 6, qu'on applique avec précision sur la ligne de milieu a a'; on la fait tenir par un compagnon, ou on l'attache avec deux pointes, comme on le suppose dans la fig. 6; c'est contre cette règle qu'on appuie le fil à plomb C Q, fig. 5, qui sert à faire coïncider le prolongement a' a'', fig. 6, de la ligne a a' avec la ligne m m; tandis que le fil à plomb D P sert à faire coïncider le bout a avec la même ligne m m.

La pièce B a été mise sur ligne, au moyen des fils à plomb, projetés sur celui E R, fig. 5, pour faire coïncider sa ligne de milieu b b' avec la ligne n n.

Dans l'assemblage à tenon et à mortaise, représenté fig. 1, les deux pièces A, B forment deux joints projetés horizontalement, l'un sur le point x, l'autre sur le point z, et tous deux verticalement sur la ligne $z\ v$. Chaque joint donne lieu à une ligne de joint sur chaque pièce. Ces lignes de joint se trouvent projetées horizontalement sur les pièces établies sur ligne, fig. 3 et 4, aux points marqués des mêmes lettres, x et z, et verticalement par les parties de la ligne verticale $z\ v$, qui répondent aux épaisseurs des pièces A, B; d'où il suit qu'il faut piquer pour cet assemblage quatre lignes de joint.

On pique en même temps, sur les deux pièces, les deux lignes de joint qui se trouvent dans la même verticale.

Supposons qu'il s'agisse de piquer d'abord les deux lignes de joint qui répondent au point x, fig. 6; on se place en dehors de l'angle $X\ x\ Z$ formé à ce point; on avance le corps et les bras par-dessus les deux pièces, et l'on applique en x un fil à plomb F, T, fig. 5, qu'on tient de la main gauche contre leurs faces verticales, de façon qu'il les touche en même temps et également toutes deux (1). On porte de la main droite, en courbant le poignet, au-dessous de la pièce A, à la hauteur de la pièce B, un compas (2) qu'on tient presque à poing fermé, les ongles en-dessus, dans la position marquée en X, fig. 6, le plat de sa branche dans le plan de la face verticale de la pièce A, sa pointe étant tangente au fil à plomb, qu'elle laisse en dehors. On pique, avec cette pointe, le long du fil, deux points dans la face verticale de la pièce B, à 15 millimètres environ, l'un, de son arête inférieure, l'autre de son arête supérieure.

Sans changer la position du corps, ni celle du fil à plomb, on courbe et l'on allonge le poignet de la main qui tient le compas, qu'on a retourné pour le porter au-dessus de la pièce B à la hauteur de la pièce A, dans la situation qu'il a en Z, le plat de sa branche étant dans le plan de la face verticale de la pièce B, sa pointe tangente au fil à plomb, qu'elle laisse en dehors; on pique sur la face verticale de la pièce B deux points, l'un à un demi-pouce de son arête inférieure, l'autre à un demi-pouce de son arête supérieure. Lorsque les quatre points sont piqués le long du fil à plomb $F\ T$, fig. 5, projeté horizontalement en F, on prend à l'égard de l'angle $V\ z\ Y$ une position analogue à celle qu'on a prise à l'égard de l'angle $X\ x\ Z$, fig. 6. On pique de la même manière les quatre points qui doivent donner la position des deux lignes de joint projetées horizontalement au point z. Pour les

---

(1) On peut appuyer la main qui tient le fil à plomb sur la pièce A pour qu'elle soit plus fixe.
(2) Ou une pointe de traceret.

deux points qui doivent être piqués sur la pièce B, on donne au compas la position Y, et pour les deux autres points qui doivent être piqués sur la pièce A, on donne au compas la position V.

On piquerait de la même manière les lignes de joint de deux pièces qui se croiseraient pour s'assembler par entailles à mi-bois.

Quel que soit l'angle que les pièces de bois font entre elles, quel que soit même le mode de leur assemblage, le procédé est le même, et, tant que les bois sont équarris, il ne présente pas plus de difficultés, sinon qu'on est quelquefois obligé de prendre une position plus ou moins gênante pour atteindre entre les pièces de bois qui font un angle de gorge fort aigu, y porter le compas et juger avec certitude sa position. L'exactitude du piqué des bois, comme nous l'avons fait remarquer déjà, dépend de celle avec laquelle les bois sont lignés et établis sur l'ételon; mais il faut ajouter qu'elle dépend, en outre, presque autant de l'habileté du charpentier, qui ne peut acquérir l'adresse de la main et la sûreté du coup d'œil, que par la pratique guidée par l'intelligence.

On pique les pièces, en commençant par les plus élevées. Lorsqu'on a piqué complétement toutes les pièces d'un pan de charpente, qu'on les a *marquées* et *contre-marquées*, ainsi que leurs assemblages, et qu'on a enfin contre-piqué les lignes qu'on doit battre sur les faces d'assemblage qui n'ont point été lignées, on donne quartier aux pièces pour battre ces lignes, comme nous l'avons expliqué page 90. On peut ensuite enlever les bois de dessus l'ételon, pour faire place à l'établissement d'un autre pan. On place les bois piqués, les uns à côté des autres, sur des chantiers et en bon ordre, pour faire la reconnaissance des piqûres et tracer les détails des assemblages. Quelques charpentiers préfèrent, avec raison, reconnaître les piqûres et même tracer les bois avant de les enlever de l'ételon, pour que les points ne s'effacent pas, et parce que, les pièces étant encore à leurs places, on procède avec plus d'ordre et plus commodément; et que, s'il arrivait qu'on eût oublié quelque piqûre, on pourrait remettre immédiatement sur ligne les pièces sur lesquelles elles manqueraient, opération qui serait trop longue si tout l'établissement était démonté, et impossible si l'ételon était occupé par d'autres bois.

Nous avons marqué par de gros points, sur les pièces établies dans les fig. 1 et 7, pl. XXIV, 1 et 4, 2 et 5, pl. XXV, les piqûres qui y ont été faites, en supposant qu'elles ont déjà été piquées lorsqu'elles sont communes à plusieurs pans.

§ 13. Reconnaissance des piqûres.

La fig. 8, pl. XXVII, représente, en projection horizontale, les deux mêmes pièces A, B de la fig. 6, après qu'elles ont été piquées. Elles sont vues dans le même sens, mais elles sont séparées. On leur a conservé des positions parallèles à celles qu'elles avaient sur ligne, pour qu'on puisse mieux les comparer de l'une à l'autre figure.

En A^1, A^2, B^1, ces pièces sont représentées, toujours en projection horizontale, après qu'on leur a donné quartier pour établir leurs faces d'assemblage horizontales, et mettre en évidence leurs piqûres, afin qu'on puisse en faire la reconnaissance et tracer les détails de l'assemblage. Ces pièces sont, comme de coutume, sur des chantiers qu'on n'a point représentés dans la figure, pour ne point la compliquer sans nécessité.

La reconnaissance des piqûres consiste à tracer, avec la pointe du traceret ou celle du compas et une règle ou la jauge, fig. 1, pl. I, les lignes de joint dont les piqûres ont déterminé les positions et d'après lesquelles les assemblages doivent être tracés.

Les lignes de joint $x\,y$, $z\,v$, de la pièce A, fig. 8, sont tracées par les piqûres 1-2, 5-6 des faces d'assemblage projetées en A^1 et A^2. Les lignes de joint désignées par les mêmes lettres $x\,y$, $z\,v$, de la pièce B, passent par les piqûres 3-4, 7-8 de sa face d'assemblage, projeté en B^1.

§ 14. Tracé des assemblages.

La reconnaissance des piqûres faite, on trace les assemblages. Sur la face de la pièce B, projetée en B^1, fig. 8, pl. XXVII, on marque avec le compas, à droite et à gauche, et à égale distance de la ligne de milieu $b\,b'$, deux points e, o, sur la ligne du joint d'about $x\,y$ et deux points i, u, sur la ligne du joint de gorge $z\,v$. Les lignes parallèles $e\,i$, $o\,u$, tracées par ces points, marquent les joues de la mortaise dont la largeur $e\,o$ ou $i\,u$ est ordinairement le tiers de celle de la pièce de bois; le rectangle $e\,o\,u\,i$ est l'ouverture de la mortaise.

Sur la face de parement de la même pièce projetée en B, on trace, avec une équerre, la ligne $x\,w$, perpendiculaire à l'arête $x\,z$, et l'on porte de x en x' la profondeur de l'entaille d'embrèvement $x\,x'\,z$; la ligne $x'\,z$ marque l'inclinaison du pas de l'embrèvement. On répète la même opération, mais en sens contraire, sur la seconde face de parement parallèle et opposée à celle projetée en B.

Pour tracer le tenon de la pièce A, avec la même ouverture de compas qui a servi pour la mortaise, on marque sa largeur sur les faces d'assemblage projeté en A^1 et A^2. Sur la première, par quatre points, r-s, m-n, et sur la seconde, par quatre autres points, p-q, t-v, et à égales distances de la ligne de milieu, on trace les lignes $m\,r, n\,s, t\,p, v\,q$; elles déterminent l'épaisseur du tenon égale à la largeur de la mortaise.

Sur le bout de la pièce, projetée en A^3, on *rencontre* ces lignes en traçant celles $m\,q, n\,p$.

On trace sur la face de parement, projeté en A, la ligne $x\,z$, qui serait une ligne de joint sur cette face, s'il ne devait pas y avoir d'embrèvement. Perpendiculairement à cette ligne, on trace la ligne $x\,w$, qui marque l'about de la pièce; la position de cette perpendiculaire se détermine au moyen d'une équerre et d'une règle appliquée contre la ligne $x\,z$ (1).

Par deux points, marqués d'une même ouverture de compas égale aux deux tiers de l'épaisseur de la pièce B, on trace la ligne $f\,g$, parallèle à $v\,z$; elle fixe la longueur du tenon. Sur la ligne $x\,w$ on porte $x'\,x$ égal à la profondeur de l'embrèvement, et la ligne $x'\,z$ est la pente de l'épaulement du tenon, égale à celle de l'entaille qu'on a tracée sur la pièce B.

On répète le même tracé, en sens inverse, sur l'autre face de parement. On trace sur le bout de la pièce projeté en A^3, la ligne $w\,w$, qui est la rencontre des points $w\,w$ de ses deux faces de parement.

La longueur de la ligne $f\,g$ donne celle du fond de la mortaise; on porte cette longueur, avec le compas, de o en h et de e en k, sur la face d'assemblage B' de la pièce B; on trace la ligne $h\,k$; le rectangle $o\,h\,k\,e$ est la projection du fond plat de la mortaise, et le rectangle $h\,a\,i\,k$ est la projection de sa partie rampante.

Les charpentiers font, dans le rectangle $o\,h\,k\,e$, trois ou quatre cercles, signes de l'emplacement d'une mortaise, et qui marquent que c'est dans cette partie que la tarière doit être appliquée, pour commencer à la creuser. Par les points $u\,i$ ils tracent à la main les deux traits $u\,e, i\,c$, qui sont les signes que la ligne $z\,v$ est la gorge de l'assemblage, et sa partie $u\,i$ le commencement du rampant de la mortaise.

Le plus souvent tous les tenons d'une charpente sont de même épaisseur,

---

(1) Pour qu'il y ait contact parfait des abouts du tenon et de la mortaise, lorsqu'on a mis en joint, il est bon de tracer la ligne $x\,w$ sur les deux faces de parement des deux pièces, pendant qu'elles sont sur ligne. On leur applique des règles qu'on tient dans un plan vertical, au moyen d'un fil à plomb; nous les avons indiquées, fig. 6, par la projection ponctuée de l'une d'elles $x\,w$.

et toutes les mortaises de même largeur. Les charpentiers se servent alors de leur jauge, que nous avons décrite, chap. I et fig. 4, pl. I, pour tracer les lignes parallèles $o\,u, c\,i, m\,r, n\,s, t\,p, v\,q$, qui marquent la largeur de la mortaise et l'épaisseur du tenon. Ils font coïncider, pour cela, la ligne de milieu de la jauge avec la ligne de milieu de la pièce de bois, et ils tracent de chaque côté de la jauge. Cette méthode est plus expéditive, mais elle n'est pas aussi exacte; on ne jauge pas toujours bien la coïncidence de la jauge, le traceret use rapidement ses bords et les lignes tracées ne sont pas toujours droites et parallèles. D'un autre côté, les tenons et mortaises d'une charpente n'ont pas toujours les mêmes dimensions. Il nous paraît donc préférable de tracer chaque ligne par des points piqués avec soin, et nous conseillons, pour les travaux qui demandent de l'exactitude, l'usage d'une règle d'acier des mêmes dimensions qu'on donne aux jauges.

Le tracé des entailles pour l'assemblage de deux pièces qui se croisent, comme celle d'une croix de Saint-André, se réduit, sur chaque pièce, aux lignes de joint à leurs rencontres par deux traits sur les faces de parement, pour marquer les largeurs des entailles, et à tracer, sur les faces normales, les lignes parallèles à celles de milieu, qui en limitent la profondeur.

Le tracé étant exécuté avec soin et vérifié, on livre les bois aux compagnons pour tailler les assemblages.

§ 15. *Coupes des assemblages.*

Nous prenons pour exemple l'exécution d'une mortaise et de son tenon, parce que cet assemblage présente toutes les difficultés, et lorsqu'on saura l'exécuter, on saura exécuter tous les autres.

La pièce B, fig. 8, pl. XXVII, étant sur ses chantiers, sa face d'assemblage en dessus, comme elle est vue en B^1, un compagnon monte dessus, si elle est très-épaisse, sinon il se place de manière qu'elle se trouve entre ses jambes; il perce avec la tarière, dont il tient l'axe de la mèche vertical, autant de trous que peut en contenir l'étendue du rectangle $h\,o\,k\,e$, jusqu'à la profondeur que doit avoir la mortaise. Il vérifie la profondeur de chaque trou avec une petite broche en bois, fig. 9, sur laquelle cette profondeur est marquée par une entaille, ou bien il fait sur la mèche de la tarière un trait de craie, pour marquer la longueur dont elle doit s'enfoncer dans le bois.

La grosseur de la tarière est à peu près égale à la largeur de la mortaise et ne doit jamais être plus forte; les trous doivent être très-près les uns des autres; les joues de la mortaise ne doivent jamais être atteintes par aucun d'eux. On amorce chaque trou avec la gouge en fer, fig. 25, pl. I. Lorsqu'ils sont tous parvenus à la profondeur que doit avoir la mortaise, on la dégorge avec le bédâne de la besaiguë, ou avec le bédâne ordinaire, qu'on fait agir en frappant sur le manche avec un maillet. La partie rampante, répondant au rectangle $h\,u\,i\,k$, est formée, en enlevant le bois dans le sens de son fil, avec le bédâne que l'on couche suffisamment sur son biseau. On dresse et recale ensuite toutes les parois intérieures avec le ciseau de la bisaiguë. Pour donner à la mortaise une même largeur, depuis son ouverture jusqu'au fond, on se sert d'une jauge qui a exactement pour largeur celle de la mortaise et qu'on descend dedans verticalement. Ce n'est que peu à peu et en n'enlevant que des copeaux très-minces, qu'on augmente la largeur de la mortaise vers le fond, afin de faire ses joues bien parallèles et perpendiculaires à la face d'assemblage, et l'on se guide avec une équerre en fer de la forme de celle représentée fig. 2, pl. II, mais beaucoup plus petite, dont on applique une branche sur la face d'assemblage, tandis que l'autre pénètre dans la mortaise et s'appuie contre la joue qu'il s'agit de dresser (1).

On se sert aussi de l'équerre en T, fig. 9, pl. XXV, qu'on fait en bois ou en fer; on applique ses deux extrémités m, n, sur la face de l'assemblage, perpendiculairement à la longueur de la mortaise, tandis que la petite branche $o\,p$ descend verticalement et peut s'appliquer successivement contre les deux joues.

On se sert plus commodément à l'équerre à coulisse en fer, fig. 10, formée de deux règles. L'une, $o\,p$, glisse dans la mortaise de l'autre $m\,n$. Une des parois de cette mortaise est dressée avec précision pour que l'outil donne des angles droits. Une vis à tête s transmet sa pression à la règle $o\,p$ pour la fixer par le moyen d'un coussinet q et d'une tige contenue dans l'intérieur de la règle $m\,n$. Cet outil sert en même temps à sonder la profondeur des mortaises et à dégauchir leurs parois.

Cette équerre peut être suppléée par le petit instrument de bois, fig. 9, pl. XXVII, nommé *quilboquet* par les menuisiers, qui s'en servent aussi pour sonder la profondeur des mortaises. La règle a, qui sert à sonder, glisse, à frottement serré dans l'entaille du petit billot b. Tous deux sont en bois

(1) On trouve dans Félibien, et dans des dictionnaires qui l'ont répété d'après lui, au mot *Tire-boucler*, outil dont les charpentiers se servent pour dégauchir le dedans des mortaises; mais on n'en donne aucune description. Il est probable qu'il a quelque ressemblance avec l'un de ceux que nous indiquons.

durs; ils font entre eux un angle droit qu'on obtient en enlevant du bois sur les côtés du billot.

Quant à la pente de la gorge de la mortaise, on ne l'incline que peu à peu, et l'on vérifie son inclinaison par le moyen d'une règle m, et d'une fausse équerre q ouverte suivant l'angle $x z y$ du tracé du tenon, sur la face de parement de la pièce A; on les présente contre la face d'assemblage de la pièce B, comme elles sont ponctuées fig. 7.

Lorsque la mortaise est terminée, on entaille l'embrèvement; pour cela on coupe son about par un trait de scie (1), très-près de la ligne $x y$ de la face d'assemblage jusqu'à la profondeur $x x'$ marquée sur les faces de parement, et l'on enlève le bois sur les deux joues avec la besaiguë ou l'herminette, jusqu'à la ligne $z x$ qui marque la pente du pas de l'embrèvement sur les faces de parement projetées en B, fig. 8. Quelques charpentiers préfèrent entailler et dresser d'abord l'embrèvement, avant de creuser la mortaise. Cette méthode est préférable, parce que le plan du rampan suivant $z x'$, qui forme le pas de l'embrèvement, est dressé plus facilement et avec plus de justesse. A la vérité, on ne peut tracer la mortaise qu'après que l'entaille d'embrèvement est faite, dressée et son about recalé; mais il en résulte aussi que les bords de la mortaise sont plus nettement coupés. La mortaise est représentée entièrement terminée, dans les projections B, B', B^2, de la fig. 7.

Pour tailler le tenon, la pièce étant sur ses chantiers de niveau et posée sur une de ses faces de parement comme dans la projection A, deux compagnons abattent d'un trait de scie vertical et très-rapproché de celui tracé sur la pièce en $x w$, le prisme vertical dont la base est le triangle $x a w$.

Le plan qui résulte de ce trait de scie est dressé avec la besaiguë suivant les traits wx, xy, yw ww, qui entourent le bois et qui paraissent sur les projections A A^2, A^3; il est projeté en A^4. On marque sur ce plan l'épaisseur du tenon par deux lignes $m q$, $n p$, qui rencontrent ce qui reste de celles qui ont eu le même objet sur la face d'assemblage projetée en A^2 et sur le bout projeté en A^3; on y trace aussi la ligne $x' y'$, qui marque l'embrèvement des épaulements du tenon, et enfin, la ligne ff, qui limite la longueur du tenon, c'est-à-dire la quantité dont il doit pénétrer dans la mortaise. L'about du tenon et de son embrèvement est marqué par des hachures croisées sur le plan A^4.

(1) L'about d'un encastrement d'embrèvement, fig. 4 et 5, pl. XV, se coupe avec le bédane.

La pièce étant toujours dans la position que nous avons indiquée en A, les deux compagnons coupent encore, d'un trait de scie vertical, le prisme dont la base est le quadrilatère $f\,w\,g'\,g$. Le rectangle $f\,g\,g\,f$, qui résulte de ce trait de scie est représenté en A^3, fig. 10, le bout de la pièce A étant projeté isolément sur le même plan. Après qu'on a dressé ce rectangle, on y trace les lignes $m\,q\,n\,p$, qui marquent l'épaisseur du tenon. Elles rencontrent celles, qui ont déjà marqué cette épaisseur sur les faces projetées en A^1 et sur le plan d'about A^4. Le rectangle $m\,q\,p\,n$ sur lequel les hachures sont croisées est le bout du tenon.

Le bout de la pièce de bois étant dans l'état que nous venons d'indiquer, les deux compagnons donnent un trait de scie vertical sur la face de parement projetée en A, très-près du trait $x'\,z$; ils donnent ensuite deux fois quartier pour faire enfin un dernier trait de scie sur l'autre face de parement très-près du trait qui serait marqué $y'\,v$ si cette face était vue dans la figure. Ces deux traits de scie ne sont enfoncés que jusqu'aux lignes qui marquent sur les faces d'assemblage projetées en A^1 et sur le plan d'about A^4, l'épaisseur du tenon. Le compagnon chargé de l'exécution du tenon donne alors quartier à la pièce A, pour la mettre en chantier sur la face qui porte la ligne de son joint d'about $x\,y$, la face qui porte la ligne du joint de gorge $v\,z$ étant en dessus, comme dans la projection A^4; puis il abat, avec la hache qui fend le bois, tout celui dont le fil vient d'être coupé de chaque côté du tenon, jusqu'à ce qu'il approche très-près des lignes qui en marquent l'épaisseur, suivant lesquelles le tenon est recalé sur ses deux joues, et amené à la dimension qu'il doit avoir pour remplir exactement la mortaise. On recale, également avec la besaiguë, les rampans des épaulements du tenon, qui forme l'embrèvement.

Le tenon terminé a la forme représentée par les projections A, A^1, A^3, de la fig. 7, dans laquelle les deux pièces de l'assemblage, fig. 1, sont achevées et désassemblées.

La coupe de l'assemblage terminée, on met en joint les deux pièces. On ne perce les trous des chevilles, comme celui indiqué sur la figure 1, que lorsque toutes les pièces du pan auquel elles appartiennent sont en joint et que tous les assemblages sont parfaits.

On doit éviter de mettre en joint et de désassembler les pièces plusieurs fois, parce que cela a l'inconvénient d'alaiser les assemblages qui doivent, au contraire, être le plus serrés possible.

Pour couper l'assemblage de deux pièces qui doivent se joindre par entailles, comme celles de la croix de Saint-André, on fait deux traits de scie près des lignes qui marquent, sur les aces de parement, la largeur de chaque entaille, jusqu'aux lignes qui en limitent la profondeur sur les faces normales, et l'on enlève à la hache le bois compris entre ces deux traits de scie ; l'entaille est ensuite recalée et mise à sa dimension précise avec la bisaiguë.

§ 16. *Piqué des bois débillardés.*

Lorsqu'un assemblage doit être formé de deux pièces débillardées, A, A, comme celui représenté en projection horizontale, fig. 8, pl. XXIV, et par deux projections verticales, fig. 9 et 10, le piqué des lignes de joint $x\ y$, $z\ v$, est plus compliqué, parce que les faces des pièces n'étant plus verticales, le fil à plomb ne peut plus leur être tangent dans toute l'étendue de chacune d'elles. On est alors obligé de suppléer les plans verticaux des faces par des règles, comme nous allons l'expliquer.

La fig. 13 est la projection horizontale des deux mêmes pièces E, D, désassemblées pour faire voir les détails de leur assemblage à tenon, mortaise et embrèvement.

La fig. 14 est leur projection verticale. Les mêmes lettres $x\ y$, $z\ v$ désignent les lignes de joints des deux pièces.

La fig. 11 est la projection horizontale, et la fig. 12 la projection verticale des deux pièces E, D, avant que leurs joints soient taillés, établis de niveau et de dévers sur les lignes de l'ételon qui leur conviennent, mais que nous n'avons point marquées au dessin pour ne pas compliquer la figure. Il est entendu que les lignes $e\ e'$, $d\ d'$ des pièces E, D leur correspondent.

La pièce D, établie la première, est portée par des chantiers O, O, la pièce E porte d'un bout sur la pièce D, elle est exhaussée sur une cale H, qui n'est que ponctuée dans la projection horizontale. On est forcé de restreindre l'étendue de cette cale, à cause des opérations qui sont à faire sous la pièce E. L'autre bout de cette pièce est porté sur les chantiers F, G, I.

Ces pièces étant débillardées, elles sont nécessairement dressées avec exactitude, ce qui est aussi nécessaire pour les fonctions qu'elles ont ordinairement à remplir, que pour la justesse du tracé de leur assemblage.

On applique successivement en dessus et en dessous de la pièce E, sur ses faces horizontales, deux règles m. n; on fait coïncider le bord de la règle m avec l'arête supérieure de la face d'assemblage de la pièce D, et la règle n avec son arête inférieure par le moyen des fils à plomb $P\ M$, $Q\ N$. On trace sur la surface supérieure de la pièce E, la ligne v z, et sur sa surface inférieure, la ligne y v. Ces lignes sont les projections des arêtes de la face d'assemblage de la pièce D. En joignant les points x y par un cordeau, et les points x, v par un autre, on pique le long de ces deux cordeaux deux points sur chaque face d'assemblage de la pièce E; on a les positions de ses lignes de joint x y, z v. On peut, au lieu de piquer les lignes x y z v, les tracer immédiatement à la règle, ce qui est préférable.

Pour obtenir les lignes de joint de la face d'assemblage de la pièce D, on applique sur la face supérieure de cette pièce une règle q (1), qu'on fait coïncider avec l'arête t o de la pièce E, au moyen d'un fil à plomb successivement présenté en t et en o. La ligne tracée le long de la règle q donne, sur l'arête supérieure de la pièce D, le point x, qui appartient à la ligne de joint de sa face d'assemblage. A l'égard du second point on tient au point r un fil à plomb Q N, qui touche en même temps l'arête supérieure de la pièce E, la règle q et l'arête inférieure de la pièce D; puis, avec un compas K, on prend, sur la règle n, la distance r q du fil à plomb à l'arête inférieure de la pièce E, pour la porter sur l'arête inférieure de la pièce D, à partir également du fil à plomb de r en y. En joignant le point x au point y par un cordeau le long duquel on pique deux points sur la face d'assemblage de la pièce D, on a la disposition x y d'une de ses lignes de joint. On peut immédiatement tracer cette ligne avec une règle ou la jauge.

On obtient l'autre ligne de joint v z de la face d'assemblage de la pièce D par une opération semblable. Au moyen de la règle p, qu'on place sur la pièce D, dans le plan vertical de l'arête g f de la pièce E, on trace sur la face supérieure de la pièce D la ligne g s qui est la projection de l'arête inférieure de la pièce E. Cette ligne donne sur l'arête de la pièce D le point d'*emprunt* s. On tient sur ce point et contre la règle m un fil à plomb P M, on prend avec le compas, le long de la règle m la distance s z qu'on porte sur l'arête de la pièce D de s en z; le compas est alors dans la position R ponctuée. En piquant deux points le long d'un cordeau, passant par les points z et v ou en traçant immédiatement la ligne z v, on a la seconde ligne de joint de la pièce D.

On peut vérifier l'exactitude de ces opérations par un moyen fort simple, lorsque les deux pièces ont leurs surfaces exactement dressées, comme nous l'avons supposé. On tend un cordeau a c de façon qu'il touche complètement et dans toute leur étendue les deux faces d'assemblage des deux

(1) Les règles p et q sont ponctuées.

pièce E, D, qui doivent se joindre; pendant qu'un compagnon tient le cordeau tendu, on pique deux points sur chaque face d'assemblage, on a les points 1-2, 3-4, et l'on trace les lignes qui passent par ces points. Si l'on a bien opéré, la ligne 1-2 est parallèle à la ligne de joint $z\ v$ sur la face d'assemblage de la pièce E, et la ligne 3-4 est parallèle à la ligne de joint $z\ v$ sur la face d'assemblage de la pièce D.

On fait la même chose pour l'autre côté de la pièce E, et l'on obtient, sur les deux autres faces d'assemblage, des lignes qui sont parallèles à leurs lignes de joint projetées horizontalement sur $x\ y$, et verticalement sur la même ligne $a\ c$. Cette seconde vérification n'est point indiquée dans la figure.

La reconnaissance des piqûres, le tracé des tenons et mortaises, et la taille de l'assemblage s'exécutent de la même manière que pour les pièces carrées; sinon qu'il résulte du débillardement des pièces, que les lignes d'about et de gorge sont biaises. Il en serait de même du piqué, du tracé et de la coupe du joint de deux pièces débillardées, qui se croiseraient, comme celles de la croix de Saint-André, fig. 4, pl. XXII.

Dans les assemblages des bois débillardés, les trous des chevilles et des boulons sont percés perpendiculairement aux faces de parement, sans avoir égard au biais des joints.

§. 17. *De la polène.*

Nous avons déjà dit, dans notre Introduction, qu'*observer la polène,* c'est avoir égard, en piquant les bois, aux défectuosités que peut présenter un équarrissage imparfait, telles que les flaches, les chanfreins, les saillies, les dépressions et les courbures des surfaces d'assemblage. Pour observer la *polène*, on porte les piqûres en dedans ou en dehors du fil à plomb de la quantité précisément égale à l'épaisseur du bois qu'il faut conserver ou retrancher pour que le joint soit aussi exact que si le bois était parfaitement équarri. On conçoit qu'on est obligé souvent de multiplier les piqûres pour faire suivre aux lignes de joint les sinuosités que la correction de l'assemblage peut exiger.

La plupart du temps, les sinuosités n'étant pas assez sensibles pour être mesurées avec le compas, c'est à vue qu'on apprécie la *polène*, et c'est dans la justesse de cette appréciation, qui dépend du coup-d'œil et de l'adresse de la main, qu'est le mérite de celui qui observe bien la *polène*. Mais, lorsqu'il y a un excès ou un défaut de bois assez considérable pour qu'on ne puisse l'apprécier à vue, on fait usage du compas. C'est le cas où l'on opère avec le plus de certitude, et c'est celui que nous avons représenté, pl. XXV, en projection verticale, fig. 6, et à en projection horizontale, fig. 7, comme le plus propre à faire bien sentir en quoi consiste l'opération dont il s'agit.

La pièce A doit être assemblée à tenons et à mortaises avec la pièce B, dont une arête est remplacée par un chanfrein $a\ b$; il s'agit de piquer les deux pièces de façon que la pièce A remplisse, par son assemblage, le vide qui existerait sans cette précaution entre elle et le chanfrein de la pièce B.

Le fil à plomb $P\ Q$ étant placé dans la position que devraient avoir les deux lignes de joint, et ces deux lignes étant piquées comme nous l'avons dit, partout où elles peuvent l'être, même sur les bords du flache ou chanfrein de la pièce B, on prend avec le compas la distance du point a à la ligne du milieu de la pièce B répondant au point o. C'est $o\ a$ que l'on porte sur la pièce A du point o' de la ligne de milieu, au point a', où l'on fait une piqûre. On prend ensuite l'écartement $b\ d$ du point b de la pièce B au fil à plomb et l'on porte cette quantité sur la pièce A de d' en b'.

La ligne $a'\ b'$ sur la pièce A est la correction de la *polène;* et lorsqu'on trace et qu'on coupe le tenon, on conserve à la pièce A l'espèce de paumelle $a\ b$, fig. 8, qui remplit le chanfrein lorsque les pièces sont en joint.

Toute autre difformité d'une des pièces peut, de la même manière, se rapporter sur l'autre pour y être observée en traçant et en coupant dans un sens contraire, de façon que les deux pièces se joignent aussi exactement que si elles étaient parfaitement équarries. Mais on doit, autant qu'on le peut, éviter d'avoir recours à la *polène*, et pour cela il faut équarrir régulièrement les bois et dresser les surfaces avec netteté. Il est aisé de voir que l'observation de la *polène* a le grave inconvénient de réduire l'étendue et de changer la position du plan par lequel la pièce A porte contre la pièce B; ce qui atténue la solidité des assemblages. Cette considération suffit pour faire sentir quel avantage il y a pour une grande charpente à équarrir soigneusement tous les bois.

§ 18. *Piqué des bois entés.*

Nous prenons pour exemple l'assemblage à trait de Jupiter de la fig. 15, pl. XIX; il serait plus compliqué, que la méthode que nous allons exposer ne changerait pas.

Les pièces A, O de même équarrissage, représentées en projections verticales, fig. 2 et 3, pl. XXIV, sont établies l'une sur l'autre et se croisent de la quantité jugée nécessaire pour l'exécution de l'assemblage ; la pièce A est portée sur les chantiers R; la pièce O, dont nous n'avons figuré qu'une partie, porte à chacun de ses bouts sur des chantiers S; elle est, en outre, calée sur la pièce A par des petits coins m, n.

Les deux pièces sont établies de niveau, de dévers et verticalement sur la même ligne battue sur le sol afin d'être parfaitement alignées en *enlignées*.

Au moyen d'un fil à plomb K, on pique sur les deux faces verticales des deux pièces des points 5-6, 7-8, et l'on trace les deux lignes qui passent par les piqûres. Elles servent avec les deux lignes de milieu $e\,e$, $i\,i$, des deux pièces, à rapporter tous les points du trait de Jupiter, exactement dans les mêmes positions sur les deux pièces. Pour opérer avec exactitude, on pique encore, sur les faces des deux pièces, les points 1-2, 3-4, 9-10, 11-12, dans les verticales données par le fil à plomb présenté en M et en I et l'on trace les lignes que les piqûres déterminent, sur lesquelles on porte la distance dont on veut que les points b et f soient écartés des lignes de milieu sur l'une et sur l'autre pièces. Il en est de même des points g, g, qu'on pique à des distances égales des lignes de milieu, dans les verticales données par le fil à plomb présenté en N et en H. On détermine les points c, o, d, u de la même manière. La même opération se répète sur les faces verticales opposées, après quoi l'on déplace les pièces pour tracer les joints par les points piqués, comme nous les avons indiqués en lignes ponctuées $a\,b\,c\,u\,f\,g$, $a\,b\,o\,d\,f\,g$, et les couper.

§ 19. *Piqué et coupe des lignes courbes.*

Les pièces courbes employées dans la charpenterie sont de trois espèces : 1° celles qui n'ont qu'une courbure et dont une face au moins est plane; 2° les pièces également à une seule courbure qui sont débillardées courbes sur toutes leurs faces et dont une arête au moins peut être comprise dans un plan; 3° les pièces dont toutes les arêtes ont une double courbure.

Les pièces de la première et de la seconde espèce sont les seules qui puissent être combinées comme parties intégrantes dans un plan de charpente; encore faut-il que celles de leurs faces ou arêtes qui sont planes, puissent être établies parallèlement au plan des axes des autres pièces.

Les pièces débillardées sur une double courbure pour toutes leurs arêtes, ne sont ordinairement placées que dans des pans courbes, aux rencontres ou intersections des surfaces courbes des combles et pour la construction des escaliers.

Lorsqu'un plan de charpente comporte l'emploi de quelques pièces de la première ou de la seconde espèce, il faut que ces pièces soient taillées sur toutes leurs faces et suivant les courbures qu'elles doivent avoir avant d'être établies sur l'ételon avec les autres pièces droites (1). Elles sont mises de niveau et de dévers, par les mêmes procédés que nous avons décrits aux §§ 9 et 10 du présent chapitre, au sujet des pièces droites. Elles sont établies sur lignes au moyen de *traits ramenerets* et de lignes droites projetées sur leurs faces et sur l'ételon dans des positions convenables pour remplacer les axes qu'elles auraient si elles étaient droites.

On pique les assemblages de ces pièces entre elles et avec d'autres pièces, comme si elles étaient droites, par la raison qu'un tenon doit toujours être formé par des surfaces planes, qu'il doit suivre le fil du bois à la gorge de l'assemblage et présenter son about perpendiculairement à la face de la pièce qui le reçoit.

Nous avons déjà indiqué, ch. III (4°), comment on équarrit une pièce de bois cintré de la première espèce A, fig. 7, 8, 9, pl. VII, soit qu'on la taille sur un arbre naturellement courbe, soit qu'on la tire d'un arbre droit préalablement équarri au moins sur deux faces parallèles, lorsqu'elle a deux faces planes et deux faces cylindriques.

Pour une pièce également à une seule courbure, mais débillardée sur ses quatre faces, c'est-à-dire dont aucune des faces n'est plane, on suppose d'abord qu'elle est inscrite dans une autre pièce courbe, telle que la même pièce A, que l'on a équarrie suivant le cintre nécessaire; puis on débillarde sur les quatre arêtes pour en tirer la pièce dont toutes les faces sont courbes et dont les arêtes seules sont planes. Si l'on veut tailler, par exemple, une pièce à simple courbure, dont le débillardement est donné par le quadrilatère 1-2-3-4, fig. 9, et dont le cintre est représenté par la courbure de la pièce A, fig. 8, on la suppose inscrite dans cette pièce A, dont les faces planes et les faces cylindriques contiennent

---

(1) Dans quelques cas, fort rares on présente sur l'ételon les pièces dont les faces courbes, ou leurs arêtes, ne peuvent pas se trouver dans les plans de parement des pans; mais c'est seulement lorsque leur établissement donne un moyen de piquer leurs assemblages avec quelques autres pièces, plus simple que celui qui résulte de la méthode dite *coupe sur trait*, dont nous parlerons.

chacune une de ses arêtes. La pièce A ayant donc été équarrie suivant le gabarit, fig. 8, et le rectangle $e\,a\,t\,z$, fig. 9, qui ont été déterminés pour satisfaire à la condition que cette pièce A contienne la pièce débillardée (1), après avoir tracé aux deux bouts le rectangle de débillardement 1-2-3-4, dans la position qui lui convient, on trace sur les faces planes de la pièce A les courbes 2-2′ en dessus, 4-4′ en dessous, avec des calibres (2), et les lignes 1-1′, 3-3′ avec des règles minces et flexibles qui s'appliquent sur la surface cintrée (3), et l'on débillarde en suivant ces quatre lignes; on obtient des surfaces coniques.

Quoique la méthode que nous venons de décrire soit exacte dans son principe, elle n'est pas la meilleure, parce que chaque arête devant résulter du concours de trois surfaces, savoir : la face de la pièce A, sur laquelle elle est premièrement tracée, et les deux faces qui doivent la former par leur rencontre, il est très-difficile de l'obtenir bien continue et sans *jarrets*. On ne doit donc employer cette méthode que lorsqu'on est gêné par les dimensions du bois et qu'on est forcé d'en être très-économe. On parvient à un résultat plus régulier en choisissant la pièce courbe, dont on doit tirer la pièce débillardée, un peu plus forte en équarrissage, comme serait la même pièce A, fig. 8, s'il s'agissait d'en tirer une pièce dont le débillardement serait marqué par le quadrilatère 5-6-7-8, fig. 9. Voici comment on procède. La pièce A étant supposée équarrie avec précision, on taille d'abord deux des faces opposées de la pièce à débillarder; celles répondant, par exemple, aux côtés 5-6, 7-8 du quadrilatère, au moyen des traces de leurs prolongements 1-1′, 2-2′ pour l'une, 3-3′, 4-4′ pour l'autre, marquées sur les faces courbes et planes de la pièce A. Sur ces deux faces courbes taillées et polies, on trace avec un calibre, ou par points, ou même avec le compas à verge, les arêtes 5-5′, 6-6′, 7-7′, 8-8′, de la pièce qu'il s'agit de débillarder (4), qui passent par les angles 5, 6, 7, 8 du quadrilatère de débillardement; elles guident pour tailler les deux autres faces répondant aux côtés 6-7,

---

(1) Quoique la fig. 9 soit une coupe suivant la ligne $M\,N$ des fig. 7 et 8, on peut supposer que le rectangle $e\,a\,t\,z$ représente le bout de la pièce A, vu qu'il lui est en tout égal.

(2) Si la pièce débillardée est cintrée en arc de cercle, on peut décrire toutes les courbes, avec un grand compas à verge, en établissant un centre fixe suffisamment élevé.

(3) On peut aussi tracer ces courbes par points et les battre au cordeau, comme nous l'avons indiqué page 135.

(4) Nous n'avons ponctué sur la fig. 7 que les lignes 5-5′, 6-6′, pour ne point compliquer le dessin. On peut aisément se figurer les lignes 7-7′ 8-8′.

5-8, de ce même quadrilatère. Si l'on a coupé et poli avec soin les deux premières faces débillardées et qu'on y ait tracé avec netteté et précision les arêtes de la pièce, ces arêtes seront plus régulières que celles qu'on aurait obtenues par l'autre méthode. A la vérité, cette seconde manière de procéder exige beaucoup de soin et d'adresse à cause de la précision qu'il faut apporter pour tailler les calibres et tracer les courbes; elle consomme un peu plus de bois, mais aussi ses résultats sont plus certains et plus satisfaisants.

A l'égard du débillardement des pièces à doubles courbures et du tracé de leurs assemblages, les procédés diffèrent essentiellement de ceux que nous venons de décrire; on les *coupe sur trait*, comme disent les charpentiers, parce que la pièce capable de contenir celles que l'on doit façonner, est établie à l'ételon sur un *trait*, qui est une projection complète de la forme qu'on veut lui donner, et dont on relève, par points, les lignes suivant lesquelles le bois doit être coupé. Nous expliquerons les procédés qui se rapportent à la *coupe sur trait* lorsque nous aurons décrit les pièces courbes, auxquelles ils s'appliquent, en traitant des constructions qui en nécessitent l'emploi. Nous en occuper ici serait anticiper sans utilité sur ce que nous avons à dire au sujet de ces constructions.

CHAPITRE X.

PANS DE BOIS.

Les maisons et autres édifices, construits en bois et élevés sur des plans dont les périmètres sont formés de lignes droites, sont composés : 1° de pans de charpente verticaux, spécialement appelés *pans de bois* (1), qui forment les façades et les autres parois extérieures de leur enceinte;

2° D'autres *pans de bois* intérieurs, également verticaux, qui établissent les distributions des appartements, et sont désignés par le nom de *cloisons en pans de bois;*

3° De *planchers*, ou pans de charpente horizontaux, qui forment les étages et qui portent les planches dont sont formées les aires unies sur lesquelles on marche;

4° Des *combles* ou *couronnements* ayant pour objet de soutenir les couvertures qui abritent l'intérieur des bâtiments;

5° Des escaliers qui servent à la communication des différents étages, depuis le rez-de-chaussée jusque dans les combles.

L'usage des pans de bois a dû précéder celui des murailles de maçonnerie; aujourd'hui que les moyens de construction se sont multipliés et perfectionnés, les pans de bois n'ont plus pour objet, dans nos contrées, que de suppléer les murs, et le plus souvent on ne leur donne la préférence que par des motifs d'épargne de dépense, d'espace et de temps, ou en considération de leur légèreté. Des murs construits totalement en charpente ne seraient imperméables aux intempéries qu'en consommant une grande quantité d'arbres, ou en leur appliquant un travail de grande sujétion pour joindre les bois hermétiquement; tandis qu'en combinant avec le bois strictement nécessaire à la solidité de la bâtisse une maçonnerie peu coûteuse, qu'on ne pourrait utiliser autrement, ou qui ne se soutiendrait pas sous la forme économique de murailles très-minces, on obtient des parois qui ont la propriété de coûter la plupart du temps

---

(1) Ainsi appelés pour les distinguer des *murs* ou *pans de maçonnerie*.

moins cher que des murs, d'avoir moins d'épaisseur, d'être plus rapidement élevées et de faire jouir immédiatement de leur solidité, sans attendre, comme pour les murs épais, la longue dessiccation du mortier.

Un pan de bois est donc un assemblage de pièces de bois dont le nombre et le mode de combinaisons et de joints sont proportionnés à la solidité que doit avoir la bâtisse, et dont les intervalles sont remplis de maçonnerie peu coûteuse, soit par sa nature, soit par le peu d'épaisseur qu'on lui donne.

§ 1. *Pans de bois extérieurs.*

Les combinaisons des maîtresses pièces des pans de bois varient peu. Le type général de la composition de ce genre de construction se présente dans la fig. 1 de la pl. XXVIII, et se retrouve dans celles des planches suivantes. Cette figure est l'élévation d'un pan principal ou façade d'une maison bâtie en bois; au-dessous est le plan.

Le plus ordinairement, pour garantir les appartements et les premiers bois de l'humidité du sol, on élève le niveau du *rez-de-chaussée* d'une maison de la hauteur de quelques marches A, et l'œuvre de charpente pose en retraite de quelques centimètres, sur un mur qui forme autour de la maison, et sous ses pans intérieurs, un socle B de $0^m,65$ à 1 mètre de hauteur, en maçonnerie de moellons ou de pierres de taille faisant parpaing. Ce socle n'est interrompu que pour les passages des portes.

Quelquefois toute la hauteur des appartements du rez-de-chaussée est formée en murs de maçonnerie, et la charpente ne commence qu'à partir du niveau des planchers du premier étage, où elle forme souvent une forte saillie au dehors.

Un pan de bois qui monte de fond en comble d'une maison est divisé en pans partiels, établis les uns au-dessus des autres, qui répondent chacun à un étage et sont néanmoins liés entre eux par des pièces communes.

Chaque pan de bois partiel est composé d'une sablière S, qui reçoit les assemblages à tenons et mortaises des poteaux P. Ces poteaux sont couronnés par une sablière supérieure ou chapeau H (1), qui a pour objet, comme les sablières basses, de recevoir les assemblages à tenons et mor-

---

(1) Quelques charpentiers nomment cette pièce *sommier*, parce qu'elle porte la charge du plancher.

taises (1) de ces mêmes poteaux, de maintenir leur écartement et leur situation verticale, et de porter en outre des poutrelles ou solives du plancher supérieur, dont on voit les bouts à chaque étage. Les sablières portent sur le plancher qui répond à l'étage dont elles font partie.

Des pièces *G* inclinées en sens contraire les unes à l'égard des autres, et assemblées également à tenons et mortaises dans les sablières et les chapeaux, empêchent par cette disposition le balancement des poteaux dans le plan du pan de bois. Lorsque l'angle que ces pièces font avec les sablières et chapeaux est plus grand que 60 degrés, elles sont nommées *guettes;* elles prennent le nom de *décharges* et *d'écharpes,* quand cet angle est moindre; elles doivent, comme toutes les autres pièces, être très-justes dans leurs abouts, pour diminuer autant que possible le *hiement* produit par le jeu des joints et la flexibilité des bois trop longs (2).

Entre les poteaux sont ménagés les *huis,* ou ouvertures pour les portes et les fenêtres.

Les poteaux, qui n'ont pas d'autres fonctions que le soutien de l'édifice, sont répartis dans les parties du pan de bois qui doivent être pleines, et sont appelés simplement *poteaux,* ou poteaux de *remplage,* c'est-à-dire de *remplissage.*

Les poteaux qui sont contigus aux *huis,* portes ou fenêtres, sont appelés *poteaux d'huisserie,* et tous les bois qui forment les contours de ces ouvertures sont qualifiés *bois d'huisserie.* Ils portent intérieurement des feuillures pour recevoir les battants des portes et les châssis à verres des fenêtres construits par les menuisiers, et quelquefois extérieurement d'autres feuillures pour les contrevents.

Les pièces d'huisserie *G,* fig. 1 et 3, qui limitent la hauteur des portes et des fenêtres, sont des *linteaux;* les chapeaux *H,* dans la fig. 1, forment les *linteaux* des fenêtres. Lorsque les portes ou les fenêtres doivent être cintrées par le haut, les linteaux *N,* fig. 2, sont cintrés en dessous. Si les fenêtres sont arrondies en plein cintre, par le haut seulement, comme celles du 2° étage de la maison, fig. 1, ou qu'elles soient entièrement

---

(1) Assemblages, fig. 1, pl. XIV.
(2) Le *hiement* des charpentes est une sorte d'oscillation dans le plan des axes des pièces assemblées, qui se manifeste, au moindre ébranlement, par le bruit ou craquement résultant du frottement des surfaces en contact dans les joints. Il cesse complétement dans les pans de bois lorsque leur remplissage en maçonnerie est bien fait.

rondes ou en œil-de-bœuf, comme celle du troisième étage, les arrondissements sont formés par des *goussets* I cintrés dans l'intérieur des *huis*, et assemblés dans les autres *bois d'huisserie*. Dans les grandes fenêtres cintrées qu'on pratique quelquefois pour donner plus de jour dans l'intérieur de quelques appartements, comme nous en avons figuré au troisième étage de la façade fig. 2, les pièces O, qui sont les continuations des linteaux cintrés, sont appelées *cintres*. Les petites pièces Y sont des *liens* qui concourent, avec les tenons et mortaises des assemblages, à maintenir les cintres dans le plan du pan de bois, et à les empêcher de changer de courbure. Les pièces d'huisserie V, qui forment le bas des fenêtres, sont les *appuis* des fenêtres. Les petites pièces U, qui les soutiennent, comme celles placées au-dessus des linteaux L, fig. 3, sont désignées par le nom diminutif de *potelets*.

Les espaces qui doivent être remplis, compris entre les portes et les fenêtres, sont des *trumeaux*. Lorsqu'ils sont trop larges pour qu'une simple *guette* G suffise à leur remplissage, comme dans les fig. 1 et 3, on multiplie les *poteaux*, ou l'on incline les *guettes*, comme celles F, afin qu'elles fassent arcs-boutants avec plus de force; on les accompagne, pour faire le remplissage, de portions de poteaux J appelées *tournisses*, ou de secondes guettes K qui le croisent et forment alors la croix de Saint-André, fig. 1, pl. XXVIII, et fig. 1, pl. XXX. On fait aussi avec des guettes des croix de Saint-André doubles, ainsi que nous en avons figuré une A au rez-de-chaussée de la fig. 2, pl. XXVIII, pour un remplissage entre deux piliers Q, en conservant une petite porte B.

Les pièces de bois qui se croisent pour former des croix de Saint-André dans les pans de bois, doivent être serrées et maintenues dans leurs entailles, soit par une broche en fer rivée des deux côtés, soit par une grosse cheville de bois sec et dur coincée par les deux bouts, ou, ce qui est mieux, par un boulon à tête avec vis et écrou noyés dans le bois.

Les tournisses J sont assemblées à tenons et mortaises dans les *sablières*, les *chapeaux*, les *guettes* et les *croix de Saint-André*. Autrefois, elles étaient assemblées à *oulices* dans les *guettes*, et cela se pratique encore dans quelques lieux. Nous avons donné, fig. 11, pl. IX, fig. 7, pl. X, ch. VIII (1°), les détails des assemblages à *oulices* qui s'écartent des règles ordinaires par rapport aux formes des tenons. L'objet de ce mode d'assemblage était de faire porter les tournisses sur les abouts de leurs tenons et de pouvoir creuser les mortaises avec précision. On a reconnu depuis qu'il affaiblit trop les guettes, vu qu'il reste peu de bois après que la mortaise est creusée, et que souvent même il n'en reste point, entre les abouts des tournisses qui se correspondent verticalement lorsque les guettes sont peu inclinées. On se contente donc souvent aujourd'hui de couper les bouts des tournisses en bec de flûte, et de les approcher à plat joint, sans tenons ni mortaises, contre les guettes, comme la pièce A contre la pièce B, fig. 3, pl. XIV. Mais il est indispensable, alors, de clouer chaque tournisse avec une forte broche de fer carrée et pointue, appelée *dent-de-loup*, ainsi que nous en avons représenté deux, J, J, clouées sur une guette F, fig. 9, pl. X. On doit avoir soin, en pareil cas, de percer d'avance le bout de chaque tournisse avec une petite tarière ou une grosse vrille, d'un trou suffisamment large pour que la *dent-de-loup* ne fasse pas fendre le bout quand on la chasse à coups de marteau.

On est tombé dans un inconvénient pire que celui qu'on voulait éviter : cette manière d'attacher des bois n'a point de solidité. On ne peut l'employer que lorsque les tournisses n'ont pour objet que le remplissage d'un panneau ; elle est moins mauvaise lorsqu'on y ajoute des embrèvements, fig. 3, pl. XV, pour que les tournisses ne glissent point sur leurs joints, ce qui ne dispense point de les clouer avec des dents-de-loup. Mais il vaut toujours mieux, surtout lorsque les tournisses ont à supporter une partie de la charge en commun avec les poteaux entiers, faire leurs assemblages à tenons et mortaises ordinaires, avec de profonds embrèvements (1), et l'on doit, dans le même cas, faire correspondre verticalement celles qui s'assemblent en dessus et en dessous d'une même *guette*, pour que leurs efforts sur cette guette ne la fassent pas serpenter. C'est ce qui a été observé dans les façades, fig. 2 et 3 de la planche XXX, où l'on suppose que les tournisses ont à soutenir une partie de l'effort des planchers sur les chapeaux.

Il est entendu que les joints à tenons et mortaises des bois inclinés les uns par rapport aux autres, sont tous à embrèvement (2), quoique ces embrèvements ne soient point indiqués partout dans les planches à cause de la petitesse des échelles.

La forte pièce C, formant l'angle d'un bâtiment, qui est commune au pan de la façade que représente la fig. 1, pl. XXVIII, et au pan qui est en retour d'équerre et qui forme une autre façade qu'on ne voit pas dans le

---

(1) Assemblage, fig. 1, pl. XV.
(2) *Idem, idem.*

dessin, si ce n'est sur le plan, au-dessous de la figure, doit monter de fond en comble, pour lier entre eux les pans de bois partiels des étages. Cette pièce, très-importante pour la solidité de la bâtisse, est appelée *poteau cornier* (1).

Lorsque l'équarrissage d'un *poteau cornier* dépasse l'épaisseur des pans de bois auxquels il est commun, ce qui est convenable pour qu'il ait une grande force, on peut l'évider dans l'intérieur d'un bâtiment pour former l'encoignure de l'appartement, de la manière indiquée en C' au plan de la façade fig. 3, pl. XXVIII.

Les pans de bois qui ont une grande étendue doivent être partagés en *travées* égales, ou au moins symétriques, par des poteaux qui montent de fond en comble, et qui unissent entre eux plusieurs étages, comme ceux T, fig. 2 et 3, qu'on nomme *poteaux de fond;* et vu que ces poteaux interrompent la continuité des sablières et des chapeaux, on lie ces pièces par des bandes de fer que nous avons marquées, fig. 2 et 3. Ces bandes s'étendent en dedans et en dehors, en passant sur les poteaux de fond; elles sont clouées et boulonnées, et quelquefois encastrées dans le bois, pour qu'elles affleurent les faces du parement.

Pour relier aussi les pans de bois qui forment le coin d'une bâtisse, et qui ont le *poteau cornier* pour pièce commune, on enveloppe ce poteau par des bandes de fer pliées en équerre, dont les branches s'étendent sur les sablières et chapeaux, où elles sont fixées, comme les autres bandes, par des clous et des boulons. Elles sont représentées aux élévations et aux plans des fig. 1, 2 et 3. On lie également les pans de bois des façades avec ceux qui forment les cloisons intérieures, par des bandes de fer qui embrassent les poteaux communs.

Tous les intervalles d'un pan de bois, même ceux qui sont au-dessus des chapeaux ou sablières hautes, entre les abouts des solives des planchers, sont remplis de petits moellons ou de briques, maçonnés en plâtre ou en bon mortier de chaux et sable, ou en bonne terre argileuse, suivant les usages, ou plutôt selon les ressources du pays. Lorsque les bois doivent rester apparents, comme on le pratiquait presque toujours autrefois, cette maçonnerie est crépie en dehors et en dedans du meilleur

---

(1) *Poteau cornier*, c'est-à-dire qui fait la *corne*, le *coin* ou l'*angle* du bâtiment; et non pas *poteau cormier*, comme quelques personnes le disent et l'écrivent à tort.

mortier qu'on puisse faire, jusqu'à l'effleurement des bois dont les faces et les arêtes ont été dressées avant de les assembler.

Dans les localités où le plâtre est à bon compte, on fait la maçonnerie de remplissage des pans de bois avec des plâtras de démolitions ou d'autres petits matériaux, et du bon plâtre. On couvre la maçonnerie de remplissage et les bois des deux côtés, par un lattis cloué sur ceux-ci, et l'on ravale en plâtre; l'enduit est uni, ou décoré de joints figurés, de refends, plinthes, moulures et corniches, et même de divers ornements en bas-relief moulés ou sculptés; de manière qu'on donne quelquefois aux bâtisses en pans de bois l'apparence des plus élégantes constructions en pierre.

On était autrefois dans l'usage de *rainer* (1) et *tamponner* (2) les faces des bois que la maçonnerie de remplissage devait joindre, afin qu'elle pût y être fixée plus solidement. Cette excellente méthode est presque abandonnée; aujourd'hui on se contente de *larder* (3) dans ces mêmes faces, des vieux clous ou des *rapointissages* (4), qui se trouvent pris dans le hourdis. Cette nouvelle méthode économise la peine et le travail du charpentier; mais elle ne vaut pas l'ancienne, par la raison que les clous et les *rapointissages* sont bientôt détruits par la rouille, et laissent la maçonnerie sans liaison, tandis que les bords des rainures ne manquent que lorsque les bois sont pourris (5).

Lorsqu'on laisse les bois apparents, il est convenable, pour leur conservation, de les peindre à l'huile, et de leur donner de temps à autre une nouvelle couche de peinture; dans plusieurs villes, et notamment en Allemagne, les couleurs qu'on applique sur les bois apparents des maisons sont vives et variées, et leur opposition avec les couleurs ternes et pâles, ou même blanches, dont on badigeonne les maçonneries de remplissage, fait un effet fort agréable.

---

(1) *Rainer* ou *rueller*, en termes d'ouvriers, c'est faire une rainure.
(2) *Tamponner*, c'est planter de grosses chevilles de bois dans la face et la rainure d'une pièce de charpente, pour faire liaison avec la maçonnerie.
(3) *Larder*, c'est piquer çà et là une multitude de clous dans une pièce de bois.
(4) Les *rapointissages* sont des clous sans tête, coupés par les cloutiers au bout des vergettes, à mesure qu'ils ont forgé de nouvelles pointes comme pour faire des clous.
(5) Le maçonnage en plâtre est le meilleur pour le hourdage des pans de bois, parce que le gonflement que produit le plâtre bien gâché en se solidifiant, fait que la maçonnerie pénètre et se fixe mieux dans les rainures, qu'elle serre fortement les bois, et qu'elle en remplit plus solidement les compartiments.

La fig. 2, pl. XXVIII, est l'élévation d'un bâtiment construit en bois sur des piliers en pierre Q; les sablières du pan de bois qui fait la façade sont posées sur de grosses pièces M, M, formant, pour chaque travée, *linteau* d'un pilier à l'autre; chacune de ces pièces est nommée *poitrail*; elle est d'un seul morceau ou *armée*, comme le sont quelques poutres, dont nous donnerons la description, en parlant des planchers, dans le chapitre suivant.

Les poteaux principaux et les poteaux corniers posent sur des sablières; on voit en N, le bout d'une queue d'hironde de l'assemblage du poitrail M, avec celui qui est en retour sur l'autre face du bâtiment.

Attendu que les poitrails M, M, en outre de leur propre poids, qui est assez grand, vu l'écartement des piliers servant de points d'appui, ont à supporter la charge des pans de bois, et celle des planchers et des combles, on les soulage en établissant au premier étage, et même au second en même temps, les décharges D, qui soutiennent les poteaux principaux P, en s'y assemblant à tenons et mortaises avec embrèvements, et qui reportent la charge au-dessus des piliers en maçonnerie Q, par leurs assemblages avec les sablières. On n'a point marqué les embrèvements sur la figure 2 de la planche XXVIII à cause de la petitesse de l'échelle, mais ils sont indiqués pour les décharges K de la fig. 2, pl. XXIX.

On assujettit quelquefois l'assemblage des décharges, sur les sablières, par des bandes de fer qui les enveloppent; elles sont indiquées sur l'une des deux travées, en Z.

On peut unir les poitrails M, et les sablières S qu'ils supportent, avec les poteaux P, par des étriers à bandes ou à ancres, que nous n'avons point supposés placés dans la figure, mais dont on trouvera les détails dans les planches relatives à l'emploi des ferrements dans les charpentes.

Les petites pièces U, qui forment les remplissages entre les décharges D, les sablières et les pièces d'appui, conservent le nom de *potelets*, celles marquées Z, sous les appuis des fenêtres de droite au deuxième étage, entre les potelets, et qui remplissent les fonctions de guettes, sont des *liens*. Lorsqu'on les croise, comme ils sont sous les fenêtres du troisième étage, ils forment des croix de *Saint-André*; assemblages qui produisent toujours un bon effet, même dans les *trumeaux*. On s'en est servi pour remplir ceux des deuxième et troisième étages; les croix de Saint-André satisfont en même temps très-bien aux besoins de remplissage et aux conditions de la stabilité.

Les petites pièces horizontales X, qu'on assemble carrément à tenons et mortaises avec les poteaux, lorsqu'ils sont très-élevés, et trop rapprochés pour établir entre eux des guettes, sont des *étrésillons*, s'ils sont fort courts, comme dans la fig. 3; dès qu'ils sont plus longs, comme dans la fig. 2, on les nomme *traverses* ou *entre-toises*. Leur objet est d'augmenter la force des poteaux, en divisant leur hauteur et en les réunissant.

Les poteaux d'huisserie, des fenêtres qui répondent aux décharges D, D, fig. 2, sont assemblés, dans ces décharges, à tenons, mortaises et embrèvements, et leurs charges sont soutenues, en dessous des mêmes décharges, par des *potelets* de même équarrissage, assemblés de même et dans leurs prolongements.

Le plancher du premier étage de la fig. 2 est supposé contenu dans l'épaisseur des sablières S. Les poitrails ont beaucoup plus d'épaisseur que le pan de bois, l'excédant est reporté en dedans du bâtiment, et il supporte les bouts des solives, comme les supportent les poutres intérieures d'un plancher.

Les figures 1 et 2 représentent des façades dans le genre de celles qu'on fait aujourd'hui. La figure 3 est la façade d'une maison en bois, telle qu'on les construisait jadis; on en voit encore dans un grand nombre de villes, et même dans les plus anciens quartiers de Paris.

Cette maison est construite au moyen des mêmes combinaisons de bois que nous avons décrites précédemment; et ces combinaisons, qui ne sont pas susceptibles d'une grande variété, ainsi que nous l'avons remarqué, ont servi de modèle à ce qu'on a pratiqué depuis.

Le pan de bois de la façade de cette maison, est terminé dans sa partie supérieure en *pignon* (1), suivant les pentes raides de la couverture. Le toit s'avance de $0^m,65$ à 1^m sur la façade, pour la garantir de la pluie, et sa saillie est soutenue par des consoles en bois sculptées. Celle du milieu de chaque égout rejette, au moyen d'un tuyau en plomb, les eaux pluviales sur la voie publique.

La fig. 4, pl. XXIX, est l'élévation d'une façade en pan de bois, avec porte cochère. Pour soutenir la sablière S, dans sa partie répondant à la porte, on aurait pu la renforcer par un épais *poitrail*, comme l'un de ceux M de la fig. 2, pl. XXVIII. On a préféré, pour ne point diminuer autant la hauteur du milieu du passage et ajouter à la décoration de la façade,

---

(1) Le nom de *pignon*, donné aux façades pointues des anciennes maisons, vient de leur ressemblance avec les *pignons*, ou rochers pointus qui couronnent les montagnes; il a été depuis appliqué à toutes les façades terminées par un angle quelconque, même fort obtus.

suppléer ce poitrail par un linteau Y, assemblé dans les poteaux d'huisserie, et soutenu dans sa portée par deux liens cintrés O, O, qui s'y assemblent à tenons, mortaises et embrèvements; ces liens forment les retombées de l'arc et sont assemblés, à ses naissances, à tenons, mortaises et doubles embrèvements (1), dans les deux poteaux d'huisserie P, qui montent depuis le socle jusque sous le chapeau du pan du premier étage, ainsi que le *poteau cornier* C. Les liens Z, Z, maintiennent la courbure des cintres O, O. Si l'on peut se procurer des bois courbes, ces cintres sont équarris courbes en dedans et en dehors. Si l'on est forcé de les tailler dans des bois droits, et que d'ailleurs ils doivent être recouverts en plâtre, on peut ne les cintrer que d'un côté, comme sont les liens Q de l'œil de bœuf ouvert sur la gauche de la porte cochère. On a ajouté aux croisées de cette façade des linteaux J pour en diminuer la hauteur; ils sont joints aux chapeaux. Il est convenable dans ce cas, surtout lorsque les bois doivent demeurer apparents, de joindre le linteau avec le chapeau à rainures et languettes, vu qu'il n'y a pas moyen d'insinuer entre eux aucune maçonnerie de remplissage. Il est quelquefois préférable, par cette raison, d'écarter les linteaux des chapeaux, comme on l'a fait sur d'autres façades figurées dans nos planches.

La fig. 5, pl. XXIX, représente un plan de bois formant la façade d'une maison avec porte bâtarde; elle reproduit, comme la figure précédente, des assemblages que nous avons décrits, différemment disposés.

Les fig. 1 et 3 de la planche XXX, représentent des façades comme on en voit aux anciennes maisons, pour lesquelles l'apparence des bois forme la principale décoration. Toutes les pièces sont équarries avec soin, surtout sur leurs faces et arêtes apparentes; les assemblages sont taillés avec justesse et netteté, et ils sont très-serrés pour qu'ils ne puissent jouer dans aucun sens, ni présenter aucun joint ouvert.

Les fig. 4 et 5 montrent d'autres combinaisons qui sont employées également sur les façades d'anciennes maisons pour le remplissage des trumeaux. On voit dans quelques compartiments de la figure 4, comment ils peuvent être décorés de moulures; ils sont quelquefois remplis par des panneaux en bois sculptés, posés par-dessus la maçonnerie.

Nous donnons, dans notre frontispice, quelques fragments de maisons

---

(1) Assemblages, fig. 3 et 7, pl. XVI.

en charpente du moyen âge, les plus remarquables par leurs ornements sculptés sur les bois, et les panneaux, également en bois et sculptés en bas-relief, qui remplissent les compartiments de leurs façades. La vétusté a donné aux bois de ces maisons la couleur rembrunie de l'ébène, qui produit le plus bel effet.

La fig. 2 de la même planche est l'élévation d'une maison à trois étages, dans laquelle les bois sont combinés de la manière la plus simple et qui convient le mieux, lorsqu'ils doivent être recouverts par les enduits des maçonneries de remplissage, ou lors même que, les laissant apparents, cette simplicité s'accorde avec la destination de la bâtisse.

Dans la composition d'un pan de bois, on doit avoir le plus grand soin de faire correspondre les poteaux principaux, ceux d'huisserie, ceux de remplissage, et même les tournisses des divers étages, verticalement, afin que du comble au socle tous les bois portent aplomb les uns sur les autres, et que leurs efforts ne fassent point serpenter les chapeaux et sablières, ce qui ne manquerait pas d'arriver et de nuire à la solidité de la bâtisse, si ces différentes pièces étaient, comme on dit, en *porte à faux*.

Par la même raison, les fenêtres et les portes doivent se correspondre verticalement, afin que les trumeaux ne portent point leur charge sur les linteaux des fenêtres et portes inférieures, qu'ils pourraient faire fléchir. Cette règle de solidité est d'accord avec celle de l'identité de distribution des étages, et avec la régularité et la symétrie des façades qui plaisent et qu'on désire dans toute bâtisse.

Lorsqu'on est forcé par la nécessité de donner beaucoup d'étendue à une ouverture, comme à celle de la porte cochère A, en lui conservant sa forme carrée, et de faire correspondre les trumeaux compris entre les poteaux d'huisserie B-B, C-C, D-D, sur le vide de cette ouverture, on soulage la sablière S, qui forme *linteau* et *poitrail*, du poids considérable de ces trumeaux et des planchers qu'ils supportent, par des décharges comme celles D, D, que nous avons indiquées fig. 2, pl. XXVIII, lorsque la composition du pan de bois se prête à cette disposition, ou comme celle Q, Q, pour le cas représenté par la fig. 2, pl. XXX, qui nous occupe. Ces décharges s'assemblent par le bas sur la sablière S, à tenons et mortaises, avec double ou triple embrèvement, et contre les poteaux d'huisserie R du même étage; par le haut, elles aboutent *bout-à-bout*, contre un renfort horizontal T, ajouté à la pièce d'appui V, commune aux deux croisées et au trumeau intermédiaire, qu'il s'agit de soutenir. Les pièces Q, Q, reportent la charge sur les poteaux d'*huisserie* ou d'*étrière*, P, P, de la porte cochère, arcs-boutés par les guettes contiguës G, G. Le même système est répété dans les pans partiels supérieurs, afin que les trumeaux n'accumulent pas leur poids sur les premières décharges Q, Q, et que celles E-E, F-F, de chaque étage, n'aient chacune à supporter que le trumeau et la partie de plancher qui lui correspondent. Quelquefois on joint le renfort T à la pièce d'appui V par des *endentures*, afin de l'empêcher de glisser, et pour qu'ils fassent corps avec cette pièce; il est, dans tous les cas, prudent de l'y fixer par deux boulons qui sont marqués sur la figure.

On donne aux pans de bois extérieurs un peu de fruit (1), d'un étage à l'autre, c'est-à-dire qu'on fait les pans partiels un peu moins épais, à mesure qu'ils sont situés à des étages plus élevés. Le fruit des pans de bois des façades ne se donne que sur le parement extérieur; les parements intérieurs des pans partiels de tous les étages se correspondent à plomb. Le fruit ne diminue l'épaisseur du bois que de quelques millim. par étage; il a pour objet de donner plus de stabilité à l'ensemble de l'édifice, en laissant à sa base une étendue un peu plus grande que celle de sa partie la plus élevée, et de reporter un peu vers l'intérieur les résultantes verticales de la charge que les pans de bois ont à supporter, afin de résister mieux à la poussée que la flexibilité des planchers et leurs vibrations occasionnent sur eux.

Nous donnons, planche XXXVII, d'après les figures de Krafft, deux pans de bois remarquables par la manière dont ils sont soutenus au-dessus du sol, afin de conserver un grand espace libre en dessous, et qui a quelques rapports avec les systèmes employés pour les ponts. Le professeur allemand Carsten donne le nom de *soupente* à ce genre de construction.

Le premier de ces pans de bois, fig. 14 (2), a été exécuté à Paris, par le charpentier Sevlinge, dans une brasserie du Marais. Un grand arc A, formé de quatre épaisseurs de fortes planches, soutient tout le pan qui est composé de trois étages, égaux en tout à celui que représente la figure. Cet arc est pris entre deux moises horizontales M. Deux aisseliers E, E,

---

(1) On dit le *fruit d'un pan de bois* par analogie avec le *fruit d'un mur*. C'est la diminution de l'épaisseur d'un mur, depuis sa fondation jusqu'à son sommet. Cette diminution s'opère par un faible talus du parement, ou par retraites faites aux différents étages. Le mot *fruit* a probablement pour étymologie *frustum* (de *fraudo*), tromperie, fraude, artifice, pour produire la stabilité.

(1) Krafft (*ancien*), 1re partie, pl. XVI, fig. 8. Cet ouvrage se trouve à la bibliothèque du Conservatoire et à celle de Sainte-Geneviève à Paris.

s'assemblent dans l'arc et reportent une partie du poids de la bâtisse sur des dés en pierre D, D, posés au niveau du sol, sur des fondations en maçonnerie. Ces aisseliers joignent l'arc aux points où il supporte les grandes *moises* ou *écharpes* F, F, qui s'étendent dans toute la hauteur des pans de bois et vont s'assembler dans les poteaux principaux P, P. Les moises M embrassent aussi les potelets Q, et elles supportent les solives du premier plancher.

Le second pan de bois, fig. 15 (1), a été construit dans le même but, dans un hôtel au Marais, à Paris, par le charpentier Mazet; il est composé également de trois étages égaux, à partir des appuis des fenêtres. Il est porté par deux paires de moises horizontales M N; l'une forme poitrail, l'autre sert d'appui aux fenêtres. Les moises embrassent les deux poteaux extrêmes R, R, qui montent de fond en comble, et les deux poteaux moyens P, P, qui ne s'élèvent qu'à partir de la moise M, et dans lesquels s'assemblent les sablières hautes et basses des étages supérieurs. Les deux paires de moises horizontales M, N, et les poteaux R, P, sont liés par trois croix de Saint-André C, entre lesquelles sont distribués quelques potelets. Deux décharges ou aisseliers cintrés E, E, reportent la charge des poteaux P, P et de la travée qu'ils comprennent sur des dés en pierre D, D, posés au niveau du sol sur des fondations en maçonnerie, et qui soutiennent les poteaux de fond R, R, accolés aux murs latéraux. Les moises M, portent les bouts des solives du premier plancher.

§ 2. *Pans de bois intérieurs.*

Les cloisons en bois équarris, employées dans l'intérieur d'un bâtiment, pour former les principales divisions de la distribution, sont aussi des pans de bois; leurs dimensions, quant à la hauteur, sont les mêmes que celles des pans de bois des façades, leur étendue est déterminée par l'espacement des autres pans de bois intérieurs, ou cloisons, qu'elles rencontrent ordinairement à angle droit, et leur épaisseur, qui résulte de l'équarrissage du bois qu'on y emploie, est un peu plus faible que celle des pans de bois qui forment les façades ou autres parois extérieures; d'une part, pour ménager l'espace dans les appartements, en second lieu,

---

(1) Krafft (*ancien*), 1re partie, pl. XVI, fig. 8.

parce que n'ayant pas autant d'ouverture à y faire que dans les pans extérieurs, on peut y multiplier davantage les poteaux qui en font la principale force; on leur donne par ce moyen celle dont ils ont besoin pour soutenir les planchers, dont la charge est souvent double de celle qui est supportée par les façades. Les pans de bois extérieurs ne reçoivent que d'un seul côté les portées des solives des planchers contigus, tandis que les cloisons en pans de bois ont à supporter les solives des planchers qui les joignent des deux côtés. On donne néanmoins une plus grande épaisseur aux pans de bois extérieurs, parce qu'ils sont exposés à toutes les injures du temps et qu'ils forment la clôture des bâtisses.

Les cloisons principales en pans de bois doivent être, comme les pans de bois des façades, établis à plomb les unes sur les autres, et porter aussi par le bas sur des fondations ou soubassements en maçonnerie; elles doivent, lorsque cela se peut, être reliées d'un étage à l'autre par des poteaux qui montent de fond en comble, et celles qui se croisent doivent avoir des poteaux communs et être reliées entre elles par des bandes de fer. C'est de cette intime liaison des différents pans de charpente entre eux que résulte la solidité d'une bâtisse en bois.

On donne aux pans de bois intérieurs du *fruit* des deux côtés, en employant des bois un peu moins épais à mesure que les pans ont moins de charge à supporter à raison des étages où ils sont établis.

La fig. 1, pl. XXIX, est l'élévation d'une cloison en pan de bois pour un étage de maison. Les sablières S de cette cloison, portent sur les solives du plancher inférieur, qui posent elles-mêmes sur le chapeau ou sablière haute C, du pan de bois de l'étage qui est en dessous. Les poteaux A sont verticaux, leur écartement est égal à leur épaisseur; cette disposition est dite à *claire-voie*. On peut, quand la charge des planchers ne doit pas être considérable, les écarter davantage.

Les *poteaux de remplissage* s'assemblent à tenons et mortaises dans les *sablières* et dans les *chapeaux* qu'ils supportent, sur lesquels posent les solives des planchers supérieurs, comme dans les pans de bois extérieurs. Les poteaux d'*huisserie* P doivent être plus forts que ceux de *remplissage*, A, parce qu'étant plus écartés ils ont plus de charge à porter. On les assemble à tenon et mortaise dans les solives, pour lier haut et bas les cloisons avec les planchers, et fixer invariablement ces cloisons; les passages des portes forcent aussi à interrompre la continuité des sablières basses. Les *sablières hautes*, ou *chapeaux*, s'assemblent dans les poteaux d'huisserie, ce qui est sans inconvénient, vu qu'ils sont également bien soutenus par les poteaux de remplissage A, B. Les pièces L, M, qui limitent la hauteur des portes, et sont assemblées dans les poteaux d'huisserie sont, comme précédemment, des linteaux. Le remplissage au-dessus se fait au moyen de potelets, comme au-dessus du linteau L, ou au moyen d'une traverse, comme au-dessus du linteau M. Les dessus des portes sont quelquefois laissés vides pour recevoir des châssis à verres, auquel cas on pratique autour une feuillure, à moins que toute l'huisserie ne doive recevoir un revêtissement en menuiserie.

On réserve quelquefois dans les cloisons, des fenêtres carrées, rondes ou ovales, pour permettre à la lumière du jour de pénétrer dans des appartements qui n'en recevraient pas directement d'un autre côté. On donne aux huisseries de ces ouvertures les dispositions que nous avons indiquées pour les fenêtres et œils-de-bœuf des pans de bois extérieurs.

Les intervalles des solives des planchers qui s'étendent en avant du pan de bois, sont remplis par les solives du plancher du même étage, qui s'étendent en arrière; nous avons haché les solives du premier plancher, que nous supposons coupées par le plan vertical de projection; les bouts des solives de l'autre plancher, qui s'étendent en arrière du pan de bois, sont croisés de deux traits en X, comme cela est souvent d'usage, pour distinguer les pièces de bois coupées de celles qui sont vues par le bout, sans être coupées par les plans de coupe ou de projection.

On fait correspondre les poteaux verticalement avec les solives, pour qu'il n'y ait point de porte-à-faux et que les assemblages soient soutenus.

Lorsqu'on n'a point assez de bois de la longueur qui serait nécessaire pour faire les poteaux de remplissage d'une seule pièce, on établit des traverses T, sur le milieu de la hauteur de l'étage, assemblées dans les poteaux d'huisserie P, ou dans quelques poteaux principaux distribués sur la longueur du pan de bois, et le remplissage se fait par des *demi-poteaux* B. Il faut éviter que ces traverses soient trop longues, attendu que si elles pouvaient *fouetter*, les *demi-poteaux* fouetteraient aussi, et s'inclineraient en dehors des plans des parements de la cloison; les solives ne seraient plus soutenues que par des sablières H, trop faibles pour en porter tout le poids, et la solidité serait compromise.

Un pan de bois à claire-voie ne doit être employé que lorsqu'il n'y a pas lieu de craindre un balancement dans le sens de sa longueur, parce qu'il se trouve contre-bouté à ses deux extrémités par les combinaisons des pans de bois ou des murs contigus dirigés dans le même sens.

Lorsque la charge des planchers doit être très-considérable, par l'effet de leur grande étendue ou du poids des objets dont ils seront chargés, les cloisons en pans de bois partagées en travées $X\,Y, Y\,Z$, doivent être fortifiées par des décharges D, D, qui rapportent les charges sur des points O, O, présentant la résistance dont on a besoin.

Ces décharges s'assemblent à tenons, mortaises et embrèvements dans les sablières et chapeaux; elles s'aboutent mutuellement ou s'assemblent de la même manière dans des poteaux communs. On peut mettre un double rang de décharges G, G, dans la hauteur d'une même travée. Les deux décharges inférieures portent et s'assemblent sur la sablière, les deux supérieures sur la traverse T. Le remplissage se fait au moyen de tournisses J, J, comme dans les pans de bois de façades.

Si l'on peut donner aux pans de bois une plus grande épaisseur que celle des poteaux, et si, d'ailleurs, ils ont à supporter des planchers extrêmement chargés, au lieu de faire les décharges chacune d'une seule pièce comprise dans l'épaisseur du pan de bois et affleurant ses faces de parement, ce qui oblige à faire le remplissage avec des tournisses, on compose la cloison de poteaux entiers verticaux, assemblés à des tenons et mortaises dans les sablières hautes et basses, et l'on remplace les décharges par des moises (1), qui embrassent tous les poteaux, les sablières et les chapeaux, également posées en décharge et de même inclinaison sur les deux faces de parement du pan de bois. Ces moises se correspondraient, et elles se confondraient dans la projection verticale, où elles seraient représentées, fig. 1, pl. XXIX, par les pièces D, D. Elles seraient entaillées au quart du bois avec toutes les pièces qu'elles croiseraient, et elles seraient boulonnées. Cette disposition donne une grande solidité aux pans de bois, et elle les rend capables de résister aux plus grands efforts.

On emploie fréquemment dans la composition des cloisons en pans de bois, des guettes comme celles dont nous avons parlé; il nous a paru inutile de les figurer de nouveau, vu qu'elles le sont dans les pans de bois extérieurs que nous avons décrits.

Lorsque dans une cloison en pan de bois, deux portes se trouvent fort écartées, comme celles A, A, fig. 2, elles laissent entre elles un large trumeau. Pour que les charges des planchers et des trumeaux supérieurs ne s'accumulent pas sur celui-ci, ni sur ceux inférieurs, on dispose, dans la partie supérieure du pan de bois, un bandeau R, qui s'étend en linteau

---

(1) Assemblage, fig. 12, pl. XXI.

sur les portes, et des décharges K, K, qui sont assemblées à embrèvements vers le bandeau, et qui aboutent sur le potelet I du milieu lié au poteau, correspondant par une bande de fer verticale sur chaque face de parement. On peut remplacer ces décharges par des moises, comme nous l'avons indiqué plus haut.

Les intervalles des bois des cloisons ou pans de bois intérieurs se remplissent, comme ceux des pans de bois extérieurs, en maçonnerie. On choisit la maçonnerie la moins pesante; elle n'est pas d'ailleurs exposée aux injures du temps. Cette maçonnerie affleure tous les bois. Lorsqu'on doit faire passer un lattis et un ravalement sur ceux de remplissage, les pièces d'huisserie, les chapeaux et les sablières doivent rester apparents, pour appuyer et maintenir ces ravalements. On donne à ces pièces un équarrissage plus fort, afin qu'elles soient affleurées par le ravalement, et pour que leurs faces apparentes conservent une largeur qui satisfasse la vue, après qu'on a fait sur leurs bords contigus au ravalement, une feuillure de 20 à 28 millimètres, suivant l'épaisseur du lattis et du ravalement et de 28 à 50 millimètres de largeur, pour recevoir les bouts des lattes attachés avec des clous.

§ 3. *Cloisons légères.*

Les cloisons en charpentes, qu'on dispose dans l'intérieur des bâtiments pour les distributions de détail, ou qui n'ont point été prévues, n'ont à supporter le poids d'aucun plancher; elles sont appelées *cloisons légères;* elles sont faites en bois qui ont environ la moitié de l'épaisseur de ceux employés dans les cloisons en pans de bois; elles sont construites de la même manière. On en fait aussi qui sont composées d'un bâti, formant de grands compartiments dont les remplissages se font de diverses manières.

La fig. 3 représente un bâti pour une cloison percée de deux portes, nous y avons indiqué divers modes de remplissage. Les poteaux d'huisserie P, P, s'assemblent dans les solives des planchers supérieurs et inférieurs, pour être fixés invariablement. Lorsque l'étendue d'un trumeau est trop grande, on la divise par des poteaux intermédiaires comme celui R; les sablières et les *traverses hautes et moyennes* T, ainsi que les linteaux L, s'assemblent dans ces poteaux.

Lorsqu'il est nécessaire d'empêcher le balancement des assemblages, on place des écharpes F dans les vides du bâti. Si ce remplissage doit être en planches dressées et posées comme en *M M*, ces planches sont jointes entre elles à rainures et languettes, et clouées sur le bâti. Les traverses, les écharpes, sablières et chapeaux, n'ont que l'épaisseur nécessaire pour que les planches puissent affleurer les poteaux avec lesquels elles se joignent à feuillures.

Le remplissage se fait aussi quelquefois en planches brutes *Q*, dont les bouts portent dans les rainures creusées dans les sablières et les traverses. On fait par dessus ces planches, sur les deux faces de la cloison, un lattis *S*, qu'on hourdit et qu'on enduit en mortier à bourre ou en plâtre, à l'affleurement des bois du bâti. On fait aussi des remplissages en torchis *Z*, composés de bâtons enveloppés de foin tordu en corde et enduit de terre grasse ou de mortier. Ces bâtons sont maintenus par leurs bouts dans les rainures des poteaux. Le torchis est ensuite enduit en plâtre ou en mortier à bourre, suivant l'usage du pays. On fait encore des remplissages en briques ou en carreaux de plâtre posés de champ, maçonnés en plâtre et maintenus dans le bâti par les rainures pratiquées dans les montants et les traverses, et qui ont une largeur égale à l'épaisseur d'une brique qui s'y loge avec le plâtre; cette légère maçonnerie est ensuite enduite à l'affleurement des bois, auxquels on n'a donné qu'une épaisseur égale à celle d'une brique, plus celle des deux enduits qui la couvrent des deux côtés.

Malgré qu'une cloison, de l'espèce dont nous venons de parler, ait peu de poids, sa position la meilleure est celle qui croise toutes les solives du plancher sur lequel elle est établie, parce qu'alors chaque solive supporte une petite partie de son poids. Si l'on est obligé de placer une cloison légère dans le sens de la direction des solives, il faut l'établir autant que possible au-dessus de l'une d'elles, et si l'on peut prévoir la nécessité de cette cloison, on doit donner plus de forces en largeur à la solive qui doit la porter; et même, en outre des décharges ou écharpes qu'on doit combiner dans les panneaux de cette cloison, il est convenable de placer les barreaux de fer, qui joignent de mètre en mètre deux autres solives au moins, à celle qui se trouve sous la cloison, afin de leur faire supporter une partie de la charge.

On fait enfin des cloisons qui n'ont que l'épaisseur d'une planche, et ne sont composées que de planches jointes à rainures et languettes, maintenues haut et bas par de forts liteaux à rainures, dans lesquelles entrent les bouts des planches et qui sont clouées aux plafonds et aux planchers. On cloue encore des traverses en planches à moitié hauteur de ces cloisons pour les empêcher de fouetter. Les portes qu'on y ménage sont encadrées par des chambranles et linteaux cloués par dessus. Ces cloisons sont principalement du ressort des menuisiers; on les établit partout où l'on en a besoin, sans avoir égard à la disposition des solives; elles sont peu solides.

§ 4. *Observations sur les pans de bois.*

Nous avons parlé des avantages des pans de bois, il nous reste à apprécier maintenant leurs défauts. On leur reproche : 1° de n'avoir pas autant de stabilité que les murs en maçonnerie; 2° de ne pas présenter autant de solidité; 3° d'être moins durables; 4° de ne pas garantir l'intérieur des maisons des intempéries des saisons aussi bien que les murs; 5° d'être très-combustibles et de communiquer les incendies.

Rondelet compare la stabilité d'un pan de bois à celle d'un mur (1). Il calcule le poids d'un pan de bois de 8 pouces d'épaisseur, pour une maison de trois étages, hourdé comme ceux qu'on exécute à Paris; il le trouve de 50 livres par pied carré; il en conclut l'expression de la stabilité, $50 \times 3 = 200$. Il calcule également le poids d'un pied carré de mur en moellons ou en pierre de dureté moyenne, de 16 pouces d'épaisseur réduite, qui convient de même à une élévation de trois étages, il le trouve de 180 livres, et l'expression de sa stabilité de $180 \times 8 = 1440$. Ce qui fait voir que la stabilité du mur est environ 7 fois celle du pan de bois (2). Il trouve enfin qu'il faudrait qu'un pan de bois eût 21 pouces d'épaisseur pour que sa stabilité fût égale à celle du mur de 16 pouces. On ne doit cependant pas juger la stabilité des édifices en bois d'après les chiffres de Rondelet, par la raison que les murs et les pans de bois ne sont jamais abandonnés sur le sol à leur propre stabilité. Dans aucune circonstance on n'élèverait isolément un mur de 16 pouces d'épaisseur ni un pan de bois de 8 pouces, à une hauteur de 40 à 50 pieds équivalant à celle de trois étages, sans ajouter au mur des contre-forts pour le consolider, et au pan de bois des arcs-boutants qui pourraient lui donner une stabilité au moins égale à celle du mur avec ses contre-forts.

---

(1) *Traité de l'art de bâtir*, t. III, p. 50.
(2) Krafft rapporte un calcul du même genre; il compare la stabilité d'un pan de bois de 7 pouces d'épaisseur à celle d'un mur de 18. Il suppose le poids du pied carré du pan de bois de 44 livres, et le poids du pied carré du mur de 200 livres. Il trouve que le rapport de stabilité est d'environ de 1 à 11.

La stabilité d'une maison en maçonnerie et celle d'une maison en bois ne proviennent pas des stabilités partielles de leurs parois, considérées isolément, mais bien de la liaison des façades, des refends et même des planchers, qui se croisent dans l'intérieur, et font, les uns par rapport aux autres, l'office de contre-forts et d'arcs-boutants. Cette stabilité dépasse de beaucoup, dans l'un et l'autre genre de construction, les efforts qui tendraient à renverser les bâtiments; ainsi, sous ce rapport, la comparaison des stabilités partielles des murs et des pans de bois est sans objet, et elle ne peut être défavorable à ces derniers. Mais on peut conclure des dimensions comparées par Rondelet, que la force verticale d'un pan de bois est bien supérieure à celle d'une maçonnerie qui n'aurait que la même épaisseur, puisqu'il établit qu'il faut qu'un mur ait 16 pouces d'épaisseur pour convenir, comme un pan de bois de 8 pouces, à une bâtisse de trois étages.

Le reproche fait aux pans de bois, de n'avoir pas autant de solidité que des murs, ne peut donc s'entendre que de la résistance aux causes étrangères à leurs fonctions, et qui peuvent les détruire. Ce reproche est alors fondé sous quelques rapports, car le bois n'est point aussi dur que la pierre; les maçonneries de remplissage des pans de bois étant moins épaisses que celle d'une muraille, il est plus facile de les détruire et de les percer. C'est probablement pour cette raison que l'usage des pans de bois, sur les façades extérieures des maisons et surtout au rez-de-chaussée, était proscrit par d'anciennes ordonnances, dont on s'est souvent affranchi (1).

Dans les contrées sujettes aux tremblements de terre, les maisons en bois résistent aux plus violentes secousses, tandis que les bâtiments en maçonnerie sont incessamment renversés.

---

(1) Un arrêt du Parlement, du 17 mai 1571, prouve que, dès cette époque, il fallait une permission pour bâtir en pans de bois. Un édit du Roi, de 1607, les défend, notamment au rez-de-chaussée, et ceux en saillie au-dessus. On a néanmoins continué d'en construire, mais sur alignement et en consolidant les principaux assemblages par des bandes de fer. Une ordonnance, du 18 août 1667, rendue par les trésoriers de France, grands-voyers de Paris, défend d'élever les façades des maisons en pans de bois de plus de huit toises de hauteur, et de les terminer en pignons de forme ronde, ou en pointe; elle enjoint de couvrir les maisons en croupe de pavillon du côté de la rue, et, pour résister au feu, de revêtir les pans de bois de lattes clouées et de plâtre en dehors et en dedans. Un règlement du général des bâtiments, du 1er juillet 1712, enjoint aussi de mettre de forts clous et des broches en fer, suffisamment enfoncés dans les bois, pour soutenir les entablements, corniches, etc., en plâtre. Enfin, des règlements, faits par les juges des bâtiments, le 28 avril 1719, et le 13 octobre 1724, portent que les poteaux des pans de bois seront ruellés et tamponnés, et que les lattes ne seront écartées que de 3 à 4 pouces.

A l'égard de la durée, il est très-vrai que le bois en a moins que la pierre ; il est très-souvent exposé à pourrir dans des circonstances qui durcissent les murailles ; et les charpentes qui couvraient certains édifices de l'antiquité, ne sont point comme leurs murs parvenus jusqu'à nous. On voit cependant des maisons en bois sur lesquelles plusieurs siècles ont passé, qui sont encore en fort bon état, tandis que maintes constructions en maçonnerie n'ont eu qu'une courte durée.

Quant aux intempéries, les pans de bois bien construits en garantissent très-bien les habitations, et peut-être même que le bois, moins conducteur que la pierre, est plus propre à préserver des froids rigoureux comme des ardentes chaleurs. Cependant, lorsque dans les pans dont la charpenterie est apparente, les maçonneries ont délaissé les bois, les vapeurs humides, l'air froid, comme la brûlante chaleur du dehors, pénètrent dans l'intérieur. C'est ordinairement l'effet de quelques mal-façons dont les autres genres de constructions ne sont pas exempts. On y remédie en mastiquant les fentes formées par le trait des hourdis des mauvaises maçonneries, et par celui des bois employés sans être secs. Mais ces inconvénients n'ont jamais lieu dans les pans de bois bien construits en bois secs, dont les remplissages sont faits en bonne maçonnerie, très-serrée et bien engagée dans la charpente, et surtout lorsque de bons ravalements couvrent les hourdis et tous les bois en dehors et en dedans de la bâtisse (1).

Un moyen très-efficace de garantir l'intérieur des habitations en charpente des rigueurs des saisons, c'est de construire des pans de bois doubles sur toutes les façades : une petite distance entre ces pans de bois suffit pour interrompre la conductibilité (2) ; les pans de bois intérieurs, moins épais que ceux qui forment les parois du dehors, leur sont liés par les solives des planchers, par des étrésillons, par les poteaux corniers, et par ceux montant de fond en comble qui leur sont communs.

La combustibilité est le plus grave défaut des pans de bois ; nous avons fait voir qu'on n'y connaît pas de remède. On cite un grand nombre d'édifices célèbres qui ont été la proie des flammes, et des villes ruinées par des incendies. Cependant les dangers du feu ne sauraient faire exclure complètement des bâtisses l'usage du bois, surtout dans les contrées où l'on

---

(1) Voyez la note de la page précédente.
(2) Les doubles châssis à vitres et les doubles portes interceptent la communication de la température du dehors au dedans, et sont employés aussi bien pour les maisons en maçonnerie que pour celles en bois.

ne peut le suppléer par aucune autre matière sans se jeter dans des dépenses considérables. Certaines dispositions de prévoyance, dans les détails de la construction, éloignent ou diminuent le nombre des causes d'incendie et des mesures de précaution dans l'habitation, et de surveillance publique les rendent moins fréquents. Dans les localités où l'on peut construire des murailles pour les séparations mitoyennes des habitations, on limite l'étendue des désastres causés par le feu à la seule maison dans laquelle il a pris. Les murailles sont d'ailleurs devenues nécessaires, ainsi que nous l'avons déjà fait remarquer dans notre Introduction, dès que les maisons ont été élevées de plusieurs étages, et qu'il a fallu y adosser les cheminées et conduire leurs souches au-dessus des combles.

On ne saurait, au surplus, préférer ou exclure les pans de bois par système. Les ressources des lieux où l'on bâtit et le but qu'on se propose, peuvent seuls décider le genre de construction qu'il convient d'employer, et le choix est subordonné le plus souvent à la dépense.

Sous le rapport de l'économie, les pans de bois sont préférables aux pans de murs en maçonnerie dans la plupart des localités. Dans d'autres, le prix du bois est trop élevé pour qu'on puisse en faire usage, sinon lorsqu'il s'agit de ménager l'espace sur lequel on bâtit pour rendre les appartements plus grands de façon que cette question ne peut être résolue pour chaque lieu que par le calcul au moyen duquel on peut comparer la valeur d'un pan de bois à celle d'un mur, remplissant, l'un et l'autre aussi bien, les conditions qu'on a dû s'imposer.

Rondelet établit qu'à Paris une toise carrée de mur en moellons, comme précédemment de 16 pouces d'épaisseur réduite, s'élevant de la hauteur de trois étages, ravalée des deux côtés, *sans usage*, tout vide déduit, revient à 40 francs, tandis qu'une toise de pan de bois de 8 pouces d'épaisseur s'élevant à la même hauteur, et confectionnée comme il est dit plus haut, revient à 50 francs, ce qui donne une économie considérable en faveur du mur (1). Ainsi l'on doit être porté à leur donner la préférence, à moins qu'on ait intérêt, comme cela arrive fréquemment, de ménager dans l'intérieur de la bâtisse, et à tous les étages, l'espace qui serait occupé par la moitié de l'épaisseur du mur.

Le calcul de Rondelet est exact dans l'hypothèse qu'il a choisie, et pour Paris; il ne donnerait pas le même résultat pour une autre hypothèse, ni pour un autre lieu. Ainsi, dans les villes où la maçonnerie est très-chère

---

(1) Art de bâtir, tom. III, p. 51.

parce qu'on y manque de pierre et de chaux, et où le bois est très-commun, les pans de bois pourront coûter beaucoup moins que les murs, qui ne seront employés que pour fondations, pour porter les cheminées et leurs souches, pour interrompre la communication du feu d'une maison à celles qui lui sont contiguës, et, dans les édifices considérables, pour limiter l'étendue du dégât qu'un incendie pourrait faire.

Lorsqu'un bâtiment en charpente doit, en outre de son objet principal, présenter l'aspect d'une construction en pierre avec ses dispositions architectoniques, les pans de bois, simples ou doubles, avec leurs guettes et décharges, suivent les contours de l'édifice, figurent les mouvements de ses façades et ses épaisses murailles. Sous les parois formées au moyen de revêtissements en bois, ou de ravalements en mortier, en plâtre ou en stuc, des poteaux corniers marquent les arêtes des avant-corps et des pilastres saillants; d'autres servent de noyau pour les fûts arrondis des colonnes; enfin, des liernes et des lambourdes préparent les saillies des socles et des plinthes, et soutiennent les entablements et les corniches.

Nous donnerons quelques exemples de l'emploi des pans de bois, lorsque nous aurons décrit les autres parties des bâtisses en charpente.

§ 5. *Grosseur des pièces employées dans les pans de bois.*

On détermine les équarrissages des pièces qui doivent entrer dans la composition d'un pan de bois, par la connaissance que de nombreuses expériences ont donnée de la résistance des diverses espèces de bois dans le sens de la longueur de leurs fibres, et par le calcul de la charge que ce pan de bois doit supporter, suivant l'étage où il se trouve.

Nous exposerons la méthode qu'on suit pour les détails de ce calcul, lorsque nous traiterons de la force des bois. Nous nous bornons ici, malgré ce que cela laisse à désirer, à indiquer les grosseurs que les praticiens donnent le plus communément aux pièces qu'ils emploient dans des pans de bois de 10 à 12 pieds ($3^m,25$ à 4 mètres) de hauteur, sous planchers, et au rez-de-chaussée, pour des bâtisses de trois étages. Nous remarquerons seulement, 1° que l'équarrissage des étages supérieurs est diminué sur l'épaisseur des pans de bois, par le fruit dont nous avons parlé; 2° que la force d'un pan de bois peut être augmentée, aussi bien par le nombre des poteaux qui entrent dans sa composition, que par l'accroissement de leur équarrissage.

TABLEAU

DES ÉPAISSEURS DES PANS DE BOIS ET DES GROSSEURS DE LEURS PIÈCES, D'APRÈS LES PRATICIENS.

	POUCES.	MILLIMÈTRES.
PANS DE BOIS DES FAÇADES de 12 pieds (4 mètres) de hauteur. *Épaisseur*	8 à 9	217 à 244
Poteaux corniers et poteaux de fond. *Grosseur*	9 à 10	244 à 271
Poteaux d'étrière	8 à 9	217 à 244
Sablières hautes et basses	8 à 9	217 à 244
Poteaux d'huisserie	7 à 8	189 à 217
Poteaux de remplage ou de remplissage	6 à 8	162 à 217
Écartement des poteaux de remplage	10 à 12	271 à 225
Guettes, décharges, croix de Saint-André	6 à 8	162 à 217
Tournisses et potelets	5 à 8	135 à 217
PANS DE BOIS INTÉRIEURS ou cloisons de 12 pieds (4 mètres) de hauteur. *Épaisseur*	6	162
au-dessus de 12 pieds	7	189
Poteaux.. portant plancher. *Grosseur*	5 à 6	135 à 162
ne portant pas plancher	4 à 5	108 à 135
CLOISONS DE REFEND ou en porte à faux. *Épaisseur*	3 à 5	81 à 135

CHAPITRE XI.

PLANCHERS.

Les planchers sont des pans de charpente (1) horizontaux qui partagent l'intérieur d'un bâtiment en étages, et sont soutenus par ses parois; ils ont pour objet de porter les aires qui forment le sol artificiel sur lequel on marche. Ces aires étaient originairement en planches, et, quoiqu'on en ait fait plus tard en maçonnerie, le nom de planchers s'est conservé.

Les planchers sont également employés dans les bâtiments en pans de bois et dans ceux en maçonnerie. Dans l'un et l'autre mode de construction ils contribuent à la solidité des bâtisses par leur liaison avec les parois (2).

Les pièces de bois qui entrent dans la composition de la charpente d'un plancher sont de deux espèces, les *solives* et les *poutres*.

Les *solives*, ainsi nommées parce qu'elles constituent le sol de l'étage où elles sont placées, portent immédiatement l'aire supérieure du plancher; leurs bouts sont soutenus dans les murs ou pans de bois, ou sur des *poutres*.

Les poutres (3) qui reçoivent les bouts des solives qui ne doivent point porter dans les parois de la bâtisse.

---

(1) Voyez p. 303.
(2) Dans les bâtiments en maçonnerie, on substitue quelquefois des voûtes aux planchers; elles occupent plus d'espace dans la hauteur des étages, elles sont souvent d'une forme incommode pour l'habitation; elles n'ont en leur faveur que l'incombustibilité, vu qu'elles coûtent fort cher et qu'elles exercent une poussée qui force à donner aux murs une épaisseur qui dépasse de beaucoup celle qui serait nécessaire pour soutenir des planchers, à moins qu'on détruise cette poussée par de nombreux tirants en fer, qui coûtent également fort cher.
(3) Jadis une jeune jument était appelée *poutre*, nom qui était devenu l'équivalent de *bête de charge* ou *de somme*, parce que les juments étaient employées de préférence aux chevaux pour porter le bât. Le même nom a été donné, par analogie, aux pièces de bois sur lesquelles portent les solives, parce qu'elles sont chargées de tout le poids des planchers. Par la même raison on les a appelées aussi *sommiers*.

§ 1. Aires des planchers.

La planche 31 représente la construction des aires des planchers qui sont le plus en usage. Lorsque les aires supérieures sur lesquelles on marche sont en bois, on les appelle *planchers de pied*. Lorsqu'elles sont en maçonnerie, on les nomme *pavés* ou *carrelages*.

La figure 1 est le plan d'une portion d'un plancher composé de solives, sur lequel on a indiqué différentes manières de disposer les *ais* en planches qui forment un *plancher de pied*. La fig. 2 est une coupe longitudinale suivant la ligne AB du plan fig. 1. La fig. 3 est une coupe transversale suivant la ligne CD du même plan. La fig. 4 est une coupe transversale suivant la ligne brisée $EFFG$.

a Solives sur lesquelles sont cloués les *ais* ou planches qui forment l'aire.

b Planches ayant toute leur largeur, comme le commerce les fournit, sauf ce que le rabot a enlevé pour dresser leurs rives et les rainer pour les joindre; on leur donne communément l'épaisseur, 27 à 34 millimètres. On peut leur en donner une plus forte, selon l'écartement des solives résultant de leur équarrissage et du poids des objets dont les planches doivent être chargés.

Les planches sont attachées sur chaque solive par deux ou trois clous, selon leur largeur, pour les maintenir et les empêcher de se voiler. Lorsqu'elles sont toutes clouées, on passe le rabot sur leurs joints pour les unir et abattre les lèvres qui peuvent résulter des petites inégalités de leurs épaisseurs.

c Plancher de *frises* ou d'*alaises* étroites provenant de planches sciées sur leur largeur, clouées, comme les précédentes, sur chaque solive; deux clous suffisent, vu le peu de largeur des frises.

Les planches, comme les *frises* ou *alaises*, sont ordinairement blanchies sur leurs deux faces, pour les tirer d'épaisseur uniforme et pour qu'elles portent mieux sur les solives, dont les faces supérieures sont également dressées et blanchies au rabot, et posées exactement dans le même plan et de niveau. On a soin de distribuer les joints des bouts de façon que ceux de deux cours de planches ou de frises contigus ne se rencontrent pas. On les répartit ordinairement de deux en deux planches, sur une même ligne droite; souvent on fait correspondre cette ligne des joints bout à bout au milieu de la longueur des planches entre lesquelles ils sont distribués, comme on le voit sur la solive a'.

Lorsqu'on peut se procurer, soit du commerce, soit en les débitant exprès dans de grosses pièces, des planches assez longues pour s'étendre sur toute la longueur du plancher, on évite les joints bout à bout, et le travail est meilleur.

Les planches, aussi bien que les frises, s'assemblent longitudinalement par leurs rives à rainures et languettes, afin qu'elles se maintiennent mutuellement et que la poussière ne tamise pas par les joints dans les étages inférieurs. Chaque planche porte une rainure sur une de ses rives, et une languette sur l'autre, de façon que, lorsque le plancher est fini, toutes les rainures sont tournées d'un même côté et toutes les languettes sont tournées du côté opposé; autant qu'on peut, on donne à toutes les planches la même largeur.

Les joints des planches bout à bout sont aussi à rainures et languettes, pour que les abouts se maintiennent mutuellement; mais on juge souvent cette précaution superflue, parce que les bouts des planches peuvent être maintenus par plusieurs clous, et que ces joints se trouvant toujours sur le milieu d'une solive, il ne peut y avoir tamisage de la poussière.

Les planchers formés d'une seule épaisseur de planches sont dit *planchers simples*. Pour les rendre plus solides et plus sourds, on établit par-dessus un second *plancher*, représenté sur la partie de droite de la fig. 1.

f Lambourdes formées de planches sciées en deux sur leur largeur, et clouées sur le premier plancher, au-dessus des solives et parallèlement. On se sert de clous assez longs pour traverser le premier plancher et pénétrer dans les solives, au moins du tiers de leur longueur.

g Planches du second plancher, clouées sur les lambourdes. On peut également employer pour le second plancher des planches de largeur entière ou des planches sciées en frises. Pour assourdir complétement les doubles planchers, on remplit, dans les intervalles des lambourdes, les vides que laissent entre elles les planches des deux planchers, avec du mortier de chaux et de sable, ou du mortier de terre grasse mêlée de bourre, ou avec de la mousse sèche d.

Lorsqu'on emploie du mortier, on l'étend bien uni en le faisant affleurer le dessus des lambourdes; on le lisse à plusieurs reprises pour qu'il ne se gerce pas, et l'on attend, pour clouer les planches par-dessus, qu'il soit presque sec; il ne faut pas qu'il le soit complétement, pour que la percussion du marteau ne le fasse pas fendre. Lorsqu'on remplit les vides avec de la mousse, ce qui est préférable, parce que l'humidité du mortier fait quelquefois voiler les planches, on ne la place qu'à mesure qu'on cloue les planches du plancher supérieur, afin de pouvoir la bourrer fortement au moyen d'un bout de latte qu'on introduit entre les deux planchers, et qu'on frappe avec un maillet.

On peut joindre les planches du second plancher à plat joint, parce que le passage de la poussière n'est plus à craindre, vu que les joints du premier plancher sont à rainures et languettes, et que ceux du second ne leur correspondent pas.

h Double plancher à *bâtons rompus* ou en *points d'Hongrie*, formé de planches sciées en deux sur leur largeur, coupées carrément par leurs bouts, et clouées diagonalement dans deux sens sur les lambourdes *f*.

i Planches sciées de même, à demi-largeur, coupées en onglets par leurs bouts, formant un plancher simple, dit à *fougères*, qu'on emploie aussi en double plancher. Les intervalles, entre les planches du premier plancher et celles d'un plancher en *points d'Hongrie* ou en *fougères*, doivent, comme ceux des planchers ordinaires, être remplis en mortier ou en mousse.

On peut faire les planchers en *points d'Hongrie* et ceux en *fougères*, avec des planchettes plus étroites que la moitié de la largeur des planches marchandes; le plus ordinairement on donne aux planchettes ou ais employés dans ces sortes de planchers, une largeur égale au moins au douzième de leur longueur, et au plus au sixième. On peut joindre ces planchettes à plats joints, mais l'assemblage à rainures et languettes est meilleur.

Dans les contrées où l'on est dans l'usage de laver ou d'arroser les planchers, il est préférable d'assembler les planches ordinaires à plats joints parce que, lorsqu'on assemble à rainures et languettes, les joues des rainures n'ont pas toujours assez de solidité; lorsque les planchers vieillissent, celles de la surface pourrissent, et elles se détachent en longs éclats; la réparation en est difficile, et les tringles en bois qu'on leur substitue, en les clouant avec des pointes, n'ont point de solidité.

Pour clouer les planchers ordinaires sur les solives, on emploie les clous dits *clous de planchers*, dont les lames sont forgées à quatre arêtes; leurs têtes sont larges, à peu près rondes; elles forment en dessus une pointe de diamants fort aplatie. Pour les planchers qu'on veut exécuter plus proprement, on se sert de clous dits *pointes de Paris*, dont la tige est cylindrique, deux fois et demie à trois fois aussi longue que l'épaisseur des planches à clouer, et très-lisse, étant faite avec du fil tiré à la filière, ce qui fait que ces pointes ne tiennent pas toujours aussi bien dans le bois que les clous forgés. Les têtes de ces *pointes* ne sont pas aussi grosses que celles des clous ordinaires; on les fait entrer dans le bois, on les chasse même plus profondément que le parement du plancher, avec un *poinçon* ou *chasse-pointe* en acier, sur lequel on frappe avec un marteau; on remplit les trous qu'elles laissent avec du mastic. Les clous désignés sous le nom de *clous à parquet* sont préférables. La tête d'un clou à parquet est oblongue, sa largeur est égale à l'épaisseur de la lame du clou; dans l'autre sens elle a autant d'étendue que la tête ronde du clou de plancher. On a soin de chasser le *clou à parquet* de façon que sa tête croise le fil du bois; d'un coup de marteau on la noie dans l'épaisseur de la planche, ce qu'on ne peut faire avec les larges têtes rondes des clous de plancher ordinaires.

On peut, à l'endroit où chaque clou doit être planté, faire avec un ciseau une petite mortaise carrée, de quelques millimètres de profondeur, pour y loger sa tête. On bouche ensuite chaque mortaise avec une petite pièce de bois, bien ajustée et collée, qu'on y fait entrer de force.

On peut aussi attacher les planches avec des vis à bois, à têtes fraisées, qui affleurent le plancher; mais cette méthode ne permet pas d'aplanir la totalité de la surface des planches avec le rabot. Il est préférable de se servir de vis dont les têtes sont plates; on les loge dans l'épaisseur des planches, dans des trous cylindriques forés de quelques millimètres de profondeur avec une mèche anglaise, fig. 36, pl. I, qui fait le fond du trou plan et parallèle au parement, pour recevoir la base de la tête de vis. Ces trous ont 8 à 10 millimètres de diamètre; les trous qui servent de passage aux tiges des vis, ainsi que ceux qui préparent leur entrée dans les solives, sont percés avec de petites mèches ou des vrilles. Lorsque les planches sont posées, et les vis serrées à fond, on remplit les trous dans lesquels leurs têtes sont logées avec des bouchons pris dans des cylindres tournés à bois de travers. On place ces bouchons de façon que le fil de leur bois soit dans la même direction que celui des planches, pour que le retrait, s'il y en a, soit le même. On les colle et on les chasse à coups de marteau, puis on les coupe au ras des planches : le rabot les aplanit en même temps qu'on polit la surface du plancher. Cette méthode est principalement en usage pour les planchers en bois de chêne.

Les fig. 5, 6, 8 de la pl. XXI représentent diverses manières de joindre les planches longitudinalement, et nous avons indiqué, par une coupe, fig. 10, même planche, une manière de disposer les rainures et les languettes pour cacher les clous ou les vis qui attachent les planches aux

I. — 47

solives, de façon que chaque planche que l'on pose cache les clous ou les vis qui attachent la planche posée avant elle. Cette méthode est très-bonne, elle fait de très-bel ouvrage et très-solide, surtout pour les planchers en frises étroites : on peut l'employer aussi pour ceux en *point de Hongrie* et en *fougères*, comme nous l'avons supposé pour une partie des figures de ces deux sortes de planchers de pied, pl. XXXI.

On partage souvent le plancher de pied d'un appartement en différentes parties encadrées par des frises; on remplit les compartiments que l'on forme ainsi par différentes combinaisons, dans lesquelles les alaises peuvent prendre diverses positions; on les remplit aussi par des assemblages en *point de Hongrie* ou en *fougères*.

On compose quelquefois les aires des planchers en bois de différentes espèces, dont on combine la direction des fibres et les couleurs de diverses manières. On peut aussi, en n'employant qu'une seule espèce de bois, disposer les ais ou planchettes de façon que, même dans les combinaisons les plus simples, les fibres du bois se trouvent dirigées dans des sens différents, qui produisent une variété d'aspects propre à décorer les planches.

Nous ne décrirons point les *planchers de pied en parquet*, qui sont composés de la réunion de grandes feuilles d'assemblage en bois durs, plus ou moins variées et compliquées, qu'on attache sur des lambourdes entre les frises des principaux compartiments d'un plancher; ce genre de travail étant spécialement du ressort de la menuiserie.

Les planchers de pied, en s'étendant au-dessus de la charpente des planchers, pour en former les aires, ne couvrent que les faces supérieures des solives. Quelquefois on laisse leurs trois autres faces apparentes; mais, le plus souvent, on fait en dessous de la charpente du plancher une aire que l'on nomme plafond, et qui forme la paroi supérieure des appartements d'habitation.

En *c*, fig. 2 et 3, sont les coupes d'un plafond composé de planches minces assemblées longitudinalement à rainures et languettes, et clouées avec des pointes sur la face inférieure des solives. Ces plafonds sont nommés *tillis*, parce qu'on les faisait ordinairement en *peuplier*, et de préférence en *tilleul*, pour qu'ils fussent plus légers, avant que l'usage du sapin fût répandu comme il l'est aujourd'hui. Quelquefois, sur un des bords de chaque feuilles du *tillis*, et sur l'arête qui doit être en parement, on fait une moulure en forme de *talon* ou de *baguette*, pour décorer le joint et cacher ses irrégularités. On peut faire les *tillis* en feuilles étroites, comme les planches des planchers en frises. Ils sont plus solides. Ordinairement les plafonds en *tillis* sont peints à l'huile, comme les autres boiseries des appartements.

Dans quelques pays, on préfère ne point étendre le *tillis* sous toutes les solives, et l'on se contente de remplir leurs intervalles par des planches, qu'on leur assemble à rainures et languettes, comme la figure 12 les représente, par une coupe verticale, perpendiculaire à la longueur des solives, *a*.

b est le plancher de pied ou aire supérieure; *e* sont les petites planches qui forment le plafond : lorsque ces planchettes ont leur fil perpendiculaire à celui des solives, l'ouvrage est plus solide. On peut leur faire affleurer les faces inférieures des solives, comme dans la fig. 12, pour faire un plafond uni, ou les assembler en retraite. Dans le premier cas, les languettes se trouvent contiguës aux faces supérieures des planchettes ; il en résulte que les joints inférieurs peuvent s'ouvrir par l'effet du desséchement des bois des solives. Dans le second cas, les languettes sont contiguës au parement inférieur des planchettes, et il ne peut y avoir au plafond apparence de l'ouverture des joints.

On décorait autrefois les plafonds des appartements par des compartiments formés en partie par les solives; on les enrichissait de sculptures et de peintures. Ces sortes de plafonds sont encore en usage dans quelques localités où l'on manque de plâtre et de moyens d'y suppléer. Nous avons représenté, fig. 9, pl. XXXI, un plancher de cette sorte, vu par son dessous, c'est-à-dire par le plafond. La fig. 10 est une coupe de ce plancher, par un plan vertical, sur la ligne *A B*, de la fig. 9. La fig. 11 est une autre coupe, par un plan vertical perpendiculaire au premier, sur la ligne *C D*.

a et *b*, solives du plancher; *c*, planches du plancher supérieur, clouées sur les solives et assemblées à rainures et languettes : ce plancher pourrait être double; *d*, étrésillons assemblés, à tenons et mortaises, dans les solives pour former les compartiments du plafond. Les planches *e* du fond des caissons sont assemblées à languettes, dans les rainures ouvertes sur les faces verticales des solives et des étrésillons formant les encadrements. En *x*, en *y* et en *z*, les solives sont entaillées en dessous pour recevoir les planches de fond des caissons qui s'étendent sous ces solives. Dans la fig. 10, les planches *e* sont coupées suivant le fil de leur bois, qui se trouve perpendiculaire à celui des solives; on voit les assemblages à rainures et languettes de leurs bouts avec ces solives. Dans la fig. 11, ces mêmes planches sont coupées perpendiculairement à leur fil, qui est parallèle aux étrésillons, et l'on voit les profils de leur assemblage à rainures et languettes entre elles et avec les mêmes étrésillons. On suppose, dans la fig. 9, que tous les caissons ont été décorés de peintures, et que néanmoins les joints sont légèrement apparents par l'effet de la vétusté et du retrait des planches sur leur largeur. Aujourd'hui, pour éviter toute apparence des joints des planches, on exécute les peintures sur des toiles tendues sur des châssis en bois que l'on rapporte dans le fond des caissons et encadrements préparés pour les recevoir.

L'intérieur des grands édifices est souvent décoré de plafonds artificiels en bois, indépendants des planchers, et nommés *soffites*. Nous en donnerons quelques exemples à la fin du présent chapitre.

A Paris, et dans les contrées où le plâtre est abondant, les aires des planchers sont faites en maçonnerie. Les fig. 5 et 6 de la pl. XXXI représentent ce mode de construction. La fig. 6 est une coupe faite suivant la ligne $A\ B$, de la fig. 5, par un plan vertical perpendiculaire à la direction des solives, dans un plancher dont l'aire supérieure est pavée et qui est plafonné en dessous. La fig. 5 est une autre coupe faite dans le même plancher par un second plan vertical perpendiculaire au premier, et passant au milieu de l'intervalle de deux solives, auxquelles il est parallèle, suivant la ligne $D\ E$ de la fig. 6. Nous ne donnerons point de projection horizontale de ce plancher, parce qu'elle ne présenterait que les rectangles ou les hexagones du carrelage, formant la surface de l'aire supérieure.

a, solives; b, lattis supérieur en lattes de bois de chêne clouées sur les solives, presque jointives, perpendiculairement à leur direction, et en liaison; c, aire en plâtras ou en menues pierres légères, maçonnées sur le lattis; d, carrelage maçonné en plâtre et composé de carreaux de terre cuite, hexagonaux et rectangulaires, ou de pierres plates de deux couleurs, suivant les usages du pays et la destination des appartements; e, lattis inférieur, également en lattes de bois de chêne clouées à plat sous les solives, et perpendiculairement à leur longueur; f, hourdages en augets, faits en plâtre entre les solives, au-dessus du lattis inférieur; g, plafond en plâtre, qui se soude au plâtre du hourdage par les joints laissés entre les lattes.

Le hourdage en auget a pour objet d'assourdir les planchers et de les rendre imperméables aux odeurs désagréables qui pourraient les traverser. On les emploie surtout pour les planchers établis au-dessus des cuisines et des écuries. On fait le hourdage d'un plancher avant de clouer le lattis de l'aire supérieure.

Le hourdage en auget est moins pesant que le remplissage complet de l'espace entre les solives en plâtre et plâtras. On ne donne à chaque auget, dans le milieu de sa largeur, que $0^m,08$ à $0^m,11$ d'épaisseur, qui suffisent pour l'imperméabilité; mais, des deux côtés, on élève ses bords le long des faces des solives, et, pour les faire mieux adhérer au bois, on larde préalablement les faces verticales des solives avec des clous et des rappointissages, ou des tampons, comme pour les remplissages des pans de bois (1).

Lorsque ce hourdage n'est pas nécessaire, pour ne pas charger autant les planchers, on se contente de hourder en plafond les intervalles des solives sous le lattis de l'aire supérieure, C'est ce qu'on appelle *hourder*, ou *plafonner en entrevous*. Ce mode de plafond est représenté par les coupes, fig. 7 et 8, faites, suivant les lignes $F\,H$, $G\,K$, par deux plans verticaux, l'un parallèle et l'autre perpendiculaire aux solives, dans un plancher dont l'aire supérieure est maçonnée et carrelée comme celle du plancher des deux figures précédentes. Les mêmes lettres désignent, dans les fig. 7 et 8, les mêmes parties de l'aire supérieure que dans les fig. 5 et 6. L'épaisseur du plafond en entrevous est marquée de la lettre h. Pour mieux faire adhérer le plâtre des entrevous, on larde les solives sur l'épaisseur du hourdage avec des rappointissages; et, pour le maintenir mieux encore, il convient de faire des feuillures dans le haut des faces des solives dans lesquelles le hourdage se loge par ses deux bords. Les plafonds à entrevous atteignent à peu près le même but que ceux hourdés en augets, sous le rapport de l'imperméabilité; ils ont l'inconvénient de laisser les solives apparentes : cet inconvénient peut être fort léger dans maintes circonstances; mais il est fort grave en cas d'incendie, vu que les solives sont exposées aux premières atteintes des flammes.

On préfère, aux plafonds en entrevous, les plafonds continus, même lorsqu'on ne fait point de hourdage, dans les localités où l'on est forcé de ne point prodiguer le plâtre.

Dans les fig. 2 et 4 on a représenté les coupes d'une portion d'un plafond de cette sorte, établie sous un plancher dont l'aire supérieure est en bois. m, lattis en lattes de bois de chêne clouées à plat sous les solives

(1) Voyez page 247.

perpendiculairement à leur longueur et en liaisons, c'est-à-dire de façon que les bouts de lattes ne se trouvent pas réunis par rangs sur les mêmes solives. *n*, épaisseur de l'enduit en plâtre formant le plafond. Les lattes laissent entre elles des joints suffisants pour que le plâtre pénètre au-dessus d'elles, et qu'en refluant, il enveloppe toutes leurs arêtes et s'y agrafe solidement.

Dans quelques départements on se sert, au lieu de lattes de bois de chêne, de lattes de sapin fendues à la scie, ou de planches de sapin très-minces brisées par fentes avec un hachereau et dont on écarte les éclats en les clouant sous les solives. Dans d'autres lieux, on se sert de roseaux, que l'on cloue également après les solives. Enfin, dans les localités où l'on manque de plâtre, on le supplée, pour la construction des plafonds, par un mortier appelé *blanc à bourre*, et même par des remplissages en *torchis h*, entre les solives *a*, fig. 12, construits de la même manière que ceux que nous avons décrits au sujet de la construction des cloisons. On a fait aussi des remplissages de plafond au moyen de voûtes légères *g*, fig. 15, composées de briques maçonnées sur l'une de leurs plus petites dimensions, et portées par des rainures creusées dans les faces verticales des solives.

Les plafonds en *plâtre* et en *blanc à bourre* sont souvent encadrés le long des murs ou des pans de bois et cloisons formant les parois des appartements, par des gorges ou des corniches également en plâtre, et par diverses moulures, qui forment des compartiments décorés d'ornements moulés.

Lorsque les planchers ont une grande portée, ils sont fort élastiques, surtout lorsqu'on emploie, pour leur construction, des bois résineux; il serait à craindre alors que les mouvements de vibration qu'ils éprouvent dégradassent leurs plafonds en plâtre, ou au moins les fissent fendre dans toutes les directions, si on les lattait sur leurs solives. Pour prévenir ces dégradations, on établit sous la charpente de ces planchers une autre charpente plus légère qui a pour objet unique de porter les plafonds. Lorsque le lattis est en lattes de fente de chêne qui sont faibles, on est obligé de mettre autant de solives pour porter le plafond que pour porter le plancher de pied, afin de mieux soutenir les lattes; mais on y emploie des bois d'un équarrissage plus faible. La fig. 15, pl. XXXIII, est une coupe par un plan vertical perpendiculaire à la direction des solives, d'une double charpente de plancher, pour le cas dont nous parlons. Les solives *a*, vues par leurs bouts, portent le plancher de pied *b*; les solives *o*, d'un équarrissage plus faible, également vues par leurs bouts, sont établies dans les intervalles des premières et à niveau inférieur; elles portent le lattis *m m*, hourdé comme nous l'avons dit précédemment, et revêtu d'un enduit en plâtre *r*, qui peut être lisse ou chargé d'ornements et de peintures. On voit que, par cette disposition, le plancher supérieur peut osciller sans que celui qui est en dessous se ressente d'aucun de ses mouvements.

Lorsque, au lieu de lattes en chêne de fente, on se sert, pour faire le lattis, de feuillets de chêne ou de sapin, fendus au hachereau, selon la méthode ci-dessus décrite, on peut écarter beaucoup plus les solives qui doivent porter le plafond. La fig. 16, pl. XXXIII, est une coupe de cette disposition. Les solives *e* portent le plancher de pied *d*; les solives *i*, plus écartées, et néanmoins distribuées dans les intervalles des solives supérieures, portent le lattis en feuillets ou en planches fendues *n*, après lesquelles le plâtre du plafond *s* est adhérent.

On construisait jadis des planchers dans lesquels le volume de la maçonnerie, pour former les aires, était beaucoup plus considérable que celui du bois de leur charpente. Les fig. 13, 14, 15, sont des coupes par des plans verticaux, perpendiculaires à la direction des solives, dans des planchers exécutés suivant cette méthode. Ces planchers étaient connus sous le nom de *planchers voûtés sur poutrelles*.

a solives ou *poutrelles*, horizontales et parallèles, vues par leurs bouts; elles sont portées par leurs extrémités dans des murs en maçonnerie, et jamais dans des pans de bois; *b*, voûtes portant sur les faces inclinées ou délardées des poutrelles. Les premiers voussoirs de ces petites voûtes étaient posés sur les solives avec du mortier de terre grasse, pour éviter le contact du bois avec la chaux; le reste était maçonné avec du mortier en chaux et sable. Ces voûtes étaient ordinairement construites en moellons ou en briques. *c* maçonnerie de remplissage en moellons; *d*, aire; *e*, pavé en carreaux ou en briquettes de terre cuite posées et maçonnées à plat; *f*, pavé en briques dures maçonnées de champ. Ce mode de construction avait été adopté, notamment pour les casernes, afin d'économiser le bois de chêne dans les provinces où l'on devait le réserver pour d'autres parties des bâtiments et éviter les grandes voûtes qui exigent de la hauteur dans les étages. Les *planchers voûtés sur poutrelles* sont imperméables aux odeurs incommodes; on les employait surtout pour cette raison au-dessus des écuries. L'usage en a été abandonné dans beaucoup d'endroits à cause de leur grand poids, qui chargeait trop les murs de face des bâtiments; on leur a préféré, pour les casernes des places de guerre, les voûtes qui ont, sous le rapport militaire, l'avantage de présenter des abris qu'on n'appréciait pas jadis autant qu'aujourd'hui.

§ 2. *Charpentes des planchers.*

Les charpentes des planchers sont susceptibles, comme celles des pans de bois, de différentes combinaisons. 1° Des solives parallèles peuvent être portées par les parois, ou distribuées par travées portées sur des poutres.

2° Les principales pièces de bois peuvent former diverses sortes de compartiments, dont le remplissage est fait par des solives et des soliveaux.

3° Les bois peuvent être combinés par des enrayures.

La fig. 1, pl. XXXII, représente différents modes de construction de la charpente des planchers portés par les parois auxquelles aboutissent des solives parallèles.

En A est le plan ou la projection horizontale de la charpente d'un plancher compris entre trois pans de bois et un mur M et porté par eux. Les solives a, parallèles entre elles, à l'un des pans de bois et au mur M, portent, sur toute la largeur des sablières hautes, ou chapeaux h, des pans de bois de l'étage inférieur au plancher qu'elles composent. Quoiqu'on ait projeté les poteaux P, P des pans de bois, on suppose que les sablières posées au-dessus des solives sont enlevées pour laisser voir leurs bouts.

La fig. 3 est une coupe, par un plan vertical, des quatre premières solives de ce plancher, suivant une ligne, $m\,n$, marquée au plan. Cette coupe fait voir les projections verticales de deux portions des poteaux P du pan de bois parallèles aux solives a coupées, le bout du chapeau H, le bout de la sablière S, et le bout d'une pièce de remplissage, ou *sous-sablière T*, placée entre le chapeau et la sablière pour remplir l'espace qui répond, dans le pan de bois $Q\,R$, à l'épaisseur des solives du plancher.

La fig. 4 est une coupe d'une partie du même plancher, par un plan vertical, suivant la ligne $p\,q$ du plan. Elle fait voir la projection en long d'une partie d'une des solives a. Les autres pièces sont marquées des mêmes lettres que dans la figure précédente.

Les trois pans de bois qui entourent ce plancher sont liés entre eux par des équerres en fer qui embrassent les poteaux corniers, Q, R, et avec les murs, N, O, par des bandes en fer à scellements.

La partie B est le plan de la charpente d'un autre plancher, compris entre quatre murs et porté par ceux N et O, auxquels aboutissent les solives b parallèles, qui y sont scellées, étant préalablement posées et calées de niveau et de dévers, leurs faces supérieures étant dans le même plan horizontal à la hauteur fixée pour le niveau de l'étage auquel appartient ce plancher.

La fig. 5 est une coupe, par un plan vertical, des quatre premières solives b', b', b', b'', de ce plancher, et du mur M, qui leur est parallèle, suivant une ligne $m\,p$, marquée au plan, fig. 1. La fig. 6 est une autre coupe, par un plan vertical, suivant la ligne $n\;q$; cette coupe s'étend dans le mur N, dans lequel les bouts des solives b sont scellés. Une de ces solives est projetée sur cette coupe.

En C, la fig. 1, est le plan d'un autre plancher dont les solives e portent sur des sablières d, logées des trois quarts de leur largeur et souvent en totalité dans les murs N, O; ces sablières sont posées au même niveau et de dévers. Les solives e sont équarries avec précision, d'épaisseurs égales, afin que le parement supérieur de la charpente soit exactement de niveau en tous sens. Les solives sont à égales distances les unes des autres, et espacées, suivant l'usage, tant plein que vide.

La fig. 7 est une coupe, par un plan vertical, de quatre des solives e de ce plancher, suivant la ligne $m\,o$ du plan, et la fig. 8 est une autre coupe du même plancher, suivant la ligne $n\,p$. On lie quelquefois les sablières aux murailles par des barreaux en fer à scellement x.

Les solives h du plancher D, fig. 1, sont posées sur des sablières y, y portées par des *corbeaux* ou *consoles* f, scellés dans les murs. La fig. 9 est une coupe de ce plancher suivant la ligne $m\,q$, et la fig. 10 est une autre coupe suivant la ligne $o\,p$. Dans la fig. 9 un des corbeaux f est vu de face; il est vu de profil dans la fig. 10. Au lieu de faire porter les solives h sur les sablières, on les y assemble quelquefois à tenon et mortaise comme celles des fig. 5, 6 et 7, pl. XVII, ou par entailles à paumes, figurées sur la même planche, lorsqu'on veut diminuer l'épaisseur du bois contre les murs, pour que les corbeaux puissent être compris dans l'épaisseur des corniches dont on décore les plafonds.

Le plancher E, fig. 1, pl. XXXII, est composé de *maîtresses* solives i, scellées chacune par les deux bouts dans les murs, et écartées d'axe en axe à distance de trois intervalles. Des solives *boiteuses* k, k sont établies entre les maîtresses solives, à raison de deux ou trois par travée. Les solives boiteuses sont scellées, chacune d'un bout, dans les murs, et de l'autre bout elles sont assemblées dans des *linçoirs* x et y, qui sont eux-mêmes assemblés dans les maîtresses solives, tenues à cause de cela un peu plus fortes que les autres dans leur épaisseur horizontale seulement, afin que leurs faces supérieures et inférieures affleurent les deux parements de la charpente du plancher. On fait alterner, d'un côté à l'autre, les linçoirs, afin que les scellements soient également répartis entre les deux murs.

La fig. 11 est une coupe du plancher E, par un plan vertical, sur la ligne $m\,r$, tracée au plan fig. 1, et la fig. 12 est une coupe du même plancher par un plan dont la trace est la ligne $s\,p$, sur le même plan.

On peut, à la rigueur, n'employer, dans la construction d'un plancher, que des linçoirs et des solives boiteuses; dans ce cas, les linçoirs sont assemblés dans des solives boiteuses au lieu de l'être dans des solives entières. Cette disposition se trouve représentée par les prolongements ponctués du linçoir y, jusqu'aux solives boiteuses k', k'', et les solives entières i, i, deviennent boiteuses. Elle est reproduite dans le plancher fig. 11, pl. XXXIII, dans lequel les linçoirs c sont établis sur les lignes qui divisent la largeur du plancher en trois parties égales. Ils sont assemblés dans le milieu de la longueur de deux solives boiteuses, a ou a', et ils reçoivent dans leur milieu chacun une seule solive boiteuse a' ou a, et des solives de remplissage, b et b', enlignées avec les premières. Cette disposition donne le moyen de construire des planchers avec des solives qui n'ont pour longueur que les deux tiers de largeur du bâtiment.

Les planchers peuvent aussi n'être portés que par les scellements des maîtresses solives, entre lesquelles les soliveaux de remplissage sont assemblés des deux bouts dans des linçoirs. La fig. 1, pl. XXXIII, en présente un exemple dans la charpente du plancher d'un salon rond, construit dans une tour formant l'arrondissement d'un bâtiment à l'angle de deux rues de la ville de Rouen. Ce plancher a été exécuté d'après le dessin du charpentier Fourneau, dont nous avons parlé dans notre préface. Les maîtresses solives a, a, a, a, sont scellés dans les murs par leurs deux extrémités; elles portent les linçoirs b, très-rapprochés des murs et parallèles aux cordes des parties de la circonférence intérieure de la tour, comprises entre les solives. Les linçoirs c sont assemblés d'un bout dans les solives extrêmes; de l'autre bout, ils sont scellés dans le mur. Tous les linçoirs de ce plancher servent à porter les soliveaux d et les empanons e de remplissage. Cette disposition a été adoptée pour que les linteaux des portes et des fenêtres de l'étage inférieur ne soient point chargés du poids des parties de plancher qui leur correspondent.

L'un des linçoirs g forme l'enchevêtrure de la cheminée h.

On peut enfin construire un plancher en n'y employant que des solives boiteuses, comme celui représenté fig. 14, pl. XXXIII. Les solives boiteuses a

et *o*, font des angles égaux en sens inverse avec les murs; celles marquées *a*, qui sont scellées par un bout dans le mur *m*, sont assemblées par l'autre bout dans les solives *o*, qui sont scellées par un bout dans le mur opposé *n*, et assemblées de l'autre bout dans les solives *a*. Vu la petitesse de l'angle que les solives *a* et *o* font entre elles, leurs assemblages sont fort longs, et les mortaises les affaibliraient trop si on leur donnait la profondeur ordinaire des deux tiers de l'épaisseur des bois; on ne donne à la profondeur des mortaises et à la longueur des tenons que le tiers de la largeur horizontale des solives. Cette réduction de la dimension des tenons et mortaises ne permet pas de les cheviller; mais elle est composée par la longueur des assemblages dont on consolide la tenue en joint par deux petits boulons *v*, *x*, à chacun.

On met les boulons à mesure qu'une solive est posée, vu qu'on ne pourrait plus les placer si toutes les solives étaient assemblées.

On pourrait remplacer les boulons par des tampons chassés entre les solives sur les mêmes alignements que les boulons et tenus par des clous lardés de biais; mais les boulons sont préférables.

La fig. 2, pl. XXXII, représente, en projection horizontale, des planchers dont les solives parallèles portent au moins d'un bout sur des poutres.

En *F*, les solives *a* sont portées par un bout dans le pan de bois vertical *M N*, qui forme l'extrémité ou le pignon d'un bâtiment; de l'autre bout elles sont portées par une poutre *b* qui trouve ses appuis dans les pans de bois *M R*, *N R;* les solives *c* portent d'un bout sur cette même poutre *b;* de l'autre bout elles sont scellées dans le mur de refend *Q R*.

Lorsqu'une poutre doit être portée, comme celle *b*, par des pans de bois, ses *occupations* ou *chambrées* dans les pans de bois, sont comme celles des solives entre les chapeaux et les sablières qui répondent à son niveau; ce qui oblige à ne pas placer au même niveau les chapeaux et les sablières des pans de bois qui se joignent, lorsque les planchers sont soutenus en partie par des poutres, à moins qu'on ne puisse comprendre l'épaisseur des solives dans celle des poutres.

Les poutres doivent être portées dans les pans de bois par des poteaux de fort équarrissage, arc-boutés par des guettes et des décharges.

Pour assurer aux pans de charpente des planchers d'une bâtisse en bois la même invariabilité qu'aux autres pans de bois, invariabilité qui est nécessaire pour la parfaite solidité de l'édifice, on établit dans les angles des planchers des goussets *g*, *g*, assemblés d'un bout dans les sous-sablières *e*, et de l'autre bout dans les solives *a'*, boulonnées aux poteaux *P*. Le remplissage des angles du plancher, correspondant aux goussets, se fait au moyen de soliveaux empanons *d*, qui portent d'un bout sur les sablières du pan de bois *M N*, ou sur la poutre *b*, et qui sont assemblés de l'autre bout dans les goussets.

La fig. 15 est une coupe supposée faite, par un plan vertical, dans le plancher *F* sur la poutre *b*, suivant la ligne *r s* du plan. Les solives *a* et *c* portent au-dessus de la poutre *b*.

En *G*, même fig. 2, les solives du plancher sont établies par *travées* (1); celles *f* de la première travée sont scellées d'un bout dans le mur *Q R*, de l'autre bout elles sont portées dans les entailles par la poutre *i*. Les solives *h* de la seconde travée sont portées d'un bout dans les entailles de la même poutre *i*, et de l'autre bout sur l'une des lambourdes *o* de la poutre *k*; les solives *l* de la troisième travée sont portées d'un bout sur la seconde lambourde *o* de la même poutre *k*, et de l'autre bout sur la poutre *m*; enfin, les solives *n* de la quatrième travée sont portées d'un bout par cette dernière poutre *m*, et de l'autre bout elles sont scellées dans la muraille *S T*. Ce plancher pourrait être continué indéfiniment. Pour réunir dans la même figure les différents modes de construction, les assemblages sont différents; mais ordinairement l'assemblage est le même pour toutes les travées d'un même plancher.

Pour diminuer l'épaisseur *m n*, fig. 15, que les poutres et solives occupent, aux dépens de la hauteur, entre le plancher et le plafond de l'étage inférieur, on entaille les poutres pour y loger une partie ou la totalité de l'épaisseur des solives.

Ce mode de construction d'un plancher sur poutres avec solives assemblées dans des entailles, est représenté par la coupe fig. 13, faite par un plan vertical perpendiculaire à la poutre *i* du plancher *G*, suivant la ligne *t u* marquée au plan. Lorsque l'on craint que les entailles d'assemblage affaiblissent trop les poutres, on fait porter les solives sur des *lambourdes* ajoutées des deux côtés des poutres et fixées par des boulons. La coupe fig. 14, faite dans le même plancher *G*, par un plan vertical, suivant la ligne *v x* marquée au plan, fait voir cette disposition, sur laquelle nous aurons sujet de revenir en parlant des *poutres* dites *armées* et de l'emploi du fer.

Lorsque les proportions des bois et leur distribution déterminent à employer des poutres méplates, comme celle *m*, qui ne permettent pas, à cause de leur peu d'épaisseur, ni d'y assembler les solives *l* et *n*, ni de les poser en

---

(1) Une travée est une partie de plancher comprise entre deux poutres. Du latin *trabs*, poutre.

dessus bout à bout, parce qu'elles n'auraient point une portée suffisante, on les croise en plaçant les unes dans les intervalles des autres. La fig. 16 est une coupe, par un plan vertical perpendiculaire à la poutre $m\ m$, suivant la ligne $y\ z$ marquée au plan.

Les planchers sur poutres reçoivent des plafonds comme ceux uniquement formés de solives. Lorsque les plafonds sont en bois, on revêt les poutres en planchers et même en panneaux de menuiserie, à moins qu'on n'ait eu soin, comme on le pratiquait jadis, de dresser et de polir leurs faces, et de les décorer de moulures et de reliefs pris dans leur propre masse. Si les plafonds des solives sont faits en plâtre, les poutres sont revêtues sur leurs trois faces apparentes d'un lattis et d'un enduit en plâtre qui les enveloppent et se raccordent avec ceux des solives. Le plafonnage des poutres est chargé de moulures et de reliefs, et même de peintures et de dorures, comme celles dont les plafonds des travées sont ornés lorsque la décoration des appartements comporte ce luxe.

§ 3. *Enchevêtrures pour cheminées.*

Pour soustraire un plancher à l'action du feu entretenu dans les cheminées de l'étage où il est établi, on dispose sa charpente de manière à laisser sous l'emplacement de chaque foyer un grand espace, vide de bois, qu'on remplit en maçonnerie dans l'épaisseur des solives.

On laisse aussi le long des murs des ouvertures dans la charpente des planchers pour le passage des tuyaux des cheminées établies dans les étages inférieurs; on donne à ces ouvertures des dimensions assez grandes pour que les bois qui en forment l'encadrement se trouvent suffisamment écartés des souches et qu'ils n'aient rien à craindre du feu, qui peut prendre dans leurs tuyaux, soit que les maçonneries formant les parois des souches s'élèvent à une haute chaleur, soit qu'elles livrent passage au feu par quelques crevasses. Des ordonnances fixent la distance qu'on doit laisser entre les bois, les souches et foyers des cheminées (1).

Le plancher A, fig. 1, pl. XXXII, est interrompu devant la cheminée établie dans le mur M, dans l'espace répondant aux jambages z, z, de cette

---

(1) L'ordonnance la plus ancienne est celle rendue le 26 janvier 1672 par le lieutenant de police de la Reynie. Elle fait défense de poser âtres et foyers sur les solives; elle prescrit les enchevêtrures et les détails de construction auxquels on est encore astreint aujourd'hui.

cheminée. L'encadrement de cet espace est appelé enchevêtrure ; la solive a' est la solive d'enchevêtrure ; elle reçoit les deux chevêtres d, d, qui lui sont assemblés d'un bout, et qui sont scellés de l'autre dans le mur M. Ces deux chevêtres ont pour objet de porter les deux solives boiteuses o, o, parce qu'une solive entière ne peut pas, à cause du danger du feu, passer sous le foyer f.

Le plancher B laisse un vide dans l'emplacement de l'âtre f' d'une autre cheminée qui a plus de saillie que la précédente, parce qu'elle est en avant de deux tuyaux de cheminée des deux étages inférieurs. La *solive d'enchevêtrure* b' porte deux *chevêtres* t, u, dans lesquels les solives boiteuses v, x, sont assemblées, pour former le remplissage entre l'*enchevêtrure* et les murs. L'une de ces solives boiteuses x sert d'enchevêtrure devant une souche de trois tuyaux dévoyés des étages inférieurs ; elle reçoit un petit chevêtre m qui soutient une solive boiteuse n.

Le plancher C, même figure, porté sur les lambourdes engagées dans les murs N, O, est interrompu pour l'établissement de l'âtre g d'une cheminée adossée au mur O.

L'enchevêtrure, dans cet exemple, est perpendiculaire aux solives ; son encadrement est formé par deux solives e' e' qui font l'office de deux chevêtres, et par un *linçoir d'enchevêtrure* i, qui porte les assemblages des solives boiteuses e, e, interrompues devant l'âtre ; la lambourde d, engagée dans la muraille, est interrompue dans l'emplacement occupé par la cheminée et elle forme deux parties.

En D, le plancher présente la même construction pour le cas où le plancher est porté par des lambourdes sur corbeaux. Les solives h', h', reçoivent les assemblages d'un linçoir j qui porte les bouts des solives boiteuses h h. La lambourde du côté de la cheminée est également interrompue dans la partie qui répond à l'âtre v.

Une disposition semblable aux cadres des enchevêtrures des planchers C et D se trouve établie dans le plancher E pour le passage d'un tuyau de cheminée r au moyen d'un linçoir y.

On voit, dans le même plancher, une enchevêtrure pareille à celle du plancher A ; elle répond à l'emplacement d'une niche pour un poêle, qui exige la même précaution que pour un âtre de cheminée, parce que le danger est à peu près le même, et que dès qu'il y a un tuyau pour la fumée d'un poêle, on doit prévoir le cas de la substitution d'une cheminée à la niche du poêle.

L'emplacement d'un âtre de cheminée est conservé dans le plancher F, fig. 2, même pl. XXXII, par un linçoir d'enchevêtrure de la même manière que dans les planchers C et D de la fig. 1. Dans la seconde travée du plancher G, fig. 2, se trouve une enchevêtrure h' pareille à celles des planchers A, B, E, de la fig. 1. Dans la première travée du même plancher G un linçoir q reçoit les assemblages de quatre solives boiteuses, qu'on n'a pas pu faire porter dans la maçonnerie du mur $Q R$, à cause de deux tuyaux de cheminée r, r, qui affleurent le parement de ce mur.

Lorsque les murs ne sont point épais, on doit s'abstenir également de faire porter des solives dans ceux auxquels des cheminées sont adossées; ainsi il eût été prudent, vu la faible épaisseur du mur $Q R$, de prolonger le linçoir q de la première travée du plancher G jusqu'à la première solive f, comme nous l'avons indiqué en lignes ponctuées, afin que les solives f f ne fussent point scellées derrière le foyer g.

Enfin, dans la seconde travée de ce même plancher, une enchevêtrure est établie pour l'emplacement d'un âtre en p; la solive d'*enchevêtrure*, portée par les poutres i, k, reçoit les deux chevêtres z, z, dans lesquels les deux solives boiteuses c, c, sont assemblées chacune par un bout, tandis qu'elles portent, comme les autres solives, sur les poutres.

Quoique les charpentiers ne soient point chargés de la confection des âtres, encore faut-il qu'ils en connaissent la construction pour qu'ils puissent, quelle que soit la combinaison adoptée pour la charpente d'un plancher, disposer convenablement les enchevêtrures, afin que les âtres soient solidement établis, et qu'elles présentent les garanties que requiert un objet si important. C'est pour cette raison que nous donnons, pl. XXXVI, les détails de la construction des enchevêtrures et des âtres qu'elles supportent.

La fig. 8 est la projection horizontale d'une partie de la charpente d'un plancher avec ses enchevêtrures; la fig. 9 est une coupe suivant la ligne $P M$ du plan, et la fig. 10 une autre coupe suivant la ligne $Q N$.

Le mur de refend dans lequel sont scellés les bois du plancher et qui porte les souches des cheminées, est marqué par des hachures $o o$, au plan, fig. 8, et dans la coupe, fig. 10.

a, a, jambages d'une cheminée; b, b, jambages d'une autre cheminée; c, tuyau d'une cheminée de l'étage inférieur passant immédiatement à côté du jambage de droite de la cheminée $b b$. e, d, d, solives d'enchevêtrure scellées dans le mur $O O$; f, g, linçoirs d'enchevêtrure assemblés dans les solives d'enchevêtrure, et formant avec elles les encadrements des âtres ou *trémies* des foyers; h, h, solives boiteuses assemblées dans les linçoirs d'enchevêtrure; *i, i,* linçoirs assemblés dans les solives d'enchevêtrures, ayant pour objet de soutenir les solives *k, k,* qu'on ne peut pas sceller dans le mur *O O,* parce que les tuyaux de cheminée sont compris dans l'épaisseur des parties qui correspondent à ces solives; *l* solive scellée dans le mur *O O.* Les solives d'enchevêtrure doivent être plus fortes que les autres solives, parce qu'elles portent, par l'intermédiaire des linçoirs *f, g, i,* le poids de la partie des solives boiteuses et du plancher répondant à ces linçoirs.

Les linçoirs sont assemblés à tenons et mortaises dans les solives d'enchevêtrure avec des renforts du genre de ceux représentés dans les figures numérotées de 3 à 11, pl. XVII. Mais, vu qu'ils portent la charge des planchers répondant aux solives boiteuses *h* et *k* pour assurer leurs assemblages et prévenir tout accident, ils sont soutenus par des étriers en fer *m, n,* qui les enveloppent latéralement et en dessous, et qui sont attachés par leurs deux branches repliées en dessous des solives d'enchevêtrure où elles sont clouées. Nous aurons occasion de donner d'autres détails au sujet de ces étriers en parlant des ferrures employées dans les charpentes. Les enchevêtrures de la fig. 8 sont du même genre que celles des planchers *C, D, E, F, G,* fig. 1 et 2, pl. XXXII. On conçoit que le système d'assemblage et de ferrure est le même s'il s'agit d'enchevêtrures comme celles des planchers *A, B,* fig. 1. La différence ne consiste que dans le sens où les solives se présentent aux foyers; dans celles-ci les linçoirs sont remplacés par les solives d'enchevêtrure, et ces solives sont remplacées par des enchevêtres, également soutenus par des étriers, comme des linçoirs.

p, p, bandes de trémie. Ces bandes sont en fer plat; elles sont pliées pour descendre en contre-bas de l'épaisseur du plancher où elles affleurent le dessous des solives; elles sont retenues par leurs extrémités repliées et étendues sur les faces supérieures des solives d'enchevêtrure, ou des chevêtres, où elles sont clouées en formant en outre un crochet par chaque bout. Les bandes de trémie partagent ordinairement la profondeur de l'âtre ou de la cheminée en trois parties, et à cet effet on en établit deux également écartées entre elles, ainsi que des murs et des bois; il serait mieux d'en mettre trois, dont une ne serait qu'à une dizaine de centimètres de la pièce du devant de l'enchevêtrure, pour mieux soutenir l'hourdage de la trémie, qui n'a dans cette partie aucune adhérence avec le bois, si ce n'est des clous et des rapointissages, tandis qu'il est bien soutenu du côté du mur par sa liaison avec la maçonnerie.

Lorsque la trémie a une grande portée, comme celle située entre les enchevêtrures e, e, on place au niveau des bandes de trémie, des barreaux carrés s, s, de 28 à 35 millimètres de grosseur, qui sont scellés d'un bout dans le mur, et qui sont aplatis et coudés deux fois comme les bandes de trémie par l'autre bout, pour s'attacher avec des clous sur le linçoir du devant de l'enchevêtrure, afin qu'ils affleurent le dessous du plancher; les bandes de trémie sont coudées pour former avec eux des assemblages.

Dans les trémies de largeur ordinaire on met souvent par précaution un barreau de cette sorte, comme celui r de l'âtre de la cheminée a a. Il est toujours prudent de multiplier ces barreaux, et l'on agirait convenablement en en ajoutant deux f, f, que nous avons indiqués en lignes ponctuées, dans le cas d'une trémie d'une étendue aussi grande que celle qui répond à la cheminée b b, et au tuyau c.

Nous avons indiqué en t et en u, dans la coupe fig. 9, les hourdages qui doivent remplir les *trémies*. Ces hourdages ne sont point figurés au plan, ni dans l'autre coupe, pour ne point cacher la disposition des barreaux et des bandes de trémie. Les hourdages sont formés de plâtras, ou de briques, maçonnés en plâtre et bandés de champ comme une voûte, ce qui n'a aucun inconvénient lorsque les intervalles des solives sont hourdés. Dans le cas contraire, pour éviter la poussée des âtres sur les cadres d'enchevêtrure, on fait le remplissage des trémies en carreaux ou en briques posés à plat, également maçonnés en plâtre; mais alors il faut les soutenir en dessous par un grillage de trémie en petits barreaux de fer de 8 à 11 millimètres de grosseur, que l'on fait porter sur les deux bandes de trémie, comme nous les avons figurés dans la partie gauche de la cheminée a a. Il est indispensable, dans ce cas, d'établir une bande de trémie à un décimètre du linçoir f pour soutenir d'un bout ces petits barreaux, qui sont scellés de l'autre bout dans le mur O O. Cette bande de trémie est également ponctuée sur la figure.

On établit dans les planchers des *linçoirs* et des *chevêtres*, pour d'autres usages que celui des âtres des cheminées. Dans le plancher D, fig. 1, pl. XXXII, des *chevêtres* a, a, portant d'un bout dans les solives h'', et de l'autre dans les murs de refend H, K, servent à soutenir les solives boiteuses b et les soliveaux c. On adopte cette disposition lorsqu'on veut employer des bois trop courts pour être consommés ailleurs. Dans le plancher E le linçoir x peut avoir pour objet, en outre de celui que nous avons indiqué, de soutenir les solives k'', k'', pour qu'elles ne portent pas dans le mur N, au-dessus du linteau d'une fenêtre u de l'étage inférieur qu'elles pourraient charger trop.

§ 4. *Ouvertures pratiquées dans les Planchers.*

Les ouvertures autres que les enchevêtrures des cheminées ont pour objet soit le passage des escaliers qui font communiquer les étages entre eux, soit le passage d'objets qu'on peut faire monter ou descendre au moyen du cordage d'un treuil, soit enfin l'arrivée du jour verticalement dans un étage inférieur qui pourrait n'en pas recevoir d'ailleurs.

Le plancher B, de la fig. 1, pl. XXXII, est percé dans l'un des angles d'un vide carré, dans l'emplacement de la cage d'un escalier élevé sur un plan également carré; le poteau carré P est le noyau de l'escalier. Les solives b', qui répondent à cet escalier, sont interrompues par un linçoir g dans lequel elles sont assemblées; ce linçoir est scellé par un bout dans le mur M, et de l'autre bout il est assemblé dans une solive b''. Il est soutenu en outre, comme toutes les pièces de même espèce, par un étrier qui n'est pas indiqué dans le dessin vu la petitesse de l'échelle, et qui a la forme de ceux des fig. 8, 9 et 10, de la pl. XXXVI.

Dans le plancher F de la fig. 2, pl. XXXII, le vide pratiqué pour la cage de l'escalier est circulaire; il est formé par la sablière e, la solive i, une lambourde logée dans la muraille $Q R$; le linçoir p qui soutient les solives boiteuses u qui lui sont assemblées, et les goussets z qui forment les arrondissements des cadres, et sont taillés et assemblés comme ceux d'une fenêtre ronde décrite pag. 343 et 350, fig. 1, pl. XXVIII, et fig. 4, pl. XXIX.

Dans la troisième travée du plancher G, même figure, un vide rectangulaire est réservé pour le passage des objets suspendus aux cordages d'un treuil, ou pour donner issue au jour. Deux linçoirs d, d, et les deux solives l', l', dans lesquelles ils sont assemblés, forment le cadre; les linçoirs reçoivent l'assemblage des soliveaux i, i, portés par leurs autres bouts sur une des lambourdes o de la poutre k et sur la poutre $m\ n$.

Ces sortes d'ouvertures, réservées dans les planchers, sont ordinairement entourées d'un garde-corps, ou fermées, lorsqu'elles ont peu d'étendue, par un ou deux volets qui affleurent le plancher de pied quand ils sont abattus. Nous donnerons des détails de ces garde-corps et volets, dans le chapitre destiné aux objets de cette espèce, sous le titre de *Constructions diverses*.

Les vides réservés pour l'issue du jour peuvent être circulaires comme celui qui a pour objet le passage d'un escalier, et être même d'un diamètre beaucoup plus grand; l'assemblage des pièces qui en forment les cadres, est alors semblable à l'un de ceux employés dans la construction de divers cintres, dont nous parlerons dans les chapitres suivants.

§ 5. *Planchers à la Serlio* (1).

Les planchers à la Serlio sont ceux dans lesquels les solives principales sont toutes boiteuses, c'est-à-dire qu'en formant de grandes divisions rectangulaires elles portent toutes d'un bout dans les murs, et elles se soutiennent mutuellement remplissant l'une à l'égard de l'autre les fonctions de linçoirs. Ces sortes de planchers paraissent avoir été inventés afin de remédier à l'insuffisance de la longueur des bois, pour former d'une seule pièce la longueur d'un plancher.

La fig. 3, pl. XXXIII, est le plan d'un plancher à la Serlio. Quatre solives boiteuses a, a, a, a, portent chacune d'un bout dans les murs d'une salle carrée; elles s'assemblent perpendiculairement l'une à l'autre vers le milieu de leur longueur; les quatre vides rectangulaires qu'elles forment avec les murs sont remplis par des soliveaux b, b, établis parallèlement entre eux et à l'une des solives, sur la plus petite portée de ces espaces; d'un bout les soliveaux sont scellés dans les murs, de l'autre ils s'assemblent dans les solives; l'espace carré c, qui est au milieu de la charpente du plancher, est rempli par une combinaison semblable de quatre soliveaux d, d, d, d, entre lesquels le remplissage est fait par d'autres petits soliveaux. On laisse ordinairement les bois apparents en dessous de ces sortes de planchers, pour former décoration, ayant eu toutefois le soin de les équarrir et dresser proprement, et même de les orner de moulures sur leurs arêtes inférieures. Deux soliveaux ponctués g, g, font voir qu'on pourrait leur donner une direction perpendiculaire à celle qu'on a adoptée dans la figure. On pourrait même leur donner une position oblique, mais elle aurait l'inconvénient d'exiger des bois plus longs et par conséquent plus forts, vu leur portée. Un cercle ponctué montre que cette combinaison peut être appliquée au plancher d'un espace circulaire.

La méthode de Serlio est décrite par lui dans le Ier livre de son *Architecture;* elle est imitée d'un amusement qu'on trouve dans d'anciens recueils de récréations mathématiques, qui consiste à placer trois ou quatre cou-

---

(1) Sébastien Serlio, célèbre architecte, né à Bologne en 1518, mort à Paris en 1552.

teaux, de façon que les bouts des manches, posant sur des points fixes de niveau, leurs lames croisées alternativement puissent soutenir en l'air un objet qu'on veut leur faire porter.

La fig. 2 est le plan d'un plancher établi, suivant un système analogue, dans un bâtiment circulaire, en n'employant que trois maîtresses solives boiteuses *a, a, a*, scellées par un bout dans le mur, et s'assemblant mutuellement vers les milieux de leurs longueurs; les soliveaux empanons *b* (1) de remplissage sont portés d'un bout dans le mur, de l'autre bout ils sont assemblés dans les solives. Ils sont parallèles entre eux dans chaque compartiment, et parallèles aussi à l'une des solives. Ils sont tracés, sur la figure, dans celle des deux positions qu'on peut leur donner pour qu'ils aient le moins de longueur. On pourrait leur donner une position perpendiculaire au plus grand côté du compartiment, comme ceux ponctués en *g, g*; il est aisé de voir que cette direction s'arrangerait mal avec la disposition des solives, et qu'elle multiplierait sans utilité les assemblages. Le triangle du centre *c* est rempli par des soliveaux combinés de la même manière que les solives principales.

La fig. 5 représente un plancher du même genre, dans lequel cinq solives sont combinées de manière à ne porter que d'un bout dans les murs, et à se soutenir mutuellement par leurs assemblages entre elles vers le centre, où elles forment un vide pentagonal.

Cette combinaison peut être faite avec autant de solives qu'on voudra. Cependant leur nombre en augmentant rend les assemblages plus obliques et le compartiment du centre de plus en plus grand, ce qui s'écarte du but qu'on doit se proposer.

Il est entendu que dans la construction de ces planchers, on fait les bois étroits dans le sens de la dimension horizontale de leur équarrissage, et qu'on leur donne une assez grande épaisseur dans le sens vertical pour faire de bons assemblages, qui dispensent de consolider ceux des solives par des étriers en fer, d'où résulterait en dessous un mauvais effet qu'il convient d'éviter; vu que lorsqu'on adopte de tels systèmes de planchers, en outre de l'économie qu'on veut faire sur la longueur des bois, on entend les laisser apparents en dessous pour servir à la décoration des plafonds.

---

(1) Les empanons, ou empannons, sont des bois ordinairement de faible équarrissage, tous parallèles entre eux, assemblés dans une même pièce, et décroissant de longueur comme les pennes ou plumes de l'aile d'un oiseau.

Le système de construction du plancher à la Serlio, fig. 3, pl. XXXIII, a donné naissance à une foule de combinaisons basées sur le même principe. Nous ne nous arrêterons point à en multiplier sans utilité les nombreux exemples, qu'on peut trouver dans le recueil de Krafft. Nous nous bornerons à donner, fig. 5, le plan du plancher du château de plaisance du roi de Hollande, appelé la maison de bois, dont la construction est une extension du système de Serlio, et en est comme la limite (1). Ce plancher est exécuté dans une salle de $19^m,50$ de côté; le dessin ne figure que l'un de ses quatre angles : celui compris entre les lignes $A B, A D$. La première, qui est la plus grande, ne représente que le tiers environ de la longueur de chacun des côtés, qui sont égaux. Ce plancher est construit en petites poutrelles de bois de chêne, formant trois cents petits caissons carrés. Toutes les poutrelles sont égales, sauf celles qui complètent le système le long des murs. Une quelconque de ces poutrelles, celle c, par exemple, est portée par ses deux bouts dans les entailles de deux poutrelles b et f, et en reçoit deux autres d, d', dans ses entailles. Toutes celles qui joignent les murs sont reçues dans les entailles d'un cours de sablières $D A B$ posées de niveau tout autour de la salle, et encastrées dans la maçonnerie. Le plancher de pied, que nous n'avons point indiqué au plan, est composé d'une double épaisseur de planches assemblées à rainures et languettes clouées sur les poutrelles, et qui se croisent à angle droit pour mieux retenir l'écartement dans les deux sens, en outre des bandelettes de fer, qui lient les assemblages. Ce double plancher de pied est marqué dans la coupe, fig. 6, faite par un plan vertical suivant la ligne $M N$ du plan.

---

(1) La voûte plate de M. Abeille (*Machines de l'Académie des sciences*, 1669, t. 1, p. 159), qui est plutôt un plancher d'assemblage qu'une voûte, est la véritable limite du système de Serlio. Nous donnons, fig. 11, pl. XXXIV, une projection verticale et une projection horizontale de quatre des pièces de cet assemblage; elles sont toutes identiques. Ce système laisse en dessus des vides en forme de trémies; son plafond présente des carrés; quatre de ces carrés sont ponctués sur la figure.

Le P. Truchet a donné, dans le même recueil, un assemblage qui ne laisse point de vides. Quatre de ses pièces sont assemblées en projections verticales et horizontales, fig. 12; le plafond présente aussi des carrés. Son exécution est plus difficile, parce que les joints sont des surfaces de conoïdes. La fig. 13 est la projection horizontale d'une pièce qui n'est terminée que par des plans, et qui peut atteindre le même but. On peut enfin composer un assemblage du même genre, avec des plateaux carrés, fig. 14, qui portent des tenons à fil de bois, sur deux de leurs côtés, et des mortaises sur les deux autres, pour s'assembler avec les plateaux identiques contigus. Ces sortes de combinaisons sont plus propres à exercer l'intelligence et l'adresse que susceptibles d'applications utiles.

Les poutrelles sont taillées en dessous, de manière qu'elles forment une surface courbe, du genre de celles dites *surfaces de voiles*. Une section quelconque, par un plan vertical, donne toujours un arc de cercle passant par les arêtes inférieures des sablières parallèles, et par le plus grand arc de cercle résultant de la section faite par un autre plan vertical, passant par le centre du plancher, et perpendiculaire au précédent. Cette courbure concave du dessous du plancher, lui a été donnée pour empêcher que le fléchissement des assemblages rendît le plafond convexe, parce que quelque petite qu'eût été sa convexité, vue d'en bas elle aurait été sensible et d'un effet désagréable.

Il en résulte aussi une diminution de charge au centre du plancher.

Lorsqu'on construit ces sortes de planchers, on divise leurs côtés en nombre impair, afin qu'il se trouve un carré ou caisson au centre.

Les assemblages des poutrelles sont du genre de celui fig. 9, pl. XVII. Nous en avons tracé un détail sur une échelle double, fig. 7, en projection horizontale, et fig. 8, par une coupe suivant la ligne *m n* du plan, fig. 7. Nous avons indiqué dans ce détail, qui peut se rapporter à un joint quelconque, *T*, fig. 5, les bandelettes de fer clouées qu'on a logées de leur épaisseur dans le bois à chaque joint, pour empêcher l'écartement des poutrelles. Ces bandelettes ne sont point marquées au plan ni dans la coupe, fig. 5 et 6, pour ne pas compliquer le dessin.

Pour piquer les assemblages, tout le plancher doit être mis sur lignes ; les poutrelles sont établies en quatre étages, à moins qu'on ne puisse les couper toutes à peu près justes à leur longueur, auquel cas l'établissement peut avoir lieu sur deux étages de bois seulement. Toutes les poutrelles, après que les assemblages sont piqués, sont marquées de façon que lorsque le plancher est assemblé, chacune se trouve à la même place et dans le même sens qu'elle occupait sur l'étélon. La courbure du dessous de chaque poutrelle est tracée au moyen de calibres relevés de dessus une épure en grand.

L'assemblage du plancher se fait par cours de poutrelles, soit d'un sens soit de l'autre ; c'est-à-dire que le cadre des sablières étant établi et scellé de niveau, on met en joint, dans les entailles des sablières, le cours des poutrelles entières du rang *a*, par exemple, et celles entières du rang *b, d, f, g, h*, avec lesquelles celles du rang *a* s'assemblent ; on soutient les poutrelles du rang *a* sur un cintre ; on met ensuite en joint tout le cours des poutrelles du rang *c* et celles des rangs *b, d, f, g, h*, avec lesquelles elles s'assemblent, en les poussant toutes ensemble dans les entailles des poutrelles du rang a; les poutrelles du rang c, et celles b, d, f, g, h, sont aussi soutenues sur un cintre; on procède de même pour le cours de poutrelles du rang i, et ainsi de suite, jusqu'à ce que toute la charpente du plancher soit assemblée. Les demi-poutrelles x et y se placent les dernières et se chassent à force dans les entailles, aussi bien que celles entières qui s'assemblent dans les sablières, afin de bien serrer tous les assemblages; et lorsque les bandelettes sont clouées, on ôte les cintres. Ce plancher exerce une légère poussée sur les sablières et sur les murs.

Le plancher fig. 5, pl. XXXIV, a beaucoup d'analogie avec le système de Serlio, quant à la combinaison des poutres; mais il en diffère essentiellement par le singulier mode de remplissage qu'on y a employé. Il a été construit à Corbeil, vers la fin du siècle dernier, dans un magasin de farines. La fig. 6 est sa coupe par un plan vertical suivant la ligne $M\ P$; la fig. 7 est une autre coupe suivant la ligne $R\ S$; et la fig. 8 une troisième coupe suivant la ligne $T\ U$. Ce plancher est carré, il a $13^m,65$ de côté dans œuvre des murs; la fig. 5 n'en présente qu'une partie. Les principales pièces de sa charpente sont des poutres, posées diagonalement par rapport aux murs; elles forment des carrés de $2^m,27$ de côté intérieurement. Ces poutres n'atteignent point les murs d'une seule portée; elles n'ont que $5^m,36$ de longueur, leur équarrissage est de $0^m,325$ de largeur sur $0^m,38$ d'épaisseur verticale. Elles sont combinées à peu près comme celles du plancher de la maison de bois dont nous venons de parler. Elles sont assemblées par entailles carrées à mi-bois, de telle sorte que l'une d'elles a est supportée par ses bouts sur les milieux des poutres b, b, tandis qu'elle supporte dans son milieu des poutres c, c, et ainsi de suite, jusqu'aux murailles, où les dernières poutres se croisent à mi-bois, comme en G, et s'assemblent, comme en H, dans les entailles d'un encadrement de sablières d scellées dans la maçonnerie. Le remplissage des carrés est formé de soliveaux de $0^m,135$ sur $0^m,19$ d'équarrissage, posés de champ : ces soliveaux forment comme deux lits. Dans le lit supérieur ils sont tous dirigés diagonalement et parallèlement à la ligne $R\ S$; ils s'assemblent de toute leur épaisseur de $0^m,19$ dans les entailles $0^m,040$ de profondeur, creusées dans la moitié supérieure de l'épaisseur des poutres. Les soliveaux du lit inférieur, également posés de champ et diagonalement, croisent ceux du lit supérieur à angle droit et sont parallèles à la ligne $T\ V$. Ils s'assemblent dans les poutres par des tenons de la moitié de leur épaisseur, $0^m,040$ de longueur, qui pénètrent dans les mortaises creusées sur les faces verticales des poutres dans le troisième quart de leur épaisseur. Les soliveaux des deux lits se touchent, et ceux d'un lit sont fortement attachés à ceux de l'autre lit, qu'ils croisent, par des boulons marqués seulement au plan, fig. 5; de façon que le remplissage des carrés formés par les poutres sont des espèces de grilles comme d'une seule pièce. Pour obvier au fléchissement dont ce plancher était susceptible, vu son étendue, son poids et la charge des farines qu'il devait recevoir, et par l'effet du resserrement des assemblages, on lui a donné un bombement $0^m,047$ au milieu, au moyen d'étais sous les assemblages à mesure qu'on posait les poutres qu'on faisait entrer de force dans leurs entailles mutuelles et dans celles des sablières; et pour empêcher l'ouverture des joints, les bouts des poutres s'assemblant et étant enlignés à un même point ont été liés par deux bandes de fer clouées à chaque joint et accrochées par leurs bouts dans les poutres. La fig. 9 représente un des joints, celui F, par exemple, vu par le dessous, garni de ses deux bandes de fer qui ne sont marquées à aucun joint du plan, parce qu'elles sont en dessous, et qu'en les ponctuant, on aurait sans utilité compliqué le dessin.

Le dessus de la charpente a été garni de planches clouées sur les soliveaux et les poutres, et l'on a maçonné un pavé en carreaux de terre cuite au-dessus d'un lit de poussière. Le dessous de la charpente a été revêtu d'un lattis et d'un plafond en plâtre qui cachent les bandes de fer dont nous venons de parler. Malgré la grande étendue de ce plancher, on lui a reconnu, suivant Rondelet (1), presque autant de solidité qu'à une voûte.

§ 6. *Planchers à compartiments.*

Les planchers à compartiments se composent de solives formant diverses figures qui se répartissent régulièrement par rapport aux lignes qui servent d'axes à la distribution du bâtiment, ou aux plans des espaces que les planchers occupent. On conçoit qu'il y a conséquemment une multitude de combinaisons qui peuvent produire ces compartiments; elles dépendent en même temps de la forme et de l'étendue du plancher, de la longueur et de l'équarrissage des bois qu'on y doit employer.

---

(1) *Art de bâtir*, t. III, p. 62.

Le plancher, fig. 1, pl. XXXIV, est un des plus simples. Le dessin n'en présente que la moitié, c'est-à-dire deux des angles du carré que forme son plan.

La fig. 2 est une coupe de ce plancher, par un plan vertical, ayant pour trace la ligne $A\ B$ du plan.

Dans chaque angle un *coyer* a (1), placé diagonalement, porte par ses deux bouts dans les murs où il est scellé de niveau et de dévers. Les scellements des coyers sont distribués de façon à diviser les côtés du carré en trois parties. Les coyers reçoivent l'assemblage des linçoirs b parallèles aux murs. Ces linçoirs ont pour objet de soutenir les poutrelles jumelles d, d, e, e, qui se croisent à angle droit et s'assemblent à mi-bois au milieu du plancher, où elles sont serrées par quatre boulons. La queue carrée d'un boulon formant cul-de-lampe remplit l'espace vide que les poutrelles laissent au centre. Des goussets g et des soliveaux et empanons h, f, forment les remplissages. Le plancher de pied est formé de planches épaisses assemblées à rainures et languettes et clouées sur les soliveaux; il n'a point été indiqué au plan, pour ne point cacher les bois de la charpente : on en voit l'épaisseur dans la coupe, fig. 2. Les bois sont apparents en dessous; les poutrelles jumelles et les empanons sont gabariés pour que leurs faces de parement inférieur se trouvent dans une surface du même genre que celle du dessous du plancher de la maison de bois que nous avons décrit fig. 5 de la planche précédente.

Ce mode de compartiment peut être appliqué à un plan oblong; il peut être répété plusieurs fois dans l'étendue en longueur du plancher d'une galerie partagée en espaces carrés par des poutres; on peut aussi l'appliquer à des espaces ovales ou circulaires.

La fig. 3 est le plan de la moitié d'un autre plancher à compartiments. Les coyers a servent, comme pour le plancher précédent, à établir les portées de sa charpente dans les murs. Des linçoirs b, c, d, e, alternativement parallèles aux murs et aux coyers, dessinent des compartiments de formes semblables, et qui décroissent proportionnellement en s'approchant du compartiment central. Les vides sont remplis par des empanons parallèles aux linçoirs. La fig. 4 est une coupe faite dans ce plancher par un plan vertical suivant la ligne $D\ E$. Dans la construction de ce plancher on donne à tous les soliveaux le même équarrissage, mais les grosseurs

---

(1) Coyer, pièce qui forme liaison.

I. — 50

des linçoirs diminuent à mesure que se rapprochant du centre du plancher ils ont une moindre charge à supporter. La coupe fait voir l'épaisseur du plancher de pied formé de planches clouées sur les soliveaux et les linçoirs qu'elles croisent. Elles ne sont point marquées au plan, pour laisser voir entièrement le système de la charpente.

§ 7. *Planchers polygonaux.*

Dans les planchers polygonaux les axes des pièces de bois marquent le dessin de la charpente, où les faces de ces pièces forment des polygones ordinairement réguliers et concentriques, soit que leurs côtés homologues soient tous parallèles, soit que les angles des uns soient opposés aux côtés des autres. Nous allons donner un exemple de chacune de ces deux combinaisons.

La fig. 1, pl. XXXVI, est le plan d'un plancher à combinaison octogonale. Ce plancher a été exécuté dans une salle carrée d'une maison de commerce du faubourg Saint-Denis, à Paris. Le plan n'en présente qu'un quart, qui comprend cependant l'enrayure du centre en entier.

La fig. 2 est une coupe sur la ligne PQ marquée au plan. Un cours de sablières $a\,b\,c$ a été établi sur une retraite formée dans les murs, comme elle est marquée au profil de la maçonnerie, dans la coupe fig. 2. Après qu'on a eu établi à chacun des quatre angles un coyer $n\,o$, qui forme avec les côtés du carré un octogone régulier dont la figure montre le quart $m\,n\,o\,r$, on a inscrit dans cet octogone d'autres polygones semblables $m'\,n'\,o'\,r'$, $m''\,n''\,o''\,r''$, $m'''\,n'''\,o'''\,r'''$, etc., dont les côtés sont assemblés aux points $n'\,n''\,n'''$, $o'\,o''\,o'''$; et dans chaque polygone on a prolongé ses côtés de deux en deux par les deux bouts, comme $m'\,n'$ en x', $m''\,n''$ en x'', $m'''\,n'''$ en x''', etc., $r'\,o'$, en y', $r''\,o''$ en y'', $r'''\,o'''$ en y''', etc., jusque sur les côtés $n\,o$, $n'\,o'$, $n''\,o''$ du polygone circonscrit, afin d'attacher ensemble tous les polygones par des assemblages aux points x', x'', x''', y', y'', y'''. Tous les polygones étant semblables, leurs angles n, n', n'', n''', o, o', o'', o''' sont sur les rayons $c\,n$, $c\,o$. Si les distances entre les périmètres des polygones étaient égales, les points x, x', x'', x''', y, y', y'', y''' seraient sur des parallèles $x\,z$, $y\,z$ aux rayons $c\,n$, $c\,o$, et au point z se terminerait la combinaison octogonale, parce que les côtés homologues de $m\,n$ et de $r\,o$ se joindraient au point z pour former un carré; mais ce carré serait trop grand pour le milieu du plancher. Pour réduire l'étendue du carré central, on fait décroître l'écartement des côtés des polygones, et pour que le décroissement se fasse suivant une loi régulière, on reporte le point z en v, plus près du centre, et l'on trace les lignes $v\ x$, $v\ y$, sur lesquelles on place les points d'assemblage des polygones entre eux, de façon que la diminution de grandeur des polygones résulte de la rencontre de leurs côtés avec les lignes $c\ n$, $c\ o$, et $v\ x$, $v\ y$, de sorte qu'ils sont toujours réguliers et semblables; et la distribution en est faite en traçant leurs côtés dans l'ordre suivant : $m'\ x'$, $r'\ y'$; $n'\ o'$; $m''\ x''$, $r''\ y''$; $n''\ o''$; $m'''\ x'''$; $r'''\ y'''$; $n'''\ o'''$, successivement par les points où les côtés rencontrent alternativement les lignes $v\ x$, $v\ y$, et les lignes $c\ n$ et $c\ o$.

Lorsque le tracé est fait, on marque en dehors des polygones les épaisseurs des soliveaux, on remplit le carré $t\ v\ s$ par des goussets qui en arrondissent les angles intérieurement, et par une petite enrayure formant cul-de-lampe en dessous du plancher.

Les soliveaux sont assemblés les uns avec les autres à queues d'hironde simples, biaises; ils décroissent d'équarrissage à mesure qu'ils sont plus rapprochés du centre et qu'ils ont moins de portée. Leur décroissement est donné par la position d'une ligne $p\ q$ tracée dans la coupe, fig. 2. Pour lier ensemble les soliveaux parallèles, on leur a assemblé en dessous par entailles, à moitié bois, des liernes h boulonnées qui les croisent dans leur milieu. Les remplissages entre les coyers et les murs sont faits par des soliveaux parallèles $i\ i$ liés par des étrésillons ou tampons $u\ u$.

Les planches du plancher de pied sont assemblées à rainures et languettes, et clouées sur les soliveaux en les croisant à angles droits. Dans la partie supérieure du plan on a indiqué la disposition des planches et leurs coupes d'onglets pour leurs raccordements d'un secteur à l'autre. Les bois sont apparents en dessous.

Nous sommes entré, au sujet du tracé de la charpente de ce plancher, dans des détails qui ne se trouvent point dans les auteurs qui en ont donné des dessins, afin qu'on puisse, au besoin, en construire sur d'autres dimensions, et même sur des polygones d'un plus grand nombre de côtés.

La construction de la charpente d'un plancher polygonal de la seconde espèce est beaucoup plus simple. Nous choisissons pour exemple, fig. 1 et 2, pl. XXXV ,celui exécuté au château de la reine Blanche, à Viarmes, dans une salle carrée d'environ $16^m,25$.

La charpente de ce plancher n'est à découvert que dans la partie inférieure de la figure.

Un cours de sablières est scellé dans les murs; des coyers $a\ b$, $c\ d$, $e\ f$,

$g\,h$, convertissent le périmètre du plancher en un octogone régulier $a\,b\,c\,d\,e\,f\,g\,h$ formé par les parties des faces intérieures des sablières comprises entre les coyers et les lignes de milieu de ces coyers, disposition adoptée pour la régularité du plancher de pied octogonal, figuré en A dans l'angle supérieur à gauche du dessin. Un autre octogone régulier $m\,n\,o\,p\,q\,r\,s\,t$ est tracé de façon que ses angles répondent aux milieux des côtés du premier; dans ce second octogone, un troisième $a'\,b'\,c'\,d'\,e'\,f'\,g'\,h'$ est inscrit; un quatrième $m'\,n'\,o'\,p'\,q'\,r'\,s'\,t'$ est inscrit dans le troisième; un cinquième $a''\,b''\,c''\,d''\,e''\,f''\,g''\,h''$, dans le quatrième; un sixième $m''\,n''\,o''\,p''\,q''\,r''\,s''\,t''$, dans le cinquième, et ainsi de suite, en faisant toujours répondre les angles du dernier polygone dans les milieux des côtés de celui précédemment tracé. L'inscription des polygones se termine dès qu'il ne reste plus assez de place pour les assemblages. Les épaisseurs verticales des bois sont toutes les mêmes. Les épaisseurs horizontales sont portées en dehors des côtés des polygones; elles décroissent comme les longueurs de ces côtés. Tous les soliveaux sont assemblés à tenons et mortaises; ils sont maintenus en joint par des tampons x assemblés très-serrés avec eux à tenons très-courts et mortaises peu profondes.

Les vides entre les coyers et les sablières sont remplis par des empanons k. Le vide du milieu du plancher est rempli par une couronne dans laquelle est une enrayure à 16 rayons assemblés à tenons et mortaises dans un poinçon formant cul-de-lampe, et dans la couronne qui est composée de deux épaisseurs de madriers qu'on sépare momentanément pour mettre en joint les rayons.

Cette couronne est représentée isolément, fig. 10, pl. XXXIV, par une projection horizontale, une projection verticale et une coupe suivant la ligne $a\,b$. Chaque épaisseur formant la moitié de celle de la couronne est composée de quatre jantes assemblées à traits de Jupiter, fig. 15, pl. XIX, comme si elles étaient droites. Les deux épaisseurs sont réunies à plat joint; les assemblages de l'une répondent au milieu des jantes de l'autre; elles sont liées par huit boulons qui les traversent entre les joints (1).

La fig. 2, pl. XXXV, représente en A la combinaison des planches qui forment le plancher de pied. En B et C on a tracé deux autres dessins de

---

(1) On pourrait aussi les lier par huit grosses chevilles en bois dur et sec, coincées par les deux bouts.

planchers formés par une combinaison de frises z, qui les divise en compartiments carrés remplis par des planches étroites dont les joints sont parallèles à leurs côtés, dans la partie B de la figure et en diagonales dans la partie C.

Nous avons représenté, fig. 6, pl. LVII, une partie de l'établissement de ce plancher sur l'ételon, toutes les pièces étant sur lignes de niveau et de dévers toutes prêtes à être piquées pour le tracé de tous les assemblages. Nous avons marqué des mêmes lettres les points qui sont les mêmes dans cette figure et dans la fig. 2 de la pl. XXXV. Les soliveaux de ce plancher, par suite du tracé que nous avons expliqué, ne sont point mis sur lignes par leurs axes, mais bien par leurs faces verticales répondant aux côtés des polygones, et les bois sont équarris avec soin. La complication de ce plancher exige, pour sa mise sur ligne, le plus grand ordre, et, vu que trois pièces se trouvent toujours réunies aux points d'assemblage, il a fallu combiner leur établissement sur lignes de la manière la plus simple, et qui évitât la multiplicité des cales. Pour qu'on puisse reconnaître l'ordre suivi dans leur établissement, nous avons inscrit sur les soliveaux qui forment les côtés des polygones, des numéros qui marquent le rang ou plutôt l'étage qu'ils occupent dans l'établissement sur lignes; ainsi, ceux qui sont marqués du n° 1 sont établis les premiers sur des chantiers x posés sur le sol de l'ételon dans la direction des tampons; ceux marqués n° 2 sont établis en dessous des n° 1 et portent sur eux, et ceux marqués du n° 3 posent sur ceux n° 2. Comme on suppose que les bois sont équarris et refaits avec soin et exactitude, il ne faut que des petits coins pour mettre et maintenir parfaitement de niveau et de dévers. Ces coins ne sont nécessaires qu'accidentellement, et ne sont point marqués sur la figure. Les soliveaux ainsi établis, il est aisé de piquer les assemblages et de marquer les bois de la charpente du plancher.

La courbe circulaire, ou couronne, qui doit occuper le milieu de la charpente est aussi établie sur l'ételon, mais après que les jantes qui la composent ont été assemblées et que les faces sont coupées, arrondies et polies avec précision.

Chaque jante, ou courbe partielle d'une demi-épaisseur de la couronne, est débitée un peu plus large qu'il ne la faut, dans un madrier ou plateau, fig. 8, pl. LVII, sur lequel on l'a tracée au moyen d'un calibre, fig. 7, même planche. Les quatre pièces qui doivent composer une des demi-épaisseurs sont représentées, fig. 9, en projection horizontale, établies de niveau et de dévers sur un ételon tracé à part; deux d'entre elles a, a, sont portées par deux chantiers *m*, *m*, posés sur le sol; elles sont mises sur lignes par les traits ramenerets; entre ces deux courbes un troisième chantier *p* posé sur les deux premiers et sur deux autres plus courts *o*, *o*, sert à soutenir les courbes *b*, *b*, dont les bouts posent sur les courbes *a*, *a*, et les croisent assez pour qu'on puisse piquer les traits de Jupiter de leurs assemblages. Lorsque les deux épaisseurs sont assemblées, qu'on a dressé leurs faces planes et qu'on les a réunies et boulonnées, on trace sur ces faces planes les cercles qui doivent être les arêtes de la couronne, et l'on arrondit ses surfaces courbes.

Pour mettre en joint les tenons des rayons de l'enrayure qui remplit la couronne, on sépare momentanément ses deux épaisseurs.

§ 8. *Planchers à enrayures.*

Les planchers à enrayures sont formés de solives disposées en rayons, dont un petit nombre se réunissent au centre, soit en se croisant à mi-bois, soit en s'assemblant dans un poinçon; les autres solives étant soutenues entre les premières par des goussets qui forment autour du centre divers polygones, dont le nombre des côtés augmente à mesure que la divergence des rayons exige l'interposition de nouvelles solives. Nous trouverons des exemples des charpentes de ces sortes de planchers lorsque nous traiterons des enrayures des combles et des dômes. Nous nous bornerons, pour le moment, à la description de deux planchers, remarquables par leur élégance, exécutés dans les châteaux de la reine Blanche, l'un à Moret, l'autre à Viarmes. Les deux moitiés de la fig. 4, pl. XXXV, représentent les plans des charpentes et des planchers de pied de ces deux planchers. La fig. 3 comprend leur coupe suivant la ligne *D E* du plan. Les parties à gauche dans ces deux figures se rapportent au plancher du château de Moret. Il est construit dans une tour octogonale; le haut du plan est le détail d'un quart de la charpente en enrayure, composée de huit solives *a* ayant la forme d'arcs, scellées chacune par un bout dans un angle de la tour, et assemblées de l'autre dans une couronne formée de deux épaisseurs de madriers. Chaque solive *a* est composée de deux pièces de bois jointes l'une sur l'autre, à crans et boulonnées. La pièce inférieure est profilée en dessous en arc de cercle et ornée de deux moulures dont la rencontre forme une arête ou nervure, suivant le goût de l'époque. L'intérieur de la couronne est rempli de soliveaux arqués en dessous *d*, qui la fortifient et qui s'assemblent d'un bout dans ses parois intérieures, et de l'autre bout dans un poinçon e. Les huit solives portent les soliveaux c parallèles aux murs de la tour; ces soliveaux forment huit octogones concentriques sur lesquels on a cloué les planches du plancher de pied i figuré dans la partie inférieure du plan. Le dessous des soliveaux est *tillé* entre les solives cintrées. Sa couronne et les huit petits soliveaux qu'elle renferme sont à découvert et forment un cul-de-lampe central. La fig. 5 est une coupe, par un plan vertical, suivant la ligne m n du plan, et dont la trace sur le plan vertical de la coupe, fig. 3, est la ligne m' p.

La partie de la fig. 4 qui est à droite est le plan de la charpente et du plancher de pied du château de Viarmes. Ce plancher est construit dans une salle ronde; il est soutenu par trente-deux fermes, composées chacune d'une solive horizontale o et d'un arc k. Ces petites fermes s'assemblent d'un bout dans les poteaux h scellés dans le mur circulaire de la tour et assemblés dans une sablière q; les fermes sont assemblées par l'autre bout dans une couronne j formant le milieu du plancher; elle contient une enrayure de huit soliveaux l qui se réunissent, comme dans le plancher précédent, en s'assemblant dans un bouton s pour former cul-de-lampe. Les trente-deux fermes portent les soliveaux r distribués en huit octogones concentriques et équidistants, sur lesquels sont clouées les planches du plancher de pied t. Le dessous des soliveaux est plafonné en planches.

La fig. 6 est un développement de la muraille pour montrer la distribution des poteaux qui reçoivent les assemblages des fermes, les petits panneaux q qui les séparent et la sablière g.

§ 9. *Planchers portés par des soutiens isolés.*

Lorsque des planchers doivent former le sol d'une très-grande salle, en outre des moyens que nous avons décrits pour remédier à l'insuffisance des dimensions des bois disponibles pour leur construction, on peut distribuer avec symétrie, dans les espaces sur lesquels ces planchers doivent s'étendre, des soutiens isolés en maçonnerie ou en bois, et les faire servir à la décoration intérieure des édifices en leur donnant quelques-unes des formes dont l'architecture fait usage; ou l'on dispose, sous ces planchers, des assemblages en charpente qui imitent la courbure des voûtes en maçonnerie; ou bien, enfin, on compose des poutres de plusieurs pièces, tellement assemblées et agrafées les unes aux autres, qu'elles équivalent à peu de chose près à des poutres d'égales portées qui seraient d'un seul morceau avec un équarrissage suffisant. Nous ne nous occuperons, dans ce paragraphe, que des planchers qui s'appuient sur des soutiens inférieurs.

Si, par exemple, la salle formée par les murailles, dont le plan est représenté fig. 3, pl. XXXIII, était d'une étendue telle que les bois dont on pourrait disposer ne seraient point assez longs ni assez forts pour construire un plancher à la Serlio, comme celui que représente cette figure et qu'on pût disposer, en dessous du plancher, sans inconvénient pour les étages inférieurs, des soutiens appuyés sur les fondations, on établirait quatre piliers en pierre ou en bois, également écartés entre eux et des murailles (1). Sur les sommets de ces quatre piliers, que nous avons ponctués sur la figure, on ferait porter les bouts des huit solives qui, de leurs autres bouts, seraient scellées dans les murs aux points 1, 2, 3, 4, 5, 6, 7, 8, et quatre pièces porteraient sur les seuls piliers; les neuf carrés formés par ces douze solives seraient remplis par des soliveaux comme les compartiments de la même fig. 3.

Les fig. 9, 10, 12, de la même planche sont relatives à des planches de la même espèce pour lesquelles on a eu recours à des moyens plus compliqués, en même temps qu'ils ont satisfait à des combinaisons élégantes de décoration.

La fig. 10 est le plan de la salle centrale de l'aile du sud du Louvre; la fig. 9 est une coupe de cette salle sur une échelle double, suivant la ligne AB du plan. Elle montre comment les pilastres, les colonnes et les architraves qui entrent dans la décoration de cette salle, se trouvent employés à soutenir le plancher $m\ t\ s\ n$ qui est, par ce moyen, divisé en plusieurs parties, dont la plus grande se trouve soutenue par des assemblages en forme de voûtes. Le plafonnage de toutes les surfaces inférieures donne à toute cette charpente l'apparence d'une construction en pierre. On voit, par cet exemple, comment on peut faire tourner au profit de la solidité des travaux en bois l'imitation des formes qui appartiennent aux bâtisses en maçonnerie.

La fig. 12 est une coupe faite par un plan vertical perpendiculaire aux murailles, dans une des salles carrées adossées à la colonnade du Louvre. Cette figure a pour objet de faire voir comment, au moyen d'une grande gorge $p\ q$ figurant une voussure en pierre régnant sur le pourtour de la

---

(1) On pourrait aussi, suivant l'étendue du plancher, n'établir qu'un seul pilier dans le milieu.

salle, on a soulagé la grande portée d'un plancher xy. Au-dessous de la partie qui est la projection de la voussure vue en face, on a représenté les bois d'une cloison en pan de bois qui limite la longueur de la salle, et soutient une des maîtresses poutres.

§ 10. *Poutres armées de fourrures superposées.*

Lorsqu'une pièce de bois posée horizontalement est chargée, celles de ses fibres qui occupent la partie inférieure de son épaisseur éprouvent une forte traction suivant leur longueur, tandis que celles qui sont situées dans sa partie supérieure sont soumises à un effort de contraction également suivant leur longueur mais dans un sens opposé. Dès que la charge excède la limite du poids qu'une pièce peut porter, les fibres inférieures se rompent et se séparent par faisceaux, celles du dessous sont pliées et refoulées, et la rupture de la pièce est d'autant plus prompte que les fibres supérieures cèdent plus aisément à la contraction par l'effet de leur faible cohésion entre elles.

La fig. 10, pl. XXXVII, est une poutre dans le dessus de laquelle on a ouvert jusqu'à un tiers environ de son épaisseur un trait de scie dans son milieu, ou trois traits de scie espacés de manière à diviser sa longueur en quatre parties égales. Des coins de bois dur ou de métal ont été chassés avec force dans ces ouvertures, jusqu'à donner à la pièce une courbure concave en dessous. Soit qu'on ait fait un seul trait de scie, soit qu'on en ait fait plusieurs, l'expérience a prouvé que la force de la pièce était augmentée.

Des liens ou des boulons, ponctués dans la figure, ajoutent à la force produite par les coins en maintenant les fibres serrées dans le sens de leur cohésion mutuelle. Ce procédé, qui est conforme à ce que la rupture des bois avait déjà appris, n'est pas d'une application prudente, par rapport à la durée des poutres, vu que la vétusté fait décroître la force d'une pièce de bois dont l'épaisseur réelle est ainsi réduite par la section d'une partie de ses fibres, plus rapidement que celle d'une autre pièce dont toute l'épaisseur est restée intacte. C'est néanmoins sur l'efficacité de cet appareil et les expériences qu'on a faites directement et sur lesquelles nous reviendrons dans le chapitre relatif à la force des bois, que sont basées les méthodes qu'on a imaginées pour augmenter la résistance des pièces de bois employées comme poutres dans tous les genres de charpenterie. Nous distinguerons.ces méthodes en trois espèces : 1° celle de l'armature des poutres par superposition de fourrures, elle fera l'objet du présent paragraphe; 2° celle de l'armature des poutres par l'addition de fourrures latérales; 3° celle par laquelle on supplée la longueur et l'équarrissage des poutres par divers assemblages.

La fig. 8, pl. XXXVII, présente la projection verticale d'une poutre d garnie en dessus de deux fourrures formant arbalétriers e, e, qui s'arc-boutent réciproquement. Pour empêcher que leurs fibres se refoulent et se pénètrent mutuellement, on interpose entre leurs abouts un coin de bois dur ou de métal qu'on chasse avec force et qui fait serrer les embrèvements d'assemblage de ces deux fourrures avec la mèche, en même temps qu'il produit le même effet que le coin du milieu de la fig. 10.

Les fourrures e, e, sont liées à la mèche d par des armatures de fer consistant en liens avec brides à vis et écrous, et en boulons qui fixent ces liens à la mèche, après qu'ils ont été fortement serrés. Les fourrures e, e, pourraient être appliquées à plat à la pièce d dans des entailles droites, l'une desquelles est marquée par la ligne $x\,y$; mais cet assemblage aurait entre autres défauts celui de trop réduire l'épaisseur de la poutre dans ses portées.

La fig. 9 est la projection verticale d'une poutre a garnie en dessus de trois fourrures b, c, b; celle du milieu est arc-boutée par les deux autres jointes à la pièce principale ou mèche par deux embrèvements. Ces trois fourrures sont serrées par trois boulons dont deux répondent aux embrèvements pour en assurer l'effet et par quatre frettes en fer. En épaississant la poutre a par le moyen de la pièce c, on augmente sa force, puisque l'on exhausse et reporte dans cette fourrure c la résistance et la contraction des fibres.

L'armature représentée par la fig. 11 est une des meilleures, en ce que les pièces naturellement courbes qu'on y a employées, tant pour la mèche a que pour les fourrures b, ne sont diminuées dans leurs épaisseurs que juste de ce qu'il faut pour faire les endents apparents en crémaillères, qui forment leurs assemblages. Cette armature est serrée par des boulons qui assurent l'effet des endents. Deux bandes de fer croisent le joint.

La fig. 5, pl. XXXIX, est une application de l'assemblage que nous venons de décrire à la construction d'une poutre composée de deux pièces droites m, n, superposées pour obtenir une plus grande épaisseur, et par conséquent plus de force. Les deux pièces sont assujetties par un double rang de boulons et les endents sont serrés par des coins doubles chassés l'un vers l'autre en sens contraire. Sur la droite, cette poutre est représentée vue par le bout.

La fig. 6 est une autre application du même assemblage à la réunion de trois pièces entières, par endents apparents, pour former une poutre qui peut acquérir par ce moyen autant de force que si elle était d'un seul morceau.

Les endents des assemblages des poutres sont toujours tracés en sens contraires symétriquement des deux côtés du milieu de la longueur de la mèche. Ils sont disposés de façon que la flexion de la poutre tend à serrer les abouts de la face inférieure de la pièce a contre ceux de la face supérieure de la pièce b, et les abouts de la face inférieure de cette pièce contre ceux de la face supérieure de la pièce c, en sorte que si les endents sont taillés avec précision et très-serrés dans leur mise en joint, ils s'opposent fortement à la courbure que la poutre pourrait prendre par l'effet de la charge qu'elle aurait à supporter.

La fig. 14 présente trois pièces superposées, jointes par le moyen d'endents apparents carrés. Ces endents sont employés de préférence à ceux en crémaillère, lorsqu'il s'agit de s'opposer à des oscillations qui tendraient à faire prendre à une poutre cintrée une moindre courbure, ou à une poutre droite une courbure convexe, tantôt en dessus, tantôt en dessous; ils exigent la même précision que ceux en crémaillères, et, pour que la pression de leurs abouts soit plus forte dans leur mise en joint, on doit les incliner tant soit peu, comme nous l'avons indiqué, fig. 17, dans l'assemblage des pièces m, n; il en résulte aussi l'avantage que les fibres du bois sont moins sujettes à se refouler par l'effet de la pression des abouts.

Quelques charpentiers tracent les endentures en combinant les deux systèmes d'endents, fig. 13, pl. XXXVII, pour composer la poutre a; mais cette méthode complique le tracé sans accroître sensiblement la force; elle augmente beaucoup la difficulté de l'exécution, et diminue la solidité des endents, parce que les fibres sont tranchées deux fois entre les abouts.

Dans la fig. 15, pl. XXXIX, la mèche a droite est fortifiée par une fourrure b taillée dans une pièce naturellement cintrée. Le joint est fait par endentures à crémaillère; les deux pièces étant fortement rapprochées par un double rang de boulons, des coins de bois dur sont chassés à coups de masse dans les vides qu'on a laissés pour les recevoir entre les abouts des endents, afin qu'ils soient tous fortement serrés; ce qu'on ne pourrait pas obtenir aussi bien, quelle que fût la précision avec laquelle on prétendrait tailler les endentures.

La fig. 16 représente la projection verticale d'une poutre droite *m* armée en dessous d'une fourrure *n* prise dans une pièce de bois cintrée naturellement, amollie à la vapeur et redressée de force en la mettant en joint dans des endentures préparées d'avance et coincées fortement après que la fourrure a été serrée par deux rangs de boulons et refroidie.

Des lignes ponctuées représentent la pièce cintrée *n* au moment où, sortant de l'étuve à vapeur, elle va être redressée et mise en joint.

En redressant la fourrure *n* on augmente la raideur de la poutre, qui tendra à s'arquer plutôt qu'à fléchir, par l'effet de la propension de sa fourrure à reprendre sa courbure primitive. Le contraire aurait lieu pour la poutre *a*, fig. 15, si la fourrure *b* était prise dans une pièce droite qu'on aurait arquée de force pour la mettre en joint. Il faut, pour que cette fourrure remplisse son objet, qu'elle soit taillée dans une pièce cintrée naturellement et même plus courbe qu'il ne le faudrait, dût-on la forcer à se redresser par la mise en joint.

Dans la fig. 7, les fourrures *p*, *p*, paraissent établies dans l'intention de les faire fonctionner par rapport à la pièce *n* comme celles *e* par rapport à la pièce *d* de la fig. 8, pl. XXXVII. Elles s'aboutent au milieu de la longueur de la poutre par l'intermédiaire d'un coin; elles sont serrées par des boulons et des liens en fer; mais nous ferons remarquer, à l'égard des crans distribués le long des joints, que malgré les coins qu'on suppose y avoir été introduits pour les serrer, à l'exception du premier *x* de chaque bout, aucun ne remplit le but, vu que la courbure que la charge peut faire prendre à la mèche tend à desserrer les abouts, d'où il suit que les endentures sont en sens inverse de celui qu'elles devraient avoir. Quant à l'effet que les fourrures *p*, *p*, doivent remplir comme décharges, on voit ou qu'on n'en a pas tiré le parti qu'on pourrait en obtenir, puisqu'elles s'aboutent au milieu de la poutre sur une hauteur bien moindre que leur épaisseur vers les points *x*, *x*, ou qu'on y a employé des pièces trop fortes et qu'on a perdu du bois.

La fig. 8 présente une armature vicieuse, bien qu'elle se trouve dans quelques auteurs. Elle est vicieuse en ce qu'elle est d'une exécution extrêmement difficile, qu'il faut faire entrer les endentures de côté, et surtout parce que les endents formés d'angles aussi aigus, et dans lesquels les fibres du bois sont coupées deux fois dans le même sens, n'ont aucune solidité.

La fig. 9 présente également un mauvais moyen pour réunir deux pièces de bois; les clefs en double queue d'hironde *z*, destinées à maintenir les pièces x et y serrées l'une contre l'autre, se fondent aisément en deux morceaux suivant le fil du bois dont elles sont faites, qui est perpendiculaire à celui des pièces; la séparation a lieu à la jonction des queues, ainsi que nous l'avons déjà fait remarquer, p. 280, au sujet d'une ente, fig. 17, pl. XX. Si, au lieu de faire les doubles queues d'hironde en bois, on les fait en métal, ce sont alors les entailles des pièces de bois qui éclatent. Nous n'avons donné ces trois figures, que pour prémunir contre l'usage des moyens qu'elles indiquent.

La fig. 4, pl. XXXVII, est la projection verticale d'une poutre composée de deux pièces a, b, posées l'une sur l'autre, serrées par des boulons et entre lesquelles les endentures que nous avons précédemment décrites sont remplacées par des tasseaux d ponctués, encastrés par moitié diagonalement et formant de chaque côté autant de décharges qui s'opposent au glissement d'une pièce sur l'autre lorsque la charge qu'elles doivent supporter tend à les faire plier. Ces tasseaux sont carrés, leur équarrissage est égal au tiers de la largeur horizontale des pièces, leur raideur parfaite résulte de ce qu'ils sont entrés de force dans leurs encastrements. On en voit un par le bout dans la coupe fig. 5, prise suivant la ligne $O\ P$ de la fig. 4. Cette disposition a sur les endentures cet avantage que tous les efforts se font à bois debout aussi bien dans les entailles que sur les extrémités des tasseaux, qui doivent d'ailleurs être taillés avec une grande précision, et dont les longueurs doivent être telles, que les pièces ne puissent venir à joint qu'à coups de masse et par l'effet des boulons.

Lorsque des poutres sont cintrées comme celles $a\ a$, fig. 13, pl. XXXVII, on ajoute des fourrures volantes z au-dessus de chaque bout, uniquement pour soutenir les solives b au même niveau. Ces fourrures volantes occupent le milieu de l'épaisseur horizontale de la poutre entre les deux rangs de boulons.

On peut aussi placer de chaque côté des lambourdes x, boulonnées à la poutre a, qui portent sur des feuillures et qui soutiennent les solives d à un même niveau. Cette disposition élève moins le plancher, ce qui est souvent préférable quand on manque de hauteur dans une bâtisse.

Ce qui précède complète, comme nous l'avons annoncé page 295, ce que nous avions à dire sur les assemblages par endentures. La description des endents apparents nous a paru ne pouvoir être faite plus utilement que dans le paragraphe qui devait avoir pour objet leur application à la construction des poutres.

§ 11. *Poutres armées de fourrures latérales.*

La fig. 1, pl. XXXVII, est une projection verticale ; la fig. 2, une projection horizontale, et la fig. 3 une coupe suivant la ligne $M\,N$ d'une poutre formée d'une mèche a et de deux fourrures b, qui lui sont ajoutées latéralement. Les joints entre ces trois pièces sont taillés en endentures symétriques des deux côtés de la mèche et sont inclinés dans le sens de sa hauteur, comme les plans de joint des voussoirs d'une voûte en plate-bande. Le but de cette méthode d'armature est d'opposer la raideur des deux fourrures à la courbure que pourrait prendre la mèche par l'effet de la charge du plancher qu'elle aurait à supporter ; et dans ce cas les solives du plancher doivent porter entièrement sur la mèche. Il est bon de tenir, à cet effet, cette mèche a un peu plus élevée que ses fourrures b, ce qui dépend de la coupe des endentures. Si les solives, au lieu de porter sur la mèche, ne portaient que sur les fourrures, il est évident que la mèche ne porterait rien, puisque les joints en coupe au lieu de se serrer se desserreraient et la poutre n'aurait pas la force qu'on aurait cru lui donner. Lorsqu'on veut que les solives portent sur les fourrures, ou qu'on veut les y assembler latéralement, comme dans des lambourdes, il faut que les endentures en coupe soient taillées en sens contraire, dans la projection horizontale, afin que les efforts supportés par les fourrures soient partagés par la mèche.

La fig. 9, pl. XXXVIII, est une projection verticale; la fig. 10, une projection horizontale, la fig. 11 une coupe suivant la ligne $A\,B$ d'une poutre armée formée des deux parties jumelles a, a, d'une pièce de bois fendue à la scie, entre lesquelles deux arbalétriers $b\,c, b\,c$, sont assemblés latéralement à rainures et languettes, ayant pour appui aux deux bouts de la poutre des coussinets d, d, assemblés à tenons courts, mortaises et embrèvements dans les joues des jumelles et boulonnés. Les deux arbalétriers aboutent au milieu dans un poinçon retenu entre les jumelles par une coupe en queue d'hironde et serré par deux boulons. Les deux jumelles font l'office de tirants dont la majeure partie des fibres résistent à la traction, tandis que la résistance à la contraction est reportée sur le haut du poinçon par les arbalétriers qui servent ainsi de décharge, qui reportent leurs poussées sur les coussinets d et qui soutiennent d'ailleurs les jumelles par leur assemblage à rainure et languette. Les jumelles sont serrées contre les arbalétriers par des boulons.

La fig. 12 est une coupe de la même poutre, sur laquelle on a marqué les solives m, m, qui doivent porter le plancher de pied, et les bouts des soliveaux n, n, destinés à porter le plafond. M. Constant d'Yvri a employé, aux travaux du Palais-Royal, et M. Fontaine, à ceux du vieux Louvre, des poutres armées de ce genre.

§ 12. *Poutres d'assemblage.*

Lorsque les bois n'ont pas assez de longueur pour atteindre les deux murs qui doivent soutenir les poutres d'un plancher qu'on veut cependant établir d'une seule portée, on construit des poutres d'assemblage.

Deux pièces jointes et enlignées bout à bout au moyen de l'une des entes horizontales que nous avons décrites au paragraphe 4 du chap. VIII, page 277, peuvent former une poutre; néanmoins ces entes n'ont en général de force qu'en tirant, et il ne serait pas prudent de leur faire supporter l'effort produit par le poids d'un plancher de sa charge, sans les fortifier par quelques pièces auxiliaires, ou leur procurer quelque point d'appui. Nous avons parlé des soutiens qu'on peut établir en dessous des planchers; nous trouverons des exemples de ceux qu'on peut tirer par suspension des parties de la charpente supérieure dans les constructions des combles.

En combinant les entes avec les divers assemblages d'armatures que nous avons décrits dans les paragraphes précédents, on compose des poutres dont la portée peut être, sinon sans limite, au moins d'une très-grande étendue. La fig. 6, pl. XXXVII, est un exemple des plus simples de ce genre de construction, pour une poutre d'environ 10 mètres de portée; la fig. 7 est une coupe par un plan vertical perpendiculaire à la longueur de la poutre qui a, sur la fig. 6, la ligne QR pour trace. La partie principale de cette poutre, ou sa mèche a, est composée de deux pièces, de même équarrissage et de longueurs égales, entées sur le milieu de la portée de la poutre par un trait de Jupiter qui a pour objet de résister à l'effort de traction que les fibres peuvent éprouver par l'effet de la courbure que le poids du plancher et de ce qu'il aura à supporter doit lui faire prendre. Quelque bien exécuté que soit le trait de Jupiter, il réduit tellement le nombre des fibres à l'endroit des joints, que la résistance à l'effort de traction ne peut pas être évaluée à moitié de celle que présenterait une pièce d'un seul morceau. Pour restituer à la mèche la force qui est détruite par l'effet du joint, on ajoute en dessous une pièce de bois b qui est assemblée de chaque côté par des endents serrés avec des coins en bois dur *c*. Cette pièce, en agrafant les deux pièces *a*, est chargée de la résistance à la majeure partie de l'effort de traction, et, par conséquent, elle soulage l'assemblage à trait de Jupiter. Au-dessus de la mèche *a a*, trois pièces *d, d, d*, également entées à trait de Jupiter, forment une fourrure supérieure qui lui est jointe par des endents serrés avec des coins *c*. Cette fourrure a pour objet de résister à l'effort de contraction qui est exercé sur les fibres supérieures de la poutre. Les pièces qui la composent se joindraient à plat joint qu'elles ne rempliraient pas moins bien leur office. Les traits de Jupiter n'ont ici l'avantage que de lier ces trois parties de la fourrure pour résister aux oscillations verticales que diverses causes, telles que de violentes secousses, peuvent imprimer à la poutre par l'effet de l'élasticité du poids. La mèche, la fourrure et le renfort sont serrés par deux rangs de boulons verticaux.

Plancher de l'hôtel de ville d'Amsterdam. — La fig. 1, pl. XXXVIII, est une projection verticale d'une des poutres du plancher de la grande salle de l'hôtel de ville d'Amsterdam; la fig. 2 est une projection horizontale et la fig. 3, une coupe par un plan vertical perpendiculaire aux deux premières projections, suivant la ligne *M N*. Cette poutre, composée de quatre poutres partielles *m*, formées chacune de deux pièces entées à queue d'hironde. Ces quatre poutres partielles sont réunies et serrées par deux rangs des boulons verticaux et deux rangs de boulons horizontaux, qui les traversent perpendiculairement; les joints verticaux sont coupés en endentures dirigées comme les plans de joint des voussoirs d'une plate-bande en pierre. Les queues d'hironde sont distribuées symétriquement entre les quatre poutres partielles, de façon que chacune des deux pièces qui composent la mèche se trouve formée d'une pièce dont la longueur est des deux tiers de la portée du plancher, et d'une pièce dont la longueur n'est que le tiers. Les poutrelles qui forment la fourrure sont à peu près égales en longueur à la largeur du plancher, si bien qu'il ne se trouve pas deux assemblages se correspondant à aucun point de la longueur totale de la poutre.

Les quatre poutres partielles, serrées comme nous venons de le dire, renferment entre elles quatre soliveaux *o*, deux de chaque bout, à partir du milieu de leur longueur. Ces soliveaux sont entièrement encastrés par moitié de chaque côté dans les épaisseur et largeur des poutres, et posés en décharge; deux d'entre eux s'aboutent réciproquement au milieu de la longueur de la poutre. On en voit un par le bout dans la coupe fig. 3.

Les queues d'hironde qui forment les entes de la mèche, c'est-à-dire des deux poutres partielles inférieures, n'ont à résister qu'à un faible effort de traction, vu qu'elles ne sont point au milieu de la longueur de la poutre où est le *maximum* de cet effort; en second lieu, parce qu'elles sont consolidées en dessous par des bandes de fer prises par les boulons, et enfin parce que chaque joint à queue d'hironde n'occupe que la moitié de l'épaisseur horizontale de la poutre. Nous avons fait remarquer ci-dessus que les jonctions supérieures n'ont à résister qu'à l'effort de compression, et qu'au lieu d'entes, des joints à plat suffiraient.

La fig. 4 est une coupe dans le même sens et dans le même emplacement que celle de la fig. 3, sur laquelle on a ajouté les coupes des lambourdes r, r, qui portent les solives du plancher, afin qu'il occupe moins d'épaisseur. Nous n'avons marqué aucun ferrement pour fixer ces lambourdes à la poutre, parce qu'il ne s'agit ici que de montrer leur position, qui est la même que dans la coupe fig. 14, pl. XXXII.

La fig. 5, pl. XXXVIII, est une projection verticale, et la fig. 7, une projection horizontale d'une des poutres de la grande salle de l'hôtel de ville de Maestricht; la fig. 7 est une coupe verticale perpendiculaire suivant la même ligne $M\ N$.

Le système d'assemblage est à peu près le même que celui de la poutre d'Amsterdam, sinon que les pièces qui composent la fourrure $p\ p$ sont enlignées à plat joint en x au lieu d'être assemblées par des queues d'hironde inutiles, et qu'il n'y a de chaque côté qu'un seul arbalétrier q en décharge, encastré dans les poutres partielles, et assemblé en dessus et en dessous par de fortes endentures qui multiplient ses points d'appui.

La fig. 8, comme la fig. 4, montre la position des lambourdes z ayant pour objet de porter les solives qui augmenteraient l'épaisseur du plancher, si elles étaient posées au-dessus des poutres.

§ 13. *Fermes pour remplacer les poutres.*

Les armatures sont quelquefois établies fort au-dessus des poutres, et composent avec elles des espèces de fermes. Cette méthode est suivie lorsque l'objet principal des charpentes des planchers est de supporter des plafonds ou des soffites; les armatures se trouvent sous les combles dans des greniers qui ne doivent pas être fréquentés. La fig. 13, pl. XXXIII, est une armature de ce genre employée par M. Fontaine pour les poutres qui soutiennent le plafond de la salle dite de l'Institut, au Louvre. a est la poutre; b, b sont deux arbalétriers formant décharges, aboutant par le bas dans des racinaux $c\ c$ qui les moisent et qui sont joints et boulonnés à la poutre; les arbalétriers soutiennent par le haut deux poinçons d contre lesquels ils s'aboutent, et qui sont liés par une lisse horizontale e pour maintenir leur écartement et résister à l'effort de contraction. Les deux poinçons sont maintenus verticaux et fixés à la poutre qui s'y trouve comme suspendue par des étriers f en fer. g est une des lambourdes attachées à la poutre et dans lesquelles sont assemblées les soliveaux h qui portent le plafond $i\ i$.

On peut aussi établir des planchers d'une grande portée sur de véritables fermes dont on réduit le plus possible la hauteur; la planche XXXIX en présente un exemple. La fig. 1 est la projection verticale, la fig. 2 la projecton horizontale, la fig. 3 une coupe par un plan vertical perpendiculaire aux deux premières projections suivant la ligne $M\ P$, et la fig. 4 une autre coupe parallèle à la précédente par un autre plan vertical suivant la ligne $N\ Q$.

Cette ferme se compose : 1° d'un tirant a, allongé à chaque bout par des moises b, b, qui l'embrassent, s'assemblent avec lui par des endentures, le serrent au moyen de boulons, et portent sur les murs; 2° d'un sommier c, parallèle au tirant, et qui peut être de plusieurs morceaux entés comme en x; d'une suite de potelets d, e, f, g, h, verticaux et également espacés, assemblés par le haut dans le sommier à tenons et mortaises, et par le bas dans le tirant a aussi à tenons et mortaises, ou pris à queue d'hironde entre les moises b; 4° de deux couples de moises i, i, formant arbalétriers, qui embrassent les poteaux f, g, h par entailles, s'assemblent vers le bas par embrèvement dans les moises horizontales b, b, et à tenons et mortaises dans les potelets jointifs c, d, e; par le haut ils s'assemblent à embrèvements au milieu de la ferme, dans les moises K, K, qui forment poinçon et embrassent en même temps le tirant a et le sommier c. Les arbalétriers i, i ne sont marqués au plan, en projection horizontale, que par des lignes ponctuées; on suppose que cette projection résulte d'une coupe faite dans la ferme par un plan horizontal à la hauteur de la ligne $R\ S$, et que les moises i sont ôtées. Tous les assemblages sont serrés par des boulons; ceux des poteaux h, avec le tirant et avec le sommier, sont tenus en joints et serrés par des boulons verticaux qui les traversent dans toute leur hauteur. Les assemblages des poteaux f, g, avec le sommier, sont serrés par des boulons plus courts, à vis et écrous par les deux bouts (1); le tirant,

---

(1) Voy. le chapitre de l'emploi du fer dans les charpentes.

ou entrait *a*, est assemblé par chaque bout à tenons et mortaises dans les potelets *g*, et serré en joint par un boulon, aussi à vis et écrous par les deux bouts. Des bandes de fer, conjointement avec des boulons, consolident l'assemblage du tirant *a* et des moises *b*, *b*; des jambettes *m*, *m*, *m*, arc-boutent les poteaux *f*, *f*, et les maintiennent verticaux. Ce système de poutre présente une grande force, puisque l'effort qui tend à le faire fléchir est reporté par les arbalétriers sur les extrémités des moises qui forment avec la pièce *a* un entrait qui ne peut s'allonger s'il a un équarrissage suffisant pour résister à la traction, dont la force est diminuée par la hauteur du poinçon.

Les fermes, formant poutres de cette sorte, pourraient être cachées par un plafond dont les soliveaux s'assembleraient dans de légères lambourdes boulonnées à l'entrait *a* et aux moises *b*, et effleureraient en dessous les mêmes pièces, comme nous en avons ponctué quelques-uns vus par leurs bouts en *z*. Nous avons également ponctué en *y* quelques solives vues par leurs bouts et portées sur le sommier *c*.

§ 14. *Planchers en solives jointives.*

On fait des planchers en solives jointives lorsque les efforts auxquels ils doivent résister l'exigent. Afin de rendre les solives solidaires, et par conséquent augmenter la force de chacune, pour le cas où elle aurait à résister isolément, on les joint à rainures et languettes, comme les pièces C^1, C^1, ou C^2, C^3, fig. 1, pl. XXI, ou par le moyen de goujons en fer ou en bois, comme celui *a* qui réunit les pièces *A*, *C*, fig. 2, même planche.

Les solives jointives portent par leurs bouts dans les murs et pans de bois, ou sur des poutres, comme les autres solives; elles peuvent être recouvertes d'un plancher de pied, assemblé et cloué comme ceux que nous avons précédemment décrits; leurs faces de parement supérieur peuvent former aussi le plancher de pied, surtout lorsqu'elles sont jointes à rainures et languettes; mais il en résulte qu'elles sont dans le cas d'être détériorées.

La construction de cette sorte de plancher est si simple qu'il nous a paru inutile d'en donner une figure; celles relatives aux assemblages des bois en long, pl. XXI, sont d'ailleurs suffisantes.

On construit rarement des planchers en solives jointives, si ce n'est dans l'art militaire pour des blindages, composés de deux ou trois planchers

412   TRAITÉ DE L'ART DE LA CHARPENTERIE. — CHAPITRE XI.

de cette sorte, superposés afin de former des abris à l'épreuve de la chute des bombes.

§ 15. *Planchers sans solives.*

Ce plancher, dont le dessin est tiré du premier recueil de Krafft, a été exécuté à Amsterdam, dans un atelier de décors; il est carré, son côté a 19^m,50 de longueur. Notre fig. 3, pl. XXXVI, est le plan d'une moitié d'un plancher construit suivant le même système, dans une salle carrée qui n'aurait que 7^m,80 de côté. La fig. 4 est une coupe par un plan vertical suivant la ligne *A B* du plan.

Ce plancher est formé de trois épaisseurs de planches de sapin de 0^m,041, qui sont assemblées dans chaque épaisseur à rainures et languettes et qui se croisent d'une épaisseur à l'autre; dans les deux premières épaisseurs *a*, *b*, elles sont dirigées comme les diagonales de la salle, dans la troisième *c*, qui forme le plancher de pied, elles sont parallèles à l'un des murs. Les planches de la seconde épaisseur sont clouées sur celles de la première; les clous sont distribués à raison de deux par chacun des petits carrés formés par les projections des joints des planches qui se croisent; ils sont placés dans les angles opposés, répondant aux diagonales parallèles aux planches de la troisième épaisseur; les clous qui attachent cette troisième épaisseur sur les deux premières, sont placés sur les autres diagonales des mêmes carrés, perpendiculaires aux premières, de façon que les clous qui unissent deux épaisseurs ne peuvent pas être rencontrés par ceux qui attachent la troisième. Les planches des trois épaisseurs, qui sont chacune d'une seule pièce, d'un mur à l'autre (1), sont toutes clouées dans les quatre feuillures de 0^m,122, creusées en ligne droite dans les quatre côtés d'un cours de lambourdes, *d d d*, qui forme l'encadrement du plancher, et qui est porté par une retraite des murs. On a donné au plancher un bombement d'une ligne par pied (2 millim. par 0^m,325), ce qui répond à une flèche de 0^m,068. La surface, soit du dessous soit du dessus de ce plancher, est du même genre que celle du dessous du plancher de la maison de bois, fig. 5, pl. XXXIII, décrit chap. XI, 5°.

---

(1) Les planches posées sur les diagonales, dans les deux premières épaisseurs du plancher d'Amsterdam, ont 85 pieds de longueur; elles sont les plus longues.

Rondelet dit que la construction de ce plancher prouve combien les planches, clouées en travers sur les solives, contribuent à la solidité des planchers (1) : nous ne saurions admettre cette opinion. Les planches clouées sur les solives d'un plancher ordinaire ne font que répartir à plusieurs de ces solives le poids dont un point du plancher peut être chargé.

Le plancher sans solives d'Amsterdam tire sa solidité de sa courbure; il forme une véritable voûte, très-aplatie, qui ne pourrait tomber qu'en se déchirant, vu l'espèce de cohésion entre des surfaces non développables, produite par les clous qui attachent les planches les unes sur les autres. Cette voûte est d'ailleurs soutenue par la résistance que les murs opposent à sa poussée. Rien de semblable ne se trouve dans les planchers ordinaires.

§ 16. *Planchers avec pendentifs.*

On a construit des planchers avec des pendentifs, plus ou moins saillants aux points de réunion des solives, qui dessinaient les compartiments de leurs charpentes. L'objet de ces pendentifs était de former en dessous des planchers une décoration de plafond, à l'instar de quelques voûtes gothiques, et d'accroître la force des solives. Un des planchers à pendentifs, le plus remarquable, était celui qui formait le plafond de la chambre dorée du palais de justice, à Paris. Nous en donnons une description dans le chapitre où nous traitons de l'emploi des pendentifs dans les constructions en charpente.

§ 17. *Scellement des bois dans les murs.*

Les bouts des solives et des poutres des planchers sont, le plus ordinairement, scellés dans les parois des bâtiments, où ils doivent trouver des appuis solides et durables. Lorsque les parois sont en pans de bois, leur épaisseur est toujours trop faible pour que les bois des planchers ne les traversent pas, et souvent même les solives les dépassent en formant des saillies ou encorbellements dont on profitait autrefois pour donner aux étages supérieurs une étendue plus grande que celle du rez-de-chaussée (2); il n'en est pas de même du scellement dans les parois en murailles.

---

(1) *Art de bâtir*, 1834, t. II, p. 62.
(2) Un édit du roi, du mois de décembre 1607, défend ces sortes d'encorbellements

Des considérations, qui sont du ressort de la maçonnerie, règlent les épaisseurs des murs d'un bâtiment; cependant le concours de l'art du charpentier ne doit pas être négligé pour la détermination de ces épaisseurs, vu que plusieurs détails de la confection des murs et leur stabilité, aussi bien que la solidité des planchers, dépendent du mode adopté pour le soutien des poutres et des solives, et par conséquent de la profondeur et de la multiplicité des scellements des bois.

En général, les bouts des solives sont engagés dans la maçonnerie, du tiers ou de la moitié de l'épaisseur des murailles, lorsque cette épaisseur n'excède pas $0^m,50$, ce qui donne aux bois une portée de 20 à 25 centimètres. Lorsque les murs sont plus épais et que les solives ont un fort équarrissage, on se contente de donner aux scellements 32 à 33 centimètres de profondeur; mais si les murs sont plus minces que 25 à 30 centimètres, il est convenable que les scellements en occupent toute l'épaisseur, afin de ne point laisser aux bouts des bois des parties de maçonnerie trop minces pour être solides; on doit même, dans ce cas, diminuer le nombre des scellements, par une disposition du genre de celle figurée en *E*, pl. XXXII, ou en *R*, pl. XXXIII, afin de moins affaiblir les murs.

Lorsque l'épaisseur des murs le permet, il y a avantage même pour la solidité des maçonneries, d'y engager les bouts des solives plus que moins, par la raison que, lorsqu'ils sont scellés profondément, ils se trouvent tellement bien retenus dans leurs scellements, que leurs vibrations, qui sont une suite de celles du plancher lorsqu'on agit dessus, sont tellement réduites, qu'elles ne peuvent plus détériorer les bords de la maçonnerie, tandis que lorsque les solives sont peu engagées dans les murs, surtout si la maçonnerie n'est pas d'une qualité parfaite, leurs bouts se ressentant des vibrations du plancher, ils agissent comme des leviers pour ébranler leurs scellements, et dégrader le mur avec d'autant plus de puissance qu'ils sont moins longs.

Lorsque la qualité de la maçonnerie n'est pas propre à donner aux solives une assiette solide, on établit le plancher sur des sablières engagées, et quelquefois entièrement logées dans les murs, comme celui que nous avons figuré en *C*, pl. XXXII. Il résulte de cette disposition, que les

---

et saillies; et ordonne, en cas de réparations, qu'ils seront refaits aplomb du rez-de-chaussée. (Voyez la note au 4°, chap. X.)

vibrations de solives ne peuvent dégrader le dessous des scellements; mais l'affaiblissement des murs est continu par l'effet du logement des sablières, qui en diminuent l'épaisseur, et cet affaiblissement se joint à celui résultant des scellements particls des solives au-dessus des sablières. Tant que les bois subsistent sains, il n'y a pas grand mal à redouter, quoique leur résistance à la pression occasionnée par le poids du mur soit moindre que celle de la maçonnerie dont ils occupent la place; mais lorsque les sablières pourrissent, en outre que les soutiens des planchers se trouvent détruits, la solidité des murs est fort diminuée par l'effet des vides que les bois laissent, à moins que ces murs ne soient fort épais, ou que les sablières n'aient été posées sur les retraites des différents étages.

Les poutres ayant à supporter une plus grande partie de la charge d'un plancher que celle que supporte chaque solive, on engage davantage leurs extrémités dans les murailles, et quelque bonnes que soient les maçonneries de moellons, on a adopté l'usage de placer sous les bouts des poutres des bouts de bois, qu'on nomme coussinets, comme ceux qu'on voit figurés sous les poutres des planches XXXVII, XXXVIII et XXXIX, pour faire porter la charge sur une étendue de mur plus grande que la largeur de chaque poutre. Quelquefois on substitue à ces coussinets des pierres de taille. Quelle que soit la bonne qualité des murs en moellons qui doivent supporter des poutres, il est toujours plus prudent d'établir sous chacun de leurs bouts une chaîne en pierres de taille, montant de fond, et qui peut former une saillie comme celle d'un pilastre, ou affleurer le parement du mur.

Le mode de scellement des bois dans les parois en maçonnerie n'est pas moins important pour la solidité des planchers que les assemblages de leur charpente. On a remarqué que les extrémités des bois engagés dans les murs pourrissent, tandis que tout ce qui reste exposé à l'air peut se conserver une longue suite d'années, et même plusieurs siècles. C'est de cette observation qu'est venu l'usage d'établir les solives des planchers sur des sablières soutenues hors des murs par des corbeaux en pierres de taille ou en métal, et de faire porter les poutres sur des consoles de même espèce, qui isolent leurs extrémités des murailles.

La détérioration des poutres dans leurs scellements a des conséquences plus graves que celle de quelques solives, vu qu'elle compromet une plus grande étendue de plancher, et que le remplacement d'une poutre entraîne dans des travaux dispendieux.

On a attribué la pourriture des poutres dans leurs scellements à ce que le mortier de chaux et sable décomposait le bois et déterminait sa carie.

Mais on a observé la même détérioration sur des poutres dont les scellements étaient faits en mortier de terre argileuse, et même dans les murs entièrement en pierre de taille, dans lesquels les scellements se trouvaient faits sans mortier et rien que par la seule juxtaposition des pierres aux bois. Il faut donc reconnaître que c'est la seule humidité absorbée par le bois et renfermée dans des scellements privés d'air, qui cause la pourriture des portées des poutres dans les murs. On a essayé plusieurs moyens de remédier à cette détérioration, qui est moins fréquente dans les contrées méridionales que dans celles du Nord. Un moyen qui n'est pas sans efficacité, du moins pour retarder de beaucoup le mal, c'est de laisser autour des bouts des poutres un vide étroit qu'on ne remplit, pour achever le scellement, que lorsque les maçonneries sont parfaitement sèches.

L'usage de prolonger les poutres jusqu'aux parements extérieurs des murs, comme on en voit à quelques anciens édifices, notamment à des églises, est également bon lorsque les toits ont assez de saillie pour les abriter de la pluie; mais si les murs étaient trop épais, il en résulterait que les poutres auraient une longueur qui excéderait de beaucoup celle qu'il est suffisant de leur donner pour qu'elles s'appuient solidement sur ces murs; on se contente alors de leur donner seulement la longueur nécessaire à leur appui, et l'on ne fait leur scellement que sur leurs faces latérales et en dessus; on laisse à chaque bout un vide égal à leur équarrissage; ce vide s'étend sur tout le reste de l'épaisseur du mur, et il n'est fermé, à l'affleurement du parement extérieur, que par une pierre de taille de peu d'épaisseur, posée de champ et percée d'un nombre de trous suffisant pour assurer la communication de l'air extérieur avec celui de la cavité ainsi réservée à chaque bout des poutres. Mais cette précaution n'est pas complète, et, tant que, par son contact, la maçonnerie peut communiquer de l'humidité au bois, on doit craindre qu'il n'en résulte échauffement et pourriture de toute la partie qui est enveloppée par le scellement.

L'isolement de l'humidité et la libre circulation de l'air autour du bois engagé dans les murs sont donc les moyens de conservation les plus efficaces. Le mieux, c'est de faire porter les poutres sur de hautes consoles en pierre de taille ou en fer, dont les queues sont maçonnées profondément dans les murs : ces consoles doivent avoir des saillies suffisantes sur les parements, pour que les poutres y trouvent des portées assez longues pour la solidité, et que leurs bouts soient en outre écartés de la maçonnerie de 2 à 3 centimètres. On interpose entre chaque console et le bout de la poutre qu'elle supporte, une feuille de plomb ou de cuivre qui empêche le contact immédiat de la pierre et du bois, et intercepte toute communication d'humidité. On peut enfin poser sur les consoles des cales de métal pour exhausser les bouts des poutres, et permettre à l'air de circuler en dessous.

Si la décoration intérieure de l'édifice ne permet pas l'emploi des consoles, on réserve dans les parements intérieurs des murs, des niches carrées un peu plus grandes qu'il ne faut pour recevoir les bouts des poutres, et leur donner une portée suffisante, en laissant circuler l'air sur toutes les faces des bois.

Lorsqu'on a démoli, il y a quelques années, une partie du château de la *Roque d'Ondres*, on a trouvé les extrémités des poutres en chêne portant dans les murs, parfaitement conservées, quoique ces poutres fussent en place, peut-être, depuis plus de 600 ans (1). Elles étaient enveloppées, dans toutes leurs portées pénétrant dans les murs, par des plaques de liége qui les isolaient de la maçonnerie (2). En abattant depuis la vieille église des bénédictins à Bayonne, on a reconnu que ses poutres en bois de sapin étaient vermoulues et pourries, excepté dans leurs portées, qui se trouvaient, comme celles des poutres du château de la Roque, enveloppées de plaques de liége. Les scellements étaient complétés par une couche de terre grasse interposée entre le liége et la maçonnerie, et, en outre, les parties des murs répondant aux bouts des poutres étaient en briques. On ne peut douter que le bon état de conservation des extrémités de ces poutres ne soit dû au liége, dont l'imperméabilité est bien connue, puisqu'on l'emploie pour faire des vases propres à contenir toutes sortes de liquides, et pour boucher des bouteilles renfermant des liqueurs spiritueuses. Ce procédé si simple, dont la bonté est éprouvée, et peu coûteux, mérite d'être adopté, surtout pour les édifices dans lesquels on veut assurer aux charpentes une longue durée.

On peut aussi développer les bouts des poutres avec des feuilles de plomb, de cuivre ou de zinc, pour les préserver de la communication de

---

(1) Le château de la Roque d'Ondres était un petit fort voisin du village d'Ondres, commune de Tarnos, près Bayonne; il était bâti sur un rocher, près de la mer. On pense que sa construction remonte au temps où les Anglais possédaient la Guienne.

(2) Le liége est l'écorce d'un chêne dont nous avons parlé, page 229; elle atteint une épaisseur de 3 à 4 centimètres (12 à 18 lignes); tous les 10 ou 12 ans on l'enlève en très-grandes plaques du corps de l'arbre sur pied, où elle se reproduit. On en fait une récolte considérable chaque année dans les environs de Bayonne et en Espagne.

l'humidité des murs; mais il est alors indispensable que les bois soient parfaitement secs. Car si les poutres contenaient encore de l'humidité végétale, il serait à craindre que leurs bouts, privés d'air dans leurs enveloppes de métal, se pourrissent assez promptement. Les enveloppes imperméables en liége, qui empêchent le contact avec l'humidité des maçonneries, ne s'opposant pas à la dessiccation du bois, sont préférables.

§ 18. *Soffites* (1).

Les soffites sont des lambris posés horizontalement, soit pour diminuer la hauteur du dedans des grands édifices, soit pour masquer leurs charpentes élevées et obscures. Ils forment ordinairement de grands plafonds qui concourent à la richesse des décorations intérieures.

Les soffites les plus remarquables sont ceux de Saint-Paul et de Saint-Laurent hors des murs, ceux de Sainte-Marie Majeure et de Saint-Jean de Latran à Rome, et ceux de Saint-Janvier à Naples (2).

Séb. Serlio a donné dans son *Architecture* (3) de très-belles combinaisons de soffites, parmi lesquelles on remarque celles du magnifique plafond qu'il a fait exécuter à Fontainebleau, sous François Ier; ce plafond ou soffite est regardé comme le plus bel ouvrage en ce genre qui existe aujourd'hui; il est dans un état de parfaite conservation.

Les soffites en bois, qui ne sont plus d'un usage aussi fréquent que par le passé (4), avaient sur les plafonds en plâtre qu'on fait aujourd'hui, l'avantage de ne pas nuire à la conservation des charpentes (5). Le plâtre dont on enveloppe les poutres, les solives et toutes les pièces qui concourent aux formes qu'on donne maintenant aux plafonds, pénètre les bois de son humidité, les prive d'air et cause leur prompte ruine.

(1) Le nom de *soffite* est emprunté de l'italien *soffito*.
(2) Des détails en grand des soffites de Sainte-Marie Majeure et de Saint-Jean de Latran se trouvent pl. CXVI de l'*Art de bâtir*, de Rondelet, t. 3, p. 194. Ceux de Sainte-Marie Majeure ont été commencés en 1456 et terminés en 1500.
(3) Liv. IV, chap. XII.
(4) Il paraît, d'après Tite-Live et Cicéron, cités par Rondelet, que les soffites ou plafonds en bois étaient en usage du temps des anciens.
(5) L'église de Notre-Dame de Lorette, construite à Paris par M. Lebas, architecte, est décorée de soffites du genre de ceux des basiliques de Rome.

Les soffites sont du ressort de la menuiserie ; mais comme on les soutient en les combinant avec les bois des planchers, ou en les suspendant à ceux des combles, nous en figurons, pl. XXXVI, deux systèmes qui, pour n'être pas aussi somptueux que ceux que nous avons cités plus haut, ne sont pas moins propres à faire connaître aux charpentiers comment leur art concourt à la construction des soffites.

Déjà nous avons décrit au paragraphe 2 du présent chapitre, et pl. XXXI, un plafond formé par la combinaison de divers étrésillons avec des solives, pour distribuer des compartiments.

Les plafonds de ce genre peuvent devenir de véritables soffites par l'effet de la profondeur de leurs caissons, le relief des sculptures et la richesse des peintures et dorures dont on peut les décorer.

La fig. VI, pl. XXXVI, est la projection horizontale d'une partie des soffites de la maison de bois de Hollande dont nous avons décrit un plancher, au § 5 du présent chapitre. A droite de la ligne $A\ B$ on voit le dessus de la construction ; à gauche de la même ligne, on voit en dessous, les soffites qui forment le plafond d'une des grandes salles.

La fig. 5 est une coupe suivant les lignes $C\ D\ E\ F\ G\ H$, projetée sur un seul plan vertical, parallèle aux lignes $C\ D$, $E\ F$, $G\ H$; la fig. 7. est une autre coupe, par un plan vertical, suivant la ligne $A\ B$. Des poutres parallèles, composées chacune de deux pièces posées l'une au-dessus de l'autre et boulonnées, sont marquées a, a. Les soffites forment des caissons carrés et égaux rangés dans un sens entre ces poutres, et perpendiculairement dans l'autre sens. Chaque caisson se compose d'un encadrement en corniche de deux épaisseurs de bois et d'un fond. b, b sont des solives élégies en dessous, suivant le profil du larmier et des moulures inférieures de la corniche; elles sont perpendiculairement aux poutres a, a, et s'y assemblent à tenons et mortaises; le tenon de chaque bout est réservé dans la moitié supérieure de l'épaisseur de la solive ; il n'a de largeur que celle que lui permettent les moulures. $c\ c$ sont des solives également élégies en dessous, en suivant le même profil; elles portent sur les premières par des tenons réservés dans le quart supérieur de leur épaisseur, et qui sont reçus dans des entailles. Dans chaque caisson les quatre pièces d'encadrement se joignent à onglets dans les angles; leurs moulures se correspondent et elles forment la première épaisseur de bois de la corniche. Au-dessus de ces quatre solives, quatre plateaux d, d, e, e, qui se joignent également à onglets dans les angles, pour les parties répondant aux moulures, et à mi-bois pour le reste, forment la cimaise et la seconde épaisseur de bois de la corniche. En dessous de chaque solive *b*, un soliveau *f* est ajouté à son épaisseur, pour affleurer le dessous des poutres *a*, dans lesquelles il s'assemble, comme la solive *b*, par un tenon qui occupe la moitié de son épaisseur supérieure. Les caissons compris entre deux poutres sont séparés les uns des autres par deux soliveaux qui figurent des frises perpendiculaires et égales à celles formées par les dessous de ces mêmes poutres. Les intervalles entre les soliveaux *f* sont remplis par des ais *g* qui forment des renfoncements égaux à ceux des frises creusées sous les poutres.

Les solives *b*, *c*, les plateaux *d*, *e*, ainsi que les soliveaux *f* sont liés entre eux par des boulons verticaux. Au-dessus des corniches, de fortes planches *h*, *h*, jointes à rainures et languettes, et clouées, composent les fonds des caissons. Les cadres formés par les corniches ne sont retenus aux poutres que par les seuls tenons des solives *b*, *b* et des solivaux *f*. Le fil du bois des tenons des solives *b*, *b* n'est point coupé par les entailles qui reçoivent les tenons des pièces *d*, *d*, ce qui est fort essentiel pour la solidité des premiers.

La fig. 14 est une coupe dans le soffite de la salle des gardes du vieux palais à Turin; cette coupe est faite par un plan vertical perpendiculaire aux poutres *a*, *a*, elle passe au tiers environ de la largeur d'un rang de caissons. Ces soffites présentent, quant à l'apparence et à la distribution intérieure des caissons, à peu près la même combinaison que ceux de la maison de bois dont nous venons de donner une description; mais il en diffère par le mode de construction des caissons, et parce qu'ils sont suspendus à la charpente au lieu d'en faire partie.

b, *b*, *c*, *c* sont des barres pendantes en bois de mêmes équarrissages; les premières sont vues sur leur épaisseur, les secondes sur leur largeur; elles sont clouées par couple, celles *b*, *b*, sur les faces latérales des poutres *a*, *a*, et celles *c*, *c*, sur les faces verticales des doubles rangs de liernes *d*, *d*, qui sont fixées, par de grands clous ou des broches en fer, sur les mêmes poutres. Une seconde coupe de ce plafond, par un plan vertical perpendiculaire à celui de la coupe représentée par la figure, montrerait les poutres *a*, *a* selon leur longueur; les liernes *d*, *d* seraient vues par leurs bouts, et leurs faces verticales écartées de dehors en dehors d'une distance égale à l'épaisseur de chaque poutre; elle ferait voir les barres pendantes *b*, *b*, comme on voit celles *c*, *c* dans la fig. 11, et celles-ci comme on voit les premières. La coupe des caissons serait la même.

Deux couples de barres pendantes b, b, embrassent un panneau en planches g, g, et s'y fixent avec des broches en fer ou des boulons. Trois panneaux semblables répondent à la largeur des fonds de chaque rang de caissons; de même, deux couples de barres pendantes c, c, écartées comme celles b, b, embrassent un panneau en planche $i\ i$ pareil à ceux $g\ g$ et s'y fixent également par des broches ou des boulons. Trois de ces panneaux $i\ i\ i$ répondent de même à la largeur des fonds de chaque rang de caissons, dans l'autre sens. Les planches qui forment les côtés des trémies ou caissons sont clouées, celles h vues en coupe sur les bouts des panneaux $g\ g$, et celles k vues de face sur les bouts des panneaux $i\ i\ i$.

Les frises e, e, f, f, f, qui se joignent à onglets entre les angles de quatre caissons contigus, sont clouées, les premières sous les panneaux $g\ g$, les secondes sous les panneaux $i\ i\ i$. L'intérieur de chaque trémie est revêtu de moulures l, qui forment la corniche d'encadrement, comme nous les avons représentées pour le caisson du milieu de la fig. 11, dont les planches m forment le fond.

On fait aussi des soffites courbes pour produire l'apparence des *intrados* des voûtes en pierres, décorés de caissons, de compartiments et de peintures. Ces sortes de soffites résultent, de même que ceux que nous venons de décrire, de panneaux de menuiserie, ou de lambris courbes également en menuiserie, suspendus par des barres pendantes en bois ou en fer, aux bois de charpente des combles.

§ 19. *Grosseur des bois*.

Un plancher doit non-seulement supporter le poids des bois de sa propre charpente, avec ses hourdis, son plafond et son aire, les meubles, machines et marchandises qu'on peut y rassembler, il faut en outre qu'il résiste avec roideur aux chocs multipliés et rudes que l'exercice de certaines professions, ou de nombreuses réunions occasionnent.

Bullet a indiqué, dans son *Architecture*, souvent réimprimée depuis 1691, les équarrissages qui satisfont à ces conditions. Ils ont été réglés par la pratique et éprouvés par l'expérience de la longue durée des planchers existants de son temps. L'usage les a consacrés. Nous les avons réunis dans le tableau suivant. Les pièces doivent être posées de champ.

POUTRES.		SOLIVES DE BRIN.			SOLIVES DE SCIAGE.		
LONGUEURS en mètres.	ÉQUARRISS. en millim.	LONGUEURS en mètres.	ÉQUARRISS. en millim.	ÉCARTEM. en millim.	LONGUEURS en mètres.	ÉQUARRISS. en millim	ÉCARTEM. en millim.
3m,700	270 à 324				4m,875	162 à 216	
4 875	297 à 351				5 850	216 à 243	
5 850	324 à 405				7 800	243 à 270	216
6 825	351 à 432	de	de		8 125	270 à 297	
7 800	365 à 486	2m,925	135				
8 775	405 à 513	à	à	162			
9 750	432 à 567	5m,875	189				
10 725	459 à 594						
11 700	486 à 621						
12 675	513 à 648						
13 650	540 à 675						

CHAPITRE XII.

COUVERTURES.

Un *toit* (1) est la partie d'un bâtiment qui s'étend sur son étage le plus élevé et qui met son intérieur à l'abri des injures du temps. La surface supérieure d'un toit est composée de matériaux convenablement choisis et arrangés pour former une *couverture* imperméable; cette couverture est posée sur des planchers pleins ou à claire-voie cloués sur des pans de charpente qui déterminent leurs bandes, et qui sont soutenus par d'autre pans de charpente verticaux. La combinaison des uns et des autres forment les *combles* des bâtiments, ainsi nommés parce qu'ils en sont les parties *culminantes*.

Nous avons parlé dans notre Introduction, page 3, des couvertures appliquées par les sauvages sur leurs cabanes; plusieurs peuples ont conservé l'usage de celles qui ont été jugées le mieux appropriées aux climats qu'ils habitent. Dans le nord de la Suède, on trouve des bâtiments couverts avec de l'écorce de bouleau maintenue sur la charpente par un remblai en terre où l'on sème du gazon. Au Pérou, on couvre les maisons de claies horizontales très-serrées, sur lesquelles on étend une couche de sable fin, épaisse de $0^m,06$ à $0^m,08$. D'un côté, la terre conserve l'écorce du bouleau, qui est imperméable et presque incorruptible tant qu'elle est humide; de l'autre, le sable absorbe les abondantes rosées de la nuit, qui n'ont pas le temps de pénétrer dans l'habitation, vu que la chaleur du jour les fait évaporer avant qu'il en tombe de nouvelles.

Les matériaux dont on compose les couvertures, dans nos contrées, sont des produits végétaux, des pierres factices, des pierres naturelles, des métaux.

---

(1) Du latin *tectum*, de *tegere*, couvrir.

I

COUVERTURES EN MATIÈRES VÉGÉTALES.

§ 1. *Couvertures en chaume.*

Le chaume des couvreurs est la paille longue, droite et non brisée (*calamus*), de diverses espèces de blés, coupée entre l'épi et la racine. Le meilleur chaume est celui du seigle, parce qu'il est le plus long et le plus dur.

Les charpentes des toits en chaume sont ordinairement en bois ronds et de la moindre valeur.

La fig. 1, pl. XL, est un détail de la construction d'un pan de toit et de sa couverture en chaume. La partie de la figure qui est sur la droite est une coupe verticale passant par une des lignes de plus grande pente. Le toit est vu de profil; son inclinaison est ordinairement de 45 degrés : plus douce, il serait à craindre que, pendant les grandes pluies, l'eau, qui doit s'écouler de brin en brin, pût traverser toute l'épaisseur du chaume avant d'être rendue à l'égout du toit, et elle donnerait trop de prise aux vents; plus roide, la rapidité de l'eau pourrait arracher le chaume. L'égout du toit, que le dessin ne fait pas voir, doit avoir une saillie d'un demi-mètre sur les murs.

L'autre partie de la figure est la projection du même toit sur un plan parallèle à la surface de la couverture; elle est relevée verticalement, et présente le travail dans différents états d'avancement.

a, b, Pannes rondes ou carrées, suivant le bois qu'on a.

c, Perches parallèles, chevalées et brandies sur les pannes (1) et formant les chevrons. Les meilleures sont celles en jeunes brins de chêne, dépouillés de leur écorce; on en fait aussi avec des jeunes sapins.

d, Perches-lattes ou perchettes, attachées horizontalement sur les chevrons, par des liens croisés formés de branches flexibles d'osier ou de coudrier, serrés par des nœuds, comme ceux des harts de fagots.

On emploie des chevrons et des lattes carrés que lorsque le bois est à

---

(1) *Brandir* des perches, c'est les attacher sur les pannes avec des chevilles en bois dur.

très-bas prix; mais les bois ronds sont encore préférables, parce que les liens se plient et se serrent mieux autour d'eux. L'économie étant le principal avantage des toits en chaume, on s'abstient d'y employer des clous.

e. Couverture. Elle est formée de petites bottes de chaume nommées *javelles*, qui sont réunies deux à deux par un lien commun de paille et mieux d'osier, qui les entoure en s'entrelaçant de l'une à l'autre. On voit en *p* des *javelles* liées ainsi. Chaque *javelle* est égalisée d'un bout, par quelques secousses en la tenant verticale sur un sol uni avant de la lier; l'autre bout est coupé avec la faucille. Deux *javelles* sont figurées isolément en *f*.

Un toit de chaume se construit par *orgnes* ou rangées horizontales; les *orgnes* se recouvrent au moins de la moitié de la longueur de la partie pendante des *javelles*, qui sont d'ailleurs posées de façon que les *javelles* d'une *orgne* répondent aux joints des *javelles* de l'*orgne* inférieure. Dans chaque *orgne* les javelles sont attachées deux à deux sur la perche-latte correspondante, par un lien qui passe entre elles et enveloppe le lien qui les unit; ce qui donne le moyen de les serrer plus fortement contre les perches-lattes et entre elles.

Quelques couvreurs en chaume attachent les javelles une à une sur les perchettes, par des liens croisés, comme on en voit en *y*. La première méthode est préférable.

La première *orgne* est posée au bas du toit sur un rang de coussinets en chaume enlacé d'osier, très-serrés les uns contre les autres, qui déterminent la pente des premières *orgnes*, afin que de l'égout au faîte toutes les *javelles* aient la même inclinaison. Le faîte de la couverture est formé par des *javelles faîtières* posées à cheval sur les deux pentes du toit, et pour les consolider, en outre des liens qui les attachent, on les charge d'un mortier de terre grasse.

Après qu'une couverture en chaume est confectionnée, on laisse, pendant environ trois mois, le chaume tasser; au bout de ce temps le couvreur recharge les endroits creux, nommés *gouttières*, en insinuant, au moyen d'une palette en bois, entre les javelles posées, d'autres javelles simples de remplissage, dont la grosseur est proportionnée au besoin d'épaissir et de serrer le chaume. Lorsque la couverture est terminée, on la peigne légèrement avec un rateau, on coupe tous les brins de chaume dont la longueur excède la surface du toit ou son égout.

Les couvertures de chaume, en vieillissant, se couvrent de mousses qui conservent l'humidité et les pourrissent. On prolonge leur durée en leur faisant un *manteau*, c'est une couche de chaume neuf qu'on ajoute sur l'ancien, après qu'on l'a nettoyé des mousses et des parties pourries.

Les couvertures en chaume sont en usage notamment pour les maisons des paysans auxquelles elles donnent le nom de *chaumière* ou *chaumine*. Ces sortes de couvertures garantissent l'intérieur des habitations, du froid dans l'hiver et de la chaleur dans l'été. C'est par cette raison qu'on les préfère pour les glacières; mais on les établit alors sur des charpentes mieux construites.

On en fait encore usage pour les bâtiments d'exploitations rurales, à cause du peu de frais de construction qu'elles occasionnent. Elles sont dégradées par les oiseaux de colombier et de basse-cour, et elles servent de repaire à une foule d'insectes, et aux animaux nuisibles aux récoltes.

Elles sont aisément incendiées, elles fournissent un aliment abondant aux flammes et les propagent rapidement.

On a cherché à les rendre incombustibles par différents enduits; mais si l'on a atteint le but par rapport au feu, ces enduits sont nuisibles aux couvertures sous d'autres rapports.

§ 2. *Couvertures en joncs et en roseaux.*

On fait des couvertures avec les joncs et les roseaux qui croissent dans les marais. On les construit comme celles de chaume, si ce n'est qu'on écarte moins les perchettes afin d'attacher les javelles avec plusieurs liens, parce qu'autrement les roseaux et les joncs seraient sujets à glisser.

Les couvertures en roseaux sont plus difficiles à faire que celles en chaume; leur durée est beaucoup plus longue.

§ 3. *Couvertures en bardeaux* (1).

Les *bardeaux* sont de petits ais dont on *barde* ou couvre les toits et même les parois verticales des maisons en bois, pour les garantir de la pluie. L'usage du *bardeau* a de beaucoup précédé celui de la tuile. Pendant près de 500 ans les maisons de l'ancienne Rome n'ont été couvertes qu'en *bardeau* (2).

---

(1) Les Latins nommaient le bardeau *scandula*. Dans quelques départements, le *bardeau* et les éclats de bois sont encore appelés *essangues*, *essannes*, *esseaux*.
(2) Les ruines celtiques ne contiennent aucun débris de tuile (*Art du tuilier*).

Les bardeaux sont fendus à la forêt comme le merrain qui sert à faire des tonneaux. Ils sont dressés et polis avec la *doloire* à douves; les tonneliers sont le plus souvent chargés de ce travail.

On fait des bardeaux en bois de chêne, de châtaignier et de hêtre; en Allemagne, on en fait en sapin. Les meilleurs sont ceux de chêne : ceux de sapin, quand ils sont très-résineux, sont aussi bons.

On conserve ordinairement aux bardeaux la forme carrée de leur bout, fig. 6, par économie de travail; quelquefois on arrondit leur extrémité inférieure, fig. 8; on les taille aussi en pointe, fig. 7, ce qui a l'avantage de faciliter l'écoulement de l'eau, et de faire sécher le toit plus promptement lorsque la pluie a cessé. Les bardeaux sont cloués sur des lattes horizontales; ces lattes sont elles-mêmes clouées sur les chevrons, pour les toits, et sur les poteaux et guettes de pans de bois, pour les parois verticales. Les lattes, posées par cours horizontaux, sont écartés du tiers de la hauteur des bardeaux. Le charpentier-couvreur doit percer chaque bardeau avant de le poser, avec une vrille suffisamment grosse pour passer le clou qui doit l'attacher à la latte, afin qu'il ne le fasse pas fendre. Le bardeau est plus solidement tenu quand on l'attache avec deux clous. Chaque rangée de bardeau recouvre les bardeaux de la rangée inférieure des deux tiers de sa hauteur, et l'on fait répondre le milieu de chaque bardeau d'un rang, sur un joint du rang au-dessous.

Les bardeaux exigent une pente de 45° au moins, pour que l'eau ne puisse pas traverser le toit en s'étendant latéralement en dessus et en dessous de leurs surfaces plates et unies.

La légèreté est le principal avantage des couvertures en bardeaux; elles permettent de faire des charpentes également fort légères. Lorsque les couvertures en bardeaux sont bien faites, elles résistent mieux aux vents que celles en tuiles plates et en ardoises. On peut prolonger leur durée, déjà assez longue, en les peignant avec une bonne couleur à l'huile, dont il faut donner de nouvelles couches lorsque les anciennes se détériorent et laissent le bois à nu.

§ 4. *Couvertures en planches.*

On couvre souvent des baraques et des hangars provisoires avec des planches, qu'on peut disposer de plusieurs manières.

On cloue les planches sur les pannes, dans le sens de la pente du toit, et comme à claire-voie, de façon qu'elles sont écartées les unes des autres d'un peu moins que leur largeur; chaque intervalle est bouché par une planche clouée dans le même sens sur les bords des premières. Cette disposition est représentée, fig. 15, sur une coupe faite par un plan perpendiculaire à la direction des planches. On peut aussi clouer les planches, également suivant la pente du toit, mais jointives; les joints sont alors couverts par des lattes, débitées à la scie, et clouées sur les bords des planches. La fig. 14, qui est une autre coupe, faite dans le même sens que la précédente, représente cette seconde manière de disposer les planches.

Ces deux modes de couvertures ne peuvent pas intercepter complétement le passage de l'eau, à moins qu'elles ne soient peintes et leurs joints mastiqués avec soin, ce que ne comportent pas les circonstances dans lesquelles on en fait ordinairement usage. Il est préférable de clouer les planches horizontalement sur les chevrons portés par des pannes, et de les joindre à *clin*, comme elles sont représentées, vues par leurs bouts, dans la coupe fig. 17. Cette coupe est faite par un plan vertical, passant par une des lignes de plus grande pente d'un toit. Entre les chevrons, les planches sont clouées l'une sur l'autre, pour maintenir leurs joints; les clous sont rivés en dessous. On emploie les planches de même longueur, comme par travées, et l'on couvre tous les joints qui se trouvent sur un même chevron, par une planche clouée en dessus suivant la pente du toit. Cette couverture garantit fort bien de la pluie et du vent, tant qu'elle est nouvellement faite; mais comme les planches ne portent point à plat sur les chevrons, elles se voilent, leurs joints s'ouvrent et elles se fendent quelquefois.

La fig. 16 est le détail d'une construction plus complète et plus solide. Sur la droite se trouve, comme précédemment, une coupe par un plan vertical suivant une ligne de pente du toit; à gauche, la couverture est projetée sur un plan qui lui est parallèle; cette projection est relevée verticalement. *a*, l'anne. Le profil n'en présente qu'une; elles sont multipliées autant que le nécessite l'étendue du toit, mais vu la légèreté de ce mode de construction, on les écarte beaucoup plus que pour tout autre. *b*, Chevrons portés par les pannes; on ne les écarte que de 4 à 6 décimètres, au plus. Par le même motif on pourrait les écarter bien davantage; mais ils sont à cet effet coupés en crémaillères pour les recevoir, comme on le voit en *c*, où les planches *d* sont enlevées.

e, Planches clouées à *clin* dans les entailles des chevrons. Chaque planche est tenue sur chaque chevron qu'elle croise, par trois clous au moins. Les joints sont maintenus et serrés entre les chevrons, par deux ou trois vis au moins, ou par autant de clous en dessous du toit. *f*, Lattes entaillées par dessous en crémaillères, pour s'ajuster sur les planches à clin, et par dessus en dos d'âne pour leur donner une apparence plus légère. Ces lattes sont clouées sur les joints montants des planches, qu'on réunit par chaque longueur de planche sur le milieu d'un chevron. Une de ces lattes est écartée du toit en f' pour faire voir ses crans.

Lorsque cette couverture est bien faite, qu'elle est peinte d'une bonne couleur à l'huile, elle dure longtemps et coûte peu d'entretien. On y emploie de préférence des planches de pin et de sapin.

§ 5. *Couvertures en toile.*

On couvre quelquefois des baraques et des hangars avec de la grosse toile enduite d'avance de goudron ou de bitume, ou seulement peinte à l'huile pour la rendre imperméable; on en prépare en fabrique (1). On l'applique sur un plancher bien uni et bien joint, dont on a soin de renfoncer les têtes des clous dans le bois. La toile est posée par lés horizontaux en commençant par le bas du toit. On étend le lé à poser, à l'envers, sur le dernier lé posé, environ 13 à 18 millimètres plus bas, afin de replier la lisière de celui-ci sur celle du premier, pour former une espèce d'ourlet, de trois épaisseurs de toile, sur lequel on cloue, près du bord supérieur, un rang de *broquettes* (2). On retourne le lé, pour l'étendre à sa place, et l'on cloue un second rang de broquettes près du bord inférieur sur le même ourlet, alors composé de quatre épaisseurs de toile. Il est convenable de piquer les clous dans des rondelles de toile de 12 à 13 millimètres, pour que leurs têtes ne percent pas les lés, et on les couvre avec un peu d'enduit pareil à celui dont la toile est imprégnée. Quelquefois on cloue les lés à l'envers et on les replie par dessus les clous, pour les couvrir; mais cette méthode fait déchirer la toile. Lorsque les lés n'ont pas assez de longueur pour l'étendue du bâtiment, on les coud bout à bout, en ourlet, et l'on enduit les coutures.

On emploie ce genre de couverture sous un angle de 20 à 25 degrés, pour que l'écoulement de l'eau soit plus rapide; on applique une nouvelle couche d'enduit ou de peinture à l'huile lorsque la toile devient trop sèche. Les couvertures en toile ne sont bonnes que pour des établissements très-

---

(1) Les grosses toiles imperméables, pour couvertures, de 20 à 25 fils au pouce ($0^m,027$), pèsent environ 1 kil. le mètre carré; 7 livres 3/4 la toise superficielle.

(2) Petits clous à têtes plates, qui servent au tapissier.

provisoires. Vu leur entretien coûteux, il n'y a point d'économie à en faire usage sur des établissements qui doivent avoir quelque durée. Une couverture en tuiles creuses, dont on retrouve les matériaux lorsqu'elle n'est plus nécessaire, est presque toujours préférable, malgré que la première dépense soit plus forte.

II.

COUVERTURES EN PIERRES FACTICES.

§ 1. *Couvertures en tuiles.*

Les tuiles sont des tablettes en terre, moulées et cuites. Quoique leur usage, pour couvrir les bâtiments, soit postérieur à celui du bardeau, il n'en remonte pas moins à une très-haute antiquité. On fabrique des tuiles de diverses formes; elles sont toutes composées d'un mélange de terre argileuse et de sable réduit en pâte fine et homogène. En sortant du moule, les tuiles qui doivent être courbes sont contournées sur des formes en bois; on ajoute, à celles qui doivent rester plates, un talon ou crochet de la même pâte, dont nous verrons l'usage. On fait sécher les tuiles, d'abord à l'ombre, puis au soleil, et on les fait cuire dans des fours faits exprès.

La couleur de la terre cuite n'est pas un indice suffisant pour reconnaître la qualité des tuiles : elle dépend de l'espèce de terre avec laquelle elles sont fabriquées. Les bonnes tuiles sont sonores, et leur contexture est serrée.

En France, les tuiles de Bourgogne, celles de Marseille et celles de Bordeaux sont les meilleures; elles sont néanmoins loin de valoir les tuiles des Anciens, ce qui provient du peu de soin que les fabricants apportent dans le choix et la préparation de la terre.

Les tuiles les plus en usage en France et dans les pays septentrionaux, sont les tuiles plates, les tuiles creuses et les tuiles en S, dites *flamandes* et *pannes*.

Tuiles plates. Elles sont distinguées en *grand moule* et *petit moule*.

La fig. 2, pl. XL, est le détail d'une couverture en tuiles plates. Sur la droite est une coupe par un plan vertical passant par une des lignes de pente du toit; le reste de la figure est une projection sur un plan parallèle au toit et relevée dans une position verticale. *a*, *a*, Pannes. *b*, *b*, Chevrons qui portent sur les pannes. *c*, Lattes clouées sur les chevrons.

A Paris, on emploie des lattes de fente en chêne; elles ont $1^m,30$ de longueur, de sorte qu'on les cloue sur quatre chevrons qui, pour cela, sont espacés de *quatre à la latte*. On les pose en liaison, c'est-à-dire que leurs bouts ne se trouvent pas sur un même chevron, mais à peu près également distribués entre tous. Il en résulte une solidité aussi utile à la couverture qu'à la charpente du toit (1).

Les lattes dites *carrées* avaient autrefois $0^m,054$ de large sur $0^m,007$ d'épaisseur; par un abus très-répréhensible et qui nuit à la durée des couvertures, elles n'ont plus que $0^m,04$, de largeur et $0^m,004$ d'épaisseur (2). Les couvreurs les clouent avec un marteau dont la tête porte d'un bout un carré pour frapper, et de l'autre un tranchant pour les couper à la longueur exacte qui convient à leur portée sur quatre chevrons, dont l'écartement doit être exactement calculé suivant le moule des tuiles qu'on doit employer, pour que leurs crochets ou talons ne rencontrent jamais les chevrons qui les empêcheraient de bien s'accrocher aux lattes.

Dans quelques départements, les lattes sont en sapin, débitées à la scie de long; elles sont plus fortes, ce qui permet d'écarter davantage les chevrons. Les lattes, quelle que soit leur espèce, clouées par cours horizontaux, sont écartées entre elles de milieu en milieu du tiers de la hauteur des tuiles dont on fait usage, ou plutôt de la hauteur du pureau qu'on leur donne.

e, e, Tuiles plates accrochées aux lattes chacune par le *talon* ou *crochet* qu'elle porte en-dessous (3). Une de ces tuiles est représentée fig. 3. Le crochet *d* doit avoir assez de longueur pour dépasser la latte, et assez de force pour soutenir la tuile; on doit l'avoir couché vers le milieu de la tuile en la moulant pour qu'il ne glisse pas de dessus la latte. Il arrive quelquefois de graves accidents par la chute des tuiles, vu que le crochet casse par l'effet de la gelée ou de quelque vice de sa suture à la tuile. Dans quelques localités, pour prévenir ces accidents, on perce les tuiles, en les fabricant, de deux trous à chacune, pour les fixer aux lattes avec des clous en outre du crochet. Ces trous *h* sont situés assez bas pour répondre au milieu de la largeur des lattes, et assez grands pour que les clous ne fassent pas éclater les tuiles. On commence à placer les tuiles par le bas du toit et par rangées horizontales. Le premier rang, à l'égout

---

(1) Depuis quelques années, on emploie aussi, pour former les lattis, du treillage de châtaignier et des tringles de sapin.

(2) Le cent d'anciennes lattes pesait environ 60 kilog.; le cent de celles en usage aujourd'hui, ne pèse que 25 à 30 kilog.

(3) L'invention des tuiles plates à crochets est attribuée aux Gaulois; elle remonte au xe siècle.

du toit, est formé de deux ou trois tuiles, l'une sur l'autre, posées sur une latte clouée au bord du chevron, appelée *chanlatte*, dont l'objet est de donner au premier rang la même pente qu'à tous les autres rangs. Les tuiles sont au surplus disposées de la même manière que les bardeaux, et comme la figure les représente. Dans toute l'étendue du toit, le lattis est chargé de trois épaisseurs de tuiles, ce qui rend cette couverture extrêmement pesante, et est en partie cause de la raideur qu'on donne aux toits, afin de diminuer l'équarrissage des chevrons et des pannes. On peut diminuer le poids des couvertures en tuiles plates, d'un tiers, en écartant les tuiles dans chaque rang, de la moitié de leur largeur, comme en q; et des deux cinquièmes, en les écartant des deux tiers de leur largeur. Les rangs se recouvrent de la même manière. On pourrait diminuer encore le poids, en faisant le pureau des deux cinquièmes de la hauteur au lieu du tiers. Les couvertures construites suivant ce mode sont dites à *claire-voie* ou à la *mi-voie;* elles sont employées, par économie, sur des hangars et magasins qui n'ont pas besoin d'être bien clos, et sur des ateliers, lorsqu'il est utile de laisser échapper par les interstices des tuiles, les vapeurs et les gaz produit par les travaux qu'on y fait (1).

On reproche aux couvertures en tuiles plates de laisser la pluie, et notamment la neige entraînée par le vent, pénétrer dans les greniers. Cet inconvénient est plus grand dans les couvertures à la *mi-voie*, qu'avec celles à tuiles jointives, parce que les tuiles à la *mi-voie*, de deux en deux rangs, sont écartées verticalement de l'épaisseur du rang intermédiaire. On remédie à cet inconvénient, en maçonnant les joints, à mesure qu'on pose les tuiles, par un filet de mortier, qui s'y attache très-bien. Ce mortier augmente un peu le poids.

En Allemagne, on place sous les joints montants, des lattes plates ou des fragments de bardeaux, qui les bouchent et rendent les couvertures plus chaudes.

On fabrique aussi des tuiles arrondies par le bas, fig. 8, et des tuiles ter-

---

(1) Pour raccorder au faîtage les pans d'un comble couvert en tuiles plates, on se sert de tuiles faîtières de forme demi-cylindrique, fig. 21 et 22, pl. XL bis. Ces faîtières se placent à la suite les unes des autres en laissant entre elles un espace de $0^m,05$; elles sont reliées à la toiture avec du plâtre par des *embarrures* et bout à bout par des crêtes. Ces crêtes se dégradent rapidement. Il est plus avantageux de faire usage de *faîtières* à bourrelets qui s'assemblent par emboîtement. Elles ont $0^m,32$ de long, plus le bourrelet sur $0^m,29$ de largeur en plan. Prix : 0,60 c. la pièce. On en fait de $0^m,50$ sur $0^m,33$, prix : 0,75 c.

minées en pointe, fig. 7, qu'on fixe avec leurs crochets ou avec des clous, et qui sont d'un bon usage.

Jadis, les tuiles étaient vernissées en dessus par l'application d'un émail comme celui de la poterie commune; il y en avait de diverses couleurs, au moyen desquelles on formait des dessins sur les couvertures. On en voit encore à Lévy, canton de Pont-de-l'Arche, sur une maison qui a appartenu à la reine Blanche. Elles présentent, sur un fond vert, des carreaux rouges et jaunes. Les tuiles vernissées sont beaucoup plus durables que celles qui ne le sont point. L'eau ne les pénètre pas, elles ne se couvrent pas de mousse, et Rondelet dit avoir vu des couvertures en tuiles vernissées qui existaient sans avoir eu besoin de réparations depuis plusieurs siècles; mais leur prix, qui est à peu près le double de celui des tuiles non vernissées, empêche qu'on en fasse usage. Il est à désirer que l'industrie trouve un moyen de les livrer à un prix peu différent de la valeur des tuiles ordinaires (1).

Tuiles creuses. Le châssis qui leur sert de moule est un trapèze; elles sont courbées, lorsqu'elles sont encore molles, sur un mandrin conique; elles n'ont point de crochets; elles sont toutes égales et de même forme; on les pose sur un plancher dont la pente ne doit pas faire, avec l'horizon, un angle plus grand que 26 degrés, pour qu'elles ne glissent point.

La fig. 9, pl. XL, est le détail d'une couverture en tuiles creuses. A droite est une coupe par un plan vertical. A gauche est une projection sur un plan parallèle au toit: au-dessous se trouve une coupe par un plan perpendiculaire à cette projection, et suivant la ligne *A B*.

a, a, Files de tuiles dont la convexité est en dessous, formant des rigoles, dites *chanées* ou *chéneaux*, pour conduire l'eau à l'égout du toit. Ces tuiles sont posées par rangs horizontaux; le bout le plus large de chacune est en haut par rapport à la pente du toit, pour recevoir intérieurement le bout le plus étroit de la tuile du rang supérieur, qui la croise du cinquième environ de sa longueur. Pour assurer la stabilité de ces tuiles, elles sont accotées par des fragments d'autres tuiles.

b, b, Tuiles dont la convexité est en dessus, et le bout étroit en haut; elles forment les *chapeaux* qui recouvrent les intervalles des rigoles.

Les tuiles de la fig. 9 sont courbées suivant un arc d'environ 150 degrés, leurs surfaces sont coniques. Celles de la fig. 10 sont courbées en dos d'âne;

Depuis 1855, l'usage des tuiles vernissées s'est développé dans le Mâconnais, la Franche-Comté et la Picardie. A Paris, on commence à se servir de tuiles émaillées.

leurs côtés forment des ailes planes, elles ont 0ᵐ,16, de largeur à un bout, 0ᵐ,11 à l'autre. Cette sorte de tuile est employée dans les départements de l'ouest et dans les environs de Bordeaux, où on les fabrique le mieux. La partie inférieure de la fig. 10 est une projection sur le plan du toit, pour montrer six de ces tuiles. Au-dessus, est leur coupe suivant la ligne *C D*. On les pose comme les précédentes sur un plancher; l'écartement des rigoles est déterminé par la condition que les parties planes des tuiles qui forment les chapeaux, s'appliquent dans toute l'étendue des parties planes des tuiles formant les rigoles.

Les deux modèles de tuiles des fig. 9 et 10 s'emploient sur des planchers dont les planches sont clouées horizontalement, dans le sens de leur longueur, sur les chevrons, et jointes à plat joint ou à rainures et languettes, suivant l'usage auquel on destine l'intérieur des combles. Dans les départements de l'ouest, les planches sont dirigées dans le sens de leur longueur suivant la pente du toit, et clouées sur les pannes sans intermédiaire des chevrons, comme la coupe fig. 12 les représente, *a* étant le plancher, vu suivant son épaisseur, et *b* les pannes. Cette méthode, malgré la nécessité de rapprocher les pannes, présente une grande économie de bois, par l'effet de la suppression des chevrons.

Lorsqu'on n'a pas besoin que les toits soient bien clos, on fait encore une économie de la moitié du bois du plancher, en le construisant à claire-voie avec des lattes de sciage en sapin clouées de même sur les pannes suivant la pente du toit.

La partie supérieure de la fig. 13 est la projection, sur un plan parallèle au toit, d'un lattis à claires-voies. Au-dessous de cette projection est une coupe suivant la ligne *J K*.

a, a, Pannes; *b, b,* lattes clouées; *c, c,* tuiles creuses formant deux rigoles, ou chanées commencées. Ces tuiles sont posées dans les intervalles des lattes. Elles n'ont pas besoin d'être calées. Les tuiles de recouvrement ou chapeaux, qui ne sont point indiquées dans la figure, sont posées sur les chanées, comme dans les couvertures des fig. 9 et 10. Ces sortes de couvertures s'emploient sur des magasins et des hangars; elles sont aussi imperméables et aussi durables que les autres. Elles résistent très-bien à la violence des vents.

Pour maintenir les couvertures sur des planchers pleins, on maçonne quelquefois les tuiles de trois en trois rangs. Sur les côtes maritimes, où le vent est violent, on préfère établir par dessus la couverture posée à sec des *guirlandes* formées des mêmes tuiles creuses maçonnées, en les croisant sur les chapeaux parallèlement aux rangs des tuiles, de façon cependant que le mortier n'obstrue pas les rigoles ; ces guirlandes sont placées de 2 en 2 mètres, et plus serrées au besoin. Il suffit qu'un rang de tuiles, formant chapeau, soit maintenu par une guirlande, pour empêcher le vent de soulever cinq ou six rangs au-dessous, et garantir de son atteinte deux ou trois rangs au-dessus.

Tuiles flamandes, ou *pannes*. Ces sortes de tuiles sont courbées en sens inverse sur leurs deux bords montants parallèles ; la fig. 23 est une coupe faite perpendiculairement à un pan de toit suivant une de ses horizontales. Nous y avons figuré deux sortes de tuiles flamandes. Celles *a, a* sont employées sur des planchers lorsque les toits ont peu de pente. Celles de la forme *b, b* conviennent aux toits dont la raideur nécessite qu'elles soient accrochées aux lattes par un fort talon *x* que chacune porte au dos. Le milieu de ces tuiles doit être à peu près plan pour mieux s'appliquer sur le lattis. Les rangs se recouvrent d'environ 0^m,08.

Lorsque les tuiles flamandes ont peu de courbure, comme celles de la fig. 22, on est obligé de les soutenir en dessous par des liteaux cloués sur le plancher, pour assurer leur stabilité et empêcher leurs chanées de se trop relever.

Les tuiles flamandes de ce dernier modèle ne font pas de bonnes couvertures ; dans les grandes pluies elles laissent souvent l'eau se déverser dans les combles, à cause du peu de capacité de leurs chanées. A la vérité, on fait dans ce cas les joints en mortier, mais ce moyen n'est pas toujours suffisant. Toutes les fois qu'on emploie un système de couverture dans lequel il y a des chanées, il ne remplit complétement son objet qu'autant que les chanées ont une capacité suffisante pour que l'eau en y coulant, quelle que soit son abondance, ne s'élève jamais au-dessus de leurs bords, sans qu'il soit nécessaire de maçonner les joints.

Tuiles à rebords. La fig. 24 est une coupe comme celles des figures précédentes, qui représente les formes des tuiles à rebords et à recouvrement, essayées par M. Fiolet, à Saint-Omer. On peut les poser sur un plancher pour les toits qui ont un peu de pente, ou les accrocher à des lattes en leur ajoutant un crochet, comme aux tuiles plates.

La fig. 19 est une autre coupe pour montrer la forme des tuiles à rebords inverses. La projection qui est au-dessous de cette coupe est faite sur un plan parallèle au pan du toit, elle montre l'arrangement des tuiles. Elle convient également aux coupes fig. 22, 23 et 24.

Tuiles romaines. Les anciens avaient conservé à leurs tuiles en terre cuite les formes qu'ils avaient données aux tuiles en marbre dont ils s'étaient servis antérieurement, et qu'ils taillaient à grands frais. Les tuiles en terre cuite, sont dues à Byses, qui vivait 580 ans avant l'ère chrétienne. Les Grecs lui élevèrent, dit-on, une statue en reconnaissance d'une invention si utile.

La fig. 18 est une coupe par un plan perpendiculaire à la surface d'un toit en charpente, couvert avec des tuiles, dont le modèle est le plus ancien que l'on connaisse. Les Romains les employaient sur leurs édifices (1). Elles sont encore en usage en Italie et sur nos côtes de la Méditerranée.

a, a, Chevrons du toit, qui a peu de pente; ils sont écartés de 0^m,33 seulement. *b, b,* Briques, dites *pianelles*, de 0^m,31 de longueur, 0^m,16 de largeur et 0^m,029 d'épaisseur; elles sont jointes avec du mortier. *c, c,* Tuiles dites *tegole*, posées à bain de mortier sur les *pianelles*. Au-dessous de la figure, trois de ces *tegole* sont projetées sur un plan parallèle à la couverture.

d, d, Tuiles creuses, dites *canali*, qui recouvrent les espaces laissés entre les *tegole*. Une seule de ces tuiles *canali* est figurée sur la projection parallèle au plan de la couverture (2).

L'arrangement des *tegole* et des *canali* est le même que celui des tuiles creuses de la fig. 9. A Marseille, les *tegole* et les *canali* sont du même modèle; et elles sont également posées sur des *pianelles*.

Ces couvertures sont très-solides; elles peseraient beaucoup moins qu'aucune des autres que nous avons décrites, si elles étaient établies sur des planchers.

La fig. 14 est une coupe perpendiculaire au plan d'une couverture formée uniquement de *tegole*, les unes posées comme dans les couvertures à la romaine, pour les chanées, les autres retournées pour former les chapeaux. On voit à Rome, quelques couvertures construites suivant ce mode, qui a l'avantage de peser beaucoup moins qu'aucun autre. Quatre de ces *tegole* sont projetées en dessous de la coupe sur le plan de la couverture, pour montrer leur arrangement.

La fig. 24 est une coupe d'une couverture formée avec des tuiles d'un modèle proposé par M. Bruyère, comme une modification des tuiles romaines.

---

(1) La couverture de l'ancien temple qui est aujourd'hui l'église Saint-Urbin, à Rome, est construite en tuiles de ce modèle; elle date de plus de seize siècles.

(2) Les tuiles *canali*, soit en marbre, soit en terre cuite, des anciens, posées en bas de l'égout du toit, étaient ornées d'une plaque sculptée qui en fermait le bout. On les nommait *ante-fixe* à cause de leur position. Deux plaques d'ante-fixes sont représentées au-dessous de la fig. 18, pl. XL.

La fig. 20 est la coupe d'une couverture composée de tuiles d'un autre modèle qui atteint le même but.

La fig. 25 est la coupe d'une autre couverture en tuiles, également proposée par M. Bruyère, et qui a quelque analogie avec la méthode figurée sous le n° 13.

Tuiles italiennes. Un Italien a importé à Madrid, en 1805, un modèle de tuiles carrées à rebords, qui paraît remplir toutes les conditions pour former d'excellentes couvertures. Les tuiles de ce modèle sont toutes pareilles; elles sont carrées.

La fig. 27, qui est une projection sur un plan parallèle au toit, montre leur arrangement. Les tuiles sont posées de façon qu'une diagonale est dirigée suivant la pente du toit, et l'autre suivant son horizontale; chaque tuile porte un rebord sur deux côtés contigus d'une face, et un rebord en sens inverse sur les deux autres côtés de la face opposée. Une de ces tuiles est représentée isolément, fig. 31, par une projection sur son plat, par une élévation $a'\ b'$ projetée sur un plan perpendiculaire à ses faces et parallèle à sa diagonale $a\ b$, et par une coupe suivant la ligne $N\ O$. Ces tuiles se recouvrent toutes et sont comme accrochées les unes aux autres par leurs rebords. Quelque abondante que soit la pluie, l'eau ne peut pas pénétrer dans l'intérieur du toit par leurs joints, et leur disposition facilite son écoulement par leurs pointes inférieures. Elles sont vernissées de couleur ardoise. On les pose, à sec ou maçonnées, sur un plancher à *clins*, comme celui fig. 17, dont les *clins* sont écartés suivant les ressauts que font les joints en dessous. Cette couverture, qui est très-solide, est d'un bon aspect.

Au faîte du toit, où les deux pans de couverture, inclinés en sens contraire, se rencontrent, la jonction du dernier rang d'un pan avec le dernier rang de l'autre pan, se couvre par une file horizontale de tuiles creuses, à peu près comme les tuiles des fig. 9 et 10, mais égales des deux bouts, et courbées suivant les pentes des toits en usage dans le pays. On maçonne ces tuiles en les recouvrant les unes par les autres. Les arêtes saillantes et creuses, résultant des rencontres des différents toits, sont formées en coupant les tuiles suivant les angles que font les arêtes avec les horizontales des pans de couvertures. Les joints des arêtes saillantes sont couverts, comme le faîte, par des tuiles creuses maçonnées, et qui se recouvrent comme celles des pans de toit. Le dessous du joint des arêtes creuses ou noues, est garni d'une feuille de plomb ou de zinc qui fait l'office d'une chanée, et qui reçoit l'eau de toutes les tuiles contiguës et la porte au point commun des égouts des deux pans de toit.

Le tableau ci-après contient les dimensions et les poids des diverses sortes de tuiles, en usage jusqu'en 1840, et l'indication de la quantité de chaque espèce nécessaire pour couvrir un mètre carré, non compris le déchet, qui est ordinairement évalué à 4 ou 5 pour 100.

TABLEAU DES TUILES EN USAGE JUSQU'EN 1840.

DÉSIGNATION DE LA COUVERTURE.		DIMENSIONS.			POIDS D'UN CENT[2]	QUANTITÉS existant dans une surface de 1 mètre.
		Longueur.	Larg. (1).	Épaisseur.		
		mét.	mét.	milli.	kilogr.	
Bardeaux ou tuiles en bois.........	de chêne......	0,406	0,135	11	79	55
	de sapin......	Id.	.	Id	37	Id
Tuiles plates en terre cuite (3)......	Gr. moule (fig. 3).	0,311	0,230	16	196	42
	Petit moule....	0,257	0,183	14	132	64
Tuiles rondes, idem.............(Fig. 9)......		0,406	0,230	14	240	24
Tuiles pliées, idem...............(Fig. 10)......		0,455	0,160	11	150	40
Tuiles flamandes, idem...........	Fig. 22......	0,352	0,352	16	338	15¼
	Fig. 23......	0,352	0,406	16	391	15¼
Tuiles romaines, idem (fig. 18 (4)...	Tegole......	0,440	0,250	16	336	9½
	Canali......	0,440	0,217	16	260	9½
Tuiles italiennes, idem............(Fig. 27) (5)...		0,325	0,325	14	384	9½
Tuiles en fer coulé..............(Fig. 26)......		0,380	(6) 0,257	4	282	14½

(1) Les largeurs des tuiles courbes sont moyennes et développées.
(2) Les poids des tuiles en terre cuite sont calculées pour une même espèce de terre.
(3) Il entre dans un mètre carré de couverture en tuile plate : pour le grand moule, 7 lattes et 132 grammes de clous à lattes ; pour le petit moule, 9 lattes et 100 grammes de clous.
(4) Ces tuiles sont employées ensemble. Les plus grandes de cette espèce sont celles des Thermes de Caracalla, à Rome ; elles ont 0 m. 65 de longueur (Rondelet).
(5) Leurs dimensions sont cotées non compris leurs rebords de 13 millimètres.
(6) Largeur développée ; la largeur en place, environ 217 millimètres.

COUVERTURES.

Actuellement, on fait usage, à Paris surtout, de tuiles plates grand moule de Bourgogne et de Montereau. Celles de Bourgogne sont préférées. Les tuiles d'autres provenances, qui se rapprochent du petit type Bourgogne, sont désignées sous le nom de tuiles de pays; elles sont un peu plus petites que ces dernières et moins estimées.

La tuile grand moule Bourgogne a $0^m,30$ de long sur $0^m,25$ de largeur avec $0^m,015$ d'épaisseur; elle pèse $2^k,4$ et il en faut 37 par mètre carré; celle du petit moule a $0^m,94$ sur $0^m,195$ avec $0^m,015$ d'épaisseur, pesant $1^k,32$; il en faut 64 par mètre carré.

Ces dimensions varient un peu d'une fabrique à l'autre : ainsi on en trouve du type grand moule $0^m,31$ sur $0^m,23$ avec $0^m,0157$ d'épaisseur (42 tuiles par m. q.), et celles du petit moule ont $0^m,257$ de long sur $0^m,183$ de largeur avec $0^m,014$ d'épaisseur (64 par m. q.). La tuile fabriquée à Pont-sur-Yonne, marquée *Bq*, a $0^m,29$ sur $0^m,22$ avec $0^m,01$ d'épaisseur, pesant $2^k,250$. Elles sont un peu plus petites et plus minces que les tuiles de Bourgogne. Elles pèsent davantage, et sont plus brunes que ces dernières.

Les tuiles plates se gauchissent souvent à la cuisson; on utilise les changements de forme en leur donnant des destinations spéciales sur une toiture. Lorsque la tuile est arquée en dessus dans le sens de sa largeur, elle est dite *coffine*, si elle est arquée en dessus dans le sens de sa longueur, on la nomme *pendante*. Les coffines et les pendantes sont employées pour remédier aux irrégularités du lattis et du chevronnage. Si une tuile est arquée par en dessous (c'est-à-dire présentant sa convexité à l'intérieur du côté du lattis), on dit qu'elle est *gambardière*, et elle est dite *gauche à gauche* ou *gauche à droite*, suivant que son aile gauche ou droite est relevée. Les gambardières et les demi-gauches sont utilisées à former les *dévers* le long des *rives* pour rejeter les eaux à une plus grande distance.

Tuiles anciennes, plates et creuses, comparées aux tuiles nouvelles. La tuile plate ancienne utilise seulement les 11/30 de sa surface totale et la tuile creuse les 2/5; mais toutes ces tuiles sont d'une fabrication facile; elles se taillent très-aisément et se prêtent aux raccords des noues, des arêtiers et des rives obliques; sous ce rapport elles sont économiques, et tous les déchets provenant de la taille sont utilisés au calage. Leur seul inconvénient est dû à leur poids très-considérable, qui oblige à un solivage dispendieux. Pour ce qui concerne les tuiles anciennes, la couverture en tuiles plates exige une pente deux fois et demie aussi prononcée que celle de la tuile creuse.

Dans l'étude des tuiles nouvelles, très-nombreuses et très-variées, on a eu surtout pour objet la diminution du poids; ce qui a permis de réduire beaucoup l'équarrissage des pièces de charpente des combles. On est arrivé à réduire le poids des couvertures de moitié et même dans une plus grande proportion, en diminuant l'épaisseur des tuiles et en ménageant des nervures tendant à leur donner une résistance même supérieure à celle des anciennes tuiles à épaisseur uniforme.

Nous allons passer en revue les types principaux de tuiles nouvelles (1). On peut rapporter les nombreuses variétés de tuiles à quatre types principaux, suivant leurs formes ou dispositions générales.

1° Tuiles rectangulaires à joint vertical continu.
2°   Id.   id.   discontinu.
3° Tuiles losangiques régulières.
4°   Id.   irrégulières.

Exemples de TUILES RECTANGULAIRES A JOINT VERTICAL CONTINU. — La tuile *Gilardoni*, pl. XL *bis*, fig. 1 et 2, est la dernière modification de ses inventeurs (MM. Gilardoni frères, à Altkirch, Haut-Rhin), qui en ont fabriqué deux autres modèles dont un vers 1847. La partie découverte est les 3/4 de sa surface totale. Le joint vertical est un emboîtement fait par retombée du couvre-joint dans la cannelure longitudinale. Une cannelure horizontale C de $0^m,03$ de large, ménagée à la partie supérieure de la tête de la tuile, permet à l'eau de s'écouler dans la cannelure du joint vertical qui suit la pente du toit, fig. 2.

Le rebord horizontal et inférieur de la tuile est rainé en larmier, comme

---

(1) Ce qui suit est extrait de la *Revue de l'architecture et des travaux publics*, d'une série d'articles très-détaillés de M. Détain, à l'obligeance duquel nous devons tous les documents pratiques.

l'indique la coupe sur l'axe. Une saillie ou baguette éloignée de ce rebord de 0^m,07, tombe par assemblage dans une cannelure correspondante du rebord de tête et empêche l'infiltration des eaux. Nous avons donné un seul exemple des tuiles Gilardoni, mais on en fabrique d'autres qui sont du même inventeur et plus anciennes, notamment : M. E. Müller, à Paris, et M. F. Fox, à Saint-Genis-Laval ; ce dernier a même modifié la tuile précédente. Ces tuiles sont employées à Paris, Lyon, Marseille et dans l'est de la France.

Tuile de MM. Mar et Leprévost, fig. 3 et 4, pl. XL *bis*. Elle présente deux larges cannelures C, C demi-circulaires séparées par une nervure verticale N formant baguette. Lorsque les tuiles sont en place, les cannelures C, C, fig. 3, forment des surfaces en rigoles destinées à l'écoulement des eaux. A la gauche de la tuile se trouve un rebord R et à sa droite un couvre-joint J vertical formant une baguette plus grosse que la saillie médiane. En bas et en haut de la tuile sont des rebords qui s'assemblent en joint horizontal ; aux revers, deux crochets et deux nervures.

Les mêmes fabricants ont modifié leur tuile : joint horizontal par simple recouvrement ; crochets supprimés ; la tuile est retenue par un clou qui passe dans un trou préparé. D'autres fabricants font des tuiles analogues.

Tuiles pannes ou tuiles flamandes, répandues surtout dans le nord de la France. Nous donnons deux exemples de ces tuiles, fig. 5 et 6, tuile Gérard ; fig. 7 et 8, tuile Mosselman et Comp., remarquables par leur simplicité de forme.

TUILES RECTANGULAIRES A JOINT VERTICAL DISCONTINU. Fig. 9 et 10, pl. XL *bis*. *Tuile Gilardoni*. Cette tuile est la première qui ait été fabriquée à Altkirch ; actuellement elle est tombée dans le domaine public. Elle se fabrique telle qu'elle a été inventée par :

Ses inventeurs à Altkirch ;
MM. Jolibois à Déviller (Vosges) ;
Victor, Petit et Comp., à Rambervillers (Vosges) ;
Vaultrin, à Saulny-les-Metz (Moselle) ;
Le comte de Pourtalès, à Saint-Cyr-sous-Dourdan (Seine-et-Oise) ;
Mad. veuve Champion, à Jouars-Pont-Chartain (Seine-et-Oise).

Ainsi que la fig. 9 l'indique, la tuile présente au milieu de son dessus un losange en saillie ou nervure; à sa partie inférieure, un triangle saillant ayant pour effet d'éloigner les eaux du point de jonction du joint vertical avec le joint horizontal.

Cette tuile peut être considérée comme un type que l'on a beaucoup modifié. On peut voir, fig. 15, la tuile *Guével* qui est une de ces modifications. Le triangle de base est moins accentué que dans la tuile fig. 9; de plus la disposition du couvre-joint de la tuile fig. 15 est inverse de celle fig. 9. La tuile Guével est la seule qui porte son couvre-joint C à gauche; ce qui est favorable pour la pose, parce que le couvreur commence ordinairement le travail à sa gauche. Il y a d'autres tuiles qui sont peu différentes de la précédente.

TUILES LOSANGIQUES RÉGULIÈRES. *Tuile Courtois*, à Paris, fig. 11 et 12, pl. XL *bis*. Elle est de forme carrée, de $0^m,27$ de côté et en surface découverte laissant des carrés de $0^m,23$ sur $0^m,23$, d'où il résulte une surface découverte très-grande; aussi elle est très-avantageuse, et donne un faible poids par mètre superficiel de couverture; mais à côté de cet avantage, l'écoulement des eaux qui se fait suivant la direction oblique des joints, ne s'y fait pas aussi bien que dans la direction de la plus grande pente du toit; de plus, l'abondance des eaux est plus grande aux points mêmes de jonction J, fig. 11; ce qui est une condition fâcheuse. En général, les tuiles losangiques sont inférieures aux tuiles rectangulaires; elles exigent une plus forte pente. Comme dispositif de dessin, la tuile Courtois paraît écrasée, parce que la diagonale de cette tuile, dirigée suivant la pente du toit, est plus petite en perspective que l'autre diagonale, qui reste horizontale.

MM. *Ducroux* père et fils ont modifié la tuile Courtois en l'allongeant dans le sens de la pente du toit; voir la fig. 16, qui représente cette tuile portant nervure au milieu, qui augmente sa solidité, mais aussi son poids. La fig. 17 est une tuile d'ornementation plus petite (des mêmes fabricants) et destinée à de petits pavillons.

La fig. 18 est un autre spécimen de tuiles d'ornementation losangiques régulières de MM. *Mar et Leprévost* (à Bourbonne-les-Bains).

Tuiles losangiques irrégulières. Nous donnons fig. 13 et 14, pl. XL *bis*, la tuile de *Josson* (grand modèle), puis fig. 19 et 20, les tuiles de MM. Ch. Demimuid et Comp., à Paris, dont la dernière est à double face, c'est-à-dire qu'elle peut être posée indifféremment dans les deux sens. Il existe quelques autres modèles de tuiles losangiques et l'on sent qu'on peut les modifier suivant les effets qu'on veut produire à l'extérieur. Toutes ces tuiles, à dessins variés, sont surtout décoratives, mais elles sont inférieures aux tuiles rectangulaires.

Nous donnons ci-après un tableau contenant les dimensions et les poids des tuiles principales qui se fabriquent en France.

TABLEAU DES TUILES PRINCIPALES (employées en France).

DÉSIGNATION ET PROVENANCE DES TUILES	DIMENSIONS DE CHAQUE TUILE						COULEUR	PRIX du millier à l'usine.	POIDS du mètre carré compris le lattis.		NOMBRE de tuiles par mètre carré de toiture.	PENTE des toits (minimum).
	en surface totale		en surface découverte						Tuiles sèches.	Tuiles mouillées.		
	hauteur.	largeur.	hauteur.	largeur.								
Tuiles rectangulaires à joint vertical discontinu.												
Plate Bourgogne grand moule	0m,30	0,25	0,11	0,25			Rouge pâle moucheté de taches noires.	95 fr. à Paris	88k	96	Tuiles. 36,40	3/4
Id. petit moule	0,24	0,195	0,08	0,24				60 id.	86	92	64,10	1/1
Creuse Bourgogne grand moule	0,37	0,19	0,25	0,105				160 id.	90	98	34	1/2
Id. petit moule		0,16	0,28						100	110	38	1/2
Gilardoni à Altkirch	0,42	0,23	0,33	0,20			Rouge.	125	39	45	15,15	2/5
Mar et Leprévost (Bourbonne-les-Bains)	0,40	0,27	0,35	0,24			Id.	150	42	45	11,90	9/20
Gérard (à Montbrocłain, Aisne)	0,34	0,26	0,29	0,19			Id.	60	54	58	23,80	3/4
Mosselman et Cie (Saint-Lô, Manche)	0,33	0,22	0,25	0,18			Id.	90	34	38	22,92	3/4
Tuiles rectangulaires régulières.												
Gilardoni { à Altkirch, à Devillers	0,38	0,23	0,33	0,20			Id.	125	39	45	15,15	1/2
Guével (aux Corvées, écart de Lay Saint-Christophe)	0,40	0,23	0,33	0,19			Id.	120	50	54	15,95	1/2
Courtois à Paris	0,36	0,36	0,30	0,30			Jaune (coul. naturelle) Rouge (artificielle)	200 à Paris.	44	46	18,52	3/4
Ducroux, grand modèle (St-Symphorien)	0,38	0,32	0,32	0,30			Jaune pâle.	100	39	45	17,36	7/10
Id. petit modèle (Saône-et-Loire)	0,33	0,21	0,24	0,17			Id.	80	40	46	39,68	1/1
Mar et Leprévost (Bourbonne-les-Bains)	0,38	0,18	0,25	0,18			Rouge.	50	48	53	37,04	3/4
Tuiles losangiques, irrégulières.												
Josson, grand modèle (Anvers, Belgique)	0,40	0,28	0,32	0,28			Rouge vif. Gris (artificiel)	125 à Paris.	51	56	29,32	2/5
Id. petit modèle Id.	0,28	0,19	0,22	0,19			Id.	120 id.	38	42	47,87	3/4
Demuniud, ogivale (Commercy, Meuse)	0,34	0,17	0,28	0,17			Rouge	40	47	54	42,00	3/5
Id. double-face Id.	0,40	0,21	0,33	0,21			Id.	50	35	57	28,00	3/5

§ 2. *Couvertures en carton.*

On a fabriqué en différents temps, et l'on fabrique encore, notamment en Suède et en Russie, du carton auquel on donne les noms de *carton-pierre* et d'*ardoise artificielle*, pour être employé à la construction des couvertures, soit en grandes pièces, soit sous forme d'ardoises. Les feuilles de ce carton, passées au laminoir, sont composées de craie ou de substances bolaires liées par une pâte de papier collée; on les enduit d'un mucilage huileux qui les pénètre et les rend imperméables à l'eau; on les pose avec des clous en cuivre, on mastique les joints avec du mastic de vitrier, et enfin on peint la couverture à l'huile.

Lorsque ce carton est bien façonné, il est mince, uni, dur, imperméable et incombustible, et surtout très-peu pesant; il n'exige que des charpentes légères. Malgré ces avantages, il n'a pas pu obtenir la préférence sur nos couvertures en tuiles et en ardoises naturelles.

§ 3. *Couvertures en mastic bitumineux.*

Le mastic bitumineux, pour couvertures en terrasses sur charpentes, s'emploie sur une épaisseur de 13 à 18 millim., en carreaux de $0^m,33$ à $0^m,50$ de côté, ou en feuilles de $0^m,65$ à 1 mètre de large sur une longueur de $2^m,60$ à $2^m,92$ (1). Ce mastic est un mélange fait à chaud de goudron, de poix ou de bitume, et d'une matière calcaire réduite en poudre extrêmement fine. On préfère les matières calcaires aux matières siliceuses et aux argiles cuites, parce qu'elles font mieux corps avec le bitume. Les carreaux sont moulés dans des châssis, les feuilles sont coulées dans des formes en sable fin sur une table, ou coulées sur de la toile et même sur du papier.

On ne donne à ces sortes de couvertures que la pente nécessaire à l'écoulement de l'eau; elles sont établies sur des planchers formés de planches jointes à rainures et languettes, ou sur des lattes avec un hourdis en plâtre et un enduit uni.

On coule dans les joints des carreaux et dans ceux des feuilles, le même mastic fondu pour les souder. En général, ces couvertures sont d'une exécution difficile; elles réussissent mal lorsqu'elles sont exposées à des variations de température trop grandes : exposées en été à l'ardeur

(1) Une plaque de mastic bitumineux d'un mètre carré, sur un millimètre d'épaisseur, pèse $2^k,057$.

du soleil, elles causent dans le bois une excessive chaleur et le détériorent; de plus, le bitume s'évapore à la longue, il ne reste plus qu'une matière terreuse. Dans les lieux humides, il arrive quelquefois que la poussière calcaire abandonne le bitume pour absorber l'eau, le mastic est alors décomposé et ne sert plus à rien.

III.

COUVERTURES EN PIERRES NATURELLES.

§ 1. *Couvertures en ardoises* (1).

Les ardoises proviennent de la division d'une pierre feuilletée du genre *schiste*, qu'on trouve en très-grande masse dans diverses contrées. Le schiste ardoise de bonne qualité se laisse fendre en grands feuillets minces et droits, lorsqu'il est fraîchement extrait de la carrière. Les ardoises doivent être assez compactes pour ne point absorber beaucoup d'humidité. On juge qu'elles sont bonnes, lorsque étant restées longtemps plongées dans l'eau, elles n'en absorbent que $\frac{1}{50}$ de leur poids. Elles sont d'une qualité supérieure quand elles n'en absorbent que $\frac{1}{70}$. On emploie cependant des ardoises qui retiennent de l'eau jusqu'à $\frac{1}{10}$ de leur poids; mais elles sont d'un mauvais usage; elles ont peu de consistance lorsqu'elles sont mouillées et les gelées qui succèdent aux temps pluvieux les délitent.

Les pyrites qui se rencontrent dans les ardoises, en se décomposant à l'air, hâtent leur destruction et les rendent difficiles à couper.

Il y a des carrières d'ardoises dans presque tous les pays. Les principales ardoisières exploitées en France sont celles d'Angers (Maine-et-Loire), de la Ferrière et de Saint-Lô (Manche), de Rimogne, Rocroy, Sainte-Barbe, Société du moulin Sainte-Anne et Fumay, dans les Ardennes; celles de Bretagne à Chattemoue, à Renazé et à Port-Launoy; celles de Saint-Julien-en-Marienne (Savoie); au pied des Pyrénées et dans une chaîne des Cévennes.

Les ardoises d'Angers sont gris foncé tirant sur le bleu; celles des Ardennes, vertes, et celles de Fumay, violettes.

---

(1) L'ardoise paraît devoir son nom au lieu d'où on l'a tirée pour la première fois; les uns veulent que ce soit de l'*Artois* ou des *Ardennes* (*Arduennæ*), d'autres du pays d'Ardè (*Ardesia*) en Irlande. Au x⁵ siècle les Gaulois commençaient déjà à se servir d'ardoises.

La dureté de l'ardoise augmente avec sa compacité et sa sonorité; mais les ardoises très-denses sont cassantes.

Les expériences de Blavier constatent que la résistance de l'ardoise à la rupture augmente plus rapidement que l'épaisseur de l'ardoise.

Ainsi, les épaisseurs étant 1, 2, 3, 4, 5, 6 et 7 millimètres, les résistances sont : 8, 35, 50, 90, 120, 150, 170.

On a observé depuis longtemps que les ardoises se brisent souvent sans cause connue; on peut attribuer cet effet à une dilatation inégale, due, sans doute, à la structure particulière de l'ardoise, qui n'est pas homogène.

Le vent brise souvent les ardoises d'une couverture en les soulevant et détermine leur rupture suivant la ligne des deux clous qui la fixent sur le lattis; l'action du vent augmente avec les dimensions des ardoises.

Le mode d'attache des ardoises a une grande importance. On fait usage de clous en fer, en zinc, en cuivre, en fer galvanisé, et en fer cuivré.

Le fer s'oxyde rapidement; le cuivre est cher; le zinc est peu employé, parce qu'il pénètre difficilement dans le lattis. Le clou zingué et le fer cuivré ne sont pas tout à fait inoxydables. On distingue trois sortes de clous en fer : le *clou forgé*, qui est le plus cher et de meilleur emploi; le *clou mécanique*, moins bon et meilleur marché; enfin la *pointe* qui est plus économique que les deux autres, mais de qualité médiocre.

L'ardoise présente plus ou moins de facilité à être taillée, suivant sa provenance. Ainsi, l'ardoise d'Angers est plus facile à tailler que celle des Ardennes, qui est cassante et très-dure.

Les ardoises s'emploient le plus ordinairement avec une forte pente, parce qu'elles se désagrègent rapidement par l'humidité; conséquemment, si l'on veut compter sur une longue durée, il est indispensable qu'elle sèche vite.

On fait descendre rarement la pente des toits au-dessous de 35° à 45°; cependant il existe des exemples d'inclinaison plus faible : $0^m,25$ par mètre. Avec les grandes ardoises on peut diminuer la pente, parce que les joints étant moins nombreux, les chances d'infiltration diminuent.

Les ardoisières fournissent les ardoises destinées à la couverture sous des formes et avec des dimensions déterminées. On peut les diviser en deux grandes catégories : les *ardoises ordinaires* et les ardoises *modèle anglais*. Ces dernières sont pour la plupart plus grandes que les ardoises ordinaires, leur épaisseur surtout est plus grande.

Nous donnons ci-après le tableau des ardoises d'Angers les plus employées à Paris :

TABLEAU DES ARDOISES D'ANGERS (1).

DÉNOMINATION des ARDOISES.	DIMENSIONS en millimètres.			POIDS de 1040 ardoises.	PUREAUX en millimètres.	NOMBRE d'ardoises par m. carré de couverture.	PRIX des 1040 ardoises aux ports de chargement.	PRIX du mille en magasin à Paris.
	Hauteur.	Largeur.	Épaisseur.					
Ardoises ordinaires.								
1re carrée grand modèle.	324	222	2,1 à 3	490k	110	42	35f	52f
1re id. demi-forte...	297	216	2,1 à 3	420	100	47	32	48
1re id. forte......	216	216	2,5 à 4	560	100	47	32,50	51
2e id. forte	id.	195	2,1 à 3,5	410	100	52	27	»
Grande moyenne forte.	id.	180	2,1 à 3,5	400	100	55	25	»
Petite moyenne id.	id.	162	2,1 à 3,5	360	100	62	23	»
3e carrée { dte flamande.	270	162	2,1 à 3,5	340	90	69	17	»
3e carrée { ordinaire...	243	180	2,1 à 3,5	310	80	72	16	»
4e carrée ou cartelette.	216	162	2,1 à 3,5	260	70	88	13	28
Ardoises non échantillonnées. { Poil taché...	297	168	2,1 à 4	450	100 moy.	60 moy.	21,50	»
{ Poil roux n°1.	270	141	2 à 4	310	90	78	12	»
{ Poil id. n°2.	216	108	2 à 4	220	80	115	7	»
{ Héridelle...	380	108	2 à 4	430	variable.	»	11	»
Ardoises taillées à la mécanique. { Gde écaille...	296	198	2,5 à 4	520	100	50	38	54
{ Pte écaille...	230	132	2,5 à 4	240	80	94	18	33
{ découpée...	300	170	2,5 à 4	300	100	60	40	55
Modèles anglais N° 1....	640	360	4,5 à 6	3100	280	9,92	205	300
2....	608	360	4,5 à 6	2900	265	10,48	188	280
3....	608	304	4,5 à 6	2450	265	12,4	158	230
4....	558	279	4,5 à 6	2020	240	14,92	122	180
5....	508	254	3,5 à 5	1510	215	18,31	95	150
6....	458	254	3,5 à 5	1330	190	20,70	81	130
7....	406	203	3,5 à 5	920	165	29,85	70	100
8....	355	203	3,5 à 5	710	140	35,21	60	80
9....	355	177	3,5 à 5	630	140	40,32	49	70
10....	305	165	3,5 à 5	470	115	52,63	37	52,50

Les grandes dimensions des ardoises, *modèle anglais*, sont mises à profit dans quelques systèmes spéciaux de couverture, comme il sera indiqué ci-après.

Les diverses ardoisières font des modèles correspondant à ceux d'Angers, mais dont les dimensions sont différentes. Les unes donnent 1040 et d'autres 1050 ardoises pour le *mille*. A Paris, les ardoises sont vendues au mille.

(1) Ce tableau est emprunté à la *Revue générale de l'architecture et des travaux publics*, vol. 1862, qui donne des tableaux analogues pour toutes les ardoisières de France.

COUVERTURES.

Emploi des ardoises. Elles sont attachées chacune par deux clous sur chaque latte. Les lattes pareilles à celles employées pour les couvertures en tuiles sont espacées de milieu en milieu du tiers de la hauteur des ardoises; elles sont clouées en liaison sur quatre chevrons. Pour consolider le lattis, on cloue, au-dessous des lattes et entre les chevrons, des contre-lattes. Pour se dispenser de contre-lattes, on se sert souvent de lattes de sciage dites voliges, qui ont $0^m,013$ d'épaisseur, et $0^m,16$ à $0^m,19$ de largeur. Dans les pays où le bois est commun, on préfère les lattis ou planchers pleins en feuillets de chêne de $0^m,013$ ou en planches de sapin de $0^m,027$ d'épaisseur. Les planches et les feuillets sont toujours posés suivant les horizontales du toit. On ne les met jamais suivant sa pente, parce que l'usage étant d'attacher les ardoises par deux clous à chacune, placés sur une ligne parallèle au bord supérieur, les variations hygrométriques du bois les feraient fendre.

L'arrangement des ardoises est le même que celui des tuiles et des bardeaux.

La fig. 4 contient les détails de la construction d'un toit en ardoises. Sur la droite, est un profil de la pente du toit par un plan vertical. A gauche, est une projection sur un plan parallèle au toit. *a*, Pannes; *b*, *chevrons* espacés de quatre à la latte; *c*. *lattes; d*, *contre-lattes*. Les couvreurs se servent d'un outil crochu nommé *contre-lattoir*, pour tenir la *contre-latte* en dessous des lattes, et soutenir le coup du marteau. *e*, plancher en Planches jointives; *f*, ardoise. Le couvreur perce les trous de l'ardoise avant de l'attacher; il frappe à la place où chacun doit être placé avec la pointe de son marteau, l'ardoise étant soutenue sur une petite enclume en forme de T, terminée au bas par une pointe piquée dans un chevron à portée des mains.

La fig. 5 est une ardoise vue à plat.

Les fig. 7 et 8 montrent des formes qu'on donne quelquefois au bout inférieur des ardoises, dans la vue d'alléger la couverture, et souvent pour former des dessins et même des chiffres et des lettres qui servent de décoration.

Quoique les ardoises soient coupées aux ardoisières suivant les différentes dimensions d'usage, avant de les monter sur les toits pour les employer, les couvreurs les retaillent pour dresser leurs côtés et les mettre d'échantillons réguliers et uniformes. Ils les coupent par la percussion de la partie tranchante du manche de leur marteau, le bord à couper étant appuyé sur l'enclume en forme de T.

L'ouvrier couvreur trie dans la masse des ardoises des *fortes* et des *fines;* les premières sont réservées pour la partie inférieure du toit, et les secondes pour la partie supérieure.

De même que pour les tuiles, les ardoises *coffines* et *pendantes* sont utilisées pour couvrir les parties irrégulières du toit.

On a soin de laisser les épanfrures (ou limites frangées de l'ardoise) en dehors, surtout celle de base qui reçoit l'eau, parce que ces irrégularités pomperaient l'eau dans les parties recouvertes d'ardoises.

Lorsque les ardoises sont placées sur voligeage, en général ce voligeage est uniforme : voliges de peuplier de $2^m,10$ de long sur $0^m,11$ à $0^m,13$ de large avec $0^m,015$ d'épaisseur, espacées entre elles de $0^m,04$ et fixées sur le chevron par deux clous. Chaque ardoise est de même fixée par deux clous sur le voligeage, en commençant par l'égout jusqu'au faîtage, en suivant des lignes horizontales ; à cet effet, on bat à chaque rangée, avec un cordeau blanchi, un trait qui limite la partie découverte de l'ardoise.

Nous indiquons, pl. XL *ter*, fig. 1, 2, 3, 4 et 5, les dispositions des ardoises de divers modèles. Une bonne disposition de toiture en ardoise à signaler est celle des Ardennes, où l'on donne un peu de creux à la toiture depuis le faîtage jusqu'à l'égout, ce qui permet de faire bien *pincer* chaque rangée horizontale d'ardoise sur la rangée inférieure.

On obtient ce creux, qui est environ d'un centimètre de flèche par mètre de ligne de plus grande pente du toit, en tendant un cordeau depuis la sablière jusqu'au faîtage ; on le laisse former une flèche suffisante qui sert à régler les pannes et aussi les chevrons.

Pose des ardoises, modèle anglais. Pl. XL *ter*, fig. 6 et 7.

Les voliges de sapin sont chanfreinées à sifflet ; elles ont $0^m,08$ de largeur et des épaisseurs de $0^m,02$ pour les numéros 1, 2 et 3 ; $0^m,015$ pour les numéros 4 et 6 ; $0^m,02$ à $0^m,01$ pour les derniers numéros.

Elles sont fixées chacune avec deux pointes sur le voligeage. L'ardoise ne touche la volige que par sa ligne d'arête supérieure, ce qui favorise l'aérage.

§ 1. *Raccords des ardoises avec les arêtiers.*

Pour former les raccords, on taille les ardoises en suivant des directions qui se rapprochent par degrés de celle de l'arêtier, afin que l'œil ne soit pas choqué par une transition brusque d'inclinaison et aussi de manière que les joints ne permettent pas les infiltrations.

Nous donnons dans les fig. 8, 9, 10 et 11 quelques exemples de raccords sous diverses inclinaisons. Les lignes ponctuées indiquent le contour des ardoises.

Ardoises formant des toitures ornées. On peut obtenir diverses figures agréables à l'œil, en taillant et disposant les ardoises de diverses manières et même obtenir des changements de couleur dans les dessins que l'ardoise elle-même peut faire sur la toiture, en mélangeant des ardoises bleues d'Angers avec des ardoises vertes des Ardennes ou l'ardoise violette de Fumay.

On se guide, pour obtenir ces dessins, de lignes tracées au cordeau sur le voligeage. On peut obtenir des hexagones formant eux-mêmes par leurs dispositions de grandes figures carrées ou losangiques très-variées, fig. 26.

Système Hugla (de Bordeaux). Ce système, qui date de 1861, a pris une certaine extension. L'ardoise n'est plus clouée, elle est fixée à l'aide d'un crochet en métal inoxydable, formé d'une branche dirigée suivant la pente du toit, et percée d'un trou en tête pour la fixer sur le comble et repliée à sa partie inférieure comme une agrafe retenant l'ardoise; de plus, une petite traverse faisant corps avec la branche passe sous l'ardoise et la rend solidaire en empêchant tout mouvement latéral.

La tête de l'ardoise s'arrête à quelques centimètres du point où se trouve cloué le crochet sur le voligeage, et il existe un intervalle qui permet le remplacement facile de l'ardoise; à cet effet, après avoir fait tomber l'ardoise cassée, on engage la nouvelle ardoise entre les crochets latéraux jusqu'à ce que le bord inférieur de l'ardoise touche l'agrafe inférieure, l'ardoise redescend ensuite dans cette agrafe. Comme les fig. 12 et 13 le montrent, les ardoises ne se joignent pas, ce qui permet à l'air de les sécher rapidement.

Le même système peut être appliqué à un lattis tout en métal. La disposition est celle des fig. 14 et 15, pl. XL *ter.* On peut supprimer le lattis, fig. 16 et 17.

Ce système offre de grands avantages lorsqu'il est combiné avec les grandes ardoises, modèle anglais, parce qu'il permet de supprimer le lattis, d'éloigner les chevrons en remplaçant la grande dimension des ardoises en travers et d'augmenter la surface découverte des ardoises. La partie recourbée du crochet inférieur s'élargit, afin d'augmenter la surface de pression. Voir les fig. 18 et 19, qui représentent cette disposition très-économique pour les hangars, les usines où la ventilation est nécessaire.

On peut faire servir les extrémités des agrafes à la décoration de la couverture, en les agrandissant et leur donnant la forme d'étoile, de losange, etc. (voir les fig. 20, 21, 22, 23, 24 et 25).

Somme toute, ce système est bon et présente de grands avantages : grande solidité, aérage facile, diminution des charpentes, utilisation d'une grande surface d'ardoise. Il permet aussi l'usage des ardoises denses et cassantes des Ardennes et celles des ardoisières de l'Ouest, puisque leur dureté, qui est un obstacle pour le percement des trous, devient, au contraire, une condition de grande durée; mais le système Ugla exige de grands soins dans la distribution des agrafes.

Faîtage des toitures en ardoise. Le faîte d'un toit en ardoise est couvert par des tuiles creuses maçonnées comme celui d'un toit en tuiles plates, ou avec des feuilles métalliques attachées au faîtage en bois. Quand on veut économiser le métal et la tuile, on forme le faîte en *lignolet*, c'est-à-dire qu'on fait dépasser d'environ $0^m,027$ les ardoises du pan le plus exposé au vent, au-dessus des ardoises de l'autre pan. Les arêtes saillantes ou *arêtiers* sont couvertes le plus souvent par des tuiles creuses maçonnées comme celles du faîte, ou par une feuille métallique pliée suivant l'angle dièdre de l'arêtier. Cette précaution est utile lorsque les pans de toits ont peu de pente; mais on se contente souvent d'un joint très-serré sur l'arête formée par le rapprochement des ardoises des deux pans coupés en biais, ce qui forme de chaque côté le tranchis, et quelquefois on place sous le pureau de l'ardoise une petite bavette en plomb pliée sur l'arêtier, dite *oreille de chat*, pour empêcher l'eau de pénétrer par le joint. Quant aux arêtes creuses, elles sont toujours garnies d'une feuille de métal suffisamment large pour former la noue et contenir l'eau versée par les pureaux des ardoises coupées aussi en biais et formant les tranchis des deux côtés, à quelque distance du fond de l'arête creuse.

Si l'on excepte les couvertures métalliques, celles en ardoises sont les plus belles; elles ont l'avantage d'être légères, et par conséquent de ne point exiger de fortes charpentes pour les soutenir.

Dans les incendies, elles ont l'inconvénient d'éclater, parce qu'elles ne résistent point à l'atteinte d'une violente chaleur. Dans quelques villes d'Allemagne bâties en bois, l'usage en a été défendu, parce que leurs éclats incandescents propageaient au loin les ravages du feu, sur des toits en chaume.

§ 2. *Couvertures en pierres plates.*

Les couvertures en tuiles de marbre et de pierre, comme les anciens les employaient, ne sont point en usage sur les toits en charpente. Dans plusieurs contrées (1), on extrait des carrières des pierres plates qui acquièrent de la dureté en séchant. On leur donne improprement le nom de *lave;* dans quelques départements, on les nomme *lausses*. On s'en sert pour couvrir les maisons. On ne peut les employer que sur des toits très-peu inclinés, où elles sont retenues par leur poids. On les taille en carreaux égaux de $0^m,43$ à $0^m 49$ de côté ; on les réduit à une épaisseur uniforme qui ne peut être moindre que $0^m,011$, et qui peut atteindre $0^m,027$, suivant leur qualité. On les pose sur un lattis de fortes lattes de chêne attachées sur les chevrons avec des clous ou avec des chevilles; leur écartement est égal à la longueur des carreaux, sauf la quantité dont les rangs se recouvrent, qui est de $0^m,054$ à $0^m,08$, de façon que chaque carreau porte par le haut sur une latte, et par le bas sur le carreau du rang inférieur, à peu près comme on arrange les tuiles. On peut aussi poser les carreaux ou laves diagonalement, comme les tuiles de la fig. 37, sur des lattes dont l'écartement est égal à la moitié de leur diagonale, moins un large recouvrement. Lorsque les pierres sont bien calées, elles font une couverture très-solide. Il en existe qui, quoique faites depuis cent ans, sont en très-bon état.

Pour les couvertures rustiques, on les emploie sans les tailler, en ayant seulement le soin de placer dans les mêmes rangs celles d'une même épaisseur.

§ 3. *Couvertures en terrasses.*

On fait des couvertures en terrasses sur charpentes, dites à l'italienne, avec des pierres plates dures. On établit d'abord une aire épaisse en maçonnerie de bon ciment sur un hourdis plein entre les solives d'un plancher; on pose les dalles ou pierres plates sur une chape en ciment gras, leurs joints sont mastiqués avec le même ciment; on ne donne à la surface de cette couverture que la pente nécessaire pour l'écoulement de l'eau. Pour que ce genre de couverture réussisse, il faut y mettre le même soin qu'en Italie. On en avait fait des essais à Paris qui n'ont point eu de succès, parce que l'humidité ayant traversé la pierre, elle a fait jouer les bois et le plâtre dont on avait composé l'aire, les joints se sont ouverts et ont livré passage aux filtrations.

On fait aussi des couvertures en terrasses d'une seule pièce sur charpente, sans y employer de pierres, au moyen d'une chape en ciment gras

(1) En Bourgogne, en Champagne, en Franche-Comté, dans le Béarn et en Savoie.

bien damé, ou d'un mortier de chaux et de ciment également bien damé, étendu sur l'hourdis des bois, et enduit, lorsqu'il est parfaitement sec, d'une composition hydrofuge.

Le moyen de faire réussir ces couvertures, c'est de rendre inflexibles les charpentes sur lesquelles on les établit, tant par la force et le rapprochement des bois, que par des hourdis pleins et très-serrés entre les poutres et solives. Les couvertures en terrasses ont l'inconvénient d'être très-pesantes; elles ne conviennent point dans les pays où il pleut beaucoup et où il gèle.

IV.

COUVERTURES EN MATIÈRES MÉTALLIQUES.

Les couvertures métalliques sont de deux espèces; elles sont composées de petites pièces arrangées comme les tuiles, ou de grandes feuilles assemblées par divers moyens. On y emploie le plomb, le cuivre (1), le zinc, la tôle de fer, le fer coulé et même le fer-blanc.

§ 1. *Couvertures en tuiles de fer coulé.*

On s'est servi pour la première fois de tuiles en fer coulé, au palais Bourbon à Paris, à la vérité sur un comble voûté en briques; mais on les a depuis employées sur des combles en charpentes. Les couvertures en fer coulé pèsent beaucoup moins que celles en tuiles plates de terre cuite, vu l'arrangement qu'on leur donne. Elles portent au besoin chacune deux tenons pour les accrocher aux lattes, ou des clous pour les clouer. Elles se couvrent d'un rang à l'autre du cinquième de leur hauteur, et dans leurs joints montants elles se croisent au moyen d'un rebord, comme la coupe fig. 26 les représente. On en fabrique aux forges de la Grâce de Dieu, près Besançon, et aux forges du Creusot.

On a couvert avec ces tuiles les deux pavillons de la grille de l'Observatoire, à Paris.

Malgré la durée des tuiles en fer coulé et leur légèreté, qui permet de réduire les équarrissages des principales pièces de charpente d'un toit, leur usage ne paraît pas se propager, vu que les couvertures en tuiles plates de terre cuite coûtent quatre à cinq fois moins cher.

(1) La couverture antique du Panthéon, à Rome, était en bronze; il en reste encore quelques débris autour de l'ouverture supérieure.

On fait aussi des tuiles en tôle de fer, en cuivre laminé et même en plomb, qui s'accrochent à des lattes par un rebord plié, ou que l'on cloue comme les ardoises; mais l'obligation de les poser en recouvrement comme les tuiles triple leur poids, comparativement à l'emploi des mêmes métaux laminés en grandes feuilles.

§ 2. *Couvertures en métaux laminés.*

Les feuilles métalliques se posent sur toutes les inclinaisons, mais en général on donne le moins de pente possible aux combles qui doivent en être revêtus, afin de diminuer l'étendue des surfaces, parce qu'il en résulte économie de la matière métallique et des bois de charpente.

Les feuilles de métal sont appliquées sur un lattis de voliges à claires-voies, et mieux sur un plancher plein et bien uni ou sur un plafonnage en lattes et en plâtre (1).

Les toits se déchireraient, par l'effet des grandes variations de température, s'ils étaient continus et comme d'une seule pièce ou même par feuilles trop étendues (2).

On compose donc les couvertures métalliques de feuilles égales de dimensions moyennes, qui sont aussi plus maniables; on les assemble par rangs horizontaux et par rangs dans le sens de la pente du toit. Leurs joints montants sont formés en réunissant leurs bords, et en les roulant l'un sur l'autre en ourlets dirigés suivant la pente du toit, et plus ou moins serrés suivant la ductilité du métal et la nécessité de laisser plus ou moins de jeu aux variations de dilatation et de contraction. La fig. 28 est une coupe d'un de ces joints à dilatation libre, par un plan qui lui est perpendiculaire. L'épaisseur du trait du dessin représente dans cette figure l'épaisseur des feuilles de métal.

La fig. 29 est une coupe d'un autre joint à dilatation libre, couvert par une baguette creuse formée d'une bande de métal pliée cylindriquement.

(1) On fait aussi le plafonnage en plâtre sur mailles ou treillages en fil de fer. Cette méthode, qui dispense des lattes en bois, n'est encore employée que sur des charpentes en fer; elle a besoin de l'épreuve du temps.

(2) Le plomb est le métal en table qui se déchire le plus aisément; il est pesant et il n'a pas toujours la raideur nécessaire pour glisser en se dilatant sur les planchers des toits. Lorsque les tables ont une grande étendue, sa dilatation le fait alors boursoufler en plis assez aigus, et comme les variations de température renouvellent ce mouvement aux mêmes places, le métal se fatigue et se déchire. On peut boucher les fentes avec de la soudure, mais il s'en forme de nouvelles à côté de celles qu'on a bouchées.

Dans les incendies, ce métal fond rapidement, et il coule sur ceux qui travaillent à ar-

Ce couvre-joint a l'avantage qu'on peut le retirer en le faisant glisser suivant sa longueur, pour visiter les joints ou remplacer au besoin quelques feuilles.

Les joints horizontaux sont formés en croisant les feuilles les unes sur les autres de $0^m,08$ à $0^m,11$; le bord supérieur de chaque feuille est attaché sur le lattis ou plancher par des clous ou des vis noyés, recouverts par le bord de la feuille du rang au-dessus, qui est maintenu par des agrafes. Pour les feuilles de cuivre et de zinc, les agrafes sont soudées sur la feuille inférieure, et elles reçoivent le bord de la feuille qui la recouvre, ou bien elles sont soudées sous la feuille de dessus, et s'introduisent sous la feuille recouverte. Alors elles ne sont point apparentes sur la couverture. Pour les couvertures en tôle de fer et en plomb, on retient les feuilles par le bas au moyen de crochets de $0^m,027$, en fer plat, dont les queues, proportionnées pour leur longueur à la largeur du recouvrement, s'étendent en dessous et sont clouées sur les chevrons en dessus du lattis.

On n'emploie dans la construction des couvertures en cuivre et en zinc que des clous, des vis et des agrafes du même métal que les feuilles, afin de prévenir les dégradations qui résulteraient du galvanisme produit par le contact de métaux différents.

On étame les feuilles de cuivre en dessous pour boucher les fissures que le laminage occasionne quelquefois. Il est inutile de les étamer en dessus ni même de les peindre, parce que la rouille verte ou *patine*, qui se forme par le contact de l'air, est indissoluble par l'eau de pluie et qu'elle sert de vernis qui conserve le cuivre, pourvu qu'il ne soit pas exposé au frottement de quelque corps étranger (1). Il en est de même du zinc, sur lequel il se forme une couche de sous-oxyde grisâtre très-dure, qui le préserve de l'action de l'air et de l'eau.

Autrefois on blanchissait les couvertures en plomb, en étamant le dessus pour leur donner plus d'éclat; on a abandonné cet usage dispendieux et inutile. Dans le dernier siècle, on décorait encore les couvertures

---

rêter les progrès du feu. Le zinc coule aussi dans le même cas, mais étant en feuilles plus minces, il est moins abondant.

Le plomb est très-promptement corrodé par l'urine des chats qui fréquentent les toits, et par des eaux sales qu'on jette dans les cheneaux. Enfin, il se laisse percer souvent de nombreux trous de $0^m,004$ de diamètre par les insectes qui se logent et se nourrissent dans le bois sur lequel il est appliqué.

(1) Les feuilles de cuivre qui couvrent la coupole de la Halle au blé de Paris, sont étamées des deux côtés, parce qu'elles sont très-minces, celles qui couvrent la Bourse ne le sont point, parce qu'elles sont plus épaisses.

de reliefs en plomb que l'on dorait quelquefois. Cet usage est également abandonné.

En Prusse, en Pologne, en Russie et en Suède, on emploie fréquemment le fer laminé sur les combles; les grands bâtiments des établissements et colonies militaires en sont couverts; les Anglais s'en sont servis aussi sur des hangars. On pose le fer laminé sur une sorte de grillage en bois formé de tringles de 5 à 8 centimètres d'équarrissage, espacées de 18 à 20. Les feuilles sont retenues par des agrafes attachées aux triangles du grillage, ce qui évite de les percer avec des clous.

On préserve la tôle de fer de la rouille en plongeant les feuilles rougies au feu dans un bain d'huile de baleine, et l'on peint les couvertures d'une couche de peinture à l'huile qu'on renouvelle tous les 8 ou 10 ans. Les couvertures en tôle de fer réussissent très-bien dans toutes les contrées du Nord. On en a fait des essais à Paris; mais il est à présumer qu'elles n'auront pas le même succès dans nos climats. Notre atmosphère, trop chargée d'eau, oxyde très-promptement le fer, malgré les peintures dont on l'enduit. Le fer-blanc, dont on couvre les dômes et les clochers en Pologne et en Prusse, y conserve son éclat, tandis qu'en France il le perd très-rapidement.

Les Anglais ont inventé des couvertures en tôle cannelée, qui dispensent des chevrons, et qu'ils ont employées sur les hangars de leurs docks. Nous avons représenté, fig. 30, par une projection parallèle, un profil et une coupe suivant $L\,M$, une partie de couverture exécutée suivant ce mode. Les feuilles de métal a sont cannelées à la machine, et les cannelures sont dirigées suivant la pente du toit, ce qui empêche les feuilles de plier; ces feuilles sont unies entre elles par des clous à vis. Il suffit, pour la dilatation en long, qu'elles soient attachées au faîte et retenues librement par quelques agrafes aux pannes b; leurs cannelures laissent un libre jeu à la dilatation latérale.

On a fabriqué aussi des feuilles cannelées cintrées, qui peuvent être employées à former des combles cylindriques.

Le tableau ci-après présente les dimensions des feuilles métalliques que le commerce fournit pour la construction des couvertures, et leur poids par feuilles et pour l'unité de surface.

DÉSIGNATION DES MATIÈRES.		DIMENSIONS DES FEUILLES			SURFACE de chaque feuille.	POIDS d'une feuille.	POIDS du mètre carré
		Longueur.	Largeur.	Épaisseur en millimètres.			
				mm.	mq.	k.	k.
(1) Cuivre laminé	n° 20	1m,407	1m,137	0,68	1,60	7,79	6,11
Id.	n° 25	id.	id.	0,75	id.	12,24	7,64
(2) Zinc laminé	n° 10	2 m.	0,50 / 0,65 / 0,80	0,51	1,00 / 1,30 / 1,60	3,45 / 4,45 / 5,50	3,45
Id.	n° 11	2 m.	0,50 / 0,65 / 0,80	0,60	1,00 / 1,30 / 1,60	4,05 / 5,30 / 6,50	4,05
Id	n° 12	2 m.	0,50 / 0,65 / 0,80	0,69	1,00 / 1,30 / 1,60	4,65 / 6,10 / 7,50	4,65
Id.	n° 13	2 m.	0,50 / 0,65 / 0,80	0,78	1,00 / 1,30 / 1,60	5,30 / 6,90 / 8,50	5,30
Id.	n° 14	2 m.	0,50 / 0,65 / 0,80	0,87	1,00 / 1,30 / 1,60	5,95 / 7,70 / 9,50	5,95
Id.	n° 15	2 m.	0,50 / 0,65 / 0,80	0,96	1,00 / 1,30 / 1,60	6,55 / 8,55 / 10,50	6,55
Id.	n° 16	2 m.	0,50 / 0,65 / 0,80	1,10	1,00 / 1,30 / 1,60	7,50 / 9,75 / 12,00	7,50
Plomb en tablettes ou en feuilles	n° 1	8m,898	1m,950	3,38	7,60	304,00	40,00
	n° 2	id.	id.	4,50	id.	403,00	53,00
Tôle laminée		0m,70	0,50	1,13	0,35	3,08	8,80

On peut laminer des feuilles de zinc plus faibles ou plus fortes que celles du tableau ci-dessus en longueur, largeur et épaisseur. Les n°s 10 et 11 (zinc) sont rarement employés pour couvertures, parce que ces feuilles sont trop minces. Le n° 14 fait une bonne couverture. Les n°s 15 et 16 sont souvent employés pour chéneaux.

(1) On trouve dans le commerce des planches de cuivre qui ont 5m,85 à 6m,50 de longueur sur 1m,95 de largeur ; mais les plus en usage pour les couvertures, sont celles des dimensions indiquées ci-dessus. Les planches de cuivre sont numérotées de 5 en 5 unités; le numéro de chacune indique son poids en livres, ce qui est basé sur ce que, dans les fabriques, une variation de 5 livres de poids répond à une variation de $\frac{4}{5}$ de point d'épaisseur à partir de la feuille d'une ligne d'épaisseur, pesant 75 livres, à laquelle on a donné le n° 75.

(2) La feuille de zinc n° 16 sert d'unité. On diminue l'épaisseur d'un demi-point par chaque numéro en dessous ; on l'augmente d'un point par chaque numéro en dessus.

COUVERTURES. 459

Nous donnons ci-après un tableau dont les principaux éléments sont tirés d'un Mémoire de M. le commandant Delmas, sur les couvertures des casernes et édifices, que nous avons déjà cité (a).

MATÉRIAUX.	BOIS DE CHARP. à 100 f. le m.cub.	COUVERTURES.		DÉPENSES DE PRE- MIÈRE CONSTR.	ENTRE- TIEN ANNUEL.	DURÉE.	DÉPENSES AU BOUT DE 100 ANS.
		surface	Prix du mèt. car.				
	degrés.	m. cub.	m. car.	fr. c.	fr. c.	fr. c.	années.	fr. c.
Tuiles en terre cuite, plates à 45	0,090	1,62	5 65	18 15	0 025	150 (1)	2580 43
Id. Creuses... à sec...... 21	0,064	1,06	7 05	13 87	0 02	100	1881 99
maçonnées.. 31	0,070	1,06	7 70	15 16	0 02	100	2051 63
Id. à la romaine........... 21	0,091	1,06	»	»	0 02 (2)	100 (3)	»
Id. de fer coul. du Creuzot.. 21	0,064	1,06	31 99	40 31	0 00	150 (4)	5300 77
de la G. de D. 21	0,064	1,06	25 50	33 43	»	150	4096 00
Ardoises..... 60	0,106	2,00	5 40	21 40	0 04	25	3613 12
.... 45	0,080	1,62	5 40	16 75	0 04	25	2849 93
Parties en plomb dans les cou- vertures ci-dessus...........	»	»	»	»	0 07	100	»
Plomb de 1 ligne ½........ 21	0,064	1,06	24 00	35 11 (5)	0 00	100	4596 51
Id......... Sans grenier.....	0,080	1,00	24 00	32 00	0 00	100	3136 80
Cuivre n° 20............... 21	0,045	1,06	23 22	30 70 (6)	0 00	100	4024 10
Id............ horizontale.....	0,080	1,00	23 22	31 22	0 00	100	3041 21
Fer laminé, ¼ ligne......... 21	0,045	1,06	13 75	20 13	0 00 (7)	100	2864 23
Id............ horizontale.....	0,080	1,00	13 75	21 75	0 00 (7)	100	2163 73
Zinc n° 14................ 21	0,045	1,06	7 50	14 04	0 00	(8)	1843 84 (9)
Id............ horizontale.....	0,080	1,00	7 50	15 50	0 00	(3)	984 (10)
Mastic de bitume. horizontales...	0,080	1,00	11 50	19 50	(11)	(12)	
Id. avec carr. en terre cuite....	0,080	1,00	14 00	22 00			

(a) Appréciation donnée par le colonel Emy en 1837.
(1) Les lattes ne durent que 40 ans.
(2) A Marseille, la dépense annuelle est de 10 centimes, à cause des ouragans.
(3) La durée sur charpente doit être moindre que sur les maçonneries des bâtiments antiques.
(4) On présume que les tuiles en fer coulé ne doivent pas avoir une durée plus longue que celle des tuiles en terre cuite.
(5) Compris 1 fr. 59 c. pour le plancher, et 1 fr. 68 c. pour 1 k. 20 de fer pour crochets.
(6) Compris 1 fr. 59 c. pour le plancher.
(7) L'entretien consiste dans le renouvellement de la peinture tous les 10 ans.
(8) On n'a pas de résultat certain sur la durée des couvertures en zinc, en usage seulement depuis 20 à 25 ans.
(9) Dans l'hypothèse d'un renouvellement au bout de 50 ans, 1950 fr. 85 c.
(10) Dans l'hypothèse d'un renouvellement au bout de 50 ans, 1067 fr. 75.
(11) Entretien dispendieux, très-variable.
(12) Durée très-bornée.

Aux appréciations précédentes, déjà anciennes, nous en ajouterons de nouvelles (1) qui établissent une comparaison entre les couvertures en tuiles, en ardoises et en zinc.

Le prix du mètre carré de couverture en ardoises est à peu près égal à celui du mètre carré de couverture en tuiles; il est moitié environ du prix correspondant de la couverture en zinc bien établie.

La main-d'œuvre est moins considérable pour la couverture en tuiles que pour celle en ardoises et moins encore pour celle en zinc. Elle peut devenir la même pour les trois espèces de couvertures, s'il y a de nombreux raccords.

La durée, sans réparation d'entretien des bonnes couvertures, est plus grande pour celles en zinc que pour celles en tuiles, et pour celle-ci plus que pour celles en ardoises. Lorsque les réparations deviennent nécessaires, leur importance est plus grande pour la couverture en ardoises, puis celle en tuiles que pour celle en zinc.

La couverture en tuiles nécessite un remaniement *à bout*, c'est-à-dire complet pour remplacer le lattis, tous les quinze, vingt ou vingt-cinq ans, plus ou moins, selon la qualité de ce lattis. La couverture en ardoises ne saurait supporter sans ruine un pareil remaniement.

La couverture en tuiles dure moins longtemps que la couverture en zinc.

Une couverture en ardoises peut durer 40 ou 50 ans et même au delà.

Le zinc a pris un développement considérable dans l'application qu'on en fait aux couvertures des maisons de Paris; mais le bon emploi de cette matière exige une étude toute particulière des propriétés spéciales du zinc. Nous allons rappeler les propriétés, qualités et défauts du zinc.

Les qualités du zinc : 1° Il se couvre à l'air d'une patine conservatrice qui le rend indestructible par décomposition chimique sous l'influence des agents atmosphériques;

2° Il permet l'emploi de grandes feuilles légères, faciles à travailler, devenant économiques et souvent nécessaires pour des combles très-plats.

L'avantage le plus sérieux qu'offre le zinc pour les couvertures, c'est sa légèreté. On emploie les feuilles de zinc dont l'épaisseur varie entre $0^{mm},69$ à $1^{mm},1$ et dont le poids par mètre carré varie de $4^k,65$ à $7^k,5$. Pour les travaux provisoires, on peut prendre la plus petite épaisseur, Pour les couvertures définitives, l'épaisseur la plus employée est celle de

---

(1) Voir la *Revue d'architecture et des travaux publics*, vol. de 1865.

$0^{mm},87$ (zinc n° 14), ce qui correspond par mètre carré à un poids de $5^k,95$, et par mètre carré de surface couverte, y compris les recouvrements et les accessoires, 7 à 8 kil., tandis que les ardoises pèsent environ 25 kil. et les tuiles jusqu'à 85 kil. De plus, la pente des couvertures en zinc peut être très-faible. Il résulte de toutes ces conditions que les fermes et les murs d'une construction couverte en zinc n'ont à porter que le quart de la charge des couvertures en ardoises et le douzième de celle pour les tuiles; la couverture en zinc, malgré son prix élevé, est très-économique.

Défauts du zinc : 1° Il se ronge rapidement au contact des eaux ménagères et au contact de l'humidité par action électrique;

2° Il se dilate de 1 millimètre et demi par mètre pour une élévation de température de 50° et par suite se gauchit, se déforme sans revenir aux anciennes dimensions, parce que la dilatation est plus grande dans le sens du laminage que dans l'autre sens;

3° Il est bon conducteur du calorique et par conséquent il garantit mal les espaces couverts contre les basses ou hautes températures. Sa sonorité est aussi un grand inconvénient pour les personnes qui habitent sous les combles, parce que la grêle et la pluie le font bruire;

4° Il se salit désagréablement par l'oxydation, ce qui donne aux toitures un aspect de malpropreté;

5° Enfin, il peut devenir dangereux, parce qu'il communique aux eaux de pluie des propriétés nuisibles et empêche ainsi l'usage de ces eaux pour la boisson, ce qui est très-gênant pour les pays mal pourvus d'eau potable.

Résumé des conditions du bon emploi du zinc. Malgré ce qui précède, le zinc est une excellente matière de couverture qui rend de très-grands services, mais dont l'usage exige des précautions particulières.

Il est nécessaire que le zinc soit de première qualité, bien laminé et souple au travail.

On l'emploie par grandes feuilles, telles que les fournit le commerce, de préférence aux feuilles de petite largeur, pour éviter la déformation sous l'influence de la dilatation inégale. Il est bon de réduire la longueur des feuilles, afin de diminuer le nombre des joints horizontaux.

Ne pas se servir de zinc pour les chéneaux et les tuyaux destinés à l'écoulement des eaux ménagères et éviter tout contact entre le fer et le zinc.

Les chéneaux de peuplier ou de sapin seront préférés au chêne, et dans les endroits où l'on sera forcé d'appliquer le zinc sur le plâtre frais, on aura soin de peindre au goudron ou au minium les faces de contact ou d'interposer entre elles et l'enduit du plâtre, du papier bituminé.

Ne jamais poser le zinc sur le bois de chêne sans les isoler l'un de l'autre, à moins que ce bois ne soit parfaitement sec et à l'abri de toute humidité accidentelle, parce que l'humidité provoque dans le chêne la formation de l'acide tannique, qui attaque très-énergiquement le zinc.

Le zinc sera employé à dilatation libre; ne pas le clouer, si ce n'est dans des cas particuliers; on l'attachera avec des pattes du même métal, et partout où il est nécessaire d'obtenir un serrage bien résistant, avec des pattes en cuivre laminé; on lui ménagera, en outre, une place suffisante pour qu'il joue à l'aise de quelques millimètres par mètre en tout sens.

On pourra garantir les habitations sous le zinc des variations de température extérieure et contre le bruit de la pluie, en remplissant les faux planchers de liége, de sciure de bois, de vieux tan ou de matières légères, toutes matières mauvaises conductrices du calorique.

Ventiler les greniers et les toitures, d'abord pour ménager la charpente des combles et ensuite pour protéger le zinc contre l'humidité de condensation qui se produit abondamment sous le zinc.

Au point de vue de l'ornementation, le zinc n'offre pas beaucoup de ressources; il est surtout à sa place dans les faîtages, les membrures, les arêtiers.

C'est après de nombreux tâtonnements que l'on est arrivé à bien employer le zinc. Primitivement, on soudait les feuilles de zinc les unes aux autres de toute part pour former les couvertures, ce qui empêchait la dilatation d'être libre; on dut y renoncer parce que la dilatation déterminait des boursouflures et des déchirures.

Couverture en zinc ondulé et cannelé. Les feuilles de zinc acquièrent une très-grande rigidité lorsqu'on leur donne la forme de cannelure; on peut même supprimer les chevrons et la volige.

On place les feuilles de zinc cannelées, qui ont ordinairement une largeur de $0^m,80$ et une longueur de $2^m,25$, à la suite les unes des autres, de manière que les ondulations ou cannelures se recouvrent de $0^m,12$.

On les fixe sur la charpente par des pattes en fer étamé et soudées en dessous de la feuille de zinc, et qui s'accrochent aux cornières si la charpente est en fer; si la charpente est en bois, on soude aux feuilles de la couverture des gaînes en fer étamé dans lesquelles peuvent glisser les pattes clouées sur les pannes en bois. Le zinc estampé est employé dans les édifices publics pour auvents, clochetons, crêtes, faîtages, lucarnes, etc., en remplacement du plomb, qui est très-dispendieux, mais dont la durée est beaucoup plus grande.

Un grand nombre de tuiles en zinc ou en métal façonné ou estampé ont été inventées. Nous en indiquerons quelques-unes.

Tuile Le Bobe, fig. 27, pl. XL *ter*. Elle est à joint vertical continu, surface de $0^m,50$ sur $0^m,325$ ou $0,^{mq}1625$; sa surface découverte $= 0^m,41 \times 0^m,28 = 0^m,1148$, soit environ 1/3 pour les recouvrements. Cette tuile porte à droite un ourlet et à gauche un relief. En s'assemblant, les tuiles voisines s'agrafent et forment des rouleaux dans le sens de l'écoulement de l'eau; elles s'agrafent aussi en formant des joints horizontaux. Une patte engagée dans l'agrafe de tête, et quelquefois une autre accrochant le relief de gauche, sont clouées sur le voligeage et déterminent ainsi la fixité de chaque tuile sur la couverture.

Cette tuile a été employée à la couverture du Musée d'artillerie à Paris.

Tuile Chibon, fig. 28 pl. XL *ter*. Elle est inférieure à la tuile Le Bobe; son emploi a été limité à des hangars. Sa face est relevée de nervures estampées, inclinées de droite et de gauche vers le milieu, à l'effet d'éloigner des joints verticaux l'écoulement des pluies.

Tuile Rabatel, fig. 29, pl. XL *ter*. Elle est en *tôle zinguée;* sa forme est losangique. Cette tuile a été employée pour couvrir la caserne Napoléon.

En général, les tuiles en zinc n'ont pas eu beaucoup de succès, parce que le grand nombre de joints détermine presque toujours des fuites. L'emploi du zinc en grande dimension est beaucoup plus rationnel.

Couverture en plomb. Le plomb exposé à l'air se recouvre, comme le zinc, d'une *patine* ou pellicule qui le préserve, mais moins bien que pour le zinc.

Le plomb est quatre fois moins résistant que le zinc à épaisseur égale.

Le laminage augmente sa ductilité.

Il est altéré rapidement au contact du plâtre humide et est attaqué vivement par l'acide pyroligneux du bois de chêne vert non flotté.

Dans les caves humides, il est attaqué par le salpêtre.

Il est perforé par des insectes.

Il se dilate de plus d'un millimètre 1/3 par mètre pour une élévation de température de 50°, ce qui exige certaines précautions pour son emploi dans les couvertures.

Le plomb est deux fois plus isolant pour une même épaisseur que le zinc.

Il faut qu'une couverture de plomb ait 3 millimètres d'épaisseur pour présenter la même résistance que le zinc n° 14, d'où il résulte qu'une couverture en plomb coûte de cinq à six fois le prix de celle en zinc.

Le plomb est bien supérieur au zinc comme aspect; la teinte noirâtre qu'il acquiert par son exposition à l'air convient aux monuments.

Notre-Dame de Paris, les Invalides sont couverts en plomb. L'ancienne couverture des Invalides avait 165 ans.

Le plomb sert à faire des terrasses, des chéneaux, des faîtages, des membrons, etc. Il est par excellence la matière qui sert à faire les raccords de couverture en ardoises et en tuiles.

On l'emploie sous forme de tuiles plates pour flèches, dômes de petites dimensions. On l'emploie en grandes feuilles pour la couverture des parties courbes. On l'attache d'un seul côté avec des pattes en fer, et mieux en cuivre, afin que la dilatation ne le fasse ni se déchirer, ni se plisser. On le soude soit avec de l'étain, soit avec lui-même (soudure autogène) (1).

---

(1) Voir la *Revue d'architecture et des travaux publics* (1866) pour l'emploi très-détaillé du plomb dans les raccords de couverture.

CHAPITRE XIII.

COMBLES.

§ 1. *Pentes des toits.*

Les combles peuvent être classés en plusieurs catégories, suivant les formes et les combinaisons des surfaces de leurs couvertures. Nous ne traiterons, dans ce chapitre, que de ceux dont les toits sont composés de surfaces planes, ou de surfaces cylindriques, ayant leurs génératrices horizontales et qui n'ont pas plus de deux égouts.

Quelle que soit la génération géométrique des surfaces courbes des combles, on compare toujours ces surfaces aux toitures planes, qui sont les plus simples, pour juger l'efficacité de leurs pentes et leurs combinaisons par rapport aux façades des bâtiments. C'est donc seulement de la pente des toitures planes que nous nous occuperons.

La pente qu'on donne aux toits a pour objet de rejeter hors des espaces couverts l'eau de pluie et celle des neiges, et de les faire écouler rapidement, afin que les matériaux de la couverture puissent sécher. Blondel, dans son *Cours d'architecture;* Rondelet, dans l'*Art de bâtir;* M. Quatremère de Quincy, dans le *Dictionnaire d'architecture*, de l'Encyclopédie, et M. le commandant Delmas, dans le Mémoire cité, ont recherché les causes différentes des pentes qu'on donne aux toits.

Les terrasses des pays méridionaux, et les combles élevés des contrées du Nord, ont fait penser que le climat seul déterminait l'inclinaison des toits. Blondel ajoute que la grâce qu'on croyait donner aux édifices et le besoin de multiplier les logements dans les combles, avaient porté à leur donner une grande élévation. Rondelet veut que l'inclinaison des toits soit arbitraire et que le goût seul soit en droit de la fixer, toutes les fois que l'imperfection des matériaux laisse cette latitude. M. Quatremère de Quincy, adoptant la première opinion, propose de subordonner rigoureusement l'inclinaison des toits à la latitude; ainsi, il voudrait qu'à partir de l'équateur, où la pente serait nulle comme la latitude, elle s'élevât de

3 degrés par chaque climat géographique (1) pour les couvertures en tuiles creuses, en ajoutant à l'inclinaison trouvée 3 degrés de plus pour les combles couverts en tuiles romaines, 6 pour ceux couverts en ardoises, et 8 pour ceux couverts en tuiles plates. M. Delmas a traduit la règle proposée par M. Quatremère de Quincy en une formule plus simple, de laquelle il résulterait que la pente d'un toit devrait être égale à l'excès de la latitude du lieu où il serait construit sur celle des tropiques, ce qui suppose que la pente des toits serait nulle dans la zone torride, et qu'elle ne commencerait à s'élever qu'à partir des tropiques (2). Mais il fait remarquer que cette formule donnerait pour la latitude de 25 degrés des toits dont la pente ne serait que de 1 degré 32 minutes, et que sur un toit si peu incliné, les tuiles auraient leur égout en sens contraire et qu'elles rejetteraient l'eau en dedans du toit.

M. Delmas fait observer aussi que l'on trouve souvent dans le même lieu des couvertures de toutes sortes de pentes, et que les deux formules ne vérifient pas celles que l'expérience a déterminées pour la plupart des lo-

---

(1) Les géographes, d'après Varenius (1), médecin hollandais, plus connu comme savant géographe, partagent l'espace compris entre l'équateur et chaque cercle polaire en 24 zones ou climats, dont les limites sont déterminées par une différence d'une demi-heure sur la durée du jour au solstice d'été sur chacune. Ainsi, partant de l'équateur, où la latitude est zéro et la durée du plus long jour de 12 heures, ils fixent les latitudes des cercles de séparation, comme elles sont indiquées dans le tableau ci-après, vis-à-vis des chiffres romains, qui marquent l'ordre des climats finissant à ces latitudes, jusqu'au vingt-quatrième qui se termine au cercle polaire, où la durée du plus long jour est de 24 heures.

I.	8°	25′.	VII.	45°	29′.	XIII.	59°	58′.	XIX.	65°	24′.
II.	36°	25′.	VIII.	49°	1 ′.	XIV.	61°	18′.	XX.	65°	47′.
III.	23°	50′.	IX.	51°	58′.	XV.	62°	25′.	XXI.	66°	6′.
IV.	30°	30′.	X.	54°	27′.	XVI.	63°	22′.	XXII.	66°	20′.
V.	36°	28′.	XI.	56°	37′.	XVII.	64°	6′.	XXIII.	66°	28′.
VI.	41°	22′.	XII.	58°	29′.	XVIII.	64°	49.	XXIV.	66°	30′.

(2) La latitude des tropiques est de 23° 28′.

(1) *Geographia naturalis*; in-12. Amstelodami, Elzev., 1671.

calités. En effet, si dans quelques contrées situées vers le V° climat, les inclinaisons des toits peuvent paraître avoir été fixées d'après la règle de M. Quatremère de Quincy, comme à Aix, Lyon, Saintes, etc., dans un plus grand nombre d'autres pays, son application donne pour résultats des inclinaisons fort différentes de celles que l'expérience y a mises en usage. Elles sont trop faibles pour les climats moyens, et trop fortes pour les climats les plus bas, dans lesquels on fait même des toits en terrasses horizontales. Nous donnons, dans le tableau ci-dessous, quelques exemples du désaccord de cette formule avec ce qui se pratique pour les villes situées sous des climats de latitudes moyennes.

VILLES.	CLIMATS.	INCLINAISONS résultant de la règle de M. Q. DE Q. (1).	ESPÈCE de COUVERTURES.	INCLINAISONS USITÉES.
St.-Pétersbourg	XIV°	40° — 24′	Tôle de fer.	18° à 20°
Copenhague	XI°	32 — 48	Ardoises.	45 à 60
Hambourg	X°	37 — 48	Tuiles plates.	45 à 60
Bruxelles	IX°	34 — 30	Id.	60°
		32 — 36	Id.	45° à 60
Paris	IX°	30 — 36	Ardoises (2).	33 à 45
		24 — 36	Tuiles creuses.	18 à 25
Colmar	IX°	32	Tuiles plates.	60°

On peut vérifier ce désaccord pour un plus grand nombre de villes, vu que dès qu'on connaît la latitude d'un lieu, on sait dans quel climat géo-

---

(1) Ces inclinaisons sont extraites du tableau des 130 villes pour lesquelles M. Quatremère de Quincy a calculé les pentes des toits pour des couvertures en tuiles romaines, en tuiles creuses, en ardoises et en tuiles plates, suivant la règle qu'il a proposée.
(2) Les nefs de l'église de Sainte-Geneviève, à Paris, sont couvertes en ardoises sous une pente de 26 degrés $\frac{1}{2}$. La différence est en sens contraire de celle des toits d'ardoises usités à Paris.

graphique il est situé, d'après le tableau qui fait partie de la note précédente. Il est à remarquer en outre que, pour les climats élevés, la règle donne des pentes sous lesquelles les tuiles creuses glisseraient infailliblement.

M. Delmas attribue la raideur des combles dans nos climats aux habitudes que les Gaulois avaient prises sous leurs toits primitifs de chaume et de bardeaux, dont ils imitèrent les formes et la pente lorsqu'ils commencèrent à faire usage d'ardoises et de tuiles plates. La nature des matériaux propres à la construction des couvertures, suivant les industries et les ressources du sol, encore plus que toutes autres causes, me paraît avoir déterminé l'inclinaison des toits. Nous voyons cette inclinaison uniforme dans toute l'étendue des lieux où les matériaux sont de même espèce. Les couvertures en chaume et en bardeau, qui remontent à l'époque des premières habitations, exigeaient des toits surhaussés, afin que l'eau ne pût les traverser; lorsque la découverte des ardoises dans le sol permit de les substituer au bardeau, la même raideur des couvertures dut être conservée pour produire le même résultat, et les tuiles plates, imitations des ardoises, ne durent encore rien changer à la raideur des combles.

C'est ainsi que, dans une grande partie de la France, des Pays-Bas et de l'Allemagne, où les ardoises naturelles et les tuiles plates sont les principaux matériaux des couvertures, les toits sont très-élevés; tandis qu'en Russie, où l'on fait un fréquent usage de la tôle de fer, les toits sont aussi bas que dans l'autre partie de la France et de l'Europe méridionale où l'on ne fabrique que des tuiles romaines et des tuiles creuses. Lorsque les Grecs et les Romains substituèrent aux couvertures en bois des tuiles de pierre et de marbre, leur industrie étant plus avancée que celle des peuples du Nord, et leur habileté dans le travail étant plus grande, ils s'affranchirent immédiatement de la servile imitation du bardeau, qui ne pouvait être placé sur les pentes douces des toits auxquels devaient s'ajuster les élégants frontons de leurs temples; ils inventèrent les tuiles à rebords et les tuiles creuses, dont l'usage s'est étendu dans tout le Midi.

Le régime de l'atmosphère influe bien moins sur la pente des toits qu'on ne serait tenté de le croire; car, à l'exception de la considération des neiges, qu'on donne comme motif des pentes raides et de l'emploi des tuiles plates, l'usage des tuiles creuses conviendrait également bien aux pays pluvieux. Elles font d'excellentes couvertures entre le 36° et le 45° degré de latitude, dans quelques contrées où l'automne amène des pluies plus abondantes peut-être qu'aucune de celles des autres pays où il pleut le plus; et ces tuiles n'ont pas à l'égard des neiges, des vices aussi graves que ceux qu'on leur suppose, puisque dans quelques régions du Midi très-élevées, où il tombe beaucoup de neige, on continue à s'en servir sans inconvénients. Mais, malgré les avantages qu'elles présentent de charger moins les bâtisses et de n'exiger que des charpentes moins fortes, la mode des toits surbaissés ne pourra pas s'introduire là où les tuiles plates et les ardoises sont en usage, à cause de l'impossibilité et de l'inutilité même de substituer la fabrication des tuiles creuses à l'habitude invétérée de celle des tuiles plates et de l'exploitation des ardoises, qui s'emploient les unes et les autres sur des toits de même pente, ce qui convient à l'uniformité des habitations. Ce serait en vain aussi qu'on tenterait de nouveau de faire adopter dans l'Ouest et le Midi l'usage des tuiles plates. Il leur faut de trop massives charpentes, et l'élévation des toits qui en seraient couverts donnerait aux bâtiments un aspect trop lourd qui ferait des disparates choquantes avec les toits surbaissés et leurs tuiles creuses.

Plusieurs constructeurs ont pensé que la limite inférieure de l'inclinaison qu'on peut donner aux toits couverts en ardoises sous un ciel aussi pluvieux que celui de Paris est de 33 degrés $\frac{1}{9}$. C'est une pente dont la hauteur est à peu près les $\frac{2}{3}$ de la base; mais ils n'ont probablement été conduits à ce résultat que par des considérations qui supposent le mouvement uniforme de l'eau et la simple capillarité dans les joints, abstraction faite des causes qui peuvent influer sur la durée des matériaux, sur celle des charpentes et sur leur stabilité.

En recherchant les degrés d'inclinaison qui conviennent aux différentes espèces de couvertures d'après les matériaux dont on les compose et les moyens de l'art pour la construction des combles, on trouve des limites dont les pentes en usage s'écartent peu.

La durée de l'ardoise dépend en grande partie de la raideur des toits. Si la pente est trop douce, la capillarité retient beaucoup d'eau qui remonte entre les doubles surfaces des joints d'application ou de recouvrement; les ardoises alors ne s'égouttent point ou ne sèchent que fort lentement; elles se détériorent en peu de temps; ainsi, sous ce rapport, plus la pente est rapide, mieux elle vaut. D'un autre côté, la surface d'un toit décompose l'action du vent, la partie de cette action qui agit en remontant la pente tend à refouler l'eau dans les joints, à soulever et même arracher les ardoises; cette action est d'autant moins forte que le comble a encore une plus grande raideur, sans dépasser cependant l'inclinaison sous laquelle la résistance des ardoises et celle des clous qui les attachent l'emportent sur la force du vent. Cette inclinaison n'est pas partout la même; elle varie d'une contrée à une autre comme l'intensité des vents les plus forts qui s'y font sentir; elle ne peut être que le résultat de l'expérience; elle est contenue entre 33 et 45 degrés, et c'est dans ces limites que sont les pentes des toits en usage à Paris et dans les départements voisins. Sur nos côtes occidentales qui sont à proximité des carrières d'Angers, lorsqu'on surbaisse les toits en ardoises pour rapprocher leur pente de celle usitée pour les tuiles creuses, il arrive fréquemment que le vent dépouille les pans de toit qui lui sont exposés; une pente de 45 degrés est celle qui paraît préférable. Dans les départements septentrionaux, dans ceux du nord-est et dans la Belgique, où les ardoisières voisines de la Meuse ont rendu l'usage des ardoises plus fréquent qu'ailleurs, et l'on pourrait même dire général, la pente des toitures a été portée à 60 degrés, par la crainte que, sous une moindre inclinaison, la neige qui adhère aux couvertures en s'y amassant chargeât trop les combles, malgré les robustes équarrissages qu'on donne aux bois de leurs charpentes (1).

L'inclinaison des toits couverts en tuiles plates varie dans les limites de 40 et 60 degrés, parce que les tuiles, n'étant pas clouées comme les ardoises, c'est la pression qu'elles exercent les unes sur les autres par leur poids, qui fait qu'elles résistent au vent.

L'angle de 45 degrés est celui qui convient le mieux pour les combles couverts en ardoises et en tuiles plates, sous le rapport de l'emploi de leur capacité intérieure. Sous une inclinaison plus douce, il faut des bois d'un plus fort échantillon, leur cube augmente la dépense un peu plus qu'elle n'est diminuée par leur raccourcissement et par la réduction de la surface de la couverture; mais le plus grave inconvénient, c'est de perdre pour les portées moyennes l'usage des greniers, qui peuvent n'avoir plus assez de hauteur pour qu'un homme s'y tienne debout. Sous une inclinaison plus raide, l'accroissement de la surface des couvertures, l'augmentation de la longueur des bois et la nécessité d'employer dans les charpentes un plus

---

(1) On évalue le poids d'une couche de neige au $\frac{1}{10}$ de celui d'une couche d'eau d'égale épaisseur.

grand nombre de pièces, fait monter la dépense plus haut que la réduction des équarrissages ne la fait diminuer, et la capacité intérieure acquiert une hauteur inutile, à moins qu'elle ne puisse être partagée en deux étages de logements ou de greniers, ce qu'on ne pratique plus guère aujourd'hui. La raideur des pentes des toits augmente la durée de leurs charpentes, parce que, plus les couvertures sont raides, plus elles sèchent promptement, et mieux elles garantissent les bois des influences de l'atmosphère. La raideur des toits est aussi la conséquence d'autres considérations, dont nous parlerons lorsque nous serons entré dans les détails de la construction des combles.

A l'égard des tuiles romaines, des tuiles creuses et de toutes celles qui sont portées sur des lattis ou planchers sans y être retenues autrement que par l'effet de leur pesanteur, la raideur des toits ne peut pas être plus grande que l'angle sous lequel les matériaux glisseraient, et pour que leur stabilité soit au-dessus de l'équilibre, cette inclinaison ne doit pas excéder 27 degrés avec l'horizon.

La limite de l'inclinaison, à laquelle un comble ne doit jamais être abaissé, est celle sous laquelle les tuiles seraient horizontales; dans cette position, elles verseraient autant d'eau en dedans qu'en dehors et ne garantiraient nullement l'espace couvert.

Pour ce qui regarde les combles qui portent des couvertures métalliques, leurs toits peuvent n'avoir que la très-faible pente qui suffit à l'écoulement de l'eau, vu qu'on dispose les joints des feuilles de métal en bourrelets très-élevés, de façon que, quelle que soit l'abondance des pluies, l'eau ne peut pas pénétrer dans l'intérieur; cependant, dès que ces couvertures doivent être soutenues par des charpentes de quelque étendue, l'inclinaison des toits dépend uniquement des moyens que l'art de la charpenterie peut employer pour la construction des grands combles.

Nous avons réuni, sur la fig. 11 de la planche XLI, les indications graphiques des pentes qu'on donne à différentes sortes de combles portant des toits plans et à deux égouts; sur la gauche, un quart de cercle donne en degrés la mesure des angles que les pentes des toits font avec l'horizon; sur la droite, les rapports des hauteurs des combles avec leurs demi-portées sont marqués sur une échelle verticale.

On compare ordinairement les hauteurs des combles aux largeurs entières dans œuvre des bâtiments qu'ils couvrent; il nous a paru préférable de les comparer aux demi-largeurs, vu que les expressions des rapports sont plus

472 TRAITÉ DE L'ART DE LA CHARPENTERIE. — CHAPITRE XIII.

simples, qu'elles conviennent également aux combles à deux égouts, à ceux d'un plus grand nombre d'égouts et aux appentis, et parce que cela est plus conforme à l'usage général de représenter la pente d'une ligne et celle d'un plan par le rapport du sinus au cosinus de l'angle qu'ils font avec l'horizon, c'est-à-dire la tangente de cet angle.

TABLEAU

RELATIF A LA FIGURE 11 DE LA PLANCHE XLI, CONCERNANT LES PENTES DES TOITS.

PROFILS DES TOITS.	INCLINAISONS DES PANS.	HAUTEURS DES TOITS.	RAPPORTS DES HAUTEURS AVEC LES DEMI-PORTÉES.	ESPÈCES DE COUVERTURES ET DE COMBLES.
$A\,a\,B$	deg. m. 9—28	$C\,a$	$\frac{1}{6}$	Temples antiques.
$A\,b\,B$	14— 2	$C\,b$	$\frac{1}{4}$	
$A\,c\,B$	18—26	$C\,c$	$\frac{1}{3}$	Tuiles creuses, tuiles romaines, métal.
$A\,d\,B$	26—33	$C\,d$	$\frac{1}{2}$	
$A\,e\,B$	33—41	$C\,e$	$\frac{2}{3}$	Ard. Limite inf. de l'incl.
$A\,f\,B$	36—52	$C\,f$	$\frac{3}{4}$	
$A\,g\,B$	(45— »)	$C\,g$	1	Chaume, bardeau, ardoises, tuiles plates à crochets.
$A\,h\,B$	(60— »)	$C\,h$	$\sqrt{3}$	
$A\,i\,B$	63—27	$C\,i$	2	Tuiles plates à crochets.
$A\,j\,B$	(67—30)	$C\,j$	* $2\frac{2}{3}$	Brisis... C. à la Mans., le $\frac{1}{4}$ cercle div. en F. Comb. 4 p. fig. 8, pl. XLII
$z\,g\,z$	(22—30)	$q\,g$	* $\frac{2}{3}$	
$A\,k\,B$	68—12	$C\,k$	$2\frac{1}{2}$	Anciens châteaux; tuiles plates et ardoises.
$A\,l\,B$	71—34	$C\,l$	3	
$A\,m\,B$	(72— »)	$C\,m$	* $3\frac{1}{100}$	Brisis... C. à la Mans., le $\frac{1}{2}$ cercle div. en F. Comb. 5 p. fig. 7, pl. XLII
$x\,g\,x$	(27— »)	$p\,g$	* $\frac{1}{2}$	
$A\,n\,B$	75—58	$C\,n$	4	Clochers.

Nota. Les valeurs des angles comprises entre parenthèses sont données; les autres sont calculées par approximation.

Les nombres exprimant les hauteurs précédés d'un * sont calculés par approximation; les autres sont donnés.

§ 2. Toits à deux égouts.

Les bâtiments les plus simples sont élevés sur des plans rectangulaires, comme celui, fig. 13, pl. XLV, dont deux côtés sont plus longs que les deux autres. Un comble qui couvre un bâtiment de cette sorte est ordinairement composé de deux pans de toits, fig. 15, plans également inclinés, s'étendant d'un bout à l'autre, et répondant chacun à une des moitiés de la largeur de la bâtisse; ils s'appuient par le bas sur les deux plus longues parois, ils se rencontrent par le haut suivant une ligne ou arête horizontale bd qui constitue le *faîte* du comble. Ce genre de toit est dit à *deux égouts*. Un toit qui n'est composé que d'un seul pan ou qui n'a qu'un seul égout, comme celui profilé fig. 5, pl. XLVI, est dit en *appentis*. Les extrémités des pans d'un toit peuvent dépasser celles d'un bâtiment terminées en pignons, pour les abriter par une saillie égale à celle formée par leurs bords inférieurs, et qui a pour objet d'écarter leurs égouts des parois longitudinales.

Les saillies des toits sont soutenues par des corniches ou simplement par les prolongements des faîtages, des pannes, des sablières et des chevrons au-delà des murs, comme dans les fig. 2, 3, 4 de la planche XLV, qui se rapportent à des toits inclinés sous l'angle de 45°; et comme dans l'élévation, fig. 8, pl. LI, qui représente un toit à faible pente. La fig. 9, pl. XLI, et les fig. 2, 3 et 4, pl. XLIII, présentent des détails de la disposition des pannes pour les deux cas (1).

Très-fréquemment les toits ne dépassent point les murs des pignons, parce que les bâtiments, n'étant point isolés, ces murs sont mitoyens avec d'autres propriétés sur lesquelles il n'est pas permis d'empiéter par des saillies ou par les égouts. Dans ce cas, les pans des toits couvrent simplement les murs de pignons sans aucune saillie au-delà, comme dans l'élévation fig. 6, pl. XLV, ou bien ils sont surmontés par les mêmes murs de pignons qui soutiennent les souches des cheminées, comme sur la fig. 1,

---

(1) Les corniches qui couronnent un bâtiment et qui peuvent être en bois, si le bâtiment est entièrement en bois, se plient aux pentes des pignons, fig. 11, pl. LI, ou à celles des frontons qui en forment les couronnements, fig. 9. La fig. 12 indique le tracé des corniches pour un fronton en bois. Les lignes qui dessinent la projection verticale de la cimaise bc de ce fronton, sont tracées par les points de la cimaise de la corniche

même planche. Si les façades sont couronnées par des corniches qui ne s'étendent point sur les pignons, ces pignons ont la forme représentée par la fig. 6, pl. LI.

§ 3. *Couvertures en pavillons, croupes et noues.*

Lorsqu'un bâtiment est élevé en pavillon sur un plan dont les quatre côtés sont égaux, fig. 14, pl. XLV, on peut le couvrir par un toit à deux égouts, comme celui représenté en projection horizontale, fig. 16. Mais il peut arriver aussi qu'il n'y ait pas de motif pour faire deux de ses façades plutôt que les deux autres en pignons; on fait alors les quatre façades pareilles, c'est-à-dire toutes quatre en pignons, ou toutes quatre terminées horizontalement par le haut. Dans le premier cas, un toit à deux égouts devant répondre à chaque pignon, il en résulte pour le comble quatre toits à deux égouts, qui sont représentés en projection horizontale et vus par-dessus, fig. 13, pl. LXIV. Ce comble a deux faîtages $a\ b$, $d\ e$, horizontaux se croisant au centre c, et répondant au sommet des pignons; et quatre arêtes creuses $c\ i$, $c\ o$, $c\ u$, $c\ v$, nommées *noues*, aboutissant aux angles.

sur l'arête verticale A, qui régnerait sur le devant du bâtiment s'il ne devait pas y avoir de fronton; ce qui donne à la cimaise rampante $b\ c$ une épaisseur différente de celle de la cimaise horizontale $a\ b$. Les largeurs des autres membres et moulures de la corniche rampante sont mesurées sur la verticale $x\ y$, et égales à celles des membres et moulures de la corniche horizontale mesurée sur la verticale $v\ z$. La partie de corniche horizontale, répondant au tympan du fronton, n'a point de cimaise, parce que le toit ne porte pas sur cette partie.

La fig. 13 donne le tracé de la corniche rampante A d'un pignon sans fronton. Les saillies des membres et moulures de cette corniche sont égales à celles des membres et moulures d'une corniche B qui s'étendrait horizontalement. Les écartements des lignes rampantes sont mesurées sur une verticale $x\ y$, et égaux aux hauteurs des membres et moulures de la même corniche B mesurée sur la verticale $v\ z$. Les rencontres des lignes verticales, parallèles à $A\ B$, et des lignes rampantes, parallèles à $A\ C$, donnent le profil rampant A de la corniche qui doit régner horizontalement sur les côtés du bâtiment perpendiculaires aux pignons. Les parties qui sont horizontales dans le profil B, sont rampantes dans la corniche A, suivant la pente du toit, et dans le prolongement des mêmes parties appartenant à la corniche rampante, dont le profil, pris par un plan vertical perpendiculaire au pignon suivant la ligne $x\ y$, est rabattu en B. Les mutules et les modillons d'une corniche rampante $b\ c$, fig. 12, doivent être aplomb sur ceux de la corniche horizontale $A\ B$. Quant à ceux de la corniche rampante, fig. 13, ils sont distribués sur une horizontale $A\ D$, par les divisions 1-2-3-4-5, etc., et relevés verticalement; leurs côtés sont verticaux et leurs dessous sont rampants sur le pignon, comme sur les façades latérales.

Pour le second cas, beaucoup plus simple et souvent préférable pour la bonté de la construction, les quatre façades portent chacune l'égout d'un pan de toit. Les quatre pans de toit qui en résultent sont représentés en projection horizontale, fig. 8, même planche, pour un pavillon carré, et fig. 10 pour un pavillon bâti sur un plan en losange. Ces deux combles forment chacun une pyramide quadrangulaire. Les quatre intersections des pans des quatre toits sont, dans chacun aussi, des arêtes saillantes; les pièces de bois de la charpente qui forment ces arêtes sont les *arêtiers*. Cette disposition des quatre pans d'un toit a été désignée sous le nom de *comble en pavillon* (1).

Lorsque la différence des côtés du plan d'un bâtiment n'est pas considérable, on forme encore le toit en pavillon. La fig 11 de la pl. XLIV est la projection d'un comble établi dans cette hypothèse; les quatre pans du toit n'ont pas la même inclinaison : les pentes sont égales pour ceux qui correspondent à des façades parallèles.

On peut couvrir aussi en pavillon un bâtiment élevé sur un plan polygonal, figuré en projection horizontale sous le n° 18, pl. XLV.

La construction des toits en pavillon a été appliquée aux extrémités des bâtiments élevés sur des plans oblongs. Ainsi un toit principal à deux égouts *a b d e, c b d o*, fig. 17, pl. XLV, répondant à la plus grande dimension du plan d'un bâtiment, et qui en couvre la majeure partie, a été tronqué à ses deux extrémités par deux pans de toit chacun à un seul égout;

---

(1) Les quatres parties de combles à deux égouts, de la fig. 13, pl. XLIV, peuvent être combinées avec un comble en pavillon. La fig. 1, de la pl. XLIX, est une projection verticale et la fig. 2 une projection horizontale de cette combinaison, très-compliquée, composée de quatre arêtiers, quatre portions de faîtage et huit noues.

On peut couvrir un pavillon carré, présentant quatre pignons égaux, par une combinaison fort simple de quatre pans de toit formant pavillon; mais alors les arêtes, au lieu de répondre aux angles du pavillon, aboutissent aux sommets des pignons, et la position de chaque pan de toit est déterminée par les arêtes rampantes de deux pignons contigus. La fig. 3, de la planche L, est le plan d'un toit en pavillon établi ainsi sur pignons; la fig. 1 en est une projection verticale sur un plan parallèle à l'un des pignons, et la fig. 2 une autre projection verticale sur un plan parallèle à l'une des diagonales *a b* du plan. Cette combinaison de toits peut avoir lieu quel que soit le nombre des façades d'un pavillon, fig. 10, et si ce nombre est pair, on peut faire alternativement une façade avec fronton et une façade terminée horizontalement, de façon que pour un pavillon hexagonal projeté horizontalement, fig. 9, le toit présente trois pans qui donnent trois arêtiers *c o, c u, c v*, et trois des façades *o, u, v*, sont couronnées par des frontons. La fig. 4 est une projection verticale de ce toit en pavillon. Sur toutes ces figures, les hachures qui servent à faire distinguer les différents pans des toits sont tracées suivant leurs horizontales.

a b c, e d o, ces deux petits pans triangulaires forment, par leurs rencontres avec les *longs pans*, des arêtes *b a, b c, d e, d o;* on a nommé *croupe de pavillon* ou simplement *croupe* la forme du toit qui résulte, à chaque extrémité du grand comble, de l'établissement de ces petits pans de toit, à cause de sa ressemblance avec les croupes des montagnes ou celles des animaux (1). Lorsque le bout d'un bâtiment fait avec ses longues façades des angles droits comme en *a c*, la *croupe a b c* est *droite*. Si les angles sont inégaux comme en *e o*, la *croupe e d o* est *biaise*. Dans les localités où les combles sont très-élevés, les croupes font un effet moins désagréable que des pignons aigus. Partout elles sont préférables, même pour des toits dont les pentes sont très-douces, à des pignons sans décoration, et souvent leur établissement coûte moins que la maçonnerie d'un grand pignon.

Les grands édifices sont composés de plusieurs corps de bâtiment qui forment divers angles les uns avec les autres, et leurs extrémités se présentent ainsi sous divers angles aux rues et aux routes sur lesquels ces extrémités prennent les alignements de leurs façades. Le plus ordinairement les différents corps de bâtiment d'un même édifice ont leurs corniches supérieures au même niveau, et leurs combles de même hauteur se raccordent dans les points où les bâtiments se rattachent et se *nouent* les uns aux autres. Nous avons représenté, fig. 8, pl. XLIV, la projection horizontale des combles d'un édifice composé de trois corps de bâtiment *A, B, D,* qui se croisent. Leurs six extrémités sont terminées par des *croupes droites* ou *biaises,* suivant les formes du plan, et pareilles à celles de la fig. 17. pl. XLV. Les parties des combles répondant aux points où les bâtiments se croisent sont leurs *noues* ou *nœuds*. Les *noues c a, c o, c e, c u,* sont égales, parce que les bâtiments *A* et *D* se croisent à angle droit. Celles *c' a', c' o', c' e', c' u',* sont inégales, parce que les angles que forment les bâtiments *A* et *B* ne sont point de 90 degrés. Dans cette combinaison de bâtiments, les arêtiers sont contigus deux à deux, et les noues sont réunies quatre à quatre. Dans l'édifice dont les combles sont projetés, fig. 10, pl. LIII, les corps de bâtiment *A, B, C, D,* qui enveloppent une cour, ne se croisent point; leurs rencontres forment intérieurement et extérieurement des angles qui donnent lieu à des *arêtiers* aboutissant aux angles extérieurs *a, b, c,* et à des noues aboutissant aux angles intérieurs *a' b' c'*. Tous les *arêtiers* sont droits, parce qu'ils divisent les angles auxquels ils correspondent en deux parties égales. Il en est de même des *noues* qui divisent

---

(1) Voyez la note de la page 360.

aussi en deux parties égales les mêmes angles ; et en général les *noues* et les *arêtiers* sont droits toutes les fois qu'ils résultent de la rencontre de bâtiments égaux en largeur, et dont les combles sont égaux en hauteur, comme dans la fig. 10, dont nous venons de nous occuper, et ils sont toujours biais ou *dévoyés* lorsque, quoique les combles soient de même hauteur, les bâtiments sont de largeur inégale, ou, ce qui est la même chose, lorsque les pans des toits n'ont point les mêmes pentes. C'est ce qui a lieu dans la fig. 7, pl. LI. Dans cette même fig. 10, les arêtiers et les noues sont sur la même ligne droite à chaque angle : ce qui n'arrive que dans le cas, représenté dans la figure, de bâtiments qui se rencontrent et ne se croisent point.

Lorsqu'un bâtiment E se rattache obliquement à un bâtiment A, les *noues* $c\ a,\ c\ o$ de leurs combles sont inégales, comme nous les avons déjà vues, fig. 8, pl. XLIV. Si on voulait faire ces noues égales comme le sont celles $g\ a,\ g\ o$, qu'on a supposées dans la figure, le bâtiment E aurait ses pans de toit inégaux, comme le fait voir la coupe scalène $a\ g\ o$, fig. 7, faite sur la ligne $m\ n$.

Lorsque la grande largeur d'un comble oblige de le faire plus élevé que celui auquel il se rattache, comme le comble F par rapport au comble D, le raccordement se fait par le prolongement du pan de toit D, qui tronque le sommet du grand comble F, et donne lieu à deux portions d'arêtiers, $x,\ u,\ x\ v$.

§ 4. *Composition des fermes employées pour la construction des combles à deux égouts.*

Les combles à deux égouts des bâtiments les moins étendus en largeur, et par conséquent de la construction la plus simple, ne sont composés que de chevrons. La fig. 1, pl. XLI, est une coupe faite dans un comble de cette espèce par un plan vertical perpendiculaire à la longueur du bâtiment. Le plan de projection est parallèle aux chevrons $a,\ a$. Les chevrons d'un pan répondent à ceux de l'autre pan ; ils sont assemblés par le haut deux à deux par entailles à mi-bois ; leurs bouts inférieurs sont assemblés par embrèvement dans des entailles ou *pas* creusés dans les sablières $b,\ b$, posées sur les murs. Les chevrons sont espacés de $0^m,43$ à $0^m,65$, suivant le poids de la couverture qu'ils doivent porter. La position des chevrons, leur poids et la charge de la couverture tendent à pousser les sablières et à renverser les murs. Cet effet est arrêté par des tirants c distribués dans la longueur du bâtiment pour unir les sablières et maintenir l'écartement qui leur a été donné. Les sablières sont retenues sur les tirants par des entailles et des boulons.

Lorsque la couverture doit être établie sur un lattis en planches, comme on le pratique pour les ardoises, ce lattis, cloué sur les chevrons, suffit pour les maintenir parallèles; mais lorsque la couverture doit être en tuiles plates, le lattis en lattes de fente n'aurait pas une solidité suffisante pour assurer le parallélisme des chevrons. Il est alors indispensable de placer sous leur assemblage supérieur un faîtage d, après lequel on les attache avec des broches de fer. On les fixe quelquefois aussi par le même moyen aux sablières. Des bouts de chevrons e, e, cloués sur les chevrons, et qui ont pour objet d'étendre la couverture jusqu'au filet de cimaise de la corniche, sont les *coyoux*.

Cette disposition de combles n'est praticable que lorsque la largeur des bâtiments et la hauteur sous faîtes ne portent pas la longueur des chevrons au-delà de deux ou trois mètres, parce que plus longs ils n'auraient point la force de supporter les couvertures sans fléchir, ce qui donnerait aux toits une forme creuse qui nuirait à la durée des matériaux. Lors donc que les chevrons doivent avoir une longueur qui dépasserait les limites que nous venons d'indiquer, on les soutient en dessous par des pièces de bois horizontales qui divisent leur longueur en parties égales moindres que cette limite; ces pièces, nommées *pannes*, permettent aussi d'employer pour chevrons des bois qui n'ont pour longueur que la portée d'une panne à une autre. Les *pannes* sont soutenues par des espèces de chevalets qui forment des pans de charpente, ou *fermes*, distribuées transversalement à égales distances les unes des autres dans la longueur du bâtiment. Ces distances sont calculées de façon que les pannes n'aient pas une longueur trop grande par rapport à leur équarrissage, afin qu'elles ne fléchissent point sous la charge des chevrons qu'elles ont à soutenir.

Les fermes d'un comble sont d'autant plus compliquées que, vu la largeur des bâtiments, on est forcé d'employer un plus grand nombre de pannes dans les pentes du toit.

La fig. 3, pl. XLI, est une coupe dans un comble par un plan vertical perpendiculaire à la longueur du bâtiment, sur laquelle on a projeté une des *fermes transversales* dont nous venons de parler, pour le cas où les chevrons doivent être soutenus de chaque côté par une seule panne.

a, a, chevrons; b, b, sablières sur lesquelles portent les chevrons; c, tirant qui reçoit les assemblages des arbalétriers h et retient leur écartement;

d, faîtage qui a pour objet de porter les bouts supérieurs des chevrons ; e, e, coyaux ; f, f, pannes qui soutiennent les chevrons entre le faîte et les sablières ; g, poinçon qui sert à soutenir le faîte d et à recevoir les assemblages des arbalétriers h, h, sur lesquels les pannes $f f$ doivent être posées ; i, i, liens qui reportent le poids des pannes sur le poinçon où leur résultante se trouve verticale et dans l'axe du poinçon qui ne peut descendre, étant soutenu par les assemblages des arbalétriers. Le poinçon est assemblé au tirant à tenon et mortaise, pour qu'il ne puisse osciller en aucun sens ; un étrier en fer attache le tirant au poinçon et le soulage de son propre poids. La combinaison des deux arbalétriers, du poinçon et du tirant forme des figures triangulaires invariables.

Les liens i, i, doivent être assemblés dans les arbalétriers, précisément au-dessous des points d'application des pannes ; autrement la pression des pannes et la résistance des liens ne manqueraient pas de faire serpenter les arbalétriers et de déformer les plans de la toiture. Dans quelques charpentes on a supprimé les liens i, i, pour leur substituer un faux entrait k qui est ponctué, et le poinçon a été assemblé par son pied dans ce faux entrait. Cette disposition, qui économise quelque peu de bois, n'est pas aussi solide que la précédente, vu que le trapèze 1-2-3-4, qui en résulte, n'est plus une figure invariable, qu'il permet quelques oscillations et que le tirant n'est plus soutenu dans son milieu ; d'ailleurs l'effet des pannes n'est plus soutenu aussi directement. Cependant on est déterminé quelquefois à l'adopter, lorsqu'on veut faire un grenier au niveau du tirant, auquel on donne, dans ce cas, un plus fort équarrissage.

La fig. 2 est une projection du plan de charpente longitudinal, ou *ferme sous faîte*, sur un plan vertical parallèle à la longueur du bâtiment, et dont la trace sur le plan de projection de la fig. 3, auquel il est perpendiculaire, est la ligne $A B$. Dans cette projection, fig. 2, comme dans celles du même genre qui suivront, les seuls tirants c et les entraits sont coupés ; toutes les pièces à droite de la ligne de coupe $A B$ de la fig. 3 sont supposées enlevées pour laisser voir le pan de charpente longitudinal, composé des poinçons g des fermes transversales, des pièces de faîtage d et des aisseliers j, j, dégarnis de toutes les autres pièces qui n'en font point partie. La ligne $D E$ est la trace du plan sur lequel la ferme transversale, fig. 3, a été projetée ; on suppose également, dans cette fig. 3, que le faîte et les pannes seuls sont coupés, et que toutes les pièces à gauche de la ligne $D E$ ont été désassemblées pour dégager la ferme de tout ce qui n'en fait pas essentiellement partie. On a marqué sur les projections des poinçons, dans les deux figures, les *portées* et les mortaises des pièces qui ont été enlevées.

Les poinçons *g*, *g*, sont toujours les pièces communes entre le pan de charpente longitudinal, ou *ferme sous faîte*, fig. 2, et les *fermes*, fig. 3, ou pans transversaux. La *ferme* transversale, fig. 3, est projetée dans toute sa hauteur en *M*, fig. 2. Les fermes parallèles seraient projetées aux distances égales qui leur conviennent, si cette fig. 2 avait pu avoir plus d'étendue ; un fragment de l'une d'elles est projeté en *N*. Les mêmes lettres désignent les mêmes pièces dans les deux figures. Les aisseliers *j*, *j*, fig. 3, soutiennent le faîte dans les deux points qui divisent sa longueur en trois parties sensiblement égales, ils assurent l'invariabilité de forme de la *ferme sous faîte*.

Lorsque les murs de refend parallèles aux pignons d'un bâtiment sont assez rapprochés les uns des autres, ou situés aux emplacements où correspondraient des fermes transversales, et qu'ils s'élèvent jusque sous les pans du toit, ils tiennent lieu de fermes pour soutenir les pannes. C'est le cas représenté par une coupe transversale, fig. 9. *m*, *m'* sont les murs de face d'un bâtiment coupé par un plan de projection. *n* est un mur de refend. *o*, *o*, solives du plancher du grenier. *p*, porte percée dans le mur de refend pour communiquer dans les greniers séparés par ce mur. *q*, cheminée montant des étages inférieurs. *a*, *a*, chevrons du toit. *f*, *f*, pannes soutenues dans les murs de refend, comme dans les murs de pignons. *d*, faîtage. *l*, sous-faîte. Lorsque les murs de refend sont trop écartés, ce qui arrive le plus souvent, les pannes sont soutenues intermédiairement par des fermes.

Lorsque la maçonnerie est moins chère que la charpente, on élève les murs de refend jusque sous les toits. Dans le cas contraire, ou lorsqu'on veut avoir un grenier spacieux, on préfère établir des fermes.

D'un côté de la figure, la sablière *b* posée sur le bord du mur *m* sans corniche reçoit les chevrons dans des entailles faites sur son arête où ils sont cloués, et ils dépassent le mur pour que l'eau du toit soit rejetée au dehors. De l'autre côté, la sablière *b* reçoit les abouts des chevrons, comme dans les figures précédentes, et des coyaux *e* portent la couverture jusqu'au bord de la cimaise de la corniche qui couronne le mur *m'*.

La fig. 13 est une coupe dans un comble par un plan vertical. Une des fermes transversales qui soutiennent les pannes a été projetée sur ce plan qui lui est parallèle. La longueur des chevrons *a*, *a*, nécessite l'emploi de trois pannes *f*, *f*, *f*, de chaque côté.

Les points des arbalétriers h, h, sur lesquels s'appuient les pannes, sont soutenus par les liens i, i, par l'entrait k, et par les jambettes ou contre-fiches l, qui sont inclinées pour que leur effet soit plus efficace; ou qu'on établit verticales, comme nous les avons ponctuées, pour qu'elles prennent moins d'espace sur la largeur du grenier. On pourrait aussi ajouter des aisseliers j, j. Nous répétons que les assemblages de ces pièces dans les arbalétriers doivent répondre exactement aux pannes, autrement les arbalétriers serpenteraient, ce qui nuirait autant à la durée de la couverture qu'à la solidité des fermes.

Dans quelques anciennes charpentes, au lieu de faire porter les chevrons sur les pannes, on les y a assemblés à tenons et mortaises, ou à paumes (1). Un fragment d'une ferme, dans laquelle cette disposition est observée, est représenté fig. 4; les mêmes lettres que sur la figure précédente marquent les mêmes pièces. La fig. 5 est une projection sur le plan du toit que l'on a fait tourner autour de l'arête de l'un des chevrons pour la rendre parallèle au plan du dessin. La ferme fig. 4, est projetée sous le toit fig. 5 dans l'épaisseur de l'arbalétrier h, qui répond à l'intervalle de deux chevrons. Dans d'autres charpentes, également anciennes, les pannes f, f, fig. 14, sont assemblées dans les arbalétriers h à tenons et mortaises, ou à paumes, et les chevrons a, a, sont assemblés, comme dans les fig. 4 et 5, aux pannes. La fig. 15 est une projection du toit sur son propre plan, qu'on a, comme précédemment, fait tourner sur l'arête d'un chevron pour la rendre parallèle au plan du dessin. Les mêmes lettres désignent encore, dans ces deux figures, les mêmes pièces. Les fig. 14 et 15 sont relatives à un comble dont l'étendue n'exigerait que deux pannes f sous chaque pan de toit.

Cette disposition des pannes et des chevrons avait pour objet de diminuer un peu le cube des bois, de comprendre l'épaisseur du toit dans celle des arbalétriers, afin de donner plus d'espace dans les greniers et plus de force aux fermes par le moyen de l'accroissement de leurs dimensions; mais elle a été abandonnée à cause de l'augmentation de travail résultant de la multiplicité des assemblages des chevrons et des pannes; en second lieu, parce que ces assemblages affaiblissant les arbalétriers et les pannes et donnaient lieu à une plus prompte détérioration des bois, vu que l'eau qui pénétrait accidentellement sous la couverture, par suite de

---

(1) Assemblages, fig. 2, 8, 9, pl. XVII.

dégradations momentanées, en s'insinuant dans une partie de ses joints, occasionnait la pourriture des assemblages. La régularité et la liaison résultant de ce système d'assemblage avaient déterminé quelques charpentiers à l'adopter de nouveau ; mais ce serait à tort qu'on persisterait à en faire usage, à cause des inconvénients que nous venons de signaler. Dans la charpenterie moderne, on doit éviter le grand nombre des assemblages dans les pans des toits et ne faire que ceux strictement indispensables.

La fig. 12 est une projection du grand pan de charpente longitudinal, ou ferme *sous-faîte*, qui a pour objet d'entretenir dans leurs positions verticales et parallèles les fermes transversales pareilles à celle projetée fig. 13. Les mêmes lettres désignent dans ces deux figures les mêmes pièces. Vu la longueur des aisseliers *j, j*, qui résulte de la grande distance des fermes transversales, ils sont fortifiés, vers leurs milieux, par des pièces horizontales *r, r*, qui leur sont assemblées, ainsi qu'aux poinçons *g, g*, et qui composent le *sous-faîte* que l'on fait aussi quelquefois d'une seule pièce. On a projeté sur le plan de la fig. 12 les pannes et les chevrons qui sont en arrière de la ferme *sous-faîte*. L'entrait des fermes transversales, fig. 13, se trouvant élevé de 2 mètres au-dessus du tirant *t*, on peut circuler en dessous et utiliser les greniers ; mais, vu l'inclinaison des toits, il est difficile de faire usage de leurs parties les plus rapprochées des murs.

Lorsque la largeur du bâtiment s'y prête, et qu'on veut rendre les greniers habitables, on donne aux fermes la forme représentée fig. 1, pl. XLII, dans laquelle une ferme partielle, composée, comme précédemment, d'un tirant *c* qui prend le nom d'entrait, de deux arbalétriers *h, h*, d'un poinçon *g*, de deux liens *i, i*, et de deux contre-fiches *l*, est élevée au-dessus du tirant principal *t* par deux pièces presque verticales *s, s*, qui prennent le nom de *faux arbalétriers*, ou mieux de *jambes de force ;* leur stabilité est assurée par deux aisseliers *u, u*, qui s'y assemblent ainsi que dans l'entrait. La position des jambes de force permet d'approcher des murailles, qui sont d'ailleurs exhaussées au-dessus des tirants jusqu'à hauteur d'appui. Les arbalétriers de la ferme partielle portent chacun trois pannes *f, f, f*, dont l'effort est soutenu par les liens, les contre-fiches et l'entrait. Les chevrons *a, a* sont prolongés jusqu'aux sablières *b, b*, établies aplomb des parements extérieurs des murs et retenues aux jambes de force par des *blochets y, y*, qui les croisent à entailles à mi-bois, et qui s'assemblent à queue d'hironde avec clef, dans les jambes de force. Cet assemblage est détaillé sur une plus grande échelle, fig. 1, pl. XVIII. On consolide quelquefois les jambes de force par des *jambettes* ou *contre-fiches l, l*, qui ne sont que ponctuées sur la figure, parce qu'on ne les emploie que lorsqu'elles sont indispensables, vu que le plus souvent elles gênent la circulation dans les greniers. On a parfois fait concourir la maçonnerie à la stabilité de la position des jambes de force, en engageant leurs pieds et toute leur épaisseur dans les murs à hauteur d'appui; mais quoique ce moyen soit en apparence assez efficace pour la stabilité, il est pernicieux pour la conservation de la charpente, vu que l'humidité que l'égout du toit entretient fréquemment dans le haut des murs pourrit rapidement les jambes de force.

On n'a point marqué sur la fig. 13, pl. XLI, ni sur la fig. 1, pl. XLII, les coupes des planchers des greniers, parce qu'ils ne sont pas toujours construits de la même manière par rapport à la charpente des combles. On établit ces planchers ou sur des solives parallèles aux tirants t des fermes, qui portent dans les murs m, m', comme celle de la fig. 1, pl. XXXII, ou bien on les établit par travées sur poutres, comme celles de la fig. 2, même planche. Les tirants pourraient alors servir de poutres, pourvu qu'on leur donnât un équarrissage plus fort que celui marqué dans nos figures, où l'on suppose qu'ils n'ont pas d'autre office à remplir que de retenir l'écartement des arbalétriers et des jambes de force.

La première disposition dont nous venons de parler est en usage dans les contrées où le bois de sapin est commun. Dans l'une ou l'autre disposition, il est toujours prudent de rendre les tirants indépendants, afin que les oscillations des planchers, lorsqu'on agit dessus, ne se transmettent point aux combles, vu que, comme nous l'avons déjà fait remarquer, la continuité des oscillations détériore les assemblages.

La fig. 2 est la projection de la longue ferme *sous-faîte* du même comble que la ferme transversale, fig. 1. Une pièce r, assemblée aux poinçons g, g, dans chaque travée, et nommée *sous-faîte*, est liée au faîtage par une croix de Saint-André v, v, dont le poids est reporté sur les poinçons par les liens j, j, qui sont assemblés dans les prolongements de ses bras. Cette combinaison des poinçons et des faîtes avec des croix de Saint-André et des aisseliers, a pour objet d'assurer l'invariabilité de la ferme *sous-faîte*; elle soutient aussi le faîte qui supporte un poids double de celui dont chaque panne est chargée.

Lorsque l'écartement des fermes transversales est très-grand, ou lorsque le comble est exposé à des coups de vent violents, qui feraient plier les couvertures, pour n'être point forcé d'employer des bois d'un équarrissage très-fort, qui chargeraient trop la charpente, on soutient les pannes comme le faîte par des liens qui s'y assemblent dans des plans perpendiculaires aux toits et qui vont s'assembler aussi dans les liens i, i, des fermes transversales. En pareil cas, on substitue aux jambettes verticales l, l, des liens i', qui sont ponctués dans la fig. 1, afin que les liens des pannes puissent s'y assembler, comme dans les liens i des arbalétriers. La fig. 3 est une projection d'un *pan de charpente* ainsi formé par une panne f et ses liens l', combinés avec ceux i' qui lui correspondraient dans la ferme transversale construite d'après ce système. La projection de ce pan de charpente est faite sur un plan dont la ligne $E\ F$ est la trace, sur la fig. 1, les pièces a vues par leurs bouts sont les chevrons. Pour se procurer une pareille combinaison sous chaque panne, on est quelquefois dans la nécessité de changer leur distribution et même d'en augmenter le nombre, afin de faire correspondre à chacune d'elles un lien, ou une contre-fiche dans les fermes transversales.

On lie aussi les pannes entre elles par des croix de Saint-André, et, pour compléter ce système, on assemble les pannes dans les arbalétriers, comme dans la fig. 14, pl. LXI, afin de pouvoir prolonger les branches des croix de Saint-André, jusqu'à ces mêmes arbalétriers, par des aisseliers de pannes, de façon que la combinaison de deux pannes présente la même figure que la liaison du faîte et du sous-faîte. Il résulte de ces dispositions de véritables pans de charpente inclinés pour les toits. Ces pans sont composés des pannes, des croix de Saint-André, des aisseliers de pannes et des arbalétriers, qui deviennent les pièces communes entre les pans des toits et les fermes. Les Allemands appellent ces pans de toit *liegender Dachstuhl*, c'est-à-dire fermes couchées ou *pans de charpente couchés;* nous en donnerons des exemples lorsque nous traiterons, dans un chapitre particulier, des différents systèmes de construction des combles.

A l'égard des sablières, comme elles ne sont que soutenues sur les murs, à moins que ces murs ne soient fort épais, il est impossible de les combiner avec d'autres pièces pour les consolider contre la poussée que les chevrons, simplement appuyés sur les pannes, exercent sur elles dans les combles de construction ordinaire, comme ceux représentés par les fig. 13 et 14 de la pl. LXI, et 1 et 4 de la pl. LXII.

La poussée horizontale qui résulte de l'effort des chevrons sur les sablières est complétement détruite devant chaque ferme transversale par leur liaison avec les jambes de force, soit au moyen des blochets y, y, soit au moyen de liens en fer y, fig. 7; mais entre les fermes cette poussée n'est point détruite, elle est à son *maximum* au milieu de l'écartement des fermes transversales, elle fait courber les sablières et elle agit par suite sur les murs qui les supportent et dans la maçonnerie desquels elles sont souvent engagées. La courbure des sablières et le mouvement des murs deviennent très-sensibles lorsque le toit a trop de poids, ou que l'écartement des fermes est trop grand, ou enfin lorsque les sablières sont trop faibles, surtout dans le sens de leur largeur horizontale. Le remède serait sans doute d'employer des sablières d'un équarrissage beaucoup plus fort; mais on ne doit pas consommer de gros bois pour cet objet; il est plus convenable de les conserver pour en faire emploi dans les fermes. On a dû, en conséquence, chercher un autre moyen de diminuer la poussée exercée par les toits sur les sablières. Au-dessous de l'angle de 45 degrés la pression des chevrons sur les pannes occasionne un frottement qui atténue leur poussée sur les sablières; au-dessus du même angle la même poussée est diminuée par l'effet de la décomposition de l'action exercée par les chevrons dans le sens de leur longueur; et, comme plusieurs raisons ont déterminé, ainsi que nous l'avons vu, à ne pas faire de toits en tuiles plates au-dessous de l'angle de 45 degrés, c'est par une inclinaison plus rapide qu'on s'est déterminé à diminuer la poussée des chevrons sur les sablières. Voilà la considération qui a souvent porté les charpentiers à faire les toits sous l'angle de 60 degrés et même sous des angles plus raides.

On a construit des fermes dont les assemblages sont représentés sur le fragment, fig. 4, pl. XLII, et dans lesquelles, à l'entrait c de la fig. 1, on a substitué un faux entrait, désigné par la même lettre, fig. 4. Cette disposition, indiquée dans quelques ouvrages, notamment dans le *Cours de construction* de Douliot (1), ne vaut pas, à beaucoup près, celle de la fig. 1, par plusieurs raisons : 1° l'invariabilité du trapèze 1-2-3-4, fig. 1, ne dépend plus, dans la fig. 4, de l'assemblage direct des pièces dont il est formé, mais seulement de la faible résistance des tenons de l'entrait c, et de ceux des jambes de force qui s'assemblent dans les arbalétriers h, h, comme dans des pièces auxiliaires, tellement que l'un de ces tenons, venant à se rompre, le toit n'a plus de soutien; 2° le glissement des arbalétriers, par l'effet de la charge du toit, portée sur eux par les pannes, fait effort sur les blochets et sur les sablières, et la poussée sur les murs n'est retenue que par les tenons, ou plutôt par les chevilles des

---

(1) 2ᵉ partie, p. 67, fig. 102, pl. X.

assemblages du faux entrait c dans les arbalétriers h, et par celles des tenons qui attachent les blochets aux jambes de force. J'ai vu un bâtiment dont les murs de face avaient été poussés en dehors en surplomb par l'effet de la rupture de ces chevilles; 3° enfin, le comble, au lieu d'être porté par les larges abouts supérieurs des jambes de force, n'est soutenu que par leurs faibles tenons sous une très-grande obliquité sur les faces internes des arbalétriers, et par des embrèvements sans appui contre ceux des entraits.

Ordinairement, les fermes transversales ne sont maintenues à leur écartement et verticales que par la ferme longitudinale, qui n'est pas toujours suffisante, surtout dans les grands combles, vu qu'on ne peut compter sur les pannes pour remplir cet objet, à moins qu'elles ne soient assemblées aux arbalétriers, comme dans les *fermes couchées*. On se contente le plus souvent, pour le maintien des fermes transversales, de les lier au moyen de liernes assemblées aux extrémités de leurs entraits, comme en x, fig. 1, pl. LIX. Si l'on craint que les quatre mortaises des assemblages qui résultent de cette combinaison à chaque bout des entraits les affaiblissent trop, on les fortifie également à chaque bout par une *fourrure* v jointe à crans en dessous et boulonnée, dans laquelle on assemble la jambe de force correspondante.

§ 5. *Toits en pente douce.*

Lorsque les pans des toits ont peu d'inclinaison, comme serait celui auquel appartiendrait une ferme transversale, fig. 40, pl. XLIII, le poinçon g, les liens i, les contre-fiches l, sont assemblés dans le tirant t et peuvent être liés avec lui par des étriers en fer. Les parties supérieures des fermes, représentées fig. 6 et 7, pl. XLII, sont construites suivant ce système.

Les combles construits sous ces inclinaisons, qui ont une très-grande portée, nécessitent dans la construction de leurs fermes transversales des entraits; on en trouve des exemples au chapitre ayant pour objet la description des différents systèmes des constructions en charpente.

La distribution intérieure d'un bâtiment peut déterminer à faire porter les toits en pente douce par des murs de refend qu'on fait concourir à la décoration en les perçant d'arcades soutenues par des colonne ou des pilastres. Ces refends peuvent être construits en maçonneries ou en pans de bois, auxquels on donne l'apparence de murs. La fig. 3, pl. XLIII, présente les deux cas : sur la droite le refend est un mur m percé par un arc en pierre o soutenu par des colonnes. Les pannes f et le faîtage d sont soutenus par leurs bouts dans la maçonnerie, comme nous en avons déjà vu un exemple, fig. 9, pl. XLI ; les chevrons a, a posent sur les sablières b. Dans la partie de gauche de la figure, le refend est supposé construit en charpente ; il est formé de la réunion de deux pans de bois pour fournir l'épaisseur d'un mur. On donne aux bois un peu moins de force que si les deux pans étaient isolés ; chacun est composé comme une ferme.

Les pannes f sont portées par des arbalétriers h, le tirant est remplacé par deux architraves t, deux demi-tirants e et un entrait relevé k au-dessous duquel l'arc, formé par deux aisseliers r et des goussets x, y, se trouve compris entre deux poteaux q répondant aux colonnes. La fig. 7 est un fragment de coupe par un plan vertical perpendiculaire à celui sur lequel la fig. 6 est projetée ; elle fait voir la position qu'ont les deux pans de bois au-dessus des colonnes. Ces deux pans de bois x sont liés par des étrésillons comme celui z ; ils sont lattés, hourdis et enduits en plâtre extérieurement des deux côtés, ainsi que sous l'intrados de l'arc et sous les plates-bandes répondant aux espaces n entre les colonnes et les pilastres engagés dans les murs, pour donner à cette charpente l'aspect d'une construction en pierre. Le dessin ne représente point les potelets et tournisses dont les compartiments des pans de bois sont remplis pour porter les lattes.

Lorsque les toits à deux égouts dépassent les pignons, comme nous les avons supposés, fig. 2, 3, 4, 5, 13, 14, pl. XLV, les pannes sont prolongées extérieurement d'une longueur égale à la saillie des toits qu'elles doivent soutenir. Leur équarrissage carré, comme elles sont vues en coupe fig. 6, pl. XLIII, ne s'accorde pas toujours convenablement avec la décoration extérieure du bâtiment ; on les débillarde alors suivant l'angle que font les toits avec les plans verticaux des longues façades ; elles ont la forme représentée en f' f', fig. 3 et 4, qui a l'avantage de leur donner une assiette solide dans les murs. Leur portée dans les arbalétriers a lieu sur les parties horizontales des entailles, et elles sont maintenues dans leurs positions par deux chantignolles. On leur donne aussi, en les débillardant sur deux faces, la forme f'' f'' que l'architecture a fixée pour les mutules et les modillons employés dans les parties rampantes des frontons en pierre ; elles sont soutenues sur les arbalétriers par deux goussets à chacune.

§ 6. *Combles brisés.*

Pour diminuer la hauteur excessive à laquelle on avait porté les toits, on supprima leur sommité aiguë; elle fut remplacée par un faux comble très-surbaissé. La fig. 7 de la pl. XLII représente une ferme transversale d'un comble ainsi *brisé*.

F. Mansard, mort en 1666, qui avait mis ces sortes de combles fort en vogue en France, fut longtemps regardé comme leur inventeur, et leur donna son nom; les habitations immédiatement situées sous leurs charpentes reçurent aussi le nom de *mansardes*, qu'elles ont conservé. Les parties qui répondent aux jambes de force forment le *vrai comble*, dans lequel les logements en *mansardes* peuvent être établis.

Le toit à deux égouts qui est au-dessus est le *faux comble;* il ne contient qu'un galetas inhabitable, surtout lorsque le bâtiment n'a pas une grande largeur.

Le tracé des *combles brisés* peut être fait de plusieurs manières, qui donnent aux profils des fermes des formes différentes.

1re *Méthode.* Fig. 10, pl. XLI, le triangle $a\,d\,b$ représente le profil d'un toit ancien, non pas cependant de ceux les plus exhaussés; sa hauteur est égale à sa base. Par le point e, milieu de la hauteur $c\,d$, on trace une horizontale $h\,i$ parallèle à la base $a\,b$, qui représente le dessus du tirant; on fait la hauteur $e\,f$ du faux comble égale à la moitié de $h\,e$, et le profil du *comble brisé* est $a\,h\,f\,i\,b$.

2e *Méthode.* Fig. 6, on fait $c\,e$, hauteur du vrai comble, égale à la moitié de $a\,b$, largeur dans œuvre du bâtiment; $c\,e\,g\,b$, $c\,e\,d\,a$, sont deux carrés; les parties $d\,h$, $g\,i$, $e\,f$, sont prises égales au tiers d'un des côtés de ces carrés; $a\,h\,f\,i\,b$ est le profil du comble brisé.

3e *Méthode.* Fig. 8, pl. XLII. Ayant tracé la demi-circonférence $a\,d\,b$, sur le diamètre $a\,b$ égal à la largeur du bâtiment, on la divise en quatre parties égales aux points $c, d, f;$ le demi-octogone, inscrit $a\,e\,d\,f\,b$, est le profil du *comble brisé*. Cette méthode est attribuée à Bullet. D'Aviler prétend qu'il l'a imitée des cintres en charpente de Viola, architecte italien, et il propose la méthode suivante.

4e *Méthode.* Fig. 7, pl. XLI. Quelle que soit la hauteur $c\,e$ ou $b\,g$ de la mansarde, d'Aviler fait $g\,i$ égal à la moitié de cette hauteur et la hauteur $e\,f$ du faux comble égale à la moitié de $e\,i$.

5e *Méthode.* Fig. 9, pl. XLII. La demi-circonférence $a\,b\,d$ étant tracée on divise chaque moitié du diamètre $a\ b$ en trois parties égales, les perpendiculaires $p\ n$, élevées de chaque côté par les premiers points de division, donnent sur chaque quart de cercle un point n qui marque la hauteur du brisis; $a\ n\ d\ n\ b$ est le profil du *comble brisé*.

6ᵉ *Méthode.* Fig. 7, pl. XLII. Enfin Bélidor, peu satisfait des formes obtenues par ces divers tracés, proposa, en 1739, dans la *Science des ingénieurs*, un tracé qui a été presque généralement adopté à cause de sa simplicité et du bon effet qu'il produit.

Ayant décrit un demi-cercle sur la ligne $A\ B$, largeur de la base du comble comme diamètre, et élevé sur le milieu de ce diamètre la perpendiculaire $C\ D$, on divise sa circonférence en cinq parties aux points E, G, H, F; les cordes $A\ E, B\ F$, qui répondent aux premières divisions des deux côtés, forment les pentes du *vrai comble*, et les cordes $E\ D, F\ D$ sont celles du *faux comble*.

On peut encore varier, même d'une infinité de manières, les formes des combles brisés, soit en choisissant sur le diamètre ou sur la demi-circonférence d'autres points de division, soit en changeant les rapports des bases et des hauteurs des toits, suivant les applications qu'on veut en faire. C'est ainsi que Krafft en a usé dans le comble brisé qu'il a construit en 1788, à Massaw, en Alsace (1), suivant le tracé indiqué par l'architecte Briseux, en 1743, et que nous donnons fig. 8, pl. XLI. La largeur $a\ b$ du bâtiment est d'environ $13^m,60$; l'entrait $h\ i$ est placé à environ $2^m,28$ au-dessus, afin qu'on puisse habiter la mansarde; $g\ i$ est égale au tiers de $b\ g$, hauteur du vrai comble; $e\ f$, hauteur du faux comble, est égale au quart de sa base $h\ i$.

Bullet, que nous avons déjà cité à la page précédente, dit que Mansard a tronqué ses combles à l'exemple de celui du château de Chilly, construit par Métézeau (2).

Mesange (3) prétend qu'il en avait pris l'idée dans le cintre en charpenterie composé par Antonio Segallo, et que Michel-Ange a employé à la construction du dôme de Saint-Pierre de Rome (4). Mais Krafft, dans une

---

(1) 1ᵉʳ Recueil, page 6 (*Krafft ancien*).
(2) Architecte sous Louis XIII; employé comme ingénieur au siége de la Rochelle, en 1628.
(3) Mathias Mesange, garde de la bibliothèque de Saint-Germain-des-Prés, mort à Paris en 1758. (*Traité de charpenterie.*)
(4) Nous donnons le détail de ce cintre dans le second volume.

note de la page 6 de son premier recueil, fait avec raison remonter plus haut l'origine des combles brisés. Il remarque que les premières constructions de ce genre ont été faites sur la partie du Louvre bâtie, sous Henri II, par Pierre Lescot, mort en 1570, bien avant, par conséquent, la construction du château de Chilly et du château de Maisons, où il paraît que F. Mansard fit usage pour la première fois des combles brisés, et que c'est à tort qu'on lui a fait honneur de cette invention. Il ajoute même que des maisons de bois de la haute et de la basse Bretagne étaient déjà couvertes en *combles brisés* dès la fin du XV° siècle. Quoi qu'il en soit, c'est F. Mansard qui en a fait revivre l'usage, et l'on ne peut s'empêcher de reconnaître qu'ils ont été utiles et qu'ils s'accordaient bien avec le goût des bâtiments de l'époque. Ils donnaient une augmentation de logement avec moins de dépense que celle qu'entraînait un exhaussement des murs, et laissaient les étages des appartements principaux se distinguer extérieurement des logements qui n'en étaient que les dépendances; ils avaient aussi l'avantage de réduire la largeur des joues des fenêtres dites lucarnes. On n'en fait plus autant usage, parce qu'ils ne sont plus en harmonie avec la simplicité, la grande élévation et l'élégance des façades que l'on fait aujourd'hui; cependant l'étude de leur construction n'en est pas moins nécessaire, vu que l'on peut encore en faire d'utiles applications.

Les pièces de bois n, fig. 6 et 7, pl. XLII, qui correspondent aux arêtes du brisis des combles, font, à l'égard des chevrons du faux comble, l'office de sablières; elles ont néanmoins reçu le nom de pannes de *brisis*. Elles forment quelquefois corniches, comme celle représentée par un profil, fig. 10, pour rejeter les eaux du faux comble sur les brisis; d'autres fois elles sont arrondies en gros cordons saillants, comme dans la fig. 1, pl. XLIII. On les enveloppe alors d'une feuille de métal qu'on fait descendre en bavette par-dessus les ardoises ou les tuiles du brisis. Dans aucun cas les pannes du brisis ne dispensent de véritables pannes z pour appuyer les bouts supérieurs des chevrons o des pans de brisis, comme dans la fig. 10.

Le plus ordinairement on couvre les pans du vrai comble en ardoises, parce qu'ils sont raides et plus apparents, tandis que les pans du faux comble, qui ne peuvent être aperçus, sinon de loin, peuvent être couverts en tuiles.

Dans les combles en *mansardes*, les *sous-faîtes* v, fig. 7, sont assemblés dans les entraits c, parce qu'ils se trouvent alors à même hauteur que les soliveaux qui soutiennent le plafond.

Les sablières b, du comble fig. 7, sont liées aux jambes de force par des bandelettes en fer y y qui tiennent lieu de blochets. Des coyaux e e portent, comme pour les autres combles, les égouts de la couverture jusqu'aux cimaises des corniches, à moins que les eaux ne doivent être reçues dans des chéneaux en plomb établis sur ces mêmes corniches.

Lorsqu'on veut comprendre dans le principal étage l'espace enveloppé par le comble, ordinairement employé en mansardes, on supprime les tirants et l'on fait porter, par embrèvement, les jambes de force s, s sur des sablières z, z, fig. 6, posées sur les retraites ménagées en haut des murs au niveau des corniches intérieures; et les fermes sont disposées intérieurement pour porter une charpente légère ayant pour objet de cacher celle du comble au moyen d'un revêtissement en menuiserie ou en plafonnage, qui produit intérieurement l'apparence d'une voûte. En pareil cas, on a soin de donner aux murs des épaisseurs suffisantes pour résister à la poussée des jambes de force chargées de toute la charge de la toiture.

La ferme représentée fig. 6 est tracée d'après la méthode de Bélidor.

Les jambes de force s, s, l'entrait c, les aisseliers u, u, les goussets w w, sont taillés en dedans suivant le cintre que doit avoir la voûte en bois; toutes ces pièces sont assemblées à tenons, mortaises et embrèvements. On a marqué sur leurs faces de parement les mortaises dans lesquelles doivent s'assembler les pannes intérieures, pour la construction de la voûte, dans chaque travée.

Selon la hauteur du brisis du comble, la courbe, qui doit former l'intrados, est un cercle ou une ellipse, ou même une courbe tracée par le raccordement de plusieurs arcs de cercle égaux en nombre de degrés. Celle de la fig. 6 est de ce genre; elle est connue sous le nom d'*anse de panier* (1). La fig. 5 est un fragment de la même ferme avec la coupe de la voûte en bois; les mêmes lettres y désignent les mêmes pièces que dans la figure précédente. Les pannes f', f', sur lesquelles s'appuient les chevrons de brisis, sont portées, dans la fig. 6, par des chantignolles à entailles pour les écarter des jambes de force; elles sont fixées par des boulons. Dans la

---

(1) Attendu que la construction de cette courbe, d'un usage très-fréquent, ne se trouve pas dans tous les Cours de géométrie, nous l'indiquons fig. 8, pl. XLII. a b, grand diamètre; c d, petit diamètre; c e b, triangle équilatéral construit sur c b; c f, est pris sur c e égal à c d; la ligne d f est prolongée jusqu'à ce qu'elle rencontre en g le côté b e; par le point g, la ligne g z, tracée parallèlement à c e, détermine les centres x et z de la courbe. Une ellipse est plus gracieuse et n'est guère plus difficile à tracer; elle est bien préférable. Nous aurons occasion d'en faire usage.

fig. 5, ces pannes sont soutenues chacune par un tasseau x assemblé dans les jambes de force et les chevrons correspondants. Les pannes f', f', de la voûte en bois sont assemblées à tenons et mortaises dans les fermes; les chevrons a' a', qui forment la voûte, sont taillés en dessous suivant sa courbure, comme le dessous des bois des fermes ; ils sont assemblés sur les pannes à paume et cloués, et à tenons et mortaises sur le sous-faîte et les sablières. Les planches r, r, du revêtissement intérieur, façonnées suivant la courbure de la voûte, sont clouées sur les chevrons; elles sont jointes à rainures et languettes, qui ne sont point indiquées vu la petitesse de l'échelle. Si la voûte en bois devait être en plein cintre, comme l'indiquerait l'arc de cercle $p\,k\,q$, fig. 5, on serait obligé, en conservant le même système de fermes, d'abaisser les salières z et les corniches intérieures, ou de changer le rapport du faux comble avec les brisis.

La fig. 1 de la pl. XLIII est une ferme pour un comble qui couvre une galerie et qui satisfait au cas dont il s'agit. Elle est tirée de la quatrième partie du second recueil de Krafft.

La demi-circonférence $z\,v\,z$, qui marque le cintre intérieur, étant divisée en six parties égales aux points p, x, v, x, p, et l'entrait c étant établi au-dessus du sous-faîte v, compris dans l'épaisseur de l'arc o, les rayons $x\,r$, tracés par les deuxièmes points de division déterminent, par leurs intersections avec le dessus de l'entrait, les points e de brisis. Les jambes de force s, s, sont établies de façon que leurs faces extérieures passent par ces points et par les points des blochets y, qui répondent à l'aplomb des parements extérieurs des murs. L'épaisseur du toit étant tracée en dehors des jambes de force, des points où elle rencontre la ligne de milieu de l'entrait c, pris comme centres, on décrit les arrondissements des pannes de brisis n. Un arc de cercle $n\,d\,n$, concentrique avec le cintre intérieur et tangent à ces arrondissements, coupe la verticale qui passe par le centre au point d, qui appartient à l'arête faîtière ; par ce point on trace deux tangentes aux arrondissements des pannes de brisis; elles marquent les pans du faux comble. Des moises m, m, lient les jambes de force, l'entrait, le poinçon et les arbalétriers du faux comble et embrassent le cintre. Les pannes f, f, assemblées dans les arbalétriers h et dans les jambes de force s, soutiennent les chevrons des brisis et du faux toit. Les pannes intérieures f', f', assemblées dans les arcs et suivant leurs cintres, reçoivent les chevrons qui forment la voûte. Les fermes sont portées de chaque côté sur quatre sablières b, qui moisent les blochets y.

§ 7. *Toits en impériale.*

Vers le temps où les combles de Mansard étaient le plus à la mode, on mit en vogue aussi des combles construits à l'instar de quelques-uns de ceux des anciens, en carène de vaisseau renversé (1). On leur a néanmoins donné le nom de combles en *impériale*, parce que leur forme ressemble aussi à celle d'une couronne d'empereur, surtout lorsqu'ils sont employés sur des pavillons ronds ou carrés.

La fig. 9 est une coupe dans un comble en *impériale* à deux égouts. Sur la verticale CD élevée au milieu de AB, largeur dans œuvre du bâtiment, on marque en D la hauteur totale que doit avoir le comble. Des deux côtés de cette verticale on porte la moitié de l'épaisseur DE du poinçon. L'épaisseur du mur étant représentée par AG, la ligne GE est la corde commune aux deux arcs de cercle qui doivent former le point du comble en *impériale* en se raccordant au milieu F de cette ligne. Sur les milieux x et z des deux cordes égales AF, FE on élève des perpendiculaires xH, zK; elles donnent, par leur rencontre avec les horizontales AC, EK les centres H, K des deux arcs. Les points H, F, K doivent être en ligne droite si l'on a bien opéré.

On peut tracer le profil d'un comble en impériale par une autre méthode qui a, sur la précédente, l'avantage que les parties du toit où se font les raccordements des deux courbures ont la pente qui convient aux matériaux de couverture que l'on doit mettre en œuvre. Soit GP le minimum d'inclinaison que devrait avoir la toiture si elle était plane. CP étant le quart de CG, pente qui convient à une couverture en ardoises du dernier échantillon pour un pan de toit d'une très-petite étendue; après avoir élevé, au milieu de la ligne IG, une verticale QM, on trace par un point quelconque I de la même ligne IG, une perpendiculaire IJ à la ligne GP; sur cette perpendiculaire on porte

---

(1) Les maisons du quartier de Rome situé entre le mont Esquilin et la porte Capène nommé *Carinæ*, étaient couvertes de toits courbés en forme de carène, présentant l'aspect de navires renversés (Rondelet, *Art de bâtir*, t. III, p. 81).

IJ égal à IG, et par les points G, J on trace la corde commune GE dont les intersections avec les verticales QM, IE, donnent le point F de raccordement des arcs de cercle et la hauteur du comble; la tangente $G'P'$, commune aux deux arcs, est parallèle à GP. L'entrait c est posé de façon que sa ligne de milieu pq passe par le point de raccordement F, afin que les arbalétriers h et h', dont il reçoit les assemblages n'aient à participer qu'à une courbure dans un même sens. Les jambes de force en partie cintrées s s'assemblent sur des blochets y portés sur les sablières b, b; les arbalétriers convexes h s'assemblent par le bas sur ces mêmes blochets, et par le haut dans l'entrait; les arbalétriers concaves h' s'assemblent dans l'entrait par le bas et en haut dans les faces verticales du poinçon g, qui reçoit aussi les assemblages des sous-faîtes r et v; les pannes f, f, sont assemblées à tenons et mortaises dans les arbalétriers, et elles reçoivent dans des entailles les assemblages des chevrons courbes a, comme dans les fig. 14 et 15 de la pl. XLI. Des liens i, i, assemblés dans les arbalétriers, en écartent les pannes. Quant à la partie intérieure du comble, des aisseliers u et des jambettes courbes l, s'assemblent dans les jambes de force, l'entrait et les blochets. Les pannes inférieures f' f', assemblées par travées dans les pièces cintrées des fermes, reçoivent les chevrons cintrés a', sur lesquels on cloue les planches de revêtissement en menuiserie ou les lattes d'un plafonnage. La courbure peut être une ellipse, ou une anse de panier, ou un cercle; dans ce dernier cas, en abaissant son diamètre en $A'B'$ sans rien changer au comble en *impériale*.

Les toits en impériale n'étaient employés que sur des pavillons ou sur des bâtiments qu'on voulait distinguer par les formes bizarres de leurs combles.

On fait, en Afrique et en Asie, des toitures dont la figure a quelques rapports avec celle des combles en *impériale*. Leurs formes sont représentées, fig. 2, 5 et 7; comme ces combles ne sont point en usage en Europe, et que d'ailleurs leur construction est analogue à celle que nous venons de décrire, nous ne donnons point de détails de leurs charpentes.

§ 8. *Toits cylindriques.*

On construit aujourd'hui, à Paris, des combles qui ont des avantages marqués sur ceux de Mansard; ils en diffèrent peu quant à la disposition intérieure de leur charpente, mais ils présentent extérieurement une forme cylindrique plus simple, en rapport avec les façades des maisons qu'on bâtit maintenant, et sous lesquels on trouve également un et même deux étages de logements, lorsque les largeurs des bâtiments s'y prêtent.

La fig. 11 de la pl. XLIII est une coupe d'un comble cylindrique de cette construction par un plan vertical. L'entrait c porte un plancher aussi bien que le tirant principal t. Ces deux pièces servent de poutre et doivent avoir un fort équarrissage, à moins qu'elles ne puissent être soutenues, comme les sablières ou chapeaux des pans de bois, par des poteaux verticaux formant au-dessous des cloisons de refend pour la distribution intérieure du bâtiment. Nous n'avons indiqué aucun de ces poteaux, sinon ceux p d'huisserie, pour l'entrée d'un corridor qui s'étendrait dans le milieu du bâtiment suivant sa longueur.

L'entrait c est soutenu par des jambes de force s, qui portent sur le tirant principal t. La stabilité des jambes de force est assurée par des aisselières u. Le second entrait k est également soutenu par des jambes de force z avec aisselières v et jambettes i; le tout est couronné par un assemblage du genre des faux combles en mansardes, composé de deux arbalétriers h, h, et d'un poinçon g, qui reçoit le faîtage d.

Les chevrons o, o, sont taillés suivant la courbure cylindrique; les pannes f, f, sont soutenues par des tasseaux p assemblés dans les jambes de force et dans les chevrons correspondants; elles sont écartées des jambes de force, suivant la courbure des chevrons, par des cales x, x. Les eaux du toit sont recueillies dans des chéneaux établis sur la corniche des murs m. Sur la droite de la figure, nous avons indiqué le cas où les *pannes* sont soutenues par des murs n de refend. Plusieurs de ces sortes de combles ne sont établis que sur la partie du bâtiment qui est du côté de la rue, le toit est plat du côté de la cour et soutenu, suivant la pente usitée, par le mur de face m' élevé jusque sous l'égout, comme nous l'avons indiqué en lignes ponctuées sur la même figure. Le mur de refend n', dans le sens de la longueur du bâtiment, répond au corridor dont nous avons parlé plus haut.

§ 9. *Toits en appentis.*

Les appentis peuvent couvrir des bâtiments isolés, ou être appuyés comme dépendances contre d'autres bâtiments, circonstance d'où leur est venu leur nom (1). Une toiture en *appentis* est soutenue par des fermes transversales qui sont la moitié de celles d'un toit à deux égouts. Nous n'en donnons pas de dessin, parce qu'il reproduirait à peu près un côté d'une des fermes que nous avons décrites. Chaque ferme transversale d'un toit en appentis est ordinairement composée d'un demi-tirant horizontal scellé par un bout dans la muraille contre laquelle l'appentis est construit, et portant de l'autre sur la paroi qui répond à l'égout du toit, d'un seul arbalétrier assemblé par le bas dans le demi-tirant et par le haut dans un poinçon attaché contre le mur par des liens en fer à scellements, et quelquefois assemblé dans le tirant, ou recevant même l'assemblage du tirant. Ce poinçon a pour objet de recevoir le tenon de l'arbalétrier et celui de son lien. Le mur d'adossement fait l'office d'une ferme longitudinale. Les appentis comportent de faux demi-entraits, mais ils n'ont jamais assez d'étendue en largeur pour qu'il soit nécessaire d'y employer de véritables demi-entraits ni des jambes de force.

Dans les appentis qui ont peu de largeur, on supprime souvent les poinçons et les faîtages, les arbalétriers et leurs liens sont scellés dans le mur, les bouts supérieurs des chevrons s'y appuient sans scellements; tout le reste du toit est construit comme ceux à deux égouts. Nous renvoyons quelques cas particuliers aux planches du tome second, sur lesquelles nous avons réuni diverses constructions accessoires. Lorsqu'un appentis est établi isolément et qu'il n'y a pas de mur pour l'y appuyer, ce mur peut être remplacé par un pan de bois qui s'élève jusqu'au faîtage; on peut même soutenir un appentis sur des poteaux.

Les toits en berceau cylindrique et en impériale, et ceux à la Mansard, peuvent au besoin être établis en appentis.

---

(1) Du latin *ædium appendix*.

§ 10. *Arêtiers et noues.*

Les combinaisons des toits plans qui produisent les combles en pavillon, les croupes et les noues, nécessitent dans la construction de ces combles des pans de charpente horizontaux et verticaux qui ont pour objet de maintenir les angles que les pans des toits font entre eux, et de soutenir les pièces qui forment les arêtes, les extrémités des pannes et les chevrons qui sont tronqués et qui ne peuvent pas atteindre leurs points d'appui ordinaires.

La fig. 6, pl. XLIV, est le plan de l'enrayure à hauteur des sablières de la croupe droite comprise dans le rectangle ponctué 1-2-3-4 du plan général d'un comble, fig. 8.

La fig. 1 est la projection verticale d'une ferme transversale du même comble, sur le plan d'une coupe du bâtiment, suivant la ligne $A\ B$ de la fig. 6.

a, chevrons; g, poinçon (1); c, tirant d'une ferme transversale; s, s, sablière; t, tirant de la ferme dont le poinçon de croupe q fait partie; les mortaises dans lesquelles doivent s'assembler les arbalétriers, le poinçon, les goussets et le tirant de croupe, sont marquées sur cette pièce; d, tirant de croupe qui porte d'un bout sur le mur de croupe et qui est assemblé de l'autre bout dans le tirant t. Cet assemblage est souvent consolidé par un ferrement qui n'est point marqué dans le dessin. La ferme de croupe est établie sur ce tirant. Cette ferme fait partie de la ferme longitudinale ou de *sous-faîte* et la termine. p, p, goussets assemblés à tenons et mortaises; on consolide leurs assemblages par un boulon à chacun : on peut

---

(1) On termine quelquefois la tête d'un poinçon de croupe ou de noue en pyramide, fig. 4, pl. XLIV, ou en cône qui s'élève au-dessus du faîte d'une hauteur égale à quatre ou cinq fois l'équarrissage du poinçon. On couvrait jadis les poinçons par une sorte de pot en faïence de forme bizarre et colorié; aujourd'hui on se contente d'un étui en métal ou de peindre le bois. On substitue souvent à ces pointes des boules creuses en cuivre et dorées, fig. 3, pl. XLIV, dont la base s'emboîte sur la tête du poinçon et forme tout autour une bavette qui s'étend sur les pans de la couverture. Les girouettes et les lances des paratonnerres s'établissent sur les poinçons.

aussi les convertir en moises. Ces goussets ont pour objet de recevoir les assemblages des coyers qui n'auraient point de solidité s'ils étaient réunis à celui du tirant de croupe; ils ont encore pour objet de maintenir la position du tirant de croupe à l'égard du grand tirant. *r, r*, coyers ou tirants d'arêtiers sur lesquels les fermes arêtières sont établies. Ils portent par un bout sur les encoignures des murs et sont assemblés, par l'autre bout, à tenon et mortaise dans les goussets *p, p;* leurs assemblages sont quelquefois consolidés par des bandes de fer, à moins qu'ils ne soient moisés par les goussets. Les pas des chevrons et des empanons sont marqués de la lettre *m* sur les sablières des longs pans et de la lettre *n* sur la sablière de croupe.

La combinaison du long tirant *t*, du tirant de croupe *d*, des deux goussets *p* et des coyers *r*, forme ce qu'on appelle une *enrayure*, à cause de sa ressemblance avec les rayons ou raies d'une roue.

La fig. 7 est la projection horizontale de la croupe garnie de ses chevrons *a* et des empanons *a'* des longs pans, de son chevron *o* et de ses empanons *o'* de croupe.

La fig. 5 est la projection verticale de la même croupe sur un plan parallèle à la façade *x y* du mur de croupe, sur laquelle on voit le poinçon *q*, les chevrons *arêtiers a"*, le chevron *o* et les empanons *o* de croupe.

La fig. 12 est une autre projection verticale de la même croupe sur un plan parallèle au mur de long pan *z x*, et sur laquelle sont marqués les chevrons *a* et les empanons *a'* de longs pans. On voit aussi sur cette projection le poinçon *q* et un chevron d'arêtier *a"*.

Les chevrons *a", a"* appartiennent aux fermes arêtières. Ils ont pour unique objet de recevoir les assemblages des empanons afin de les soutenir. Nous avons supposé, dans la construction de cette croupe, que le peu de longueur des chevrons dispensait des pannes et des arbalétriers. Nous ferons les mêmes suppositions pour les quatre figures suivantes, afin de simplifier les projections, qui n'ont d'ailleurs pour objet que de faire voir les positions des fermes, des chevrons et des empanons qui répondent aux arêtes saillantes et creuses dans la construction des toits dont les rencontres produisent ces arêtes. Nous donnons, pl. XLVII, deux exemples dans lesquels les pannes et les arbalétriers se trouvent employés et représentés complétement, et nous retrouverons encore, dans le chapitre suivant, les détails sur l'emploi de ces pièces, qui sont indispensables, quand les chevrons ont une longue portée.

Le pan de croupe fait avec l'horizon un angle *q r t*, fig. 12, beaucoup plus raide que celui $q\,r\,d$, fig. 5, des longs pans. Les motifs de cette différence sont : 1° que le tirant de croupe d n'étant assemblé qu'au tirant t, il n'a pas une liaison complète dans la ferme longitudinale sur la direction de laquelle il se trouve; que, par conséquent, il n'a pas pour résister à la poussée de la croupe la même force que les tirants entiers des fermes transversales, il convient donc, pour diminuer la poussée du pan de croupe, de lui donner plus de raideur; 2° si on laissait au pan de croupe la même pente qu'aux longs pans, le poinçon de croupe se trouverait placé au point h, fig. 7, et les arêtiers auraient les positions $h\,x$, $h\,y$, ce qui leur donnerait une longueur trop considérable, puisqu'elle serait à celle des chevrons des longs pans dans le rapport de $\sqrt{3}$ à $\sqrt{2}$ (à peu près comme 17 est à 14), si les pentes égales des longs pans et de croupe étaient de 45 degrés. L'usage est de faire la base de la pente du pan de croupe égale aux $\frac{4}{5}$ de la base de la pente d'un des longs pans, c'est-à-dire $q\,u$ les $\frac{4}{5}$ de $q\,w$; ce qui donne environ 13 et 14 pour le rapport de la longueur des arêtiers à celle des chevrons de long pan dans la même hypothèse. Cette proportion s'accorde aussi avec la distribution des fermes transversales sur la longueur du bâtiment et avec la distribution des fenêtres sur les longues façades.

La fig. 8, pl. XLV, est une projection horizontale d'une croupe biaise comprise dans le rectangle 5-6-7-8 du plan général d'un grand comble, fig. 8, pl. XLIV.

Les fig. 10 et 12, pl. XLV, sont deux projections horizontales de deux croupes biaises, comme celle comprise dans le rectangle 17-18-19-20. Les fig. 7, 9, 11 sont les projections verticales de ces mêmes croupes sur un plan vertical perpendiculaire aux longues façades des bâtiments.

Les mêmes lettres désignent, sur ces projections, les pièces des mêmes noms que ceux des pièces de même espèce projetées sur la planche précédente.

Les trois croupes biaises auxquelles se rapportent ces projections ont pour objet de faire voir quelles positions on peut donner aux fermes, aux chevrons et aux empanons. Dans les fig. 7 et 8, les fermes transversales ou de long pan. $A\,B$, $D\,E$, les chevrons a et les empanons a' des longs pans sont parallèles au mur de croupe $x\,y$.

La ferme longitudinale suivant $C\,q$, la ferme de croupe suivant $q\,F$ qui en fait partie et les empanons de croupe o' sont parallèles aux longues façades du bâtiment. Tous les chevrons sont délardés, c'est-à-dire que leurs coupes perpendiculaires à leurs arêtes, au lieu d'être des rectangles, sont des rhombes ou parallélogrammes, afin que deux de leurs faces soient verticales.

Dans les fig. 9 et 10 les fermes $A\ B\ D\ E$ et les chevrons a sont perpendiculaires à la longueur du bâtiment; la ferme longitudinale, ou sous-faîte $C\ q$, est parallèle à cette même longueur; mais la ferme de croupe $q\ F$ n'est pas dans son prolongement; le chevron et les empanons, tant des longs pans que des pans de croupe, sont perpendiculaires aux sablières. Tous les chevrons et empanons sont en bois équarri, et leurs faces latérales sont perpendiculaires aux pans des toits.

Dans les fig. 11 et 12 les fermes transversales et les chevrons des longs pans ont les mêmes positions que dans les fig. 7 et 8; les empanons de croupe sont projetés comme dans les fig. 7 et 8, ils ont leurs directions parallèles à celle du faîtage; mais, afin de n'y employer que des bois équarris, par économie de matière et de travail, ils sont tournés sur leurs axes, de manière que chacun d'eux a une de ses faces dans le plan du toit et que ses deux faces latérales lui sont perpendiculaires. Les empanons ainsi établis sont nommés *empanons déversés*, parce qu'ils sont effectivement en dévers par rapport à la position plus régulière de ceux de la croupe, fig. 7 et 8.

La fig. 2, pl. XLVI, est la projection horizontale du nœud des combles de deux bâtiments A, B, fig. 8, pl. XLIV, compris dans le rectangle 9-10-11-12. La fig. 1, pl. XLVI, est une coupe du bâtiment D sur la ligne $M\ N$ du plan, fig. 2, sur laquelle les deux parties du comble du bâtiment A sont projetées. C'est le poinçon commun aux quatre fermes diagonales, dites *fermes de noues*, parce qu'elles soutiennent les quatre *noues* $C\ A,\ C\ E,\ C\ O,\ C\ U$, et aux quatre faîtages f, f', répondant aux deux fermes longitudinales $f\ C\ f$, $f'\ C\ f'$ des deux bâtiments.

Les quatre poinçons marqués g appartiennent aux quatre fermes transversales $A\ g\ E,\ E\ g\ O,\ O\ g\ U,\ U\ g\ A$ des deux bâtiments, entre lesquelles les noues se trouvent. Les pièces marquées s, s', sont les sablières. Les chevrons d'un bâtiment sont marqués de la lettre a; les empanons du même toit sont marqués a'; les chevrons et les empanons de l'autre bâtiment sont marqués o, o'. Les empanons sont assemblés par le bas dans les noues. Les bâtiments étant d'égales largeurs et se rencontrant à angle droit, les quatre noues sont égales.

La fig. 4, pl. XLVI, est la projection horizontale de la partie d'un comble répondant au nœud biais de deux bâtiments A, B, fig. 8, pl. XLIV, comprise dans le rectangle 13-14-15-16.

La fig. 3, même pl. XLVI, est la projection verticale de cette partie de comble sur le plan d'une coupe faite suivant la ligne $U'\ O'$ de la fig. 4.

Les bâtiments, quoique égaux en largeur, se coupant sous un angle qui n'est pas droit, les noues $C\ A, C\ E, C\ O, C\ U$ sont inégales, ou plutôt elles sont égales deux à deux. Le poinçon C leur est commun ainsi qu'aux fermes longitudinales des deux bâtiments répondant sous les faîtages marqués $f\ f$. Les chevrons a, o sont dirigés perpendiculairement aux faîtages des bâtiments auxquels ils appartiennent; les empanons $a'\ o'$ ont les mêmes directions que les chevrons; ils s'appuient par le haut contre les faîtages et dans le bas ils s'assemblent dans les noues à tenons et mortaises. Les chevrons, également appliqués contre les faîtages, sont embrevés dans les sablières.

Quatre poinçons, dont un seul est projeté en g, appartiennent aux quatre fermes transversales des combles, entre lesquelles sont les quatre noues; l'étendue du dessin n'a permis que d'en projeter une seule $U'\ g\ O'$. Quand l'angle sous lequel les bâtiments se rencontrent diffère beaucoup d'un angle droit, la distance du poinçon g, d'une ferme transversale $U'\ g\ O'$ au poinçon C est trop grande pour que le faîtage $C\ f\ g$ et les pannes, lorsqu'il y en a, puissent se soutenir d'une seule portée entre la ferme transversale $U'\ g\ O'$ et les fermes de noue $C\ U, C\ O$. On établit alors dans la direction des murs des façades quatre fermes transversales biaises $a\ g'\ e, e\ g'\ o, o\ g'\ u,$ $u\ g'\ a$, dont les poinçons, marqués g', soutiennent les faîtages qui s'y assemblent, et leurs arbalétriers soutiennent les pannes. Si les murs des façades sont prolongés intérieurement, comme celui ponctué de O en U, pour former des refends s'élevant en pignons jusque sous les charpentes des toits, ils dispensent des fermes biaises et ils soutiennent les faîtes et les pannes.

Lorsque les bâtiments qui se rencontrent et se croisent n'ont pas une grande saillie les uns sur les autres, comme dans la projection horizontale, fig. 10, pl. LI, que les extrémités soient terminées, comme en $m\ n$, par des pignons ou qu'elles forment, comme en $p\ q$, des croupes biaises, il n'y a pas assez de distance entre ces extrémités et les noues pour qu'on puisse établir des fermes transversales perpendiculairement aux faîtages et aux façades qui forment les angles rentrants du plan du bâtiment; on est, conséquemment, forcé d'établir les fermes transversales d'un comble, parallèlement aux faîtages de l'autre comble : ainsi, les fermes transversales du bâtiment $A\ A$, seront parallèles aux faîtages du bâtiment $B\ B$, et réciproquement.

La fig. 14, même planche, est la projection horizontale des noues, pour le cas dont il s'agit. Cette fig. représente le détail de la partie enfermée dans le rectangle 1-2-3-4, fig. 10. Toutes les pièces de bois sont marquées des mêmes lettres que celles comprises dans les projections de la pl. XLVI. La seule différence qui se fait remarquer, c'est que dans cette figure les chevrons a et les empanons a' sont dans des directions parallèles aux faîtages f, f, et que les chevrons o et les empanons o' sont dans des directions parallèles aux faîtages f', f', parce que les fermes $E\ g\ O$, $O\ g\ U, U\ g\ A$ et la ferme $A\ g\ E$, que le dessin ne représente pas, faute d'espace, sont nécessairement parallèles aux faîtes $f\ C\ f, f\ C\ f$. Sur la droite de la figure, les chevrons et les empanons sont *délardés* et sur la gauche ils sont *déversés*. Les chevrons sont appuyés aux faîtages et embrevés dans les sablières s, s, les empanons, appuyés également contre les faîtages, sont assemblés dans les noues. Mais il peut arriver que la distance entre les arêtiers et les noues soit tellement réduite par l'effet du peu de saillie d'un bâtiment sur l'autre, comme dans la fig. 7, même pl. LI, qu'on soit forcé d'assembler les empanons en même temps dans les arêtiers et dans les noues; c'est ce que représente la projection horizontale, fig. 5, pour la partie du comble projetée aussi horizontalement. fig. 7 et comprise dans le rectangle 5-6-7-8. La croupe biaise est si rapprochée des noues qu'il n'y a pas d'espace entre le poinçon G des arêtiers et celui C des noues, pour établir une ferme de long pan. Dans ce cas, la ferme de croupe projetée sur $G\ r$, concourt avec la ferme longitudinale établie sous les faîtages f, au soutien du poinçon G, sur lequel s'appuient les arêtiers $p\ G, q\ G$; ces arêtiers sont si rapprochés des noues, qu'il ne peut pas y avoir de chevrons, mais seulement des empanons a' qui s'assemblent en même temps d'un bout dans les arêtiers $p\ G, q\ G$, et de l'autre bout dans les noues $C\ z, C\ v$, qui sont biaises, vu que les bâtiments $A, B,$ fig. 7. n'ont point des largeurs égales.

§ 11. *Pavillons à cinq épis.*

Les fig. de la pl. XLVII sont des applications du paragraphe précédent, et elles complètent la description des arêtiers et des noues. Les deux charpentes que nous y avons représentées sont, quant à leurs formes générales, tirées des pl. VIII, IX et X du Traité de N. Fourneau. Nous avons représenté toutes les fermes avec toutes les pièces qui entrent dans leur construction ; les assemblages sont projetés d'après des épures faites sur une plus grande échelle, et nous avons eu intention, en dressant cette planche, de faire voir comment on représente complétement la charpente d'un comble, lorsqu'on en fait le projet dont nous avons parlé chap. IX : 1° il ne manque à cet égard aux figures de la pl. XLVII que les cotes des dimensions des combles et des équarrissages des bois; mais leur multiplicité eût compliqué les figures et nui à leur aspect vu la petitesse de l'échelle.

La nomenclature que nous avons donnée, dans les paragraphes précédents, pour les différentes pièces qui entrent dans la composition d'une charpente, nous dispense de désigner de nouveau celles des charpentes de notre planche XLVII par des lettres.

La fig. 1 est le plan général du comble d'un pavillon dit à *cinq épis* (1), vu qu'il y a cinq poinçons autour desquels des bois sont assemblés et rayonnent, savoir : le poinçon central c des noues et les quatre poinçons m, p, n, q des quatre croupes. Ce qui rend la construction de ce comble remarquable, c'est qu'il n'y entre aucune ferme transversale de long pan et qu'elle ne se compose que de fermes longitudinales, de fermes de croupes, de fermes de noues et de fermes d'arêtiers.

La fig. 2 représente une des deux fermes longitudinales, situées sous les faîtages et dans le prolongement des fermes de croupe qui en font partie; cette ferme est entièrement projetée sur le plan horizontal en 1-m-c-n-q; l'autre ferme longitudinale n'est projetée horizontalement qu'en partie sur 5-p-c, faute d'espace sur le plan.

Sur la fig. 2 nous avons projeté en ligne ponctuée la ferme type, de laquelle toutes celles qui entrent dans la composition de ce comble sont déduites. Cette ferme ponctuée peut être regardée comme la projection verticale des pans de toits 3-4-p-c, 7-6-p-c; elle pourrait être aussi la projection de deux autres pans du même comble égaux à ceux-ci.

La fig. 3 est une projection verticale d'une des fermes arêtières, de celle, par exemple, projetée horizontalement en n-8, ou de l'une quelconque des sept autres qui lui sont toutes égales.

La figure 4 est enfin une projection verticale d'une des fermes de noue, par exemple, de celle c-7, ou de l'une des trois autres qui lui sont toutes égales.

---

(1) Les charpentiers appellent *épi*, dans la construction d'un comble, la réunion de plusieurs pièces de bois autour d'un poinçon; ainsi, le comble d'un pavillon est à un seul épi ; la partie d'un comble où se réunissent quatre noues est à un épi. La fig. 4, pl. LIX, représente un comble à deux épis, et la fig. 2 un comble à trois épis.

En outre des projections des fermes sur le plan, nous avons tracé celle de l'enrayure et celle des pannes et des empanons.

La fig. 6 est le plan général d'un comble, également à cinq épis, qui diffère du précédent en ce qu'étant établi sur un pavillon dont le plan est un carré, les arêtiers et les noues concourent, pour chaque angle, à un seul point.

La fig. 8 est une projection horizontale de la charpente de ce pavillon; la fig. 5 est une partie de la projection verticale de l'une de ces deux fermes longitudinales 1-m-c-n-9. La ferme ponctuée de la fig. 2 a encore servi de type pour la construction des fermes de ce pavillon. La fig. 3 et la fig. 4 conviennent aux projections verticales des fermes d'arêtiers et des fermes de noues de ce pavillon, comme aux mêmes fermes du pavillon précédent; elles n'en diffèrent que parce que les arbalétriers et les chevrons d'arêtiers et de noues se réunissent et sont déjoutés, en s'assemblant par le bas, sur les tirants et coyers qui se réunissent également, dans leurs portées, sur les sablières aux angles du pavillon.

Vu le peu de longueur des empanons entre les arêtiers et les noues, on supprime les pannes des longs pans, que nous avons ponctuées en x et y pour rappeler la disposition qu'elles auraient si l'on voulait les conserver dans ces parties des combles pour compléter la régularité de l'aspect intérieur du comble.

L'étude de cette charpente prendra un nouveau degré d'intérêt quand on aura lu le chapitre suivant, consacré à la description des épures.

Rondelet a voulu généraliser la construction du comble à cinq épis, en donnant pour exemple, pl. LXXVII de l'*Art de bâtir*, le tracé d'un comble sur un pavillon irrégulier; mais il a choisi un cas tout particulier, et sa méthode n'est pas générale. La projection horizontale du poinçon central d'un pavillon à cinq épis, comme d'un pavillon à un seul épi, doit être au centre de gravité de la surface du plan; encore faut-il que, dans cette disposition, l'aspect du comble, vu du dehors, soit satisfaisant. Mais, en général, on doit éviter dans le plan d'un pavillon une trop grande irrégularité, qui produit toujours un aspect désagréable au dehors et un agencement difficile et peu gracieux au dedans.

Fourneau a donné un cinq épis biais; nous ne le reproduisons pas, vu que ce que nous avons dit des croupes et des noues biaises est suffisant, et que nous laissons leur application à un cinq épis biais, comme une bonne étude à faire.

§ 12. Équarrissage des bois employés dans les combles.

DIMENSIONS DES FERMES en mètres.			ÉQUARRISSAGES en millimètres.								
LARGEURS	HAUTEURS	ÉCARTEM.	TIRANTS	JAMBES de FORCE.	EXTRAITS. 1er.	2e.	ARBALÉ-TRIERS.	LIENS.	POINÇONS.	PANNES.	CHEVRONS.
m. 6,50	m. 3,25	m. 3,25	245 à 270		190 à 190		190 à 215	135 à 160	190	135	
8	5	3,60	270—300		190—215		190—215	160—190	215	135	
10	6,50	4	300—350		215—245		215—245	160—190	215	160	110
12	8	5	325—380	245—325	245—270	215—245	245—270	190—215	245	190	
14	9	7,50	350—405	325—380	245—270	215—245	270—300	190—215	270	215	

I. — 64

CHAPITRE XIV.

ÉPURES.

Les épures, dont nous avons déjà parlé page 305, ont pour objet de déterminer, par des opérations graphiques exactes, les projections d'un ouvrage en charpente, afin d'étudier les formes de ses assemblages et les combinaisons des différents pans qui concourent à sa composition.

Les détails à exprimer dans l'étude d'un assemblage ont souvent moins d'un centimètre de largeur; ils peuvent même se présenter sous des apparences plus petites encore dans le sens où ils doivent être projetés. Pour qu'ils soient sensibles dans une épure et figurés avec précision, la proportion de la réduction de leurs dimensions ne doit pas être trop petite. L'échelle à $\frac{1}{5}$ pour les mesures métriques conviendrait le mieux, s'il ne devait pas s'ensuivre que la représentation d'une ferme, d'une dizaine de mètres de portée seulement, exigerait un dessin de plus de deux mètres de largeur et d'une hauteur presque égale. En outre, qu'une épure aussi grande serait difficile à construire avec précision, sans l'aide d'un compagnon, elle serait surtout incommode pour l'usage; elle ne présenterait de détails utiles pour l'étude que dans les parties où les assemblages se trouveraient placés, le reste de sa surface, comme vide ou seulement traversé par quelques lignes, serait difficile à embrasser d'un coup d'œil et dénué d'intérêt. Afin de réduire l'étendue des épures, de n'y tracer que des lignes d'une médiocre longueur et de rapprocher les projections des assemblages qui sont liés par quelques rapports, les charpentiers se servent simultanément de deux échelles : l'une assez grande pour les dimensions en tout sens des assemblages et pour les deux dimensions d'équarrissage des bois, permet de rendre sensible et de figurer exactement les plus petits détails, même ceux qui se présentent obliquement aux projections;

l'autre, pour les dimensions dans œuvre des bâtiments et les longueurs des pièces de bois, est dans une proportion assez petite pour qu'on puisse représenter sur une feuille de papier de médiocre étendue une charpente de la plus grande dimension. Les épures, dont nous allons expliquer la construction, devant être contenues dans les dimensions de nos planches, nous avons pris dans toutes nos épures (1), pour la plus grande des deux échelles, le rapport de $\frac{1}{10}$ et pour la petite celui de $\frac{1}{40}$.

Nous choisissons pour exemples de la construction des épures de charpenterie les cas que présentent les arêtes saillantes et les arêtes creuses que forment les croupes et les nœuds des combles dont la surface extérieure et la surface intérieure sont planes, parce qu'elles présentent à peu près toutes les positions que peuvent avoir les pièces de bois les unes à l'égard des autres, et qui se retrouvent dans les autres genres de construction en charpente.

Le meilleur moyen d'étudier les épures, c'est de les construire en augmentant un peu les données principales de celles que nous présentons comme exemples. On doit apporter le plus grand soin dans la construction des épures pour obtenir des résultats exacts. Lorsqu'on a fait la projection d'un point, on doit, autant que cela se peut, vérifier la précision de sa position par une construction différente de celle dont on s'est servi pour l'obtenir. Sans cette précision, vérifiée à chaque pas, on risque de se perdre dans un dédale de points et de lignes dont il ne serait plus possible de tirer aucun parti.

Vu la grande quantité de lignes parallèles, dont on fait usage, dans une épure de charpenterie, on les trace, lorsqu'elles ont peu d'étendue, au moyen d'une équerre qu'on fait glisser le long d'une règle; mais lorsqu'elles sont fort longues, il est préférable de déterminer leurs positions par des distances égales marquées à leurs extrémités sur des perpendiculaires, moyen qu'il faut toujours employer pour les épures en grand ou *ételons*. On peut aussi se servir d'une équerre pour tracer des perpendiculaires qui n'ont point une grande longueur, et lorsqu'on est certain de la parfaite exactitude de l'équerre; mais pour les perpendiculaires qui ont une grande étendue, on doit construire les points qui déterminent leur position avec le compas, écarter ces points le plus possible, et par ce moyen tracer les perpendiculaires sans le secours d'aucune équerre.

---

(1) Les échelles des épures ne sont tracées que sur la pl. XLIX.

508   TRAITÉ DE L'ART DE LA CHARPENTERIE. — CHAPITRE XIV.

Les lignes horizontales et les lignes verticales étant celles qui se reproduisent en plus grand nombre et qui servent à la disposition générale des projections, les charpentiers sont dans l'usage d'établir sur leurs épures, et avant de les commencer, un *trait-carré* composé de deux lignes droites qui se croisent à angle droit au milieu du papier, et qui servent de repère, soit à l'équerre, soit aux distances égales pour tracer d'autres lignes qui doivent leur être parallèles. Les côtés du cadre qui entoure l'épure doivent être parallèles aux lignes du *trait-carré*, et établis avec la même précision, sans le concours de l'équerre, afin qu'ils puissent également servir de repère pour les parallèles qui en sont rapprochées.

§ 1. *Croupe droite et empanons droits*.

La planche XLVIII contient l'épure de la *croupe droite* comprise dans le rectangle 1-2-3-4 de la fig. 8, pl. XLIV, et dont la charpente est représentée dans son ensemble par les cinq premières figures de la même planche.

La première opération à faire lorsqu'il s'agit de la construction d'une épure, est, après le tracé du *trait-carré* et du cadre, l'établissement des bases du problème, qui sont ici le plan de la partie du bâtiment qui est couverte par la croupe et la hauteur du comble, dont on conclut les profils des pentes des toits. Sur la fig. 6 de la pl. XLVIII, qui est le plan de la croupe, les lignes $A\,B$, $E\,D$, marquent les traces des projections horizontales des parois verticales intérieures des murs longitudinaux, des bâtiments sur lesquels on suppose que le comble est établi. La ligne $B\,D$ est la trace ou projection horizontale du parement intérieur du mur qui répond au pan de croupe du toit; ce mur rencontre à angle droit les deux premiers, ce qui fait que la croupe est droite. Le rectangle $A\,B\,D\,E$ est construit sur la plus petite des deux échelles, celle au $\frac{1}{40}$. La ligne $F\,C$ est la direction de la grande ferme longitudinale que l'épure ne comprend point, vu qu'elle n'est pas nécessaire à la construction de la croupe qu'il s'agit d'étudier. Le point C est la projection horizontale du sommet de l'angle trièdre de la croupe. Ce point est aussi la projection de l'axe vertical du poinçon de croupe. La ligne $A\,C\,E$ marque en projection horizontale l'emplacement de la ferme transversale commune aux longs pans et à la croupe, et contre laquelle s'appuient les autres fermes de la croupe. La position du point C est choisie sur la ligne, $F\,C$, de façon qu'il y ait entre $F\,C$, projection horizontale de la largeur du pan de la croupe, et $A\,C$ ou $E\,C$, projection horizontale de la largeur de l'un des longs pans, le rapport dont nous avons parlé, page 485, pour que la pente du toit de croupe soit convenablement plus raide que celle des longs pans. $C\,D$ et $C\,B$ sont les projections horizontales des deux arêtes formées par la rencontre des deux longs pans et du pan de croupe.

La fig. 2 est la projection verticale de la ferme transversale du grand comble qui doit être établie sur la ligne $A\,C\,E$ du plan, fig. 6. $O\,G$ est la hauteur intérieure du comble; elle est donnée soit par l'angle qui règle la pente du toit, soit par le rapport que la hauteur du comble doit avoir avec sa portée; $G\,A$, $G\,E$, sont conséquemment les traces ou profils des parois intérieures du comble. Le triangle $A\,G\,E$ est construit sur la petite échelle.

$C\,1$, $C\,2$, sont les traces des parois extérieures des toits parallèles aux deux premières. Ces deux lignes marquent les épaisseurs égales des chevrons du grand comble, mesurées sur la plus grande échelle. De ces premières données, on déduit tous les détails de l'épure.

L'équarrissage des sablières s, s, étant tracé sur la fig. 2 d'après la grande échelle, on établit leur largeur en projection horizontale, fig. 6, par des lignes $f\,e$, $b\,c$, parallèles à $C\,F$, et dont les rencontres avec les prolongements des projections des arêtes $C\,B$, $C\,D$, donnent la position de la ligne $e\,c$, qui marque sur le plan la largeur de la sablière de croupe (1).

Les lignes 1-3, 2-4, marquent les abouts des chevrons et empanons des longs pans sur le dessus des sablières en projection horizontale, et la ligne 3-4 marque sur la même projection les abouts du chevron et des empanons de croupe. Les pas des chevrons et empanons se trouvent compris entre les lignes $A\,B$, $B\,D$, $D\,E$, et les lignes 1-3, 3-4, 4-2. Les parallélogrammes formés par toutes les lignes parallèles aux données $A\,B$, $B\,D$, $D\,E$, sont semblables, vu que leurs angles se trouvent sur les diagonales $C\,B$, $C\,D$. Ordinairement tous les murs ont la même épaisseur; les arêtes $C\,B$, $C\,D$, devant toujours passer par les angles e, c, que font les parois extérieures, on n'a point égard à la position du parement intérieur du mur de croupe.

La fig. 7 est la projection verticale de la demi-ferme de croupe sur un

---

(1) Les sablières sont supposées ici assemblées dans les tirants et coyers, ce qui ne change rien à la détermination des pas des chevrons et empanons, pour laquelle les sablières sont défigurées sur l'épure.

plan qui lui est parallèle, et couché à droite sur le plan de l'épure. Cette ferme est le prolongement ou l'extrémité de la ferme longitudinale dite ferme *sous-faîte*. L'axe du poinçon de croupe est sur le prolongement de la ligne $A\ E$, et la hauteur $O\ C$ est égale à la même hauteur $O\ C$ de la projection verticale, fig. 2, sur laquelle elle est prise.

Le point F, fig. 7, est déterminé par le prolongement de la ligne $B\ D$ du plan, la largeur de la sablière de croupe s est relevée de la projection horizontale par le prolongement de la ligne $e\ c$, et le point k, about des chevrons de croupe, est déterminé par le prolongement de la ligne des abouts 3-4 du plan. Les lignes $F\ G$, k, C, fig. 7, dont l'écartement est égal à l'épaisseur du toit de croupe, sont nécessairement parallèles par suite des constructions qui viennent d'être décrites, et de la loi des homologues d'un pan à un autre, que les charpentiers s'imposent dans leurs ouvrages (1).

Nous avons marqué les pièces de bois des mêmes lettres dans toutes les figures de l'épure; elles sont aussi à un petit nombre près les mêmes que celles qui nous ont servi à désigner les mêmes pièces dans les planches précédentes. Autant qu'il nous a été possible, nous avons aussi marqué dans toutes les figures les projections d'un même point de la même manière. Vu la multiplicité des points, nous avons été forcés d'employer des chiffres; nous avons été forcés aussi, par la même raison, de répéter des lettres, pour marquer des points différents; mais comme elles ne se trouvent jamais combinées sur des lignes différentes avec les mêmes lettres, ces répétitions ne peuvent avoir aucun inconvénient.

Nous n'avons composé les fermes représentées dans les épures des pl. XLVIII, XLIX, L, LI, LII, LIII, que d'un tirant, d'un poinçon et de deux

---

(1) Les charpentiers concluent toutes les formes et lignes d'un ouvrage droit ou biais, surhaussé ou surbaissé, d'un parallélipipède rectangle ou rhomboïdal dans lequel on peut l'inscrire. Ils considèrent ce parallélipipède comme résultant d'un cube dont les arêtes parallèles et les faces parallèles ont varié simultanément dans le même sens et dans le même rapport d'étendue ou d'inclinaison, ou de l'un et l'autre en même temps. Les positions des lignes et des plans, et même les formes et positions de leurs surfaces courbes, s'il s'en trouve dans le parallélipipède ou dans la charpente à laquelle il sert de type, sont déterminées par les positions et les formes de leurs *homologues*, dans le cube originaire. Cette considération, très-féconde en moyens de solutions dans les ouvrages en charpente, revient aux variations qu'on fait subir simultanément aux coordonnées, d'un point, d'une ligne, ou d'une surface rapportées à trois plans qui peuvent varier aussi.

pièces inclinées suivant les pentes du toit. Pour simplifier l'épure, nous considérerons ces deux pièces comme arbalétriers ou comme chevrons, suivant que nous aurons à étudier les assemblages des uns ou des autres. Nous n'avons point établi dans les fermes figurées sur les épures les liens, les aisseliers, les jambettes, ni les entraits qui s'y trouvent ordinairement, parce que leurs assemblages ont les mêmes formes que ceux détaillés dans nos épures pour les pièces qui s'y trouvent figurées.

La première pièce à établir sur l'épure est le poinçon de croupe qui est commun à toutes les formes qui rayonnent en *épi* autour de lui, et qui concourent à la ferme de la croupe.

Le poinçon et la ferme transversale des longs pans dont il fait partie doivent être dévoyés, c'est-à-dire que les véritables axes des pièces ne doivent pas se trouver dans le plan vertical passant par la verticale $O\,C$ et l'horizontale $A\,B$, fig. 2 et 6, mais bien dans un plan vertical parallèle choisi de façon que la ferme se trouve partagée par le premier plan dans le rapport des largeurs des longs pans et du pan de croupe, pour que les arêtes verticales du poinçon et celles de la pyramide ou de la pointe de diamant qui le couronne soient dans les plans verticaux des arêtes de la croupe projetées horizontalement sur les lignes $C\,B$, $C\,D$.

Pour dévoyer le poinçon, ayant tracé par le point w de son axe en projection verticale, fig. 2, la ligne 26-27, qui marque la hauteur de sa tête, on prend sur cette ligne w 26, w 27, égales à sa demi-largeur; les mêmes largeurs sont marquées de C en u et v sur la projection horizontale fig. 6; les parallèles 26-5, 27-6, marquent en projections verticale et horizontale la largeur de sa tête; leurs rencontres avec les arêtes $C\,B$, $C\,D$, déterminent la position de la ligne 5-6 qui limite l'épaisseur de la tête du poinçon du côté de la croupe. Quant à son épaisseur du côté du faîtage du grand comble, on la fait égale à sa demi-largeur apparente sur la projection verticale, fig. 2. Ainsi on fait u-7, v-8, égaux à $C\,u$ ou $C\,v$, et la ligne 7-8 complète le rectangle 5-6-7-8, qui est la projection horizontale de la tête du poinçon. Les lignes C-5, C-6, qui font partie des diagonales $C\,B$, $C\,D$, et les lignes C-7, C-8, sont les quatre arêtes de la pointe qui couronne le poinçon, et qui est représentée à part en projection horizontale, fig. 1.

Pour dévoyer en projection horizontale la ferme transversale projetée fig. 2, on porte sur une ligne perpendiculaire à $A\,E$, par exemple sur la face 5-8 du poinçon déjà tracée, et à partir de l'arête $C\,D$, l'épaisseur de la ferme de 5 en 17; on porte la même épaisseur de C en 17'; on trace la ligne 17-17', qui se trouve parallèle à l'arête $C\ D$, et par le point 14 où elle coupe l'arête C-8, on trace la ligne 14-15, qui est égale à l'épaisseur donnée de la ferme, et qui est partagée par la ligne $A\ E$ dans le même rapport que la face 5-8 du poinçon. Les parallèles 9-10, 11-12 à la ligne $A\ E$, tracées par les points 14, 15, donnent la position des parements de la ferme transversale dévoyée, et le rectangle 13-14-15-16 est la projection horizontale du corps du poinçon marquée g sur les fig. 2 et 7 (1) qu'on met en projection verticale par des lignes parallèles à son axe $O\ C$.

La ferme de croupe est projetée horizontalement, fig. 6, par les lignes 22-28, 20-29, qui sont les prolongements des faces du corps du poinçon.

On peut dévoyer le même poinçon et la ferme d'une autre manière; les lignes $C\ B$, $C\ D$, fig. 11, pl. LV, représentant comme ci-dessus les projections horizontales des arêtes de la croupe; sur la ligne $A\ E$ parallèle à la position que doit avoir la ferme transversale, on porte à droite et à gauche du point C les grandeurs $C\ u$, $C\ v$, égales à la moitié de l'équarrissage du poinçon qui, dans ce cas, doit être carré; par les points u, v, on trace des lignes parallèles à $T\ C\ F$; leurs intersections avec les arêtes $A\ B$, $C\ D$ donnent les points 5, 6, pour projections de deux des arêtes verticales de la tête du poinçon; on fait 6-7, 5-8, égales à $u\ v$; les points 7, 8, sont les projections des deux autres arêtes verticales du même poinçon, de telle sorte que ce poinçon est projeté horizontalement suivant son carré d'équarrissage 5-6-7-8. Ses diagonales 5-7, 6-8, qui se croisent au point S, sont les projections des arêtes de la pyramide ou de la pointe de diamant qui s'élève aplomb au-dessus. La ligne $a\ e$ est la trace horizontale du plan vertical qui passe par les axes des pièces de bois de la ferme transversale; elle est aussi la ligne de milieu de sa projection comprise entre les parallèles 9-10, 11-12. L'équarrissage 15-16-17-18 du corps du poinçon, après l'élégissement, a une épaisseur égale à celle de la ferme. Cette méthode a l'avantage qu'on peut donner à la ferme transversale répondant au poinçon de croupe une épaisseur égale à celle de toutes les autres fermes transversales du comble, ce qui n'est cependant pas absolument nécessaire, vu que la ferme de croupe contribue au soutien du poinçon, et que cette

---

(1) Pour rendre le poinçon moins pesant on élégit son corps g, en lui donnant un équarrissage plus faible que celui de sa tête, qui a besoin de force pour recevoir les mortaises et embrèvements des pièces qui s'y assemblent. Les poinçons des fermes qui ne répondent point aux croupes ou aux noues, n'ont pas leurs têtes renforcées, et elles s'élèvent rarement au-dessus des toits; ils sont comme celui représenté fig. 2, pl. XLIV.

première ferme transversale n'a pas autant de surface de toit à supporter que les autres.

Les arêtes verticales de la tête du poinçon, du côté de la croupe, se trouvent par construction dans les plans verticaux passant par les arêtiers; mais celles du corps du poinçon correspondant ne peuvent s'y trouver, puisque l'élégissement est fait également sur les quatre pans. Il en résulte que la loi des homologues ne peut plus être satisfaite complétement pour les assemblages des contre-fiches et autres pièces qui, dans quelques systèmes de fermes, doivent s'assembler en même temps dans le poinçon et dans les arêtiers, et que les arêtes des pointes qui couronnent le poinçon ne se trouvent point dans les plans verticaux des arêtiers. Nous avons donné de préférence dans notre épure, pl. XLVIII, la construction qui satisfait à toutes les conditions des formes homologues de la croupe et des longs pans.

Nous ne nous arrêterons point sur le tracé des assemblages des pièces a, considérées comme arbalétriers de la ferme transversale avec le tirant t, ni sur les assemblages de l'arbalétrier de croupe o avec le tirant d, dans lequel il se confond en projection horizontale, parce que ces assemblages à tenons, mortaises et embrèvement, qu'il est néanmoins indispensable de marquer sur l'épure comme nous l'avons fait, ne présentent aucune difficulté, et que déjà nous en avons décrit de semblables, page 265. Ils sont ponctués aux profils, fig. 2 et 7.

Les occupations des arbalétriers a, o, sur les tirants t, d, sont marquées en projection horizontale par des lignes ponctuées; elles sont bordées intérieurement de hachures aussi ponctuées, et les mortaises sont remplies de hachures parallèles à leurs joues, également ponctuées, parce que les arbalétriers ne sont point enlevés, et que leurs assemblages sont censés vus au travers du bois comme s'il était transparent. Les hachures en gros points marquent les fonds des mortaises, et celles en points plus petits marquent leurs parties rampantes.

La construction de l'épure étant parvenue à ce point, il s'agit d'établir les fermes des arêtiers et de tracer leurs propres pièces et celles qui s'y assemblent.

L'arbalétrier, le chevron, le coyer et toutes les pièces qui entrent dans la composition d'une ferme d'arêtier doivent être dévoyées, c'est-à-dire que le plan vertical qui contient leurs axes ne doit pas coïncider avec le plan vertical qui contient l'arête de croupe à laquelle la ferme arêtière correspond, et cette ferme se trouve ainsi dévoyée tout entière. On a pour but en dévoyant une ferme arêtière de remplir deux conditions essentielles dans les assemblages des arbalétriers et chevrons d'arêtiers avec les coyers qui font office de tirants et d'entraits : 1° l'économie du bois; 2° le bon aspect des assemblages. Ces deux conditions sont satisfaites lorsque l'épaisseur de la pièce arêtière, arbalétrier ou chevron, étant donnée, la ligne du joint de gorge $m\,n$, fig. 6, de son assemblage avec le coyer est perpendiculaire à la projection horizontale $C\,D$ de l'arête de croupe, et qu'elle est exactement comprise dans l'angle $B\,D\,E$ que font les parois. Ce résultat est obtenu fort aisément sur l'épure. Au point D, élevez une perpendiculaire $D\,y$ à la ligne $C\,D$. Sur cette ligne, portez $D\,q$ égale à l'épaisseur que doit avoir la pièce arêtière; par le point q, tracez la ligne $q\,z$ parallèle à $B\,D$, par le point m, où elle coupe la ligne $D\,E$; menez $m\,n$ parallèle à $D\,y$. Cette ligne $m\,n$ est égale à l'épaisseur $D\,q$ donnée; comme $D\,q$, elle est perpendiculaire à la ligne $C\,D$, et elle est comprise dans l'angle $B\,D\,E$. Par les points m et n, on trace les lignes 18-19, 20-21, parallèlement à la projection $C\,D$ de l'arête. Ces deux lignes marquent l'épaisseur de l'arêtier.

Pour se dispenser d'élever une perpendiculaire, et de tracer deux parallèles, quelques charpentiers préfèrent user d'un moyen de tâtonnement représenté fig. 4. $b\,d\,c$ étant l'angle droit que font les murs, $d\,c$ la projection horizontale de l'arête, ils placent contre cette arête la plus longue des deux branches d'une équerre, et contre l'autre branche une jauge ou une petite règle sur laquelle ils ont marqué deux points m et n, dont l'écartement est égal à l'épaisseur de la pièce qu'il s'agit de dévoyer, puis ils font mouvoir ensemble l'équerre le long de la ligne $c\,d$, et la jauge le long de l'équerre, jusqu'à ce que les marques m, n coïncident avec les lignes $b\,d$, $d\,e$. Lorsque la coïncidence est jugée satisfaisante, ils marquent les points m, n, sur les lignes $b\,d$, $d\,e$, et par ces points ils tracent les lignes $m\,m'$, $n\,n'$ qui donnent la position de la pièce dévoyée. Cette opération, exacte dans son principe, ne donne pas toujours un résultat qui le soit autant, puisqu'elle dépend de l'adresse à manier la jauge et l'équerre, et elle exige le même temps au moins que la première.

Voici une méthode qui est plus expéditive que les deux précédentes, qui est rigoureusement aussi exacte que la première, et qui est surtout très-commode sur l'ételon ou épure en grand, vu qu'elle n'exige que l'usage du compas et qu'elle dispense de celui de l'équerre. Soient, fig. 3, comme précédemment, l'angle droit $b\,d\,e$ celui des deux murs, et la ligne $d\,c$ la projection horizontale de l'arête; ayant pris avec le compas la moitié de l'épaisseur que doit avoir la pièce qu'il s'agit de dévoyer, on porte cette demi-épaisseur de d en z, du point z comme centre et avec cette même demi-épaisseur on décrit un cercle $d\ x\ y\ v$, ou l'on trace seulement les sections x et v; puis, plaçant la pointe du compas en d, on porte $d\ v$ de d en m, et $d\ x$ de d en n. Par les points m et n on trace les lignes $m\ m'$, $n\ n'$, qui marquent la position de l'arêtier dévoyé; on démontre que la ligne $m\ n$, comprise dans l'angle $b\ d\ e$, est égale à l'épaisseur donnée de l'arêtier et perpendiculaire à la ligne $d\ c$ (1). Cette méthode, extrêmement commode pour l'angle droit, s'applique également bien aux angles aigus et obtus, ainsi que nous le ferons voir plus loin en expliquant les épures des croupes biaises.

Lorsque le coyer n'est pas de la même largeur que l'arbalétrier, on le dévoye par les mêmes procédés, afin que sa situation soit homologue. Nous avons supposé, dans notre épure, qu'ils sont l'un et l'autre de la même largeur. Dans la partie à gauche de la projection horizontale, l'arbalétrier d'arêtier est supposé enlevé pour laisser voir le coyer r et le gousset p, dans lequel ce coyer est assemblé. L'assemblage des coyers dans le tirant t affaiblirait trop ce dernier, dans lequel des mortaises sont déjà creusées pour recevoir les assemblages du poinçon q et du demi-tirant d de croupe. Les goussets p diminuent la longueur des coyers et maintiennent la position du tirant d; leur distance au centre du poinçon est à peu près arbitraire; elle dépend presque toujours de la longueur des bois qu'on veut employer pour les coyers. Quant à leur position, elle est fixée par la loi des homologues, parallèlement aux diagonales $A'\ k$, $E'\ k$, des rectangles $C\ A'\ 3\ K$, $C\ E'\ 4\ K$, dont la réunion forme le plan de la croupe. Si ces rectangles étaient des carrés, le coyer serait dans chacun sur une diagonale, le gousset serait parallèle à l'autre diagonale; la même relation est conservée. Les goussets sont assemblés à tenons et mortaises

---

(1) L'angle $b\ d\ e$ étant droit, la ligne $v\ z\ x$ est un diamètre du cercle $d\ x\ y\ v$; les triangles rectangles $v\ d\ x$, $m\ d\ n$, sont égaux par construction; leurs hypoténuses $v\ x$, $m\ n$, sont égales. La ligne $m\ n$ coupe en t la ligne $c\ d$. Le triangle $v\ z\ d$ est isocèle, ses angles $z\ v\ d$, $z\ d\ v$, sont égaux. Dans l'angle droit du triangle $v\ d\ x$, l'angle $z\ d\ v$ est le complément de l'angle $z\ d\ x$. Les angles $z\ v\ d$, $t\ m\ d$, sont égaux comme homologues de deux triangles égaux; l'angle $t\ m\ d$ est donc aussi complément de l'angle $z\ d\ m$; ainsi le triangle $d\ t\ m$ est rectangle en t, la ligne $m\ n$ est perpendiculaire à la ligne d'arête $c\ d$ et égale à l'épaisseur donnée $v\ x$, ou $d\ y$.

dans le tirant *t* et le demi-tirant *d*. Les tirants *t*, *d*, les goussets *p*, et les coyers *r*, forment une *enrayure* qui se reproduit dans une charpente, à chaque étage, où l'on place un entrait dans les fermes transversales. Les assemblages des pièces qui composent une *enrayure* sont ordinairement comme ceux des bois d'un plancher à embrèvement, et les tenons portent des renforts que nous n'avons point marqués pour ne point compliquer le dessin. Ces assemblages simples sont tracés dans la projection verticale, fig. 2, le demi-tirant *d* et les goussets sont supposés enlevés, afin de montrer les mortaises creusées au milieu des occupations sur le tirant *t*, pour recevoir les tenons de ces pièces. Les hachures les plus noires marquent les fonds des mortaises sur la projection verticale, les hachures pâles indiquent leurs pentes; les occupations sont seulement ponctuées et bordées de hachures, vu que les pièces ne sont point assemblées; les tenons sont ponctués sur la projection horizontale.

Pour former sur les chevrons d'arêtiers les arêtes auxquelles ils correspondent, il faut les délarder des deux côtés et en dessus, suivant les deux plans qui sont, l'un dans la surface d'un toit de long pan, l'autre dans la surface du toit de croupe. Ces deux délardements ont pour pour traces horizontales, sur la face supérieure des coyers, les lignes 1-3, 3-4, pour un des chevrons, et les lignes 3-4, 4-2, pour l'autre. Ces lignes sont les abouts dont nous avons déjà parlé. Les traces verticales des mêmes plans de délardement sur les faces verticales de la tête du poinçon sont dans le plan horizontal qui forme les abouts d'embrèvement projetés verticalement sur les lignes 5-6, fig. 2, et 6-7, fig. 7.

Ces mêmes chevrons d'arêtiers sont creusés par dessous, suivant des plans parallèles aux surfaces des toits de long pan et de croupe, pour former les arêtes creuses répondant aux encoignures intérieures du bâtiment, les traces horizontales de ces deux plans sur les coyers sont, pour un des arêtiers, les lignes *A B*, *B D*, et pour l'autre, les lignes *B D*, *D E*. Les lignes 6-7, 5-6, 5-8, de la projection horizontale, et 7'-6', 6'-5, 5'-8 des projections verticales sont les traces de ces plans sur les faces du poinçon.

L'occupation de chaque arêtier sur le coyer correspondant est circonscrite par le polygone *m B n w 3 u* pour celui à gauche, et par le polygone *m D n w 4 u* pour celui à droite; l'un et l'autre sont bordés intérieurement de petites hachures. L'assemblage est fait à tenon, mortaise et embrèvement; sur la gauche, l'arêtier que nous avons supposé enlevé laisse voir sur le coyer son occupation avec la mortaise et l'embrèvement qui en occupent le milieu. La mortaise est remplie de hachures parallèles à ses joues; les plus noires marquent le fond, les autres répondent à la pente. La pente de l'embrèvement et celle de la mortaise ne commencent qu'à la ligne $u'\,w'$ passant par le point B, lorsque l'arêtier est recreusé en dessous, parce que, si elles commencent plus intérieurement, le bois de l'arbalétrier manquerait, notamment pour le tenon. On ne les fait commencer à la ligne $m\,n$ que lorsque le dessous de l'arêtier n'est pas recreusé, ce qui arrive quelquefois lorsque les charpentiers ont voulu économiser le travail.

L'about de la mortaise et celui de l'entaille d'embrèvement contre lesquels doivent s'appuyer les abouts du tenon et l'embrèvement de l'arêtier se placent sur la ligne $u\,w$ pour leur conserver la même simplicité de forme que dans les autres assemblages, et le reste de l'about de l'arêtier pose à plat sur son occupation, suivant les triangles $m\,B\,u'$, $n\,B\,w'$, du côté de la gorge de l'assemblage, et $u\,3\,w$ du côté de ses abouts. Sur la droite, l'assemblage sur le coyer est ponctué, vu que l'arêtier n'est point enlevé.

Le plus ordinairement, les arbalétriers d'arêtiers ne s'assemblent point dans les poinçons, que leurs mortaises affaibliraient sans utilité, vu que le poinçon se trouve suffisamment soutenu par les arbalétriers de la ferme transversale des longs pans et de la ferme de croupe.

Les arbalétriers d'arêtiers ne sont qu'embrevés dans la tête du poinçon, et pour qu'ils puissent atteindre jusqu'aux embrèvements, ils sont d'abord *déjoutés*, ainsi que les arbalétriers des deux fermes entre lesquels ils se trouvent, par des plans verticaux de *déjoutement*, qui ont pour trace et projections horizontales, fig. 6, les lignes 20-30, 18-31, tendant au point C, centre du poinçon, pour l'arbalétrier répondant à l'arête projetée horizontalement sur $C\,D$. L'arête résultant de la rencontre des embrèvements taillés sur les deux faces du poinçon, est projetée horizontalement en 15-5, et verticalement, fig. 2, en 15-5'. Cette arête est reçue, après le déjoutement des deux faces verticales de l'arbalétrier d'arêtier, dans une entaille faite sur son about en *engueulement*. Cet *engueulement* est figuré en projection horizontale et sur l'about d'embrèvement, par l'angle 30-15-31, de sorte que cet about d'embrèvement par engueulement est en forme de chevron compris entre les deux angles droits 30-15-31 et 30'-5-31', répondant à l'angle 5 du poinçon. L'occupation de la face d'engueulement répondant à 30'-30-15-5 de la projection horizontale, est projetée verticalement sur l'entaille d'embrèvement du poinçon, fig. 2, par le trapèze 15-30-30'6'; l'occupation de l'autre face d'embrèvement répondant à 31'-30'-15-5 de la projection horizontale, serait également sur l'entaille d'embrèvement du poinçon projeté fig. 7 un trapèze 16-31-31'-6', dont la ligne 31-31' est ponctuée, parce qu'elle se trouve du côté de la face du poinçon qui n'est point apparente. Ces trapèzes sont obtenus sur les projections verticales, fig. 2 et 7, en renvoyant les points de la projection horizontale de l'engueulement sur les lignes d'about et de gorge 6-5, 6'-5' de la fig. 2, 6-7, 6'-7' de la fig. 7 par des verticales.

Le déjoutement de l'arbalétrier de droite de la ferme de long pan projeté au plan fig. 6 sur la ligne 31-18 se trouve projeté verticalement fig. 2 sur cet arbalétrier suivant l'espace 5-15-5'-18'-18 haché de fines hachures, parce que le fil du bois est coupé par le déjoutement. La ligne 5-15 est l'about d'embrèvement. Sur la droite de la figure, une projection de l'arbalétrier a sur le plan du toit, est rabattue en a', après l'avoir un peu reculée pour qu'elle soit plus distincte (1); l'épaisseur de l'arbalétrier est prise sur la projection horizontale, et pour marquer le plan de déjoutement sur cette projection, les points 18, 18' de la projection a sont rapportés sur la ligne 18-12, qui est la projection de la face apparente du chevron a par des lignes perpendiculaires 18-18, 18'-18'; et les points 31', 31, 5, sont aussi rapportés par des perpendiculaires 15-31, 5-31', 5'-5', sur lesquelles on porte, à partir de la ligne $C'E'$, des distances prises des points correspondants à la ligne CE sur le plan.

Souvent ce déjoutement ne laisse à l'arbalétrier a qu'un about d'embrèvement très-étroit, à côté de son tenon, comme cela arrive ici : cet about étant réduit à la surface du long et étroit quadrilatère compris entre les points 31, 5', marqués sur la projection a', ne présente pas une surface d'application suffisante; on donne alors au *déjoutement* une autre forme; on fait un *déjoutement par entaille*, qui est tracé sur la gauche du plan par les lignes 32-33, 33-34, quoique l'arbalétrier soit enlevé.

Ce *déjoutement par entaille* est aussi tracé au plan fig. 1; l'entaille est marquée fig. 2 par le parallélogramme 32-33-33'-32', relevé de la projection horizontale; ce parallélogramme est rempli par des hachures,

---

(1) Dans quelques ouvrages, les projections faites sur les plans des toits ou sur des plans qui leur sont parallèles, sont nommées *herses*. Nous n'adopterons pas cette dénomination parce que la *herse* n'est pas un moyen d'épure, mais bien un procédé d'exécution, dont nous parlerons à l'occasion de l'exécution des charpentes des combles.

parce que le fil du bois y est coupé; le fond de l'entaille 16-6-33-33'-6' n'a point de hachures, parce qu'il est parallèle à la face du chevron. Nous verrons tout à l'heure la projection verticale de l'occupation de son embrèvement et de son about, sur la fig. 7, où nous avons déjà rapporté l'arbalétrier *o* de la ferme de groupe, le tirant *d* et le poinçon *g*. Nous avons marqué sur ce tirant l'occupation d'un gousset *p* que nous supposons enlevé, et la mortaise qui doit recevoir son tenon : cette mortaise est relevée du plan par des verticales.

Le tracé du *déjoutement*, sur la face verticale et apparente de l'arbalétrier *o*, fig. 7, est marqué par la verticale 22-22' relevée du point 22 du plan; le *déjoutement* occupe l'espace 22-6-16'-6'-22' rempli par des hachures; le profil de l'about d'embrèvement de l'arbalétrier est projeté sur la ligne 6-16. Sur la face du poinçon, qui est apparente, nous avons marqué la mortaise d'assemblage de l'arbalétrier de long pan. Sur la droite et contiguë à l'arête d'embrèvement 16-6', se trouve l'occupation 16-34-34'-6' de l'embrèvement par engueulement de l'arbalétrier d'arêtier, qui répondrait à la ligne *C B* du plan fig. 6, si nous ne l'avions pas supposé enlevé, et qui se voit en *h'* fig. 1. Cette occupation s'obtient en faisant 16-34 de la projection verticale, fig. 7, égale à la ligne marquée des mêmes nombres sur le plan, et la ligne 34-34' se trouve projetée parallèlement à la mortaise.

L'arbalétrier *o* est projeté en *o'* sur le plan du toit, ou en *herse*, comme disent quelques praticiens. La projection du tenon de son assemblage sur le demi-tirant *d* s'obtient en donnant à ce tenon le tiers de l'épaisseur du bois; la ligne de gorge, la longueur du tenon, celle de son about et de l'embrèvement sont renvoyées de la projection *o* par des perpendiculaires. A l'égard du tenon de son assemblage à embrèvement avec le poinçon, on l'obtient de même par des perpendiculaires de renvoi à des lignes qui marquent l'épaisseur du tenon au tiers de celle du bois; et pour les déjoutements, il suffit de porter sur ces perpendiculaires et à partir de la ligne *C' F'*, les distances des points 22, 6, 16, 6', 22', qu'on veut marquer, à la ligne *C F* du plan. Les déjoutements sont symétriques des deux côtés des lignes *C' F'* ou *C F*; on voit entre eux et le tenon, sur la projection *o'*, les deux petites faces d'application de l'embrèvement formant les épaulements du tenon.

Les deux tenons des arbalétriers *a*, *a*, de la ferme transversale, se joignent dans la mortaise qui traverse de part en part le poinçon; le tenon de l'arbalétrier de croupe vient s'appliquer sur leurs joues qui tiennent lieu du fond de sa mortaise. Il en est de même du tenon du faîtage f, qui vient aussi s'appuyer contre eux de l'autre côté, de sorte que le poinçon est percé dans deux sens par les mortaises, ce qui motive la forte dimension conservée à sa tête.

La ferme d'arêtier de droite est projetée, fig. 5, sur un plan vertical parallèle à celui qui a pour trace la projection horizontale CD de l'arête de croupe. Cette projection est rabattue sur le plan de l'épure, et reportée au même niveau que celle de la fig. 2, afin que les hauteurs, qui sont les mêmes dans les deux fermes, se correspondent. La ligne OC est l'axe du poinçon, dont les arêtes sont relevées de la projection horizontale, fig. 6, ses hauteurs sont prises sur la projection verticale, fig. 2. Ainsi, les lignes OC, OG, de l'une des deux figures, sont égales aux lignes OC, OG, de l'autre; les lignes $O 4$, OD, sont égales aux grandeurs $C 4$, CD de la projection horizontale; les lignes $C 4$, GD qui sont les projections de l'arête saillante et de l'arête creuse de l'arbalétrier, sont parallèles, par suite de la construction et des propriétés des homologues. Les triangles $CO4$, GOD, se trouvent construits sur la petite échelle au $\frac{1}{40}$.

L'assemblage à tenon et mortaise avec embrèvement et application à plat de l'arbalétrier sur le coyer r est ponctué; il est déduit des projections fig. 2 et 6, par des lignes horizontales et verticales. Pour le mettre en complète évidence, nous avons tracé à part, fig. 9, le pied de l'arbalétrier, verticalement au-dessus de la fig. 5; les parties nD, $w 4$ sont les projections des plans d'application sur le coyer, elles répondent aux triangles $n D m$, $w 4 u$ de la projection horizontale, fig. 6. $w w'$, est l'about d'embrèvement dont le rampant a pour trace la ligne $D w'$ sur les deux faces verticales de l'arbalétrier. Lorsque l'arbalétrier d'arêtier n'est pas creusé en dessous, ce qui arrive quelquefois par suite d'une économie de travail, le rampant de l'embrèvement et la mortaise du coyer, comme le tenon de l'arbalétrier, commencent à la ligne mn.

Nous avons supprimé dans la fig. 5 les projections des tirants t, d, et le gousset p, pour ne point compliquer inutilement la figure, qui ne doit avoir pour objet que les assemblages de l'arbalétrier d'arêtier avec le poinçon et le coyer, dont le bout, qui se termine à l'angle du bâtiment par deux plans verticaux, montre l'un de ces deux plans en c-21-21'c'.

Le déjoutement sur la face apparente de l'arbalétrier d'arêtier dans la fig. 5, répondant à la ligne 20-30 de la projection horizontale, est relevé par une verticale 20-20' dont la position se détermine par sa distance aux traces de repère MM, fig. 5 et 6, d'un plan vertical perpendiculaire au plan, vertical aussi, qui contient l'arête $C\ D$ de croupe (1). Ainsi la position du point 30 est déterminée sur la projection verticale en portant la distance 30-x, prise au plan, de x en 30.

Le déjoutement est figuré par l'espace haché 20-30'-30-30"-20'. On détermine de même le *déjoutement* de l'autre face répondant sur le plan à la ligne 31-18; il se trouve figuré verticalement par des lignes ponctuées et bordées de hachures suivant 18-31'-31-31"-18.

Quant à *l'engueulement* dans lequel l'arbalétrier reçoit l'arête 5'-15 du poinçon formée par les deux entailles d'embrèvement, ses deux faces sont déterminées par les arêtes du *déjoutement* et figurées horizontalement par les espaces 5-15-30-30' sur la face du poinçon répondant à la croupe et 5-15-31-31' sur la face répondant au long pan, et verticalement par les espaces 5'-15-30-30' et 5'-15-31-31' répondant aux mêmes faces.

Nous avons figuré sur les rampants des embrèvements taillés sur le poinçon, les mortaises des arbalétriers a et o; les projections de ces mortaises sont remplies par des hachures; les plus fortes marquent les parties rampantes, les autres marquent les parois apparentes de leurs joues. Les directions de ces hachures sont parallèles aux pentes des mortaises et par conséquent au fil du bois des pièces dont elles doivent recevoir les tenons; elles sont par conséquent parallèles aux lignes $G\ F'$, $G\ A'$, qui sont les projections des lignes de milieu des faces inférieures des arbalétriers de croupe et de long pan projetées verticalement sur les lignes $G\ F$, fig. 7, et $G\ A$, fig. 2, et horizontalement sur les lignes $C\ F$ et $C\ A$, fig. 6; les distances $O\ F$, $O\ A'$, fig. 5, sont égales aux distances $C\ F'$, $C\ A'$, obtenues en abaissant, des points F et A fig. 6, des perpendiculaires $F\ F'$, $A\ A'$, sur la ligne $D\ C$ prolongée.

L'*engueulement* de l'arbalétrier de la gauche sur l'arête d'embrèvement 16-6' du poinçon occupe les espaces compris entre cette arête et la ligne ponctuée 32-32' sur la face répondant à la croupe et entre la

---

(1) Ces traces de repères ont en apparence quelque rapport avec les traits *ramenerets*; il ne faut cependant pas les confondre avec eux. Les traits *ramenerets* servent de repères pour mettre en place sur les *ételons* les pièces qui sont communes à plusieurs pans; les traces $M\ M$ d'un plan de repère servent sur les épures à rapporter des dimensions d'une projection sur une autre; elles ne s'emploient que pour des projections à l'égard desquelles il n'y a point de second plan vertical de projection qui les rencontre à l'angle droit. J'aurais pu prendre pour trace du plan de repère sur le plan horizontal, une ligne parallèle à $M\ M$ passant par le point C, la trace verticale de ce repère aurait été la projection $C\ O$ de l'axe du poinçon; j'ai préféré, pour plus de généralité, prendre une ligne quelconque $M\ M$ peu écartée des points à rapporter.

même arête 16-6' et la ligne 34-34' sur la face répondant au long pan.

Au-dessus de la fig. 5 l'arbalétrier h est projeté en h' sur un plan parallèle à ses arêtes, et perpendiculaire au plan de projection de cette figure. Cette projection est du même genre que celle que nous avons déjà faite des arbalétriers de la ferme transversale et de la ferme de croupe sur les plans des toits correspondants. Elle est faite enfin sur le plan parallèle à l'une des deux faces rampantes de l'arbalétrier, avant qu'il soit délardé en dessus ou creusé en dessous. Les détails du tenon, de ses épaulements en embrèvement et des plans d'application sur le coyer sont rapportés par des perpendiculaires, telles que $D\ D$, 4-4, $n\ n$, sur lesquelles on porte les distances des points à construire à la ligne $C\ D'$, projections de l'arête prises sur le plan par rapport à la ligne $C\ D$.

Il en est de même de la projection des *déjoutements* et de l'*engueulement*, qui sont représentés par la projection h', par les espaces 20-30'-30-30''-20, 18-31'-31-31''-18' pour les premiers, et par ceux 15-30-30''-5', 15-31-31'-5' pour l'*engueulement*, l'about de l'embrèvement est compris dans l'espace en forme de chevrons 5-30'-30-15-31-34'.

Lorsque, par économie, on ne creuse pas l'arbalétrier en dessous, les deux faces de l'*engueulement* sont prolongées jusqu'à la face plane du dessous de l'arbalétrier qui est conservé. Quelquefois on conserve du bois pour former une partie d'*engueulement* vertical sur l'arête verticale du poinçon, et même des lèvres aux *déjoutements* pour les raccorder avec les faces inférieures des arbalétriers de long pan et de croupe; mais il en résulte une complication d'assemblage qui détruit l'économie de travail qu'on a voulu faire, et qui ne contribue en rien à la solidité. C'est pourquoi nous n'en donnons point de détails.

Pour connaître la véritable figure qui doit résulter du délardement de l'arêtier, il faut construire sa coupe par un plan perpendiculaire à sa longueur.

Le plan qui coupe l'arête perpendiculairement a sa trace horizontale sur la face supérieure du cours des sablières. Soit $M\ P\ N$, fig. 6, cette trace portant la distance $4\ P$ sur la ligne horizontale $4\ O$ de la fig. 5, de 4 en P et traçant la ligne $P\ R$ perpendiculaire, elle est sur le plan de projection de la ferme d'arêtier la trace du plan de coupe perpendiculaire aux arêtes de l'arêtier. Rabattant ce plan sur le plan horizontal en le faisant tourner autour de sa trace horizontale $M\ N$, le point R de l'arêtier, fig. 5, vient s'appliquer sur la ligne $C\ D$ en R, fig. 6, et comme, dans ce mouvement, les intersections de ce plan avec les deux toits n'ont pas cessé de passer par les points M et N où sa trace horizontale coupe celles des toits. Les lignes $M\ R$, $N\ R$, donnent l'angle que font le long pan et le pan de croupe en formant l'arête par leur rencontre; cet angle est aussi celui que doit présenter l'arête de l'arbalétrier d'arêtier.

Pour que l'épure ne cesse pas d'être claire, nous transportons la ligne MN parallèlement à elle-même en $M'N'$, fig. 8; le point R vient en R'; les triangles MRN, $M'R'N'$ sont égaux.

Sur la ligne $M'N'$ on fait $M'm''$ égal à Mm' et $N'n''$ égal à Nn' par les points m'' et n'', on trace des lignes parallèles aux lignes $M'R'$, $N'R'$, elles sont dans la coupe les traces des plans intérieurs des deux toits, et traçant les lignes 1-2, 3-4, fig. 8, dans les prolongements des faces de l'arêtier, fig. 6, le polygone 1-6-R'-7-4-5 est la coupe de l'arbalétrier, perpendiculairement à ses arêtes, après qu'il a été délardé suivant les triangles R'-2-6, R'-3-7, en dessus pour former l'arête saillante, et creusé en dessous, suivant le triangle 1-4-5, pour former son arête creuse intérieure. Le rectangle 1-2-3-4 est la figure d'équarrissage de la pièce qui doit former l'arbalétrier. Il est aisé de reconnaître qu'en dévoyant l'arêtier, dont l'épaisseur 2-3 était donnée, on a obtenu pour la seconde dimension de son équarrissage 1-2 ou 3-4, fig. 8, un minimum de volume. Car si la même épaisseur 2-3 était placée en 2'-3', par exemple, le rectangle d'équarrissage 1'-2'-3'-4' qui en résulterait, serait toujours plus grand que le premier rectangle 1-2-3-4, qui est la coupe droite de l'arêtier dévoyé.

Les pièces a, o, h, h', que nous avons jusqu'ici considérées comme des arbalétriers, seront maintenant des chevrons, à cause de l'étude que nous avons à faire des assemblages des empanons qui doivent s'assembler dans les chevrons d'arêtier, et nous ferons remarquer que les arbalétriers de la ferme transversale et de la ferme de croupe s'assemblent à tenons avec *embrèvement* dans le poinçon, parce qu'ils ont à soutenir ce poinçon; mais que les chevrons correspondant dans les mêmes fermes au-dessus de ces arbalétriers, n'ayant point à soutenir le poinçon, s'y assemblent simplement à tenons sans embrèvement; on leur donne un tenon au lieu de les appuyer à plat-joint, pour les maintenir exactement et qu'ils contribuent aussi au maintien des chevrons d'arêtiers qui sont appuyés sur les arêtes du poinçon par de simples engueulements aussi sans embrèvement. Par le bas, ces chevrons sont assemblés à tenons dans les tirants et coyers ou dans les blochets, ou bien ils posent, comme tous les autres, par des embrèvements, dans les sablières lorsqu'elles passent en dessus des tirants.

La distribution des chevrons se fait sur les longs pans en leur donnant, comme nous l'avons déjà dit, des écartements égaux et proportionnés aux longueurs des lattes et planches et aux poids qu'ils doivent supporter. Les empanons qui forment la continuation des longs pans jusqu'aux arêtiers ont le même équarrissage et les mêmes écartements. Mais les empanons de croupe ont leur équarrissage et leur écartement déduits de ceux des chevrons et empanons des longs pans, toujours pour satisfaire à la loi des homologues.

Soit i en projection horizontale, un empanon de long pan; ses faces verticales sont projetées sur les lignes 41-45, 42-48, dont les prolongements rencontrent en j et j' l'arête $C\,D$. Ces deux points déterminent en même temps la position et l'épaisseur de l'empanon de croupe x, ses faces verticales ont pour projections les lignes N-55, 52-58, dont les prolongements passent par les mêmes points j, j'. Il résulte de cette disposition qui satisfait, comme nous avons dit à la loi des homologues, que les chevrons d'arêtier ne peuvent pas serpenter, vu qu'ils donnent appui de deux côtés également aux empanons qui tendent deux à deux, de l'un et l'autre pan, aux mêmes points et qui se font équilibre.

On fait souvent, par économie, les empanons de croupe avec des bois de même équarrissage que les chevrons de long pan; dans ce cas, on se contente de faire concourir les lignes de milieu de ces empanons aux mêmes points que les lignes de milieu des empanons des longs pans correspondants; on économise ainsi un peu de bois, mais l'uniformité n'est plus satisfaite.

Les empanons sont assemblés à tenons et mortaises dans les chevrons d'arêtier, mais sans embrèvements, non pas qu'ils y seraient absolument inutiles, mais parce que cela augmenterait le travail, et l'on considère que la résistance des embrèvements est suppléée par le nombre des assemblages. D'ailleurs, ces assemblages n'ont pour objet que de fixer les places des empanons sur les faces verticales des arêtiers; souvent on les applique à plat-joint et on les attache avec des clous ou des broches; mais il résulte de cette économie de travail que la construction du toit manque de solidité.

Les tenons des empanons et les mortaises creusées dans les chevrons arêtiers pour les recevoir ont les joues et les rampants de gorge parallèles aux faces des empanons; la longueur des tenons est terminée au plan vertical qui contient l'axe du chevron d'arêtier; les abouts des tenons sont coupés par des plans verticaux perpendiculaires aux faces verticales des arêtiers; les épaisseurs des tenons sont, comme de coutume, égales au tiers de l'épaisseur des empanons ou de l'épaisseur du pan du comble. Ils sont projetés horizontalement en 45-46-47-48 pour l'empanon de long pan, et en 55-56-57-58 pour celui de la croupe; ils sont tracés comme ils le seraient sur des pièces horizontales.

L'empanon i est mis en projection verticale, fig. 2, par des verticales qui renvoient ses points sur l'épaisseur du chevron a; pour le rendre plus apparent, nous l'avons figuré par devant ce chevron, quoiqu'il soit réellement par derrière. L'empanon $æ$ est mis aussi en projection verticale, fig. 7, sur le chevron o, qui fait partie de la même croupe, par des lignes de renvoi de la projection horizontale; les mêmes nombres marquent les points de l'assemblage de l'empanon $æ$ qui se correspondent sur les deux projections. A l'égard des assemblages des empanons sur les sablières, ils y sont reçus, comme les chevrons, par des *pas* en embrèvements, dans lesquels on les fixe chacun par un clou.

Les *pas* des empanons sont marqués sur la projection horizontale par les rectangles 41-42-43-44, N-52-53-54, remplis par des hachures ponctuées, vu qu'ils sont cachés par les empanons; ils sont marqués en projections verticales, fig. 2, par le triangle E-2-2' et, fig. 7, par le triangle $F\ k\ k'$.

A côté de la projection du chevron o', fig. 7, nous avons fait sur le même plan une projection de l'empanon en $æ'$. Sa largeur, sur cette projection, est égale à celle qu'il a sur la projection horizontale; les différents points qui marquent les coupes des assemblages sur cette projection sont construits en les renvoyant par des perpendiculaires sur les arêtes et sur des parallèles par des distances prises à la projection horizontale, fig. 6. Les projections des mêmes points sont marquées des mêmes nombres sur la projection horizontale de l'empanon $æ$, fig. 6, et sur ses deux projections $æ, æ'$, fig. 7.

Les différentes faces du tenon dans lesquelles les fibres du bois sont coupées sont marquées par des hachures, pleines ou ponctuées, suivant qu'elles sont apparentes ou cachées. Le bout de l'empanon qui doit s'embrever dans la sablière présente sa sole ou dessous de son embrèvement 52-53-54-N, qui est haché; la largeur de son about d'embrèvement est marquée par la ligne ponctuée 52'-N'.

Le même empanon $æ$ est mis en projection en lignes ponctuées, fig. 5, afin de laisser voir son occupation et la mortaise de son tenon qui en occupe le milieu sur le chevron d'arêtier, en le supposant enlevé. On l'obtient en relevant les points de la projection horizontale par des lignes verticales. Ainsi, ayant abaissé du point N, fig. 6, une perpendiculaire sur $C\ D$, la distance $C\ P$ est portée de O en P, fig. 5; la distance du point 55 à la ligne $M\ M$ est la même dans la fig. 5 que dans la fig. 6, et la ligne 55-P est la projection de l'une de ses arêtes; elle est parallèle à la ligne $G\ F$; on détermine de la même manière les projections de ses autres arêtes. Le parallélogramme 55-58-58'-55' est son occupation; la projection de l'entrée de la mortaise qui en occupe le tiers, est remplie de hachures parallèles aux arêtes de l'empanon : les plus noires marquent le rampant, les plus pâles marquent la joue qui est vue. Le parallélogramme 56-57-57'-56' est l'extrémité du tenon; son about est projeté sur la ligne 56-55', vu qu'il est perpendiculaire à la face verticale de l'arêtier.

Nous avons supposé que, dans le mouvement de rotation qu'on a fait faire au chevron d'arêtier pour le mettre en projection en h', il a entraîné avec lui ce même empanon x dans la position x'. Les différents points de cette projection sont obtenus au moyen de perpendiculaires aux arêtes du chevron et de distances prises au plan; ainsi le point N' est sur le prolongement de la ligne $P\,R$, et la distance $R\,N'$ est égale à la ligne $P\,N$ prise au plan, fig. 6 ; la position de la ligne 4-N', qui est la projection de la ligne d'about sur les sablières, se trouve déterminée par celle du point N; la ligne de gorge D-54 lui est parallèle; les points 52, 53, 54 sont déterminés sur 4-N', et D 54, par des lignes 52-52, 53-53, 54-54 parallèles à $P\,N$.

Les points p' et 52', qui marquent l'about d'embrèvement, s'obtiennent en traçant, par le point w'' de l'about de l'arbalétrier h', une parallèle à la ligne 4-N, et par les points p et q de la projection de l'embrèvement d'empanon, fig. 5, des parallèles $p\,p'$, q-52' à la ligne $P\,N$. On a de cette manière la projection de la sole de l'embrèvement d'empanon dans le parallélogramme p'-52'-53-54, et son about d'embrèvement est projeté par le parallélogramme p'-N'-52-52'.

Les empanons i, x se trouvent compris entre les lignes 6-M, 1-m'', fig. 8, qui sont les traces des deux plans du toit de long pan, et les lignes 7-N', 4-n'' qui sont les traces des deux plans du toit de croupe. Les unes et les autres marquant dans cette coupe les épaisseurs véritables des chevrons et empanons, nous avons ponctué, dans celle du chevron arêtier, les deux tenons de ces empanons.

§ 2. *Croupe biaise sur ferme biaise et empanons délardés.*

Les planches XLIX et L contiennent des épures de croupes biaises comme celles comprises dans le rectangle 5-6-7-8 de la fig. 8, pl. LXIV ; elles présentent trois cas pour la disposition des fermes.

La fig. 4, pl. LXIX, est le plan d'une croupe biaise pour le cas où la ferme transversale, au lieu d'être perpendiculaire aux murs latéraux du bâtiment, se trouve parallèle au mur de croupe, comme nous l'avons déjà expliqué au sujet de la fig. 8, pl. XLV, chap. XIII, 10°. Cette croupe peut être considérée, tant pour la disposition des murs que pour le détail des formes de toutes les pièces de bois, les arêtiers exceptés, comme le résultat d'un mouvement qu'on aurait fait faire à la croupe droite de la fig. 6, pl. XLVIII, par lequel le point B', pl. XLIX, serait venu en B la ligne $D E$ seule n'ayant point changé de position; tous les autres points et lignes s'étant mus parallèlement à cette ligne $D E$ et de quantités proportionnelles à leurs distances à cette même ligne, de telle sorte que les parallélogrammes rectangles $A B D E$, $C F D E$, A'-3-4-E' de la fig. 6, pl. XLVIII, sont devenus des parallélogrammes désignés par les mêmes lettres, fig. 4, pl. XLIX, la ligne $D E$ étant restée fixe.

Le mouvement s'est fait sous un angle $B' D B$ de 25 degrés, ou plutôt la position de la ligne $D B$ est déterminée en portant $2^m,80$ de B' en B; les dimensions parallèles à $D E$ et à $D B'$, en changeant de place, sont restées les mêmes. C'est ainsi que la ferme transversale établie sur $A E$ a, dans le sens du mouvement, la même épaisseur 9-11 que dans la fig. 6, pl. XLVIII; les faces 6-7, 5-8 du poinçon, parallèles à $C K$, n'ont point changé de grandeur, et elles sont comprises dans les mêmes plans verticaux, c'est-à-dire que leurs distances à la ligne $C K$ n'ont point changé.

La fig. 3, pl. XLIX, est la projection verticale d'une ferme transversale égale à celle fig. 2, pl. XLVIII; elle est placée ici comme si elle appartenait au grand comble au-delà de la croupe; elle n'est pas dessinée entièrement pour ne point porter la confusion dans la fig. 4. Nous n'en avons représenté que ce qui est strictement nécessaire pour servir de modèle à la ferme transversale biaise établie au plan fig. 4, pl. XLIX, sur la ligne $A E$, et qui est projetée fig. 5 sur un plan vertical parallèle à ses faces de parement, et rabattu sur l'épure après avoir un peu écarté la ligne $A E$ de sa projection horizontale. Les hauteurs $O C$, $O G$, marquées sur le poinçon, sont les mêmes que celles $O C$, $O G$, de la fig. 3; et les points A, E, aussi bien que l'axe $O C$ du poinçon sont relevés de la projection horizontale par des perpendiculaires; le poinçon de la ferme biaise et cette ferme elle-même sont dévoyés sur la même projection horizontale pour les mêmes motifs et par les mêmes moyens que nous avons indiqués; le poinçon mis en projection horizontale est renvoyé sur la projection verticale, fig. 5, par des perpendiculaires; toutes les pièces de la ferme biaise et leurs assemblages sont projetés par le même moyen : les hauteurs des points au-dessus de la ligne $A E$ sont prises dans la fig. 3; les lignes de la fig. 5 qui croisent celles de la fig. 3 sont ponctuées comme si elles passaient en dessous de cette figure, afin de rendre le dessin moins confus.

Les goussets p, dans le plan fig. 4, n'ont pas cessé d'être parallèles aux diagonales $A F$, $F E$, et leurs faces verticales passent par les mêmes points des lignes $C A$, $C F$, $C E$, qui ont suivi le mouvement qu'on a fait faire à la croupe. La loi des homologues a été suivie en tout point dans la détermination des positions et dimensions des pièces de bois qui entrent dans la composition de la croupe, excepté à l'égard des chevrons et autres pièces des fermes d'arêtiers, qui sont bien demeurés sur les arêtes $C B$, $C D$ après le mouvement, mais qui n'ont point participé à l'obliquité qui en est résultée pour les autres pièces, à cause de la nécessité de les dévoyer, pour les mêmes motifs que nous avons exposés précédemment.

La méthode suivie pour dévoyer les arêtiers d'une croupe biaise sur l'épure est la même que celle que nous avons indiquée la première. Sur la ligne 4-y, perpendiculaire à $C D$, on porte 4-q égal à l'épaisseur que doit avoir le chevron d'arêtier par le point q; on trace une parallèle à la ligne d'about 3-4, et par le point u où elle coupe la ligne d'about 4-E', on trace la ligne $w u$, qui, comme précédemment, est perpendiculaire à $C D$, et égale à l'épaisseur donnée 4-q.

La seconde méthode pour dévoyer l'arêtier au moyen d'arcs de cercle est, comme nous l'avons dit, applicable au cas de la croupe biaise. Soit fig. 9, l'angle $e d b$ égal à l'angle $E D B$ de la croupe biaise, soit aussi $e d b'$, égal à l'angle droit $E D B'$ du point z comme centre avec le rayon $d z$ égal à la moitié de l'épaisseur qu'on veut donner à l'arêtier; on marque les points v, x, ayant fait $d m'$ égal à $d v$, $d n'$ et $e p$ égaux à $d x$, et tracé la ligne $n' p$ qui coupe en n la ligne de croupe $d b$; on fait $m m'$ égal à $n n'$; la ligne $n m$ est égale à l'épaisseur donnée, et perpendiculaire à $c d$, car elle est égale et parallèle à $n' m'$ déterminée comme si la croupe était droite suivant l'angle $e d b'$ ayant la même ligne $d c$ pour projection de son arête.

La figure 6 est une projection verticale de la ferme de croupe sur un plan parallèle à ses faces de parement et rabattu sur le plan de l'épure, après l'avoir reculé assez loin pour que le poinçon puisse trouver place et que ses faces de parement répondant aux lignes 5-8, 8-7 soient apparentes. Nous n'y avons marqué, en lignes pleines, que le chevron de croupe et le tirant b, pour laisser voir dans son entier l'assemblage de ce chevron dans le poinçon qui est représenté en lignes ponctuées pour indiquer sa place dans cette projection, dont tous les points sont construits au moyen de verticales tracées par les points correspondants de la projection horizontale, fig. 4, et de hauteurs prises sur la fig. 3. C'est ainsi que le point F est construit, fig. 6, sur la ligne $O K$, qui est au niveau de la face supérieure du demi-tirant par l'intersection de cette ligne avec la ligne $F F$ parallèle à la ligne $C C$, sur laquelle se trouve l'axe du poinçon fig. 6. Les hauteurs $O G$, $O C$ ont été faites égales à celles marquées des mêmes lettres sur l'axe du poinçon, fig. 3. Tous les points de l'assemblage du chevron o sur le tirant sont construits de la même manière. Ainsi les quatre points 28, 29, 29', 28' de l'occupation sur le tirant, fig. 4, sont renvoyés par des parallèles à $F F$ sur la ligne $O K$ de la fig. 6, et sont cotés des mêmes chiffres. Les lignes tracées par ces points et parallèles à la ligne $F G$, sont les projections des arêtes du chevron o. Toutes les parties de son assemblage et de son déjoutement sont aussi relevées du plan par des verticales parallèles à $C O$, qui rencontrent les projections des arêtes du chevron, ou sur lesquelles on porte, à partir de l'horizontale $O F$, des hauteurs prises sur la fig. 3.

La fig. 7 est la projection verticale du chevron d'arêtier sur un plan vertical parallèle à celui qui contient l'arête. Ce plan vertical est rabattu sur l'épure et amené dans la position où la ligne horizontale $O D$, qui est la projection de la face supérieure du coyer, est sur le prolongement de la ligne $O E$ de la fig. 2.

Les écartements O-4, $O D$ des pieds de l'arête saillante et de l'arête creuse du chevron d'arêtier sont pris au plan, fig. 4, et les hauteurs $O C$, $O G$ sur la fig. 2. Les lignes $C 4$, $G D$, qui marquent le rampant de l'arêtier, sont parallèles, et les arêtes de la pièce de bois qui forme le chevron d'arêtier sont parallèles aussi à ces lignes, et passent par les points n et w relevés de la projection horizontale. Le poinçon est relevé de la projection horizontale, et ses hauteurs sont prises sur la fig. 2. Les chevrons d'arêtiers, ou simplement *arêtiers* s'assemblent entre les chevrons de croupe et des longs pans par des déjoutements; ils s'appuient sur le poinçon par enguculement; les déjoutements et engueulements de celui o sont marqués sur la projection, fig. 7, et hachés en différents sens pour qu'on puisse les distinguer lorsqu'ils sont contigus: les assemblages des chevrons des fermes dans les poinçons et dans les tirants sont à tenons et mortaises, sans embrèvements. Il serait cependant prudent, quelque faibles que fussent les efforts qu'ils auraient à supporter, de leur en faire, comme aux arbalétriers, pour les croupes biaises.

Les fig. 9 et 10 sont des coupes dans l'arêtier de droite par des plans perpendiculaires à ses arêtes, comme celle de la fig. 8, pl. XLVIII. Elles sont déduites de la projection verticale de l'arêtier, fig. 7, et de sa projection horizontale, fig. 4. Leurs largeurs, rapportées à la ligne $c\,d$, sont prises sur le plan et égales à celles de l'arêtier par rapport à la ligne $C\,D$; leurs épaisseurs, par rapport à la ligne $m\,n$, sont prises, fig. 7, sur une perpendiculaire quelconque $x\,y$ aux arêtes. La fig. 9 est pour le cas où le chevron est délardé en dessus et creusé en dessous, la fig. 10 pour celui où il n'est que délardé en dessus.

Vu le biais de la croupe et que la ferme de croupe est dans le prolongement de la ferme longitudinale du comble, le chevron o, qui répond à la ferme de croupe, n'est point en bois carré; il est délardé suivant la position qu'ont entre elles ses deux faces verticales et les deux faces qui sont dans les plans du toit. Pour connaître la véritable forme de cette pièce, il faut en construire une coupe perpendiculaire à ses arêtes; la fig. 11 est cette coupe rabattue sur le plan de l'épure. Par le point 28' de la fig. 6 on a abaissé une perpendiculaire 28'-28' sur les arêtes du chevron o. Cette perpendiculaire est la trace verticale d'un plan perpendiculaire au plan de projection et aux faces du chevron, et conséquemment à ses arêtes.

Ce plan a pour trace horizontale la ligne $x\,y$ passant par le même point 28', fig. 4. Elle est perpendiculaire aux projections des arêtes du chevron. On a retiré cette trace en $x'\,y'$ pour que le rabattement du plan coupant sur l'épure ne se confonde pas avec l'occupation du chevron sur le tirant. Dans le rabattement, les intersections du plan coupant avec les faces verticales du chevron ne quittent point ces faces et s'appliquent sur leurs traces; à partir de la ligne $x'\,y'$, on a donc z-1, z-2, 4-3 égaux à 28'-1, 28'-2, 28'-3, de la fig. 6, le point 4 se trouve sur la trace même du plan coupant et le parallélogramme 1-2-3-4 est la coupe du chevron perpendiculaire à ses arêtes. Cette coupe est nécessaire pour connaître quel équarrissage doit avoir la pièce de bois qu'on délardera pour former le chevron o. L'épure fait voir que cette pièce peut avoir l'équarrissage 4-z-2-v ou l'équarrissage 4-u-2-t; on choisit celui qui donne le moindre cube de bois si on emploie des pièces de bois déjà débitées, ou celui qui donne le moindre déchet s'il faut débiter le chevron dans une grosse pièce.

A côté des chevrons a et o, fig. 5 et 6, nous avons projeté en a' et o' les mêmes chevrons parallèlement sur deux plans parallèles aux pans des toits auxquels ils appartiennent, et de façon à mettre en évidence leurs faces de l'intérieur du comble, pour que les coupes de leurs assemblages soient plus faciles à étudier.

Ce que nous allons expliquer au sujet du chevron a s'applique au chevron o.

Les arêtes du chevron dans la projection a' sont parallèles à celles projetées en *a*, fig. 5. Pour les établir dans cette projection, il faut construire les projections de l'about sur le tirant, qui est au plan fig. 4, le parallélogramme 10-11-13-12, et dont les angles sont projetés sur les points des mêmes numéros de la ligne $O\ U$, fig. 5. La ligne $C\ U$ de la même figure est la projection verticale et la véritable grandeur de la ligne projetée horizontalement en $C\ E'$, fig. 4, et sur laquelle la ferme transversale biaise est établie ; les angles de l'about qu'il s'agit de tracer sur la projection a' doivent se trouver sur les perpendiculaires à la ligne $C\ U$ tracées fig. 5 par les points 10, 11, 12, 13, puisque la projection a' est faite sur un plan parallèle à la ligne $C\ U$, ou, ce qui est la même chose, cette projection représente le chevron a de la figure 4, après que, l'ayant écarté parallèlement sans lui imprimer aucun mouvement dans le sens de sa longueur, on lui a donné quartier pour mettre en dessus sa face précédemment tournée vers l'intérieur du comble. Ayant établi la ligne $C'\ U'$ parallèle et égale à $C\ U$; la ligne $U'\ R'$ d'about du chevron doit passer par le point U', dans lequel la ligne $C'\ U'$ est rencontrée par la perpendiculaire $U\ U'$. Pour tracer par le point U' cette ligne $U'\ R'$, il faut construire, à l'aide des fig. 3 et 4, l'angle $R'\ U'\ C'$ que fait la ligne $R'\ U'$ avec la ligne $C'\ U'$.

Si l'on fait tourner le plan du toit de long pan autour de la ligne d'about R-4, fig. 4, la ligne $R\ C$ lui étant perpendiculaire, le point C viendra s'appliquer en S. Ce point S s'obtient en faisant $R\ S$, fig. 4, égale à $R\ C$, fig. 3, et la ligne $U\ S$ est égale à la ligne $C\ U$ de la fig. 5. On aurait pu également déterminer le point S en décrivant le point E', fig. 4, comme centre, un petit arc de cercle avec un rayon égal à la ligne $U\ C$ ou à la ligne $U'\ C'$ de la fig. 4. Le triangle rectangle $S\ R\ E'$, fig. 4, est la véritable figure du triangle projeté horizontalement sur celui $C\ R\ E'$, et son angle $S\ E\ R$ est celui que les arêtes du chevron a font avec la ligne d'about E' 4. Construisant donc sur la ligne $C'\ U'$ de la projection a', fig. 5, un triangle $C'\ U'\ R'$ égal au triangle $S\ E'\ R$, fig. 4, mais en sens inverse, puisqu'il s'agit de représenter la face inférieure des chevrons, l'angle $C'\ U'\ R'$ sera égal aussi à celui que font les arêtes du chevron avec la ligne d'about. Ainsi les points 11', 13' des angles de la projection cherchée de l'about sont aux intersections de la ligne $R'\ U'$ et des perpendiculaires abaissées des points 11 et 13, fig. 5, sur la ligne $C'\ U'$. Dans le mouvement qu'on a fait faire au pan du grand comble pour coucher le triangle $C\ E'\ R$ sur l'épure en $S\ E'\ R$, fig. 4, la ligne de gorge $E\ D$ est venue se projeter sur la ligne $s\ r$ parallèle à $E'\ R$, sa distance à $E'\ R$ s'obtient en abaissant du point E, fig. 3, une perpendiculaire $E\ r$ sur $R\ C$, et en portant $R\ r$ de R en r, fig. 4, et de R' en

r', fig. 5, pour tracer $r'\ s'$ parallèle à $R'\ U'$. Cette ligne $r'\ s'$ est, sur la projection a', la ligne de gorge de l'about du chevron, et les points $10'$, $12'$, sont déterminés par les perpendiculaires abaissées des points $10'$, $12'$ sur la ligne $C'\ U'$. Les points $11'$, $13'$ sur la ligne $R'\ U'$, et les points $10'$, $12'$ sur la ligne $r'\ s'$, peuvent être déterminés en prenant la distance des points 11, 13, 10, 12 à la ligne $C\ R$ du plan, fig. 4, pour les rapporter sur la projection a' à partir de la ligne $C'\ R'$. Ces deux moyens se servent mutuellement de vérification. Le tenon est mis en projection par des moyens analogues : chacun de ses points se trouve en même temps sur une perpendiculaire passant par sa projection, fig. 5, et sur une parallèle à la ligne $C'\ R'$ tracée à une distance donnée par celle de la projection horizontale de ce point à la ligne $C\ R$ de cettte projection, fig. 4. Ainsi, par exemple, le point $15'$ du tenon se trouve sur la ligne 15-$15'$ perpendiculaire à $C\ U'$, passant par le point 15 de la projection verticale, fig. 5, relevé du point 15 de la projection horizontale, fig. 4, originairement déduit du même point de la fig. 3; et ce point $15'$ est à la distance v'-$15'$ de la ligne $C'\ R'$, mesuré de v en 15 perpendiculairement à la ligne $C\ R$ de la projection horizontale, fig. 4.

On doit remarquer que les lignes qui forment l'extrémité du tenon sont parallèles aux lignes de l'about du chevron a'; que celles qui répondent à la gorge de l'assemblage sont parallèles aux arêtes du chevron, et enfin que celles qui marquent les deux côtés de son about sont perpendiculaires à la ligne d'about $11'$-$13'$, ce qui est une conséquence de ce qu'elles sont verticales et projetées dans deux points de la même ligne d'about 11-13 sur la projection horizontale.

On détermine par le même procédé la projection de l'about du chevron a', de son tenon et de son déjoutement, pour son assemblage dans le poinçon qui est préalablement relevé sur la projection verticale, fig. 5, et déduit des projections, fig. 3 et 4.

C'est encore par les mêmes opérations que l'on détermine en o', fig. 6, la projection du chevron o sur le plan du toit, en mettant en évidence celle de ses faces parallèles au toit qui est dans l'intérieur du comble. Mais comme on n'a point ici de projection, comme la fig. 3, qui donne pour la croupe le fil du comble, ou, ce qui est la même chose, l'angle que son toit fait avec l'horizon, il faut préalablement construire cet angle. En conséquence, ayant abaissé du centre C du poinçon, fig. 4, une perpendiculaire $C\ Q$ sur la ligne 3-4 de la croupe, porté de C en Z la hauteur $C\ O$ prise, fig. 6, et tracé l'hypoténuse $Q\ Z$, le triangle $Z\ Q\ C$ représente le profil de la croupe par un plan vertical suivant la ligne CQ, et rabattu sur l'épure en tournant autour de CQ. En portant maintenant de Q en Z', sur la perpendiculaire CQ, l'hypoténuse QZ, la nouvelle hypoténuse KZ' est la véritable grandeur de la ligne projetée horizontalement sur CK, le triangle $Z'QK$ étant le rabattement sur l'épure du triangle qui est situé dans le plan du toit et qui a pour projection horizontale le triangle CQK. L'angle $3KZ'$ est celui que la ligne de milieu de la face supérieure du chevron de croupe fait avec la ligne d'about 3-4. Il sert à établir sur la projection o', fig. 6, cette même ligne d'about. On trace la ligne $C'K'$ parallèle et égale à CK, et par conséquent à KZ, au moyen des deux perpendiculaires égales CC', KK'. Par le point K' on fait sur la ligne $C'K'$ l'angle $C'K'L$ égal à l'angle $3KZ'$ du plan, par le moyen de deux arcs de cercle égaux x y, ou en construisant en sens inverse le triangle rectangle $C'Q'K'$, dont les trois côtés sont égaux aux côtés du triangle ZQK de la fig. 4. Le reste de la construction pour la projection des tenons, abouts et déjoutements, est absolument le même que pour la projection a' de la fig. 5.

Les empanons ae, i, de la croupe o et du long pan suivent la loi des homologues; ils se sont distribués comme dans la croupe droite par la condition que les prolongements de leurs faces verticales se coupent sur la ligne CD de la projection horizontale, fig. 4, en j et j'. Ils participent aux biais de la croupe, et la forme de la croupe perpendiculaire aux arêtes de chacun se détermine par une opération semblable à celle par laquelle nous avons déterminé la forme 1-2-3-4, fig. 11, du débillardement du chevron de croupe o.

Pour ne point embrouiller la fig. 5, nous avons projeté l'empanon $œ$ à part, fig. 8, sur un plan vertical parallèle à ses faces verticales, et recouché à gauche sur l'épure, après l'avoir suffisamment écarté de la projection principale.

Les arêtes de cet empanon sont parallèles à celles du chevron o, fig. 6; elles passent par les points 51-52-53-54 de la projection horizontale, et renvoyées sur la ligne GM qui représente le niveau de la surface supérieure des sablières, par les perpendiculaires à cette ligne 51-51, 52-52, 53-53, 54-54. L'about d'embrèvement est un rectangle vertical dont les côtés verticaux sont projetés horizontalement en 51 et 52, fig. 4, et suivant les verticales 51-51′, 52-52′, fig. 8, dont la longueur est égale à la quantité d'embrèvement déterminée. Le parallélogramme 51-51′ 52′-52 est la projection de l'about d'embrèvement dans la sablière. A l'égard de l'assemblage de l'empanon dans le chevron d'arêtier, la projection de son about et de son tenon s'obtient par des verticales 55-55', 58-58', qui rencontrent les projections des arêtes, et donnent, pour la figure de l'about de l'empanon, le parallélogramme 55-55'-58'-58, fig. 8. En portant la hauteur $O\,C$ du comble prise fig. 3, de G, fig. 8, en H, et projetant le point 4 en M, la ligne $M\,H$ est la projection de la ligne d'arêtier sur le plan de la fig. 8; les lignes 55-58, 55'-58, si l'on a bien opéré, sont parallèles à la ligne $M\,H$.

Le parallélogramme, qui forme sur la projection $æ$ l'extrémité du tenon, a ses côtés parallèles à ceux de l'about d'empanons 55-55'-58'-58. Ses angles sont sur la perpendiculaire tracée par les points de leurs projections horizontales, et les arêtes du tenon, qui marquent son épaisseur, aboutissent à la ligne de gorge 58-58' de l'assemblage, et la partagent en trois parties égales, puisque l'épaisseur des tenons doit être égale au tiers de celle de l'empanon.

A gauche de la projection fig. 8, l'empanon $æ$ est projeté en $æ'$ sur le plan du toit. Les opérations qui ont pour objet de mettre en projection son embrèvement dans la sablière et son assemblage dans l'arêtier, sont exactement les mêmes que celles que nous avons décrites au sujet de la projection o', de la fig. 6. Les arêtes de l'empanon, dans la projection $æ'$, sont parallèles à celles de la projection $æ$, fig. 8, et à celles du chevron dans la fig. 6; les lignes d'about et de gorge de l'embrèvement sur la sablière sont également parallèles à celles construites fig. 6; leur longueur est égale à celle qu'elles ont sur la projection horizontale, fig. 4, et leurs rencontres avec les arêtes dans la projection $æ'$ sont sur des perpendiculaires aux arêtes de la projection $æ$, et passent par les projections des mêmes points. La projection de l'assemblage de ce même empanon dans l'arêtier s'obtient aisément au moyen des perpendiculaires aux arêtes passant par les points de la projection $æ$, fig. 8.

Nous avons marqué sur la projection du chevron d'arêtier h, fig. 7, l'occupation 55-55'-58'-58 de l'empanon $æ$, et l'entrée de la mortaise. Nous avons aussi projeté en h' le chevron d'arêtier parallèlement à lui-même, après lui avoir donné quartier sur un plan perpendiculaire au plan vertical passant par l'arête du toit. Nous avons supposé que l'empanon lui est resté assemblé en $æ'$, et le tout a été construit suivant les procédés que nous avons expliqués au sujet des projections des mêmes pièces de la croupe droite, pl. XLVIII et page 512.

Le biais des assemblages des chevrons a, o n'a pas un grand inconvénient, vu qu'il s'agit seulement de les maintenir à leurs places sur les faces du poinçon, et qu'ils n'ont point un grand effort à exercer sur les tirants ; mais il n'en est pas de même du biais dans les assemblages des arbalétriers, qui ont à soutenir tout le poids des toits. Considérant pour un moment les pièces a, a, comme des arbalétriers, il résulte d'abord du biais de leur position à l'égard des faces du poinçon, qu'ils tendent à glisser de côté et à tordre ce poinçon sur son axe vertical $O\,C$. Quoique la pièce o considérée aussi comme arbalétrier tende à agir en sens contraire, elle ne peut pas seule faire équilibre à l'effort des deux premières. Pour empêcher cette torsion, il faut établir dans les assemblages des embrèvements qui les convertissent en assemblages droits ; autrement la torsion ferai éclater le poinçon ou rompre les tenons.

La fig. 6, pl. LV, est un assemblage de cette sorte. La projection horizontale présente deux arbalétriers a, a', assemblés dans un poinçon g. Ces trois pièces sont délardées suivant le biais de la croupe ; au-dessus de cette projection, l'un des arbalétriers, celui a' désassemblé, est en projection verticale. Le tenon est terminé dans la projection verticale par le plan qui a pour projection la ligne 6-5', et pour projection horizontale la ligne 5-6.

Deux embrèvements accompagnent le tenon et lui servent d'épaulements ; ils ne sont pas dans le même plan ; leurs emplacements sont déterminés par le biais de l'assemblage, leurs abouts et celui du tenon sont dans un même plan, projeté verticalement sur la ligne 6-1 ; l'about commun est vu, dans sa véritable grandeur, sur la projection horizontale en 1-2-3-10-5-6-7-8. Les deux plans d'application, des embrèvements entaillés dans le poinçon, sont projetés verticalement sur les lignes 3-2', 8-9, et horizontalement suivant les trapèzes 2-3-10-11, 9-7-8-12. Ils sont vus de face suivant les trapèzes 2'-3-5-11, 9'-6-8-12 dans la projection fig. 5, faite sur un plan vertical perpendiculaire aux deux plans de projections, de la fig. 6, et l'extrémité du tenon est figurée par le trapèze 5'-5-6-6'.

A l'égard de l'assemblage du même arbalétrier sur le tirant, l'inconvénient du biais est que tout l'effort est porté sur l'angle aigu de l'about, qui peut être trop faible pour résister, et avoir néanmoins assez de force pour faire éclater la mortaise. La fig. 7 de la même pl. LV présente, sur une projection horizontale du tirant t, l'indication de la mortaise avec deux entailles d'embrèvement et une projection verticale de l'arbalétrier délardé a, désassemblé pour faire voir le tenon et les deux embrèvements, qui ne sont point dans un même plan, mais bien dans deux plans parallèles.

Les hachures les plus noires marquent le fond de la mortaise, celle de moyenne intensité marquent sa partie rampante, et les plus pâles répondent aux *pas* des embrèvements qui sont rectangulaires. Des chiffres indiquent la correspondance des points des deux projections; l'about du tenon est projeté verticalement sur la ligne 9-9′, celui de la mortaise qui doit le recevoir est projeté horizontalement sur la ligne 9-10. La face du tenon répondant à la gorge de l'assemblage est conservée dans la face inférieure biaise de l'arbalétrier, ce qui n'a aucun inconvénient; cette face n'ayant à éprouver aucun effort, les abouts d'embrèvement projetés horizontalement sur les lignes 7-8, 11-12 et verticalement sur 7-7′, 11-11′, sont perpendiculaires à la longueur du tirant et produisent le même effet que les abouts ordinaires. Les triangles 1-2-3, 4-5-6, 7-8-9, 9-10-11, 11-12-13, reçoivent l'application simple des parties planes de l'assemblage de l'arbalétrier.

§ 3. *Croupe biaise, sur ferme droite et empanons déversés.*

L'épure de la planche L a pour objet une croupe biaise pour le cas où la ferme transversale sur laquelle elle est appuyée est perpendiculaire à la ferme longitudinale, comme cela se pratique le plus ordinairement pour une croupe comprise dans le trapèze 17-18-19-20, fig. 8, pl. XLIV.

La fig. 6 est le plan de la croupe sur lequel les principales pièces de la charpente sont en projection horizontale; les lignes $A\ B$, $B\ D$, $D\ E$, sont, comme dans l'épure précédente, les traces des parois intérieures des murs. L'angle $B\ D\ E$ est de 78 degrés, ou la longueur de la ligne $B'\ D$ étant de 6 mètres, la ligne $B'\ B$ qui donne le biais est de $1^m,28$. La fig. 5 est la projection verticale de la ferme transversale établie sur la ligne $A\ E$ du plan perpendiculairement à la ligne $C\ F$, sur laquelle est la ferme de croupe qui termine la ferme sous-faîte ou longitudinale parallèle aux deux longues façades du bâtiment. Les arêtes de la croupe sont projetées horizontalement sur les lignes $C\ 3$, $C\ 4$, le point C étant le centre du poinçon. Nous considérons dans cette épure les pièces a et o, comme des chevrons; celui o est délardé à cause du biais de la croupe. Le poinçon, la ferme transversale et les arêtiers sont dévoyés comme dans les épures précédentes. La fig. 7 est une projection de l'arêtier de droite sur un plan vertical parallèle à celui qui a pour trace la ligne $C\ 4$. Cette projection a été reculée jusqu'à la ligne $O\ 4$ pour qu'on pût la coucher sur le plan de l'épure sans occasionner de confusion dans le dessin. Les détails des projections et des assemblages des chevrons, des poinçons, des tirants et des coyers, sont tracés par les procédés que nous avons décrits. Nous ne les répéterons point ici ; nous ferons remarquer seulement que les tenons des assemblages des chevrons *a, a* dans le poinçon, sont portés vers le grand comble, afin d'augmenter pour chacun la largeur de la partie de son about comprise entre le tenon et le déjoutement.

Les emplacements des empanons de croupe sont, comme précédemment, déduits de ceux des empanons des longs pans, espacés comme les chevrons.

L'empanon de long pan *i* est droit, c'est-à-dire perpendiculaire à ses lignes d'about et de gorge, comme les chevrons de long pan et comme celui de la fig. 6, pl. XLVIII. L'empanon de croupe correspondant *œ* devrait être délardé comme celui de la fig. 4, pl. XLIX, puisqu'il est aussi parallèle au chevron de croupe *o;* mais les charpentiers dérogent parfois à la loi des homologues pour économiser le travail et le bois, lorsqu'il n'en résulte pas d'autre inconvénient qu'un léger défaut d'uniformité dans l'intérieur du comble. Ils ne délardent point les empanons des croupes biaises : ils les établissent suivant la direction qu'ils auraient s'ils étaient délardés, et pour maintenir leurs faces supérieures dans le plan du toit, ils les déversent.

œ, Fig. 6, pl. L, est l'empanon *déversé* dont il faut déterminer les projections, son pas à embrèvement sur les sablières et son assemblage dans le chevron d'arêtier. Soit $p\ r$ parallèle à $C\ K$, la projection de la ligne du milieu de la face supérieure de l'empanon déversé, comme serait la même ligne d'un empanon délardé. Si l'on fait passer par cette ligne un plan perpendiculaire au toit, ce plan est parallèle aux faces latérales de l'empanon déversé; sa trace sur le plan horizontal des sablières est parallèle aussi aux traces de ces mêmes faces qu'il s'agit de trouver. Par l'axe du poinçon projeté horizontalement sur le point C, on fait passer un premier plan vertical perpendiculaire au plan du toit de la croupe; en faisant tourner ce plan autour de sa trace horizontale $C\ Q$ perpendiculaire à la ligne d'about 3-4, pour le coucher sur l'épure, l'axe du poinçon s'applique sur $C\ Z$ perpendiculaire à $C\ Q$; la ligne $Q\ Z$ est dans le plan ainsi couché, le profil de la pente du toit. Supposant également par le point p un second plan vertical parallèle au premier, sa trace $p\ q$ est parallèle à $C\ Q$. La projection du point p sur le premier plan vertical est en P sur la ligne $Q\ Z$, puisque le point projeté en p est sur la surface du toit. Si l'on imagine par ce point p une perpendiculaire au plan du toit, cette ligne est projetée sur le premier plan suivant $P\,S$; S est la projection du point S' où cette perpendiculaire perce le plan horizontal du dessus des sablières; par conséquent, le plan perpendiculaire au toit passant par la ligne du milieu $p\,r$ de l'empanon, a pour trace horizontale la ligne $r\,S'$.

Faisant maintenant tourner le plan du toit de croupe projeté horizontalement suivant 3-C-4 autour de la ligne d'about 3-4 qui est sa trace sur le plan horizontal, la ligne $Q\,Z$ s'applique sur sa projection horizontale $Q\,C$ prolongée, et le point projeté en C vient en Z'. Le toit de croupe projeté suivant le rectangle 3-C-4, se trouve couché sur le plan horizontal dans sa véritable grandeur 3-Z'-4. Le point projeté en p est venu en p, et la ligne $p'\,r$ est la ligne de milieu de l'empanon, dans la position qu'elle a sur le plan du toit 3-Z'-4. Par le point x pris sur la ligne $p\,r$ prolongée en dehors de la ligne d'about, on élève une perpendiculaire sur laquelle on porte $x\,z$, $x\,y$ égales chacune à la moitié de l'épaisseur du bois dont l'empanon doit être fait, par les points z et y; on trace deux parallèles z-51, y-52, à la ligne $p\,r$; elles sont sur le plan du toit, les arêtes de l'empanon et les projections de ses faces latérales; la partie 51, 52 de la ligne d'about comprise entre ces deux lignes est la ligne d'about de l'empanon, ce qui résulte du mouvement de rotation qu'on a fait faire au plan du toit de croupe dans lequel l'empanon a été entraîné sans que les arêtes aient cessé de passer par les points 51, 52. On trace par ces mêmes points, les lignes 51-54, 52-53 parallèles à la trace horizontale $r\,S'$ du plan perpendiculaire au toit; le quadrilatère 51-52-53-54 est le pas de l'empanon déversé sur le plan des sablières, ses quatre arêtes parallèles sont projetées sur les lignes 51-51', 52-52', 53-53', 54-54', parallèles à $p\,r$. Pour mettre l'empanon déversé en projection verticale sur le plan d'arêtier, on renvoie les points 51, 52, 53, 54, sur l'horizontale $O\,D$ de la fig. 7 qui est la projection verticale de l'arêtier, et les points 51', 52', 53', 54', sur les projections verticales des arêtes correspondantes de l'arêtier. Les mêmes numéros indiquent les mêmes points et les mêmes lignes dans les deux projections.

L'occupation de l'empanon déversé sur la face verticale de l'arêtier est le parallélograme 51'-52'-53'-54', au milieu duquel est la mortaise 1-2-3-4. Les arêtes de la partie du tenon répondant à la gorge de l'assemblage passent par les points 3, 4, de la gorge de cette mortaise qui divisent la ligne 52'-53 de la projection horizontale et de la projection verticale en trois parties égales, et elles sont parallèles aux arêtes de l'empanon; elles se terminent en projection horizontale en 55 et 56 à la trace $u\,v$ du plan vertical qui partage l'épaisseur du chevron d'arêtier en deux parties égales, pour que les tenons des empanons aient des deux côtés des chevrons d'arêtier la même longueur. Les deux points 55, 56 de la projection horizontale sont renvoyés en projection verticale, fig. 7, en 55 et 56; les lignes 55-57, 56-58, tracées par les points 55, 56, parallèles au côté 51'-52' de l'occupation marquent la longueur des tenons en projection verticale. Quant à l'about du tenon, vu qu'il est perpendiculaire à la face verticale de l'arêtier qui reçoit l'assemblage, et qu'il passe par la ligne 51'-54, il est projeté verticalement sur cette ligne. Pour avoir en projection horizontale ses arêtes formées de ses intersections avec les joues du tenon qui sont parallèles aux faces du dessus et du dessous de l'empanon, il faut construire en projection horizontale une ligne qui lui soit parallèle, par exemple, l'intersection de la face supérieure de l'empanon avec le plan de l'about. Ce plan de l'about du tenon qui a pour trace sur la face verticale de l'arêtier la ligne 51'-54 prolongée jusqu'en H, a pour trace horizontale la ligne $H J$ perpendiculaire à la ligne 20-w, trace ou projection de la face verticale de l'arêtier qui reçoit l'empanon. Les points J et 51' étant en même temps dans le plan de l'about et dans la face supérieure du chevron qui est le plan du toit, la ligne J-51' est la projection horizontale de leur intersection à laquelle les arêtes 1-58, 2-57 de l'about du tenon doivent être parallèles. Nous avons dit que les arêtes passaient par les points 1, 2 qui partagent la ligne d'about 51'-54' en trois parties égales; le parallélogramme 55-56-58-57 est la projection verticale de l'extrémité du tenon. La coïncidence des points 1, 2, 57, 58 de la projection horizontale avec les points de mêmes numéros de la projection verticale sur les lignes perpendiculaires à la ligne $O D$, est un moyen de vérification.

α, Fig. 8, est la projection de l'empanon déversé sur le plan du toit, que nous avons construit à part, soit l'angle Q-4-Z', égal à l'angle marqué des mêmes lettres au plan, fig. 6; Q-4 est la ligne d'about, 4-Z' est l'arête de la croupe. Ayant abaissé du point f, fig. 6, où la ligne $C Q$ coupe la ligne de gorge des assemblages $B D$, une perpendiculaire $f h$ sur $Q Z$, on porte $Q h$ de Q en h, fig. 8, sur une perpendiculaire à la ligne Q-4. La ligne $h n$, tracée parallèlement à Q-4, est la projection sur le plan du toit de la ligne $B D$ de la fig. 6. On fait 4-w et 4-n', fig. 8, égales à 4-w et à 4-n' de la fig. 6. Par le point n', on élève une perpendiculaire à Q-4. Sa rencontre détermine le point n, projection du même point de la fig. 6. Les lignes w-20 et n-20', fig. 8, parallèles à l'arête 4-Z', sont les projections des arêtes de la face verticale de l'arêtier. On prend 4-r et 4-p' sur les côtés de l'angle Q-4-Z', fig. 8, égales aux mêmes lignes prises sur l'angle égal Q-4-Z' de la fig. 6, et la ligne r p' est, comme dans cette figure, la ligne de milieu de l'empanon déversé. Ayant élevé dans l'un quelconque de ses points x une perpendiculaire z y, et fait x z et x y, comme précédemment, égales à la moitié de l'épaisseur de l'empanon, les lignes 51-51', 52-52', parallèles à la ligne r p', et passant par les points x et y, sont les projections des faces perpendiculaires de l'empanon. Le parallélogramme 51'-52'-53'-54' est sa portée ou son about sur la face verticale du chevron arêtier. Le parallélogramme 1-2-4-3, qui occupe le tiers du milieu, est l'entrée de la mortaise ou la racine du tenon dont l'about se trace par les points 1, 2, parallèlement à la ligne 51'-J; la distance du point J au point 4 étant prise sur la fig. 6. La position des points 57, 58 sur les arêtes de l'about est déterminée par deux lignes parallèles à la ligne 4-Z' dont les distances à cette ligne sont égales aux largeurs des projections de la mortaise et de ses joues sur la face verticale du chevron d'arêtier, ces mêmes lignes 56-58, 55-57, marquent le bout du tenon. Son about est projeté par l'autre parallélogramme, 1-2-57-58.

A droite de la fig. 8, le même chevron est projeté en x' sur un plan parallèle à ses faces perpendiculaires au plan du toit, comme si on lui avait donné quartier pour mettre en évidence sa face de droite 52-52'-53-53'. Ses faces parallèles au toit sont projetées sur les deux parallèles 52-51', 53-54', dont l'écartement est égal à l'épaisseur f h du toit prise sur la fig. 6. Les points qui déterminent les formes du tenon sont renvoyés de la projection x' par des perpendiculaires sur les arêtes où ils doivent se trouver; ils sont marqués des mêmes numéros. Il en est de même de l'assemblage avec la sablière, le pas simple est marqué sur les deux projections de la fig. 8 par les parallélogrammes 51-52-53-54; l'embrèvement est tracé sur la projection x' par deux verticales 51-b, 52-d, perpendiculaires aux lignes 51-54, 52-53. Le parallélogramme 51-52-d-b est la projection de l'about d'embrèvement dans la sablière, et le parallélogramme 53-54-b-d est la sole de l'empanon qui doit poser sur le rampant de l'entaille ou pas d'embrèvement dans la sablière. Les points b, d de l'about sont renvoyés sur la première projection en d et b par des perpendiculaires. L'about de la sole est distingué par des hachures pleines, vu qu'il est apparent. La projection du pas de l'empanon est remplie de hachures ponctuées.

§ 4. *Croupe biaise, empanons droits.*

La fig. 11 est un fragment de la projection horizontale de la même croupe biaise, fig. 6, même planche, qui a pour objet de faire voir que, lorsqu'il n'y a pas nécessité d'établir la ferme de croupe dans la direction de la grande ferme longitudinale, on peut la placer perpendiculairement à la ligne BD, et les empanons, au lieu d'être délardés ou déversés, peuvent être droits et formés de bois carrés.

On pourrait enfin pour une croupe qui aurait beaucoup de biais, laisser la ferme de croupe dans le prolongement de la ferme longitudinale, et néanmoins établir les empanons perpendiculairement à la ligne d'about, afin de n'y employer que des bois carrés sans les déverser ni les délarder. C'est le cas représenté par le croquis, fig. 3, pl. LVIII, dans lequel les projections des axes des fermes sont marquées en grosses lignes, et celles des lignes de milieu des chevrons en lignes fines. Les chevrons de la croupe croisent la ferme de croupe cf; on pourrait aussi, en établissant un chevron délardé sur la ferme de croupe, y assembler en empanons une partie des autres chevrons droits qu'il couperait. Nous profitons de ce croquis pour faire remarquer que, si le biais d'une croupe était tel que l'angle b tombât précisément sur l'axe de la ferme transversale eb, le chevron de cette ferme devrait, sans cesser d'en faire partie, être délardé de façon à présenter une face dans le long pan et une face dans la croupe pour former l'arête. Enfin, si le biais de la croupe prenait la position db', il n'y aurait plus que des demi-fermes assemblées dans le poinçon en c, savoir une demi-ferme de long pan ce; une demi-ferme de croupe cf; et deux demi-fermes d'arêtiers cb', cd.

§ 5. *Noue droite et empanon droit.*

La fig. 1 de la pl. LI est une projection horizontale du nœud des bâtiments de la fig. 8, pl. XLIV, compris dans le rectangle ponctué 9-10-11-12 et figuré dans son ensemble, fig. 1 et 2, pl. LXVI; les lignes DA, DB sont les traces horizontales des parois intérieures des murs qui forment l'angle rentrant de la jonction des bâtiments; elles sont aussi les lignes de gorge des assemblages des chevrons sur les sablières.

La fig. 2 est le profil commun aux deux bâtiments, pris perpendiculairement à leur longueur, et projeté sur un plan vertical passant par l'axe du poinçon suivant la ligne $O\ E$ du plan; elle présente une des fermes transversales des mêmes bâtiments. Les hauteurs $O\ C$, $O\ G$ du comble sont égales à celles $O\ C$, $O\ G$ des épures précédentes, et les pentes des toits $C\ 4$, $G\ E$ sont construites de la manière que nous avons décrites, p. 495. Les lignes d'about 4-3, 4-2, sur la projection horizontale, sont déduites de ce profil. t est le tirant; g est le poinçon; a, a sont les chevrons correspondants; le faîtage f, coupé par le plan vertical de projection, est figuré par le pentagone $C\ i\ b\ d\ e$.

Dans la projection horizontale, le poinçon, dont le centre est en O, est projeté suivant un carré 2-3-4-5 et sa tête est terminée en pointe de diamant; f, f, f, f sont les quatre faîtages qui s'y assemblent sur ses quatre faces à tenons et à mortaises traversant le poinçon de part en part; les quatre tenons des faîtages s'y joignent à onglets, ainsi qu'ils sont projetés au plan; les quatres noues h, h, h, h reçoivent chacune une arête verticale du poinçon à *enguculement*, comme eux des arêtiers; elles sont déjoutées des deux côtés également, ainsi que les faîtages, pour qu'elles puissent atteindre le poinçon.

Les arbalétriers des fermes de noue, qui ne sont pas figurés dans les fig. 1 et 2 de la pl. LI, sont assemblés dans le poinçon à tenons et mortaises avec embrèvement, et la tête du poinçon doit avoir, à l'endroit des assemblages, un équarrissage assez fort pour que les embrèvements trouvent des surfaces d'application perpendiculaires aux directions des noues (1).

L'épaisseur du chevron de noue est partagée en deux parties égales dans la projection horizontale par la ligne de noue. Le pas de la noue sur le tirant au niveau du dessus des sablières, est figuré sur la projection horizontale, par le périmètre $n\ D\ m\ u\ 4\ w\ n$, rempli par des hachures ponctuées.

La fig. 2 comprend une projection verticale de la noue, en supposant qu'on a fait tourner toute la ferme de noue autour de l'axe vertical $C\ O$ du poinçon, jusqu'à ce que le plan vertical, passant par l'arête de noue, $O\ D$, se confonde avec le plan de projection verticale; la ligne $O\ D'$ de cette projection est faite égale à $O\ D$ de la projection horizontale, et la ligne O-4' égale à la ligne O-4. Les lignes $G\ D'$, $C4'$ sont parrallèles; la dernière est la projection vertical et suivant sa véritable grandeur de l'arête

---

(1) Nous ne donnons point ici de détails du poinçon de noue, parce que nous en parlons au sujet de l'ételon qui est l'objet de la fig. 1, planche LVI.

creuse de noue; l'autre est la projection de l'arête saillante, si le chevron a été délardé en dessous en même temps que l'arête du dessus a été fouillée ; les autres arêtes du chevron de noue sont mises en projection verticale, en rapportant les points n, w du plan de la noue sur la ligne $O\,D$ de la projection verticale.

L'arête du poinçon 5-5' de la projection verticale, fig. 2, dans le mouvement qu'on a fait faire à la ferme de noue, est venu s'appliquer sur le plan vertical en 6-6', à la distance O-5 de l'axe du poinçon.

La projection verticale des *déjoutements* est faite au moyen de la rencontre des projections des arêtes par les verticales 20-20', 21-21' passant par les points 20 et 21 de la projection horizontale ; on les trace à la même distance de l'axe du poinçon que ces deux points sont de sa diagonale 2-4 ; les bords du *déjoutement* projetés sur les points 20 et 21 de la projection horizontale, sont verticalement sur les lignes 20-20', 21-21' déjà tracées ; les lignes qui les terminent en dessus et en dessous sont tracées par la considération qu'étant l'une dans un des plans intérieurs du toit, l'autre dans le plan extérieur parallèle, et qu'elles passent par le point O de la projection horizontale, leurs prolongements, sur la projection verticale, doivent passer par les points C et G dans lesquels l'axe du poinçon est coupé par les mêmes plans des toits ; ce qui donne les lignes 20-21, 20'-21'. Quant au tracé des *engueulements* sur la projection verticale de la noue, attendu que leurs bords supérieurs et leurs bords inférieurs passent par les points 22, 22', où l'arête saillante et l'arête creuse rencontrent l'arête du poinçon, les lignes 21-22, si l'on a opéré exactement, doivent passer par le point z, projection verticale des points v des faîtages en projection horizontale, dans lesquels les lignes de faîte rencontrent les faces du poinçon ; vu que les points 5, 21, v, de l'un et de l'autre côté de la projection horizontale, sont dans le plan du toit auquel appartient l'une ou l'autre arête de faîte.

A côté de la projection verticale du chevron de noue h se trouve une seconde projection h' de ce même chevron sur un plan parallèle à l'arête de noue et perpendiculaire au plan de la projection verticale ; le chevron de noue est vu dans cette projection par dessous, comme si on lui avait donné quartier.

La largeur du chevron est prise sur la projection horizontale, et ses points sont renvoyés de la projection h par des perpendiculaires aux arêtes, projetées en h' ; les déjoutements sont tracés par les projections des points 2 et 20' sur des lignes qui concourent aux points C', G', projections des points

C et G. Ces lignes sont parallèles deux à deux, les points 21 et 21′ étant mis en projection sur les lignes 21-21′, et les points 22, 22′ sur la projection C' D'' de l'arête, les lignes 21-22 et les lignes 21′-22′ marquent l'engueulement.

Par le point z de la ligne horizontale C F, qui est la projection verticale des arêtes de faîtage, si l'on abaisse une perpendiculaire z x sur la ligne C' D'' et qu'on prolonge jusqu'à cette ligne, celles d'engueulement 22-21, les lignes x v doivent être égales aux lignes x v de la projection horizontale; par la raison que les lignes 22-21 sont dans les plans des deux toits qui forment la noue.

Par le point E et le point H pris, sur la projection horizontale, dans le prolongement des lignes de gorge A D, B D, soit tracée la ligne H E qui se trouve perpendiculaire à la ligne de noue O D; soit fait dans la projection verticale de la noue, O R'' égal à O R et du point R'', soit abaissée une perpendiculaire R'' R' sur la ligne de noue C $4'$. Cette ligne est la trace verticale d'un plan perpendiculaire au chevron de noue, et la ligne E H est sa trace horizontale. Si l'on fait tourner ce plan autour de cette trace, pour le coucher sur le plan horizontal, qu'on fasse R p, R q égales à R'' p', R'' q' de la projection verticale, et qu'on trace par le point p les lignes p H, p E, et par le point q deux parallèles q-1, q-4, à ces deux lignes, elles seront les intersections du plan perpendiculaire au chevron de noue avec les plans du dessus et du dessous des deux toits, et la coupe du chevron sera l'hexagone 1-2-p-3-4-q, qui est rempli par des hachures pleines. Nous avons tracé cette coupe séparément, fig. 15, et indiqué par le rectangle 1-4-5-6 l'équarrissage de la pièce de bois qui doit former le chevron de noue. Par une opération analogue on trace sur la projection h' la sole du chevron de noue. On rapporte les points D' et $4'$ de la projection h en D'' et $4''$ sur l'arête de noue de la projection h' et l'on fait R' H', R' E' égales à R H, R E de la projection horizontale. Les lignes D'' E', D'' H' sont les projections des lignes D E, D H de la projection horizontale; leurs prolongements et les parallèles tracées par le point $4''$, donnent la forme de la sole w n D'' m u $4''$ du chevron de noue. Si l'on a exactement opéré, les lignes qui joignent les points m, n et les points u, w sur la projection h', sont perpendiculaires à la ligne C' D'', comme sur le pas du chevron de noue dans la projection horizontale.

Nous avons projeté en i, sur le plan horizontal, un empanon qui s'appuie par le haut contre la face verticale du faîtage, et qui s'assemble à tenon et mortaise dans le chevron de noue; son tenon est projeté en lignes ponctuées. Cet empanon est projeté verticalement sur le chevron *a* de la fig. 2 ; son tenon est mis en projection verticale par les méthodes que nous avons expliquées au sujet des empanons de croupe ; la mortaise qui doit le recevoir est mise en projection verticale sur le chevron de noue par les mêmes procédés ; des hachures longitudinales en marquent le fond, des hachures biaises marquent sa joue visible et sa partie rampante ; les hachures sont dirigées suivant le sens qu'aurait le fil du bois de l'empanon ; elles sont parallèles à une de ses arêtes projetée horizontalement sur la ligne 54-55 et verticalement sur le plan de projection de la noue par la ligne 54'-55' déterminée par le point 55' de l'occupation de l'empanon et le point 54', qui est, sur la projection de la ligne horizontale des faîtages, la projection verticale du point 54 de la projection horizontale, situé sur la même arête.

Un peu en-dessous et sur la gauche de la projection verticale de l'empanon, nous avons placé sa projection *i'* sur le plan du toit (1) ; il se présente, dans cette projection, comme si on lui avait donné quartier pour mettre en évidence la plus courte de ses deux faces verticales, celle qui est la moins éloignée du poinçon.

Nous ne donnerons point de détail sur la construction de cette projection, vu qu'elle est la même que celle que nous avons donnée, page 511, pour une projection semblable de l'empanon de la croupe droite de la pl. XLVIII.

La fig. 3 est une projection verticale du bout d'une pièce de faîtage, assemblée dans le poinçon, qui n'est que ponctué, pour laisser à découvert le tenon. Nous avons tracé sur cette figure le déjoutement du faîtage ; il est rempli par des hachures. Le bout du tenon, qui est coupé d'onglet, est aussi couvert de hachures ; les occupations des abouts du faîtage, réduites de largeur par l'effet des déjoutements, sont marquées sur le poinçon, fig. 2, par des verticales 21-21'.

Lorsque, par l'effet de la distribution des chevrons, les premiers empanons ne peuvent pas trouver, près des assemblages des noues, l'espace nécessaire à leur entier embrèvement dans les sablières, indépendant de ceux des noues, on les tronque suivant les plans verticaux des noues contre lesquels ils doivent s'appuyer, comme on en voit deux *a*, *o*, fig. 9 pl. LIII.

---

(1) Cette projection croise celle du poinçon de la ferme, fig. 2 ; ce qui n'a point d'inconvénient, vu qu'il n'en résulte aucune confusion.

§ 6. *Noue biaise, empanon délardé et empanon déversé.*

La pl. LII contient l'épure de la noue biaise, comprise dans le quadrilatère 13-14-15-16, fig. 8 pl. XLIV, et représentée dans son ensemble, fig. 3 et 4, pl. XLVI.

Les noues entre toits égaux en largeur et en hauteur, quel que soit l'angle des bâtiments sur le plan, ne sont jamais dévoyées. Nous donnerons un exemple d'une noue dévoyée, au paragraphe 9 du présent chapitre.

Les explications que nous avons données sur l'épure de la pl. LI, s'appliquent à celle-ci, et suffisent pour en exécuter la construction. Nous nous bornerons donc aux indications les plus indispensables.

La fig. 1 est le plan du nœud du comble; les lignes $Q\ P$, $D\ B$, qui sont le prolongement l'une de l'autre, sont les traces des parois intérieures de l'un des murs d'un bâtiment. Les lignes $P\ N$, $D\ A$ sont les traces des deux murs parallèles de l'autre bâtiment, qui forme nœud avec le premier. Le poinçon O est délardé suivant le biais ou l'angle sous lequel les deux bâtiments se rencontrent; et, comme ces deux bâtiments sont égaux en largeur, la projection du poinçon est un losange : par la même raison, les chevrons de noue h, h, k, k, sont égaux deux à deux, c'est-à-dire ceux qui sont dans le même alignement; les plus grands h, h, répondent à l'angle aigu $A\ D\ B$, les plus courts k, k, à l'angle obtus $Q\ P\ N$. Les quatre faîtages $f\ f$ s'assemblent dans le poinçon qui les soutient; leurs tenons se joignent encore à onglets au centre O; les chevrons de noues, et les faîtages, sont *déjoutés*, et les arêtes verticales du poinçon sont reçues dans les enguculements des abouts des noues qui ne font que s'y appuyer.

La fig. 2 est, comme dans la précédente épure, une coupe faite dans l'un des bâtiments par un plan vertical perpendiculaire aux murailles $P\ N$, $D\ A$, et sur laquelle une ferme transversale de ce bâtiment est projetée, elle sert de type pour tous les détails des fermes des noues. La fig. 3 est une projection de la ferme de noue de droite sur le plan vertical passant par l'arête creuse de la noue, qui a pour trace la projection horizontale de l'arête de noue $C\ D\ 4$, et qu'on a fait tourner autour de cette trace pour le coucher sur le plan de l'épure. La fig. 4 est la projection de l'autre ferme de noue d'arêtier de gauche sur un plan vertical ayant pour trace horizontale la ligne $O\ P$. Les plans de projection des noues ont été reculés parallèlement à eux-mêmes pour qu'en les couchant les constructions graphiques soient bien distinctes.

Dans l'une et l'autre figures 3 et 4, la tête du poinçon a été mise en projection par des verticales, répondant à ses angles sur la projection horizontale; les hauteurs $O\,C$, $O\,G$ ont été prises dans la fig. 2, où elles sont égales à celles marquées sur les poinçons des épures précédentes. Sur la droite de la fig. 3, le chevron de noue est mis en projection en h', sur un plan parallèle à ses arêtes, et perpendiculaire à celui de la projection h de cette figure; les *déjoutements* et *engueulements* sont déterminés par les mêmes opérations que sur les planches précédentes; les mêmes lettres et les mêmes numéros désignent les mêmes points. Nous avons marqué sur le plan, fig. 1 et dans la fig. 3, sur les projections h et h', le tenon qui assemble le chevron dans le tirant de noue.

Nous avons marqué sur cette épure trois sortes d'empanons : l'empanon i est droit et perpendiculaire à l'arête du faîtage $O\text{-}f\text{-}57$, contre lequel il s'appuie, il s'assemble dans le chevron de noue. Cet empanon est de la même espèce que celui de la noue droite, pl. LI, il est projeté sur la fig. 2 avec son tenon, et la mortaise qui doit recevoir ce tenon est marquée sur le chevron de noue, fig. 3, par le parallélogramme 50-51-52-53 au milieu de l'occupation, qui est bordée de petites hachures. La construction est la même que celle décrite page 545. Pour marquer en lignes ponctuées, sur la projection h' la mortaise qui doit recevoir le tenon de l'empanon, les points 50, 51, 52, 53 de la projection h, fig. 3, sont renvoyés par des perpendiculaires sur la ligne qui est la projection de la face dans laquelle la mortaise est creusée, et par ces points on trace les lignes 50 50', 51-51' parallèles à la ligne 54-55, pour la partie rampante de la mortaise, et la ligne 52-52', 53-53' parallèles à 56-57 pour l'about. Les lignes 54-55, 56-57 sont, sur la projection h', les projections des lignes du plan du toit, cotées des mêmes numéros sur la projection horizontale, elles sont déterminées en faisant 54'-54 et 57'-57 de la projection h', égales aux mêmes lignes de la projection horizontale.

En $æ$ l'empanon est délardé; deux de ses faces sont verticales, il est du même genre que l'empanon délardé de croupe biaise, pl. XLIX; il n'en diffère que parce qu'au lieu de s'assembler par le haut dans un arêtier, c'est par le bas qu'il s'assemble dans une noue. Mais les procédés de constructions graphiques sont les mêmes que ceux décrits page 519. Cet empanon est en projection verticale avec son tenon, fig. 2, entre les lignes qui représentent l'épaisseur du toit; la mortaise dans laquelle il doit être assemblé est marquée, fig. 4, sur la face verticale de la noue.

Le troisième empanon est projeté horizontalement, fig. 1, en o. Cet empanon est déversé, par les mêmes motifs que nous avons exposés p. 523, au sujet de l'empanon déversé de la croupe biaise, fig. 5, 6, 7, pl. L, et les procédés graphiques sont encore les mêmes que ceux que nous avons exposés même page, sinon que, pour construire en projection horizontale l'épaisseur de l'empanon, au lieu de faire tourner le plan du toit qui contient cette épaisseur autour de la ligne d'about sur la sablière de croupe, on le fait tourner autour de l'arête $q\ l$ du faîtage contre laquelle s'appuie l'empanon, et qui lui sert d'about, pour le rendre horizontal. Ce mouvement du plan du toit permet de raisonner à son égard comme s'il était le plan de projection horizontale.

La ligne du milieu $r\ p$ de la face supérieure de l'empanon, est projetée horizontalement et tracée parallèlement au faîte du bâtiment, dont la ligne $P\ Q$ représente un des murs. Du point p on abaisse une perpendiculaire $p\ q$ sur la ligne $q\ l$ du faîtage; cette perpendiculaire est la projection horizontale et la trace du plan vertical dans lequel se meut le point p pendant qu'on fait tourner le plan du toit autour de l'horizontale $q\ l$. Les points p, q, sont projetés verticalement en p et s, et la ligne $p\ s$ est la véritable grandeur de la ligne projetée horizontalement en $p\ q$; portant sa grandeur de q en p' sur le plan horizontal, $r\ p'$ est la ligne de milieu de l'empanon, dont la face supérieure est dans le plan du toit, et lorsqu'il a la position horizontale dans laquelle nous l'avons supposé amené; par un point x de cette ligne prolongée, on lui élève une perpendiculaire sur laquelle on porte $x\ z$, et $x\ y$ égales à la demi-épaisseur de l'empanon; les parallèles $y\ v$, $z\ u$ sont les projections des faces de l'empanon, perpendiculaires au toit, toujours maintenu horizontal, et les points 51, 52 où elles coupent la ligne $q\ l$, sont ceux autour desquels les deux arêtes de la face supérieure de l'empanon ont tourné pour suivre le mouvement du toit; par conséquent, en traçant, par les points 51-52, deux parallèles 51-61 et 52-62 à la ligne $r\ p$, elles sont les projections horizontales de ces arêtes, dans le plan du toit revenu à sa place.

Considérant de nouveau le plan du toit, dans la situation horizontale qu'on lui a momentanément donnée, on trace la ligne $v\ u$ parallèle à $q\ l$ à une distance égale à $s\ v$, fig. 2, déterminée par la perpendiculaire abaissée du point t sur la pente du toit. Cette ligne $u\ v$, fig. 1, est sur le plan du toit, dans la position horizontale, la projection de l'arête inférieure de la face verticale du faîtage, qui est aussi la ligne de gorge de la surface d'application des empanons et chevrons contre le faîtage. Le parallélogramme 51-52-v-u est la figure de la surface d'application de l'empanon contre cette face verticale du faîtage, projetée sur le plan du toit supposé horizontal. Abaissant des points u, v des perpendiculaires v-53, u-54 sur le faîtage, elles représentent les plans dans lesquels les points u, v se meuvent lorsque le plan du toit est ramené dans sa position naturelle; elles déterminent, sur la face verticale du faîtage projetée sur la ligne $g\ l$, les points 52, 54 par lesquels passent les projections horizontales 53-63, 54-64 des arêtes parallèles à la ligne $r\ p$. Les points 61, 62, 63, 64 dans lesquels les arêtes de l'empanon rencontrent la face verticale de la noue projetée sur $a\ w$, renvoyés sur les arêtes de sa face verticale apparente, fig. 3, donnent les quatre points des angles du parallélogramme 61-62-63-64 qui marque l'occupation de l'empanon déversé sur le chevron de noue. Pour vérifier la position des côtés 61-64, 62-63 de cette occupation, on construit directement la trace d'une des faces latérales de l'empanon sur la face verticale de la noue; l'arête 52-62 de la projection horizontale, fig. 1, est prolongée jusqu'à la rencontre v de la ligne d'about parallèle à $P\ N$ prolongée; le point v, est dans le plan d'une des faces de l'empanon perpendiculaire au toit, la ligne $p'\ q$ prolongée est la projection d'une perpendiculaire au plan du toit, dans le point 62; cette perpendiculaire, qui est dans la même face latérale de l'empanon, est projetée verticalement sur la fig. 2, suivant la ligne 62-e, elle perce le plan horizontal dans le point e'; ainsi la ligne v-e' est sur le plan horizontal la trace du plan de la face latérale de l'empanon. Cette ligne coupe en j la trace de la face verticale du chevron de noue, qui reçoit l'assemblage : mettant le point j en projection verticale en j', fig. 4, la ligne 62-63 prolongée doit passer par ce point j' la ligne 61-64 lui est parallèle, la mortaise est tracée au milieu de l'occupation; des hachures remplissent sa projection; celles parallèles aux arêtes de la noue, marquent le fond, les autres marquent une joue apparente et la partie rampante; elles sont parallèles aux arêtes de l'empanon; la projection de l'une de ces arêtes 52-62, s'obtient en renvoyant le point 52' de la projection horizontale, sur la projection verticale de l'arête du faîtage. L'empanon déversé est mis en projection verticale en o, sur le chevron a, fig. 2.

§ 7. *Arêtiers et noues dont les faces d'assemblage sont perpendiculaires au toit.*

On peut demander pourquoi l'on ne fait point les faces d'assemblages des arêtiers et des noues qui reçoivent les empanons perpendiculaires au plan du toit, car il en résulterait des assemblages beaucoup plus simples, puisqu'il n'y aurait plus de biais dans leurs coupes, et qu'ils seraient comme ceux des pièces simplement inclinées l'une sur l'autre. Les figures de la pl. LIII, sont relatives à l'examen de cette question.

Soient $A\ B\ D$, $a\ b\ d$, sur le plan fig. 2, les lignes d'about et de gorge sur les sablières répondant à l'angle du bâtiment $B\ C$ la projection d'une arête qui sépare un long pan d'un pan de croupe; $m\ n$ l'épaisseur d'un arêtier dévoyée; $m\ m'$, $n\ n'$, parallèles à $B\ C$ sont les projections horizontales des arêtes inférieures de l'arêtier.

Soit fig. 3 un profil du pan de croupe couché sur la droite en tournant autour de l'horizontal $O\ D$, qui est la trace verticale du plan des sablières. Soit enfin, fig. 2, l'angle $m\ g\ h$, une coupe dans le toit de long pan et couché à gauche en tournant autour de $m\ g$ horizontale dans le plan des sablières; des points m et n abaissant des perpendiculaires sur les pans des deux toits, elles seront projetées horizontalement sur $m\ g$, $n\ f$ et verticalement sur $m\ p'$, $b\ q'$; p et q sont en projection horizontale, les points où les perpendiculaires percent les pans des toits; ces perpendiculaires sont dans les faces normales aux pans des toits; par conséquent, les lignes $Q\ R$, $P\ S$ sont les projections des arêtes supérieures de l'arêtier, dont les faces d'assemblages, comprises dans les épaisseurs des toits, sont perpendiculaires aux surfaces de ces toits.

Soient fig. 1, $A\ B\ D$, $a\ b\ d$, les traces des angles des deux plans du long pan et des deux plans du pan de croupe, sur un plan perpendiculaire à l'arêtier. Cette croupe est obtenue par l'opération que nous avons décrite page 508 et pl. XLVIII, pour une coupe semblable dans l'arêtier de la croupe droite. La largeur de l'arêtier dans l'intérieur du comble étant égale dans cette croupe à celle $m\ n$ de la projection horizontale, ses faces normales aux toits ont pour trace les lignes $m\ p$, $n\ q$, et sa coupe perpendiculaire est représentée par le pentagone $B\ p\ m\ n\ q$; les côtés $B\ p$, $B\ q$, répondent aux faces délardées. Les angles $B\ q\ n$, $B\ p\ m$, de cette coupe, étant droits, les pièces équarries dans lesquelles on pourrait l'inscrire sont marquées par les quadrilatères q-1-2-3 et p-4-5-6, qui présentent tous deux, pour une pièce qui devait fournir l'arêtier, une surface d'équarrissage plus grande que celle du rectangle m-n-7-8, équarrissage de la pièce qui suffit pour l'arêtier dont les faces d'assemblages sont verticales. Nous avons projeté, fig. 2 et 3, trois empanons assemblés dans l'arêtier sur sa face normale à la croupe; en i l'empanon est droit, en o il est délardé, et en x il est déversé. Nous avons projeté séparément ce dernier sur deux plans parallèles à ces faces, en x et en x', fig. 4.

ÉPURES.   551

La fig. 6 est la projection horizontale d'une noue délardée, pour rendre ses faces normales aux plans des toits. La fig. 5 est une coupe dans l'un des pans du comble. $A\ B\ D$ et $a\ b\ d$ sont sur le plan les lignes d'about et de gorge; $B\ C$ la ligne de noue; C le poinçon; f les faîtages. Le pas $u\ m\ n\ w$ de la noue sur la sablière, étant construit comme nous l'avons déjà décrit page 528, et pl. LI, des points $m'\ n'$ où les faces verticales de la noue rencontrent les lignes de gorge, points par lesquels passent les arêtes inférieures lorsqu'on délarde la noue en dessous, on abaisse des perpendiculaires sur le plan d'un toit; vu que la noue n'est pas dévoyée, il suffit d'opérer d'un côté. Une de ces perpendiculaires est projetée en $b\ p'$, fig. 5; le point p' mis en projection horizontale en p, sur la projection $m'\ p$ de la perpendiculaire, donne la position de l'arête $P\ S$ suivant laquelle la face normale de la noue coupe un des pans de toit; la ligne $Q\ R$ est l'arête pour l'autre face normale.

La coupe $u\ m\ n\ w$ perpendiculaire à la noue étant construite, fig. 8, les perpendiculaires abaissées des points $m'\ n'$, sur les lignes $B\ u$, $B\ w$, sont les traces des faces normales, et l'heptagone $B\ P\ m'\ m\ n\ n'\ Q$ est la coupe de la noue délardée.

Il y a avantage sous le rapport de l'économie du bois à délarder les noues; puisque, comme le montre la fig. 8, une pièce de l'équarrissage $u'\ m\ n\ w'$ suffit pour l'exécuter, tandis qu'il faut une pièce $u\ m\ n\ w$ lorsqu'elle ne doit pas être délardée.

Il résulte un autre avantage du délardement des faces d'assemblage des noues, c'est que les empanons sont mieux assemblés; d'abord, parce qu'ils sont coupés carrément, comme le font voir les projections de l'empanon i, et parce que les faces délardées n'étant pas verticales, mais se présentant en dessus, les empanons portent mieux sur leurs *abouts*. L'arêtier à faces d'assemblage normales présente au contraire le désavantage que les empanons ne sont point appuyés contre ses faces et n'y sont soutenus que par leurs tenons, tandis qu'ils trouvent un appui contre leurs faces, quand elles sont verticales.

§ 8. *Pannes et tasseaux sur arêtier.*

Les pannes glisseraient au bas des combles, si elles n'étaient pas retenues par des obstacles sur les arbalétriers. Pour les charpentes ordinaires, on se contente de clouer sur chaque arbalétrier et en dessous de l'emplacement de chaque panne qui doit le croiser, un *gousset* ou *chantignolle*, comme ceux marqués x sous les pannes f, fig. 4, pl. XLII. Lorsque la composition d'une charpente et le soin qu'on doit apporter dans son exécution commandent plus de solidité, chaque panne f, fig. 1, même planche, est appuyée sur un tasseau z assemblé dans l'arbalétrier et dans le chevron qui lui correspond; on ajoute au-dessous de ce tasseau une *chantignolle* de sûreté x, pour soulager son tenon assemblé dans l'arbalétrier.

Le détail de cet assemblage est représenté sur une plus grande échelle, pl. LIV, fig. 1 et 6, et pl. LV, fig. 1 et 9. P et P' pannes; T et T' tasseaux; R et R' chantignolles clouées. La solidité du tasseau T peut être complétée par des embrèvements, comme dans la fig. 2, pl. LIV; la chantignolle R est aussi plus solidement fixée par une broche en fer rivée sur l'arbalétrier, ou par un boulon qui les traverse, et on l'empêche de glisser au moyen d'un embrèvement maintenu en joint par un clou ou par une vis à bois.

La fig. 2, pl. LV, est une projection d'un arbalétrier a et d'une panne p de la fig. 1, sur le plan du toit couché sur la droite. Le chevron c est supposé enlevé, pour qu'on puisse voir le tasseau T et la chantignolle R. La fig. 10, même planche, est également la projection, sur le plan du toit, de l'arbalétrier a de la ferme, fig. 9, du chevron correspondant c et de la panne P', qui les croise en passant entre eux; le tenon du tasseau T, qui traverse le chevron, est apparent; cette figure montre l'enture de deux pannes bout à bout en fausse coupe, et tenue par deux broches en fer rivées.

Chaque cours de pannes règne de niveau sous tous les pans de toit d'un comble.

Les pannes des deux pans de toits contigus, se joignent bout à bout dans le plan vertical passant par l'arête résultant de la rencontre de ces deux pans.

Ces pannes portent sur l'arbalétrier de la ferme arêtière établie sous l'arête, et elles soutiennent le chevron arêtier chargé des empanons. Lorsqu'on façonne les faces supérieures et inférieures de l'arbalétrier et du chevron de cette ferme, suivant des plans parallèles aux deux pans du comble qui forment l'arête, les pannes trouvent leurs chambrées toutes faites; mais lorsqu'on se borne, par économie de travail, à ne délarder que la face supérieure du chevron arêtier, il faut entailler sa face inférieure et la face supérieure de l'arbalétrier pour loger les deux bouts des pannes, qui se réunissent sur la ferme arêtière. L'épure de la pl. LIV a pour objet le tracé des entailles à faire pour le cas d'une croupe, et le tracé du tasseau qui doit supporter les bouts des deux pannes.

La fig. 5 de cette planche est le plan de cette croupe; nous la supposons droite : ce qui va suivre s'applique également à une croupe biaise. La fig. 1 est la projection verticale de la ferme transversale sur laquelle la croupe est établie, et la fig. 6 est la projection verticale de la ferme de croupe, couchée sur le plan de l'épure, après que son horizontale OF a été reculée suffisamment sur la droite.

Ces figures sont construites suivant les procédés que nous avons précédemment décrits pour l'épure de la croupe droite, pl. XLVIII et page 494. Nous n'avons point figuré d'enrayure ni d'empanons, parce que ces parties de la charpente de la croupe n'ont point de rapport avec l'épure des assemblages des pannes et tasseaux, mais nous avons figuré dans les fermes des arbalétriers a, o, h, et des chevrons c, e, k, qui leur correspondent, pour montrer les relations qu'ils ont entre eux, ce qui satisfait aux deux suppositions que nous avons faites dans les épures précédentes, lorsque nous avons regardé les mêmes pièces comme représentant des chevrons ou des arêtiers suivant le besoin que nous avons eu d'étudier les assemblages des uns et des autres. Les chevrons ont des largeurs moindres que celles des arbalétriers, parce qu'ils ont de moindres efforts à supporter; elles sont proportionnelles à celle des arbalétriers.

Les pannes et tasseaux, qui sont les objets principaux de l'épure, sont marqués sur toutes les projections. Nous nommerons *face externe* d'une panne, celle sur laquelle les chevrons sont appuyés et *face interne*, celle par laquelle cette panne est appuyée sur l'arbalétrier.

Pour satisfaire à la loi des homologues, qui produit toujours un aspect satisfaisant dans les constructions en bois, les abouts des pannes des deux pans devraient être parfaitement égaux et coïncider dans tous leurs points. Il en résulterait que les quatre arêtes de la panne d'un des pans, seraient exactement aux mêmes niveaux que leurs homologues de la panne de l'autre pan; mais il en résulterait aussi que toutes les pannes ne seraient point en bois carrés. En supposant, par exemple, que la panne P du long pan soit équarrie suivant un carré $m\,u\,v\,n$, fig. 1, pl. LIV, la panne P' de croupe, fig. 6, serait débillardée suivant le parallélogramme $m\,z\,x\,n$.

Des pannes ainsi débillardées n'auraient pas sur les arbalétriers une stabilité aussi grande que des pannes équarries d'équerre. On pourrait, à la vérité, les maintenir dans leurs positions par des chantignolles placées en dessus, comme celles des pannes qui saillent à l'extérieur des bâtiments, fig. 3, pl. XLIII; mais, entre leurs points d'appui sur les fermes, elles n'auraient point assez de force pour résister à la pression des toits, et elles pourraient se tordre. Les charpentiers ont donc dû s'écarter pour les pannes de la loi des homologues, et établir comme règle que toutes les pannes seront en bois équarris, en maintenant cependant, suivant ladite loi, que les arêtes des faces externes coïncideront dans chaque cours de pannes, sans chercher à établir aucun rapport de position entre les autres arêtes. Ainsi les arêtes de la face externe de la panne P de long pan sur laquelle posent les chevrons c, fig. 1, et les arêtes de la face homologue de la panne P' de croupe sur laquelle posent les chevrons e, fig. 6, passent par les points m et n, situés à des hauteurs exactement égales, fig. 1 et 6. Les deux autres arêtes d'une panne ne coïncidant pas avec les deux arêtes de l'autre panne, elles ne sont assujetties à aucune autre condition que d'appartenir à des pannes équarries suivant les carrés $m\ u\ v\ n$, fig. 1, pour le long pan, $m\ o\ i\ n$, fig. 6 pour le pan de croupe (1).

La fig. 3 est la projection de la ferme d'arêtier sur le plan vertical, passant par l'arête projetée sur la ligne $C\ D$ de la projection horizontale; nous nommerons ce plan, *plan vertical d'arêtier.*

Les faces verticales de l'arbalétrier et du chevron d'arêtier du côté de la croupe, sont en évidence dans cette figure, et c'est sur elle et sur la projection horizontale, qu'on détermine la forme des entailles qui doivent être faites dans ces deux pièces pour le logement des pannes des deux pans.

C'est ordinairement sur les pans principaux, qu'on fait la distribution des pannes, et l'on donne à ces pannes un équarrissage carré. Ainsi la panne P qui règne sur le long pan du comble, et qui est vue par le bout ou en croupe, fig. 1, est un carré $m\ u\ v\ n$. L'emplacement de cette panne étant fixé, celui $m\ n$ de la panne P' du plan de croupe est déterminé par les horizontales $y\ m$, $w\ n$, fig. 6, tracées à même hauteur que les hori-

---

(1) Lorsqu'une charpente contribue à la décoration intérieure d'une bâtisse, il est préférable de faire coïncider les arêtes des faces internes des pannes, qui posent sur les arbalétriers; attendu qu'elles sont plus apparentes en dedans. L'usage de faire coïncider les arêtes extérieures des pannes, vient probablement de ce que les anciens charpentiers s'exerçaient à la coupe des bois, en construisant de petits modèles de combles, sur lesquels les arêtes des faces externes des pannes se trouvaient être les plus apparentes au dehors, vu l'impossibilité de voir l'intérieur de ces petits combles. Nous avons conservé cette disposition, pour nous conformer à l'usage. La coïncidence des arêtes internes ne donne pas lieu à des épures plus difficiles; les procédés sont exactement les mêmes, sauf qu'ils sont appliqués en sens inverse.

zontales $y\ n$, $w\ n$ de la fig. 1, et l'équarrissage de cette panne, et le rectangle $m\ o\ i\ n$.

La panne de long pan P est mise en projection horizontale en P par des perpendiculaires abaissées des points m, u, v, n, sur l'horizontale $O\ E$ prolongée sur la fig. 5 jusqu'à la ligne $C\ D$, trace du plan *vertical d'arêtier* qu'elles rencontrent dans les points m, u, v, n. La panne de coupe P', fig. 6, est également mise en projection horizontale en P' par des perpendiculaires à la ligne $O\ F$ prolongées jusqu'à la même ligne $C\ D$, qu'elles rencontrent dans les points m, o, i, n. Les points m, n de la projection horizontale, par suite de la construction, se trouvent appartenir aux deux pannes, les deux arêtes de leurs faces externes étant au même niveau.

Les points $m\ n$ sont construits sur la projection verticale, fig. 3, soit en les renvoyant, par des verticales $t\ m$, $t\ n$, ou par des horizontales $y\ m$, $w\ n$, sur la ligne $c'd'$, projection verticale de l'arête qui devrait être creusée dans la face inférieure du chevron d'arêtier; les points u, v, o, i de la projection horizontale sont renvoyés de même en u, v, o, i, en projection verticale, fig. 3, sur la ligne $C\ d$, qui représente l'arête saillante de l'arbalétrier, qui devrait être délardé. Le parallélogramme $m\ u\ v\ n$ est l'about de la panne de long pan, et le parallélogramme $m\ o\ i\ n$, est l'about de la panne de coupe; ces deux abouts sont appliqués l'un contre l'autre, dans le plan vertical d'arêtier. Les lignes $m\ u$, $m\ o$, doivent être parallèles aux lignes $n\ v$, $n\ i$. Leurs positions peuvent être vérifiées et même construites *à priori* par la considération que l'axe du poinçon étant la commune section des plans verticaux des projections, fig. 1, 3 et 6, les traces d'une surface normale d'une panne, sur deux de ces trois plans, se rencontrent au même point, et qu'ainsi les lignes $O\ p'$, $O\ q'$, $O\ g'$, $O\ j'$, de la fig. 3, doivent être égales aux lignes $O\ p$, $O\ q$, de la fig. 1, et $O\ g$, $O\ j$, de la fig. 6.

Les horizontales m-y n-w, fig. 3, sont les projections verticales des deux arêtes externes pour chacune des deux pannes, les horizontales u-17, v-18 sont les projections verticales des arêtes de la face interne de la panne de long pan, et les lignes o-19, i-20 sont les projections verticales des arêtes de la face interne de la panne de coupe.

Nous avons projeté sur la droite l'arbalétrier h et le chevron k d'arêtier est h' et k' sur un plan perpendiculaire à celui de la projection, fig. 3, et rabattu sur la même projection, en tournant autour d'une ligne parallèle aux arêtes des pièces projetées. Les lignes qui figurent les arêtes des projections h' et k' sont parallèles à celles des projections h et k, comme si l'on avait donné quartier aux deux pièces pour mettre en évidence le dessus de l'une en h' et le dessous de l'autre en k'. La ligne C' D', sur la projection h', et la ligne c'' d'', sur la projection k', sont les traces du plan vertical d'arêtier et, par conséquent, les projections des lignes qui représentent l'arête saillante de l'une, si elle était délardée, et l'arête creuse de l'autre, si elle était refouillée.

Les horizontales m-y, n-27 tracées par les points m, n, fig. 3, déterminent les projections 1', 2' des points dans lesquels les arêtes externes de la panne de long pan rencontrent l'arête inférieure de la face verticale du chevron qui est du côté du long pan ; ces deux points sont en projection horizontale en 1 et 2 sur les intersections des arêtes de la panne de long pan et de la ligne qui représente la face verticale du chevron du côté de cette panne. Ils sont renvoyés de la projection k, fig. 3, en 1 et 2 sur la projection k' par des perpendiculaires.

Les points 3 et 4, fig. 3, sont les projections verticales de ceux dans lesquels le bord supérieur m u et le bord inférieur n v de l'about m u v n percent la face inférieure du chevron, représentée par sa trace l-20 dans la projection verticale de l'arêtier. Ces deux points sont mis en projection horizontale et renvoyés sur la ligne c'' d'' de la projection k' ; ils sont cotés des mêmes chiffres. Les lignes 1-3, 2-4 sont par conséquent les intersections des deux faces normales de la panne de long pan avec la face inférieure du chevron. Le prisme compris entre les bases triangulaires et parallèles projetées en m-1-3, n-2-4, horizontalement et sur la fig. k' et en m-1'-3, n-2'-4 sur le chevron k de la fig. 3, et dont la ligne m n, bord externe de l'about m u v n de la panne de long pan est une des trois arêtes parallèles, est la partie de l'entaille à creuser en dessous du chevron d'arêtier pour loger le bout de la panne de long pan.

Nous trouvons de la même manière que l'autre partie de l'entaille à creuser en dessous du chevron, pour recevoir le bout de la panne de croupe, est le prisme triangulaire dont les bases parallèles sont projetées horizontalement et verticalement suivant les triangles m-1'-5, n-2'-6, et dont les arêtes sont parallèles à la même ligne m n, bord externe de l'about de la panne de croupe.

Par des constructions du même genre, on détermine les formes des entailles à faire sur les arêtes supérieures de l'arbalétrier d'arêtier pour y appuyer les pannes. La partie u v de la ligne C d suivant laquelle l'arbalétrier devrait être délardé pour former l'arête, est le bord interne de l'about m u v n de la panne de long pan. Les lignes u-17, v-18 sont les projections de ses arêtes internes ; elles percent dans les points projetés en 7 et 8, la face verticale de l'arbalétrier du côté du long pan. La face interne de la panne coupe la face verticale de l'arbalétrier suivant la ligne 7-8, les faces normales de cette panne coupent la même face de l'arbalétrier suivant les lignes 7-9, 8-10 parallèles aux côtés $m\,u$, $n\,v$ de l'about $m\,u\,v\,n$, puisqu'elles sont les intersections de deux plans parallèles par un troisième.

Les lignes 9-u, 10-v, sont les traces des faces normales de la même panne sur la face supérieure de l'arbalétrier ; les triangles u-7-9, v-8-10 sont les bases parallèles du prisme qui marque la forme de l'entaille qui doit être faite sur l'arête de l'arbalétrier, du côté du long pan, pour appuyer la panne de long pan. Nous trouvons de la même manière pour la partie $o\,i$ de l'arête qui devrait être délardée, que les triangles o-11-13, o-12-14 sont les projections des bases parallèles du prisme qui marque la forme de l'entaille à faire sur l'autre arête de l'arbalétrier du côté de la croupe, pour appuyer la panne de croupe.

Les charpentiers préfèrent souvent exécuter certaines coupes *sur trait*, plutôt que par le procédé général du *piqué des bois*, notamment lorsque ce procédé donne lieu à quelques difficultés pour l'établissement des pièces sur ligne ou qu'il présente quelque chance d'inexactitude ; c'est le cas des entailles sur les arbalétriers et sur les chevrons d'arêtiers, qu'il est difficile d'établir sur un ételon en même temps que les pannes. La description que nous venons de faire des formes de ces entailles, suffirait s'il ne s'agissait que de l'étude sur le papier ; mais la position des lignes qui marquent le tracé n'est pas assez exactement déterminée pour servir à une coupe sur trait, vu qu'elle résulte de projections successives et de points trop rapprochés. Dans la construction des épures de charpenterie, et surtout dans celle des ételons, plus que dans toute autre application de la géométrie descriptive, la position d'une ligne n'est regardée comme exacte, qu'autant qu'elle est déterminée par des points construits directement et très-écartés afin que les erreurs fort minimes qu'on peut faire sur sa direction, puissent être regardées comme nulles sur la petite partie de cette ligne dont on a besoin. Il convient donc d'établir dans les épures les constructions graphiques qui remplissent le mieux ces conditions, pour les appliquer aux ételons, afin d'obtenir la plus grande perfection possible dans la *coupe sur trait*.

Il est aisé de reconnaître que les lignes $m\,y$, $m\,j$, $m\,q$ et les lignes $n\,w$, $n\,q$, $n\,p$ battues sur l'ételon, ne suffiraient pas pour relever avec exactitude le tracé des entailles sur la face de l'arbalétrier, et sur la face du chevron, vues en h' et en k', et qu'on n'obtiendra la précision requise qu'en construisant les lignes de ces entailles directement sur ses faces. Supposons qu'il s'agisse d'abord de tracer sur la face du chevron, vue en k', les lignes m-1, m-1', qui sont les projections sur cette face des arêtes creuses des entailles dans lesquelles les arêtes externes des pannes passant par le point m doivent être logées. On suppose que le plan horizontal passant par ces arêtes sert momentanément de plan de projection horizontale sur la fig. 5; ligne $m\,y$, fig. 3, est la trace verticale de ce plan. Par un point quelconque, 50', de la ligne $c''\,d''$, représentant l'arête qui devrait être creusée dans le dessous du chevron, on mène un plan perpendiculaire à cette arête; sa trace verticale est la ligne 50'-50; elle coupe le plan horizontal au point 50. Portant la distance y-50 de C en 50, fig. 5, sur la ligne d'arêtier, et élevant par le point 50 une perpendiculaire à cette ligne, elle est la trace horizontale du plan perpendiculaire à l'arête creuse du chevron. Cette trace coupe les arêtes des pannes, passant par le point m, dans les points 51, 52. Les distances 50-51, 50-52, à la trace du plan vertical d'arêtier, fig. 5, sont portées sur la projection k' de 50' en 51 et en 52. Sur la trace du plan perpendiculaire à l'arête creuse du chevron, les points 51 et 52 sont les projections des points des mêmes chiffres de la fig. 5, sur la face inférieure du chevron projeté en k'; conséquemment les lignes m-51, m-52 sont les projections sur cette face des arêtes des pannes passant par le point m, et les lignes m-1, m-1' sont les parties de ces arêtes qui pénètrent dans le chevron; les lignes n-2, n-2' sont parallèles aux lignes m-52, m-51 et peuvent être construites de la même manière.

Les lignes u-7, o-11 et leurs parallèles v-8, i-12, peuvent être construites sur la face de l'arbalétrier apparente en k', en opérant encore de la même manière pour les points u, o, v, i. Toutes ces lignes répondent aux fonds des entailles.

Pour tracer maintenant l'entrée de chaque entaille sur la face supérieure de l'arbalétrier non délardé projeté en h', et sur la face inférieure du chevron projeté en k', on opère par un moyen semblable. Supposons qu'il s'agisse d'abord de tracer sur la projection k' les lignes 2-4, 2'-6; les points 4 et 6 se trouvant déterminés par leurs renvois de la projection verticale, fig. 3, ces lignes sont les traces des faces normales des deux pannes sur la face inférieure du chevron apparente en k'; opérant premièrement pour la ligne 2'-6; la trace verticale $n\,i$, fig. 6, de la face normale inférieure de la panne de croupe prolongée, donne par sa rencontre avec l'horizontale $F\,O$ aussi prolongée, le point 30, qui appartient à la trace 31-32 de cette face, sur le plan horizontal, fig. 5. La ligne de gorge 20-32 même fig., perpendiculaire à CD, est la trace horizontale de la face inférieure du chevron ; les deux traces 20-32 et 31-32 se coupent dans le point 32, qui appartient à la commune section de la face normale inférieure de la panne de croupe et de la face inférieure du chevron ; le point 2 est aussi un point de cette intersection, la ligne 2'-32 est par conséquent sa projection horizontale. La trace 20-32, fig. 5, est dans le plan de la face inférieure du chevron, c'est la ligne 20'-32' perpendiculaire à $c''\,d''$ sur la face inférieure du chevron, projetée en k', fig. 3; portant donc de 20' en 32' la longueur de 20-32 prise sur la projection horizontale, fig. 5, la ligne 2'-32' donne sur cette même face k' la position de la ligne 2'-6.

A l'égard du tracé de la ligne 2-4 sur la face k', attendu que l'espace manque sur l'épure pour construire un point de cette ligne sur le prolongement de celle 20' 32', on a eu recours à un plan horizontal auxiliaire. Soient fig. 1, l'horizontale 40-41, et fig. 3 le prolongement 40-42 de la même horizontale, les traces verticales du plan horizontal auxiliaire, dont nous venons de parler. La trace de la face normale de la panne de long pan, sur ce plan horizontal est la ligne 43-44, fig. 5; la trace de la face inférieure du chevron, sur le même plan, est la ligne 42-44, perpendiculaire à la ligne d'arêtier ; le point 42 s'obtient en faisant C-42 sur la fig. 5, égale à la distance 40-42 de la fig. 3. Nous remarquons, comme moyen de vérification, que le point 42 de la fig. 3, doit être verticalement au-dessous du point 41 de la fig. 1, dans lequel la trace verticale du plan horizontal auxiliaire coupe la projection verticale 23-24, de la ligne qui est l'intersection du *plan vertical d'arêtier* avec la face inférieure du chevron d'arêtier.

Le point 44 est, sur le plan auxiliaire, l'intersection des traces de la face inférieure de la panne et de la face inférieure du chevron, et le point 2 étant la projection d'un point commun à ces deux faces, la ligne 2-44 est la projection de l'intersection de ces mêmes faces sur le plan horizontal auxiliaire.

Par le point 42 de la fig. 3, traçant une perpendiculaire à la ligne $c''\,d''$ sur la face k' du chevron, elle est la même ligne que celle cotée 42-44, fig. 5; portant cette longueur 42-44, de 42' en 44', fig. 3, 2-44' est la ligne dont le trait 2-4 fait partie. On construit de même les traits 1-3, 1'-5, qui sont d'ailleurs parallèles aux traits 2-4, 2'-6, que nous venons de déterminer.

On construit encore de même les traits u-9, v-10, o-13, i-14 sur la face h' de l'arbalétrier. Lorsque le chevron est placé au-dessus de l'arbalétrier, ces traits sont parallèles à ceux que nous venons de tracer. Dans l'épure les traits marqués sur la face h' de l'arbalétrier font, en sens inverse avec la ligne C' D', des angles égaux à ceux que les traits marqués sur la face k' font avec la ligne c'' d''.

Le tasseau d'arêtier T est assemblé à tenons et mortaises dans l'arbalétrier et dans le chevron immédiatement au-dessus des entailles qui doivent recevoir les bouts des pannes; il a la même épaisseur que le chevron; sa face supérieure est taillée suivant les deux rhombes 2-4-v-16, 2'-6-i-15, pour recevoir les parties des forces normales inférieures des deux pannes, comprises entre l'arbalétrier et le chevron, qui ne sont pas engagées dans les entailles; ces deux rhombes sont raccordés par un plan vertical 6-4-v-i qui est dans le *plan vertical d'arêtier*, suivant lequel les pannes s'aboutent.

La fig. 4 montre séparément le tasseau sous trois aspects : en T il est projeté comme dans la fig. 3; en T', il est vu par le bout qui s'assemble sur la face supérieure de l'arbalétrier; les mortaises de ses assemblages sont marquées sur les projections k' et h'; en T'' il est vu par-dessous sur la face par laquelle il s'appuie sur la chantignolle. Ces trois projections se correspondent par des perpendiculaires, et les mêmes numéros désignent les mêmes points que ceux projetés fig. 3.

Lorsqu'on délarde la face supérieure de l'arbalétrier, et qu'on creuse la face inférieure du chevron d'arêtier, il est nécessaire de laisser une partie non délardée et une partie non creusée, pour recevoir la chantignolle et les assemblages du tasseau, qui conserve la forme qu'il aurait si l'on s'était borné à de simples entailles.

Le bout de chaque panne de croupe et de long pan ne porte pas sur toute l'épaisseur de l'arbalétrier d'arêtier et du tasseau, puisque, comme nous l'avons vu, on les fait abouter dans le *plan vertical d'arêtier*, elles portent seulement sur la portion de cette épaisseur qui répond au pan dont elles font partie, et du côté de la croupe la portée est ordinairement très-étroite. Quoique les lattis ou les planchers qui forment la *boîte* du comble de croupe, en s'attachant sur le chevron d'arêtier qui leur est commun, réunissent les pans de toit contigus, pour maintenir les pannes en joint d'about sur l'arbalétrier et le tasseau, il est convenable de les lier l'une à l'autre par une ou deux bandes de fer pliées sur leurs faces externes et internes et boulonnées. Nous donnons un détail de cette ferrure au chapitre de l'emploi du fer, tome II.

L'entaille qu'on fait sous le chevron d'arêtier, pour loger le bout des pannes qui s'aboutent dans le plan vertical d'arêtier, est un travail de sujétion, peu utile; on peut s'en dispenser en recepant les bouts des pannes qui devraient entrer dans cette entaille, suivant le plan incliné de la face inférieure du chevron, qui porte alors à plat sur les nouveaux abouts des pannes résultant de ce recepage. Les tasseaux ne changent pas de forme, et l'on peut également lier les pannes par des bandes de fer.

On peut assurer la portée des pannes sur les arbalétriers et les tasseaux, en les croisant par entailles à mi-bois suivant un plan horizontal établi à moitié de l'épaisseur de la panne la plus forte qu'on fait passer en dessous. Nous avons représenté isolément, fig. 1 et 4, pl. LXVIII, cet assemblage entre les deux pannes de la croupe, qui fait l'objet de la pl. LXIV. La fig. 4 est la projection horizontale des deux pannes P et P' tournée de façon qu'elle correspond exactement au-dessous de la fig. 1, qui est la projection des deux mêmes pannes sur un plan vertical ayant pour trace horizontale la ligne $A\,B$, fig. 4, et qui est perpendiculaire au *plan vertical d'arêtier* passant par la ligne d'arête projetée sur $C\,D$. Nous ne décrirons point les opérations par lesquelles on parvient à ces projections, attendu qu'elles sont fort simples; nous nous bornerons à indiquer ce que représentent les diverses parties de ces projections.

P panne de long pan; P' panne de croupe. La partie $m\,n$ de la projection de l'arête $C\,D$ est le côté commun des abouts des deux pannes et de la coïncidence de leurs faces externes. Cette ligne est également marquée $m\,n$ et $m'\,n'$ sur les figures de la pl. LXIV. Le rhombe $1\text{-}2\text{-}m\text{-}n$ est la coupe de la panne de long pan P prolongée, par le plan du dessous des chevrons de croupe. Le parallélogramme $3\text{-}4\text{-}m\text{-}n$ est la coupe de la panne P' de croupe prolongée par le plan du dessous des chevrons du long pan; la ligne $5\text{-}6\text{-}7$, en projection verticale, et le rectangle $5\text{-}6\text{-}7\text{-}9$, en projection horizontale, sont les projections du joint horizontal de l'entaille à mi-bois. Les trapèzes hachés $1\text{-}5\text{-}6\text{-}n$, $7\text{-}4\text{-}m\text{-}6$, sont les bouts des pannes dans les plans du dessous des chevrons des deux pans, après que l'assemblage est effectué. Le trapèze $4\text{-}7\text{-}9\text{-}10$ est une joue de l'entaille dans la panne P; $10\text{-}m\text{-}4$ est l'onglet de recouvrement de l'arête $a\,m$ de la panne P sur la face normale supérieure de la panne P'.

Le trapèze $5\text{-}11\text{-}i\text{-}9$ est la joue de l'entaille de la panne P', formant onglet de recouvrement de l'arête $b\,i$ sous la face normale inférieure de la panne P.

I. — 71

On pourrait supprimer ces espèces d'onglets, en les coupant par des plans verticaux, passant par les lignes 4-10, 5-9; et même, pour celui de dessus, on pourrait prolonger la joue de l'entaille suivant le triangle 10-12-4; mais il vaut mieux, pour que l'assemblage soit complet, les conserver.

Le tasseau ne subit point d'autre changement dans sa coupe, sinon que la face sur laquelle il reçoit la panne P s'étend sur toute son épaisseur. La ferrure dont nous avons parlé plus haut, est applicable aux pannes entaillées; on peut aussi les traverser par un boulon vertical dans le milieu du joint.

§ 9. *Pannes et tasseaux sur noue.*

La pl. LXV a pour objet l'épure de la coupe des pannes et des tasseaux qui les soutiennent sur les arbalétriers des fermes de noues.

La fig. 1 est la projection verticale de la partie inférieure d'une ferme transversale du comble établi sur l'aile de bâtiment dont le mur $D\,A$ du plan est une des façades. La fig. 9, couchée à droite sur le plan de l'épure, est une projection de la partie correspondante d'une ferme transversale du comble de l'aile de l'autre bâtiment dont le mur, marqué $D\,F$ au plan, est une façade.

La figure 8 est la projection horizontale de la partie inférieure correspondante de la ferme de noue $C\,D$ des deux combles.

La fig. 3 est la projection de la même partie de cette ferme de noue sur un plan parallèle au plan vertical qui contient l'arête creuse de noue, et que nous nommons *plan vertical de noue*.

Les combles sont supposés de mêmes hauteurs, mais les bâtiments étant de largeurs différentes, comme dans la fig. 7, pl. LI, la noue est dévoyée. On dévoye une noue, comme un arêtier. La fig. 4, même planche, représente l'opération pour dévoyer la noue de la fig. 7, résultant de bâtiments qui ne se rencontrent pas à angle droit.

La noue $C\,D$ de notre épure est dévoyée, vu qu'elle ne fait pas des angles égaux avec les façades des deux bâtiments. Nous avons supposé, dans cette épure, comme dans la précédente, que chaque ferme est pourvue d'un arbalétrier distinct du chevron. Les pannes sont en bois carrés sur les deux pans; elles sont aboutées dans le *plan vertical de noue*, comme celles d'arêtier le sont dans le *plan vertical d'arêtier;* les arêtes de leurs faces externes passent par les points m, n. L'inégalité d'inclinaison des combles a forcé, comme dans l'épure des pannes de croupe, de s'écarter de la loi des homologues.

Les entailles pour le logement des bouts des pannes dans l'arbalétrier et le chevron de noue, ne diffèrent de celles faites dans l'arbalétrier et le chevron d'arêtier, qu'en ce qu'elles sont faites en sens inverse, c'est-à-dire que celles du dessus de l'arbalétrier de noue sont creusées, au lieu d'être faites en délardements, et que celles du dessous du chevron sont faites en délardements, au lieu d'être creusées. Les constructions graphiques sont les mêmes que celles décrites pour l'épure précédente, et les mêmes lettres désignent, sur leurs deux épures, les mêmes lignes de construction. Nous nous bornerons donc à signaler, sous forme de légende, les principales opérations.

Par le point C de la projection horizontale, on suppose une verticale projetée en OC sur les autres projections fig. 1, 3, 9; elle sert d'axe de repère et remplace l'axe du poinçon commun aux fermes de noue, que l'étendue de l'épure n'a pas pu comprendre.

Le carré P, fig. 1, est la coupe de la panne du grand comble, c'est-à-dire du comble le plus large. Le carré P', fig. 9, est la coupe de la panne du comble le plus étroit.

Le parallélogramme $m\,u\,v\,n$, fig. 3, est l'about de la panne P du comble le plus large dans le *plan vertical de noue*; le rhombe $m\,o\,i\,n$ est l'about de la panne P' du comble le moins large, dans le même plan vertical; les points m et n de ces deux abouts coïncident et sont à même hauteur sur les trois projections verticales fig. 1, 3 et 9 (1). Les hauteurs $O, p, O\,q$ de la fig. 3 sont égales aux hauteurs marquées des mêmes lettres fig. 1. Les hauteurs $O\,g, O\,j$ de la même fig. 3 sont égales à celles marquées aussi des mêmes lettres fig. 9.

Les triangles m-1-3, n-2-4 sont les bases parallèles du prisme suivant lequel une des entailles doit être faite sur l'arête du chevron de noue du grand comble, pour recevoir la panne P. Les triangles m-1'-5, n-2'-6, sont les bases de l'autre prisme suivant lequel la seconde entaille doit être faite sur l'arête du chevron du côté du petit comble, pour recevoir la panne P'.

Les triangles u-7-11, v-8-12, sont les bases du prisme marquant la

---

(1) La note de la page 554 est applicable aux abouts des pannes de noues.

partie de l'entaille qui doit être creusée sur la face supérieure de l'arbalétrier, pour recevoir la panne P du grand comble, et les triangles o-9-13, i-10-14, sont les bases du prisme qui forme la seconde partie de l'entaille sur l'arbalétrier qui doit recevoir la panne P' du petit comble.

Les lignes o-9, u-7, fig. 3, sont les logements des arêtes horizontales supérieures des faces internes des pannes. La ligne o-19 est la trace du plan horizontal qui contient l'arête de la panne P' passant par le point o. La ligne 50-51, fig. 8, est dans le plan horizontal une perpendiculaire au plan vertical de noue. Cette ligne passe par le point 50 de l'horizontale o-19 de la fig. 3; elle est projetée sur h' par la ligne 50-50' perpendiculaire à la ligne de noue $C' D'$. La ligne 50'-51', fig. 3, est égale à 50-51 de la fig. 8. La ligne o-51' est la direction du trait o-9.

Le point 60 de la ligne w-u, fig. 3, étant rapporté sur la ligne de noue $C D$, fig. 8. La ligne 60-61 est reportée sur la projection h' de 50' en 51; la ligne u-54 est la direction du trait u-7. Les lignes i-10, v-8, sont parallèles aux lignes o-9, u-7.

7-11, 9-13 sont sur projection h' les traces des faces normales supérieures des pannes, sur la face aussi supérieure de l'arbalétrier de noue. Les lignes 40-41 sont dans les trois projections verticales, fig. 1, 3 et 9, les traces d'un plan horizontal auxiliaire. m-43, fig. 1, est la trace de la face supérieure de la panne P. 43-44, fig. 8, est la trace verticale de la même face sur le plan auxiliaire. m-30, fig. 9, est la trace verticale de la face supérieure de la panne P'. 30-32 est la trace horizontale de la même face sur le plan auxiliaire. 39-41, fig. 1, est la projection verticale de la ligne tracée sur la face supérieure de l'arbalétrier par le plan vertical de noue. Le point 60 est la projection horizontale du point 41 dans lequel cette ligne rencontre le plan auxiliaire. La ligne 32-44, passant par le point 50, est la trace horizontale de la face supérieure de l'arbalétrier sur le même plan auxiliaire. Les points 32 et 44 sont les intersections des traces horizontales des faces supérieures des pannes et de l'arbalétrier sur le plan auxiliaire. Les lignes 32-9, 44-7, sont les projections horizontales, sur le même plan des directions des lignes 7-11, 9-13. La distance C-50, prise sur la ligne $C D$, fig. 8, est reportée de 40 en 41, fig. 3, sur la trace du plan horizontal auxiliaire. La ligne 32-44 de la fig. 8 passe par le point 41 de la fig. 3, et est perpendiculaire au *plan vertical de noue;* elle est couchée en 32-44 sur la projection h'; ses parties 42'-32, 42'-44, sont égales aux parties 50-32, 50-44, de la fig. 8. Les lignes 7-32, 9-44, sont les directions des traces 7-11, 9-13, des faces des pannes sur la face de l'arbalétrier; les traces 8-12, 10-44, leur sont parallèles. Les lignes m-1, m-1′, m-3, m-5 et leurs parallèles n-2, n-2′, n-4, n-6, de la projection k' peuvent être construites de la même manière ; elles font d'ailleurs, avec la ligne $c\,d$, des angles égaux, mais inverses de ceux que font leurs correspondantes avec la ligne $C'\,D'$, sur la projection h'.

On peut assujettir le joint d'about des pannes, dans le plan vertical de noue, par des bandes de fer, pliées et boulonnées sur leurs faces internes, comme nous l'avons déjà indiqué pour les pannes qui s'aboutent sur un arêtier. On peut aussi se dispenser de creuser la face supérieure de l'arbalétrier de noue, en coupant les bouts des pannes suivant le plan de cette face. On peut enfin croiser les pannes dans leurs joints de noue, et les assembler par entailles à mi-bois, comme nous l'avons indiqué pour le joint des pannes sur l'arêtier.

CHAPITRE XV.

EXÉCUTION DE LA CHARPENTE D'UN COMBLE.

Les détails que nous avons donnés au chapitre IX, trouvent leur application dans la construction des ételons et dans l'établissement des bois sur les lignes, pour l'exécution d'un comble. Nous nous bornerons, dans ce chapitre, aux explications indispensables pour l'intelligence des figures relatives à cette partie du travail des charpentiers.

§ 1. *Ételons des enrayures.*

La fig. 1 de la pl. LVI est la représentation à l'échelle de $\frac{1}{50}$ de l'ételon des sablières, et des enrayures d'une croupe droite, et de deux des noues de deux combles, qui ont fait l'objet des épures, pl. XLVIII et LI, et qui sont comprises dans les rectangles ponctués 1-2-3-4, 9-10-11-12, fig. 8, pl. XLIV.

La fig. 1 de la pl. LXII est la projection verticale d'une des fermes transversales des deux combles; les fermes de croupe, d'arêtiers et de noues en sont déduites, comme nous l'avons expliqué, au chapitre précédent, en traitant des épures.

Les épaisseurs des murs sont marquées, fig. 1 pl. LVI, par des lignes parallèles accompagnées de hachures. La ligne brisée 1-2-3-4-5-6, qui contourne les angles saillants et rentrants que font les murs des bâtiments, marque les parois extérieures de ces murs, et le bord extérieur des sablières b.

La ligne brisée 1'-2'-3'-4'-5'-6' est l'about des chevrons a.

1"2"3"4"5"6" marque la ligne de gorge des assemblages ou *pas* des chevrons sur les sablières, et en même temps le bord intérieur de ces sablières.

1'''-2'''-3'''-4'''-5'''-6''' est la ligne d'about des jambes de force s sur les tirants; et 1''''-2''''-3''''-4''''-5''''-6'''' est la ligne d'about des arbalétriers h sur les entraits.

La ligne 7-8 et la ligne brisée 9-10-11-12 sont les lignes de milieu du cours de liernes horizontales y assemblées dans les entraits.

Le carré C est la projection du poinçon de croupe; le carré C' est la projection du poinçon de noue (1); C-3, C-4, C'-2, C'-5 sont les projections, sur l'ételon d'enrayure, des arêtes saillantes de croupe et des arêtes creuses des noues. On a fait en A l'opération qui a pour objet de dévoyer les jambes de force, les arbalétriers et les coyers, afin de marquer sur l'ételon la ligne de milieu $c\ d$ de chaque coyer qui doit servir à son établissement dans la composition de l'enrayure. En B se trouve également l'opération faite pour dévoyer le chevron d'arêtier, afin de rapporter sur ses faces de dessus et de dessous les lignes d'arêtes saillantes et d'arêtes rentrantes qui doivent être délardées et creusées, et tracer sur l'ételon en projection horizontale les déjoutements et engueulements contre le poinçon C, qui doivent être renvoyés en projections verticales sur les ételons des fermes, fig. 2.

C'-2, C'-5 sont aussi les lignes de milieu des tirants ou coyers de noues, qui ne sont pas dévoyés, vu que les deux combles sont de mêmes largeurs.

Les épaisseurs des chevrons des noues sont marquées près du poinçon C', pour tracer les déjoutements et engueulements, et les rapporter sur l'ételon des fermes de noues.

13-14 est la ligne de milieu du tirant de la ferme transversale, combinée dans la croupe et dévoyée de la ligne 13'-14', qui passe par le centre du poinçon, projection de l'angle trièdre ou sommet de la croupe; 2-15, 2-5, 5-15 sont les lignes de milieu des fermes transversales contiguës aux noues; C-17 est la ligne de milieu du tirant de croupe; 18-20, 19-20 sont les lignes de milieu des goussets de l'enrayure de croupe, parallèles aux diagonales 17-13, 17-14 ou aux arêtes C-4, C-3; 18'-20', 19'-20' sont les lignes de milieu des mêmes goussets, quand on veut qu'ils fassent des angles égaux avec les tirants dans lesquels ils doivent être as-

---

(1) La fig. 11, pl. 59, est une projection verticale, et la fig. 12 une projection horizontale, à l'échelle du $\frac{1}{20}$ de la tête du poinçon de noue; son sommet présente ses faces aux faîtages et ses arêtes aux engueulements des chevrons des noues; plus bas, elle présente d'autres faces perpendiculaires aux plans verticaux des noues, pour recevoir les assemblages des arbalétriers dont on voit les embrèvements et les mortaises figurés sur les deux faces apparentes. Le corps du poinçon se prolonge par des faces disposées de même pour recevoir les assemblages des liens. Il peut, dans la partie inférieure, reprendre sa forme ordinaire, s'il doit s'accorder avec ceux des fermes transversales des deux combles.

semblés; 28-30, 29-30 sont les lignes de milieu des goussets de l'enrayure des noues, lorsque les tirants des fermes contiguës sont liés par des liernes dans les plans verticaux des fermes sous-faîtes; ces goussets ont pour objet de raccourcir le tirants des fermes des noues et de les convertir en coyers, pour y employer des bois moins longs. 31-32, ligne de milieu des goussets qu'on peut établir entre les tirants des fermes transversales contiguës afin de réduire les coyers des noues à des semelles, qui posent sur les angles des murs pour recevoir les assemblages des jambes de force des fermes des noues; disposition qui n'a nul inconvénient sous le rapport de la solidité, vu que les murs forment des contre-forts plus résistants qu'il ne faut par rapport à la poussée des fermes des noues privées de tirants. Cette disposition est représentée en projection verticale, fig. 5, pl. LIX.

Lorsqu'on ne fait pas régner un cours de liernes suivant les lignes 7-8, 9-10, 11-12, pour lier tous les entraits des deux combles, il est indispensable d'établir dans l'enrayure de noue, à la hauteur des entraits et coyers d'entraits, un cours particulier de liernes horizontales, dont les lignes 40-41, 41-42, 42-43, etc., sont les lignes de milieu. Trois de ces liernes sont ponctuées. Ces liernes doivent être liées par des goussets établis sur les lignes 44-45.

Les traits ramenerets, tracés sur l'ételon, pour les repères des tirants et coyers qui doivent être établis sur les ételons des fermes après l'avoir été sur ceux des enrayures, sont marqués du signe $\times$ d'usage.

La fig. 10 de la planche LIX représente à l'échelle du $\frac{4}{50}$ l'ételon des sablières et des enrayures d'une croupe biaise et des noues biaises qui sont comprises dans le trapèze 5-6-7-8 et le carré 13-14-15-15-16, fig. 8, pl. XLIV, et dont les épures ont été le sujet des planches XLIX et LII.

Cet ételon ne diffère du précédent que par le biais résultant de l'inégalité des angles que font les murs du bâtiment. Les mêmes numéros désignent les lignes qui sont homologues dans les deux figures.

§ 2. *Établissement d'une enrayure sur l'ételon.*

La fig. 3, pl. LVI, est la représentation en projection horizontale et à l'échelle du $\frac{1}{50}$ des bois établis en chantier de travail sur la partie de l'ételon, fig. 1, répondant à la croupe droite pour la composition de la première enrayure formée des tirants et coyers qui reçoivent les assemblages des jambes de force.

Le tirant t de la ferme transversale est établi le premier au moyen de la ligne de milieu 13-14, ou au moyen de la ligne 13'-14', dont il est dévoyé et qu'on a pu battrè sur sa face supérieure.

Le tirant de croupe d est établi au-dessus; les coyers r sont établis à même hauteur que le tirant de croupe; les goussets p sont établis les derniers; toutes les pièces sont appuyées et calées les unes sur les autres ou sur des chantiers simples, doubles ou triples, suivant le besoin, et comme ils sont indiqués dans la figure, pour les maintenir de niveau; elles sont d'ailleurs sur lignes et de dévers, et leurs traits *ramenerets* sont en coïncidence aplomb avec ceux tracés sur l'ételon.

La seconde enrayure, répondant aux entraits de la ferme transversale et de la ferme de croupe et aux coyers des fermes d'arètiers, répond aplomb sur la première et n'en diffère que par la longueur des entraits et coyers, qui ne dépassent la ligne d'about des arbalétriers $1'''$-$2'''$-$3'''$-$4'''$-$5'''$-$6'''$ que de ce qu'il faut pour recevoir les assemblages de ces pièces.

Les sablières, ne se trouvant au niveau d'aucune des deux enrayures, ne figurent point dans leur établissement sur lignes; elles font l'objet d'une mise sur lignes particulière sur le même ételon, après que les bois des enrayures sont enlevés.

Nous avons représenté, fig. 5, pl. LVII, l'établissement sur l'ételon d'une partie d'un cours de sablières s, s' et des brochets y qui s'y assemblent; elles sont mises sur lignes par leur face de parement extérieur. La sablière s passe par-dessus la sablière s; elles doivent être entées, et elles sont repérées par un trait *ramenerct* pour le tracé de leurs joints. Les blochets sont également repérés par des traits *ramenerets*, parce qu'après avoir été assemblés avec les sablières, ils doivent être établis sur les ételons des fermes pour leurs assemblages avec les jambes de force.

§ 3. *Ételons des fermes.*

Le plus souvent on manque de place dans les chantiers, et les charpentiers tracent sur le même emplacement les ételons de plusieurs fermes d'un même comble. Lorsqu'on ne manque pas d'espace et que d'ailleurs on a un grand nombre de fermes à exécuter, on peut tracer à différentes places du chantier le même ételon, pour établir sur lignes et piquer en même temps les bois de plusieurs fermes; cependant comme l'établissement des bois et leur piqué se font avec plus de rapidité que l'exécution des assemblages, il vaut mieux, pour obtenir des fermes identiques, établir et piquer l'une après l'autre toutes celles de même espèce sur le même étalon. Il y a aussi avantage, pour la justesse du tracé, de construire les étalons de toutes les fermes d'un même comble, c'est-à-dire celles transversales, les fermes de croupe, les fermes d'arêtier et les fermes de noues, sur le même étalon, parce qu'il en résulte un moyen de vérification certain pour les dimensions en hauteur, qui sont les mêmes. Néanmoins, pour ne point compliquer les exemples que nous avons à donner, nous avons représenté séparément l'étalon de la ferme transversale, fig. 3, pl. LVII, du même comble sur l'échelle du $\frac{1}{50}$. $A\,E$ horizontale au niveau de la face supérieure du tirant ; $C\,O$ axe vertical du poinçon. La ligne $C\,O$ est tracée perpendiculairement à $A\,E$ par les méthodes ordinaires et en employant un très-grand compas à verge. $C\,A$, $C\,E$, parements extérieurs des chevrons ; en dessous de ces deux lignes, deux parallèles marquent l'épaisseur des chevrons. $c\,b$, $c\,d$, parements extérieurs des arbalétriers ; au lieu des lignes $C\,A$, $C\,E$, $c\,b$, $c\,d$. On aurait pu, comme le font quelques charpentiers, tracer les lignes de milieu des chevrons et des arbalétriers ; mais, toutes les fois qu'il s'agit d'établir avec précision la face d'une pièce de bois, il est préférable de tracer sur l'étalon la projection de cette face, surtout lorsqu'on n'emploie que des bois parfaitement dressés ; autrement, si les bois sont employés différemment, comme c'est l'usage pour les charpentes peu importantes, il vaut mieux les établir au moyen des lignes de milieu, ce qui ne dispense pas de tracer sur l'étalon les lignes qui sont les projections des faces dont la justesse serait nécessaire, parce qu'elles servent pour piquer sur les bois les parties qu'il est indispensable de dresser, comme sont les places sur lesquelles portent les pannes dont la position est donnée pour que la surface du toit soit plane.

1-2, est la ligne de milieu des jambes de force des deux côtés ; 3-4, est la ligne de milieu de l'entrait ; le faîtage, représenté par la figure pentagonale de sa coupe, est haché ; les pannes et les sablières, figurées par des carrés et des rectangles égaux à leurs équarrissages, sont également hachées et établies aux places qu'elles doivent occuper ; 5-6, lignes de milieu des liens concourant au même point 6 de l'axe $C\,O$; 7-8 lignes de milieu des jambettes ; 9-10, lignes de milieu des aisseliers sous l'entrait, concourant au même point 10 de l'axe du poinçon ; 11-12, lignes de milieu des blochets ; des traits *ramenerets* sont marqués sur l'étalon pour servir de repère aux tirants et entraits qui peuvent avoir été mis sur lignes dans les enrayures. Des traits *ramenerets* sont tracés aussi pour les poinçons qui sont établis sur lignes dans les fermes transversales et dans les fermes sous-faîtes ; des traits *ramenerets* sont enfin marqués pour les chevrons correspondants aux fermes, parce qu'ils sont mis aussi sur lignes à la herse, dont nous parlerons au § 5.

Lorsque le sol du chantier est solide et uni, et que d'ailleurs un ételon ne doit pas servir longtemps, on le trace sur le sol ; mais lorsque le terrain est raboteux ou sablonneux et que le tracé ne s'y conserverait pas le temps nécessaire pour le travail, on garnit les emplacements sur lesquels les lignes doivent être tracées avec des planches clouées sur des racineaux enterrés jusqu'à fleur du sol et maintenus, par de forts piquets, dans un plan de niveau.

La fig. 4, pl. LVII, représente en projection horizontale cette disposition, à l'échelle du $\frac{1}{50}$, pour une partie de l'ételon que nous venons de décrire ; le tracé est marqué en lignes ponctuées sur les planches.

Si l'ételon devait contenir plus de détails ou comprendre plusieurs fermes de formes différentes, il serait indispensable, dans le cas d'un mauvais terrain, de faire un plancher plein et entier pour recevoir son tracé et de le couvrir même d'un toit provisoire pour sa conservation.

La fig. 2, pl. LVI, est la représentation à l'échelle du $\frac{1}{50}$ d'un ételon sur lequel se trouvent réunis les tracés des fermes de croupe, d'arêtier et de noue, correspondant à la ferme transversale, dont nous venons de décrire l'ételon, et faisant partie du même comble. Les lignes marquées des mêmes numéros sont les lignes de milieu des pièces de bois inclinées de même espèce. Les lignes inclinées marquées de numéros sans minutes ni secondes appartiennent à l'ételon de la ferme de croupe ; celles dont les numéros sont accompagnés du signe ' appartiennent aux numéros de la ferme d'arêtier ; celles enfin dont les numéros sont accompagnés des signes " appartiennent à la ferme de noue.

Les trois ételons sont établis sur la ligne $O'' E$ qui est au même niveau que la ligne $A E$ de l'ételon, fig. 3, pl. LVII, et est, comme cette ligne, l'affleurement de la face supérieure des tirants et coyers. Les trois ételons ont pour point commun l'about e des chevrons sur les sablières. On aurait pu leur donner pour partie commune l'axe des poinçons ; dans ce cas, les lignes $C\ O$, $C'\ O'$ se seraient confondues en une seule ligne sur $C''\ O''$. Mais comme on doit battre près de ces lignes les projections des arêtes des poinçons et les tracés des déjoutements et engueulements, il est préférable qu'elles soient distinctes pour éviter la confusion dans ces tracés.

Les désignations des lignes sur le triple ételon étant les mêmes que sur l'ételon de la ferme transversale, fig. 3, pl. LVII, nous renvoyons à l'énumération que nous en avons faite ci-dessus, page 567. Les lignes horizontales, dont les extrémités sont marquées de petites lettres, ont pour objet de vérifier l'exactitude des tracés des trois ételons. Ainsi la ligne $f\,g$ passe par les trois sommets C, C', C''; les trois points 5, 5', 5" d'intersection des lignes de milieu des liens avec les lignes des faces supérieures des chevrons doivent se trouver sur la ligne horizontale $k\,h$; les intersections 6, 6', 6" des mêmes lignes de milieu, avec les axes des poinçons, doivent se trouver sur l'horizontale $v\,t$; les intersections des jambettes 7, 7', 7", avec les lignes des surfaces supérieures des chevrons, sont sur l'horizontale $i\,j$; les intersections 2, 2', 2", des lignes de milieu des aisseliers, prolongées avec les mêmes lignes des chevrons, sont sur l'horizontale $p\,q$; enfin, les intersections 9, 9', 9", des mêmes lignes de milieu avec celles des jambes de force, sont sur l'horizontale $m\,n$.

La ligne 5-6 marquerait la ligne de milieu du lien sous la panne la plus élevée de la croupe, si l'on suivait pour cette panne la loi des homologues; mais, lorsque cette ligne fait avec l'axe du poinçon un angle trop aigu, ce lien doit être comme les faces normales de la panne perpendiculaire au plan du toit, et l'on trace la ligne $x\,y$ perpendiculaire à la ligne $C\,E$ pour ligne de milieu de ce lien. On pourrait faire le même changement pour la direction de la ligne de milieu du lien de la ferme d'arêtier, et lui donner la direction $x'\,y'$, en prenant les points x' à même hauteur que le point x sur l'horizontale $z\,s$, et le point y' sur la même horizontale $z'\,s'$ que le point y; mais il est mieux de lui laisser la position 5'-6'.

La ligne $R\,R$ est le trait *rameneret* commun aux tirants, entraits et covers des trois fermes et qui correspond exactement à ceux tracés à égales distances des lignes d'about des chevrons pour les mêmes pièces de toutes les mêmes fermes sur l'ételon des enrayures, fig. 1, pl. LVI; il conviendrait aussi au tirant et à l'entrait de la ferme transversale dont l'ételon est représentée, fig. 3, pl. LVII. La ligne $R'\,R'$ est le trait *rameneret* commun à tous les poinçons.

§ 4. *Établissement des fermes sur leurs ételons.*

La fig. 2. de la pl. LVII est la représentation en projection horizontale sur l'échelle du $\frac{1}{50}$ de l'établissement des pièces de bois qui doivent composer une des fermes transversales du même comble.

Les lettres et les numéros dont les pièces et les lignes de cette figure sont

EXÉCUTION DE LA CHARPENTE D'UN COMBLE.   573

marquées, sont suffisants pour montrer les rapports de cet établissement avec l'ételon sur lequel il est fait, qui est le même que celui représenté fig. 3 de la même planche, et avec la ferme assemblée fig. 1, pl. XLII. Les pièces établies par le moyen de leurs lignes de milieu sont lignées sur la fig. 2, pl. LVII, comme sur la fig. 1, pl. XLII. Les traits ramenerets sont marqués sur le tirant, l'entrait et le poinçon.

Les figures des pannes ne sont marquées sur l'ételon, fig. 2 et 3, que pour qu'on reconnaisse aisément leurs *chambrées*. Toutes les pièces sont sur lignes de niveau et de dévers, les traits *ramenerets* en coïncidence; elles sont portées les unes sur les autres et sur des chantiers en nombre suffisant et aisés à distinguer dans la figure pour les élever aux hauteurs que leur établissement exige. Dans cet état, les bois sont prêts à être piqués.

La fig. 1 de la même pl. LVII est la représentation en projection horizontale, et sur la même échelle, de l'établissement sur l'ételon des pièces qui doivent composer une partie de l'une des longues fermes sous-faîte du même comble, fig. 2, pl. XLIV. Nous n'avons point représenté à part l'ételon de ces fermes, parce qu'il se trouve figuré par les lignes de milieu des pièces établies dans cette même figure 1, pl. LVII. Les pièces de bois sont marquées des mêmes lettres que celles de la fig. 2, pl. XLIV. Les poinçons, pièces communes avec les fermes transversales, sont marqués de leurs traits *ramenerets* qui sont en coïncidence avec la ligne $R'' R''$ tracée à même hauteur que celles $R' R'$ des autres ételons. Toutes les pièces sont établies de niveau et de dévers sur lignes et supportées, suivant le besoin, sur un nombre suffisant de chantiers : dans cet état, elles sont prêtes à être piquées.

§ 5. *Herse.*

L'établissement des bois d'un *pan de toit* sur son ételon a reçu le nom de *herse*, à cause de sa ressemblance, notamment pour celui de croupe, avec la herse du laboureur. On réunit en un seul ételon tous les ételons partiels des pans des toits d'un comble pour ne tracer qu'une fois les lignes représentant les arêtes saillantes ou rentrantes communes à deux pans contigus; de cette sorte, l'ételon de la *herse* d'un comble est le développement de tous ses pans de toits, aplatis sur le sol horizontal du chantier.

La fig. 2, pl. LVIII, représente le développement du comble projeté horizontalement, fig. 8, pl. XLIV, sur la même échelle. Tous les pans de ce comble, construits suivant leurs véritables figures, sont ramenés dans un même plan en tournant autour des lignes qui leur sont communes; les points c et c' de chaque bout se réunissent pour former les centres des poinçons des noues.

Les mêmes lettres désignent sur les deux figures les mêmes points. L'un des deux longs pans qui couvrent le bâtiment du milieu, et qui est ponctué en c' e' a c est divisé en deux parties, afin que chacune d'elles puisse rester jointe à la noue par laquelle elle est jointe à un autre pan.

La fig. 5, pl. LVIII, est la représentation à l'échelle du $\frac{1}{50}$ de l'ételon de la herse d'une croupe droite et d'une noue du même comble, fig. 8, pl. XLIV, qui a déjà fait l'objet des planches précédentes. Pour construire la partie de l'ételon de la herse du pan de croupe droite, on trace sur l'aire du chantier la ligne $3'$-$4'$ que l'on fait égale à la ligne d'about des chevrons, désignée par les mêmes chiffres sur l'enrayure de la croupe, fig. 1, pl. LVI. Au milieu de cette ligne, on élève, par le moyen de deux arcs de cercle m m, n n, décrits des points 21 comme centres, la perpendiculaire $17'$-C', que l'on fait égale à la ligne e C du profil de croupe sur l'ételon de la ferme de croupe, fig. 2, pl. LVI. Le triangle $3'$-C'-$4'$ est le périmètre du pan de croupe, suivant sa véritable grandeur et rabattu sur le sol. Pour établir les ételons des longs pans contigus, des points $3'$ et $4'$, comme centres avec des rayons égaux aux distances $3'$-$13'$, $4'$-$14'$ d'un des abouts d'arêtiers aux abouts des chevrons de la ferme transversale, on décrit les arcs x y, et du point C' comme centre avec un rayon égal à la longueur C e du profil des longs pans prise sur l'ételon de la ferme longitudinale, fig. 3, pl. LVII, on décrit les arcs de cercle z v qui donnent les points $13'$ et $14'$ (1). Les triangles rectangles C'-$13'$-$3'$, C'-$15'$-$5'$ sont sur l'ételon de la herse les véritables grandeurs des triangles projetés sur l'ételon d'enrayure, fig. 1, pl. LVI, et désignés par les mêmes lettres.

Par conséquent les lignes $3'$-$13'$, $4'$-$14'$ donnent les directions des lignes d'about des longs pans sur l'ételon de herse, et les lignes C' C'', qui leur sont parallèles, donnent les directions des lignes de faîte. Si l'on voulait établir en entier sur l'ételon les herses des longs pans, il faudrait de chaque côté marquer sur les lignes $3'$-$13'$, $4'$-$14'$ des longueurs exactes $3'$-$2'$, $4'$-$5'$ de l'ételon d'enrayure; mais, les chevrons des longs pans étant égaux, on

---

(1) L'angle C-$14'$-$4'$ étant droit, on peut vérifier la position du point $14'$ en décrivant, du point $20'$ comme centre et avec le rayon $20'$-C', ou $20'$-$4'$, l'arc de cercle r s d'un demi-cercle qui doit passer par le point $14'$.

n'a pas besoin de les établir en herse aux distances qu'ils doivent avoir entre eux pour les couper de même longueur, et l'on ne construit les ételons de herse que pour les empanons, à moins que les pans des toits ne soient composés d'assemblages qu'il faut piquer, comme les *Dachstuhl,* dont nous avons parlé page 484, auquel cas on construit les ételons des longs pans en entier. L'ételon des empanons d'arêtier, fig. 5, pl. LVIII, se borne donc pour la croupe au tracé compris dans l'angle formé par les lignes 13-C', C'-14'. Pour construire l'ételon des empanons de noue, ayant tracé les lignes 2'-G, 5'-G parallèles aux lignes 13'-C', 14'-C'' à des distances arbitraires mais égales, on porte sur les lignes de faîte la longueur $G\,C''$, égale à la longueur $G\,C''$ de la partie du faîtage sur laquelle doivent s'appuyer les empanons de noue, prise sur l'ételon d'enrayure, fig. 1, pl. LVI. Les lignes 2'-C'', 5'-C'', fig. 5, pl. LVIII, sont les lignes de noues sur l'ételon de herse. En construisant sur ces lignes les triangles C''-G''-2', C''-G''-5' égaux aux triangles C''-G''-2', C''-G''-5', les lignes $C''\,G''$ sont des deux côtés les lignes de faîtes, et les lignes 1'-2', 5'-6', qui leur sont parallèles, sont les lignes d'about des chevrons des pans des toits contigus. Si l'on a opéré avec précision, la croupe étant droite, le point V d'intersection des lignes 1'-2', 5'-6' prolongées, doit se trouver sur la ligne C'-17'. Le point U d'intersection des lignes de faîte $C''\,G''$ doit se trouver aussi sur la même ligne C'-17', et les lignes de noue 2'-C'', 5'-C'' doivent également se couper sur un point de la ligne C'-17' qui serait prolongée; enfin les lignes de faîte prolongées doivent couper la ligne d'about de croupe dans les points R, situés à égales distances du milieu 17'. L'exactitude du périmètre de l'ételon étant vérifiée, on distribue les lignes de milieu des empanons, qui passent par des points de divisions égales pour chaque pan marquées sur les lignes d'about 1'-2', 2'-3', 3'-4', 4'-5', 5'-6' et sur les lignes de faîtes $G''\,C'$, $C''\,C'$, qui leur sont parallèles; on trace même par le point C' une ligne auxiliaire $M\,N$ parallèle à la ligne d'about 3'-4, de la croupe pour tenir lieu de la ligne de faîte, afin d'y marquer les points de division correspondants à ceux de cette ligne d'about. La croupe étant droite et les noues résultant de combles qui se rencontrent à angles droits, les lignes de milieu des chevrons et empanons sont perpendiculaires aux lignes d'about et de faîte.

La distribution des empanons étant faite, on projette les lignes qui doivent donner les coupes des abouts des pannes et celles des assemblages des mêmes empanons, tant sur les sablières que sur les chevrons d'arêtiers et de noues et au-dessus des faîtages. On marque d'abord les projections des lignes de gorge des *pas* des chevrons et empanons sur les sablières. Du point e' de la gorge de ces *pas* sur l'ételon de la ferme transversale, fig. 3, pl. LVII, on abaisse une perpendiculaire e' g sur la ligne qui marque la face extérieure des chevrons ou le profil du toit, et l'on porte la distance e g du pied de cette perpendiculaire, à l'about des chevrons de e en g sur deux des lignes de milieu des empanons des longs pans de l'ételon de herse. Les lignes $1''$-$2''$, $2''$-$3''$, $4''$-$5''$, $5''$-$6''$, qui passent par les points g, sont les projections des lignes de gorge des chevrons et empanons des longs pans. La projection de la ligne de gorge $3''$-$4''$ des empanons de croupe est déterminée de même en faisant e' g' sur deux des lignes de milieu des empanons, égale à la ligne e g, fig. 2, pl. LVI, qui est la distance de l'about du chevron de croupe à la perpendiculaire abaissée de sa gorge e' sur le plan du toit.

Les lignes de délardement des chevrons d'arêtier qui sont dans les plans des pans des toits, sont tracées sur l'ételon parallèlement aux lignes d'arêtiers, par les points u, v, marqués sur les lignes d'about, comme ils le sont sur les mêmes lignes de l'ételon d'enrayure où l'on a dévoyé les chevrons d'arêtiers. Ainsi, les largeurs $3'$-u, $3'$-v, $4'$-u, $4'$-v de l'ételon sont égales aux largeurs marquées des mêmes chiffres et lettres sur l'ételon d'enrayure, et les lignes t u, s v, parallèles aux lignes d'arêtiers, sont les projections des arêtes de délardement des chevrons d'arêtiers projetés suivant les lignes marquées des mêmes lettres sur l'ételon d'enrayure; les espaces compris entre ces lignes et les lignes d'arêtiers C'-3, C'-$4'$, sont, sur l'ételon de *herse*, les largeurs réelles des faces délardées des chevrons d'arêtiers. Les arêtes inférieures des faces verticales de ces chevrons se projettent sur l'ételon de *herse* en abaissant des points m et n de l'ételon d'enrayure des perpendiculaires m p, n q, sur les lignes d'about; on reporte sur les lignes d'about de l'ételon de *herse* les distances $4'$-p, $4'$-q, les perpendiculaires élevées par les points p et q marquent sur la ligne de gorge $3''$-$4''$, $4''$-$5''$, les projections des points m et n qui appartiennent aux lignes l m, k n, parallèles aux lignes d'arêtiers et qu'il s'agissait de projeter sur l'ételon de *herse*. Ces mêmes lignes sont tracées symétriquement et parallèlement à l'arêtier C' $3'$. Les espaces compris entre les lignes t u et l m, et entre les lignes s v et k n sont les projections à la *herse* des faces des chevrons d'arêtiers qui contiennent les occupations des assemblages des empanons.

Ces constructions sont fondées sur ce que dans le mouvement de rotation qu'on suppose que les pans des toits font autour des lignes d'about pour s'appliquer sur le sol horizontal de l'ételon de *herse*, les points m et n ont décrit des arcs de cercle compris dans des plans verticaux projetés sur les lignes $p\,m$, $q\,n$.

Par une construction semblable, on a projeté sur l'ételon de *herse* les faces des chevrons de noue qui reçoivent les assemblages des empanons. Les arêtes $t\,u$, $s\,v$, qui marquent sur l'ételon de *herse* la largeur des faces creusées dans le dessus des chevrons de noue, passent par les points u et v des lignes d'about, rapportées en faisant $5'$-u, $5'$-v égales aux mêmes distances sur l'ételon d'enrayure.

Les arêtes des faces verticales qui contiennent ces mêmes lignes passent par les points m et n situés à égales distances du point $5''$. L'un des deux points, celui n, s'obtient en abaissant du même point de l'ételon d'enrayure une perpendiculaire $n\,q$ sur les lignes d'about $5'$-$6'$, et reportant la distance $5'$-q sur l'ételon de *herse* pour tracer une perpendiculaire $q\,n$; les distances comprises entre les lignes $l\,m$, $k\,n$, et la ligne de noue $C''\,5'$, sont les projections des faces des chevrons qui reçoivent les assemblages des empanons. La même construction est répétée sur les autres lignes de noue.

Les empanons de noue des deux pans d'un même toit, séparés par la ligne de faîte $C'\,C''$ ainsi que les chevrons des mêmes pans, s'assemblent entre eux à tenons et enfourchements, comme ils sont représentés fig. 7, pl. LIV. Pour qu'on puisse tracer leurs joints à la *herse*, on met en projection sur l'ételon, fig. 5, pl. LVIII, les lignes qui marquent la largeur de leurs abouts; la ligne $C'\,C''$ marque la ligne de faîte dans laquelle se trouvent toutes les arêtes supérieures des abouts des chevrons et des empanons de noue; la ligne $j\,j$ qui lui est parallèle, est tracée à la distance $i\,j$ prise de C en j sur l'ételon de la ferme transversale des longs pans, fig. 3, pl. LVII; elle marque le fond des entailles d'enfourchement et les épaulements des tenons, et la ligne $j'\,j'$ également parallèle à $C'\,C''$ tracée à la distance $i\,j'$ prise sur la même ferme transversale de C en j', marque l'épaisseur des empanons sur le toit contigu.

La fig. 3, pl. LIX est l'ételon de *herse* de la croupe biaise et d'une noue, dont la fig. 2 est l'ételon d'enrayure. Les longues explications que nous avons données sur l'ételon de *herse* de la croupe droite et des noues, s'appliquent à celui-ci qui n'en diffère que par le biais résultant de la disposition des bâtiments A et B, fig. 8, pl. XLIV.

Les lignes d'arêtier et des noues, tracées en entier sur l'ételon de *herse*, sont celles projetées en C-$4'$, $C'\,5'$ sur l'ételon d'enrayure, fig. 10. Le triangle du pan de croupe 3'-C-4' se construit sur l'ételon de *herse*, en faisant sa base 3'-4' égale à la ligne d'about 3'-4' de l'ételon d'enrayure, et élevant par son point 17 une perpendiculaire égale à la longueur de la pente du toit de croupe prise comme précédemment de e en C, fig. 2, pl. LVI, sur l'ételon de la ferme de croupe. Pour tracer le long pan 4'-C-C'-5', on construit d'abord le triangle 4'-C'-19, en faisant la base 4-19 égale à la même ligne de l'ételon d'enrayure et la perpendiculaire 19-C égale à la longueur de la ligne de pente du long pan mesuré de e en C sur l'ételon de la ferme transversale, fig. 3, pl. LVII, la ligne de faîte $C\ C'$ est égale à celle projetée de C en C' sur l'ételon d'enrayure; elle est parallèle à la ligne d'about 4'-19.

Les lignes d'arêtier et de noue C-4', C'-5' doivent être égales à celles qui se trouveraient construites sur les ételons des fermes d'arêtier et de noue, si nous les eussions compris dans nos figures.

§ 6. *Établissement des pannes, des chevrons et des empanons en herse.*

L'ételon de *herse*, pour la croupe droite et les noues, fig. 5, pl. LVIII, étant complété, on établit les chevrons et empanons sur lignes de niveau et de dévers. La figure présente six empanons de la croupe droite en *herse* sur lignes de niveau et de dévers, pour s'assembler dans les chevrons d'arêtiers; cinq empanons de long pan également sur lignes pour s'assembler dans le même chevron, et quatre empanons de noue qui doivent s'appuyer sur les faîtages et s'assembler par le bas dans le chevron de noue; tous sont de niveau et de dévers; ils sont supportés par les pannes pour le cas où l'on aurait tracé les lignes de coupe de leurs abouts : lorsque les chevrons et empanons ne sont point posés en *herse* sur leurs pannes, ils sont supportés comme les autres bois sur lignes par des chantiers.

Lorsque tous les empanons et chevrons d'un pan sont définitivement établis, on rapporte sur leurs faces les lignes que nous avons tracées sur l'ételon pour marquer leurs assemblages, soit en piquant, à l'aide du fil à plomb, les empanons l'un après l'autre, soit en battant tout d'un coup avec le cordeau blanchi, sur leurs faces supérieures, les portions de lignes qui répondent aplomb au-dessus de chacune de celles de l'ételon; les empanons sont ensuite soumis à la marque, et l'on procède au tracé et à la coupe de leurs tenons et mortaises.

Ordinairement les chevrons d'arêtier et de noue ne sont point établis sur les ételons de herse, parce qu'ils ne peuvent faire face de parement en même temps des deux côtés sur les pans contigus. Les occupations des empanons sont marquées sur les faces des chevrons d'arêtiers ou de noues, lorsqu'ils sont établis sur les ételons des fermes, et pour opérer avec plus de justesse, ce n'est que lorsque la ferme est assemblée, qu'on trace sur les faces des chevrons d'arêtier et de noue, les mortaises qui doivent recevoir les tenons des empanons, et l'on procède alors absolument comme dans les épures, c'est-à-dire qu'on regarde la ferme d'arêtier ou de noue assemblée comme une projection verticale, et qu'on relève de l'ételon d'enrayure la position des lignes qui marquent l'about et la gorge de chaque mortaise, comme nous l'avons indiqué page 533.

Ce mode est exact, sans doute, lorsqu'on y apporte du soin; mais on obtient plus de précision en établissant en *herse* les chevrons d'arêtier et de noue au-dessous des empanons, et en leur donnant, pour chaque pan l'un après l'autre, la position qu'ils doivent avoir lorsque ces empanons sont assemblés. Nous donnons un exemple de cette manière de piquer les empanons et les chevrons qui reçoivent leurs assemblages, fig. 6 et 8, pl. LVIII, pour une portion d'un chevron d'arêtier.

La fig. 6 est la projection horizontale d'un chevron d'arêtier C établi sur ligne et en *herse*; son arête résultant du délardement préalable de ses deux faces, est aplomb au-dessus de la ligne C'-$3'$ qui est l'arête de croupe sur l'ételon de *herse*; il est élevé sur des chantiers. Trois empanons de croupe B, B', B'', sont également établis sur lignes ; ils portent d'un bout sur des chantiers H, H', H'', et de l'autre bout sur le chevron C dans lequel ils doivent être assemblés. Toutes ces pièces, délardées d'avance avec précision, sont sur lignes de niveau et de dévers.

La fig. 8 est une coupe de cet établissement suivant une ligne $M\ N$, fig. 6. On y voit l'arbalétrier C, établi dans les entailles des chantiers D qui le portent; il est de niveau, et sa mise de dévers consiste dans la position exactement de dévers de la face délardée qui fait partie du plan du toit auquel les empanons appartiennent. On pique les assemblages sur les empanons et sur les chevrons d'arêtier, un à un, au moyen du fil aplomb et du compas, en suivant les procédés que nous avons décrits au chapitre IX. Lorsque le piqué des bois d'un pan de toit est terminé, et que les piqûres sont reconnues, on enlève les empanons pour tracer et tailler leurs tenons, puis on déverse chaque chevron d'arêtier pour le mettre de nouveau sur ligne par son arête, et de niveau et de dévers par sa face de délardement qui appartient au pan de toit contigu qu'il s'agit d'établir sur l'ételon en *herse*.

Nous n'avons point tracé sur l'étalon de *herse* la projection des arêtes de l'arbalétrier et des chevrons comprises dans les plans verticaux d'arêtier et de noues, entre lesquelles les pannes des deux pans s'aboutent, et qui répondent à la chambrée des pannes, parce que plusieurs de ces lignes, vu la petitesse de l'échelle de dessin, seraient près de se confondre avec les lignes déjà tracées; d'ailleurs, on se dispense souvent de présenter les pannes en *herse* sur le grand étalon, vu qu'elles ne sont jamais d'une seule pièce sur leur longueur et qu'il suffit de couper leurs extrémités qui doivent se joindre à bout, soit sous les arêtiers, soit sous les noues; on trace alors un petit étalon partiel de herse, comme celui fig. 7, sur lequel on présente les bouts qui doivent se joindre, et l'on ente les différentes parties des pannes, après que les bouts sont ainsi ajustés.

L'étalon partiel, fig. 7, se rapporte à l'arêtier; C'-$4'$ est la projection de l'arête; $3'$-$4'$, la ligne d'about de croupe; $4'$-$5'$, celle du long pan, la ligne $3''$-$4'$ et la ligne $4''$-$5''$ sont les lignes de gorge des assemblages des chevrons sur les sablières de croupe et de long pan.

$f\,o$, $h\,o$, sur l'étalon d'enrayure, fig. 1, pl. LVI, sont les lignes d'about des arbalétriers des deux pans; le point o est, par conséquent, l'about de l'arête délardée de l'arbalétrier d'arêtier, et $4''$ est le point de la gorge du chevron dans l'arête creuse de son dessous, arêtes qu'il s'agit de projeter sur l'étalon de *herse*, fig. 7. On met en projection les lignes $f\,o$ et $h\,o$, parallèles aux lignes d'about en faisant les perpendiculaires $e''\,g''$, $e'\,g'$ égales aux distances du point e au point g'', fig. 2, pl. LVII, ou du point e au point g', fig. 2, pl. LVI, et sur les lignes $h\,o$, $f\,o$, $4''$-$5''$, $4'$-$5'$, on rapporte le point o et le point $4''$ de l'étalon d'enrayure, par des perpendiculaires $o\,q'$, $o\,p'$, $4''$-d, $4''$-b, tracées à des distances du point $4'$ prises sur l'étalon fig. 1, pl. LVI.

Les lignes $t\,o$, c-$4''$ du côté du long pan, $s\,o$, a-$4''$ du côté de la croupe, sont les projections des arêtes de l'arbalétrier et du chevron d'arêtier, suivant lesquelles les pannes doivent être coupées. Il suffit alors de présenter en herse sur cet étalon, les pannes $P\,P'$ parallèlement aux lignes d'about des pans auxquels elles appartiennent et de piquer sur leurs faces les lignes que nous venons de déterminer, pour que l'on puisse tracer les coupes de leurs abouts.

Lorsque les chevrons sont assemblés dans les pannes, comme dans les combles que nous avons figurés sous les numéros 4 et 14, pl. XLI, il est indispensable d'établir ces pannes en herse en même temps que les chevrons et empanons.

EXÉCUTION DE LA CHARPENTE D'UN COMBLE.

A l'égard du tracé des entailles et de l'assemblage des tasseaux, pour loger et soutenir les bouts des pannes entre les arbalétriers et les chevrons d'arêtiers et de noues, lorsqu'on ne forme pas leurs arêtes sur toute leur longueur, il faut établir ces pièces l'une après l'autre de nouveau et de dévers, la face à entailler en dessus, sur un ételon de *herse* qu'on a construit exactement comme les projections h' et k'; fig. 3, pl. LIV et LV, et relever au moyen du plomb et du compas, les lignes du tracé de cet ételon sur les faces à entailler; c'est ce qu'on appelle *couper sur trait*.

Nous avons fait remarquer page 574, que pour la construction des ételons de *herse* des longs pans, on ne leur donne pas en longueur leur étendue réelle, et qu'on rapproche autant qu'on le peut les parties des empanons de noues de celles des empanons d'arêtier, en ne laissant entre elles que juste la largeur nécessaire pour établir les chevrons des longs pans jointifs, sans avoir égard aux distances qui les sépareront lorsqu'ils seront en place dans la construction des toits. Cette réduction de l'étendue des longs pans dans les ételons de herse, ménage l'espace sur les chantiers et procure plus de justesse dans le tracé des chevrons, vu que l'on bat d'un seul coup et en même temps que sur les empanons chacune des lignes répondant à leurs embrèvements sur les sablières et à leurs assemblages au-dessus du faîtage, ces lignes étant plus courtes; ainsi l'on n'écarte les points G' et $5'$, pl. LIX, que de l'espace nécessaire pour placer les chevrons du long pan les uns à côté des autres, parallèlement aux lignes G-14', G-5', et ceux des fermes sur traits *ramenerets*.

L'ételon de *herse*, pour la croupe biaise et les noues inégales, fig. 3, pl. LIX, porte cinq empanons de chaque côté de la ligne d'arêtier par lesquelles on a commencé l'établissement en herse; trois de ces empanons marqués a sont délardés; ils sont dirigés parallèlement au plan de la ferme de croupe, comme celui 20-20' de l'ételon d'enrayure, fig. 2, et comme ceux de la fig. 8, pl. XLV; les deux autres marqués c sont déversés; ils sont dirigés dans le même sens, comme ceux du pan de croupe de la fig. 12, même planche XLV.

Deux empanons déversés o', et cinq empanons délardés, marqués u, sont établis en *herse* sur la ligne de noue C'-5'. Le point d'assemblage des deux empanons les plus rapprochés de l'about de noue, marqué 5' et dont un seul est figuré, est choisi de façon qu'il ne coïncide pas avec cet about.

La fig. 6 est une coupe de deux empanons déversés, par un plan vertical sur la ligne $p\ m$; et la fig. 7 est une autre coupe de trois empanons délardés, par un plan vertical sur la ligne $q\ n$. Les chantiers sur lesquels ces cinq empanons sont censés établis, ne sont point marqués sur l'ételon, fig. 3.

La fig. 8 est le développement des toits d'un *cinq-épis*, fig. 1, pl. XLVII. Les quatre points c de ce développement doivent se réunir au centre; les côtés a' m doivent se rapprocher et se confondre.

Le développement des toits du *cinq-épis*, fig. 6, pl. XLVII, ne différerait de celui-ci qu'en ce que les pans en trapèze, comme celui c-a-4-p, seraient réduits à des triangles tels que c-a-p', vu que les arêtiers et la noue de chaque angle du pavillon, concourent en about au même point.

L'ételon de herse d'un cinq-épis serait construit sur le sol du chantier suivant le développement de ses pans de toits; mais on manque souvent d'espace pour le tracer en entier, ce qui d'ailleurs n'est pas nécessaire lorsque quelques pans sont exactement pareils, comme dans les cinq-épis, fig. 1 et 6, où chaque pan se trouve répété quatre fois. On réduit alors l'ételon et l'on n'y construit qu'un pan de chaque forme. L'ételon, fig. 8, du cinq-épis, fig. 1, pl. XLVII, serait ainsi réduit, comme il est représenté en petit, fig. 9, pl. LIX, il ne contiendrait que le triangle a d b répondant aux pans des croupes et les trapèzes a e m a', b e n b', répondant aux longs pans.

FIN DU TOME PREMIER.

TABLE DES MATIÈRES

CONTENUES DANS LE TOME PREMIER.

	Pages
Avis concernant la nouvelle édition....................................	V
Notice sur l'Exposition universelle de 1867 (section des bois)..............	VII
Préface de la première édition...	XXXVII
INTRODUCTION DE LA PREMIÈRE ÉDITION................................	1

CHAPITRE Ier.

OUTILS SERVANT AU TRAVAIL DU BOIS.

	Outils servant au travail du bois.....................................	52
§	1. Outils servant à piquer et à tracer..................................	Id.
§	2. — et instruments servant à déterminer les positions des lignes et des plans	34
§	3. — tranchants par percussion.....................................	37
§	4. — tranchants, à corroyer et planer le bois........................	45
	De l'aiguisement des outils...	55
	Manière de couper le bois...	58
§	5. Outils à percer..	59
§	6. — à scier...	63
	Aiguisement des dents des scies.....................................	73
§	7. Outils à frapper...	76

CHAPITRE II.

CONNAISSANCE DES BOIS.

§	1. Notions physiologiques..	78
§	2. Reproduction des arbres...	85
§	3. Maladies des arbres sur pied.....................................	89
§	4. Maladies et vices des bois abattus et des bois mis en œuvre...........	98
§	5. Qualités des bois propres aux travaux.............................	108

CHAPITRE III.

EXPLOITATION, ÉQUARRISSEMENT ET DÉBIT DES BOIS DE CHARPENTE.

		Pages.
§ 1.	Exploitation	111
§ 2.	Époque de l'abatage des arbres	116
§ 3.	Équarrissement des bois	119
§ 4.	— à la cognée	124
§ 5.	— à la scie et sciage de long	137
§ 6.	Scieries à lames droites	147
§ 7.	Scies circulaires	148
§ 8.	Aplanissement des bois sciés	150
§ 9.	Choix du mode d'équarrissement	152
§ 10.	Fente des bois	156
§ 11.	Débit des bois	157
§ 12.	Débit du bois perpendiculairement à son fil	165

CHAPITRE IV.

TRANSPORT DES BOIS.

	Transport des bois	168
§ 1.	Extraction de la forêt	Id.
§ 2.	Transport par eau	173
§ 3.	— sur voitures	176
§ 4.	— dans les chantiers de travail	183

CHAPITRE V.

DE LA COURBURE DES BOIS.

	De la courbure des bois	189
§ 1.	Courbure des arbres sur pied	Id.
§ 2.	Amollissement des bois débités	191
§ 3.	Courbure au feu nu	193
§ 4.	Amollissement dans l'eau bouillante	194
§ 5.	— à la vapeur	195
§ 6.	— dans le sable	196
§ 7.	— à la vapeur sous une haute pression	197
§ 8.	Courbures sur des formes ou moules	Id.

CHAPITRE VI.

DE LA CONSERVATION DES BOIS.

§ 1.	Emmagasinement et empilement	201
§ 2.	Immersion, dessèchement et condensation	209

		Pages.
§ 3.	Peintures et enduits...	213
§ 4.	Préservatifs contre les animaux destructeurs des bois mis en œuvre.....	217
§ 5.	Précautions contre la combustibilité................................	219

CHAPITRE VII.

DES BOIS PROPRES AUX CONSTRUCTIONS EN CHARPENTE.

Des bois propres aux travaux en charpente.......................... 221

I. *Bois durs.*

§ 1.	Du chêne..	227
§ 2.	Du châtaignier..	230
§ 3.	De l'orme...	232
§ 4.	Du noyer..	233
§ 5.	Du hêtre..	Id.
§ 6.	Du frêne..	234

II. *Bois résineux.*

§ 7.	Du pin..	235
§ 8.	Du sapin..	237
§ 9.	Du mélèse...	238
§ 10.	Du cèdre du Liban...	239
§ 11.	Du cyprès...	242
§ 12.	De l'if..	243

III. *Bois blancs ou mous.*

§ 13.	Du peuplier...	244
§ 14.	Du tremble..	246
§ 15.	De l'aulne..	Id.
§ 16.	Du bouleau..	247
§ 17.	Du charme...	248
§ 18.	De l'érable...	Id.
§ 19.	Du tilleul..	249
§ 20.	Du platane..	Id.
§ 21.	Du saule..	250
§ 22.	De l'acacia...	251
§ 23.	Du laurier..	252
§ 34.	Du marronier d'Inde...	Id.

IV. *Bois fins.*

§ 25.	Du sorbier..	252
§ 26.	Du poirier..	253
§ 27.	Du pommier..	254
§ 28.	De l'alisier..	Id.
§ 29.	Du néflier..	225

§ 30. Du merisier... Id.
§ 31. Du prunier... Id.
§ 32. Du cornouiller... 256
§ 33. De l'arbousier... Id.
§ 34. Du buis... Id.

CHAPITRE VIII.

ASSEMBLAGES.

Assemblages... 258
§ 1. Assemblage à tenon et mortaise... 261
§ 2. — à queues d'hironde... 273
§ 3. — d'angle... 275
§ 4. Entures horizontales... 277
§ 5. — verticales... 281
§ 6. — de pièces de bois minces... 284
§ 7. — usitées dans la charpenterie navale... Id.
§ 8. Assemblages de pièces de bois croisées... 286
§ 9. — russes et suisses... 289
§ 10. — longitudinaux de grosses pièces... 292
§ 11. — des planches et des madriers... 294
§ 12. — à endentures usitées dans la charpente navale... Id.
§ 13. Moises... 296
§ 14. Assemblages des pièces courbes... 298
§ 15. — vicieux... 300

CHAPITRE IX.

EXÉCUTION DES OUVRAGES EN CHARPENTE.

§ 1. Dessins... 303
§ 2. Sommaire du procédé d'exécution... 306
§ 3. Application à une charpente donnée... 307
§ 4. Ételon... 309
§ 5. Établissement des bois... 310
§ 6. Trait rameneret... 312
§ 7. Marques des bois... 313
§ 8. Lignes de milieu et traits carrés sur les bois... 314
§ 9. Établissement de dévers... 316
§ 10. — de niveau... 320
§ 11. Mises sur lignes de l'ételon... 321
§ 12. Piqué des bois carrés... 323
§ 13. Reconnaissance des piqûres... 326
§ 14. Tracé des assemblages... 327
§ 15. Coupe des assemblages... 329

	Pages.
§ 16. Piqué des bois débillardés	333
§ 17. De la polène	335
§ 18. Piqué des bois entés	336
§ 19. — et coupe des pièces courbes	337

CHAPITRE X.

PANS DE BOIS

Pans de bois	341
§ 1. Pans de bois extérieurs	342
§ 2. — intérieurs	353
§ 3. Cloisons légères	357
§ 4. Observations sur les pans de bois	359
§ 5. Grosseurs des pièces employées dans les pans des bois	363

CHAPITRE XI.

PLANCHERS.

Planchers	365
§ 1. Aires des planchers	366
§ 2. Charpentes des planchers	376
§ 3. Enchevêtrures pour cheminées	381
§ 4. Ouvertures pratiquées dans les planchers	386
§ 5. Planchers à la Serlio	387
§ 6. — à compartiments	392
§ 7. — polygonaux	394
§ 8. — à enrayures	398
§ 9. — portés par des soutiens isolés	399
§ 10. Poutres armées de fourrures superposées	401
§ 11. — — latérales	406
§ 12. — d'assemblages	407
§ 13. Fermes pour remplacer les poutres	409
§ 14. Planchers en solives jointives	411
§ 15. — sans solives	412
§ 16. — avec pendentifs	413
§ 17. Scellement des bois dans les murs	Id.
§ 18. Soffites	418
§ 19. Grosseurs des bois	421

CHAPITRE XII.

COUVERTURES.

Couvertures	423

I. *Couvertures en matières végétales.*

				Pages.
§	1.	Couvertures en chaume		424
§	2.	— en jonc et en roseaux		426
§	3.	— en bardeaux		Id.
§	4.	— en planches		428
§	5.	— en toiles		429

II. *Couvertures en pierres factices.*

§	1.	{ Couvertures en tuiles	430
		{ Tableau des tuiles principales employées en France	444
§	2.	Couvertures en carton	445
§	3.	— en mastic bitumineux	Id.

III. *Couvertures en pierres naturelles.*

§	1.	{ Couvertures en ardoises	446
		{ Tableau des ardoises d'Angers	448
§	2.	Couvertures en pierres plates	452
§	3.	— en terrasses	453

IV. *Couvertures en matières métalliques.*

§	1.	Couvertures en tuiles de fer coulé	454
§	2.	— en métaux laminés	455

CHAPITRE XIII.

COMBLES.

§	1.	Pentes des toits	465
§	2.	Toits à deux égouts	473
§	3.	Combles en pavillons, croupes et noues	474
§	4.	Compositions des fermes employées dans les combles des deux égouts	477
§	5.	Toits en pente douce	486
§	6.	Combles brisés	488
§	7.	Toits en impériales	493
§	8.	— cylindriques	495
§	9.	— en appentis	496
§	10.	Arêtiers et noues	497
§	11.	Pavillon à cinq épis	502
§	12.	Équarrissages des bois employés dans les combles	505

CHAPITRE XIV.

ÉPURES.

	Épures		506
§	1.	Croupe droite et empanons droits	508
§	2.	— biaise sur ferme biaise et empanons délardés	526
§	3.	— biaise sur ferme droite et empanons déversés	536
§	4.	— biaise, empanons droits	541

	Pages
§ 5. Noue droite et empanons droits	541
§ 6. — biaise, empanon délardé et empanon déversé	546
§ 7. Arêtiers et noues dont les faces d'assemblages sont perpendiculaires au toit.	549
§ 8. Pannes et tasseaux sur arêtier	551
§ 9. — — — noue	560

CHAPITRE XV.

EXÉCUTION DE LA CHARPENTE D'UN COMBLE.

Exécution de la charpente d'un comble	566
§ 1. Ételons des enrayures	Id.
§ 2. Établissement d'une enrayure sur l'ételon	568
§ 3. Ételons des fermes	569
§ 4. Établissement des fermes sur leurs ételons	572
§ 5. Herse	573
§ 6. Établissement des pannes, des chevrons et des empanons en herse	578

FIN DE LA TABLE DU TOME PREMIER.

PARIS. — IMPRIMERIE DE E. MARTINET, RUE MIGNON, 2